国家林业局国有林场和林木种苗工作总站

园林植物繁殖技术手册

赵梁军　主编

中国林业出版社

图书在版编目(CIP)数据

园林植物繁殖技术手册/赵梁军主编 . —北京：中国林业出版社，2010. 12
ISBN 978-7-5038-6020-1

Ⅰ. ①园… Ⅱ. ①赵… Ⅲ. ①园林植物－繁殖－技术手册 Ⅳ. ①S680. 3-62

中国版本图书馆 CIP 数据核字(2010)第 241842 号

出版发行 中国林业出版社(100009 北京市西城区德内大街刘海胡同 7 号)
E-mail：cfphz@ public. bta. net. cn 电话：(010)83227584
发　　行 新华书店北京发行所
印　　刷 北京顺诚彩色印刷有限公司
版　　次 2011 年 1 月第 1 版
印　　次 2011 年 1 月第 1 次
开　　本 787mm × 1092mm 1/16
字　　数 870 千字
印　　张 34
定　　价 88. 00 元

出版主持单位

国家林业局国有林场和林木种苗工作总站

编写领导小组

组　　长： 郝燕湘　柳学军

副组长： 刘　红　邵权熙　马志华

成　　员： 赵　兵　鲁新政　李　惟

何增明　李世峰　丁明明

编写委员会

主　　编： 赵梁军

副主编： 朱伟成　尚爱芹　蔡　汉　付彦荣　李志兰

参编人员（按姓氏笔画为序）：

付彦荣　孙大力　朱伟成　杨　彦

李志兰　张海清　尚爱芹　胡海姿

赵梁军　韩　益　蔡　汉

前　言

园林植物是城市绿化美化不可或缺的材料，科学合理地对园林植物进行繁殖是园林花卉业持续发展的基础。

本书分上、下两篇。上篇先对园林植物的繁殖方式进行简要介绍，然后依照有性繁殖、无性繁殖和孢子繁殖三种繁殖方式，以及组织培养繁殖方式，对常见园林植物的适宜繁殖方法进行分类介绍，并对实际生产中常用的有关基础数据和资料，如种子的千粒重、种子发芽天数、插条和接穗的处理方法、适宜生长发育的温湿度等，进行了系统总结。

下篇分草本、木本及其他类三部分，对常见园林植物的繁殖技术进行叙述。草本部分涉及893种，分一二年生草本和多年生草本进行系统介绍；木本部分涉及植物515种，分常绿木本和落叶木本进行介绍；其他类分别对兰科类观赏植物、棕榈类观赏植物、多浆类观赏植物、水生类观赏植物、蕨类观赏植物、草坪与地被植物及竹类观赏植物的繁殖技术进行详细介绍。

本书是全体编写人员辛勤耕耘的结果，编写人员反复探讨交流，以保证内容的完整并避免重复，力求全面反映国内外园林植物繁殖的新成就。

编写过程中虽竭尽全力，但终归经验不足，时间有限，不足之处在所难免，敬请读者提出宝贵意见。

编　者

2010年3月

目　　录

上篇　园林植物繁殖总论

下篇 园林植物繁殖各论

附 录

上篇

园林植物繁殖总论

第一章

概　述

园林植物繁殖是指采用各种方法增加园林植物个体的数量，以扩大其群体并延续其种族的过程。园林植物繁殖一般都是人为地控制进行，因此往往是基于植物本身的遗传特性再加上人工辅助措施来完成的。繁殖园林植物首先是为了满足园林绿化建设的需求，同时也为了保存园林植物的品种资源。因此，园林植物繁殖在栽培学和育种学方面均具有重要意义，是园林花卉产业得以维系和发展的基础。

园林植物种类繁多，其繁殖方法也各种各样。园林植物的繁殖方法主要包括有性繁殖、无性繁殖、孢子繁殖和组织培养繁殖。各种繁殖方法的原理和技术路线不同。每一种繁殖方法又可细分成多种类型，各种方法的用途与特点各不相同。其中有性繁殖主要用于一二年草本与少数园艺化程度低的木本园林植物；无性繁殖多用于球根、宿根和大多数园艺化程度高的木本园林植物；孢子繁殖仅用于蕨类植物；组织培养繁殖广泛用于球根、宿根和大多数木本园林植物新品种的培育、脱毒复壮与苗木快速扩增。

一、有性繁殖

有性繁殖（sexual propagation）是指利用植物有性生殖所产生的种子来培育新个体的过程，故又称种子繁殖（seed propagation）。通常把通过有性繁殖所获的苗木称为实生苗（seedling）。

有性繁殖的优点表现在：种子容易保存、交换与流通，繁殖技术简便易行而且繁殖系数大，所获得的实生苗根系发达、生长健壮、适应性强、植株寿命长等。有性繁殖的缺点表现在：从播种到实生苗开花结实或长成一定规格的商品苗所需的时间较长。如玉簪需2～3年，君子兰4～5年，郁金香8～9年，桂花达10年。另外，有性繁殖后代通常发生变异，使其后代不能完全保持母株原有的优良性状。但这为培育新品种提供了材料，成为育种的主要手段之一。当前生产上应用的F_1代种子和无融合生殖所得到的种子，基本上可以解决实生后代个体间遗传性状不一致的问题。

有性繁殖应用广泛，在理论上几乎所有能生产种子的园林植物均可采用有性繁殖，但在实际生产中主要用于一二年生草本花卉和部分园艺化程度低的木本园林植物。采用有性繁殖途径来繁殖的园林植物应具备的条件为：种子易获得、产量大、易萌发；实生苗生长迅速；实生苗群体能基本保持母本群体的优良特性等。

二、无性繁殖

无性繁殖(asexual propagation)是指利用园林植物营养器官(根、茎和叶)或营养器官的一部分培育出新个体的过程，又称营养繁殖。通常把无性繁殖所获得的苗木称为营养繁殖苗、无性苗，有时也称克隆苗。

无性繁殖后代的基因型与母株较为一致，因而它们的性状与母株高度一致，能较好地保持母株的优良特性，在保存育种材料和新培育的类型或自然突变上有重要的作用。无性繁殖后代的基因型一致，群体性状整齐。另外无性繁殖的速度较快，从繁殖到开花或长成商品株的时间较短。其缺点主要表现在：繁殖系数较小、苗木根系发育较差(嫁接苗除外)、适应力弱、寿命短。

无性繁殖广泛用于一些不能结实或难以结实的园林植物扩繁，也用于具有特殊观赏价值的植物及新品种的保存与繁殖，还用于实现某些特殊的栽培方式和观赏目的，如树体控制或植物造型等。

三、孢子繁殖

孢子繁殖(spore propagation)是指蕨类园林植物所产生的特有繁殖器官——孢子进行培育，获得新植株的繁殖方法。

孢子繁殖具有繁殖系数大、植株生长健壮、寿命长和能保持母本优良特性等优点，但从播种到获得商品植株所需的时间较长。

四、组织培养繁殖

组织培养繁殖(tissue culture propagation)是指把植物体的器官、组织或细胞，在无菌条件下接种到人工培养基上，在容器内培养并获得新植株的方法，又称微体繁殖(micro-propagation)。组织培养繁殖获得的苗木称为组培苗或微型苗(mini-plant)。

组织培养繁殖的优点是所需繁殖材料少、繁殖速度快、后代能保持亲本的优良性状，且可获得脱毒苗(virus-free plant)。另外，组织培养所需的空间较小，环境条件易于控制，可以周年生产。其缺点在于：组织培养需要专门的设施设备，要求较高的技术，难以被普通的苗木生产者所应用。

组织培养主要用于经济价值较高的园林植物繁殖，或用于培育无毒苗木。另外，胚培养(embryo culture)即用组织培养方法，培养受精卵和不同发育时期的胚，以获取实生后代植株的方法。由于它主要借助于组织培养的技术来实现，将其归纳为组织培养繁殖的范畴，从遗传学的角度上看，胚培养主要用于园林植物的育种，也可将其归为有性繁殖的范畴。在苗木生产上，主要用于胚或胚乳发育不全的植物繁殖如兰花类，或用于打破胚的休眠促进提前萌发。

有性繁殖、无性繁殖、孢子繁殖和组织培养繁殖是园林植物繁殖的主要方法。除此之外，还有一些特殊的繁殖方法，如胎生繁殖(viviparous propagation)。胎生(viviparity)是指一些植物的种子在其果实中发芽，形成一个小植株，然后再脱离母体的繁殖方式。生长在热带、亚热带沿海的溪河泥滩上的红树，在春季和秋季各开一次花，结的果实倒挂在伸展的树枝上，种子在果实中萌发，嫩绿枝芽伸出后仍继续摄取果实和母树的营养，等长到30cm左右时，才离开母体。梧桐科的银叶树、夹竹桃科的海芒果、锦葵科的黄槿等植物也能进行胎生繁殖。

园林植物繁殖方法还可以进一步地细分，如表 1-1 所示。

表 1-1　园林植物常见繁殖方法的分类

<table>
<tr><th colspan="4">繁殖方法分类</th><th>适用植物举例</th></tr>
<tr><td rowspan="6">有性繁殖</td><td>种子繁殖</td><td>播种繁殖</td><td></td><td>一二年生与部分多年生园林植物</td></tr>
<tr><td rowspan="5">组织培养</td><td>胚珠培养</td><td></td><td>香石竹、矮牵牛等</td></tr>
<tr><td>胚培养</td><td></td><td>鸢尾等</td></tr>
<tr><td>种子培养</td><td></td><td>兰花类等</td></tr>
<tr><td>花粉培养</td><td></td><td>风信子等</td></tr>
<tr><td>孢子培养</td><td></td><td>蕨类等</td></tr>
<tr><td rowspan="4">无融合生殖</td><td rowspan="2">种子繁殖</td><td>珠心胚</td><td></td><td>柑橘类、杧果等</td></tr>
<tr><td>不定胚</td><td></td><td>柑橘类等</td></tr>
<tr><td rowspan="2">组织培养</td><td>不定胚培养</td><td></td><td>柑橘类等</td></tr>
<tr><td>不定胚诱导</td><td></td><td>胡萝卜等</td></tr>
<tr><td rowspan="29">无性繁殖</td><td rowspan="7">扦插繁殖</td><td rowspan="4">枝　插</td><td>硬枝插</td><td>无花果、葡萄、月季、杨树等</td></tr>
<tr><td>半绿枝插</td><td>柠檬、茶花、杜鹃花、冬青等</td></tr>
<tr><td>绿枝插</td><td>丁香、葡萄、锦带花、连翘、紫薇等</td></tr>
<tr><td>草枝插</td><td>天竺葵、菊花等</td></tr>
<tr><td>叶　插</td><td></td><td>秋海棠、非洲堇、虎尾兰、燕子掌等</td></tr>
<tr><td>叶芽插</td><td></td><td>树莓、青锁龙、八仙花等</td></tr>
<tr><td>根　插</td><td></td><td>刺槐、泡桐、枣树、芍药、凌霄等</td></tr>
<tr><td rowspan="10">嫁接繁殖(枝接)</td><td>根　接</td><td>舌接</td><td>苹果、梨、月季等</td></tr>
<tr><td rowspan="3">根颈接</td><td>舌接</td><td>月季、茶花等</td></tr>
<tr><td>劈接</td><td>茶花等</td></tr>
<tr><td>切接</td><td>柑橘、核桃等</td></tr>
<tr><td rowspan="6">枝　接</td><td>劈接</td><td>柿树、刺槐、槐树等</td></tr>
<tr><td>腹接</td><td>柑橘、苹果等</td></tr>
<tr><td>插皮接</td><td>枣树等</td></tr>
<tr><td>切接</td><td>紫叶李、梅花、碧桃、寿桃、紫叶桃等</td></tr>
<tr><td>舌接</td><td>玫瑰、月季、梅花等</td></tr>
<tr><td>靠接</td><td>杧果等难以嫁接成活的植物</td></tr>
<tr><td rowspan="6">嫁接繁殖(芽接)</td><td>“T”字形芽接</td><td></td><td>毛白杨、苹果等</td></tr>
<tr><td>“工”字形芽接</td><td></td><td>多数木本园林植物</td></tr>
<tr><td>方块芽接</td><td></td><td>多数木本园林植物</td></tr>
<tr><td>环状芽接</td><td></td><td>多数木本园林植物</td></tr>
<tr><td>带木质部芽接</td><td></td><td>多数木本园林植物</td></tr>
<tr><td>胚芽接</td><td></td><td>核桃、香榧等</td></tr>
</table>

（续）

繁殖方法分类				适用植物举例
无性繁殖	压条繁殖	普通压条		木兰、迎春、大叶黄杨等
		波状压条		葡萄、紫藤、猕猴桃、铁线莲等
		水平压条		葡萄、紫藤、连翘、蔷薇等
		堆土压条		杜鹃花、贴梗海棠等有丛生枝的植物
		空中压条		桂花、橡皮树、木兰等不能弯曲的植物
		组合压条		将几种方法组合起来
	分生繁殖	分根法		二年生或多年生宿根类、蕨类植物
		分株法		灌木类和室内植物
		分珠芽		可产生珠芽的百合属植物
		分走茎		吊兰、草莓、虎耳草
		分匍匐茎		蛇莓、爬山虎、扶芳藤
		分球根	鳞茎	郁金香、风信子、球根鸢尾、水仙
			球茎	唐菖蒲、小苍兰、番红花、秋水仙
			根茎	美人蕉、鸢尾、大花姜、虎尾兰
			块茎	仙客来、大岩桐、马蹄莲、球根秋海棠
			块根	大丽花、银莲花、花毛茛、晚香玉
		分零余子		观赏葱类、薯蓣类

在选择繁殖方法时，应依据园林植物的特性、繁殖目的、种子发芽的难易程度、种苗需求量、保持母本性状的重要性等来决定。就同一种园林植物而言，根据需要可将几种不同方法结合起来进行繁殖。用不同方法获得的苗木，其特性与用途有所不同。以月季为例，如表1-2所示。

表1-2　不同繁殖方法所获月季苗木的特性与用途比较

繁殖方法	苗木特点	苗木主要用途
实生砧嫁接苗	根和地上部的遗传基础不同，砧木个体间的遗传基础基本相同，根系发达	月季切花生产、个别生根困难的庭院月季繁殖应用
扦插嫁接苗	根和地上部的遗传基础不同，根系强健，抗性强，产量高，寿命长	月季切花生产、庭院绿化
扦插苗	根和地上部的遗传基础相同，根系较强健，抗性弱，产量低，寿命短	庭院绿化、部分品种可用作切花生产
实生苗	根和地上部的遗传基础相同，根系较强健，植株个体差异大	用做月季的砧木、用于杂交育种

第二章

有性繁殖

有性繁殖也称种子繁殖或实生繁殖。大部分园林植物在完成营养阶段之后，便进入生殖阶段，即形成雄蕊、雌蕊、子房等生殖器官等过程。开花时，花粉由花药传至柱头(接粉)，花粉发芽，沿花柱向下生长达胚囊，和雌性配子结合(受精)，形成具有生活力的种子，再经传播以达到繁殖目的。

有性繁殖一次可以生产大量的苗木，且种子容易获得，在采种、贮藏、包装、运输等方面也都很方便，被普遍采用。有性繁殖的苗木根系发达，生长旺盛，寿命也长，对风、旱、热、病虫害等外界不良环境条件的抵抗力较强。

除了采用 F_1 代杂种之外，有性繁殖苗木的遗传基础相对一致，一些性状容易分离，这对于苗木生产不利，特别是一些观赏价值高的珍贵园林植物，需要保持母株原有优良特性者，不宜用种子繁殖，但对园林植物杂交育种、引种驯化有着积极的意义。

第一节　园林植物种子

种子是园林植物的繁殖最重要的材料，许多园林植物，尤其是一二年生草本花卉几乎全部采用种子繁殖。农业中的种子包括植物学上的种子以及所有类似种子或具有种子功能的器官或组织。种子最基本的功能是繁殖后代、保持种质、躲避不良环境以及产生变异以促进植物进化。种子中储藏着可供胚长期维持生命活动与萌发生长的营养物质，其中主要是淀粉、脂类、蛋白质及其他含氮化合物，还有少量的维生素、酶、色素、矿物质和一些微量元素。本章涉及的园林植物种子，是指植物学意义上的种子与果实，有的还带有附属物，多数可以干燥储藏。

一、种子的基本类型

种子的类型多种多样，并常带有附属物，在园艺上常按照有无胚乳、附属物的性状以及种子大小、形状、成熟特性等对种子进行分类。

1. 依有无胚乳分类

根据种子成熟后是否具有胚乳，可将种子分为有胚乳种子和无胚乳种子两大类。

(1)有胚乳种子(albuminous seed)

指种子在成熟后具有胚乳并占了种子的大部分，胚相对较小。大多数单子叶植物和部分双子叶植物及裸子植物的种子都属有胚乳种子。根据胚乳和子叶的发达程度及胚乳组织的来源，又可划分为三类：其一，内胚乳发达，这类种子的胚只占种子的一小部分，其余大部分为内胚乳；其二，内胚乳和外胚乳同时存在，这类植物很少；其三，外胚乳发达，这类植物在种胚形成发育过程中，消耗了所有的内胚乳，但由珠心层发育而成的外胚乳却被保留下来。

(2)无胚乳种子(exalbuminous seed)

指种子成熟时无胚乳，以肥厚的子叶贮藏营养。

2. 按种子形状分类

按种子的形状常分为球形(如紫茉莉)、卵形(如金鱼草)、椭圆形(如四季秋海棠)、肾形(如鸡冠花)以及线形、披针形、扁平状、舟形等。

3. 按粒径(grain diameter)大小分类(以长轴为准)

不同园林植物的物种间种子大小差异很大(表1-3)。小的种子如矮牵牛等，种子的直径不足1mm；而大的种子，如棕榈的种子，直径可达10mm。依据种子的大小，可将园林植物的种子分为以下四类：

(1)大粒种子

粒径大于5.0mm，如牵牛、牡丹、紫茉莉等。

(2)中粒种子

粒径在2.0~5.0mm之间，如紫罗兰、凤仙花、一串红、仙客来等。

(3)小粒种子

粒径在1.0~2.0mm之间，如三色堇、鸡冠花、半支莲、报春花等。

(4)微粒种子

粒径小于0.9mm，如金鱼草、矮牵牛、虞美人等。

表1-3　常见园林植物种子大小分级

种子大小范围(粒/g)	名称	种子大小(粒/g)
0~100	波斯菊	70
	大丽花	98
	硫华菊	70
101~200	金盏花	105
	凤仙花	115
	百日草	140
201~300	叶牡丹	245
	非洲菊	245
	天竺葵	210
	一串红	280
	情人草	297
301~400	观赏椒	315
	美女樱	350
	万寿菊	315

（续）

种子大小范围(粒/g)	名称	种子大小(粒/g)
401～1000	紫菀	420
	紫罗兰	665
	报春	1000
1001～10000	非洲凤仙	1900
	雏菊	3745
	金鱼草	6300
10001～1000000	大岩桐	35000
	球根海棠	35000
	四季海棠	70000
1000000 以上	兰花	100000～1000000

4. 依附属物的有无和来源分类

从形态上看，园林植物的种子往往由种子及其以外的许多部分共同构成，事实上，很多是植物学所指的果实。根据种子所附属的果实部分的多少，可将种子归纳为以下五种类型。

(1)包括果实及其外部的附属物

藜科植物的坚果，外部附着花被及苞叶等附属物，如红叶甜菜、地肤等；蓼科植物的瘦果，花萼不脱落称为宿萼，成翅状或肉质，附着在果实基部如竹节蓼、红蓼等；禾本科植物的颖果，外部包有稃如野牛草、黑麦草、早熟禾、结缕草。

(2)包括果实的全部

棕榈科植物的核果，如椰子、软叶刺葵、槟榔；蔷薇科植物的瘦果如草莓、蛇莓、棣棠，蓢果如多花蔷薇、白鹃梅；某些豆科植物的荚果，如紫穗槐；荨麻科植物的瘦果，如苎麻；山毛榉科植物的坚果，如栗、栎、槲；伞形科植物的分果，如防风；菊科植物的瘦果，如向日葵、菊花、万寿菊、翠菊、蒲公英等；睡莲科植物的坚果，如荷花、睡莲；葫芦科的佛手瓜等。

(3)包括种子及果实的一部分(内果皮)

蔷薇科的桃、李、梅、杏、樱桃；桑科的桑；杨梅科的杨梅；胡桃科的胡桃、山核桃；鼠李科的枣、鼠李；五加科的五加、楤木、刺楸、常春藤；漆树科的火炬树、杧果、红叶黄栌、漆树；樟科的香樟。

(4)包括种子的全部

例如石蒜科的大花葱、石蒜；葫芦科的观赏南瓜、栝楼、小葫芦；十字花科的二月蓝、桂竹香、紫罗兰、羽衣甘蓝；苋科的鸡冠花、雁来红、彩叶苋；山茶科的茶花；锦葵科的木槿、扶桑、芙蓉；蔷薇科的海棠、梨、山楂；豆科的槐树、刺槐、紫藤、羽扇豆、舞草；芸香科的柑、橘、柚、枸橼、佛手、金橘、九里香；大戟科的大戟、一品红、虎刺梅；葡萄科的地锦；柿树科的柿、君迁子；旋花科的牵牛、茑萝；茄科的观赏茄、观赏烟草、矮牵牛、观赏辣椒、冬珊瑚；柳叶菜科的月见草；茜草科的栀子、六月雪；松科的马尾松、华山松、油松、落叶松、赤松、黑松。

(5)包括种子的主要部分

种皮的外层已脱去，如银杏科的银杏、苏铁科的苏铁。

5. 按果实类型分类

(1)干果(dry fruit)类种子

指果实为蒴果、荚果、角果等干果的植物的种子。这类果实成熟时自然干燥，开裂后散出种子，或者种子与干燥果实一同脱落。如凤仙花、玉兰、含羞草、紫罗兰、菊花等。

(2)肉果(freshy fruit)类种子

指果实为浆果、核果、梨果等肉果的植物的种子。这类果实果皮含水多，一般不开裂，成熟后自母体脱落或逐渐腐烂。如：文竹、梅、西府海棠、金橘等。

(3)球果(strobile)类种子

指果实为球果的植物种子。这类果实成熟时干燥开裂，大部分种子可自然脱落。如：针叶树类。

6. 按种子成熟特性分类

(1)生理先熟种子

指形态发育尚未完全时，生理上已完全成熟的种子，如禾本科和石竹科的部分植物，常表现为胎萌。

(2)生理同熟种子

指生理成熟与形态成熟是同步完成的种子。大多数园林植物都属此类，如菊花，十字花科的紫罗兰、桂竹香、羽衣甘蓝，报春花属的四季樱草等。

(3)生理后熟种子

指形态已充分发育成熟，但生理上尚未成熟的种子，如蔷薇属、苹果属、李属、芍药、牡丹、银杏及百合属的部分植物等。

7. 按种子萌发对光照的要求分类

(1)好光性种子

指必须在有光的条件下发芽或发芽更好的种子，也称喜光性种子。如藿香蓟、香雪球、四季秋海棠、丽格秋海棠、球根秋海棠、非洲凤仙、金鱼草、一串红、夏堇等。

(2)嫌光性种子

指必须在无光的条件下发芽或发芽更好的种子，也称忌光性种子。如雁来红、蝴蝶花、福禄考、日日春、金盏花、万寿菊、孔雀草、美女樱、三色堇、仙客来等。

(3)光不敏种子

指发芽对光照要求不严格的种子，大多数园林植物的种子在发芽过程中受光的影响不大，对光没有明显反应，属于此类。

8. 按种子的遗传学基础分类

(1)混合或自然授粉种子(mixture or open pollinated seeds)

这些种子在长期的自然授粉下形成，基因组成较为复杂，群体性状遗传稳定。

(2)自交系种子(inbred lines seeds)

也称常规种子与纯种，这些种子在长期自交下形成，故基因型为高度纯合的，性状遗传很稳定，后代个体性状一致。

(3) F_1 代种子(F_1 Hybrids)

这些种子一般是由高度纯合的亲本杂交后形成，基因型高度杂合，常具杂种优势，个体间性状一致，但通常情况下其后代性状会严重分离并发生退化，不能留种使用。

(4) F_2 代(F_2 Strains)

这是一些杂种优势及其 F_1 代种子的后代分离不太明显的植物，为降低种子成本而由 F_1 代种子生产的第二代种子，基因有不同程度的分离，个体间有一些差异，但退化不严重。对于杂种优势很不明显的园林植物，可根据实际生产目的选择使用 F_2 代种子或 F_3 代种子。

二、种子的形成与发育

1. 结实的规律

一、二年生的草本园林植物，在一个生长季即可开花结实，完成整个生活史。多年生多次结实的木本园林植物包括观赏乔木和灌木，其结实的早晚、结实能力的强弱与植物个体发育的年龄时期有关。

以园林植物为例，从卵细胞受精开始到形成种子，再经种子萌发、生长、发育直至死亡，要经过五个年龄时期：种子时期(胚胎时期)、幼年时期、青年时期、成年时期、老年时期。每种树种每个时期开始的早晚和延续时间长短都不一样，同一树种在不同外界环境条件影响下，每个年龄时期也有一定差异。因此，树木开始结实的年龄取决于树木的生物学特性和环境条件，影响开花结实的迟早除了遗传因素外，一个重要因素是外界环境条件。温暖的气候和充足的光照会促使树木提早开花，土壤、水分、养分条件好的情况下结实早。

2. 种子的形成

种子的形成和发育过程是指从卵细胞受精成为合子开始，经过多次细胞分裂增殖和基本器官的分化成长，直到种子完全成熟所发生的一系列变化。种子的发育是植物个体发育的最初阶段，它的可塑性最强，对外界环境条件非常敏感。这一阶段发育的好坏，直接关系到种子本身的活力水平，同时也可能影响到下一代的生长发育，有时也能使植物的遗传特性发生一定程度的改变。

种子的基本结构包括胚、胚乳和种皮三部分。通常种子由受精后的胚珠进一步发育而成；受精卵发育成胚，受精的极核发育成胚乳，珠被发育成种皮，珠心部分以及胚囊内的助细胞、反足细胞在种子发育过程中作为营养被吸收而消失。

(1)授粉受精

授粉(pollination)是受精的前提，是有性生殖过程的重要环节。自然界中普遍存在着自花授粉(self-pollination)、异花授粉(cross-pollination)和常异花授粉三种方式(见表1-4)。

表 1-4　常见草本园林植物的授粉方式

授粉方式	名称
自花授粉	凤仙花、香石竹、香豌豆、牵牛花、羽扇豆、桂竹香、紫罗兰、君子兰
常异花授粉	翠菊、一串红、仙客来、三色堇、荷花、睡莲、非洲菊、萱草
异花授粉	香雪球、万寿菊、金鸡菊、雏菊、虞美人、旱金莲、勿忘草、矮牵牛、百合、大丽菊、百日草、菊花、石竹属、鸡冠花、紫罗兰、百合、芍药、二月蓝

根据传粉媒介的不同可将园林植物分为风媒花(anemophilous flower)、虫媒花(entomophilous flower)、鸟媒花(ornithophilous flower)三类。风媒花的植物多为穗状花序或柔荑花序，花冠不发达或不鲜艳，花粉粒体积小、质轻、较干燥。如杨、柳、桦、核桃等；虫媒花园林植物的花，多数花冠发达，花朵较大，花色鲜艳，具花蜜腺，有特殊的气味，花粉粒较大，表面附有黏性物质，如向日葵、百合、郁金香、菊花、月季、梅、桃、海棠、梨树；鸟媒花植物的花器形态结构多特化，如园林植物中的鹤望兰等。另外，水生被子植物如苦草(*Vallisneria spiralis*)、金鱼藻(*Ceratophyllum demersum*)等借助于水力传粉。

被子植物的受精作用(fertilization)包括花粉在柱头上的萌发、花粉管在雌蕊组织中的生长、花粉管进入胚珠与胚囊、花粉管中的两个精子与卵和中央细胞结合。不同植物受精所需时间不同，通常需要 1～5 天，时间较短的如橡胶草仅需要数十分钟，长的如栎属(*Quercus*)则需要一年以上。在兰科植物中，石斛兰需要几个月，毛氏兜兰(*Paphiopedilum maudiae*)需 20 周，春兰需 1 年，贝母兰需 2 年。受精不亲和在授粉期、配子发育前期及融合期均可发生，发生不亲和反应的位置一般是在花柱中，只有少数发生在胚珠或胚囊中。受精不亲和最终导致合子不能正常形成，也就不能形成有生活力的种子。

(2)无融合生殖

无融合生殖(apomixis)指植物不经过雌雄配子结合而产生种子的生殖方式(Bashaw，1988)。有些园林植物的不定胚与合子胚同在胚囊中发育，如杧果(*Mangifera indica*)；有些植物的合子胚早期退化，种子中只剩下不定胚，如柑橘属(*Citrus*)；有些植物的卵器官在早期退化，胚珠中不形成合子胚，种子中只存在不定胚，如花椒(*Zanthoxylum bungeanum*)。通过这种途径形成的种子与母体的遗传特性一致，具有类似无性繁殖的效果。无融合生殖在被子植物中有 3 种类型：即在减数胚囊中的无融合生殖、在未减数胚囊中的无融合生殖和不定胚生殖。表 1-5 为已鉴定有无融合生殖特性的植物种类。

表 1-5　具无融合生殖特性的园林植物科别（Hanna，1987）

科名	无孢子生殖	二倍体孢子形成	不定胚生殖
苋科 Amaranthaceae		×	
石蒜科 Amaryllidaceae		×	
漆树科 Anacardiaceae			×
蛇菰科 Balanophoraceae		×	
桦木科 Betulaceae	×		
水玉簪科 Burmanniaceae		×	

（续）

科名	无孢子生殖	二倍体孢子形成	不定胚生殖
黄杨科 Buxaceae			×
仙人掌科 Cactaceae			×
蜡梅科 Calycanthaceae			×
白花菜科 Capparidaceae			×
卫茅科 Celastraceae			×
菊科 Compositae	×	×	
十字花科 Cruciferae		×	
葫芦科 Cucurbitaceae			×
大戟科 Euphorbiaceae			×
球花科 Globulariaceae	×		
禾本科 Gramineae	×	×	
藤黄科 Guttiferae	×		
豆科 Leguminosae			×
百合科 Liliaceae			×
金虎尾科 Malpighiaceae			×
紫金牛科 Myrsinaceae			×
桃金娘科 Myrtaceae			×
似梨科 Ochbaceae			×
兰科 Orchidaceae			×
蝶形花科 Papilionaceae	×		
白花丹科 Plumbaginceae		×	
蓼科 Polygonaceae			×
毛茛科 Ranunculaceae	×		
蔷薇科 Rosaceae	×	×	
芸香科 Rutaceae	×		×
茄科 Solanaceae			×
山矾科 Symplocaceae			×
百鸢科 Tccophilacaceae			×
伞形科 Umbelliferae			
荨麻科 Urticaceae	×	×	×

3. 种子发育与成熟

种子的发育(development of seeds)主要包括胚及胚乳(或子叶)的发育。胚的发育从受精卵开始，受精卵经过短期休眠后发生极度不等性横裂，形成基细胞和顶细胞，二者经过几次分裂分别形成胚柄和胚体构成原胚，原胚继续进行细胞分裂与分化形成完整的胚。胚乳由一个精细胞与中央细胞的 2 个极核或次生核受精后形成的初生胚乳核发育而成，胚乳的发育稍早于胚的发育，发育形式有核型和细胞型两种。早熟禾、结缕草、木槿、海棠等的胚乳发育形式为核型；大多数双子叶合瓣花植物，如矮牵牛、红花烟草、冬珊瑚等的胚乳发育属于细胞型。

种子成熟主要包括生理成熟和形态成熟两个过程。

(1)生理成熟

种子发育初期，子房膨大，体积快速增长，种皮和果皮薄嫩，色泽浅淡，内部营养物质增加速度慢，水分多，多呈透明状液体。当种子发育到一定程度时，体积不再增加，种子在形态上表现出组织充实，木质化程度加强，且内部营养物质积累速度加快，水分减少，浓度提高，由透明状液体变成混浊的乳胶状态，并逐渐浓缩向固体状态过渡，最后种子内部几乎完全被硬化的合成作用产物所充满。种子的营养物质贮藏到一定程度时，种胚形成，此时种实具有发芽能力，称为种子的生理成熟。此时种子的含水量高，种皮不致密，不易防止水分的散失，未完全具备保护种仁的特性，此时采集的种实，其种仁急剧收缩，不利于贮藏，很快就会失去发芽能力，同时抵抗外界不良环境能力差，易受微生物侵害。

(2)形态成熟

当种子完成了种胚的发育过程，结束了营养物质的积累时，含水量逐渐降低，营养物质由易溶状态转化为难溶的脂肪、蛋白质和淀粉，种子本身的重量也不再增加或增加很少，呼吸作用也逐渐减弱，此时种子的外部形态完全呈现出成熟的特征，称为种子的形态成熟。种子致密、坚实、抗害力强，进入休眠状态后耐贮藏。

在种子从生理成熟到形态成熟的转化过程中，其内部进行着一系列的生物化学变化，从而为种子的休眠创造了一定的条件。

三、种子的寿命与休眠

1. 种子的寿命

种子的寿命是指种子的生命力在一定环境条件下能保持的期限。当一批种子从收获后到半数种子存活(发芽率降到50%)所经历的时间，就是该种子群体的寿命，也叫种子的半活期。

种子寿命长短的差异很大，其寿命主要取决于植物本身的遗传特性，还取决于种子形成、成熟过程与休眠贮藏等不同阶段。凡能影响种子新陈代谢过程的一切因素，如气候、土质、水分、肥料、病虫害、收获期，种子的干燥程度及贮藏的条件等，都可直接或间接影响种子生理状况和寿命的长短。

园林植物的种子在适宜的条件下，其寿命在1年以内的，称为短寿命种子，如非洲菊只有6个月左右；在2~4年之内的称为中寿命种子，如菊花、天人菊；而在5年以上的称为长寿命种子，如满天星、桂竹香、荷花等。一般情况下，在热带及亚热带地区，种子生命力容易丧失，在北方寒冷高燥地区，寿命较长。

种子的寿命和农业生产上的利用年限是密切相关的。当种子的发芽率降到50%以下时，即使发芽表现正常，但实际上生活力衰退。播种成苗率不高或长成不正常的植株，生长势降低，最后影响花的数量及品质。所以经过长期贮藏后，如果发芽率降到50%以下时，不宜作为生产用种。

不同的种子寿命不同，从几天到几年不等。因不同植物种类差异很大。依种子寿命可将其分为：短寿命种子、中寿命种子和长寿命种子。

(1)短寿命种子(short-life seed)

种子寿命一般在3年以内，主要成分为淀粉，因淀粉易分解，故寿命较短。又可细分为三类，一类是保存期只有几天的种子，多是一些夏季成熟的种子，一般随采随播，如报春、杨、榆、柳等的种子；一类是保存期达几个月的种子，水分含量较多，如栗、栎、银杏等，采用湿藏或采后当年秋季播种；再一类是保存期 1 年左右的种子，这些种子的外壳较为坚硬，故贮藏时间较长，如福禄考、地肤等。

(2) 中寿命种子(medium-life seed)

种子寿命一般为 3 ~ 15 年，主要成分为脂肪、蛋白质，如针叶树的种子。

(3) 长寿命种子(long-life seed)

种子寿命在 15 年以上，种子含水量低，种皮紧密，不易透水，主要为豆科植物的种子，如刺槐、合欢等，还包括一些种皮较硬的种子，如莲、美人蕉属及部分锦葵科植物的种子。

以上所讲的种子寿命指的是在自然条件下的寿命，实际上，种子的寿命还因采收时期、种子成熟度、贮藏方法等而有很大差异。表 1-6 为几种常见的一二年生草本花卉种子的保存年限。

表 1-6 常见草本园林植物种子的保存年限

种子寿命(年)	植物名称
>1	福禄考、紫菀、非洲菊、射干鸢尾、飞燕草、五色梅
1 ~ 2	报春花、花菱草、三色堇、美女樱、矢车菊、翠菊、蛇鞭菊、蓝刺头、天人菊、长春花、一串红、耧斗菜、泽兰、鸢尾、地肤、熏衣草、百合、千屈菜
2 ~ 3	蜀葵、牵牛、金鱼草、旱金莲、醉蝶花、香豌豆、虞美人、中国石竹、菊花、波斯菊、雏菊、万寿菊、麦秆菊、千年菊、矢车菊、百日草、藿香蓟、风铃草、毛地黄、扁豆、勿忘草、桔梗
3 ~ 4	向日葵、桂竹香、蛇目菊、紫罗兰、百日草、矮牵牛、鸡冠花、金盏菊、半支莲、茑萝、乌头、美人蕉、古代稀、剪秋罗、猴面花、罂粟、草本象牙红、旱金莲
4 ~ 5	三色苋、桂竹香、大丽花、霞草、花亚麻、羽扇豆、花烟草、酸浆、茑萝
5 ~ 6	观赏南瓜、凤仙花

2. 种子的休眠

种子休眠(dormancy of seeds)是植物个体发育过程中的一种暂停现象，是植物经过长期演化而获得的一种对环境条件季节性变化的生物学适应性，有利于种族的生存和繁衍，但给园艺、园林生产造成一定的不便。一般来说，种子休眠有两种：一是种子已具有发芽的能力，但因得不到发芽所必需的基本条件，而被迫处于静止状态，此种情况称为强迫休眠，一旦外界条件具备，处于强迫休眠的种子即可萌发；二是种子本身还未完全通过生理成熟阶段，即使供给合适的发芽条件仍不能萌发，这种情况称为深休眠或生理休眠。

(1) 强迫休眠(forced dormancy)

也称为种皮限制性休眠，指种皮或果皮及其他附着物的不透性强迫种子休眠，通常是由除胚以外的因素造成，一些植物的强迫休眠原因见表 1-7。可用刻伤、机械破损、腐蚀性药剂处理等方法去除种皮，用流水冲洗的方式去除水溶性抑制剂，以解除种子休眠。

表 1-7　强迫休眠的原因及其代表性园林植物

休眠原因	代表植物
种皮(果皮及附着物)坚硬致密	蔷薇、丁香、梅、桃、白蜡、齐墩果
种皮不透水	古莲子、三叶草、羽扇豆、葛藤、刺槐、相思树以及锦葵科、百合科、半日花科、旋花科、美人蕉科、铃兰科的一些园林植物
种皮不透气	结缕草、深山含笑、香樟、红松、水曲柳、椴木
抑制发芽物质(氨、氰化氢、有机酸、植物碱等)	悬钩子、鸢尾、野蔷薇、水曲柳、格木羊胡子草

(2)胚休眠(embryo dormancy)

也称生理休眠、主要是由于胚发育不成熟造成(见表 1-8)，一般可通过后熟、低温层积处理、赤霉素处理、超声波处理或遮光等方法来解除。

表 1-8　生理休眠原因及其代表性园林植物

胚发育状况	休眠原因	代表植物
胚尚未成熟	胚尚未成熟未发育完全	兰科花卉、银杏、冠状银莲花
	整个胚需生理后熟	月季、蔷薇、垂丝丁香、日本红豆杉、王莲
	上胚轴休眠	芍药、牡丹、荚蒾、百合、乌头
	上胚轴及胚根的双重休眠	大花延龄草
胚已经成熟	胚存在萌发抑制剂(如脱落酸、香豆素)	人参、鸢尾、牡丹、荚蒾、梅、桃、金缕梅、红松、瑞士五针松、美国白皮松
	光感休眠型	杜鹃花、月见草、水浮莲、秋海棠、连翘、桦木
	照光抑制萌发所致	仙客来

(3)二次休眠(secondary dormancy)

也称再度休眠，指原先能萌发的种子，在不适宜萌发的环境中重新进入休眠状态。原本不休眠的种子和部分休眠的种子均可发生二次休眠，产生的原因是由于不良外界条件使种子的代谢作用改变，影响到了种皮或胚的特性。二次休眠一旦发生，即使再将种子移置到正常条件仍不能萌发。许多因素如光或暗、高温或低温、水分过多或过于干燥、氧气缺乏、高渗压溶液和某些抑制物质等均可诱导二次休眠。二次休眠的解除与休眠深度有关，休眠解除的条件在大部分情况下与其原发性休眠(primary dormancy)是一致的。

四、种子生产

种子生产是园林植物有性繁殖的基础，包括授粉与杂交、种子采收、净种、贮藏、加工等一系列过程。

1. 授粉与杂交

在自然条件下，园林植物是靠昆虫、风力等来传粉的。但部分园艺化程度高的园林植物由于其形态发生变化和离开了原产地，已不能依靠风力和昆虫去完成，必须人工授粉后才能结实。

在园林植物栽培中品种的选择十分重要，大部分园林植物都有几个品种甚至上千个品种。为了保持其优良品种的特性，通常需要在品种内、不同植株之间进行授粉，并且为防止品种间的混杂，需要隔离。如四季秋海棠、矮牵牛、紫罗兰等有许多品种，在开花期若不注意隔离，下代则发生混杂退化，失去原品种的优良特性。

部分园林植物由于人类长期栽培和选择，花的构造发生了较大的变异，自然授粉十分困难，必须人工辅助授粉才能结实，如栽培的菊花，花冠变长，只能将花冠剪短，经人工授粉后才能得到种子；又如一些园林植物离开原产地，缺乏特有的授粉媒介或其他条件发生变化，也须人工辅助授粉，如鹤望兰在原产地是靠蜂鸟传粉，在人工保护栽培条件下则必须进行人工授粉才能结实；此外许多在室内栽培冬季开花的园林植物，由于室内没有传粉的昆虫，很难结种，必须进行人工授粉，如君子兰通常在春节前开花，且为异花授粉植物，必须人工辅助授粉。

人工授粉通常用清洁的毛笔，蘸少量雄蕊的花粉，涂在雌蕊的柱头上，授粉后毛笔在酒精中浸泡一下，待干燥后再用。也可用棉签进行辅助授粉，省工省时。

在杂交育种或品种间杂交授粉工作进行时，要在植株的花开放之前去雄并套袋，待柱头成熟时，再进行授粉。然后套袋、挂牌，标明父母本的名称和授粉日期，并做好记录。

2. 种子的采收

多数园林植物的采种是在种子完熟时进行的。种子的成熟通常分为形态成熟与生理成熟，但有些种子具生理后熟期，在采收后尚需一段时间才能完全成熟。

(1) 生理成熟

指种子的种胚已经发育成熟，种子内的营养物质积累已基本完成，种子已具有发芽能力。这时的种子含水量较高，种子内的营养物质还处于易溶状态，种皮尚未具备保护种子的能力，这时采收的种子易干瘪，难贮藏，发芽率低，达到生理成熟的种子，没有明显的外部形态标志。

(2) 形态成熟

形态成熟时种子其内部的生化变化已经结束，营养物质的积累已停止并已转化为难溶于水的淀粉、蛋白质等，种子含水量降低，种子处于休眠状态，种皮坚硬，抗逆性增强，种子耐贮藏。

大多数种子生理成熟都是先于形态成熟，也有一些种子如银杏，虽然形态上已成熟，但没有发育完全，其内部的生化活动还在继续，需经过一定时间，种胚才逐渐成熟而具有发芽能力，即所谓后熟作用。大部分种子采收后，经一段后熟作用，可提高种子的质量，提高种子的发芽率。

植物种类不同，种子成熟的时间也各不相同，作为繁殖用的种子，在采集前首先要鉴定种子的成熟度。播种繁殖成败的关键在很大程度上决定于种子的生命力，它决定了播种后发芽率的多少和发芽势的强弱。种子的成熟有两个指标，即生理成熟和形态成熟。

在实际采种时，种子成熟度通常从形态上来判断。采收种子成熟的标志是当种子表现出本品种所具有的形态、大小、色泽。为了保证种子的质量，理论上采收的种子越成熟越好。但在实际中，尚需考虑种子特性和脱落等其他因素来决定采收时期。对于大粒种实，通常在果实开裂时，立即自植株上收集或脱落后由地面上收集；小粒、易于开裂的干果类和球果类种子，一经脱落则不易采集或因不能及时干燥而易在植株上萌发，从而导致品质下降的，一般宜在果实即将开裂时，于清晨采收；对于开花结实期长，种子陆续成熟与脱落的，宜分批采收；对于成熟后挂在植株上长期不开裂、亦不散落者，可在整株果实成熟后，一次性采收。

3. 种子的调制

种子调制是指从采收的种实中，获取成熟种子的过程，主要包括种子的脱粒、干燥、去杂和分级等几个环节。种子采收后，往往带有一些杂质，如果皮、果肉、草籽等，不易贮藏，必须经过干燥、脱粒、净种、分级等步骤，才能符合贮藏、运输、商品化的要求。

(1)种子脱粒

种子脱粒干燥方法依植物果实和种子的特性来决定，对于干果类种子(如菊科植物的种子)和球果类(如松柏)通常采用在阳光下晒干后，待果实开裂后，收集种子；部分含水量高的应采用阴干的办法较好；肉果类(如茄科、仙人掌类果实)的果实含水量高，不宜暴晒，一般用清水浸泡数日，或经短期发酵后直接揉搓，取出种子。

(2)净种与分级

净种是指将种子中夹杂的杂物，如种皮、果皮、枝叶、土块等杂质去除的过程，也称净种。常依种子或杂质的特性选用风选、水选和筛选的办法。当种子去杂后，还需按一定的标准对种子进行分级，以保证生产中出苗、成株整齐，便于统一的管理。生产上常用种子和杂质重量不同、体积不同或比重不同的原理，除去种子中含有的杂质。

1)风选

利用种子和杂质重量不同的原理，用自然风或人工风，扬去空瘪种子和其他较轻的杂质。

2)筛选

利用种子和杂质体积不同的原理，用不同孔径的筛子筛去和种子不同体积的杂物。

3)水选

利用种子和杂质比重不同的原理，把种子浸入水中或盐水中，饱满种子下沉，剔除其他较轻的杂物。

种子经过净种处理后，应按种子的大小或轻重进行分级，分级用不同孔径的筛子进行筛选分级。对于同一批种子，种子越饱满，出苗率越高，幼苗就越健壮，且出苗整齐。判断种子优良度的方法如表 1-9 所示。

表 1-9 几种园林植物种子优良度切开法判断标准

树种	优良种子	低劣种子
油松 落叶松 马尾松	种粒饱满，胚乳、胚白色，有松脂香味	空粒或有胚乳无胚，胚乳淡黄色透明，皱缩或腐烂，发霉，有油哈味
银杏	胚乳饱满，表面浅黄色，切开后胚乳黄绿色，胚浅黄绿色	胚乳干瘦，切开后呈石灰状色，胚干缩，深黄色或僵硬发霉
侧柏	胚饱满，较软，胚乳白色	空粒，胚萎缩，干瘪黄褐色，较硬或过嫩未成熟
核桃	内种皮淡黄色有光，子叶饱满，淡黄白色有油香味	内种皮褐黄色、蓝黑色或深褐色，有油哈拉味，苦味，干瘪皱缩或发霉
板栗 栎类	种壳有光泽；子叶较硬，有弹性，浅黄色有光泽，子叶上面虽有暗棕色纹，但面积不超过子叶的1/4；未发芽或芽短而未能继续生长，无病虫害	种壳无光泽，色较暗；子叶软，无弹性，被皱缩，有酒味或发霉，子叶有暗棕色条纹，且面积超过子叶的1/4，或变褐，有时呈僵硬石灰质状，已发芽或有虫害
刺槐 紫穗槐 胡枝子	种粒饱满，褐色有光泽，子叶及胚根均为淡黄色，发育正常	干瘪，空粒，褐色无光泽，子叶内侧有白色菌丝或蜡状透明块斑，有虫孔
槐树	种粒饱满，子叶浅绿色，胚根黄色	种粒干瘪，子叶及胚根黄色或浅褐色，硬实种子
香椿	种粒饱满，胚淡黄色，胚乳有弹性	种粒干瘪，胚黄色或黄褐色，胚乳干缩
元宝枫	种粒饱满，种皮橙棕色，子叶黄色，或浅黄绿色，胚根较白	种粒干瘪，种皮深棕色或黑色，子叶灰绿色镶嵌或黄色，有时子叶有虫孔道

4. 种子的干燥

种子的干燥是种子贮藏工作中的关键性措施。实践证明，经过充分干燥的种子，可使种子的生命活动大大减弱，生理代谢非常缓慢，从而能较长时期地保持种子的优良品质。不仅如此，在种子进行干燥降水的过程中，还可以促进种子的后熟作用，使种子在贮藏期间更加稳定。另外，还能起到杀虫和抑制微生物的作用。

(1) 自然干燥法

这种方法简单、成本低，经济安全，一般情况下种子不易丧失活力，有时往往受到气候条件的限制。晾晒时选择晴朗天气，把种子平摊在晒场上，一般小粒种子厚度不宜超过 3cm，中粒和大粒种子不宜超过 10cm。为提高干燥效果，一般每小时翻动一次，翻动要彻底，使底层的水分也能及时散发出去。晾晒干燥后的种子在冷却后应及时入库。

(2) 红外线干燥

利用红外线穿透力较强的特点，加热干燥种子具有速度快、质量好等优点，而且成本低、省工省时。

五、种子的健康检验

1. 种子健康检验的目标及方法

(1)目标

测定种子样品的健康状况，掌握可引起田间病害的种子带菌情况，了解幼苗的价值以及发芽或田间出苗不良的原因。

(2)方法

1)取样

按国际种子检验规程(ISTA，1985)规定，通常试验样品不得少于400粒净种子，或从送验样品中取出相当(400粒)的重量。如有必要，须从一个经充分混合的次级样品中随机数取含有规定种子数的重复。

2)方法

①未经培养的检查

直接检查：应用双目显微镜观察菌核、虫瘿、孢子团、害虫、螨类及在种子上的病虫害症状，如子实体形状、细菌团状物等。

吸胀种子检查：把试样浸入水中或其他液体中，使子实体、病症更容易观察到。

检验洗过种子的悬浮：适于种子外部沾带孢子，而且可引起田间侵染。种子在加了洗衣粉的水中或在酒精中振荡一定时间，获得的悬浮液可以直接观察，或用离心、蒸发或滤去液体，使悬浮的孢子富集，然后将沉积物用已知容量液体稀释，并在显微镜下观察。一定量的种子加一定量的液体，可使工作标准化。

②培养后的检查

试验样品经一定时间培养后检查在种子内、外部和幼苗上是否存在病原菌、害虫和生理障碍或其症状。

吸水纸：供培养种子携带的病原体或检查幼苗。种子要适当排列开，以免病原物再次传布。适当时候，须供给促进真菌孢子形成的光照条件。有些病原物不须放大就可鉴别出来，适于幼苗中致病真菌所表现的病症。

沙、人工堆肥及类似的培养基：通常将不经预措的种子播在培养基上适当隔开，一面病原物再次传布，并在适宜条件下使病症表现出来。

琼脂平板：用于鉴定从种子上生长出来的病原体。在琼脂上的典型菌落可用放大镜或用显微镜鉴定，应用于腐生性的菌。

③生长植株的检查

将种子培育成植株，然后检查其病症。植株必须防止从别处来的意外感染，并需认真控制各种条件。也可将种子植于潮湿吸水纸上，先在20℃紫外光和黑暗周期为12/12小时培养两天，然后在－20℃放置一天，最后保持在20℃紫外光和黑暗周期12/12小时培养7天。有利病原物孢子生成，适于腐霉病菌。

2. 种传病害与病菌

许多植物病原实际上是全部或主要靠种子传播的，因而有效的防治措施便是通过种子检验与种子处理以排除病原。

被土传病原菌侵染或污染的种子，播种到未受侵染的土壤里，病原菌可在土壤中定居多年。许多年来，核盘菌（*Sclerotonia sclerotiorum*）、丝核菌（*Rhizoctonia solani*）的种传病害，一直由于它们主要以土壤传病而被忽视，造成病害大范围侵染。镰刀菌（*Fusarium oxysporum*）是一个有持久力的土壤侵入菌，需要对其寄主作物栽培地进行10～12年的轮作，才能将此菌饿死。其许多专化类型也可以是种传的，引起枯萎病。如紫菀萎蔫病（*Fusarium oxysporum* f. sp. *callistephi*），其第二小种引起万寿菊萎蔫病。能在许多作物上引起扁化、叶瘿瘤及花椰菜病等病害的扁化棒状杆细菌（*Corynebacterium fascians*），在有些土壤里可能是作为土壤习居者。如旱金莲（*Tropaeolum majus*）长长的花梗枯萎下垂，使正在发育的种子碰到土壤而受到感染。

（1）种传病害

在显花植物中一些属，如豆科植物（Leguminosae）和菊科（Compositae）的某些属，种子传病是很常见的。种子传病率大小在同一个寄主中病毒的不同株系之间以及不同寄主上都有很大差异，包括对某一种病毒有关系的同一个种的不同栽培品种之间。

（2）种传细菌

细菌通常由种子传带。从潜在意义上讲，任何植物都可能由种子传带。土壤杆菌属（*Agrobacterium*）、棒状杆菌属（*Corynebacterium*）和链霉菌属（*Streptomyces*）是土壤习居菌，其他属的大多数病原不适于土壤中成活，在不利的季节是依靠寄主存活。实际上，种子传播在一年生栽培作物中特别重要，仅需一年或两年非寄主植物的轮作就能有效对付细菌病害，而许多土壤来源的病原真菌都需多年，如尖孢镰刀菌（*Fusarium oxysporum*）则需5年或更多年的轮作。细菌常附着在种子表面，而引起导管或系统侵染的细菌则常常在种皮内或种子的其他组织中。种子表面细菌存活1～2年，存活在种子组织里面细菌都显示出惊人寿命，如棒杆菌（*Corynebacterium flaccumfaciens*）竟能在实验室条件下存活24年。

（3）种传真菌

大多数种子传播病原是真菌。真菌在种子上存在的情况决定于它们在载体种子上干燥条件下所能存活的能力。迄今有两类生态类群不同的真菌，它们在种子中存活及寿命有差异。一类以霜霉病菌为代表，尤其是那些不能产生休眠孢子、卵孢子或极少产生卵孢子的，需要一个稳定的潮湿条件。这些菌的生存决定于菌丝体在种子组织内潜存的寿命。另一类产生耐干繁殖体，如后垣孢子、分生孢子或其他休眠结构。大多数耐干分生孢子如果在相对湿度太低时不活动也不能萌发。真菌贮藏寿命的长短，主要取决于它们忍受长期干燥的能力。

3. 几种草花种子常见的病害种类

（1）仙客来（*Cyclamen persicum*）

仙客来为报春花科多年生球根花卉，但在园艺生产上常做一、二年生栽培。仙客来的病害种类非常多，特别是病毒病发生严重，发病率高达60%。目前报道的主要病害有15种，各自的病原物如表1-10所示，其中有多种病害可通过种子传播。

表 1-10　仙客来种子常见病害

病害	病原
仙客来灰霉病	灰葡萄孢(*Botrytis cinerea* Pers.)
仙客来炭疽病	红斑小丛壳(*Glomerella rufomaculans* Berk.)
仙客来立枯病	立枯丝核菌(*Rhizoctonia solani* Kuhn.)
仙客来叶斑病	*Phyllosticta cyclaminis* Brum
仙客来枯萎病	*Fusarium oxysporum* (Schl.)
仙客来斑点病	*Septoria cyclaminis* Pursh et Mont.
仙客来黑根病(苗腐病)	*Thielaviopsis basicola* (Berk. et Br.) Ferr.
仙客来细菌性软腐病 仙客来细菌性叶腐病	*Erwinia aroideae* (Tow) Holland; *Erwinia carotovora* (Janes) Holl.
仙客来芽腐病	*Erwinia herbicola* (Lohnis) Dyc.
仙客来卷叶病	*Pseudimonas marginalis* pv. *marginalis* (Briwn) Stevens.
仙客来花畸形病	黄瓜花叶病毒(Cucumber mosaic virus)
仙客来花叶病	烟草花叶病毒(Tobacco mosaic virus)
仙客来环斑坏死病	凤仙花坏死环斑病毒(Impatiens necrotic spot virus)
仙客来根结线虫病	南方根结线虫(*Meloidogyne incognita* Chitwood.)

由表 1-10 可见，仙客来极易感染病害，其中的第 1、2、3、5、7(真菌性病害)和 8、9、10(细菌性病害)的病原菌可随病残体在土壤中越冬，而 5、10 的种子也可以附着在种子上越冬，这些都成为次年发病的初侵染来源。仙客来的种子是病毒病害传播的重要途径，因此，上述几种通过土壤和种子传播的病害及线虫病害都应该可以通过种子包衣的方法得以解决。

(2) 一串红 (*Salvia splendens*)

一串红为唇形科多年生草本植物，作一年生栽培，在我国的栽培面积日益扩大，随之病害发生也日趋严重，仅目前已发现的侵染一串红的病毒就有 5 种(黄瓜花叶病毒、烟草花叶病毒、黄脉花叶病毒、甜菜曲顶病毒和蚕豆萎蔫病毒)(见表 1-11)，这些病毒造成一串红最严重的病害——花叶病，影响生长发育与观赏性。但该病主要是通过蚜虫传播，未见有种子带病的报道。

表 1-11　一串红种子常见病害

病害	病 原
一串红疫病	寄生疫霉(*Phytophthora parasitica* Dastur.)
一串红猝倒病	德巴利腐霉(*Pythium clebaryanum* Hesse.)
一串红灰霉病	灰葡萄孢(*Botrytis cinerea* Pers.)
一串红基腐病	立枯丝核菌(*Rhizoctonia solani* Kuhn.)
一串红花叶病	黄瓜花叶病毒(Cucumber mosaic virus) 烟草花叶病毒(Tobacco mosaic virus) 一串红黄脉花叶病毒(Salvia yellow vein mosaic virus) 甜菜曲顶病毒(Beet curly top virus) 蚕豆萎蔫病毒(Broadbean wilt virus)
一串红菟丝子病	中国菟丝子(*Cuscuta chinensis* Lam.)

另外，疫病对一串红的危害也很大，病菌的卵孢子随植株的病残体在土里越冬，能生活多年，条件适宜时萌发进行侵染，高温高湿时易发生。1、2、3、4 四种真菌病害都可通过种子包衣降低初侵染来源。

(3)矮牵牛(*Petunia hybrida*)

茄科多年生草本，通常也是作一年生栽培，矮牵牛对很多病毒都很敏感，为害的病毒有 10 多种。矮牵牛主要病害见表 1-12，其中的烟草花叶病毒病与黄斑驳病毒可通过种子传播，病星状花叶病毒可通过土壤传播，真菌性病害也与仙客来和一串红的防治方法类似，由这些病原物诱发的苗期发病有些可通过种子处理来解决。

表 1-12 矮牵牛种子常见病害

病害	病原
矮牵牛根颈腐烂病	寄生疫霉(*Phytophthora parasitica* Dastur.)
矮牵牛灰霉病	灰葡萄孢(*Botrytis cinerea* Pers.)
矮牵牛猝倒病	丝核菌属(*Rhizoctonia* sp.)；镰刀菌属(*Fusarium* sp.)；腐霉属(*Pythium* sp.)
矮牵牛细菌性萎蔫病	*Pseudomonas solanacearum* (Smith) Smith
矮牵牛黄瓜花叶病毒病	黄瓜花叶病毒(Cucumber mosaic virus)
矮牵牛烟草花叶病	烟草花叶病毒(Tobacco mosaic virus)
矮牵牛烟草坏死病	烟草坏死病毒(Tobacco necrosis virus)
矮牵牛黄斑驳病毒病	矮牵牛黄斑驳病毒(Petunia yellow mottle virus)
矮牵牛星状花叶病	矮牵牛星状花叶病毒(Petunia asteroid mosaic virus)
矮牵牛芜菁花叶病	芜菁花叶病毒(Turnip mosaic virus)
矮牵牛黄化病	类菌原体(Mycoplasma like organisms)
矮牵牛根结线虫病	南方根结线虫(*Meloidogyne incognita* Chitwood.)

(4)万寿菊(*Tagetes erecta*)

菊科一年生草本，栽培管理较容易，但易感染的病害种类也非常多，已报道的有 15 种，未见报道有种传病害，但由于万寿菊的病害主要发生在苗期，可通过种子处理来控制。主要病害如表 1-13 所示。

表 1-13 万寿菊种子常见病害

病害	病原
万寿菊锈病	鞘锈菌(*Coleosporium madiae*)；柄锈菌(*Puccinia tageticola*)
万寿菊叶斑病	壳针孢菌(*Septoria tageticola*)
万寿菊花腐病	灰葡萄孢(*Botrytis cinerea* Pers.)
万寿菊根腐病	终极腐霉(*Pythium ultimum* Trow)
万寿菊茎腐病	隐地疫霉(*Phytophthora cryptogea* Pethybr. et Laff.)
万寿菊炭腐病	*Macrophomina phaseolina* (Tassi) G. Goid.
万寿菊萎蔫病	黑白轮枝孢(*Verticillium albo-atrum* Reinke et Berth.)
万寿菊枯萎病	灰葡萄孢(*Botrytis cinerea* Pers.)
万寿菊冠腐病	丝核薄膜革菌(*Pellicularia filamentosa*)；白绢薄膜革菌(*Pellicularia rolfsii*)；终极腐霉(*Pythium ultimum*)；核盘菌(*Sclerotinia sclerotiorum*)
万寿菊镰刀菌萎蔫病	镰刀菌(*Fusarium* sp.)
万寿菊细菌性萎蔫病	*Pseudomonas solanacearum* (Smith) Smith

（续）

病害	病原
万寿菊花叶病	黄瓜花叶病毒(Cucumber mosaic virus)
万寿菊黄化病	类菌原体(Mycoplasma like organisms)
万寿菊根结线虫病	北方根结线虫(*Meloidogyne hepla* Chitwood.)
万寿菊叶枯线虫病	*Aphelenchoides tagetae*

4. 种子形态和解剖与病菌传播的关系

种子既是病原的媒介又是受侵者，它们以污染方式或被侵染方式传带病原。种子之间的形态学和解剖学上的细极结构差别极大，尤其它们周围的结构，这种细微结构高度影响着病菌对种子的物理和生理进程。对寄主的接种和建立侵染关系决定于：种子对接种体暴露时的有利条件；自胚珠到种子成熟发育连续的阶段中的感病性；由母株所造成的诸如由果实形成的包围或苞片的叶被这些外围小环境如何。

(1)果实和苞片作为种子发育的小环境

果壁和果实表面的角质层对于种子抵抗包括微生物在内的外界因素具有保护作用。另一方面，由果实形成的外围小环境有时由苞片发育时造成的，虽然对种子侵染的建立可能十分重要，但研究却很少。

(2)胚胎学和种子结构的发育

弄清胚珠在授粉和受精之前的发育与结构，对了解花期侵染机制和抗性机制极为重要。

1)授粉前

有些寄主种子能传播胚生病毒。病毒必须在母株开花前一段时间内已完成侵入。真菌中，麦角菌属只有授粉前或至少在受精前才能侵入胚珠。

2)授粉至受精期间

许多胚生病毒可通过花粉传播，有关真菌侵入胚珠研究少。

3)受精后

种子原基和正在成熟的种子的各发育阶段中，真菌入侵和接种体在成熟种子组织中最终寄生部位很重要。如果真菌入侵发生在种子接近成熟时，只有种皮或相当于种皮的果皮受到侵染，而且一般只限于表皮层。在种子原基发育后期，如颖果原基的发育后期，种子内的形态“障碍”能阻止菌丝渗透到内层。

(3)种子总体结构

从微小兰花种子到庞大的椰子结构，植物种子的大小差异很大，结核病原传播的机制来考查种子大小，只有将不同大小但属同一科或属或种的种子进行比较时，结果才是可靠的。

种子外表皮结构，如各种各样的附属物，种皮的皱纹(或起种皮作用的果皮上的皱纹)在病原的侵染或作为污染创造条件方面都起很大作用。

种子表面结构不同，对杀菌剂吸附程度也有很大差异。

与病原菌侵染和传播有关的一个主要方面是种子胚的相对大小，即胚与胚乳的体积之比。与其他科相比，豆科植物胚，尤其是营养丰富的宽厚子叶，受真菌感染特别普遍，而禾本科植物的胚小，因而受侵染机会也有限。

(4)母株和种子间的导管连接

与传播维管病原可能有关。如尖镰孢菌(*Fusarium oxysporam*)、串珠镰孢菌(*Fusarium moniliforme*)、棉花黄萎病菌(*Verticillium alboatrum*)等。

(5)种子保护层

商品种子都有一层坚硬保护层。在真种子中，通常由珠被转化而来，但是瘦果、颖果等干果保护层由子房壁转变而来的，极少情况由其他附属物特别是颖片或苞片转变而来。豆科和十字花科栅栏细胞，葫芦科主要是厚壁组织层，菊科、禾本科是纤维层，番茄种子的厚壁、长形细胞都是种子中主要保护层。

病原菌在种子中寄生部位，取决于其寄生特性。一般腐生菌或某些寄生能力弱的链格孢(*Alternaria renuis*)能藏在多种种子内部，包括禾本科、十字花科和菊科的种子。某些种子角质层厚薄不均，这种“障碍”作用的削弱很可能是角质层被真菌消化的结果。这种情况下，可看到真菌在内果皮中形成菌丝垫。

六、种子的贮藏

种子贮藏是指采用工程的方法有目的、有计划地保存种子生活力，延长种子寿命，满足生产及经营的需要的过程。对于短命种子而言，贮藏尤为重要。

1. 贮藏原理

贮藏的基本原理是在低温、干燥等人工条件下，尽量降低种子的呼吸强度，减少营养消耗，从而保持种子的生命力。贮藏的适宜条件因不同的植物种类而异，多数草本花卉种子的贮藏条件为低温(2～5℃右)、干燥、密闭。当然，即使在最理想的条件下贮藏，贮藏时间越长，则种子的发芽力越低，生产的种苗越弱。

2. 贮藏方法

常用的贮藏方法有干藏、湿藏和气调贮藏，一般是根据种子的生物学特性，主要是种子的安全含水量的高低来选择。

(1)干藏法

干藏适合于种子的安全含水量低的种子。常用的干藏方法有普通干藏法、密封干藏法低温干藏法、超干贮藏法。

1)普通干藏法

普通干藏法是不控温、不控湿的贮藏方法，也是最简便、易行、经济的贮藏方法。通常将自然风干的种子装入纸袋、布袋或纸箱中，置普通室内通风处贮藏的方法。大多数园林植物种子，尤其是不需长期保存的生产性种子及硬实种子均可用此法贮藏。这种方法在低温、低湿地区效果较好。

2)密封干藏法

将充分干燥的种子放在密封，绝对不透湿的容器中，并加入适量的吸水剂，如硅胶、氯化钙、生石灰、木炭等，保持容器的干燥，进行贮藏的方法。这种方法由于能长时间保持种子的低含水量，可延长种子的寿命，是普遍采用的方法。

3)低温干藏法

是将充分干燥的种子置于0～5℃的低温条件下贮藏的方法。干燥的种子在低温下容易保持种子的生活力，这种方法正是利用这一特性来延长种子的贮藏时间。

超干贮藏法是将种子的含水量降低到传统的5%安全含水量下限以下，但不造成种子损伤的前提下，在常温下的临界值进行贮藏的方法。降低含水量可以降低呼吸消耗，延长种子寿命。这种方法对油脂型种子较为适宜。

(2)湿藏法

湿藏法适用于种子的安全含水量较高，不宜进行干藏的种子。常用的方法有：层积湿藏法和水藏法。

1)层积湿藏法

将种子与湿沙(含水15%)，按重量1∶3的比例交互作层状堆积，同时给予适当低温(秋冬季进行或0～10℃以下)的贮藏方法。除适于安全含水量高的种子贮藏外，这种方法贮藏还可打破种子休眠。

2)水藏法

将某些水生花卉的种子，如睡莲、王莲的种子直接贮藏于水中进行贮藏的方法。这些花卉种子只有在水中才可保持其发芽力。

(3)气调贮藏法

气调贮藏法是将种子置于低氧或完全为氢、氮、CO_2气体的环境中贮藏，主要是利用种子在低氧的环境中呼吸减弱寿命延长的原理。但也有某些种子在有氧气的环境中贮藏效果更佳。

选择贮藏方法时应根据植物的种类而定，表1-14中列举了一些园林植物和种子采收、发芽率、千粒重及处理贮藏方法。

表1-14 木本园林植物种子采收、发芽率、千粒重及处理贮藏方法

树种	采种母树年龄(年)	采种期(月)	果实成熟特征	采集方法	处理与贮藏方法	千粒重(g)	发芽率(%)
油松	20～50	10	球果黄绿色	摘果	摊晒、脱粒，干藏	33.9～49.2	70～85
华北落叶松	20～80	10	球果淡黄褐色	摘果	摊晒、脱粒，干藏	4.0	60～80
侧柏	20～50	10	球果黄绿色	摘果或摇落	摊晒、脱粒，干藏	21～22	70～85
银杏	30～80	10	外种皮橙黄色	摘果或拾取	堆沤、漂洗、阴干，沙藏	2500～3300	90～95
毛泡桐	10～25	10	蒴果褐色，微裂	摘果	摊晒、脱粒，干藏	0.2～0.4	40
麻栎	25～50	10	坚果栗色或栗褐色	拾取	摊晒、脱粒，干藏	4500	85～95
楸树	15～30	9～10	蒴果黄黑色	摘果	阴干、去杂，干藏	4～5	40～50
山核桃	20～50	10	见过外果皮呈黑褐色，略开裂	摇落	手剥外皮后沙藏	3300～4500	75～85
薄壳山核桃	30～60	11	果由青转褐，缝合线四裂	击落或摇落收集	堆积、开裂取出种子，沙藏	4500	75～85
苦楝	10～25	11	核果黄色	摘果拾取	去果肉，沙藏或干藏	630～710	80～90
香椿	15～30	10～11	蒴果黄褐色	剪果穗	风干、脱粒，干藏	14～17	50～60

（续）

树种	采种母树年龄（年）	采种期（月）	果实成熟特征	采集方法	处理与贮藏方法	千粒重（g）	发芽率（%）
槐树	20～50	10	荚果暗绿色皮皱	摘果枝	去肉荚、晾干，干藏	111～125	70～80
刺槐	15～25	9～12	荚果褐色干硬	摘果枝	晾干、脱粒，干藏	20～21.8	60～80
悬铃木	15～30	11	聚合果黄褐色	摘果或击落	摊晒、筛净，干藏	4.9	10～20
海棠	20～40	9～10	果红或暗红色	摘果	堆沤、漂洗、阴干，干藏或沙藏	16.5～20	52～76
山荆子	20～40	9～10	果鲜红色	摘果	堆沤、漂洗、阴干，干藏或沙藏	10～11.5	80～90
杜梨	15～30	9～10	果赤褐色有淡色斑点	摘果	堆沤、漂洗、阴干，干藏或沙藏	11～14	70～80
山桃	7～15	8	果黄绿色，软，有柔毛	摘果	堆沤、漂洗、阴干，干藏或沙藏	2500～3333	80～90
枫杨	10～20	9～10	坚果黄褐色	摘果穗	风干、去杂，干藏	70	70～85
臭椿	15～30	10～12	坚果褐色	剪果枝	摊晒、去杂，干藏	32	60～80
白蜡	15～30	10～12	翅果黄褐色	摘果或击落	晒干、去杂，干藏	28～29	60～70
紫穗槐	2～3	10	荚果黄绿色	摘果	不处理，荚果直接播种	9～12	80
黄栌	10～30	6	核果灰褐色	采果穗	晒干、脱粒，干藏	3.6	65
柠条	5～15	7	荚果硬，黄褐色	采果	摊晒、去杂，干藏	35～37	80～90
桑	10～20	6～7	桑葚紫黑色、红色或白色	摘果、摇落	漂洗搓出种子，阴干，干藏	1.48	90
杜仲	20～40	10～11	翅果黄褐色	摘果、摇落	阴干，洗净即播或沙藏	80	50～70
核桃	20～50	10	青皮变黄微裂	摘果或拾取	去果皮、阴干，湿藏	6250～16700	90
山杏	10～20	7	果皮橙黄色	打落拾取	去果肉、阴干，干藏	770～1350	90～95
板栗	20～40	9～10	刺苞变黄	摘果拾取	阴干、脱粒，沙藏或即播	3100～6000	90～95
软枣(君迁子)	20～40	10～11	果呈黑褐色	摘果	堆沤、去果肉，干藏或沙藏	140	85
花椒	10～15	8～9	果皮红色	摘果枝	阴干、脱粒，沙藏或即播	16.5～18.5	80

第二节 园林植物播种繁殖

播种是园林植物繁殖工作中一项比较复杂的工作，必须根据不同的种类及特性，采取相应的措施，为种子发芽、出土、生长创造适宜的条件，促使种子发芽齐、出土快、生长健壮和免受自然灾害。本节从种子的萌发、播种时期、播前处理、播种方法和播后管理等方面介绍了园林植物播种繁殖技术。

一、种子的萌发

1. 种子发芽条件

种子萌发主要取决于水分、氧气、温度等因素，这些因素是互相联系、互相制约的，如温度可影响水分的吸收，水分可以影响氧气的供应等，所以要调节好水分、温度、氧气三者的关系，以保证种子正常的生理活动。

(1)水分

植物开花授粉后产生种子，种子成熟后大多呈干燥状态，因此很耐贮藏。要使它们萌发，必须提供充足的水分，使种皮湿润，当种子吸水后种仁内便发生一系列化学变化，使种子内的营养物质从不溶解状态变为溶解状态，使淀粉、蛋白质在酶的作用下转化为糖和氨基酸，并被种子内的胚根、胚芽和子叶吸收利用而生长，然后突破种皮萌发出土，长成新植株。

(2)氧气

种子是有生命的有机体，种子的生理活动时时刻刻在进行着微弱的呼吸，当它们遇到水分后，内部贮存的营养开始氧化，放出二氧化碳，这时如果土壤中含水量达到或接近饱和状态，氧气缺乏，正常的呼吸作用就会受到影响，大部分种子会窒息而死亡。

(3)温度

种子发芽需要一定的温度，因为种子内部的营养物质的分解与转化过程，都需要一定的温度，每一种园林植物的种子，都有其生长发育的适温，这是该物种在进化演变过程中形成的一种生理要求。温度过低或过高，都会对种子造成伤害，甚至腐烂死亡，大部分种子萌发的适温是15～22℃。播种时土壤的温度最好保持相对的稳定，变化幅度不宜太大。

2. 种子萌发过程

(1)吸收水分

发芽及幼苗发育的过程可用种子吸水的过程来表示。种子吸水过程一般可分为三个阶段。种子与水充分接触后，立即快速地吸水，第一阶段的快速吸水期，对于多数园林植物而言大约数小时就已完成，之后种子的含水率不再增加或缓慢地增加，这个时期属于第二阶段，此阶段一直进行到胚根(芽)突出。在此之后由于根及芽的生长，种子的含水率又开始不断地上升。

早期曾将这三个过程分别命名为吸水期、活化期以及发芽期，而将吸水期视为纯物理性的作用，因为死的种子也会吸水。所谓活化期即表示种子进行准备发芽的各项生化作用时期。但现已明确，吸水期与活化期不能截然分开，即使在第一阶段的早期，种子已经开始进行活化步骤。

第二阶段所经过的时间在不同种子间可能有很大的差异，这是因为种子准备发芽所需的时间因物种而异。所谓不同种子，包括不同物种间、不同品种间、甚至于同一批族群内的不同种子。无论如何，当种子达到第二阶段的末期时，水分的吸收已经完成，即使不再给水，也可以进入第三阶段的初期。休眠的种子(除了硬粒种子以外)吸水的过程与无休眠种子相同，可以一直进行到第二阶段，但是不能进入第三阶段。

进入第三阶段，也就是发芽以前，种子所含的水分要先达到一定的水平。这个水平因植物种类而异，据此水分的需求，可以将园林植物分成若干等级。由于种子水分的含量与其化学组成分关系密切，因此发芽的最低含水率在不同园林植物间有很大的差异。

(2)发芽

1)细胞分裂与细胞伸长

干燥种子的胚部细胞表面，不论死活或有无休眠性，在电子显微镜下皆呈现皱缩的状态，吸水后则略为扩张。此扩张的程度尚不足以达到发芽，达到发芽需要胚根(芽)进一步的生长。与植物其他部位一样，胚根(芽)的生长是表象，实质是细胞分裂与(或)细胞伸长。

就胚根的突出而言，大多以细胞伸长先于细胞分裂，以蚕豆为例，蚕豆的胚根在播种后40小时内细胞的伸长缓慢进行，第60小时可长到1mm。而细胞分裂在第56小时却尚未显著地发生。对于其他植物种子而言，两者开始进行的时间差距较小，但也多以细胞伸长为先。

细胞分裂可分成四个阶段，一个刚分裂后的体细胞含有两股染色体(2C)，此时是细胞的生长期，常称为G1(gap 1)。G1期经过一段时间后DNA开始复制，这段时间称为合成期(S)。合成期期间细胞的DNA含量陆续增加，直到全部复制完毕(4C)。此后细胞进入分裂的准备期(G2)，当G2期结束后染色体开始分离，为分裂期(M)。合成期与分裂期通常时间较短，G1特别是G2期则较长。

由于种子形成的过程中，胚根及胚芽的发育常在较早就得以充分完成而进入静止的状态，因此胚部细胞的分裂阶段停止于2C或4C。

2)胚根与胚芽

根据生理学上的定义，发芽终止于胚(根或茎)突出包覆组织之时。这个定义并不一定表示胚根才伸长不久就已发芽。由于植物种类繁多，发芽方式也有差异。哪一个部位先突出也因植物种类而异。一般是胚根先出，然后是胚芽。但是稻、稗子放在无氧或缺氧的水中，则鞘叶先伸出而且继续生长，直到叶部伸出水面后根部才跟着长出来。稻种子在氧气充沛时，也是鞘叶率先突出一点，但其后的伸长较慢，而被后来居上的胚根所赶超，因此一般以为稻种子的胚根先出来。有些种子则是下胚轴先突出，这可以在凤梨科、棕榈科、藜科、柳叶菜科、虎耳草科及香蒲科等的部分成员中见到。

某些胚部体积相对微小的种子，即不全胚形态者，如冠状银莲花(*Anemone coronaria*)、白蜡(*Fraxinus excelsior*)、荚蒾(*Viburnum* spp.)等，在可见到的胚根突出种壳前，胚部会先在内部生长，所以在所谓“发芽”可以观察到之时，胚早已开始生长。冠状银莲花胚的内部生长包括胚轴与子叶两部位，而胚乳则分解提供养分到胚部。

(3)幼苗发育

1)幼苗形态

幼苗的形态通常可依子叶的位置分成地上型与地下型两大类。若是播种发芽后下胚轴无显著的发育，而只是上胚轴(epicotyl)在生长，则会直接把胚芽顶出土表，而将子叶留在土中，称为地下型(hypogeal)，如豌豆、栎树、桃、杏、李、核桃等；反之，发芽后若下胚轴(hypocotyl)一直生长，将子叶以及胚芽顶出土表，称为地上型(epigeal)，如大豆、洋葱、南瓜、万寿菊、向日葵、月季、山茱萸、雪松等。如图1-1。

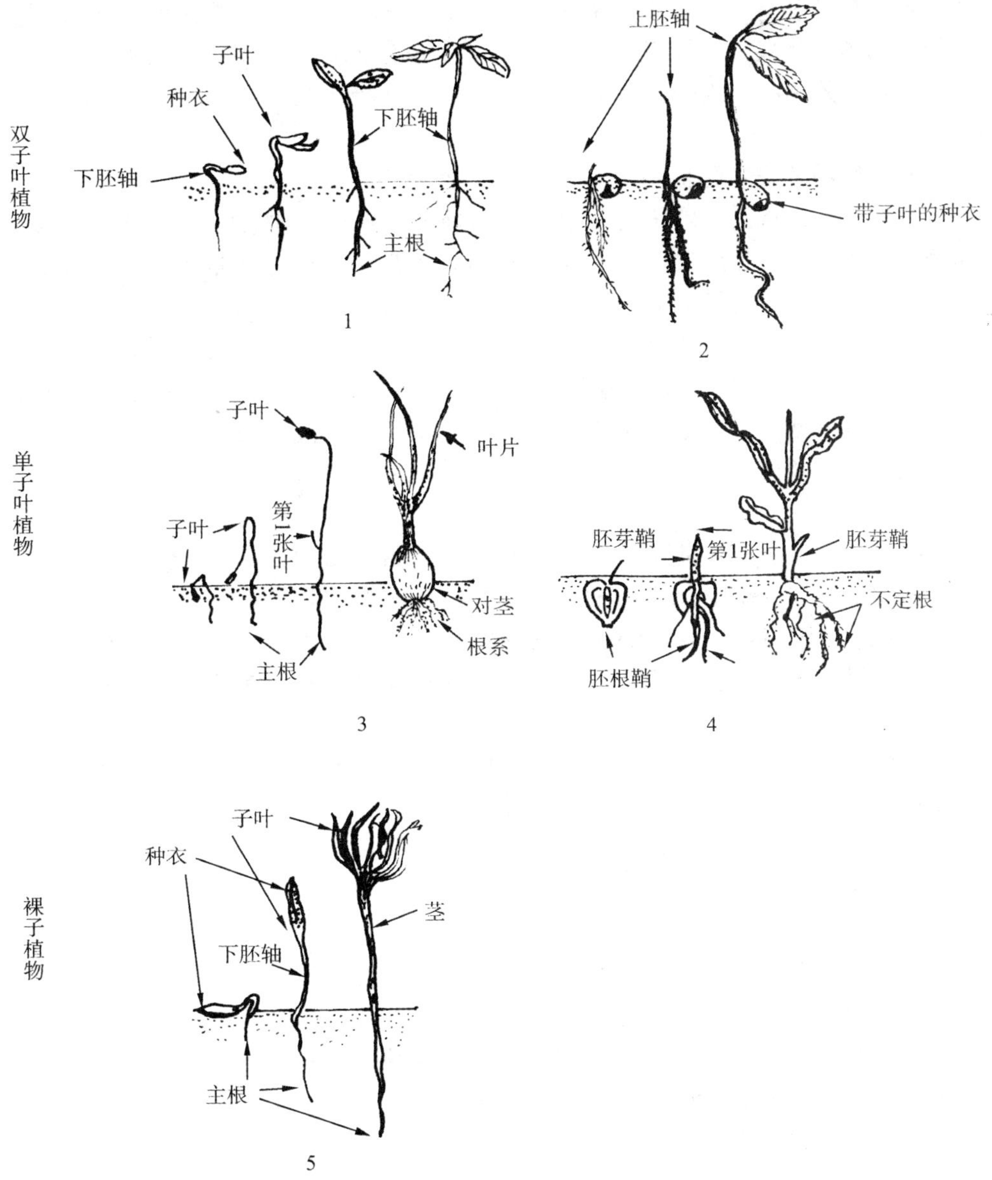

图1-1　种子发芽类型

1. 山茱萸(地上型)　2. 栎树(地下型)　3. 洋葱(地上型)　4. 玉米(地下型)　5. 雪松(地上型)

地上型发芽在出土前通常是由下胚轴形成一个倒钩，由倒钩顶出土而将子叶带出，见光后倒钩才扶正。黄瓜幼苗的下胚轴下端有一小突起，在子叶出土前恰好将种皮卡着，因此子叶得以脱离种皮；在向日葵则是子叶连果皮出土，待子叶生长后将果皮撑开。

无胚乳种子的子叶含有大量储藏物质，作为幼苗生长的能量以及生长基质来源。而有胚乳的地上型种子则是发芽后子叶才自内(外)胚乳吸收养分。一般认为禾本科种子胚部的胚盘就是其子叶，因为胚盘的重要功能是将胚乳所分解释出的养分给予吸收并转运到胚根及胚芽，具有吸器(haustorium)的作用。这种方式在棕榈科种子更加明显，如枣椰子在胚根突出外壳(果皮)并向下生长后，单片的子叶尖端开始膨胀发展成伞状体，且从外围的胚乳吸收养分。椰子中的子叶吸盘长得相当大，呈褐色，可以食用。

禾本科植物种子的胚根与胚芽间的构造称为中胚轴(mesocotyl)，中胚轴的上端含有若干个根原体，将来可以长出种子根。当埋土不深时，中胚轴不生长，直接由胚芽外面的鞘叶顶出土，然后幼叶再从鞘叶长出。胚盘一般认为就是子叶，发芽后一直与种子留于土中，因此属于地下型。

有些种子没有固定的幼苗形态，例如柑橘属(*Citrus*)的种子可能是地上型，也可能是地下型。如榴莲的种子则因种植于土中的方位而定，发芽孔朝上时则为地下型发芽，朝下时则为地上型。菠萝蜜种子深植时为地下型发芽，浅植时为地上型。花生也有类似的情况。双子叶植物的 *Peperomia* 在发芽后，一片子叶顶出，另一片则留于种皮内吸收养分。

子叶究竟为地上型或是地下型，可能是科的属性。以双子叶植物为例：

仅出现地下型(cryptocotylar)发芽的物种：肉豆蔻、睡莲科等。

仅出现地上型(或 phanerocotylar)发芽的物种者较多，如：五加科、秋海棠科、黄杨科、石竹科、木麻黄科、藜科、菊科、旋花科、景天科、锦葵科、柳叶菜科、胡椒科、蓼科、杨柳科、玄参科、茄科、伞形科、堇菜科等。

两者皆有的科也不少，如：漆树科、番荔枝科、十字花科、瓜科、大戟科、壳斗科、胡桃科、樟科、豆科、桑科、杨梅科、桃金娘科、木犀科、罂粟科、鼠李科、蔷薇科、茜草科、芸香科、无患子科、梧桐科、茶科等。

3. 种子发芽率的检测

(1)感官鉴定法

所谓感官鉴定方法就是用眼睛观察种子的大小、色泽和形状等方面的特征。

大小：同一品种的种子大粒的较好，小粒的较差。比如五角枫种子，大粒的比小粒的发芽率要高 1 ~2 倍，再比如拐枣种子，小粒种子无发芽能力。

色泽：有些种子颜色发暗、无光泽，有可能是坏种子或陈种子；颜色深、有光泽的属于充分成熟的好种子。

形状：种子饱满、无虫蛀、无畸形，是好种子。相反，种子干瘪、凹陷、虫蛀多孔或种子明显变形，是劣质种子。

(2)优良度测定法

采用刀子、钳子、锤子等工具使胚和胚乳露出，看其色泽、弹性和完整性，闻其气味。一般胚和胚乳完整、颜色为乳白色，气味为清香新鲜的种子为有生命力的种子，如果种子具有涩、酸、霉等异常气味则为劣质种子。当然也有特殊情况，比如五角枫，胚和胚乳为乳黄色则是正常种子。

(3)染色鉴定法(种子生活力测定法)

一般用作染色剂的是四唑或靛蓝等化学药品。也可以用红墨水或蓝墨水做染色剂简单地测定种子的生活力。用清水或蒸馏水把墨水稀释60～120倍，随机取种子两份，每份100粒，将种子浸泡软化，去除外壳，然后用小刀沿种胚切成对半，把其中有胚极的一半放入染色剂中，在20～30℃下保持3～12小时，一般不着色的为生活力高的种子，种胚全着色或胚根、胚乳大部分着色的为无生活力的种子，无生活力的种子不具备发芽能力。

(4)发芽率测定法

种子发芽率是指在一定的条件下，一定的时间内正常发芽种子粒数所占供试种子总数的百分率。它是种子质量的最直接、最重要的指标之一，也是确定播种量的重要依据。一些易发芽的种子，可以简易地测定其种子的发芽率。一般用45℃温水浸种24小时后，放置于湿纱布内，在25℃左右的温度下催芽，7～14天之内看其发芽情况。如香椿、油松、黑松、白蜡等种子。对于一些种皮较厚或较硬的种子，如槐树、合欢、刺槐等需用65～100℃的水多处理几次，再把吸水膨胀的种子逐渐分离出来催芽测其发芽率。一般种子发芽率在50%以上就基本可以，但有些树种的种子本身发芽率就低，如日本落叶松45%、水杉13%、鹅掌楸(马褂木)7%的发芽率就是一级种子了。

(5)水选测定法

这种方法适用于空瘪粒较多的种子，如黄栌、火炬树、紫薇、连翘等树种。将种子浸入水中加以搅动，漂在上面的为空瘪种子，沉在下面的一般是优良或饱满的种子。黄栌、火炬树、紫薇等种子下沉率为30%～50%左右即为正常，而连翘等种子在1%～5%左右下沉亦为正常，这是针对当年的新种子而言，对于有些不耐贮藏的陈种子不适用。有些种子采取水选测定法，需要经过一定时间才能测出，如侧柏、松树类种子，这些种子可采用挤压、破壳法测定其含仁率，并观察其种胚的新鲜程度来判断种子的发芽能力。

二、播种时期

木本园林植物一般为秋播和春播，一些热带植物与夏季成熟的落叶园林植物可采用夏季播种。草本园林植物的播种时期较为复杂，往往根据出圃时间而定，对于一二年生草花，分期播种为调节其花期的主要手段，通过调节播期甚至可进行反季节栽培。

1. 播种时期的确定因素

播期的选择对园林植物的繁殖非常重要，特别是在露地育苗时，若春季播种太早，因为温度较低，常发芽太慢或不能发芽；若播种太晚，则可能在生育期内不能完成其发育周期。确定播种期应考虑以下几个因素。

(1)种子本身的特性

播种时首先要考虑种子本身的特性。许多园林植物的种子，特别是一些多年生园林植物的种子为短命种子，采收如果保存时间过长，则发芽率很快下降，因此需要随采随播。而有的种子成熟后需经后熟，则需贮藏后一段时间后再播种。对于二年生草本花卉而言，在开花前需要完成春化作用，因此应于秋季播种。北方露地播种的时间，一年生花卉通常在春季3～5月，二年生花卉在秋季9～10月。

(2)种子发芽和幼苗生长所需的环境条件

不耐寒的园林植物，如一年生花卉、原产于热带和亚热带地区的多年生园林植物，通常只能采用春播，而耐寒性园林植物则相对较为灵活。通常在幼苗移入大田的前6～8周播种。在温室内育苗时，无须考虑气候条件。

(3)花期调节或市场的需求

人们常调节园林植物的花期以适应绿化或市场的需要。对于一二年生草花，分期播种为调节其花期的主要手段。生产也常通过调节播期来进行反季节栽培。

2. 各类园林植物的播种时期

不同的园林植物，应根据需要和其本身的生物学特性选择播种期，并根据环境条件灵活掌握，适时播种，以使提高种子发芽率，使幼苗出苗整齐，且能满足不同时期园林植物应用的需要。

(1)露地草花的播种期

一年生草花多在春季播种，一般北方在4月上旬至5月上旬，中原一带则在3月上旬至4月上旬，华南多在2月下旬至3月上旬播种。另外可根据市场需要进行提前或延后播种。二年生草花一般是在立秋以后播种，北方多在9月上、中旬，南方多在9月中、下旬和10月上旬播种。常见露地草花播种的适宜期见表1-15。

表1-15 常见一二年生草花露地播种的适宜期

名称	播种期	名称	播种期	名称	播种期
半支莲	4～5月	凤仙花	3月下旬～5月下旬	千日红	4～5月
长春花	4月	矮牵牛	4～5月	鸡冠花	4～5月
三色堇	9月	福禄考	3月或9月	牵牛花	4～5月
万寿菊	3月下旬～4月上旬	雏菊	9～10月	一串红	3～4月
金鱼草	9月	中国石竹	9月	紫茉莉	4～5月
金盏菊	9月	紫罗兰	9月	美女樱	4月或9月
虞美人	9月中旬～10月中旬	波斯菊	9～10月	羽衣甘蓝	8月

(2)露地木本园林植物的播种期

这类植物多为大粒种子，如杏、梅、桃、女贞、白蜡、核桃等。多在9月上旬至10月下旬进行秋播，在田间通过春化，第二年春季出苗整齐。如经过层积处理的种子，可在春季播种，在土壤表层解冻后即可播种，使苗木在盛夏之前木质化，以免高温造成幼苗枯萎。

(3)温室园林植物的播种期

温室园林植物大多是热带、亚热带地区的常绿植物，如仙人掌类、常绿观叶植物类。种子萌发主要受温度影响。在温室内周年均可播种，也可根据市场需要安排播种时间。温室播种尽可能保持相对恒温。

(4)草坪植物的播期

大部分草坪植物可初春播种，也可以于秋天播种，一般以秋季播种为佳，播种前必须灌足底水。夏季也可播种，但高温会造成幼苗生长不良，加上杂草丛生，有时会导致播种失败。

三、播前处理

播前处理目的是保证种子出苗快、全、齐、壮，其内容包括了种子处理、土壤准备、土壤消毒、种子消毒等。

1. 种子处理

针对不同的种子类型，常采用不同处理方法。由于各种园林植物种子大小、种皮的厚薄、本身的性状不同，应采用不同的处理方法。

(1)普通种子

大多数园林植物的种子，如万寿菊、茑萝、一些仙人掌类种子都很容易发芽，在播前无需做特殊处理，均可直接播种。但为促进吸水，促进萌发，通常对其进行浸种催芽。浸种的目的是使种子吸水膨胀。多数种子可用冷水、温水处理，冷水浸种(0～30℃)12～24小时，温水浸种(30～40℃)6～12小时。难萌发的种子可采用温水浸种，水温40～50℃，时间24～48小时。膨胀后的种子通常晾干种皮后再播。有时也可先进行催芽，方法为把种子包在纱布中，放于适宜的温度下，可促进其萌芽，一般在刚萌芽后就要进行播种，不可太晚，以免芽太长后不利播种。表1-16列举了浸种的要点。

表1-16　温水浸种和热水浸种要点

温水浸种	热水浸种
将相当于种子5～10倍体积的清水煮开 放置3～5分钟，直至水温降至30～50℃	将相当于种子5～10倍体积的清水煮开 稍加放置，至水温降至77～95℃
将种子浸入温水中并缓慢搅拌至水凉	将种子放入热水中(77～95℃)，又很快取出放入4～5倍的凉水中降温
将种子继续浸泡12小时，之后每隔12小时换冷水一次，浸泡1～3天	将种子在冷水中继续浸泡12～24小时
种子膨胀后，取出晾干种皮上的水分	将已膨胀的种子取出，余下种子重复以上过程，直至大多数种子膨胀为止

(2)种皮特殊的种子

种皮有蜡质或胶质的种子，如槐树、花椒、苦楝等，由于蜡质和胶质会影响种子对水分的吸收，从而抑制其萌发。处理方法有机械处理、用草木灰滤液浸种、热水浸种等。

种皮坚硬的种子，如月季、美人蕉、鹤望兰、荷花等，其坚硬的种皮会阻碍种子吸水和胚芽突破种皮。处理方法有机械处理、热水浸种、化学药剂处理(用硫酸、盐酸、氢氧化钠等腐蚀性化学药剂炭化种皮)、生物处理(用纤维素酶、果胶酶浸种，使种皮破损或降解)等。

(3)发芽迟缓的种子

有些花卉种子如珊瑚豆、文竹、君子兰、金银花等，出苗非常缓慢，在播种前应进行催芽。催芽前先用温水浸种，待种子膨胀后，平摊在纱布上，然后盖上湿纱布，放入恒温箱内，保持25～30℃的温度，每天用温水连同纱布冲洗1次，待种子萌动后立即播种。

(4)生理后熟的种子

生理后熟的种子是指形态上完全成熟，但生理上未完全成熟，致使在适宜的条件下也不能萌发，而处于休眠状态的种子。生理后熟种子常因为种子的胚尚未发育完全或种子内存在生长抑制之故。它们必须在低温下度过春化阶段才能发芽开花结果，如桃、杏、荷花、月季、杜鹃花、白玉兰等。在生产上一般可采取如下方法进行处理：

1)层积处理(stratification)

对休眠的种子可采用低温层积处理，把花卉种子分层埋入湿润的素沙里，然后放在0～7℃环境下，层积时间因种类而异，一般在6个月左右(表1-17)。如杜鹃花、榆叶梅需30～40天，海棠需50～60天，桃、李、梅等需70～90天，蜡梅、白玉兰需3个月以上，红松等则在6个月以上，红叶蔷薇则需要处理12～14个月。经层积处理后即可取出，筛去沙土，或直接播种，或催芽后再播(如图1-2)。

表1-17 部分树种种子层积催芽的日数

树种	层积催芽日数(天)	树种	层积催芽日数(天)
白蜡	80	杜仲	40
山楂	240	黄栌	120
黑松、赤松、油松	30～40	山荆子、海棠	60～90
山桃、山杏	80	花椒	60～90
君迁子(黑枣)	70～90	银杏	100～120
杜梨	50～60	平邑甜茶	30～40

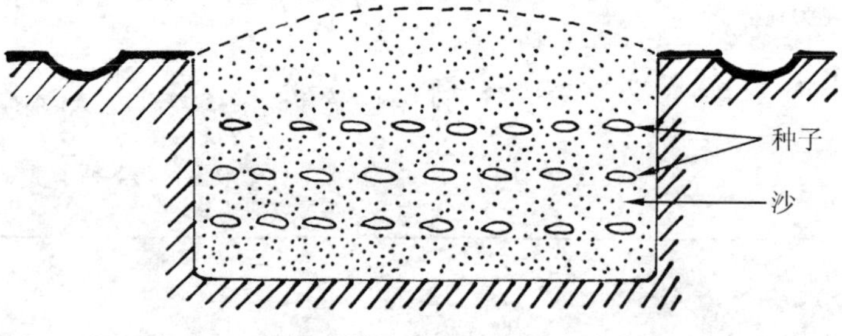

图1-2 种子层积处理

2)去皮与淋洗

由于抑制发芽的物质大多在种皮中，采用去皮或流水冲洗的方法可促进一些生理后熟的种子的萌发。

3)激素处理

采用赤霉素、细胞分裂素、6-苄基嘌呤等外源激素处理，直接提高内源促进生长的激素含量，也可促进种子萌发。

4)光处理

有些喜光种子在光下可解除休眠。

5)干贮后熟

某些一、二年生草本花卉的种子，刚成熟时发芽力差，常有1~6个月的休眠期。将它们的含水量为5%~15%的干种子干贮一段时间，便能打破休眠，如一串红等。

2. 土壤准备

育苗用土是供给花苗生长发育所需要的水分、营养和空气的基础，优质的床土应肥沃、疏松、细致，对细小种子的营养土要求较严，土壤的颗粒要小。

3. 土壤消毒

(1)65%代森锰锌粉剂消

每立方米床土用药60g，混拌后要用薄膜覆盖2~3天，撤膜后，待药味散尽后方可使用，对病害有一定的防治效果。

(2)氯化苦消毒

对土壤传播的全部病虫害都有防治效果，该药使用适温为15~20℃，而且床土应稍湿润为佳。用药前先把床土堆成30cm高的土方，每隔30cm插入一个小孔，孔深10~15cm，向每个小孔倒入5ml氯化苦，然后封死孔口，再用薄膜封堆。约7~10天后撤膜，充分翻倒土堆，让药味挥发，经7~10天后可使用床土。

(3)溴甲烷消毒

溴甲烷对土传病虫害均有一定的杀灭作用。使用时先将床土堆成30cm高的长堆，表面整平后在土堆中间位置放一小盆，放入溴甲烷后加上用带孔的盖子，每平方米床土用药量100~150g。用塑料膜封闭，防止药气挥发后外溢，10天后撤膜，翻倒床土，再经2~3天后，药味挥发完后即可使用床土。目前溴甲烷正在被禁用，一些替代药品将会不断出现。

4. 种子消毒

种子消毒可有效预防苗期病害，如苗期猝倒病、立枯病，以提高成苗率。常见的消毒方法有以下几种：

(1)多菌灵粉剂与敌百虫粉剂拌种消毒

用药量为种子重量的0.2%~0.3%，最好干拌，种子蘸药均匀，不易产生药害。

(2)福尔马林溶液消毒

常用200倍的40%溶液浸种10~15分钟，捞出冲洗，干后播种。

(3)硫酸铜溶液消毒

可用1%的硫酸铜溶液浸种5分钟，捞出冲洗，阴干后播种。

四、播种方法

常见的播种方法为床播、盆播、直播3种方式。

1. 床播

床播(bed seeding)是指用专用的苗床进行播种的方法。通常为育苗使用，待苗长到特定大小后再上盆或定植。用于园林植物种苗的大量商品化生产。大致程序如下：

(1)苗床准备

选择光照充足、地势高燥、土质疏松、排水良好的地方设置苗床。土壤翻耕后，去除残根、杂草、砖砾等杂物，施入适量腐熟的有机肥，再耙细、混匀，整平、作畦。

(2)播种

根据种子的大小、植物的种类，可采取点播(穴播)、条播和撒播三种方式。这三种播种方式的特点及应用见表1-18。

表1-18 三种播种方式的比较

播种方式	播种方法	特点	应用
点 播	挖栽植穴，每穴中播种子2~4粒	易操作、易管理，可用不间苗或少间苗，苗木通风透光，生长好，用种量少	多用于大粒种子和种子量小的情况
条 播	按一定距离挖栽植沟，在沟中按一定距离播种	需要间苗或分苗，用种量中等	常用于中、小粒种子和种子量多的情况
撒 播	在一定宽度的苗床上均匀地把种子撒开	不易操作，需间苗或分苗，苗木间距小且分布不均，生长不整齐，管理不便，需种量大	适于小粒种子或种子量很多的情况

对于体积很小的种子或带毛的种子，在撒播时常不易播匀，可事先与细沙掺和，再播种。另外小粒种子在播时应宁可稀些，不可太密，播后一般不覆土，当土变干时，从播种盆的下部浸入水中，使水从盆的底孔渗入盆土中。小粒种子出苗后，应尽早分苗，通常在两片子叶完全展开或有一片真叶(true leaf)时进行。

(3)播种量

需根据种子的质量、幼苗生长的速度、栽培条件、管理技术及种苗需要量等因素来决定。种子发芽率高、幼苗生长迅速、环境条件适宜且管理水平较高则播种宜稀，否则易密。

(4)覆土

用于覆盖的土壤应细、匀，没有小土块或其他杂质。覆土的厚度一般为种子直径的2~3倍，小粒种子以不见种子为度，以保持苗床湿润。

(5)覆盖

为减少水分损失，覆土后要进行覆盖保湿。常用的覆盖材料有稻草、麦秆、草帘、薄膜及废旧遮阳网等。喜光性种子只能采用薄膜覆盖。

2. 盆播

盆播是指一些专门的容器，如花盆(pot)、苗钵(plug)、育苗盘(tray)进行播种的方法。主要用于细小种子、名贵种子及温室花卉种子的精细播种。育苗盆也用于花卉种苗的商品化生产。

(1)育苗容器

育苗容器灵活多样，可繁可简。关键是底部要有排水孔，以排出多余的水分。花盆宜浅，一般高10cm、直径30cm为宜。

(2)育苗基质

育苗基质(growing medium)要求疏松、通气、透水。纯的园田土不适合做育苗基质。可选用富含有机的沙质壤土，也可用蛭石(vermiculite)、珍珠岩(perlite)、草炭(peat moss)等无土栽培基质或它们的混合物。配制好的育苗基质事先消毒(sterilization)。消毒方法可用加热消毒，把基质放在密蔽的容器中，加热至80℃，约1小时。也可采用化学药剂熏蒸来消毒。方法为：将育苗基质堆放在光照充足的水泥铺装上，以每立方米土壤用0.075%的福尔马林2L灌注、搅拌、压实，再用薄膜封闭熏蒸2天，然后去除薄膜，暴晒至福尔马林完全挥发(约需2周)为止。

(3)播种

基质消毒后立即上盆，随即播种。一般采用点播或撒播。大粒、名贵的种子用点播，小粒、量多的种子用撒播。播种量、播种深度、覆土、覆盖等同床播。盆播的浇水可以采用浸盆法。

3. 直播

直播是指将花卉种子直接播种于应用处，不再移栽的方法。对于直播来说，选址很重要。要求光照充足，土壤疏松、通气、透水，至少30cm的土层要适合园林植物根系生长的需要。一般采用点播或条播，以便于管理。参考成株的大小来确定种子的间隔。通常在出苗后间去弱苗，故播时可适当密一些。播种深度确定参照上述的方法。

直播主要用于生长较快、管理简单或直根性、不适移栽的园林植物种类。宜采用直播而不宜移栽的园林植物种类有：矮牵牛、孔雀草、二月蓝、虞美人、花菱草、牵牛、茑萝、矢车菊、银边翠、紫茉莉、桔梗等。

五、播后管理

播种后保持合适土壤湿度的温度，通常为21～27℃。通常在播前浇水，播后覆盖减少水分散失，确实需要时可用喷雾的办法来补充水分，防止浇水引起的土壤表面板结而导致的种子不能发芽或幼苗不能出土。薄膜覆盖常使床内温度升得太高，对种子萌发不利或致其死亡；另外，湿度过高时，需掀开透气。出苗后要及时去除覆盖物，使之见光照，防止幼苗徒长。当真叶出现后，可施一次低浓度的液体完全肥。

苗木叶片互相重叠时，需要及时间苗。除直播外，长出4～6片真叶的幼苗即可移栽。幼苗移栽时，应抓取幼苗的叶片而不要抓茎，因为茎的损伤能致幼苗死亡。间苗和移栽后要立即灌水，以保证苗木根系与土壤的紧密结合。移栽后2～3日内应放在遮荫处缓苗。

真叶的出现为幼苗形成的标志，表明根系已开始从土壤中吸收水分和养分，并且植株生存不再依靠贮藏在种子中的碳水化合物。

苗期常发生猝倒病，由真菌感染引起，防止的根本措施是对种子与基质消毒。在温室内培育的幼苗通常幼嫩多汁，在移植前应进行炼苗，以便提高移栽成活率。

六、不同种类的园林植物播种技术

1. 草本园林植物的播种技术

草本园林植物的播种依其种粒的大小而选择不同的方法。

(1)小粒种子播种技术

装盘：小粒种子播种最好用苗浅或育苗盘，装土入盘后，把土刮平，稍加镇压，但营养土不能装得过满，留下一定的空间以备覆膜。

浇底水：盘面整平后浇底水，一定要浇透，在浇水后若苗床有不平之处，应用床土填平，浇水后在床面上薄薄地撒一层营养土，防止底水过大发生猝倒病。浇水不宜用喷淋法，应用盆底渗水法(如图1-3)。

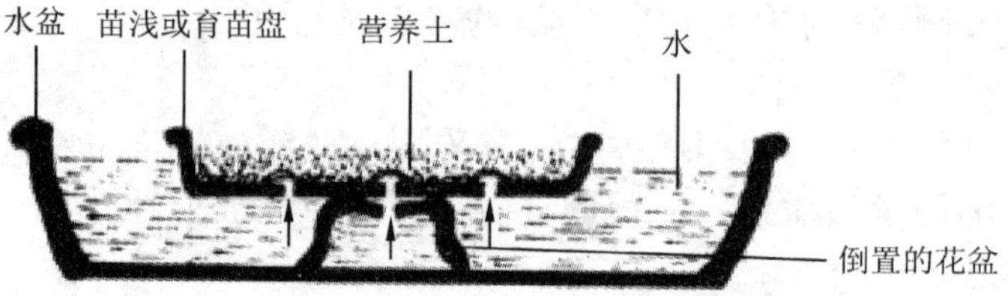

图1-3 小粒种子给水法示意图

播种方法：采用撒播法，注意撒播要均匀，播种时可在种子中掺入少量细沙，使种子松散，播种均匀。

覆土：播种后应及时覆土，覆土的厚度为种子粒径的2～4倍，对于极细小的种子不要覆土。

覆盖：用塑料薄膜或玻璃覆盖育苗盘或苗浅，以保温保湿，当膜下水滴过多时取下薄膜，去掉水珠，直到出苗撤膜。

(2)中、大粒种子的播种技术

土壤准备和土壤消毒基本和小粒种子的相同，但营养土可稍粗一些。少量的中、大粒种子可用育苗盘播种，大量种子可做畦播种。播种前灌足底水，播种可用撒播、条播和点播。点播可按一定间距，将种子逐粒按入营养土中，深度为种子直径的2～3倍，如旱金莲、君子兰、仙客来等，而文竹和武竹每穴应播3～4粒，以便尽快成丛。播种后覆土为种子直径的2～3倍，不宜太厚和太薄，太厚出苗迟缓，太薄时则床土易干，造成“芽干”现象。

2. 木本园林植物的播种技术

(1)银杏(*Ginkgo biloba*)

花期3月下旬～4月中旬，种子10月成熟。种子堆在阴湿处或沤于缸内，数日后洗净外皮，阴凉处风干。混入湿沙后0～5℃层积2个月解除休眠。室内发芽昼夜变温30℃/20℃，每天在高温时段给予光照。冬播，或早春播种经过层积处理的种子。沟距25～30cm，深4cm，每隔10cm点播1粒。春播时约需45天萌发出土。

(2)冷杉属(*Abie*)

花期4月中下旬～5月上中旬；球果成熟期9月中下旬～10月。球果在通风干燥处后熟1个月，日光暴晒脱粒；贮藏含水率8%～10%，密闭低温贮藏。发芽前低温层积；发芽适温10～15℃。春播4～5月，条播幅宽5～10cm，条距10～15cm，沟深1cm，播种量30～40kg/亩；撒播40～60kg/亩，催芽种子播后20天左右出土，未催芽种子播后40天左右出土。

(3)银杉(*Cathaya argyrophylla*)

花期4月上中旬～5月底；果熟期翌年9月下旬～10月上旬。结实丰年有明显的间隔期，于大年采收，9～10月采收；自然干燥法脱粒；干藏2～4周，湿沙层积1∶10

(种子∶沙)2个月。50μg/g引哚乙酸浸种16小时，再用25℃温水浸种3小时，捞出阴干。1月播种，播后30天出土。

(4)雪松属(*Cedrus*)

雄球花6月，雌球花8～9月；球果翌年秋季成熟。球果由浅绿色转向浅棕色且鳞片微裂即采收；晒干，筛出种子；普通干藏至翌年春季。未经处理的种子播后7天发芽，发芽过程35天；预冷处理的种子播后3天发芽，25天发芽结束。春播、条播，每米长播种行上播8～15粒，播种量3～4kg/亩，干藏种子播前浸种1～2天，期间换水1～2次

(5)油杉属(*Keteleeria*)

雄球花2月上中旬出现，雌球花2月中旬出现；果实10月下旬成熟。11月上旬采果，采后堆放3～5日，再摊放于弱光下晒1～3日，筛出种子。脱粒后室内通风处晾晒2～4日，贮存于室内凉爽干燥处。发芽日均温20℃以上，播前用0.5%高锰酸钾浸种30分钟，再用40℃温水浸种至自然冷却；播后10～12天出土。3月上中旬播种，条播，播种量12～15kg/亩，覆土1cm。

(6)落叶松属(*Larix*)

4～5月开花，秋季种子成熟。球果由绿色转为黄褐色或紫褐色且种鳞破裂时即采收，采后摊放在阳光直射的晒场或通风良好的室内自然干燥。种子含水量8%～9%密封贮藏2～3年。发芽适温20～30℃，置床前用温水浸种1昼夜。春播或秋播，10月上中旬播种的，翌年5月上旬出土。经过层积处理的种子播后6～15天出土。条播或撒播，视种子大小，一般播种量9～75g。覆土厚0.5cm。

(7)云杉属(*Pice*)

花期4月上旬～6月初，球果成熟期8月中下旬～10月。种鳞变硬且微裂，采后摊放在晒场上暴晒，种子脱落。干藏种子适宜含水量7%～9%。播前用始温45℃左右的水浸种1～2天，或用0.3%～0.5%的高锰酸钾浸渍30分钟；预处理的种子放入衬有纱布或泡沫塑料垫的发芽盒内，发芽适温20～25℃。春播，播期4～5月；条播或撒播，条幅5～10cm，条距12～15cm，沟深1cm，条播量50～60g/m^2，撒播量75～120g/m^2，覆土厚1cm，播后20天左右出土。

(8)松属(*Pinus*)

花期春季或春末夏初，雄球花略早于雌球花。球果采集后人工加热干燥脱粒。贮藏条件0～5℃，种子含水量7%～8%。发芽适温20～30℃恒温或变温；播前温水浸种1～7天，视种子吸胀难易程度。春播、条播。

(9)金钱松(*Pseudolarix kaempferi*)

花期4～5月球果10～11月上旬成熟。种子不宜暴晒，贮藏条件为-15～-18℃，含水量4%～6%。用0.2%～0.4%硝酸钾或硝酸铵浸种，发芽温度25℃。3月播种，条播，条距20cm，播种量30～38g/m^2，播后20～25天发芽出土。

(10)黄杉属(*Pseudotsuga*)

雄球花3月上旬～4月下旬，雌球花4月上旬～5月中旬；球果成熟期10月上旬～10月下旬。球果由淡绿色转为褐色，尚未开裂时采收。摊晒5～6天种鳞开裂脱粒。

5℃下干藏1年。适温15～20℃，发芽率10%～20%。3月中下旬播种，条播或撒播，播后20～30天出土。

(11)铁杉属(*Tsuga*)

花期4～5月，果实成熟期10～11月。球果呈黄褐色或淡褐色且种鳞尚未开裂时采收。种子贮藏含水量8%左右，干藏，置于通风、干燥、凉爽环境下。45℃水浸种24小时，用0.5%高锰酸钾浸30分钟，取出后清水冲洗，置发芽盒中，放入恒温箱中发芽，温度20～25℃。3月下旬～4月撒播，播种量50～60g/m^2，覆土厚1cm，播后半月以后发芽出土。

(12)翠柏(*Calocedrus macrolepis*)

花期3月，10月球果成熟。秋季采收，球果在室内后熟1周左右，再摊晒2～3天，种鳞裂开脱粒，晾干后干藏。种子发芽容易，不需要处理。3月中下旬撒播，播种量38～50g/m^2，播后20天左右发芽出土。

(13)扁柏属(*Chamaecyparis*)

雌球花4月下旬，雄球花3月下旬～4月中旬；9～11月果实成熟。球果种鳞微裂时采收，于43℃温度下烘干，或摊晒3～5天，种鳞开裂脱粒。0～5℃下密封干藏，含水量10%以下。美国扁柏在30℃/20℃的昼夜变温和每天8小时光照下，28天即发芽。3月中下旬～4月上旬播种，条播，行距13～18cm，撒播量30～35g/m^2；覆土厚为种子厚度的3～4倍，播后30～40天发芽出土。

(14)柏木属(*Cupressus*)

5～20年生开始结实，花期12月下旬～翌年4月，球果成熟期翌年7～11月。球果种鳞硬化且微裂时采收，日光下摊晒，数日后脱粒。贮藏适宜含水量8%～10%，越冬贮藏可以在普通库房或干燥凉爽处袋装或散装。贮藏2年以上的宜低温－5℃密封冷藏。始温45℃的水浸种一昼夜后置滤纸、纱布、泡沫塑料或石英沙上，放入恒温箱或光照发芽箱中发芽，发芽温度20～25℃。春播或秋播，秋播在采种结束后的9月下旬～10月上旬进行。春播在2月下旬～3月中旬。条播或撒播，条播的条距20～25cm，条幅5～10cm，播种量4～20kg/亩；撒播量5～8kg/亩；覆土以不见种子为度。秋播的，播后1周发芽出土；春播的，3周后发芽出土。

(15)刺柏属(*Juniperus*)

花期5月，果实成熟于翌年10月上旬。采后碾压或水沤后反复冲洗，去除果肉，晾干。密封贮藏，温度不高于5℃可贮藏3年。混以湿沙的种子在室内20℃下处理90天，转室外在0～5℃下处理30天，再转室内处理60天，发芽率95%。春播、条播，行距15～20cm，播种量75～100g/m^2，覆土1～2cm，盖草。经过层积催芽的种子春播后20～30天出土。

(16)侧柏(*Platycladus orientalis*)

花期3～4月，球果成熟期9～10月。种鳞尚未裂开时采收，暴晒5～6天脱粒。含水量9%～10%的种子在0℃下可以贮藏2年，在普通库中可以贮藏1年。无休眠习性，不处理，在恒温25℃、不加光照处理的条件下22天的发芽率为75%；北方地区播前30～40℃水浸种12小时。春播、条播或撒播。条播行距20～25cm，播种量3g/m^2，覆土厚 1cm，115 天左右发芽出土。

(17) 圆柏属 (*Sabina*)

花期 2 ~ 5 月，球果成熟期翌年 3 ~ 10 月。采后碾压，或热水、草木灰浸沤数日，再捣烂、搓揉，掏出种子，晾干，含水量 10% 以下。低温下混沙层积或冷库干藏。深休眠，发芽困难，播后需 2 ~ 3 年发芽。可以播前层积，5 ~ 8℃下层积 90 天。秋播，或层积处理的种子春播；条播，行距 15 ~ 25cm，覆土厚 1 ~ 2cm，盖草，播种量 25 ~ 80g/m^2。

(18) 罗汉柏 (*Thujopsis dolabrata*)

花期 3 月下旬 ~ 4 月，球果成熟期 9 ~ 10 月。种鳞微裂时采收，采后摊晒 2 ~ 3 天，种鳞裂开后筛出种子，阴干，干藏。发芽率 20%。3 ~ 4 月播种，在气温 15 ~ 20℃时播后 20 ~ 25 天发芽出土。

(19) 木兰属 (*Magnolia*)

花期 2 ~ 5 月，果 8 ~ 10 月成熟。果实有少数蓇葖开裂时即可采收。采集后摊晒2 ~ 3 天，待蓇葖全部开裂，取出种子。也可摊于室内干燥，待蓇葖开裂，脱出种子后用清水或 0.3% ~0.5% 的碱水浸泡 2 ~ 3 天，搓洗并漂净肉质外层，晾干。短期贮藏的种子可用塑料袋密封置于阴凉室内，或混沙湿藏。有休眠习性，需经 2 ~ 5 个月 3 ~ 15℃的层积处理，在常温下置于发芽基质中，发芽温度为 20 ~ 25℃。秋播或春播，多采用越冬层积后春播。条播，行距 20 ~ 30cm，覆土 2 ~ 3cm，并盖草。层积后春播的一般35 ~ 50 天萌发。播种量 18 ~ 50g/m^2。

(20) 含笑属 (*Michelia*)

花期 3 月上旬 ~ 4 月中旬；果熟期 8 月上旬 ~ 11 月上旬。果实有少数蓇葖开裂时采收，摊于通风阴凉处，自然干燥开裂，种子用 0.5% 碱水浸泡 1 ~ 1.5 天，或清水浸泡 3 ~ 4天，肉质外皮软化后，置水中搓洗干净，阴干，含水量 23% ~ 35%，混沙湿藏越冬，保湿。无休眠习性的种子不需层积处理；有休眠习性的种子，室温层积 12 周或 100ug/g GA_3浸种 24 小时再室温层积 8 周，恒温 25℃下处理 20 天后的发芽率为 82% ~ 90%。随采随播或冬播，也可以室温层积后春播、条播，条距 20 ~ 30cm，条幅 5 ~ 7cm，播种沟深 2 ~ 3cm。用种量福建含笑为 10 ~ 13g/m^2，长蕊含笑和醉香含笑为 13 ~ 15g/m^2，黄兰为 30 ~ 35g/m^2，云南含笑为 20 ~ 30g/m^2。播后覆细土并盖草或松针。

(21) 连香树科 (Cercidiphyllaceae)

4 月中旬 ~ 5 月上旬开花，花先叶开放或与叶同放，果熟期 8 ~ 10 月。9 ~ 10 月初，蓇葖果出现开裂征兆时及时采摘果穗，摊晾阴干，抖出带翅种子后轻揉去翅，筛去杂质即得纯净种子。也可以带果干藏后在播前再调制脱粒。种子适于干藏，但不宜久藏。每克种子有 1100 ~ 1300 粒。净度可达 90% 以上。种子无休眠习性，室内发芽测定 20 天可以结束。春播，4 月 11 日 ~ 5 月 14 日发芽，发芽率可达 65%。幼苗出土时生长细弱，常受大雨袭击，可先播在盆内，待苗高 4 ~ 6cm，真叶出现后按株行距 10cm × 15cm 移栽。幼苗期需遮荫防雨。

其余一些树种的播种技术和栽培管理措施见表 1-19。

表 1-19　一些树种播种技术与管理措施

树种	播种期	每亩用净种(kg)	种子催芽方法	育苗方式及播种方法	覆土厚度(cm)
油松	3、7、11月	10	40～50℃温水浸种24小时后催芽	苗床或大田式宽幅条播	1.5～2
赤松	3、7、11月	5～7	40～50℃温水浸种24小时后催芽	苗床或大田式宽幅条播	1～1.5
黑松	3、7、11月	5～7	40～50℃温水浸种24小时后催芽	苗床或大田式宽幅条播	1～1.5
落叶松	3月下旬～4月上旬	5～7	45℃温水浸种24小时后混湿沙催芽	苗床式宽幅条播	0.3
侧柏	3、7、11月	4～5	40～50℃温水浸种24小时后催芽	苗床式大田宽幅条播	1.5～2
小叶杨	4月上旬～5月上旬	0.3～0.5	随采随播或20～30℃温水浸种2小时混细沙播	宽幅撒播或条播	0.2～0.3
毛白杨	4月下旬	0.3～0.5	随采随播或20～30℃温水浸种2小时混细沙播	宽幅撒播或条播	0.2～0.3
柳树	4月下旬	0.2～0.3	随采随播或20～30℃温水浸种2小时混细沙播	宽幅撒播或条播	0.2～0.3
桑树	6月	0.5	凉水拌种半天混沙播	宽幅撒播或条播	0.5
泡桐	4月中旬	0.5	装入纱布袋内凉水浸种一天冲洗干净，混湿沙催芽	宽幅撒播	0.2～0.3
香椿	4月上旬	1	凉水浸种1天后催芽	宽幅撒播或条播	0.5～1
刺槐	4月上旬	2.5	用60～70℃温水浸种1天后用30%黄泥浆漂出膨胀粒，硬粒再用80～90℃热水浸种1天再漂，直至全部膨胀，分批催芽有1/3扭嘴时播种	苗床或大田宽幅条播	1～1.5
紫穗槐	4月上旬	4～5	80～90℃热水浸种1～2天后催芽	苗床或大田宽幅条播	0.5～1.5
苦楝	3、11月	15～20(果实)	60～70℃水浸种1～3天后混沙催芽或结合贮藏层积催芽	大田式条播或苗床条播	2～3
臭椿	4月上旬	1.5	40℃温水浸种1天后混沙催芽	苗床或大田式条播	1～1.5
枫杨	3、11月	4～5	80℃热水浸种1天后混沙催芽或层积催芽	大田式或苗床条播	2～3
杜仲	3、11月	5	40℃温水浸种1天混湿沙催芽	苗床式条播	1.5～2
白蜡	4月上旬	2～3	低温混沙催芽	苗床或大田式条播	1.5～2
花椒	3、11月	45	从泥饼中取出种子，或用碱水浸泡后混湿沙催芽	大田式或苗床式条播	1.5
君迁子	3、11月	5	低温混沙催芽或温水浸种后混沙催芽	苗床或大田条播	2
银杏	3月下旬	60	低温混沙催芽	苗床或大田催芽	2
板栗	3月下旬	150～200	混沙催芽	开沟点播	3～5
核桃	3月下旬	250～300	冷水浸种5～7天，表皮晾干后播种	大田开沟点播	4～6
火炬松	3月中旬	0.5～1	用草木灰搓掉种皮蜡层后层积催芽或插前用80℃水自然冷却后浸泡2～3天	大田或苗床式条播	2.5～1
麻栎	11月下旬或3月下旬	150～200	混沙坑藏	开沟后条播或穴播	4～6

（续）

树种	播种期	每亩用净种（kg）	种子催芽方法	育苗方式及播种方法	覆土厚度（cm）
栓皮栎	11月下旬或3月下旬	175～200	混沙坑藏	筑床条播	4～6
八棱海棠	11月中旬或3月中旬	1～1.5	层积催芽	种床撒播，出苗后移栽或大田条播	1.5～2.5
甜茶	11月中旬或3月中旬	0.5～1.0	层积催芽	种床撒播，出苗后移栽或大田条播	1.5～2.5
山荆子	11月中旬或3月中旬	0.5～1.0	层积催芽	种床撒播，出苗后移栽或大田条播	1.5～2.5
杜梨	11月中旬或3月中旬	1～2.0	层积催芽	种床撒播，出苗后移栽或大田条播	1.0～1.5
褐梨	11月中旬或3月中旬	1～1.5	层积催芽	种床撒播，出苗后移栽或大田条播	1.5～2.5
豆梨	11月中旬或3月中旬	1～1.2	层积催芽	种床撒播，出苗后移栽或大田条播	1.5～2.5
毛桃	11月中旬或3月中旬	3～50	层积催芽	点播	1.0～1.5
山桃	11月中旬或3月中旬	20～40	层积催芽	点播	4～5
山杏	11月中旬或3月中旬	15～30	层积催芽	点播	4～5
酸枣	11月中旬或3月中旬	10～12	层积催芽	条播	4
山里红	11月中旬或3月中旬	7.5～15	开水烫5分钟冷水浸种24小时，层积催芽	条播	4

3. 草坪植物的播种技术

草坪植物应以多年生和丛生性强的草本植物为主，应选择繁殖容易、生长快、能迅速形成草皮，耐修剪、践踏、抗寒、抗热和耐旱的品种。我国各地气候差异大，对草坪的要求都有不同标准，因此要根据各地具体情况选用不同的草坪草种。

（1）不同类型草坪的草种选择

休憩草坪：通常是指铺在公园、广场、校园的公共绿地中供人休息活动的草坪。这种草坪形状、面积大小不等，管理粗放。其品种选择要耐踩踏、绿草期长，能适应低剪和重剪。主要草种有细叶结缕草、中华结缕草、地毯草、草地早熟禾、紫羊茅等。

观赏草坪：这类草坪以观赏为目的，要求绿草期长，整齐美观等。管理要求精细，要严格控制杂草生长。主要草种有早熟禾、细叶结缕草、地毯草等。

运动场草坪：运动场草坪需要特殊的草类，耐践踏、耐强剪、有健壮的根系，再生能力强。所用的草类有黑麦草、早熟禾、假俭草、韧叶紫羊茅、狗牙根、高羊茅等。

疏林草坪：指在旅游风景区、森林公园、植物园等地种在疏林下的草坪，一般不加以修剪。主要种类有普通早熟禾、林地早熟禾、地毯草、紫羊茅等。

防护草坪：指在水岸、坡地、道路旁等处栽种的草坪，主要作用固定土壤、防止水土流失。要求根系发达、适应性强的草种。主要种类有狗牙根、细叶结缕草、假俭草、竹节草、细羊茅等。

（2）场地准备

平整：建植草坪前需对场地进行平整，平整时最好把表土堆在一边，以待回填。

如特殊需要如建高尔夫球场或在坡地建立自然式草坪，可保持原有的状态。

翻耕：平整好后把表土回填，然后进行翻耕，一般不少于 20cm，翻耕时如有条件可加入一定量的泥炭，能促进土壤团粒结构的形成，同时改善土壤通气状况。翻耕后需晾晒一段时间，促进土壤风化和消灭病虫卵，在播种前把土块碾碎，然后灌水，准备下种。

施肥：建立草坪时都应施入基肥，以有机肥为主。肥料选择时应保证充足的氮肥供应，以堆肥和厩肥为主。并结合翻耕施入待建草坪中。

(3)播种方法

播种期：大部分草坪播种可春播也可秋播，在北方 4 ~ 9 月，南方 3 ~ 11 月均可播种。但一般以秋播的效果为好，因此时气温适于草种发芽而不适于杂草种子发芽，在早春也能迅速生长，起到控制杂草的作用。

播种量：播种量大，见效快，播后管理容易。但由于草坪植物分蘖能力很强，播种量稍小也能形成很好的草坪，在正常情况下，大粒种子(如黑麦草、紫羊茅、野牛草)播种量 20 ~ 25kg/亩，中粒种子(如草地早熟禾)播种量 15 ~ 20kg/亩，小粒种子(如红顶剪股颖、草地早熟禾)播种量 8 ~ 15kg/亩。

播种方法：小面积播种时，均采用人工撒播方法，撒播时要把种子均匀地撒在床土上，然后用钉耙纵横各耙一遍，使种子落入土中，然后用木磙镇压。人工撒播方法简单，但要求技术性较高，否则容易造成出苗不齐或造成播种失败。大面积播种时应采用条播机播种，最好纵横各播一遍，以减少行距，从而尽快形成致密的草皮。草坪喷播技术是近年来开发的草坪建植新技术，在大型运动场、大型的坡地均采用这种方式，具有播种均匀、出苗齐、质量高、费用低等优点。可以把施肥、播种、覆盖等工序一次性完成。喷播的配料主要是水、肥料、纤维、黏着剂等，水用量为 3 ~ 4kg/m^2；对黏着剂的要求是能够反复吸水而不失黏性，用量为 100 ~ 130g/m^2；纤维主要有木纤维和纸浆，用量为 100 ~ 150g/m^2；肥料以复合肥为佳，施用量 30 ~ 50g/m^2。在将各种配料中加入喷洒器中时，应先加入水，再加入纤维、黏着剂、肥料和种子，经充分搅拌均匀后即可喷播。

第三节 草花的良种繁育

草本花卉具有种类丰富、品种繁多、花色鲜丽丰富、花期相对集中等优点，因而成为园林绿化中点缀效果好、美化装饰性强，且见效最快的一类花卉，但草花观赏品质和应用效果与花卉良种紧密相关，良种的科学繁育和合理应用能有效地改善草花观赏品质和抗性，充分发挥群体美和色彩美的效果，提高草花在园林和花卉装饰中的观察效果。

一、概念

1. 草花概念

草花多指 1 ~ 2 年生草本花卉，在美国尤其是指用于花坛的草本花卉。草花起始于

20世纪初，40年代首先迅速发展于欧洲，之后是在美国、日本。70～90年代新品种不断出现，已经占据了花卉业的主要地位，近年来日本和美国的草花发展很快。1979年美国为50万株，1994年已经达到40亿株，目前年产种苗是250亿株。

草花的分类方法如表1-20所示。

表1-20　草花的分类

花坛植物(室外用)(bedding plant)	传统类型	一串红、万寿菊、鸡冠花、三色堇、百日草、雏菊、金鱼草、美女樱、四季海棠、羽衣甘蓝
	新兴花卉	垂吊矮牵牛、非洲凤仙、杂种天竺葵、藿香蓟、黄花波斯菊、金光菊、粉萼鼠尾草
盆栽花卉(potted flower)(室内观赏用)(indoor plant)	观花类	金盏菊、球根海棠、蒲包花、瓜叶菊、报春花
	观叶类	银叶菊、蕨类、绿萝、一叶兰、富贵竹
切花(cut-flower)	翠菊、鸡冠花、金鱼草、非洲菊、紫罗兰、香豌豆	

2. 良种繁育概念

良种繁育是指在良种的引进、繁育和推广过程中，不断地保持和提高其种性，加速良种种子的生产，以获得大量优质种子(种苗或种球)的一系列程序和方法。其主要任务包括引进和大量生产优质种子，实行品种更新更换；防止品种混杂退化与劣变，保持品种种性等。改革开放20多年来，我国的草花良种繁育工作在引种驯化与品种改良、种子生产、良种繁育体系和基地建设等方面都取得了一定进展，不仅扩大了园林中草花应用的种类和品种范围，而且应用数量与品质都有不同程度提高。

二、我国草花良种繁育工作的历程

1. 草花栽培品种的演进与发展

(1)农业栽培品种的三个阶段

栽培作物起源于野生植物，人类为满足观赏与应用需要，选择某些野生类型经长期栽培驯化和人工选择，使其遗传性向着人类需要的方向变异，从而选育出具有一定特点，适应一定自然条件和栽培条件的多种花卉群体即各种品种(variety)。农业生产中，把已不是野生而用于商业繁殖或生产栽培的材料都称为栽培品种(cultivar)。按照生产力的发展，农业经历了原始农业、传统农业和现代农业三个历史发展阶段，不同的发展阶段获得栽培品种的手段、栽培品种特性和它发挥作用不同。栽培驯化与无意识选择是原始农业栽培品种获得与改良的特点；利用天然变异有意识地“择优育种”是传统农业时代优良品种的起源；而多种途径人工创造变异后选择是现代农业栽培用种获得与改良的飞跃发展。

(2)草花栽培品种的演进与发展

花卉生产属于农业生产的范畴，其栽培品种的获得与改良同样经历了上述三个阶段。只是发展速度和规模远不及农作物及其他果蔬园艺生产的水平。在花卉栽培品种的获取与改良上，我们的祖先有很多经验，如很早便知道利用芽变，经无性繁殖后成为新品种；利用有性繁殖以选育新品种，如牡丹大量选种法、菊花实生繁殖选种培育法、蜀葵天然杂交选种选择法等。在当代，新中国成立前西北农业大学就进行过草花制种。新中国成立后，花卉栽培品种的获得与改良途径有了一定发展，但由于历史原因，20 世纪 60、70 年代一度处于停滞状态。十一届三中全会的召开，迎来了花卉业的春天，草花的良种繁育工作开始恢复。如优良栽培品种的引进与品质改良、草花种子生产与防杂保纯等工作开始展开。草花栽培品种的演进与发展在一定程度上反映了我国草花良繁工作的发展进程，按其发展特点，大致可分为以下三个阶段：

1）恢复时期（20 世纪 70 年代末 ~80 年代初）

改革开放首先使人们从观念上摆正了花卉业在国民经济与社会发展、人民生活中的地位和作用。1979 年鞍山园林学术会议讨论了花卉种质资源、名花系统研究与品种分类；1983 年中国园艺学会在厦门召开了花卉商品化生产学术会议，这标志着花卉业进入了恢复发展时期。在此期间，花卉栽培用种的来源一是沿袭传统农业时代的“择优留种”法，以常见传统草花为主，如西宁的虞美人（*Papaver rhoeas*）、北京的紫茉莉（*Mirabilis jalapa*）、凤仙（*Impatiens balsamina*）、新疆的蜀葵（*Althaea rosea*）等，草花种子自采、自留、自用；二是搜集与繁殖前人记载的传统名优花卉品种，如清代赵学敏《凤仙谱》记载的‘青桃’、‘锦边红’名品；陈淏子《花镜》中的‘四季莲’等；三是调查各地野生花卉资源，筛选观赏价值高，有应用前景的种初步引种栽培。这不仅为品种改良提供了原始材料，也丰富了草花生产用种类型；四是少量引进国外草花良种。在此期间，仅通过有限的渠道进口了一些优良草花种子，如通过科研单位种子交换，探亲访友赠送等形式引进如金鱼草（*Antirrhinum majus*）、三色堇（*Viola tricolor*）等，其种类少，数量有限。

2）研究性引种驯化与良种繁育时期（20 世纪 80 年代中后期 ~90 年代初）

随着对外开放、对内搞活政策的深入贯彻执行，花卉业的发展也进入到一个新的时期。国外草花品种的大量引进与良种繁育、野生花卉资源的引种驯化与品种改良成为此期的明显特点。中国花卉协会在 1985 年前后组织两次草花制种科研协作会议。1988 年陈俊愉主持成立全国草花良种繁育基地网协作组，并从德国引进 77 种 600 多个品种草花在 20 多个协作单位和部门进行区域化试验。促进了各地草花良种繁育工作，丰富了各地草花品种，在花卉良种繁育史上具有划时代的意义。

同时，各系统植物园、各地市园林花卉科研部门在野生资源和国外优良品种引种驯化和开发利用方面做了大量工作。如上海植物园自 20 世纪 80 年代初就开始专科专属研究，推出百合科、天南星科许多新品种用于园林绿化，如金苞花（*Pachystachys lutea*）、百合（*Lilium*）、萱草（*Hemerocallis fulva*）等，还向国外出口草花组培苗 10 多万株；北京植物园引种驯化各类宿根耐寒草花 350 多种，代表属有玉簪、萱草、紫菀等。在引种驯化基础上，不少科研院所进行了新品种选育，如三色堇、金盏菊、雏菊、金鱼草等和系列杂交育种工作，如石蒜、百合等，为草花的良种繁育提供基础材料。

3）商业性引种与多途径种子生产时期（20 世纪 90 年代中后期）

进入 20 世纪 90 年代，草花栽培用种的来源和类型都有较大变化。一方面，随着国外草花育种工作的发展，国内草花市场的繁荣和国内种子生产滞后，大大推动了我国草花种子引进工作。引种范围和渠道不仅是科研交换，而是通过有进出口权的农林部门和国内外大型花卉公司进口大量草花种子，进入商品化的引进与经营阶段。目前我国花卉种子和种苗90%以上依赖进口。据不完全统计，1998年我国进口草花种子约58.8万kg。另一方面，国内草花制种工作也开始进行，从事单位如中国农业大学、北京市园林科研所、杭州花圃、农业部下属公司、包头园林科研所等。同时，国外种子商如日本、美国、意大利、丹麦、荷兰等纷纷进入我国西南、华北、西北、东北等地建立花卉种子基地，主要生产草花杂种一代。随着现代生物技术的发展，多途径的育种技术如诱变、细胞融合、基因工程等广泛应用于花卉种子生产，成为这一时期主要特点也是今后花卉种子生产的发展趋势。

2. 草花种子生产

我国草花种子生产比较落后，1978年以前基本上是传统农业自给性的种子生产；1978年国家农业部提出种子"四化一供"(种子生产专业化、加工机械化、质量标准化、品种布局区域化和有计划供应良种)工作方针后，对草花种子生产有很大促进作用。与改革开放前相比，草花种子生产在种类、技术规范等方面有了明显的进展。

(1)品种的种子生产

国际作物改良协会分纯种(即我国通称的常规种子)为四级，其顺序为育种者种子(breeders seed)、基础种子(foundation seed)、登记种子(registered seed)和检验种子(certified seed)，原种相当于国外育种者种子。检验种子为种子生产者繁殖的原种的各代种子，经专业良种场或特约农户繁殖为生产用种。传统农业自给性的种子生产没有隔离和选择，自留自繁，而现代农业的商品化种子生产都采用分级繁育和世代更新制度。花卉发达国家和我国部分地方采用"保纯繁殖"法繁育程序，其基本原则是保持品种的种性和纯度，我国常用的是"循环选择"(也称"提纯复壮")，其指导思想是保持纯度提高种性。

据不完全统计，我国自产草花种子有100多种，其中绝大部分为常规种子。其原种的生产程序依繁殖方式和品种类型而定。自交、常异交和无性繁殖的花卉普遍采用"单株(穗)选择、分系比较、混系繁殖"的改良混合选择法。杭州花圃通过多年选择，目前已得到近20多个草花良种，如三色堇、雏菊、金盏菊、硫华菊、金鸡菊(*Coreopsis drummondii*)、金鱼草等；翠菊(*Callistephus chinensis*)为常异交植物，北京林业大学通过收集品种，并经多年选择，选出纯白色、鸵羽型品种和粉色莲座型品种。天津园林科研所对仙客来(*Cyclamen persicum*)品种选育和种子生产；厦门市植物园对鹤望兰的品种选育；包头市园林科研所在小丽花(*Dahlia pinnata*)品种提纯等方面取得了一定进展。

按照种子或植株的起源，生产上的花卉常规种子可分为自交系品种、无性系品种等，目前有二十多种花卉有自交系品种，如美女樱、福禄考、鸡冠花、紫菀、香雪球等。我国对一串红、长春花、旱金莲、金盏菊等种类的自交系品种都有不同程度的选育。通过分株分球或扦插繁殖。生产上使用的草花无性系品种至少有十多种，如藿香蓟、秋海棠、彩叶草、菊花、大丽花等。其他盆花如倒挂金钟、天竺葵、五色梅亦是。无性系品种的个体是杂合的，但无性系不分离，而且群体同质，种子生产特点与自交系品种相同。

(2)杂种的种子生产

杂种优势利用是21世纪以来作物育种最突出的成就之一。早在1909年，Benary E. 已经育成了四季秋海棠的F_1杂种'Primadonna'，20世纪50年代日本把杂种优势利用成功用于矮牵牛、金鱼草、三色堇、天竺葵、藿香蓟等花卉。20世纪70、80年代美国在培养百日草、万寿菊、金鱼草、藿香蓟、三色堇、半支莲(*Portulaca grandiflora*)、秋海棠F_1杂交栽培品种中得到显著的收获后，F_1代花卉杂交种种子生产及应用迅猛发展，迅速普及。我国自20世纪70年代开始引进花卉杂种一代，主要草花种类有三色堇、金鱼草、矮牵牛、万寿菊等。我国花卉生产用F_1代大多从国外引进，如1986年全国良繁协作组成立时，陈俊愉从德国一次引进77种627个品种中F_1代品种占30个，主要种类除上述提及的常见种外，还有仙客来、石竹、木槿、凤仙等。近几年来，我国不少科研院校、生产部门致力于草花杂种一代的研究，取得了可喜进展。如中国农业大学与北京园林科研所在一串红、金盏菊、凤仙、矮牵牛、万寿菊、仙客来等种类，包头市园林科研所在万寿菊，杭州花圃在鸡冠、孔雀草、金鱼草等花卉上的杂交制种已有了良好开端，为我国草花种子生产专业化和质量标准化奠定了基础。

(3)草花良种区划与基地建设

把原种繁育1~4世代供生产使用，称良种繁育或良种生产。但由于各种因素的影响，花卉在繁殖过程中发生退化劣变，如不少引进的三色堇品种开始花大色艳、花瓣质地厚实，经几年栽培后植株衰弱、花小、色杂、无光泽、瓣薄等，失去商品价值。这样的例子在草花种植中屡见不鲜。故保持良种的种性或典型性是草花良种繁育的关键。

全国范围内开展草花良种繁育与推广工作始于20世纪80年代中后期。1988年2月，陈俊愉教授筹备并主持召开了全国草花良种繁育基地网协作组第一次会议。同年6月，除俊愉和秦魁杰创办了《草花良种繁育协作通讯》，主要总结了协作组各基地引种德国草花品种试验情况，引起了同行和社会的关注。1990年王彩云研究并确定了我国露地栽培草花种子生产基地区划布局的原则和二级区划系统，张德舜运用模糊数学的有关原理探讨了花卉适宜栽培的方法，对规范良种繁育程序，提高草花种子质量起到指导作用。通过草花基地网的建设，不少单位取得良繁研究成果。如乌鲁木齐植物园对多种草花的扩繁应用技术，郑州市园林科研所对60多种(80多个品种)草花的株选；包头市园林科研所对补血草类的引种栽培；南京市园林科研对花坛草花优良品种引种选种繁育及防止退化研究；兰州园林科研所对国内180个草花种、品种的种质保存及良种繁育技术研究；北京市园林科研所对一串红的提纯复壮，上海市园林学校对露地适生草花的良繁等。此后，中国花卉协会多次组织良繁体系与基地建设专题讨论，各地方花协建立了相应的良繁体系和基地建设规划，在不同程度上规范了良繁技术，加快了良繁进程。

(4)草花良种繁育技术研究

花卉的良种繁育技术在品种防杂保纯、防止退化中具有重要地位。良种繁育技术包括防杂保纯措施，先进的栽培管理措施，利用低温、低湿条件贮藏原种等，这些技术与措施的保证可使品种的优良性状得以充分表现，保持品种应有的种性和典型性。

目前，我国良种繁育技术已有很大进展，在花卉繁种、花卉种子播种前处理，穴盘育苗等方面取得成绩，涉及的主要花卉有仙客来、天竺葵、一串红、宿根福禄考、鹤望兰、瓜叶菊等。另外，组织培养技术已应用在多种草花上，在快繁、保纯、脱毒等方面取得效果。

(5)花卉种子进出口状况

随着我国花卉业的蓬勃发展，出现了花卉种子(种苗)的进口热潮。据不完全统计，1997 年全国进口花卉种苗 5000 多万株，种球 1000 多万粒，种子 70 多吨，进口额 700 多万美元，种子约占 20%。这些指标比 1996 年增加一倍；据海关总署等初步统计，1998 年，全国各口岸主要从英、美、荷、日、法等国家进口草花种子，主要有矮牵牛、金鱼草、报春、福禄考、洋桔梗等种类约 58. 8 万 kg，进口额约 169 万美元；种子进口额占 78%，其中草花种子约占 8%。1999 年我国进口草种达到 4000 多吨。这反映出我国种子进口量大，种源同质，品种趋同等问题比较突出。

我国花卉种子出口较少。据统计，种子类(包括木本、草坪、草花)出口仅占花卉出口总额的 25%。在出口的种子中，有中国原产的草坪草种子如结缕草，有经引种驯化成功特别适应中国生长的花卉，如波斯菊、睡莲等。出口种类、产量均比较低，另外，种子品质、加工质量、检疫、包装、出口渠道等都还有些问题。但是我国有丰富的植物资源和自然资源，出口创汇潜力巨大。

三、草花种苗生产技术的发展历程

1. 国内外草花种苗发展历程

20 世纪中叶，国外开始发展草花种苗生产，不断取得技术进步，其关键性技术与标志性的研究成果不断得到应用与普及，主要发展历程如表 1-21 所示。

表 1-21　20 世纪国外草花种苗技术发展历程

年代	技术发展过程
40 年代	土壤消毒、自动灌水、苗床应用、调节剂使用
50 年代	溴甲烷、雾化育苗、塑料大棚、营养袋、尿素氮肥、GA、B_9、CCC 应用、促成栽培、水帘降温
60 年代	康奈尔大学泥炭、蛭石混合基质、花坛草花公司出现、穴盘苗由大田作物引入草花、草花用穴盘出现、种苗贮藏开始、CO_2施肥技术、用叶片分析来指导施肥
70 年代	石油危机引起保温遮阳幕的开发、低压仓储技术建立、无病毒苗生产、阳台花圃出现、缓释肥料开发推广、双层育苗、滚动式苗床、温室空间的有效利用、自动播种机、补光用高密度放电灯(HID)、草花开始成为第一号作物、计算机初步应用于环境控制和种苗生产
80 年代	聚碳酸酯中空板出现、保温材料、世界范围的花卉贸易出现、温控温室的普及与利用、计算机应用开始推广、市场营销成为焦点、条形码技术、潮汐灌溉、自动化播种移栽、标签机、DIF 研究与应用(用温差来控制花卉的株高)、环保法规的出现
90 年代	环保加强、多种杀虫剂禁用、观叶植物开始滑坡、草花发展为第一号花卉植物、计算机大量应用与普及、60% 草花销售开始使用条形码、切花进出口迅猛发展、温室行业发展速度放慢、批发市场销量占据 60% ~75%、潮汐灌溉系统应用促进了草花育苗和盆花生产

我国花卉穴盘苗生产是从国外公司进入中国开始的。目前有美国维生种苗、美国胖龙公司等。近几年来，国内的一些公司也开展了工厂化育苗工作，如深圳先科四季青鲜花公司、云南省农科院园艺研究所、上海良种试验场等。目前北京正在与美国合作，建立年产6000万种苗的草花工厂化育苗基地。

2. 草花工厂化育苗的意义

(1)穴盘育苗的意义

穴盘育苗也称工厂化育苗，它是以不同规格的专用穴盘为窗口，用草炭、蛭石等轻质无土材料为基质，采用机械化播种(一穴一粒)，一次成苗的现代化育苗生产体系。

穴盘育苗是20世纪70年代由美国人开发出的一项新的育苗技术，由于这种育苗方式选用的苗盘是分格式的，播种时一穴一粒，成苗时一穴一株，并且成株苗的根系与基质能够相互缠绕在一起，根土呈上大底小的塞子形，这套育苗体系称为塞子苗生产，人们习惯地称为穴盘育苗。

随着我国花卉业的发展，从业者逐渐从传统的生产方式向现代生产方式转变，特别是盆草花生产者开始从自留种转向购买进口 F_1 代杂种。由于进口种子成本高，采用传统方式育苗容易发生出苗率低、品质差、产量不稳定等问题，穴盘育苗的优势已被生产者认可和接受，尤其是各类专业机械设备和适宜种子的开发利用，使穴盘育苗得到了蓬勃发展。

穴盘育苗优点主要体现在以下方面：

①穴盘育苗的填料、播种、催芽等过程中均可利用机械完成，操作简单、快捷，适宜于规模化生产。

②种子分播均匀，成苗率高，在种子这一环节上降低了成本。

③穴盘中每穴内种苗相对独立，既可减少相互间病虫害的传播，又可减少小苗间营养争夺，根系也能充分发育。

④增加育苗密度，便于集约化管理，提高温室利用率，降低生产成本。

⑤由于统一播种和管理，使小苗生长发育一致，提高了种苗的品质，有利于规模化生产。

⑥种苗起苗移栽简便，不损伤根系，定植成活率高，缓苗期短。

⑦穴盘苗便于存放和运输。

(2)购买种苗的意义

对于苗木消费者来说，购买种子或种苗必选其一。如何决定购买方向，需要认真考虑和比较。

1)自产种苗的特点

选择余地大，自由度高。(自己决定品种、种苗规格和数量)；有时成本较低；可以控制用苗时间；技术投入多。特别是人员技术培训和管理方面精力投入较多。

2)购买种苗

国外花卉生产已由购买种子向种苗方向发展，因为育苗使用的新技术、设备投资多、专业性强。特点如下：减少种苗生产投资；减少技术人员与熟练工人；提高温室利用效率；生产计划简单；可选择种苗规格(如72、128、288、512穴种苗)；见效快，生产周期短；成本较高，种苗占成品花卉成本的20%～25%。

3）自产与购买种苗相结合

在目前情况下，花卉生产者应该本着购买种子和购买种苗相结合的原则，以便降低成本。

自产一些容易生产的种苗：如：万寿菊、硫华菊、金盏菊、百日草、大丽花、向日葵、鸡冠花、一串红、平顶凤仙花、牵牛、紫茉莉等；购买较难生产的花卉种苗：仙客来（苗期7个月）、矮牵牛、金鱼草、藿香蓟、球根海棠、新几内亚凤仙、观赏罂粟、观赏烟草等；还可购买插条进行扦插：如菊花、荷兰菊、一品红、凤仙花等；球根类花卉应购买已处理好的种球。

3. 穴盘育苗生产技术

在花卉生产中，工厂化育苗是以穴盘苗生产为主的一种现代化育苗方法，它需要一系列的设备和高技术来支撑。

（1）穴盘苗生产的设施与设备

1）温室

由于种苗生产对光、温、水等环境要求较高，一般宜选用中、高档的玻璃或双层薄膜温室，并要求内部有加温、降温、遮阴、增湿等配套设备以及移动式苗床等。

温度范围：20～27℃，有利于快速生长

湿度范围：相对湿度75%～85%为适宜，高湿有利于发芽；中低湿度有利于生长，幼苗健壮；过湿会使苗变弱变小，引起徒长和病害。

光照：自然光照的50%～70%，25000～35000lx，强光会伤害植株，弱光会使植株弱小多病。温室应可以调光。

2）混料、填料设备

生产者可根据生产规模及育苗用穴盘的主要规格等因素考虑选用不同类型的混料和填料设备。

3）播种机

机械化播种机是穴盘苗生产必备的机器设备，常见类型可分为五大类型：真空模板型、复式接头真空型、电眼型、真空滚筒或鼓轮型、真空锥形筒型。

①真空模板型播种机

手工操作的真空模板型播种机是将种子手工撒播到带有孔穴的模板上，在真空吸附下每个孔穴中吸附一粒种子，将多余种子倒掉。当所有孔穴吸上种子后，将真空盘放到一个管子模型上（或直接放穴盘上）。人工切断真空气源后，种子通过下种管（或直接）下落到穴孔中，从而一次性整盘完成播种。当然真空模板型播种也有机械化程度极高的机型，其适用种子范围广，播种速度也较快。

②复式接头真空型播种机

复式接头真空型播种机则是由复式播种头将种子吸出后送入下种管。这类播种头一般为一排吸种嘴或吸种针，通过真空将种子吸附到吸种嘴上。每次种子下播一排，穴盘向前移动一格，然后播另一排。根据种子大小不同，所用的播种针复式接头也需更换。

③电眼型播种机

也称计数播种机，是利用电子眼技术将种子以计数方式分栋出来并送入穴盘。即由电子的种子计数器将种子识别出来，随后这些种子被传送到一排与穴盘的穴孔相应排列的下种管处，下种管的门档在真空操作下自动打开，种子随之落到穴孔中。这类播种机无需更换播种模板，复式播种接头或滚筒便可播种大小，形状各异的种子，但其播种速度较慢。

④真空滚筒或鼓轮型播种机

利用带孔的圆筒或滚筒来进行播种。其工作原理是利用真空将种子从种子斗吸出，随后关闭真空气源，种子下落到穴盘中。此类播种机速度精度均较高。但不同的滚筒或圆筒适播不同大小的种子和穴盘。

⑤真空锥形筒型

利用锥形筒模板和真空装置进行播种。当锥形筒模板在真空的作用下发生倾斜时。种子自然倒入锥形筒内。此时，位于下面的穴盘传递系统正好将穴盘推至锥形筒正下方。然后锥形筒在真空作用下打开，种子下落到穴孔中。

以上几类播种机各有其特点，在选择类型时，种苗生产者在选择时应考虑到的因素有：生产的规模和使用的穴盘量；播种种子类型和数量；在穴盘苗生产方面的技术力量。

4）发芽室

发芽室最好用保温彩钢板做墙体及房顶，既便于保温，也有利于清洁、消毒。发芽室内应配套自动喷雾增湿装置、照明设备、空调、移动式发芽架，以及相应的自动控制装置、灭菌装置等。

5）苗床

一般均采用苗床来育苗，灌溉方式采用喷灌或滴灌。苗床高 80 ~ 90cm，标准的苗床宽 1.2 ~ 1.5m，中间通道 90cm，两侧通道 50 ~ 75cm。可用水泥柱与木条搭建或用钢管与钢网焊接而成。角钢与钢管、钢网做成可移动式（平行式或多维移动式）。用水泥硬化地面，采用潮汐式灌溉系统，可使温室面积的利用率扩大到 85% ~ 90%，一般利用率为 65% ~ 70%。

6）其他设备

主要有打孔器、覆料机、喷雾系统、移苗机、移植操作台、传送带等，可视需要加以配备。

(2）穴盘选择

穴盘多由塑料制成，有方形穴或圆形穴等，规格多样，常见有从 32 穴到 512 穴不等，其中尤以 32 穴、128 穴、288 穴、512 穴等较为常见，而穴盘长宽一般为 540mm × 280mm。此外还有加厚、加高型专用于培育木本树苗用穴盘。穴盘的种类和规格很多，一般根据育苗的需要来选择，选择的原则是：大苗用孔穴大的穴盘；浅根苗用浅穴、圆穴盘；深根苗用深穴、方穴。

(3）基质的选择

适用于穴盘育苗的基质主要应有以下特点：要求通气性强、保水性好、含肥料少、无病虫草害、便宜易得。结构疏松，质地轻，颗粒较大，可溶性盐含量较低，pH 值宜在5.5～6.5之间，EC值在0.75～1.0mS/cm，太高引起发芽困难。目前国外有商品化育苗基质(speedling公司生产)，国内有比较粗糙的泥炭等基质出售。如有条件应对基质的颗粒大小，阳离子交换量(EC)、整体气孔体积大小及持水量等作测试。好的发芽基质宜有50%的固型物，25%的水分和25%的空气，一般干基质的容重应在0.4～0.6之间。常用的基质有泥炭、蛭石、珍珠岩、岩棉等，根据种子不同进行混配，并加入润湿剂和营养启动剂，增湿剂用于消除基质表面的张结度，提高适水性。以保证种子的发芽率和生长的整齐度。降低成本，应根据孔穴大小选择基质，穴盘的孔穴越小，对基质的要求越高越细致。

基质选配与填料，要根据不同种子类型选择并混配好基质或选用育苗用商品基质，然后将基质加水增湿，以手抓后成团，但又不挤出水为宜。基质增湿既可使其不易从穴盘排水孔漏出，又不至于因太干而使填料后下沉，造成透气性下降。增湿后基质通过填料机填粒，填料时应使每穴孔填充量相同，并扫去余料，否则会在苗期出现穴孔干湿不均的现象。填料时应在穴孔留下一定空间，以便播种和覆料，尤其是大粒种子的播种。

表1-22中列举了穴盘填充程度对通气保水的影响。表1-23列举了花坛用苗基质中养分的含量。

表1-22 穴盘填充程度对通气保水的影响(泥炭+蛭石基质，Fontene，1988)

穴盘填充程度		水/气空隙量(%)	
		10cm钵	48孔穴盘
轻填充	有效水	51	58
	非有效水	21	21
	空隙度	15	9
中度填充	有效水	52	56
	非有效水	26	26
	空隙度	9	4

表1-23 花坛用苗基质中养分含量(饱和状态下提取，Kranski & Laffe，1988)

营养成分	含量(mg/kg)
NH_4-N	<20
NO_3-N	40～80
P_2O_5	5～15
K	35～80
Ca	50～100
Mg	25～50
Na	<50
Cl	<30
S	<100

(4)播种与覆盖

填料后的穴盘宜及时播种，播种可根据种子类别选择适宜的播种机及其内部配件，如播种模板、复式播种接头或滚筒等及其他配套设施，如打孔器、覆料机、传送系统等。播种时要保持播种环境的光照和通风条件，便于操作人员检查播种精度。同时要保持较低的空气湿度，以免小粒种子黏机或相互黏连。

多数种类的种子在播种后，都需要用播种基质或其他覆料进行盖种，以满足种子发芽所需的环境条件，保证其正常萌发和出苗。一般来讲大粒种子都需覆盖，如新几内亚凤仙、三色堇、万寿菊、翠菊等，由于种子较大，播种后种子四周需保证有充足的水分，才能萌发。有些花卉种子只有在黑暗的条件下才能萌发，为满足这种特性，提高种子发芽率达到遮光促芽的目的，便需要进行种子覆盖，如仙客来、福禄考、蔓长春花等均为需遮光处理的种子。此外，对有些花卉，如三色堇、天竺葵、万寿菊等而言，种子覆盖后有利于促进幼苗根系的生长。因其根系对光照敏感，在有光条件下，会使幼根不能顺利向下扎入育苗基质中，从而影响其后期的生长。

覆料时应注意厚度，如覆盖太少则失去原有作用。覆盖太多，种子会被埋得过深，会使种子腐烂增多。此外，覆料应均匀一致，如厚薄不等，则易使种子出苗不整齐，大小不一，不利于苗期管理，也影响整批苗的质量。覆料可人工操作，但如有条件的话最好用专门的覆料设备来给穴盘覆料。现在有较多的中高档播种机具有覆料功能。

选择合适的覆盖材料也很重要，一般最常用的覆盖材料除了播种基质外，还有蛭石、沙子等，也选用塑料薄膜。除播种基质，粗质蛭石是较为多用的覆料，因其质地轻，保湿性、透气性也好。

(5)发芽室催芽

播好种子浇过水后放在发芽架上进入发芽室，根据种类不同，选择加光或不加光，并调好适宜温度。由于不同种类或品种的发芽时间不同，因此，当种子胚根开始长出后每3～4小时观察一次，当有50%种苗的胚芽开始顶出基质而子叶尚未展开时，就应移出发芽室，若过迟可能导致小苗徒长。一些发芽和生长很快的品种，应在天黑前检查一下出芽情况，如有相当部分苗已顶出基质，就应马上移出发芽室，以免隔夜后苗已徒长。此外，发芽室应定期清洗，有条件的可使用紫外灯或药物定期杀菌消毒，以防止发芽室内发生病虫害。

(6)种苗的管理

从发芽室移出的幼苗进入育苗温室，由于刚移出发芽室的种苗长势弱、适应能力差，所以应加强管理，注意调整光照、湿度、温度及通风情况。

1)光照管理

应视种苗类别、苗龄、季节等情况进行调整。一般大多数种苗除夏季育苗期外，其后季节可不遮荫或少遮荫，以免苗徒长。

2)温度管理

适宜温度为20～27℃，昼夜温差(DIF)>0℃时节间伸长，幼苗徒长。

3)水分管理

是苗期管理极重要的一环，若植株缺水，会使幼苗叶色变色，卷曲，幼苗老化而提早开花；而若浇水过多，植株会徒长，茎软，叶大而薄嫩，并且易感染病虫害。一般温室应注意维持较高的空气湿度，可利用自走式浇水机进行水分管理。由于种苗大小、生长季节不同，选用浇水机不同大小的喷头，并控制次数、时间等，以适应种苗的生长。自走式浇水机不但可以整齐、适时、适量的浇水，而且可以省水、省工。温度应调整在20～25℃左右。

浇水时要求不干不湿，基质含水量变化幅度小。水质 pH＜7.0，用水偏碱性时应使用磷酸或硫酸调节，EC值＜1.2mS/cm，钙、镁离子含量要低。

表1-24中列举了穴盘育苗用水的水质标准。表1-25列举了穴盘育苗用水的理想范围。

表1-24　穴盘育苗用水的水质标准

项目	意义与建议的指标值
钠离子浓度 Na^+(Sodium)	应低于30～40mg/L
氯离子浓度 Cl^-(Chlorine)	无土栽培应低于60mg/L，穴盘育苗应该低于140mg/L
钠吸附比SAR (Sodium Adsorption Ratio)	表示因为灌水而在土壤中聚集Na的可能性，是在干旱地区比较重视的指标，Na和Ca、Mg含量比对植物影响较大 $SAR = [Na^+]/[(Ca^{2+}+Mg^{2+})/2]^{1/2}$，其中单位me/L
电导率EC (Electric Conductivity)	表示水中可溶性盐浓度，单位mS/cm(毫西门子/厘米)，其值越大，可溶性盐越多，水质0.3mS/cm以下较好，1.0mS/cm以上不适合水培 EC/10＝阳离子/L EC×640＝可溶性盐类总量 EC×(－0.36)＝渗透压
重碳酸根离子浓度 HCO_3^-(Bicarbonate)	水中的离子量影响水的pH缓冲性，其中碳酸根和重碳酸根影响最为显著：重碳酸根过多，pH缓冲性大，pH校正困难；重碳酸根过少，水缓冲性差，pH不稳定，重碳酸根浓度以50mg/L左右为好
碱度(Alkalinity)	碱度也用来表示水的pH缓冲性，采用中和1L水所需的碳酸钙毫克数来表示(mg $CaCO_3$/L)，穴盘苗用水的碱度以60～80mg为宜，40mg以下过小，120mg以上过大
pH值	水的H^+浓度的对数，水培用水pH值5～8，穴盘苗用水pH值5.0～6.5
盐浓度	水中钙镁离子的绝对量也会影响植物生长。在水培用水中：钙离子＜40mg/L，镁离子＜20mg/L

表1-25　穴盘育苗用水的理想范围

项目	浓度(mg/L)	项目	浓度(mg/L)
P	0.005～5	Na	0～50
K	0.5～10	Al	0～5.0
Ca	40～120	Mo	0～0.02
Mg	5～24	Cl	0～140
Mn	0.5～2	F	0～1.0
Fe	2～5	NO_3^-	0～5
B	0.2～0.8	NH_4^+	未定
Co	0～0.2	碱度	1～100
SO_4^{2-}	0～414	SAR2	0～4
可溶性盐	0～1.5	pH	5～6.5
Zn	1～5	EC	0.3mS/cm以内，大于1.0不合适

4)肥料管理

在肥料的管理上应遵循先低后高(表 1-26)，少量多次，少施勤施，先用完全肥料—再偏重磷钾肥—定植前可加大钙肥用量的原则。

表 1-26 不同生育期的施肥指标

育苗时期	播种	出苗后	幼苗至成苗
肥料用量	无	低	较高
肥料浓度(mg/L)	0	25~50	100~200

5)幼苗徒长及生长抑制

高温高湿时会引起幼苗徒长，在生产上抑制徒长极为重要。

①植物生长调节剂的应用

生长抑制剂可调节植物生长。常用的抑制剂有 B_9、乙烯利、矮壮素(CCC)、PP_{333}、缩节胺、壮丰胺等，不同植物对药剂的反应不同，不同花卉对抑制剂的种类及浓度要求不同。使用抑制剂比较简单有效，但易引起药害与环境污染，应先试用再推广。

②机械胁迫法

采用毛刷等物，进行擦叶，抑制生长，但容易传播病毒。

3)栽培学方法

用控水、低氮肥、高光照来控制高度，促进根系发达，苗粗苗壮。

4. 种苗生长过程

种苗生长过程可以分为四个时期，即发芽期、过渡期、生长期、驯化期。

(1)发芽期

指播种后至胚根长到与种子等长，一般在发芽室中进行。影响这一阶段的因素有：种子活力、种子发育完全程度、种子的机械伤害、种子的贮藏环境(含水 8%~10%，4~10℃，35%~40%相对湿度)、种子休眠及解除(被迫休眠、生理休眠)等。

穴盘育苗要求种子萌发一致，生长健壮，因此需要对种子进行前处理。种子前处理技术包括：种子分级(processing grading)、种子大小一致化(sizing)(uniform in size)、种子包衣(coating)。通过前处理的种子，以各种商标进行出售，如：Gel Goat，Genesis，Ultra seed，Seed enhancement，Quick kote，Super frax，Split pill special，Quick pill，Hy-teck seed，High energy seeds。目前，各种经过前处理的种子已经有出售。如：前发芽种子(naked pre-germinated seed)、促进发芽包衣种子(coats that split for easy germination)等。

在发芽期内，要求低光照或黑暗，高湿度并且温度恒定，切忌忽干忽湿。尽量缩短本时期，因为它是种子内部物质消耗期，有些十字花科的花卉如羽衣甘蓝等要注意防止徒长。光照和温度对花坛花卉植物种子发芽的影响如表 1-27 所示。

(2)过渡期

从根长出至第一片真叶长出，为关键时期，决定育苗成功与否，要求 50% 遮光，湿度低于前期，要防止青苔生长，浇水要用细喷头，防止幼苗猝到与徒长。

表 1-27 光温对花坛花卉植物种子发芽的影响(Cathy, 1969)

发芽分类(型)	属名	温度影响
温度范围广，不要光	藿香蓟 *Ageratum*	10 ~ 30℃之间发芽无差异
	孔雀草 *Tagetes*	
低温，不要光	波斯菊 *Cosmos*	10 ~ 21℃良好，27℃以上差
	异果菊 *Dimorphotheca*	
高温，不要光	尾穗苋 *Amaranthus*	13℃以上发芽，24℃以上延迟发芽
	鸡冠花 *Celosia*	
温度范围广，需光	秋海棠 *Begonia*	10 ~ 30℃发芽，必需光，
	观赏茄 *Browalia*	
温度范围狭，不要光	香水草 *Heliotropium*	特定温度发芽
	勿忘草 *Myosotis*	
	大花马齿苋 *Porpaeolum*	
	旱金莲 *Tropaeolum*	
温度范围广，光有效	千屈菜 *Cuphea*	13 ~ 27℃发芽，黑暗处发芽不稳定，发芽延迟
	凤仙花 *Impatiens*	
	矮牵牛 *Petunia*	
	一串红 *Salvia*	
温度范围广，黑暗	金盏花 *Clendula*	10 ~ 24℃发芽，光抑制
	飞燕草 *Consolida*	
	蛾蝶花(茄科) *Schizanthus*	
	圆叶肿柄菊 *Tithonia*	
	仙客来 *Cyclamen*	

(3) 生长期

从第一片真叶到种苗可以移植为止，为正常生长期，应给予全光照，肥料与矮壮素同时施用，防止徒长与感病，对于穴盘的四周穴孔由于易干燥。要保水或及时补水，

(4) 驯化期

种苗运输前的驯化。加强光照，减少水分和肥料，以使之能适应环境。叶片保护组织的发达，根系的伸长。

5. 种苗贮藏生理及技术

20 世纪 70 年代以后，苗木的生产首先在荷兰园艺中独立出来，成为肥料、原料及其他生产资料同样的原材料产业。目前，生产者多是购买苗木，已从欧、美、日等发达国家不断向全世界范围内扩大。穴盘育苗已成为全世界园艺植物生产中最重要的技术之一。种苗移栽后生长快、品质好，生产量逐年增加。但是，种苗的生产不同于其他的园艺产品生产，由于种苗生产的不确定性和需苗时间的不确定性，产苗时间和利用苗时间的非一致性和种苗产地和消费地的非一致性，需要提前育苗，提前的时间多达半月少至几天，因此成型苗的贮藏便成了育苗产业的一个核心问题。

种苗贮藏是将苗的生长进行暂时的抑制，而且不会降低贮藏后的质量和生产能力的技术，研究穴盘成型苗贮藏的最佳苗龄、最适温度、光照和种苗在贮藏过程中所产生的生理变化，并针对这些生理变化采取一定的技术措施，保证种苗的贮藏质量，对于种苗的贮藏和运输具有很重要的现实意义。

(1)种苗贮藏过程中干物质的损耗

种苗在贮藏过程中无时无刻不在进行呼吸作用，并且呼吸强度是随温度的变化而变化的，温度越高，呼吸强度越大，种苗体内贮藏物质的消耗就越多，种苗贮后品质下降越严重，选择最适低温来贮藏种苗是必不可少的。最适低温是以不引起种苗冷害为度，一般温带植物为2～5℃，热带植物为8～13℃。

不同植物的种苗在不同的贮藏温度下，有其不同的最适贮藏时间。如日日草和石竹属种苗在室温贮藏的最适的贮藏期为5天，百日草和凤仙花种苗为3天，万寿菊为7天，而日日草、石竹、凤仙花在8℃的最适贮藏天数分别为9、12、6天，万寿菊在7℃的最适贮藏天数为12天，百日草为6天。矮牵牛和三色堇幼苗在5℃下可贮藏21天，一般情况下这两种植物在低温下生长快，在5℃下贮藏对植株的生长无害。然而，一串红适合在高温温室中育苗，低温贮藏将导致叶片黄化和脱落。

另外，在贮藏过程中，为了弥补呼吸作用的消耗，可用微弱的光照补光，使光合积累等于呼吸消耗。

(2)种苗贮藏过程中的水分损失与黄化

种苗在贮藏过程中因蒸腾失水导致萎蔫和黄化，因此种苗在贮藏前应充分浇水。ABA作为一种抗蒸腾剂，可以诱导气孔的关闭，降低种苗在贮藏和运输过程中的水分散失；ABA还可以抑制节间伸长，防止种苗在贮藏过程中徒长，维持种苗一定的水势和正常的株型。

黄瓜的幼苗在8～15℃、20℃分别应用500mg/L的ABA，在贮藏10天后，种苗的蒸腾分别为对照(未用ABA处理)的43%、60%和71%，在8℃蒸腾作用随ABA浓度的升高而降低，而在20℃，无论ABA浓度如何，蒸腾出现相同程度的下降，蒸腾速率随温度的升高而升高。在15℃和20℃时由于高温而引起节间的伸长，种苗的徒长，变得细弱，但100～500mg/L的ABA可明显降低节间的伸长，且节间长度随浓度的增加而降低。应用ABA处理低温条件下(8℃)贮藏的种苗和室温下未贮藏的种苗，节间长度与对照无明显差异。实验资料说明ABA只有当种苗置于高温弱光(黑暗)下，黄化苗发生时才能抑制茎的伸长。在20℃，用ABA处理的种苗不发生黄化，而未经处理的种苗将会发生黄化，在低温下贮藏时种苗也不会发生黄化。

对于盆栽的黄瓜种苗，应用>20mg/L的ABA就可以降低蒸腾，而应用>100mg/L的ABA才能抑制节间的伸长，因此高浓度ABA在抑制节间伸长方面的效应显得比降低蒸腾更有必要。在高温(20℃)下，不同浓度ABA处理对蒸腾的抑制作用相等，但对伸长的抑制作用却是随浓度的升高而加强，节间伸长的抑制并不是由于蒸腾的降低而引起的，二者是相互独立的过程。

ABA还可应用于天竺葵属植物的插条，当76μM的ABA处理插条6小时或9小时，在处理后4天内抑制插条的光合作用和呼吸作用，但在6天以后，处理和对照之间的光合作用和呼吸作用不再有差异，因此将ABA应用于插条的短期贮藏和短距离运输具有实际意义。ABA在其他植物种苗上的应用的技术指标正在不断探讨之中。

(3)贮藏温度和光照对种苗定植后生长的影响

种苗贮藏温度是影响种苗定植后生长的一个重要因素，温度的远远大于光照对贮藏苗的影响。不同种苗的最适贮藏温度、光照和贮藏时间不同，贮藏环境对移植后种苗生长的影响以及到花日数的影响也不同。

各种植物种苗的贮藏最适温度和光照不同，贮藏最适温度应是不受冷害的最低临界温度。在贮藏过程中照光，可以使贮藏温度提高，55lx的弱光和较高温度可以减少低温条件下贮藏所引起的黄化失绿，一般贮藏温度超过最适温度越多，维持苗木质量所需要的光照强度就越高，在低温贮藏中补光的最有效的方法是在贮藏库壁上纵向布置日光灯。

(4)贮藏温度、光照对茎延伸的影响

矮牵牛在低温下生长较慢，但在10℃下生长就很明显。矮牵牛的幼苗在5℃下，给以任何水平的光照，都不发生茎延伸现象。但在10℃和12μmol/(m^2s)条件下，贮藏时间超过14天时，节间就会明显伸长。但在正常的生长环境中即温度18℃、光照105μmol/(m^2s)时，贮藏的种苗在7天以后，就开始发生茎的伸长现象，失去商品价值。

三色堇在10℃下贮藏14天，种苗就失去了原来的株形。在正常的生长环境中，贮藏的时间也不能超过7天。但根据Longe等(1991)报道，三色堇在5℃下可贮藏几个月也不降低种苗质量。一串红的种苗在5℃下贮藏无明显的茎的伸长，种苗可在5℃下贮藏14天而不衰败，但在10～14天之间，如果不给予光照，则会使花序处感染而造成损失。如给予2或12μmol(m^{--2}s)的光照，在任何温度下都不会发生花序的感染。

(5)贮藏天数对到花日数的影响

种苗的到花日数受贮藏天数的影响，贮藏的天数最长，其到花日数也就越长，到花日数延长的天数与贮藏的天数一般都是近似相等的。在生长环境中，贮藏的种苗与未贮藏的种苗具有相同的到花日数。植物在较低的温度下(5～10℃)贮藏可将开花日数延长21天，但具体的延迟天数依贮藏的天数而异，贮藏过后种苗(冷藏)在正常的生长环境中生长的天数与未贮藏过的种苗的生长日数相似，即矮牵牛冷藏14天，可以延迟开花14天。

矮牵牛在5℃下贮藏后，栽植到正常生长环境中生长至花日数少于未贮藏的约10天左右，这是因为矮牵牛是长日性植物，长日性植物用低温处理可以代替长日照的作用。

在给定的贮藏温度下，矮牵牛在黑暗中贮藏天数是最长的；在10℃、12μmol/(m^2s)的条件下贮藏，其到花日数比5℃下黑暗贮藏后到花日数少9天。

一串红种苗在5℃下贮藏7天，其到花日数比10℃下贮藏要长。由于贮藏温度而造成的到花日数的差异随贮藏时间的增长而变小，在任一低温条件下贮藏的到花日数都出贮藏在正常环境中的要长。然而一串红种苗在贮藏过程中，由于茎可以被大大延长，因而一串红种苗通常在低温下贮藏。光照对一串红到花日数影响很小，在21天后，

$2\mu mol/(m^2s)$下贮藏的种苗比在黑暗中贮藏的种苗开花要晚，这是因为短日照下加速了开花。

(6)苗龄和贮藏时间对生长和开花的影响

风铃草种苗，其在黑暗、低温条件下贮藏的时间越长，贮藏时的种苗苗龄越大，其开花的比例就越高。实验表明，播种后240天的种苗，经过60～70天的冷藏后，100%的植株都开花，并且植株的高度随冷藏时间延长和苗龄增大而增高，切花的干重随种苗的苗龄的增大和冷藏时间延长而降低，不同处理的种苗上花芽的数量无明显的差异，万寿菊和百日草的植株高度、叶片的数量、植物体的干重、干重/鲜重比值，均随苗龄增大而增加。研究种苗的苗龄对种苗移栽后生长情况的影响，表明贮藏的最适苗龄为播种后4周。在室温条件下贮藏，种苗的徒长将使种苗的干重、鲜重下降，但在7℃条件下贮藏时，种苗质量不降低。而凤仙花和日日草的最适贮藏苗龄为播种后8周。

第三章

无性繁殖

大多数园林植物的根、茎、叶等营养器官，都具有一定的再生能力，人们利用其再生能力，使之形成新个体的繁殖方法称为无性繁殖。

采用无性繁殖的园林植物，主根不如有性繁殖的粗大，但侧根发达，生长较快。从发育阶段上来说是较老龄的，所以进入开花结果期比播种苗早，寿命比播种苗短。无性繁殖能充分利用母树营养体的各部分，在短时间内繁殖出大量的植株，并保持母株原来固有的性状，适于一些不易产生种子和多数观赏价值较高的观花、观果或观叶的园林植物。同时对于发现有益的遗传变异，如突变基因与染色体在体细胞内的变化、嵌合体的出现，以及芽变，通过无性繁殖方法保存下来，作为一个新的栽培品种。

无性繁殖通常包括扦插、嫁接、分株、压条等繁殖方法。

第一节　扦插繁殖

扦插繁殖(cutting propagation)是指切取植物营养体(根、茎、叶)的一部分，利用其再生能力培育成完整植株的方法。通常将用于扦插的一部分营养体称为插条或插穗(cutting)，用来采取插条的植株称为母株(stock)。

扦插繁殖为园林植物最常用的繁殖方法。它的优点是繁殖材料充足、繁殖系数大、产苗量大、成苗快、开花早，并能保持原品种的固有优良特性，获得与母株遗传性状完全一致的种苗，既适于大规模生产，也适于少量繁殖。缺点是所获得的扦插苗根系较差，不能形成主根，寿命较播种苗短，抗性不如嫁接苗。另外有些植物扦插繁殖不易成活。

适合扦插法繁殖的园林植物有灌木、藤本、一二年生草本花卉、地被植物等。但是一些有斑纹或彩叶园林植物，在采用扦插繁殖时这些性状常会失去。如金边虎尾兰扦插时，新株上的金边有时会消失。为保持其特性，最好采用分株或嫁接的方法来进行繁殖。

一、扦插生根机理

因为植物细胞具有全能性，即每一个细胞都具有遗传物质，它们在适宜的环境条件下都有潜在的形成相同植株的能力。此外，植物体具有再生功能，即当植物的某一部分受伤或被切除而使植物整体受到破坏时，能表现出修复损伤和恢复协调的功能。

当根、茎、叶等从母体脱离后，由于植物的全能性和再生机能就会从根上长出茎叶，从茎上长出根，从叶上长出茎和根等。枝条脱离母体后，创伤部位的创伤细胞原生质能产生生长素，促进细胞的分裂，因而产生新的组织。另外，在插条上的芽及叶等处也可产生生长素，从而使枝条内的形成层、次生韧皮部、维管纤维和髓部能形成根的原始体，然后发育生长成不定根；而用根作插条，则在根的皮层，薄壁细胞分化出不定芽，从而长成茎叶。

二、影响扦插成活的因素

园林植物的插穗能否生根及生根快慢与否，与植株本身的遗传特性及扦插条件有很大关系，同时受外界环境条件影响。

1. 影响插穗成活的内因

(1)植物本身的遗传特性

插穗的生根能力由于母株的种类、品种的遗传特性的不同表现出很大的差异，根据生根的难易，可将园林植物分成三类：

1)易生根类

插穗扦插后不需特殊管理，在短时间内能生出大量根系。如木本中的杨柳、叶子花、榕树、福建茶、橡皮树、鸡蛋花、巴西铁等；草本中的菊花、吊竹梅、矮牵牛、康乃馨、秋海棠、富贵竹等。

2)较难生根类

扦插后，较长时间才能生根，对管理技术水平要求较高，扦插时最好用药物处理。如木本中的山茶、桂花、火棘、龙柏等；草本中的芍药、补血草等。

3)极难生根类

扦插后不能生根或生根困难，一般不用扦插繁殖，如木本中的松类、蜡梅、香樟、核桃、柿子等；草本中的花菱草、紫罗兰、鸡冠花等。

(2)采穗母株的枝龄与年龄

扦插的生根能力随母株年龄的增加而降低，母株年龄越大，生根能力越差，一般枝龄为1~2年的多年生枝条容易生根，嫩枝比硬枝容易生根。但一些易生根的种类如杨、柳、夹竹桃、富贵竹也可用多年生的枝条进行扦插。

(3)枝条的不同部位

在同一母枝上所取插穗由于部位不同生根速度也有差异，一般以枝条的基部和中部为好。

(4)枝条着生的位置及营养状况

由于枝条在母株的位置不同，其营养状况也有一定差异，因而对生根有一定影响。如阳面枝条接受阳光多，生长较健壮，营养丰富，充实度好，用其扦插时成苗率高。萌蘖枝的年龄小，比上部枝条扦插更容易成活容易。

2. 影响扦插生根的外部因素

扦插生根所需要的外部环境条件主要是空气的相对湿度，其中以土壤温度最为重要，其次是光照、基质等。

(1) 温度

温度对扦插生根影响较大，温度适宜生根迅速。不同的植物要求不同的扦插温度，大部分花卉的扦插适温是20～25℃，如桂花、山茶、夹竹桃等；而原产于热带的花木则需在25～30℃的高温下扦插，如茉莉、橡皮树、鸡蛋花、朱蕉等。如果温度过高，在产生愈伤组织之前，伤口易发霉腐烂，因此，在盛夏进行嫩枝扦插时，成活率较低，当气温超过35℃时不要扦插。

适宜的基质温度是保证扦插成活的关键。当基质温度高于空气温度2～4℃时可促进生根，若气温大大超过基质温度时，插条在发根之前就会萌发，出现假活现象，使枝条内的水分和养分大量消耗，而死亡。如银杏在高温季节扦插时往往出现这种现象。

(2) 湿度

土壤湿度：土壤的湿度要适度，以保证扦插枝生根所需水分，当扦插基质内的含水量达到饱和后，会使基质通气不良，含氧量降低，引起嫌气性细菌的大量发生，致使插条霉烂而死亡，一般基质含水量宜在最大持水量的50%～60%为宜。

空气湿度：硬枝扦插对空气湿度的要求不严，因为它们不带叶片，枝条大都木质化。而嫩枝扦插要求相当高的空气湿度，因为扦插时插条很难从基质吸收水分，加上插条本身的蒸腾作用，极易造成水分失去平衡。只有在空气较高的湿度下，才能最大限度地减少插穗的水分蒸腾，防止插条和叶片发生凋萎，并依靠绿色枝叶制造一些养分供发根的需要。为此常用喷雾或塑料薄膜覆盖的方法，保证扦插床湿度在85%～90%以上。

(3) 光照

扦插时期都需要适当的光照，主要有三个方面的作用。一是提高地温，使基质温度接近空气温度有利于扦插生根；二是抑制杂菌的产生；三是光照可提高插穗温度，促进生长素的合成并诱导生根，以促进扦插生根。对于嫩枝扦插来说，既需要一定的光照供叶片制造养分，又不能在烈日下暴晒，否则会使蒸腾作用加强而导致插穗凋萎。因此在扦插期间应适当遮荫，减少水分的散失。

(4) 基质

在露地进行硬枝扦插时，可在含沙量较高的沙壤土中进行。嫩枝扦插可在水中、河沙、蛭石、珍珠岩、椰糠、炉渣、泥炭、砻糠灰中进行，上述这些材料在扦插繁殖时统称扦插基质。扦插基质不一定含有营养成分，但应具有良好的通透性，并保持一定的湿度。基质材料可单独使用，也可以混合使用，总之要因地制宜，就地取材，灵活掌握，以求达到事半功倍的效果。如泥炭可以和其他基质混用，一是泥炭的保温效果好，二是泥炭中含有胡敏酸，可促进插条产生愈伤组织，提高扦插的成活率。但不论采用哪种材料，事先必须进行消毒，或通过流水冲洗，或用日光暴晒的方法来消灭有害病菌，以保证扦插成功。

三、插穗的选择

扦插繁殖中插穗的来源很重要，用于剪取插穗的繁殖用植物应该具备如下条件：植物名字和类型正确；无病虫害；植株处于适宜的生理状态，以有利于插穗的生根。

作为插穗的植物材料的来源：

(1)生长在公园、建筑物附近或野生的植物

对于繁殖植物用于出售的生产商，采用这样的来源是很危险的，对此植物的品种可能不是很清楚。此外这样的植物可能感染病毒、真菌、细菌病害，病害可能会在插穗生根或者栽植后出现症状。

(2)幼龄植株经过整形修剪，剪下的多余枝条作为插穗

很多生产者采用修剪下的枝条作为插穗的来源。但有时修剪时间不是扦插生根的适宜时间，这时剪下的枝条需要贮存起来。由于幼龄植株很难辨认出其品种类型，因此标签混乱时，就会导致很多新的不知道品种名称的植物产生，只有到植株长到成熟后才能辨认出来。

(3)繁殖材料圃的专用植株

繁殖材料圃的专用植株应该是扦插插穗的主要来源。虽然这种方法需占用大量的土地，但是这是最理想的扦插材料，每一种繁殖用植物材料的历史和特性都比较明确，其健康状况可以控制，且植物能保持在适当的营养和活力状况下。

四、扦插基质

很多植物的插穗在多种基质中均可生根，但有些难生根的植物，其插穗生根在很大程度上受扦插基质的影响，扦插基质不但影响生根率，而且影响所产生根系的质量。常用的基质及其特性如下：

1. 土壤

土壤普遍采用落叶硬枝扦插基质和扦插基质。透气性良好的沙壤土比黏重土壤效果好，生根率高，产生的根系质量好。扦插用土要没有线虫病、黄萎病和冠瘤病等病害。线虫病通过处理土壤可以很容易清除，在栽植前用熏蒸剂熏蒸土壤需要3周以上的时间，以使熏蒸剂蒸发掉。对于嫩枝插穗和半木质化插穗，土壤不适宜作为扦插基质。某些易生根的园林植物插穗，如菊花、天竺葵等，有时可以直接在小容器或植物繁殖袋中生根，基质用2份粗沙和1份土壤的混合物，基质要加热处理或者用前熏蒸。

2. 河沙

河沙是过去应用最广泛的扦插基质。用河沙作基质，成本低，容易获得。干净、细沙、不含有机质和土壤的河沙最适宜于用作扦插基质。沙的保水性不好，需要经常浇水，而且质量重。沙应该足够细，使得插穗附近能够保持一定的湿度，单独使用沙作基质时，非常细的沙子和很粗的沙不利于大多数木本园林植物的插穗的生根。通常只用沙作为扦插基质，而不用其作为栽植基质，除非基质具有充足的营养。一些常绿园林植物，如红豆杉、刺柏、崖柏等，沙是其最好的扦插基质。而有些园林植物在用沙作扦插基质时，所产生的根系细长、不分枝、脆弱。

3. 草炭

草炭通常按一定的比例和珍珠岩混合使用，主要是增加混合物的持水力，这种混合基质适合于很多种植物作扦插基质。混合物各成分的比例从2份珍珠岩+1份草炭到1份珍珠岩+3份草炭不等。

扦插基质中混合草炭可提高基质的持水力，然而也会造成基质积水过多。如果混合基质中草炭的比例很高，有时根系产生后会衰弱。

4. 碎泥炭藓

碎泥炭藓通气性差，与沙子进行等比例混合后，可以作为扦插基质。

5. 蛭石

广泛用于扦插基质，同等比例的珍珠岩和蛭石的混合物作扦插基质要比单独使用一种物质的生根效果好。

6. 珍珠岩

广泛用于叶插的扦插基质，尤其是在有喷雾条件下，因为其具有良好的排水性，可以单独使用，但它与其他基质以一定的比例混合使用效果更好。在扦插不同植物时，珍珠岩和泥炭藓及蛭石的混合比例变化很大。

7. 浮石

浮石是一种火山岩，类似于珍珠岩，其中含有丰富的矿质营养成分，而且可以制成不同大小的颗粒。浮石以及浮石和泥炭藓的混合物可作为很好的扦插基质。

8. 合成扦插基质

合成基质一般具有质地轻、富含营养、保水保肥、透气性好、无病虫害、可重复使用的特点，适合于自动化管理。合成扦插基质广泛用于种苗的工厂化生产，一般每株使用基质的量较少，必须精心控制浇水，经常保持基质湿度。

9. 水

水可以作为扦插基质，常用于容易繁殖的植物。其最大的缺点是透气性差，一般需采用空气或氧气进行人工透气，才可产生很好的根系。在通气好的水中，最好的根系产生于插穗的近基部；然而在不通气的水中，最好的根系产生于插穗的近水面部位，因为水表是氧气最集中的地方。

需要注意的是，无论是天然基质还是人造基质，没有一种基质材料是完全理想的、或是可以满足各种植物扦插的，而使用几种基质的混合物比单独使用一种基质效果要好。因此生产上常把几种基质材料混合，在适宜的环境条件下，对所用繁殖材料作生根试验，从中筛选出最适宜的混合扦插基质。目前常用的混合扦插基质有以下类型：沙∶草炭（体积比）=2∶1；珍珠岩∶蛭石（体积比）=1∶1；草炭∶珍珠岩（体积比）=1∶1。

五、扦插床的准备

扦插床要和地面要有一定距离，保持基质具有良好的排水性。扦插床要足够深，保证有10cm左右厚的扦插基质可用，并且保证长度为7～15cm的插穗的一半能插入基质中，而且要求插穗基部距离基质底部2cm或更多。基质在扦插之前需要充分浇水。如果直接在地上扦插，还要设排水沟。

六、促进插穗生根的方法

促进生根的方法很多，除了保持土壤和空气的温湿度外，还可通过其他处理来达到快速生根的目的，生产上常用的方法有：

1. 物理方法

物理方法包括机械处理、软化处理、干燥处理、热水处理、增加底温、高温静电处理、低温处理、超声波处理等。

(1)机械割伤或环剥

在准备用作插穗的枝条基部，于剪取插穗前15~30天左右进行割伤或环剥，阻止枝条上部制造的养分向下运输而停留在枝条中，从而可促进扦插后生根。这种方法适用于多种园林植物，如刺柏、崖柏、杜鹃花、枫树、木兰和冬青树等。针叶常绿树种的插穗上也可以应用制造伤口的方法促进生根，如崖柏，可以拔掉插穗下侧的分枝来造成伤口，还可用锋利的刀片在插穗的一边划出直立的伤口，伤口长度2~5cm，深达木质部。要形成更大更多的伤口需用由4个刀片组成的工具，以提高处理效率。

对于大插穗，如木兰、杜鹃花，可以在插穗基部两侧各拔掉2cm长的皮使其形成层暴露，但不能伤害形成层。用生根剂处理插穗的伤口，效果则会更好。

(2)软化处理

又称黄化处理、白化处理。在采取插条之前，用黑布或不透水的黑纸或泥土等封裹枝条，经过约三周的遮光处理，枝条便会变白软化，之后再将其剪下扦插，较易生根。这是因为黑暗使枝条内所含的营养物质与植物激素发生了变化，如抑制愈伤组织形成和不定根发生的色素、油脂、樟脑、松脂等的含量降低，而生长素含量增高；同时黑暗处理还可以延迟芽组织的发育，促进根组织的生长。但需注意的是，软化处理只对部分园林植物有效，且只对正在生长的枝条有效。

(3)干燥处理

针对枝条中水分和乳汁含量较多的种类，采下插条后宜先于阴处晾干，或在切口蘸上草木灰、木炭粉、干灰、干土等，或将插穗插入这些物质中待浆汁收干后再扦插。否则插条基部易腐烂或因导管被堵塞，不能吸收水分和矿质营养而不易生根。处理后的插条在扦插过程中不用浇水，只在叶面喷雾保湿即可。大戟科的许多园林植物，如银边翠、一品红、虎刺梅、黄栌、山麻杆，桑科的橡皮树，仙人掌类和多肉植物等均可采用此法处理。另外，也可采用清水浸泡这类植物的插条，直至不再有乳汁流出为止，之后稍晾干再扦插。

(4)热水处理

又称温水浸烫法或简称温汤法。是指将插条下部在温水中浸泡后再行扦插以促进生根。此法适用于枝条中含有抑制生根物质的种类。如松科植物枝条中含有妨碍伤口愈合和抑制生根的松脂，将插条用温水浸泡2小时后可明显促进生根率。

(5)增加地温

扦插时通常要求插床的温度高出气温3~5℃，这样可以抑制芽的萌发，减少养分消耗，从而促进根系的发育。在早春进行硬枝扦插时，气温回升得比地温快，插穗不易成活，可采用电热丝加温和热水管加温等方法增加地温，促其生根。

物理处理的方法还有用超声波处理等，主要用于一些木本园林植物。

2. 植物生长调节剂处理

生产上多采用植物生长调节剂处理难以生根的插条。常用的有吲哚乙酸(IAA)、吲哚丁酸(IBA)、萘乙酸(NAA)、ABT生根粉等。在这些物质中以吲哚丁酸的处理效果最好，将吲哚丁酸与萘乙酸混用，效果更佳。用含有植物激素的生长调节剂处理插穗的目的是提高插穗的生根率，加快生根速度，增加根系数量，提高根系质量，且改善生根的整齐度和一致性。对于易生根的植物，可以不用这些生长调节剂处理插穗。

(1)生根剂的使用方法

1)用粉剂(如生根粉)进行速蘸

难生根的木本园林植物通常需要用高浓度的生根粉处理，而柔嫩、多汁、易生根的植物则需要用低浓度的生根粉处理。在浸蘸生根粉之前，需在插穗基部造成新鲜切口。如果对插穗进行成捆处理，则浸蘸速度要快，之后轻拍将蘸在插穗上的多余药粉去掉，保证捆内部的插穗和外侧的插穗均匀地蘸有足够的药粉。如果插穗基部不够湿润，则应在蘸药粉之前用湿润的棉团擦拭插穗基部，以便有足量的药粉蘸在插穗上。

在处理插穗时，需要取出适量的药粉放在合适的容器中进行，这些药粉用过之后便不能再回收，即将剩余的药粉抛弃掉。另外，切忌将插穗在装有药粉的原容器中浸蘸使用，因为这样会导致药粉受湿或受真菌与细菌感染而失效。

插穗处理后，应立即插入扦插基质中，为了避免栽植时插穗基部的药粉被抹掉，可以在基质上事先打洞或划沟，然后再扦插。

使用滑石粉作混合材料来稀释粉剂效果很好，同时滑石粉很容易获得且使用方便。由于受插穗基部的湿度和插穗的质地(粗糙或光滑)的影响，粘在插穗基部的药量不太一致，这是导致插穗生根不一致的重要原因之一，应当尽量保持每个插穗上用药一致。

2)用低浓度的生根液长时间浸泡

在扦插之前，将插穗基部2.5cm浸泡在稀释的生根剂溶液中约24小时。对于易生根的园林植物，生根剂的浓度为20mg/L左右；对于难生根的园林植物，生根剂的浓度应为200mg/L。另外在浸液过程中，插穗的温度应保持在20℃左右，不能放在阳光下。插穗吸收的药剂数量主要由浸液过程中周围环境条件所决定，环境条件会间接地影响插穗的生根效果。

3)用高浓度的生根液速蘸

用50%酒精将生根剂的原液稀释到500～1000mg/L，或将市场上销售的纯结晶状态的生根剂用酒精稀释后使用。将配制好的药液要密封，否则酒精挥发会导致药液的浓度提高。使用时取适量的溶液，用过的药液要倒掉，不能回收重复使用。处理插穗时使插穗基部0.5～1cm的部分迅速蘸取药液(约5秒钟)，然后将插穗栽植到基质中，成捆插穗蘸取药液要比单个插穗蘸取药液效果好。

植物生长调节剂浓度过高会阻止某些植物的芽发育，导致黄化、落叶、茎变黑等症状发生，严重时会导致插穗死亡。适合处理浓度的确定需要经过浓度梯度试验，如果插穗基部有些肿胀、出现愈伤组织、且有大量的根系产生，说明药液浓度是有效和无毒的。实践证明，将药液的浓度控制在致毒点以下，对促进插穗生根最有效。

使用生长调节剂有时会产生不良后果，这多是因为药剂过期或药剂变质，因此在实际工作中有必要事先检验配制的药液是否具有促进生根作用和毒性。最简单的检验方法就是用番茄叶片作扦插实验，因为番茄的叶片对生长调节剂最敏感，可以验证药液对促进生根的有效性。具体做法是：用配置好的药液处理番茄叶片，以未经药液处理的插穗作对照，然后将叶片插入装在箱子中的湿润沙子中，再覆盖玻璃或塑料薄膜，在适当的温度下培养2周可见结果。

药液最好即用即配。具有高浓度酒精含量的药液，如果保持干净，可以长时间保持其活性。而稀释的药液(如25mg/L)几天内就会失去药效，特别是在受到外界生物感染后更容易失效。

处理时通常只是将带叶插穗的基部浸入生根剂中，而有些植物将其全部插穗浸入药液中比只浸插穗基部效果更好。尽管有时会出现发芽延迟，但并不是很主要的不良反应。还有些植物，只将插穗的叶片部分浸入药液(药液浓度在2000～10000mg/L)中，效果也很好。相反，处理某些植物的硬枝插穗时发现，只将插穗基部切面浸入药液中要比将基部2cm或更多部分浸入药液的生根效果更好。

(2)药液的配制方法

如果配制100mg/L的生根剂1L，则称取100mg纯药溶解在10ml的酒精(或乙醛、木精)中，然后用水稀释到1000ml。但是由于生根剂的化学成分不同，溶解方法有所差异。

在配制NAA时，用水稀释之前，最好加入几滴氨水，因为NAA虽然有羧基，但是难溶于水，加入氨水后可以使其变成水溶性的盐，达到溶解目的。

如配制100mg/L的IBA溶液，则称取100mg的药品，先溶解在少量的酒精溶液中，再加入水稀释到1000ml，搅动溶液后如果有沉淀或雾状气体出现，可加入一些氨水，为避免沉淀可用蒸馏水或去离子水配置溶液。

如配制4000mg/L的IBA溶液100ml，则需称取400mg IBA纯结晶，溶解在100ml的50%酒精中。

3. 用杀真菌剂处理插穗

为了防止感染真菌，在插穗剪取之前，将插穗浸入杀真菌剂中，杀真菌剂可以使用苯菌灵(0.5g/L)。生根剂可以与杀菌剂混合使用，如将插穗浸入真菌剂和IBA的混合溶液中比单独使用IBA的效果更好。这种混合液的简单配制方法如下：

(1)将50%湿润的克菌丹粉末和含有0.8%(8000mg/g)IBA的滑石粉按1∶1(w/w)比例混合，或者将25%克菌丹和0.4%(4000mg/g)IBA的滑石粉1∶1(w/w)比例混合。

(2)将50%苯菌灵湿润粉末加入滑石粉稀释到10%(2g苯菌灵加8g滑石粉)，然后按1∶1(w/w)的比例，混合含有0.8% IBA的滑石粉，配制出含有5%苯菌灵和0.4% IBA的混合物。

如果IBA用作高浓度的速黏，插穗处理之后待插穗基部药液干后，将插穗基部在25%克菌丹(50%湿润克菌丹粉末与滑石粉1∶1混合)或5%苯菌灵(2g 50%湿润的苯菌灵粉末和16g滑石粉混合)的杀真菌剂粉末中蘸一下。

4. 普通化学试剂处理

一些可用于消毒灭菌的化学试剂处理插条后，可起到促进生根的作用。如0.1%～1.0%的高锰酸钾处理大多数木本园林植物，效果均较好。丁香、石竹、菊花用0.1%～0.3%的高锰酸钾处理，可显著提高生根率。因为高锰酸钾溶液浸泡过的枝条，其基部被氧化，呼吸作用加强，为切口的愈伤组织形成及不定根的发生提供了条件。

浸泡时间因种类而异，从数小时至24小时不等。此外用0.1%的醋酸浸泡丁香、卫矛等亦有良好的促进生根效果。有类似作用的化学药剂还有硫酸锰、硫酸镁、硝酸银、磷酸、碘等。

5. 营养物质处理

营养物质可直接提供生根所需能量，有效地促进生根。一般用4%～5%或10%的蔗糖、葡萄糖或蜂蜜浸渍24小时，然后用清水洗涤后用于扦插，其目的主要是补充能量物质。如4%～5%的蔗糖溶液浸泡松柏类插条24小时，其生根效果良好。蔗糖对各类园林植物插条生根均有良好的促进作用，但处理时间不能过长，处理之后需用清水冲洗后再进行扦插，因糖液会导致微生物的滋生。除糖以外，尿素也有作用。另外，营养物质与生长素配合使用的效果会更好。

七、扦插方法

根据扦插材料取自植株的不同部位，可以将扦插繁殖分为枝插(含硬枝扦插、半木质化枝插、嫩枝扦插、草本枝插)、叶插、鳞片插、叶芽插、根插几大类。落叶类(deciduous)常采用硬枝扦插，也可利用嫩枝扦插，针叶常绿类(narrow-leaved evergreen)常采用硬枝扦插。如图1-4所示，很多园林植物都可以用几种不同的扦插方法繁殖。扦插方法的选择，主要取决于植株材料及其环境条件，通常应选择成本最低，操作简便效果稳定的方法进行扦插繁殖。

作为扦插繁殖材料，要求品种纯正、来源明确、个体间一致，且无病虫害。因此在选取扦插材料时，先要确定遗传性状优良、一致性好、无病虫害、抗性强的繁殖母树。避免繁殖母树遭受冷害和干旱的危害与病虫的侵染，保持土壤湿度和营养，减少结果以免造成树势衰弱，保证母树茂盛健壮的生长。在大规模生产的苗圃，还要建造专门的母树园或采穗圃。

1. 枝插

枝插是最重要的繁殖方法。根据选取的扦插材料，枝插可分为硬枝扦插、半木质化枝插、嫩枝扦插和草本枝插。枝插时所选取的茎段要带有侧芽或顶芽，插穗上的芽在适宜的条件下萌发，基部可以产生不定根，发育成一个完整的植株。

(1)硬枝扦插

插穗选取落叶后到早春萌芽前的成熟休眠枝，因此也称休眠枝扦插。这种扦插方法操作简便，成本较低。硬枝扦插采用的插穗容易获得与保存，适合长距离运输，生根期间不需要特殊的设备。

1)扦插的时间

插穗剪取时间在植株的休眠季节，即晚秋、冬季或早春。一般从前一生长季生长的枝条上剪取插穗，有些树种也可从二年生甚至更老的枝条上剪取插穗，仍然能生根。硬枝扦插法广泛应用于落叶木本植物和一些阔叶常绿树繁殖，很多落叶灌木也可通过此法繁殖，如女贞、连翘、紫藤、金银花、桃金娘、绣线菊、月季等。

2)插穗的选择

用作硬枝扦插的插穗应该选取于全光照条件下健壮生长、养分充足的枝条，不能

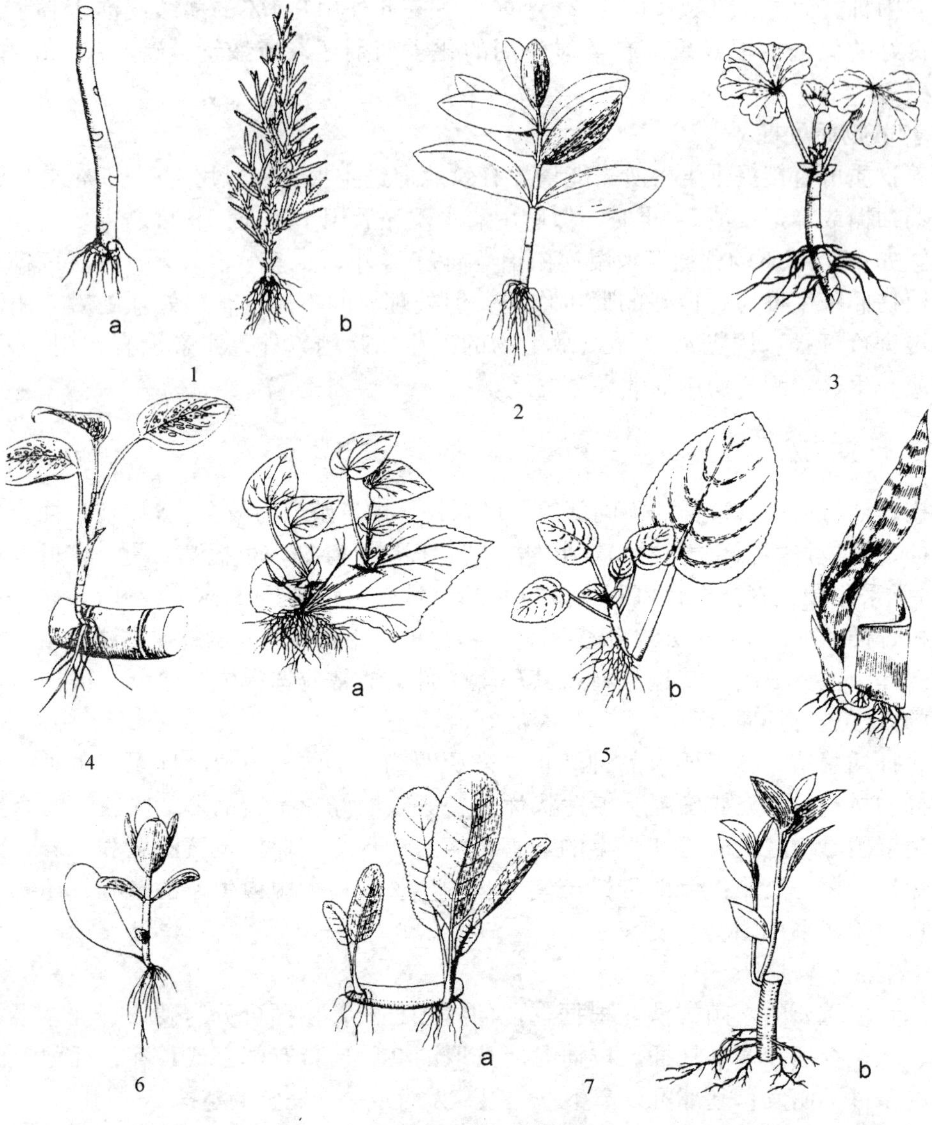

图1-4 常见扦插法

1. 硬枝扦插 1a. 落叶植物硬枝扦插 1b. 常绿植物硬枝扦插
2. 嫩枝扦插(橡皮树) 3. 嫩枝扦插(天竺葵) 4. 单芽扦插(花叶万年青)
5. 叶插 5a. 全叶平置插法(秋海棠叶) 5b. 全叶直插法(非洲紫罗兰) 5c. 片叶直插法(虎尾兰)
6. 叶芽插(青锁龙) 7. 根插 7a. 根段平置插法(辣根) 7b. 根段直插法(海棠)

选取徒长枝、节间过长枝和生长衰弱的内生枝。要求有充足的养分满足扦插生根的需要，直到发育成完整植株。因枝条的顶部养分含量少，所以一般采用中部和基部的枝条作为插穗。

插穗长度因植物种类与繁殖目的而异，一般为 10 ~ 20cm。在扦插砧木时，可采用长插穗，以使接穗容易嫁接到插穗上。

剪取插穗时一般至少要保留两个节，基部切口应留在节的下部，上部剪口应保持在节上1.5~2.5cm处。但对于节间较短的插穗，尤其是在处理大量插穗时，往往并不很在意基部的剪切位置，切口通常由成捆插穗的绑带位置决定。

插穗的粗度主要取决于植物种类，一般可参考一年生枝条的正常粗度。插穗有三种不同的类型，即槌形插穗、带踵插穗和直插穗。直插穗不包含任何老枝条，这种插穗应用最普遍，效果也最好；槌形插穗带有一小段老枝条；带踵插穗只是带有极短的一段老枝条。槌形插穗和带踵插穗用得较少。

有一些园林植物的枝条剪断以后，便很难区分其极性即插穗的上下部，需要在剪取插穗时进行标记，最为常用的方法是将插穗的上端剪成平口，而将插穗的下端剪成斜口。

3)插穗处理方法

①冬季冷藏

在休眠季节，剪取长度一致的插穗，捆成捆，放在低温、潮湿的环境下贮藏至春季，再挖出插穗进行栽植。一般可将插穗埋藏在含有一定水分的沙壤、沙子或者锯屑中，插穗可水平放置，也可竖直放置。在竖直放置时应使插穗基部朝下，以使基部保持较高的温度，尽量诱导基部生根而延迟顶部芽的萌发。在冬季气温较高的地区，采取自然低温冷藏常不能达到理想的效果，为保证贮藏期的低温，一般将插穗放在装有湿沙子、锯屑、泥炭藓或刨花的箱子中，然后贮藏在0℃左右的环境中，如冷藏室等。由于0℃以上的温度条件对细胞活动有利，因此使插穗的贮藏温度保持4~5℃左右，既可保证插穗安全冷藏，又可促进基部愈伤组织的形成。

插穗在贮藏过程中，要经常检查。如发现插穗的芽开始萌动，便需要立即降低贮藏温度，或者立即栽植。多数园林植物在扦插时需要先生根后发芽才能够成活，如果栽植时芽已经完全解除休眠或开始萌动，便会在生根之前很快萌发。由于萌芽会消耗插穗的贮藏养分，叶片则过度消耗水分，导致插穗营养过度消耗或水分平衡破坏而死亡。

②春季剪取插穗直接栽植

对于易生根的园林植物，插穗不需冷藏，春季在枝条萌动前可以剪取大量的插穗，直接扦插。对于这类植物也可在休眠季节剪取插穗，用厚纸或聚乙烯薄膜并带少量潮湿的泥炭藓包裹起来，在0~5℃下进行短期贮藏，直至春季栽植。注意在贮藏期间，插穗不能风干，也不能过湿。

③秋季直接扦插

在冬季温暖的地区，可以在秋季剪取插穗，立即进行扦插。插穗在休眠期来临之前，有可能生根，也有可能形成愈伤组织，在春季根和芽同时产生。有些植物在秋季扦插效果较好。秋季扦插前可以采用化学药剂处理插穗，如桃花的硬枝插穗在扦插之前用吲哚乙酸和克菌丹处理，可以促进生根。另外秋季扦插时，插穗易被啮齿动物侵害，杂草为害也较严重，应注意防除。

④暖温贮藏

秋季采取插穗，在插穗上的芽尚未开始发育或处于休眠状态时，用生根剂处理插穗基部，再将处理过的插穗在18~21℃的潮湿环境下贮藏3~5周，待插穗诱导生根后栽植到温暖环境下。经过诱导生根处理，可以促进芽积累充足的养分，为生根后的芽的生长发育奠定基础。

⑤插穗基部加温贮藏

这种方法适用于难以生根的园林植物。在秋季或者深冬剪取插穗，插穗基部用生根剂（IBA 2500～5000mg/L）处理，竖直放在包装材料中，使基部温度保持在 18～21℃，而插穗上部暴露在冷凉的室温下。在插穗生根后芽萌动之前必须及时栽植，以防止插穗腐烂，避免根系耗水过多。但是若采用诱导生根的药剂，也可在尚未生根之前就进行栽植。这种方法最适宜于冬季温暖的地区，即冬季温度在 17～25℃的地区。生根后，如果土壤或气候条件不适宜，可将插穗移到生根床上，停止基部加温，待栽植条件适宜时进行栽植。

⑥塑料袋贮藏

在休眠季节采取插穗，基部浸生根剂（如 IBA 2000mg/L）几秒钟，然后密封在聚乙烯塑料袋中，放置在黑暗条件下，温度保持在 10℃左右。用这种方法处理桃花插穗 50 天后，生根率可达 85%～100%。采用这种方法虽然生根率很高，但往往栽植后插穗成活率却很低。

4）针叶常绿树硬枝扦插

针叶常绿树硬枝扦插时插穗必须在潮湿的条件下才能生根。生根速度因园林植物种类而异，如崖柏属、扁柏属、矮生桧柏属和紫杉属的园林植物生根容易；而高大桧柏属、云杉属、铁杉属、冷杉属和松属较难生根，有时需要几个月到一年。此外，在这些属种有很多不同种的生根难易程度也各不相同。插穗的生理状态也会影响生根，如取自幼树的插穗比老树的插穗生根容易。用生根剂如高浓度的 IBA 处理，可以促进生根，获得更多的根系，以提高生根率和成活率。

针叶常绿树的接穗最好在晚秋和深冬剪取，剪下的插穗应立即进行处理，将插穗放在光照充足、适宜湿度的温室内诱导生根，插穗基部温度保持 24～26℃为好。适宜的扦插基质为沙子、珍珠岩和泥炭藓，按 1∶1∶1 的比例混合。一些种的插穗生根要求时间较长，可以再次将其插入扦插基质中，使其继续生根。

插穗长度一般为 10～20cm，插穗可带有叶片，剪掉下部的一半叶片。插穗枝条类型因植物种类而异，一般选用前一生长季节产生的成熟的顶部枝条作为插穗。如鹿角柏（*Juniperus chinensis* 'Pfitzeriana'）的老枝和大枝都可以作插穗；而紫杉的插穗基部需带上一部分老干才容易生根，不易被病菌侵害。

（2）半木质化枝插

半木质化枝插时采用的插穗多来自于阔叶常绿树种，但夏季从落叶木本园林植物上剪取的成熟带叶插穗也可用于半木质化枝插。阔叶常绿树种的半木质化插穗通常是在夏季从茂盛生长的当年生枝条上剪取的，枝条常呈半木质化。很多观赏灌木，如茶花、海桐、杜鹃花、卫矛和冬青等，常采用半木质化枝插法进繁殖。

插穗一般剪成 7～15cm 长，保留上部叶片，如叶片较大，则应剪掉一部分以降低水分的消耗，并保证插床上的插穗密度。常采用顶端的枝条作插穗，但基部的枝条亦可。插穗基部切口留在节位以下。剪取插穗应在清晨进行，此时枝条含水量高，剪下后立即用干净潮湿的粗麻布包裹，或者装入塑料袋中存放在黑暗环境下。

要特别注意防止插穗水分的过度损失。生产上常在具有间断喷雾装置的条件下诱导插穗生根，或者在冷凉潮湿的条件下用薄膜覆盖插穗促进生根。此外，对插穗基部加温和采用生长调节处理可以促进生根。扦插基质可用珍珠岩和泥炭藓等比例混合物，或者用珍珠岩和蛭石。

(3)嫩枝扦插

嫩枝扦插适宜在5~8月进行，各种园林植物的具体扦插时间要按嫩枝的木质化程度来确定，达到半木质化即可。一般在生长健壮、无病虫害的幼龄植物上，选择粗壮、饱满、生长旺盛的半木质化嫩枝作为插穗，做到即剪即处理，插穗长度以4~10cm为宜，要剪去基部叶片，保留其上部叶片，下剪口要靠近腋芽。扦插深度以1~3cm为宜，便于通气。扦插前也可用ABT生根粉、吲哚丁酸及萘乙酸等植物激素对嫩枝进行处理。如图1-5。

提供适宜的环境温度和生根温度是嫩枝扦插成败的关键。一般嫩枝扦插要求空气相对湿度在85%~90%，气温在18~25℃，生根温度在25~28℃。扦插后，立即浇1次透水，既可使插穗和切口密接，又可提高基质湿度。一般在棚内利用自动控湿仪喷雾，来达到可要求的空气湿度，但基质内不能积水，否则易至插穗下端腐烂。嫩枝扦插一般要求基质温度高，空气温度低。为此可利用自动控温仪提高基质温度，达到生根温度25~28℃。可利用自动调温仪降温和遮阳网降温。

扦插后，生根、生长均需要阳光照射。但光照过强易导致温度过高和灼伤插条，光照过弱，插条光合作用差，生根能力不强，生长速度慢。生产上常采用遮阳网进行遮阳，一般在9:00~17:00时进行。

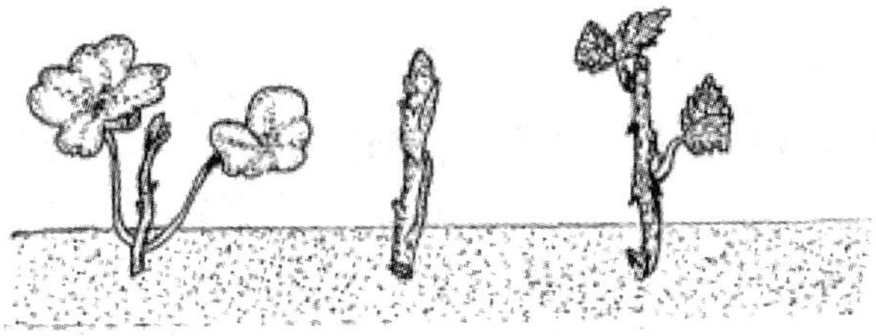

图1-5　嫩枝扦插和草本扦插示意图

1. 天竺葵　**2.** 菊花 **3.** 月季

(4)草本枝插

草本插穗取自柔嫩的草本植株上，如天竺葵、菊花、锦紫苏和香石竹等，插穗长度为7~12cm，保留上部叶片或者不带叶片。大部分植物都采用此法繁殖，因为其生根容易。草本插穗生根条件和嫩枝插穗生根条件一样，但是需要较高的湿度。提高插穗基部温度对生根有利，草本插穗在适宜的条件下，生根快，而且生根率高。虽然草本插穗一般不用生根剂，但为了使插穗生根一致，也可使用生根剂处理。有一些草本植物产生伤口后，容易流出黏液，如天竺葵、凤梨、仙人掌等，在插入扦插基质之前需要将插穗晾干几小时，以防止组织腐烂。如图1-5所示。

2. 叶插

(1)叶片插

叶片插是用叶片或叶柄作插穗，扦插发育成完整植株的营养繁殖方法。不定根或不定芽在叶片基部产生，并且发育成新植株，而原来的叶片并不是新植株的一部分。叶片插主要常用于叶片肥大，叶柄粗壮，自叶上易产生不定根、不定芽的草本花卉，如虎尾兰属、秋海棠属、景天科、苦苣苔科、胡椒科、菊科等。

1)分类

叶片插通常在生长期进行。依据扦插材料的组成，又可分为全叶插与片叶插。如表1-28。

表1-28 可用叶插的园林植物及扦插方法

植物名称	插穗组成	扦插方式	生根部位
蟆叶秋海棠	全叶或片叶	平置或直插	叶缘、叶柄、叶脉等
落地生根	全叶或片叶	平置或直插	叶缘、叶柄、叶脉等
豆瓣绿	全叶	平置	叶基、叶柄、叶脉
非洲紫罗兰	全叶	平置	叶缘、叶柄
大岩桐	片叶	直插	叶脉、叶柄
虎尾兰	片叶	直插	叶脉、叶柄
景天	全叶	直插	叶基

①全叶插

全叶插是指以完全叶片，包括叶片、叶柄为插穗进行扦插的方法。全叶插通常采用平置法进行，即将叶片平放于扦插基质上使其生根，生根的部位主要是叶脉、叶缘和叶柄基部等部位。采用全叶插进行繁殖的园林植物如：蟆叶秋海棠、落地生根、非洲紫罗兰、豆瓣绿等。

②片叶插

片叶插是指用不完整的叶片作插穗的扦插方法。扦插时可以平置，也可直插，即将插穗直立地插入到扦插基质中。生根的部位主要在被截断的叶脉处、叶片基部或叶缘处。采片叶插进行繁殖的园林植物如：蟆叶秋海棠、大岩桐、虎尾兰等。

2)方法

虎尾兰为扦插时将其长锥形的叶片切成7.5～10cm长的叶段，将叶段的3/4插入沙子中，经过一段时间，在叶段的基部就会产生新植株，最初的插穗脱落消失。需注意的是，叶片具花斑的虎尾兰通过叶插繁殖不能保持原种的特性，为保持原种的特性，必须用分株法繁殖。如图1-6所示。

蟆叶秋海棠扦插时应选充分长成的老熟叶片，先用刀片在叶背的粗壮主脉上刻伤，刻伤间距2cm左右，深达主脉直径的1/2。在把叶片反转过来，叶面朝上，平置在湿润的沙面上，将叶柄栽入沙内。为了让叶背主脉刻伤部位与沙面紧密结合，最好用一些碎玻璃块把叶片压住。然后放在室内，让它们见些散射光，并在扦插容器的上面盖上玻璃保湿，但不要全部压严，四周留出缝隙来通气。大量扦插时，为了在1个沙箱内多插一些叶片，应将叶片的边缘剪掉一些，修成长方形，这样可增加叶片之间的间隙，从而提高单位面积内的产苗量。如图1-7所示。

具有根茎的秋海棠也可采用另外一种叶插方法繁殖，即将充分成熟的大叶切成三角形的叶段，每一段带有一根大叶脉，去掉叶片边缘最薄的部分，然后将叶段直立插

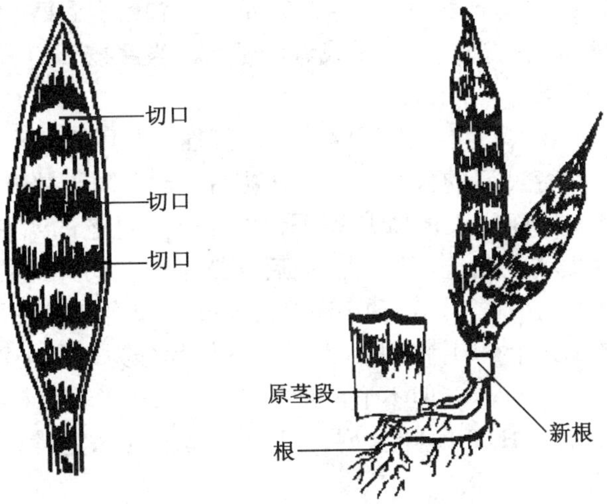

图 1-6　虎尾兰叶插示意图

图 1-7　秋海棠平插示意图

入沙子中，培养一段时间后，在叶段基部的大叶脉处产生新植株。

如表 1-28，由叶片产生新植株有很多种途径。如枷蓝菜新植株从叶片和叶柄的交汇处产生，甚至原来的叶片仍然生长在母体上，没有随着新植株的产生而消失；非洲紫罗兰是典型的叶插繁殖植物，插穗可以是完整的叶片(叶片和叶柄)，也可以是单独的叶片(不包含叶柄)或者叶片的一部分，新植株从叶柄的基部或者叶片的中脉处产生；叶插繁殖的一个特殊类型是新植株从叶片的边缘产生，而原来的叶片最终消失。

叶插繁殖的生根条件和嫩枝扦插及草本枝插的生根条件一致，要求较高的湿度，使用生根剂也很有效。

3. 叶芽插

插穗由叶片、叶柄和带腋芽的一短段茎组成。以此法进行繁殖时，不定根从插穗的茎段切口或叶柄基部产生，叶柄基部的腋芽可以萌发新芽形成植株的地上部。

叶芽插适用于叶插易生根，不易长芽的种类，如菊花、八仙花、山茶、橡皮树、龟背竹、春羽等。叶芽插的插穗由于只带有一个芽，故又称单芽插。单芽插比普通茎插更节省插条，但成苗较慢。当繁殖材料很紧缺时，采用叶芽插是最好的繁殖方法，因为在同样多的繁殖材料下，此法产生的新植株是茎插法的两倍。每一个节都可以作为插穗，叶片对生的植物，一个节可以产生两个叶芽插穗。插穗最好取自具有发育完全的芽和健壮生长、活力旺盛的叶片。

叶芽插通常在生长期进行。在叶片表面造成切口，然后用生根剂处理，可以促进生根。将插穗的腋芽埋入扦插基质表面下 1～2.5cm，保持较高湿度并提高插穗基部温度也可促进生根。叶芽插常用的基质为沙子或者沙子与泥炭藓按 1∶1 的比例混合而成。

4. 鳞片插

对于百合等鳞茎类球根花卉，可以选用鳞片直接扦插。利用鳞片具有萌发不定根和幼芽的特性。扦插时选择发育良好的百合，在其开花后挖起，阴干数日，待鳞茎失去水分、表面略皱缩时，将鳞茎外面肥大的鳞片剥下，去掉外层过老的鳞片，取中间鳞片，基部向下插入沙土中，顶端稍露出土面即可。插后保持土壤湿润并遮荫，约经 50～120 天，扦插的鳞片大多数已形成小鳞茎。这种小鳞茎再经过 1～2 年培养便可开花。

如图 1-8 所示为百合珠芽的鳞片的扦插方法，可将其分为四种类型。其 ETP 属叶上型，由鳞茎直接抽茎并长出叶片，但不形成鳞片叶；HETP 属叶上型，先形成簇生的鳞茎叶后，再抽茎长出叶片；HTP 属叶上型，只形成簇生的鳞茎叶；NLB 属无叶型，仍保持休眠态，不能形成任何叶片。

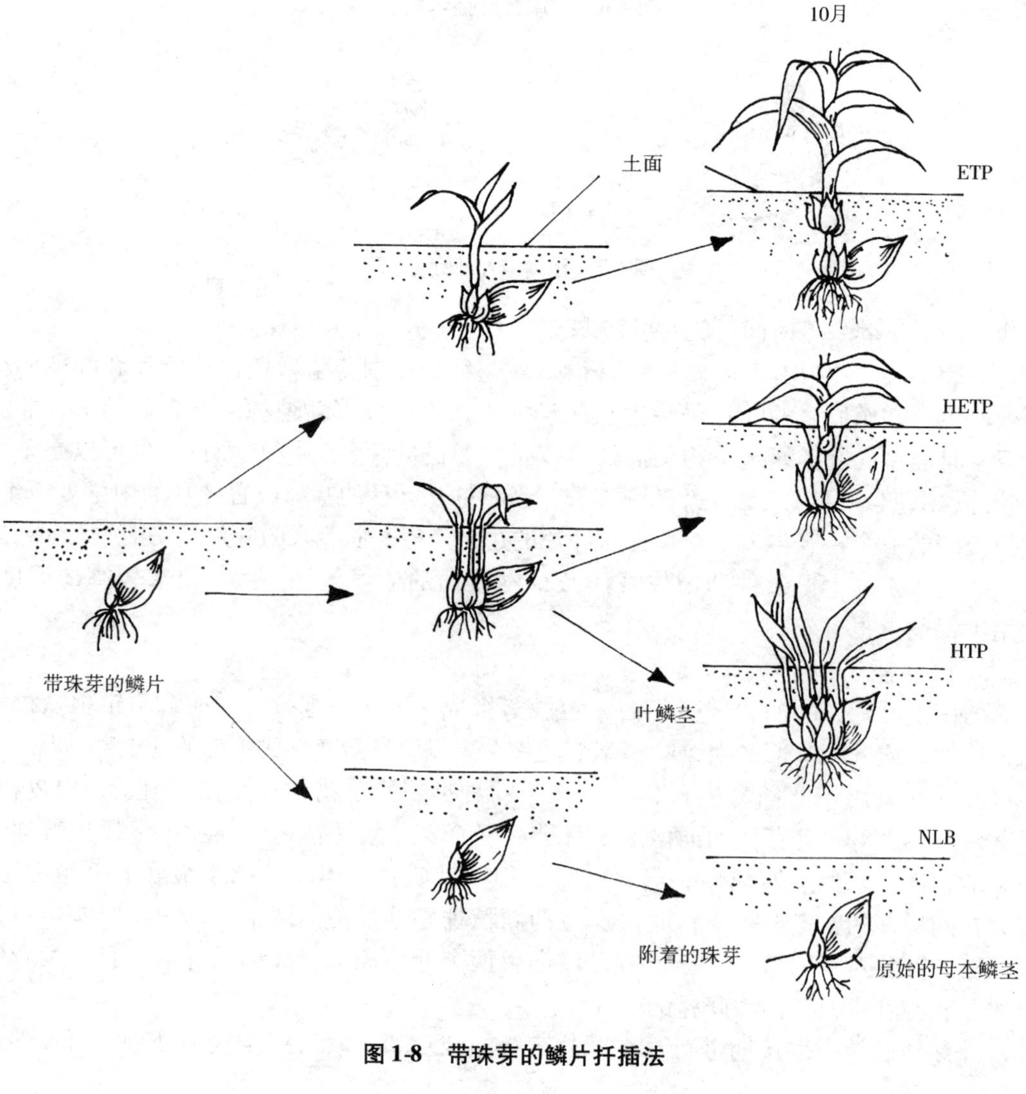

图 1-8 带珠芽的鳞片扦插法

而对于水仙、朱顶红等球根花卉，也可通过双鳞片扦插的方法进行繁殖。它们的 1 个鳞茎球内包含着很多侧芽，有的明显可见，有的隐而不见，其规律是隔 2 张鳞片 1 个芽，用带有 2 个鳞片的鳞茎盘作繁殖材料就称为双鳞片扦插繁殖法。方法是把鳞芽先放在低温 4 ~ 10℃处 4 ~ 8 周，然后在常温下把鳞茎盘切开，使每块带有 2 个鳞片，并将鳞片上端切除，留下 2cm，然后在塑料袋内装有含水 50% 的蛭石或含水 6% 的沙，将其放入袋中，封闭袋口，置 20 ~ 28℃的黑暗处。约经 2 ~ 3 月可长出小鳞茎，成球率 80% ~ 90%，虽四季可以进行，但以 4 ~ 9 月为好。生成的小鳞茎移栽成活率可达 80% ~ 100%。如图 1-9。

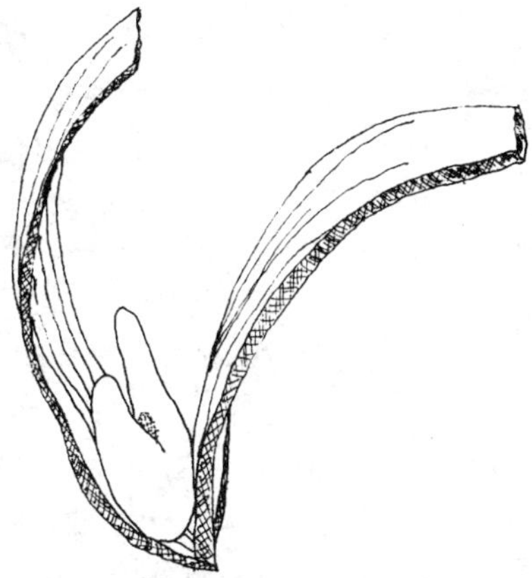

图 1-9　双鳞片扦插法

5. 根插

有些园林植物的根段上能发生不定芽，故可用根插进行繁殖，如泡桐、刺槐、香椿等。一般在深冬或早春从幼龄植株株上剪取根段，因此时根中贮藏了大量的营养物质，扦插繁殖效果最好。但东方罂粟（*Papaver orientale*）根插时，插穗要在仲夏剪取，因此时植株处于休眠状态。

根插时保持插穗的正确极性很重要。为了避免栽植时颠倒插穗的极性，常将根段的上端（最接近植株的一端）剪成直口，而下端（远离植株的一端）剪成斜口。栽植时，将根段的下端竖直插入基质中，使上端与基质表面相平。但有些园林植物则适合将根段水平放置在基质下 2.5 ~ 5cm 处，这样可以避免根段的上下颠倒。

根插繁殖法操作简便。影响繁殖成败的关键是根段的大小。如果母株的根系细小且脆弱，可以先将其放在温室或热床的沙床上或用土壤均匀覆盖，将根剪成 2.5 ~ 5cm 长的短段，水平放在土壤表面，用土或者沙子覆盖插穗 1 ~ 2cm 厚。浇透水后，用聚乙烯塑料薄膜或玻璃窗覆盖在插穗的上面，防止失水干旱，直至产生新植株为止。插床放在背阴地，当新植株长到适当大小时，移栽到其他栽植床上或者成行栽植。

（1）用柔嫩的根作插穗

嫩根作插穗需要在温室或者温床上的沙壤土进行。根段长 5 ~ 7cm，直立栽植，注意极性。不定芽很快产生，当新植株具有发育良好的根系时就可移栽了。

（2）用大根作插穗在室外繁殖

大根插穗长 5 ~ 15cm，对齐极性，捆成捆，将其放在装有湿润沙子、锯屑或者泥炭藓的箱子中 3 周左右，保持 4.5℃左右的温度。此后将根段按 5 ~ 7cm 的间距栽植到土壤中，根段的上部与土表接近或稍在土表下。如图 1-10。

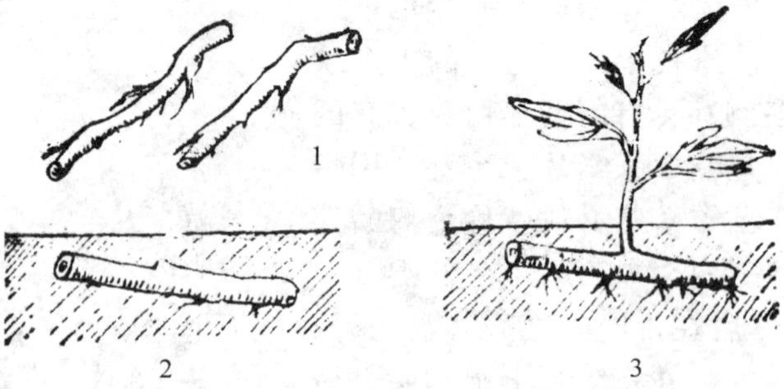

图1-10 根插示意图(芍药)

1. 根段 2. 将根段栽植土中 3. 新植株

上述扦插方式在具体应用时，应依据园林植物的不同特点和生产目的进行选择。不同扦插材料要配合与之相适应的扦插方法和时间(见表1-29)。

表1-29 常用扦插方式的比较

扦插类型	插穗材料	扦插时间	插穗的插入方向与扦插深度	生根(芽)速度	举 例
叶插	叶片	生长期	平置与直插	快	虎尾兰等
叶芽插	单芽茎段	生长期	直插	快	菊花、山茶等
硬枝插	木质化枝条	休眠期	枝条的2/3	慢	刺柏、玉兰等
半硬扦插	半木质化枝条	生长期	枝条的1/3～2/3	中等	月季、杜鹃花等
软枝插	非木质化枝条	生长期	枝条的1/3～1/2	快	凤仙、菊花等
根插	根	休眠期	略露出顶部	较快	芍药、紫菀等

此外除了上述的扦插方法外，有些园林植物还可以在水中扦插生根，如：柳树、花叶万年青、彩叶草、富贵竹、凤仙花、常春藤、龙血树、橡皮树等。水插时通常取茎做插穗，扦插前把下部的叶片去掉，插条通过基部吸水，直到生根。生根期间，要注意遮荫，以减少水分损失。

八、扦插后的管理

1. 塑料薄膜覆盖插床

在遮光育苗室或温室中，保持室温在17～20℃，用聚乙烯塑料薄膜紧靠着插穗覆盖，目的是为生根提供良好的环境，使插穗保持较高的湿度。此外，也可在室外全光照的露地生根床上进行，用0.63cm的微孔薄片直接覆盖插穗，然后用白色的合成薄膜密封。

2. 弥雾

繁殖室应装备有使空气流通的系统，将增湿器置于进风空处，以便产生雾状的湿气。增湿器最好用振荡增湿器，它可以产生大量的20～30μm的雾滴(15～30gal/h)。在日出至日落这段时间操作。

3. 喷雾扦插

带叶扦插繁殖的主要问题就是避免生根之前插穗萎蔫，这就要在插穗周围保持较高的空气湿度，在生根期间，需要经常在叶面、插床和地面喷水，但这易导致在玻璃或塑料覆盖材料下湿度过高。

采用自动间断性喷水装置可有效地促进带叶插穗的生根。这种装置能在叶片和插穗上产生一层水膜，这层水膜可以降低叶片的温度，提高叶片湿度。这种喷雾装置可使那些不易甚至不能生根的园林植物生根。在生根初期，柔嫩、多汁、生长快的植物，都可以用这种装置，某些园林植物甚至会比那些硬枝插穗更容易生根。此外，对于一些生根慢的园林植物，间断性喷雾装置可以使插穗保持很长时间的活力，不会干旱枯死。

喷雾插床既可以放在温室中，在夏季和冬季使用；也可以在温暖的天气下，放在室外的遮光育苗室或全光照下使用。在插床上可以安装喷头，以产生雾状的水滴。白天进行间断性喷雾，可间断地为植物提供足够的水分，在叶片上保持适宜的水膜，效果优于连续喷雾。在安装喷雾装置时(尤其是在室外安装)，如果插穗的叶片长时间干燥，插穗就会受伤害，甚至在炎热、光照强烈的天气下，叶片缺水十几分钟就会导致插穗死亡，因此在安装喷雾控制系统时，每一个细节都要考虑到，避免喷雾装置的偶然失误。

在水中加入矿质营养元素进行喷雾，可为插穗的生长发育补充营养，提高某些园林植物的根系质量。有些园林植物采用此法可能会对叶片造成伤害，对于生根慢的园林植物，长时间在喷雾条件下，会导致大量的营养元素流失。

4. 炼苗

生根插穗移栽的方法如下：

(1)插穗仍然在原来的生根插床上不动，但是喷雾的间隔时间要逐渐地减少，或者降低喷雾阀门“开”的时间，增加喷雾阀门“关”的时间；或保持喷雾间隔的时间不变，但每天要减少喷雾的时间。

(2)在室外繁殖时，生根插穗保持不动，但要将根系从扦插基质中深入到土壤中，移走繁殖材料后，可供下一批插穗生根使用。

(3)用繁殖盘作插穗生根的容器，生根后将繁殖盘移到另外一个具有喷雾装置的炼苗场所，然后将插穗放入罐装容器中，插穗保持在原来的扦插基质中，进入休眠季节后可以安全地挖出插穗，按一定的株行距栽植，或者盆栽到温室中。如果生根的插穗长时间生长在扦插基质中，需要定期浇灌营养液。

(4)插穗直接放在小的容器中生根，生根后植株很容易移栽，不会损伤根系。另外一种方法就是将插穗放在固体块状的扦插基质上生根，这样移栽不会损伤根系，这种扦插基质主要是木制品或压缩的泥炭材料，内部具有营养物质。

(5)插穗生根后应立即放在花盆中，置于冷凉、湿润、庇荫的场所一段时间，如雾室、密闭的容器或温室中。

通常情况下，插穗生根后，芽开始发育时即进入明显的休眠期或生理休息阶段，在此阶段植株停止继续生长，为了避免这种情况发生，可以调整光照长度。

5. 插穗生根期间的养护管理

在剪取插穗和扦插生根过程中，必须保证插穗湿润。扦插之后，要充分浇水，保证插穗和基质充分接触。

在室外进行的硬枝扦插和根插，插穗生根期间只要给予常规的养护就可以，如要保持充足的土壤湿度、没有杂草的竞争、控制病虫害的发生等。最好在向阳、没有树木遮荫的场所进行。

带叶嫩枝插穗、半木质化插穗以及叶芽插和叶插，在整个生根期间要注意保持较高的环境湿度，控制好温度，不能使插穗萎蔫。用玻璃覆盖插穗，如果暴露在强光下几个小时，玻璃下面便会聚集大量的热量，产生不利于植株生长的高温。当用玻璃覆盖时，可以用布、白色涂料等覆盖在玻璃上，以降低光照强度。

采用基部加温的方法时，需要将测温仪插入基质中，并且和插穗基部在同一水平上，经常检查，尤其是开始时，更要注意检查温度的变化。最适宜的温度为24℃，基质中温度过高，甚至是在短时间内的高温就会导致插穗死亡。

带叶插穗生根时，要保持较高的空气湿度，尽量减少叶片水分的损失。如果没有喷雾装置，需要用喷壶经常向叶片喷水，尤其在炎热的天气，喷水次数更要多。虽然这样要花费很多时间，但是多次的轻微喷水要比少次多量喷水效果好，也可以使用间断性的喷雾装置。

生根基质要求在排水良好，能及时排除多余的水分，避免积水和涝灾。用泥炭或泥炭藓作基质时，不要过湿。

要及时清除脱落的叶片和死亡的插穗。在湿润、封闭、低光条件下，最有利于病菌的生长，如果不对其进行控制，在极短的时间内就会对插穗造成很大的伤害。

在具有自动喷雾装置的条件下，病害不易发生，经常的喷雾冲洗叶片，使病原菌孢子在没有生长之前就已经被水冲掉了。提高光照强度和空气流通可以减少病害的发生。

如在生根环境中增施CO_2或者使用充满CO_2的喷雾装置，就可很好地提高生根速度。如果在高温、高光强、插穗周围环境CO_2浓度低的条件下使用，效果会更好。

6. 插穗生根后的处理

(1)硬枝扦插

生根的硬枝插穗在休眠季节落叶后即可挖出。如果植株生长较快，插穗在经历一个生长季节之后即可挖出移栽；如果植株生长较慢，插穗需生长2～3年，长到足够大的时候才能挖出移栽。

应在无风、冷凉、多云的天气移栽插穗。如果土壤较湿或较黏重，则不能挖掘移栽，待土壤干燥之后才能挖出插穗。当插穗挖出后，将根系上的土壤抖掉，然后再假植到适当的位置冷藏，或者直接栽植在生长地上。如果落叶植物的插穗数量较多，则可在冬季冷凉黑暗的场所假植几个月，根系用湿润的木屑、鹅卵石等材料覆盖保护。如果生根插穗在移栽之前需要长时间保存时，应在2℃左右的低温下冷藏。

阔叶或针叶常绿植物不能裸根处理插穗，而落叶植物不带叶的插穗则可以。常绿植物插穗的叶片需要根系不断从土壤中吸收养分，因此在挖掘这些插穗时，先在植株周围挖沟，然后小心带土挖出插穗，将挖出的土坨上部和下部多余的泥土去掉，变成土球，根系依附在其上。土壤保持适宜的湿度，否则根系容易断裂。用粗麻布将土球裹住，用粗绳子捆绑结实，然后就可以运输或者移栽了。

在移栽之前需要对根系进行修整，剪掉过长、卷曲的根系，使其变得紧实、多须根。根系的修整在栽植第二年也要进行一次，这样有利于根系与土壤紧密接触。

(2)嫩枝、草本、半木质化、叶芽插、叶插的插穗生根后处理

在高湿条件下生根的带叶插穗，从扦插基质中移出时要十分小心。插穗生根后，要降低环境的湿度，增加插床的通风。当有大量的次级根系产生时，就应该及时移栽，如果过早移栽，常会导致插穗死亡，只有在初生根系上长出分枝，具有大量浓密的次生根系的时候，移栽成活率才会很高。

(3)生根和未生根带叶插穗的冷藏处理

有时插穗经过修剪整形后，需要在低温下冷藏，使其继续生根。对于那些生根后不能及时扦插的插穗，也可以采取冷藏的方式贮存，在适宜的时期进行扦插。如日本的久留米杜鹃插穗在整个冬天都可以在低温温室内冷藏嫩枝；如插穗在春季采用这种方法冷藏，需要用塑料袋套住插穗，保持温度0.5～4.5℃，保存10周待根系长到和未冷藏的插穗根系相同长时，即可移栽扦插。

未生根的菊花和香石竹插穗可以冷藏在封闭的塑料袋中，保持温度0.5℃直至生根。冷藏后生根的插穗比生根后再冷藏的效果要好。

将香石竹生根或未生根插穗放在塑料薄膜包装的箱子中，基质用湿润的泥炭或泥炭藓，保持温度－0.5～0.5℃，冷藏至少5个月，塑料薄膜不宜密封过严，这种条件下插穗生根效果好。

在某些情况下，插穗可能在夏末秋初生根，第二年春天移栽。在此情况下，可将生根插穗放在塑料袋中冷藏，保持低温1.5～4.5℃，直到春季取出扦插。实验表明，有些植物的生根插穗可放在塑料袋中，保持1～4℃的温度，可以安全冷藏5个月。需注意的是根系周围不宜用包装材料包裹。

冷藏处理是插穗管理的一项重要工作，能产生很好的经济效益。实验证明，生根插穗在两个温度处理(0℃和4.5℃)，冷藏6个月，结果表明0℃下比4.5℃下插穗存活率更高。贮藏前如用5%克菌丹处理，成活率会更高。

九、ABT生根粉在扦插繁殖中的应用

植物的生长发育是一个复杂的过程，一方面需要环境条件的配合，同时也需要植物自身产生的营养物质的供应。只有这种内外条件具备时，细胞的分裂与扩大、组织与器官的分化才能顺利进行。

应用生长素处理插条不仅可以促进植物内部营养物质重新分配集中在切口附近，而且也加速了枝条的光合作用，将光合作用强度提高100%～200%。经生长素处理后的枝条，皮层薄壁细胞内贮藏的淀粉粒会消失，转化为水溶性糖，从而提高了细胞的渗透压和吸水压，使水分子含量迅速增加，体积膨大；而且由于生长素的刺激，使细胞中的酶系统活化起来，呼吸作用和代谢作用增强，加快了细胞的分化作用，有助于愈伤组织和不定根的形成。随着分子生物学机理的研究，发现生长素能显著地影响植物细胞的核酸含量，并在不同阶段上对DNA复制、转录或翻译的许多因子起作用。

用生长素处理能提高插条生根的能力。但是植物插条的生根是一个极为复杂的生

理过程，是与植物本身的生物、生态、遗传学特性及扦插时的环境条件（温度、湿度及扦插基质）有着密切的关系，是这些内外因子综合作用的结果。而生长素的处理是在这些条件作用的基础上，才能对插条不定根的形成起促进作用。但这不是绝对的，也不是唯一的。除了生长素，还有另一种物质参加才能导致不定根的发生，这种物质由于它是辅助生长素而产生促进生根作用的，故称为辅助因子，其化学结构一般认为是酚类化合物。二者在一定酶的作用下，结合为大分子化合物才能对不定根的诱导起作用。因此，在应用生长素促进插条生根时，必须认识生长素的作用，才能发挥生长素的效应，促进插条不定根的形态建成。

在此基础上开始出现了综合性生根促进剂，各种型号的生根粉也应运而生。但到目前为止，生根粉主要是生长素或以其中一种生长素为主添加碳水化合物和真菌抑制剂。此种生根促进剂以补充外源生长素为主，其处理方法则以药液浸泡或呈粉剂黏着在插条基部切面，也有用羊毛脂制剂的。以上几种方法在实践中有的处理过程烦琐，或不能直接涂在切口断面上，因此影响使用效果。

ABT 生根粉是在国内外这一领域内现有基础上研制成功的一种高效、广谱性的生根促进剂。示踪原子测定及高效液相色谱分子证明：ABT 生根粉处理插条后，参加了插条不定根形态建成的整个生理过程。它不仅能补充插条形成不定根所需的外源生长素等有利于生根的物质，而且还能促进插条内源生长素的合成。用 ABT 生根粉处理插条能加速下切口的愈合，缩短生根的时间，促进不定根原基分生组织细胞分化成多个根尖，呈簇状、爆发性生根，并使插穗基部不定根呈环状、密集排列，发育粗壮。其促进生根效果优于引哚丁酸和萘乙酸。用 ABT 生根粉末处理插条后，能形成对插条下切口的封闭保护膜，保护切面不失水，避免腐败菌的侵入，有利于伤口的愈合。扦插后，胶膜在一定的温湿条件下，可吸水膨胀形成半固体胶状透水膜，供应插条下切口不定根形成所需的生根促进物质。使胶膜内的生根促进剂逐渐完全为插条吸收。这种形式的 ABT 生根促进剂操作简便，便于插条的存放及运输，也便于进行工厂化扦插育苗。

1. ABT 生根粉的性能

ABT 生根粉是一种复合型植物生根促进剂，是根据植物插条不定根的形成不仅需要生长素，还需要生长素加效剂及其他有利于不定根原基形成的物质研制成的，对不定根的诱导效果优于生长素。

鉴于植物枝条特别是幼嫩的芽叶能合成内源生长素物质，从而使 ABT 生根粉兼具补充外源生长素与促进枝条内源生长素合成的双重功效。

根据示踪原子测定，通过慢浸法，可使外源生长素直接吸收到枝条各部。然后与内源生长素一起进行向基性运转并参与不定根的形态建成。而且 ABT 生根粉能促使一个根原基分化成多个根，形成簇状、密集的不定根系。胶膜型 ABT 生根粉可使插条下切口形成一层透水的半固体膜保护切面，避免切面失水和腐败菌的侵入，并能使膜内的生根促进物质逐渐为插条所吸收。由于 ABT 生根粉（膜）具有以上的优点，因此对较难生根的园林植物（如松树、玉兰等）的插条能诱导其不定根的形成。对于容易生根的园林植物则能缩短生根时间，提高插条生根率，促进不定根的生长，提高苗木的质量。

实践证明，ABT 生根粉(膜)确实是一种高效广谱性的生根促进剂。

2. ABT 生根粉的种类

(1)按型号划分

1)ABT1 号生根粉

主要用于难生根及珍贵园林植物的扦插育苗。如红松、泡桐、银杏、金花茶、玉兰等。扦插时一般可用 100mg/kg 浸条 2～8 小时，可缩短生根时间 1/3，提高成活率 30%～70%。1g 生根粉可处理插条 3000～5000 株。

2)ABT2 号生根粉

主要用于较容易生根的园林植物的扦插育苗。如月季、茶花、石榴、法桐、翠柏、冬青等。扦插时一般可用 50mg/kg 浸条 2～4 小时，可缩短生根时间 1/3，提高成活率 25%～55%。1g 生根粉可处理插条 3000～5000 株。

3)ABT3 号生根粉

主要用于苗木移栽、播种育苗和飞机播种等，促进根系发育，高成活率，增加抗逆能力。使用时一般用 25mg/kg 浸根、浸种 0.5～2 小时或拌种，大苗用 50ppm 浸根 1～2 小时，带土苗用 10mg/kg 灌根，可提高成活率 15%～35%，增加生长量 20%～60%。1g 生根粉可处理 100～1000 株。

4)ABT5 号生根粉(增产灵)

主要用于块根、块茎植物。使用时一般可用 10～25mg/kg 浸种 1～4 小时或拌种、喷叶等，可提高产量 20%～50%。

(2)按剂型划分

1)水剂

溶液状态的 ABT 生根粉，适宜于稀释成高或低浓度的溶液，用于浸泡处理插条基部切面。

2)粉剂

粉剂型的 ABT 生根粉，适宜于调成乳状或将插条基部蘸湿再涂于切口。

3)膜状

呈胶质状态，处理时可随蘸随插。

3. ABT 生根粉的使用浓度及配制方法

(1)剂量

1g ABT 生根粉可以处理 3000～6000 株插条(针叶树为 3000～4000 株，阔叶树为 4000～6000 株)；可根据植物种类和插条规格选用。

ABT 生根粉 1～5 号需用酒精或助溶剂 SHB 溶解。将 1g 生根粉，用酒精 500g 溶解，再加 500g 蒸馏水(或凉开水)即配成 1kg 的 1000mg/kg 原液，使用时稀释至所需浓度；或者是将 1g 生根粉(2、3、5 号)加入 6g(即 1 包)助溶剂(如果是 1 号生根粉，应加 12g 即 2 包助溶剂)混合搅拌均匀(约 5 分钟)，然后再加 1kg 水充分混合搅拌成透明溶液，即配成 1kg 的 1000mg/kg 原液，使用时稀释至所需浓度。可以表 1-30 所示进行稀释。

表 1-30 生根粉稀释表(以 1g 生根粉配制浓度计算)

所需浓度(mg/kg)	5	10	15	20	25	30	35	40	45	50	60	70	80	90	100	200	300	500
加入水量(kg)	200	100	67	50	40	33	29	25	22	20	17	14	13	11	10	5	3	2

注：1. 配制溶液时，忌用金属容器。2. 低温(5℃左右)避光保存，粉剂可保持 2 年以上。

(2)使用浓度

1)浸种

把种子放在 10 ~50mg/kg ABT 增产灵溶液中浸泡 1 ~2 小时，捞出阴干即可播种。

2)喷洒

用 5 ~20mg/kg ABT 增产灵溶液在植物一定的生长发育期喷洒，喷洒时间应选择阴天 14：00 以后进行。

3)浸泡处理

用 10 ~15mg/kg ABT 增产灵溶液浸泡 0. 5 ~1 小时即可播种。

(3)配制方法

用非金属容器将 1g ABT 生根粉(包括里面的一小袋药粉)溶在 500ml 95% 的酒精中，再加 500ml 蒸馏水或凉开水，所原液浓度为 1000mg/kg。使用时须稀释 10 倍或 20 倍，就可得到 100 或 50mg/kg 的浓度 ABT 生根粉溶液。对当时用不完或不用的原液应用棕色玻璃瓶装好，放在 5℃以下避光处保存。

当处理大量插条时，可以将 1g 生根粉直接溶解在 500ml(0. 5kg)95% 酒精中，再加 9. 5kg(100mg/kg)或 19. 5kg 水(50mg/kg)，即配成一般处理插条所需的药液浓度。

ABT 生根粉可在冰箱内避光保存 2 ~3 年，室温下可保存 6 个月(南方)或 1 年(北方)。保存温度不超过 30℃。水剂 ABT 生根粉必须保存在冰箱中，最好是现配现用。

目前 ABT 生根粉(ABT 生根粉 1、2、3 号)有两种包装形式，一种是 ABT 原粉，一种是 ABT 原液。ABT 原粉，一包 ABT 生根粉(1g)内装 10 小包(每小包为 0. 1g)。配置时根据说明将 1 小包 ABT 原粉溶解于 50ml 95% 的酒精内再加 50ml 的蒸馏水或凉开水，即可得到浓度为 1000mg/kg 或 50mg/kg 浓度的 ABT 溶液。

ABT 原液为 10ml 液体包装，使用时稀释 10 倍即可应用。

ABT4 号与 ABT5 号增产灵均为 1g 包装，内装 10 小袋，每小袋为 0. 1g，包括一小袋白色结晶状药物与一小袋粉状物，配制时将以上两小袋药物一同放在容器中，加入 50g 酒精，再加 9. 95kg 水，配成 10kg 10mg/kg 的药液，用于浸种或叶面喷洒；亦可加 3. 95kg 水配成 4kg 25mg/kg 的药液，用于拌种或浸根。ABT6 号增产灵，则为 1g 包装，内分 10 小袋，每袋为 0. 1g，用时可直接溶于水，如加入 10kg 水配成 10mg/kg 的药液，如加水 4kg 则配成 25mg/kg 的药液，随用随配。

我国园林植物种类繁多，各地区气候土壤条件差异较大，不同植物的生育期对药液浓度处理方法和处理时间的要求千差万别，因此以上的配制方法仅供参考。使用时可根据需要配制各种浓度的药液，常规的配制方法如下：

①醇溶性的 ABT4 号、5 号增产灵的配制方法

a. 浓度为 1000mg/kg 原液的配制

将 1g 装的 ABT4 号或 5 号增产灵(包括一袋白色结晶状的与一袋粉状的药物)全部放入容器中，加入 500ml 95% 的工业酒精，然后再加入 500ml 的蒸馏水或凉开水，边加溶剂边搅拌，直到全部溶解。这样就配制成了 1000mg/kg(1000mg/1000ml)的 ABT 增产灵原液。

b. 使用浓度的换算

要将配制好的原液，稀释到所需的使用浓度，可按下列公式进行计算：

设：A = 原液浓度；

a = 所需溶液的溶度；

B = 配成所需浓度溶液需要原液体积；

b = 所需溶液的浓度。

则 A∶a = b∶B

所以 B = (a × b)/A

〔例〕要将浓度为 1000mg/kg 的原液，稀释到浓度为 10mg/kg 的溶液 500ml，需要多少原液？

解：已知　A = 1000mg/kg a = 10mg/kg b = 500ml

求 B = ?

代入公式　B = (10 × 500)/1000 = 5ml

即将 5ml 原液，加水 495ml，即可配成浓度为 10mg/kg 的 500ml ABT 增产灵溶液。

c. 注意事项

配制 ABT 生根粉溶液，一定要在非金属容器中进行。对配好后用不完或不用的原液，用棕色玻璃瓶装好，置于 5℃ 以下避光处保存。

ABT4 号增产灵可放在冰箱内保存 2 ~ 3 年，室温(30℃ 以下)避光条件下可保存一年；ABT5 号增产灵需在冰箱内保存，室温条件下可保存 6 个月；水剂的增产灵 4、5 号，则必须保存在冰箱内，最好是随用随配。

②水溶性的 ABT6 号增产灵

应用水溶性的 ABT6 号增产灵时直接用水溶液配制即可。

(例)因为配制浓度为 1mg/kg 的溶液需要 1mg 的药加入 1000ml 的水溶液，所以，如果要配制浓度为 1000mg/kg 的药液，则须将 1g ABT6 号增产灵溶解在 1000ml 的水溶液中，即配成浓度为 1000mg/kg 的增产灵溶液。由于 ABT6 号增产灵为水溶性的，因此配制时，不需要先配成原液，可直接配成所需要的浓度。

为了配制方便，可按下列方法进行配制：

1mg/kg 为 1mg 6 号增产灵溶解在 1000ml 水中；

10mg/kg 为 10mg 6 号增产灵溶解在 1000ml 水中；

100mg/kg 为 100mg 6 号增产灵溶解在 1000ml 水中；

1000mg/kg 为 1g 6 号增产灵溶解在 1000ml 水中。

注意事项：ABT6 号增产灵亦可放在冰箱中保存 2 ~ 3 年，室温条件下，可保存 1

年。

(4)处理方法

ABT 生根粉的处理方法有 4 种，即速蘸法、浸泡法、粉剂处理法、胶剂处理法。

1)速蘸法

将插条浸于 ABT 生根粉浓度为 500 ~ 2000mg/kg 溶液中，30 秒钟后再扦插。

由于此法处理的插条药液仅在其浸泡部位表面附着，扦插后随着水分的淋洗而逐渐消失，因此难以保证插条不定根形成过程中的对生根促进物质的需要。再扦插育苗中只有单芽扦插或重复处理时才用此法，一般处理浓度为 500 ~ 2000mg/kg，处理时间为 30 秒。

2)浸泡法

浸泡法是将 ABT 生根粉配成低浓度的溶液(50 ~ 200mg/kg)，然后将插条下部浸泡在溶液中几小时。这种处理方法对休眠枝特别有效，有利于休眠枝内抑制物质的洗脱。通过示踪原子高压液相色谱仪测定证明：应用低浓度的 ABT 生根粉溶液浸泡处理插条，药液可吸收到枝条的各个部位，然后进行向基性运转聚集在插条基部，参与不定根的形态建成。这个处理方法不受外界环境条件的影响，并能保证插条吸收的药液全部用于不定根的形成。处理时要根据枝条的规格、成熟度而定。一般来说大枝条用 50mg/kg 或 100mg/kg 的药液全枝浸泡 4 ~ 6 小时，或者只浸泡具有潜伏不定根原基的部位。1 年生的休眠枝，用 50 或 100mg/kg 药液全枝浸泡 2 小时。嫩枝根据所采用枝条木质化程度及插条的大小可浸泡 0.5 ~ 2 小时，浸泡深度 2 ~ 4cm。

3)粉剂处理法

扦插前将 ABT 生根粉剂涂于插条基部，然后进行扦插。处理时先将插条基部蘸湿，插入粉末中，使插条基部切口充分黏附粉末即可，或将粉末用水调成乳状涂于切口。扦插时要小心不可使粉剂落下，此种处理的优点是方法简便，缺点是插条下切口黏附的粉末易随着喷雾或落水消溶在扦插基质种。

4)胶剂处理法

将 ABT 生根粉制成 ABT 生根膜(呈胶质状态)，处理时随蘸随插。插条蘸取本品后即形成半透水性的保护膜层，克服了粉剂处理与速蘸处理易消溶的缺点，并能较长时期地供应插条对生根促进物质的需要，是一种较理想的处理方法。

(5)注意点

值得注意的是，ABT 生根粉仅仅是一种植物扦插生根促进剂，其应用效果必须在掌握扦插植物繁殖特性与繁殖技术的基础上，在一定的设施条件下才能充分发挥，否则难以达到预期目的。

第二节 压条繁殖

压条繁殖(layering propagation)是指将植物枝条的一部分埋入土中，待其节部生根后，长成一个完整植物的过程。由压条繁殖的苗木称为压条苗。压条是许多藤本与灌木类的园林植物常用的一种繁殖方法。压条繁殖的机理与扦插法类似，也利用了枝条上能长出不定芽与不定根的特性，但与扦插法相比，压条更容易生根，因为枝条在生根前还与母株相连，可以得到源源不断的养分供应。

压条繁殖多用于一些茎节和节间容易发根的木本花卉和一些扦插不容易发根的木本花卉。压条是将未脱离母株的枝条，在适当的部位将枝条环剥、刻伤，并可结合生根促进剂涂抹处理，然后将该部位埋入土壤中。由于受伤部位易积累上部合成的营养物质和激素，从而易形成根系。然后将其剪离母体后移苗另栽，从而形成新的苗株。压条繁殖由于枝条木质部仍与母株相连，可以不断地得到水分和矿质营养，枝条不会因失水而干枯，因此是一种安全可靠的繁殖方法。它的优点是成活率高、成苗快、开花早，不需要特殊的养护，但缺点是占地较多、成苗量少。

压条的时间在南方一年四季均可进行，以春季和梅雨季节最为理想；北方多在春季或上半年进行，这样在入冬前有充分的时间形成完好的根系。在中温或高温温室中，冬季也可对一些园林植物进行压条繁殖。

压条繁殖的方法可分为普通压条法、培土压条法和空中压条法。

一、普通压条法

普通压条法主要用于植株低矮、基部枝条较低、枝条柔嫩、易于弯曲的园林植物种类，如蜡梅、迎春、木兰、夹竹桃、紫藤、铁线莲、凌霄、常春藤等。

1. 单枝压条法

把母株下部较长的枝条下弯，再把下弯突出的部分刻伤或环状剥皮，然后把它们埋入土内，并用钩状树枝或铁条把下弯部分固定，防止反弹。被压枝条的先端部分应露出土面，并用竹竿固定，使它直立生长，春天的压条苗到秋后剪离母体。这种方法多用于灌木、小乔木类园林植物。如图 1-11。

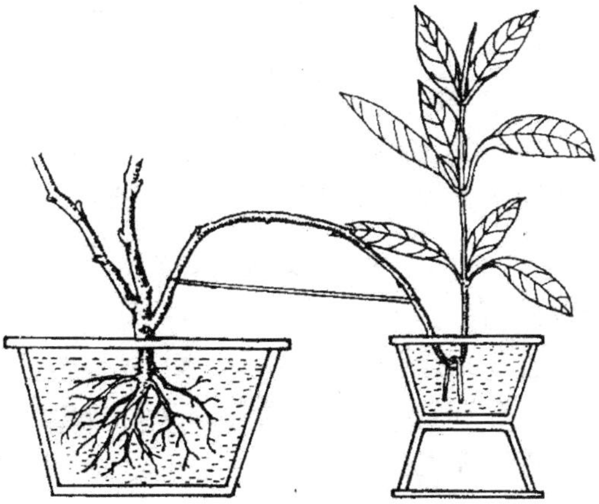

图 1-11　单枝压条法

2. 连续压条法

在母株一侧先开挖一条纵沟，然后把靠近地面的枝条的节部分段刻伤，再把它们浅埋入土沟内，并把枝条先端露出地面。经一段时间，埋入土内的节部可萌发新根，不久节上的腋芽也会萌发而顶出土面，待新萌发的老株老熟后，用枝剪深入土中把各段的节间剪断，经半年以上的培养，即可移栽。这种方法多用于灌木类园林植物。如图 1-12。

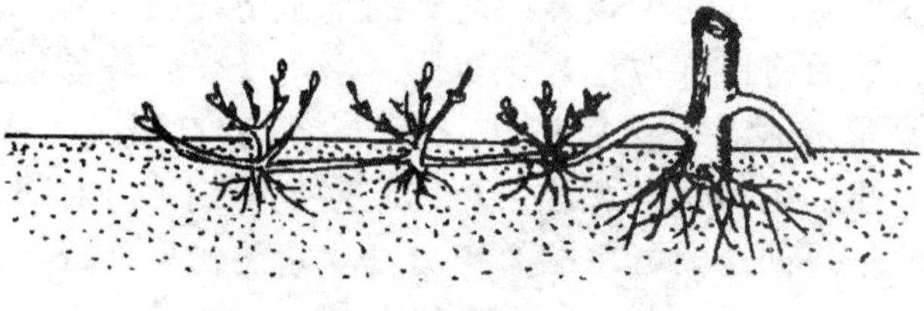

图 1-12 连续压条法

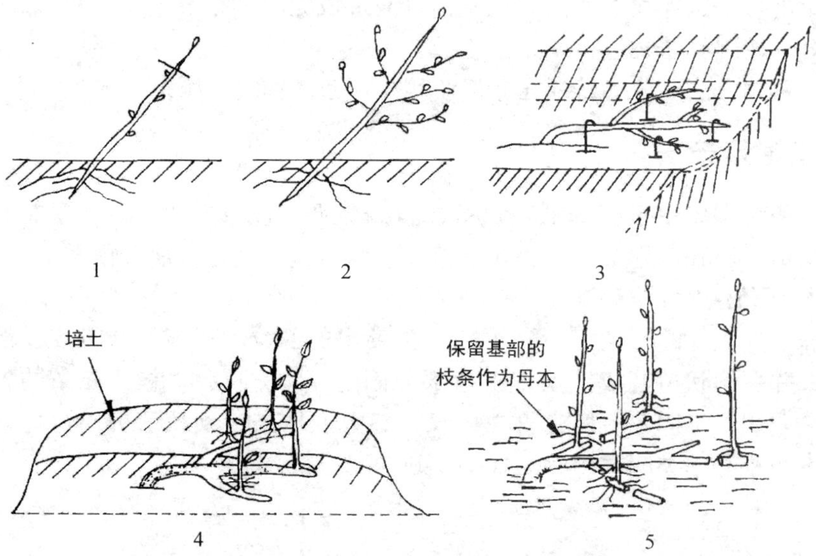

图 1-13 条沟式压条法

1. 第一年春季 2. 第一年秋季苗木充分生长 3. 第二年春季将枝条压倒在浅沟中
4. 第二年夏季随着新梢生长培土 2～3 次 5. 第三年春季将已经生根的枝条剪切下来作为砧木苗

在上述连续压条法的基础上，发展了“条沟式压条法”。如图 1-13。以苹果矮化砧木苗为例，其主要压条繁殖如下：

（1）母株苗的选用

母株要选用根系良好、枝条充实、粗度均匀、芽眼饱满的苗子，否则不易长出合格的砧苗。剪留的长度为 50cm 左右。

（2）栽植

第一年春季栽植母株苗，栽植前要充分浸水，经泥浆浸根后在栽植沟内按 30cm 株距与地面呈 30°～45°角，梢头向北倾斜栽植，垂直深度约 15cm，然后添土踏实，连续灌两次透水后封土。要特别注意栽植角度和深度，封土后的栽植沟平面应低于原地平面 3～5cm。目的是为了使母株苗压倒培土后仍在原地面以下，以保证在每年秋季分株和春季扒开防寒土时，母株苗不暴露在外，从而减少母株苗因田间作业造成损伤和根系外露影响母株苗和砧苗的生长。更重要的是，保证母株苗上方有3cm左右的营养土，可使当年长出的新梢基部黄化，利于生根。母株苗定植后及时覆盖地膜，可提高土温，保持湿度，增加出苗率。

(3)母株苗的压倒

母株苗经第一年秋季的旺盛生长，于第二年春季将母株苗沿栽植的倾斜方向压倒在略低于地面的栽植沟内。第一株苗压倒后，梢头用第二棵苗的根部压住，以此类推。为防止母株苗压倒后中部凸起，用一端带钩的树枝作成卡子，插入土中，将母株苗压平固定。还可以在母株苗压倒后，在两棵苗的搭接处(梢头和根部)用0.4mm的细铁丝把两棵苗捆绑在一起，这样即省了卡子，同时随着母株的生长加粗，绑线能起到绞缢作用，阻挡营养物质的回输，有利于新梢培土后生根。母株压倒时，抹去向下生长的芽和最基部的芽，保留向上和向两侧生长的芽，过密的要疏除，使母株上萌发的芽距保持在3~5cm，新梢长势均匀。

(4)培土

母株上当年长出的新梢在15cm左右时，开始第一次培土，时间约在5月下旬(水平压条第二年的第一次培土约在5月中旬)，培土厚度10cm左右，新梢埋入土中的部分要把叶片摘掉。以后随着新梢的增高再进行第二次和第三次培土，每次培土间隔时间约10天左右。最后一次大约在7月上旬。总培土厚度少于20cm，则生根不好。

(5)分株

在第三年春季把苗床上的土扒开，露出母株和其上着生的砧苗(已生根的新梢)，将砧苗从基部剪下，剪口不超过1cm，并略有倾斜，下年剪口下还会发出3~5个新梢供培土生根，剪苗时根据母株上发枝的疏密适当留下少量砧木苗。

3. 波状压条法

一些藤本类的木本园林植物，如迎春、葡萄、凌霄、地锦等，它们的枝条长而柔软，特别是蔓性种类，其节部入土后大多能自然发生新根，可将它们呈波浪状逐节埋入土内，不用刻伤，20天左右即可发根，然后从露在外面的节间部分逐段剪断，节部新根吸收的水、养分可供腋芽萌发，从而形成许多苗株。如图1-14。

二、壅土压条法

壅土压条法又称堆土压条法，常用于一些丛生性很强的大型落叶或常绿灌木，它们的枝条没有明显的节，分枝力弱，也没有肥大饱满的腋芽，如紫玉兰、紫荆、黄刺玫、珍珠梅、栀子、金银木等。在进行压条繁殖时，需利用原有的枝条让它们的基部发根，一次可得大量苗株。

方法是在夏初的生长旺季，将枝条的下部距地面20~30cm处进行环割或切割处理，然后壅起土堆，把整个植株的下半部埋住，土堆应保持湿润。经过一定时间，环割后的伤口处长出新根，到第二年春天刨开土堆，并从新根的下面逐个剪断，可直接定植。如图1-15。

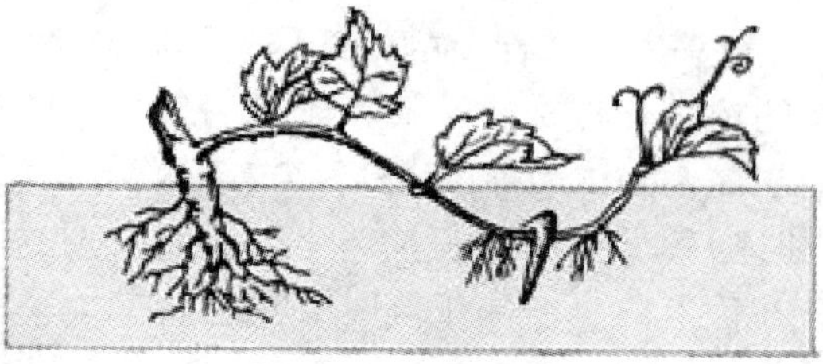

图 1-14 波状压条法

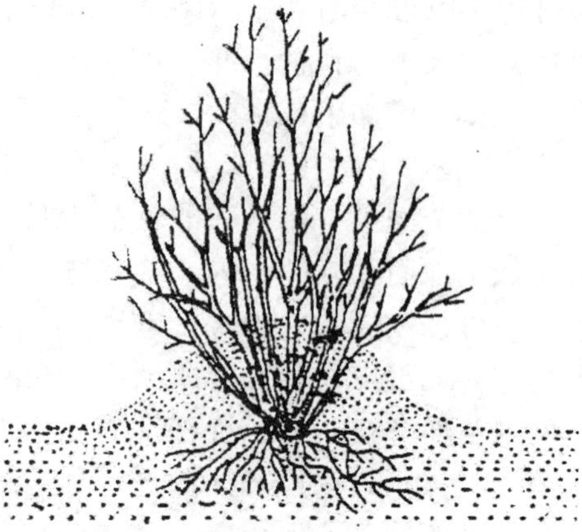

图 1-15 壅土压条法

三、空中压条法

空中压条法也称高枝压条法，主要用大型的、具木质茎、枝条不易弯曲的观赏植物，如橡皮树等。空中压条时从植物位于空中的枝上长出根系。通过空中压条还可直接生产较大规格的植株，如可繁殖 1m 高的橡皮树和带果实的佛手柑。

一些常绿木本花卉的枝条扦插发根困难，它们的枝条不易弯曲或枝条长度不够等原因不能压到地面进行压条的树种可采用高压法繁殖。如四季金橘、白兰、米兰、茉莉、桂花、杜鹃花、山茶、佛手等。多用塑料薄膜、对半竹筒、花盆等，装上营养土或泥炭土进行包裹。可选用多年生枝条，以二年生枝条为佳，也可选用当年生的半木质化枝条，将枝条的下半部选适当部位包裹起来。如用花盆盛土，需事先将盆底的排水孔开大，以便于自枝条顶端套入花盆，不能伤到叶片。如图 1-16。

四、促进压条生根的方法

在压条时应先将包裹的部位环剥或刻伤，才能萌发新根。促进压条生根的方法如图 1-17 所示。

常用的刻伤方法有以下几种：

1. 刻痕法

在被压条的部位纵向刻出几道伤痕，或横向刻伤 1～2 圈，深达木质部，这种方法多用于容易发根的园林植物。

2. 去皮法

在被压条的部位，刻掉一块或两块舌状的皮层，同时带小量木质部。有些则需剥掉一圈较宽的韧皮部，并将形成层刮净，以避免它们产生愈伤组织将割断的韧皮部接通，甚至需要将伤口处的木质部晾干后再包泥土，才能促使环剥上方的形成层发生新根，这种方法多用于发根困难的园林植物。

3. 缢扎法

用较细的铁丝紧紧地绑扎在压条的部位，使它深达木质部而不能加粗生长，并将

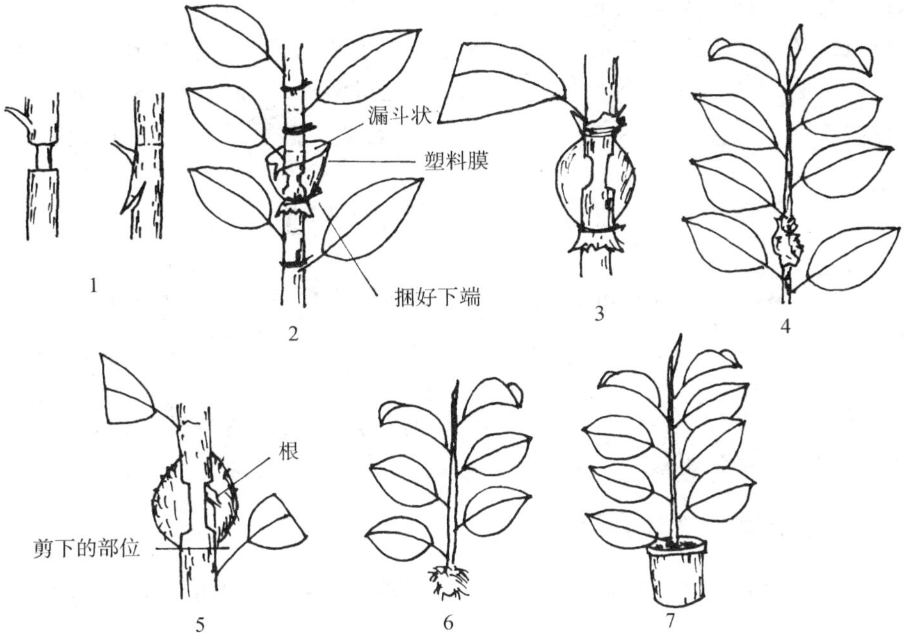

图 1-16　空中压条法

1. 环状剥皮　2. 绑扎　3. 内填湿苔藓　4. 生根
5. 去掉塑料薄膜　6. 剪下后　7. 盆栽

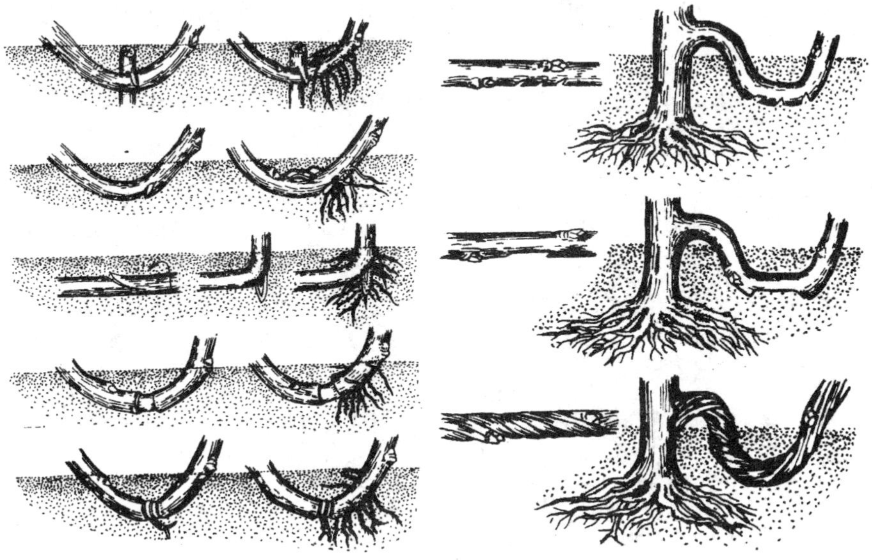

图 1-17　促进压条生根的方法

韧皮部的筛管切断，使养分在这里积累而刺激生根。

4. 扭枝法

对一些比较柔软和容易离皮的园林植物，在大量高压时为提高工作效率，常用双手将被压条部位扭曲，使韧皮部和木质部分离。

在通过上述方法制造伤口时，还可结合使用生长激素处理。高压后要保持土壤湿度。用塑料薄膜包扎的泥土不容易变干，加水时可解开上面的绑扎绳，或用注射器加水。高枝压条大多需要半年以上的养护方可剪离母体，然后带原土上盆栽植。

第三节 分生繁殖

分生繁殖(division propagation)是指利用园林植物自然产生的特殊的变态器官进行繁殖的方式，通常称作分株繁殖。分生繁殖方法简便，容易成活且成苗快，在园林植物的繁殖上被广泛采用。分生繁殖所得苗木称为分生苗。

因园林植物的生物学特性不同，又可分为分株法和分球根法两种方式，前者多用于丛生性强的花灌木和萌蘖力强的多年生草花，后者则用于球根类花卉。

一、分生繁殖的生物学基础

分生繁殖是依靠植株自然形成的带根小植株或植株上产生的一些无性的特殊器官进行繁殖。小植株已是一个完整的小个体；特殊器官则往往是植株的一种变态形式，具有在一定情况下长成一个正常植株的能力。

分生繁殖常用的器官有：根蘖、茎蘖、吸芽、珠芽、走茎、匍匐茎、鳞茎、球茎、根茎、块茎、块根等。其中，鳞茎、球茎、根茎、块茎、块根在生产上又常为球根或种球。园艺生产上根据用于繁殖的器官不同，将分生繁殖分为分株、分吸芽、分走茎等几种类型。各种方法所用的器官、特点及应用列于表1-31。

表1-31 主要分生繁殖方式所采用的器官、特点及应用范围

分生方法	器官名称	特点	应用范围
分株	根蘖或茎蘖	根部或茎部产生的带根萌蘖，它们常带有自己的根	主要用于二年生或多年生宿根花卉，以及一些蕨类植物。如能产生茎蘖的文竹、万年青、芍药等，产生根蘖的丁香、福禄考等
分吸芽	吸芽	植物在根际或地上茎的叶腋间自然萌生出的短缩肥厚、呈莲座状的短枝	主要用于一些灌木类和室内观赏植物，如：凤梨类、花叶万年青、芦荟、景天、苏铁、鱼尾葵等
分珠芽	珠芽	某些植物所具有的特殊形式的芽，球根状、体积较小	主要用于可产生珠芽的百合属植物，如卷丹、沙紫百合等
分走茎	走茎	某些植物的叶丛中抽生的节间较长的花茎，具顶芽	主要用于吊兰、翠鸟兰(燕尾)、趣叠莲等园林植物
分匍匐茎	匍匐茎	某些植物的基部长出的一种变态茎，上具多个节和节间	主要用于产生匍匐茎的园林植物，如：虎耳草、香堇、吊竹梅、鸢尾、竹子及禾本科草坪草

（续）

分生方法	器官名称	特点	应用范围
分球根	鳞茎	产生由鳞片状叶组成的球状变态茎	如水仙、郁金香、风信子、球根鸢尾、朱顶红、石蒜、葱兰等
	球茎	产生球状的变态茎	唐菖蒲、小苍兰、番红花、狒狒花等
	根茎	产生根状变态茎	美人蕉、铃兰、圆盘花、鸢尾、大花姜、蜘蛛抱蛋、香蒲、紫菀、萱草等
	块茎	产生块状变态茎	仙客来、大岩桐、马蹄莲、球根秋海棠等
	块根	产生块状变态根	大丽花、银莲花、花毛茛等
分零余子	零余子	植物生于花序中的特殊形式的芽	观赏葱类(鳞茎状)、薯蓣类(块茎状)

二、分株法

分株法成苗较快，分生繁殖获得的后代能保持母体的优良性状，大多数当年均可开。但用吸芽繁殖时从分吸芽到植株开花常需 2 ~3 年的时间，小的种球从种植到开花需 2 ~3 年。在分株时，一个完整的植株被分成几部分，但每部分均需带有一部分根、茎和 2 ~3 个芽。二年生草本园林植物在分株时，通常把整株取出，然后再分成几个小植株另行栽植。用于分株的灌木必须是多茎的，即有多条茎从地面以下长出，而不是在一个短缩的茎上有几个分枝。分株时，先把植株分成几部分，每部分要尽可能多带根，分好的各部分再另行栽植。幼株栽植的深度与原来保持一致，切忌将根颈部埋入土中。为了提高成活率，特别在生长季分株时，可以剪去一部分枝叶，以减少水分散失，并在刚开始几天内适当遮荫。

1. 分株的时间

不同园林植物进行分生繁殖的适宜时间不同。通常在生长季的任何时期都可进行。在冬季寒冷的地区，宜在早春植株尚在休眠、未萌动时进行。一般夏秋开花的园林植物，可在早春萌芽前(3 ~4 月)结合换盆分株；春季开花的园林植物宜秋季落叶后(10 ~11 月)进行。具体如下：

(1)落叶园林植物类

灌木类通常在休眠期进行分株。这类花木的分株繁殖最好在休眠期进行，北方多在早春进行；南方可在秋季落叶后进行，因为南方的空气湿度较大，土壤一般不结冻，有些花木可在入冬前长出一些新根，冬季枝梢也不容易抽干。

(2)常绿园林植物类

这类园林植物没有明显的休眠期，但是不论南方和北方，它们在冬季大多停止生长而进入半休眠状态，此时树液流动缓慢，因此多在初春分株。

(3)球根类

分球繁殖主要在春季或秋季进行。通常夏季休眠、春季开花的种类，在夏季花后起球时分球，如：郁金香、水仙、风信子等；冬季休眠、夏秋季开花的种类，在秋季花后起球时分球，如：唐菖蒲、小苍兰、番红花等。

2. 分株的方法

(1)露地园林植物

这类园林植物在分株繁殖前有一些种类需将母株从田内挖掘出来，并尽量多带些根系，然后将整个株丛分成几丛，每丛都带有较多的根系，如芍药、牡丹等。还有一些萌蘖力很强的花灌木和藤本植物，在母株的四周常萌发出许多幼小株丛，在分株时不必挖掘母株，只须挖掘分蘖苗另行栽植即可，如蔷薇、凌霄、月季等。

(2)盆栽园林植物

盆栽园林植物的分株繁殖多用于草本，分株前先把母本从盆内脱出，抖掉大部分泥土，找出每个萌蘖根系的延伸方向，并把盘在一起的根解开，尽量少伤根系，然后用刀把分蘖苗和母株连接的根颈部分割开，并对根系进行修剪，剔除老根及病根，然后立即上盆栽植。浇水后放在荫棚养护，如发现有凋萎现象，应向叶面和周围喷水来增加湿度，待新芽萌发后再转入正常养护。如鹤望兰、兰花、萱草等。如图1-18所示。

(3)仙人掌及多浆类植物

仙人掌类植物分株繁殖较少使用，只有白檀、松霞、银琥、绒毛球等少数种类可采用。这些种类易生仔球，但仔球与母株没有明显的大小差异，仔球在母株上已长出根系，这样就形成了丛生植株，过分拥挤时需及时分株，分株一般用手掰开分成几丛后分别上盆栽植即可。分株在南方一年四季均可进行，但以春季为佳，北方在春、夏季节进行为宜。

分株在多浆类植物中应用较多，如芦荟、虎尾兰、十二卷等。根部常有许多小株，这些小植株很快就长得和母株同样形状并长出自己的根系，可在生长初期结合换盆把它们单独上盆。

三、分球繁殖

大部分球根类花卉的地下部分分生能力都很强，每年都能长出一些新的球根，用它们进行繁殖，方法简便，开花也早。

1. 主要类型

分球根的方法因球根而异，主要有以下几类:

(1)球茎类

是指短缩茎肥大后形成可以贮藏养分的球型或卵形繁殖器官，它的表面被叶片基部干燥后形成的皮膜包裹起来，顶端及各节均存在腋芽。由于受顶端优势的影响，只有最上位的腋芽才能开花，其基部肥大后再形成新球茎。唐菖蒲、小苍兰的球根属于球茎，它们的分生能力都很能强，开花后在老球茎干枯的同时，能分生出几个大小不等的球茎。大球茎第二年分栽后，当年即可开花；小球茎则需培养2～3年后才能开花。它们还能分生出许多直径0.5cm的小球，这些仔球条播后，也可逐渐长成大球。如图1-20。

(2)鳞茎类

是指具有短缩茎并包有肥厚肉质叶片的球茎。一般将肥厚的叶片称为鳞片，而将短缩茎称为鳞茎盘。鳞茎类可分为无皮鳞茎和有皮鳞茎。无皮鳞茎的鳞片分离，呈覆

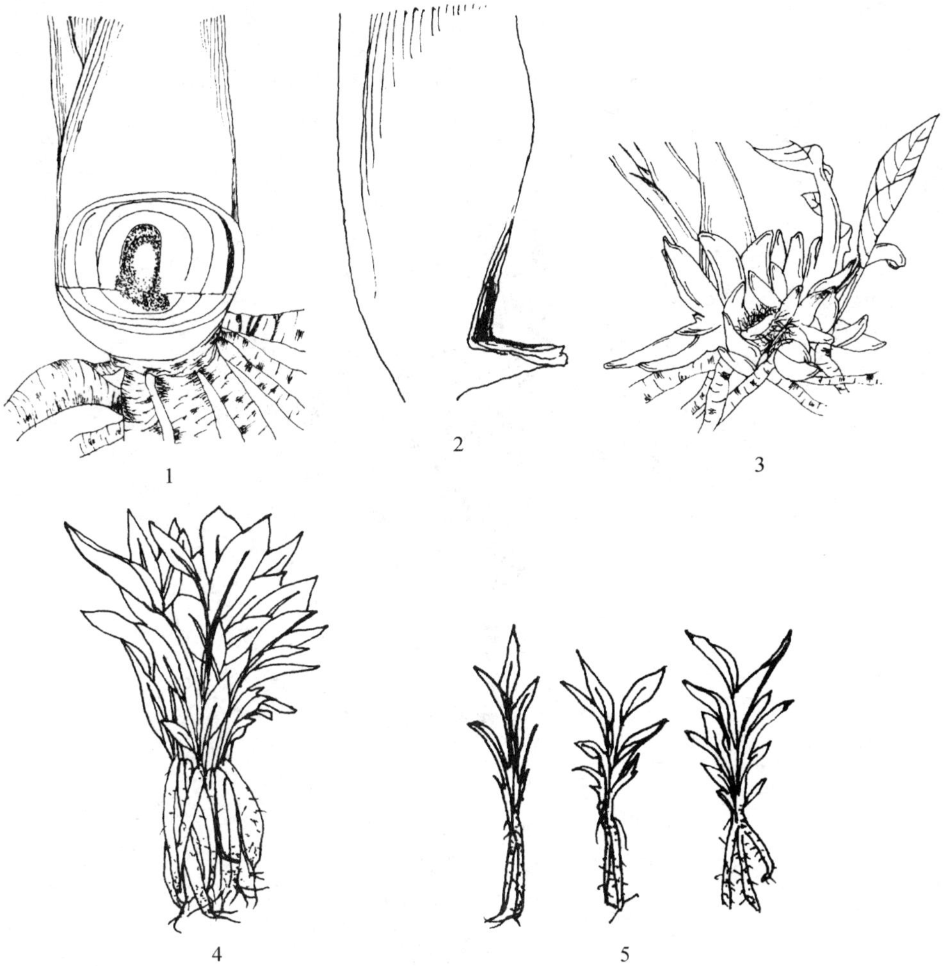

图 1-18 分株繁殖(鹤望兰)

1、2. 机械法去除顶芽，以减弱顶端生长优势 3. 萌发的侧芽 4. 丛生植株 5. 分离的小植株

瓦状排列，外层无薄膜，如百合；有皮鳞茎的鳞片薄而且紧紧地包裹主芽和侧芽，外层有纸质或革质的薄膜包裹，如郁金香、水仙、百合、风信子、葱兰、朱顶红、石蒜等。如图 1-21。

(3)块茎类

块茎是由茎肥大而成的变态茎，近块状，芽通常生于块茎的顶端。如美人蕉的地下部分具有横生的块茎，并发生很多分枝，其生长点位于分枝的顶端，在分割时，每块分割下来的块茎分枝都必须带有顶芽，才能长出新的植株。新根则在块茎的节部发生，这种块茎分栽后，当年都能开花。如图 1-22。

图 1-19 分株繁殖(虎头兰)

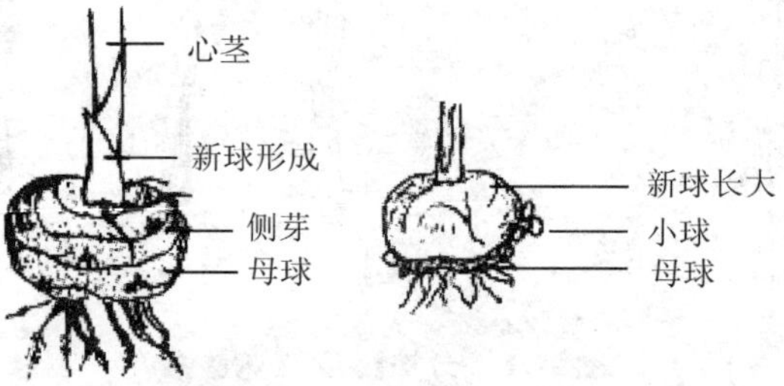

图 1-20 球茎类(唐菖蒲)

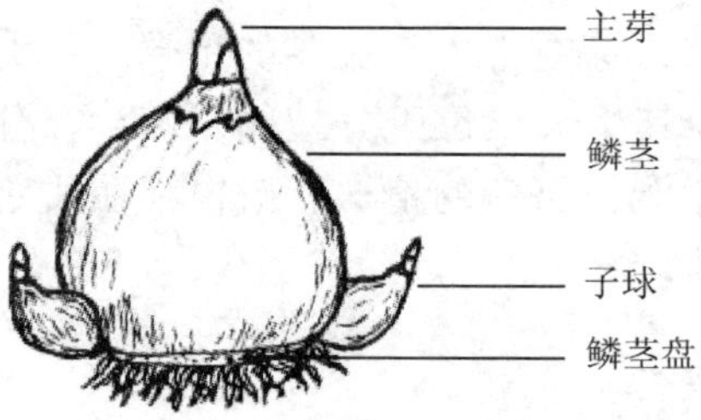

图 1-21 鳞茎类(水仙)

图 1-22 块茎类(球根秋海棠)

(4)块根类

地下膨大部分由根变态而来，这是唯一由根部贮藏养分的球根类花卉。块根类的特点是芽和芽眼长在根和茎相连的根颈部。另外，在块根表皮具有根眼，为将来发生新根的部位。块根类花卉有大丽花、花毛茛等。如图 1-23。

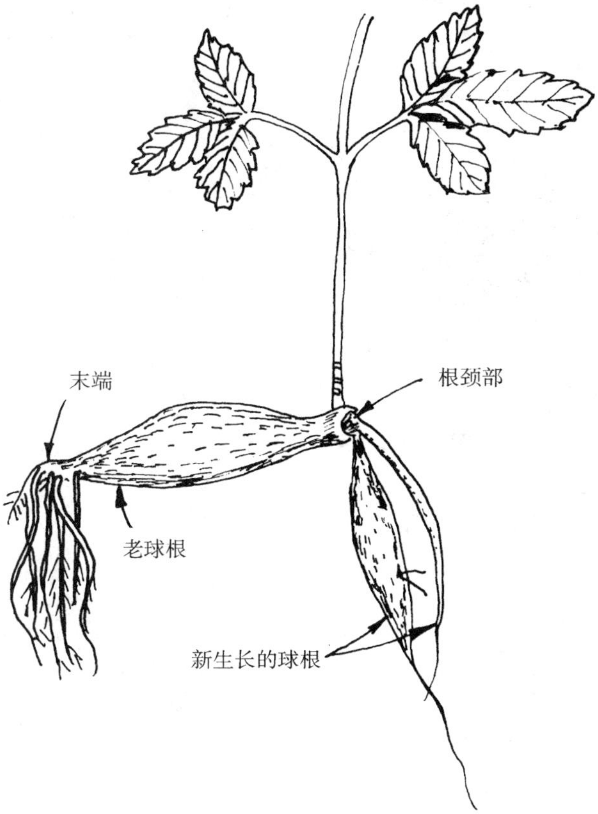

图 1-23　块根类(大丽花)

(5)根茎类

一些植物具有肥大而粗长的根状变态茎，具有节、节间、芽等与地上茎类似的结构，节上可形成根，并发出侧芽，切离后即可成为新的植株。如马蹄莲、一叶兰、鸢尾、卡特兰、铃兰等。如图 1-24 所示。

2. 分球栽植深度

球根花卉的栽植深度因栽植目的而异。通常以收获种球为目的时，栽植要深一些；以观花或收获鲜花为目的时，栽植应浅一些。不同球根花卉的栽植深度不一样，常见球根花卉种球的栽植深度如表 1-32 所示。

四、促进分生器官发生的方法

自然情况下植株产生的萌蘖、吸芽等器官的数量是有限的，为了提高繁殖系数和加速繁育，常采用人工在根部刻伤的办法，促其产生更多的分生器官。用种球繁殖时，

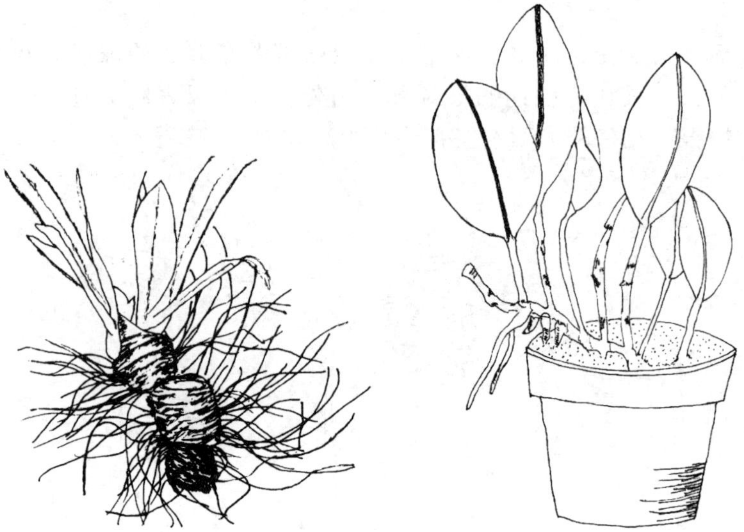

图 1-24 根茎类(鸢尾、卡特兰)

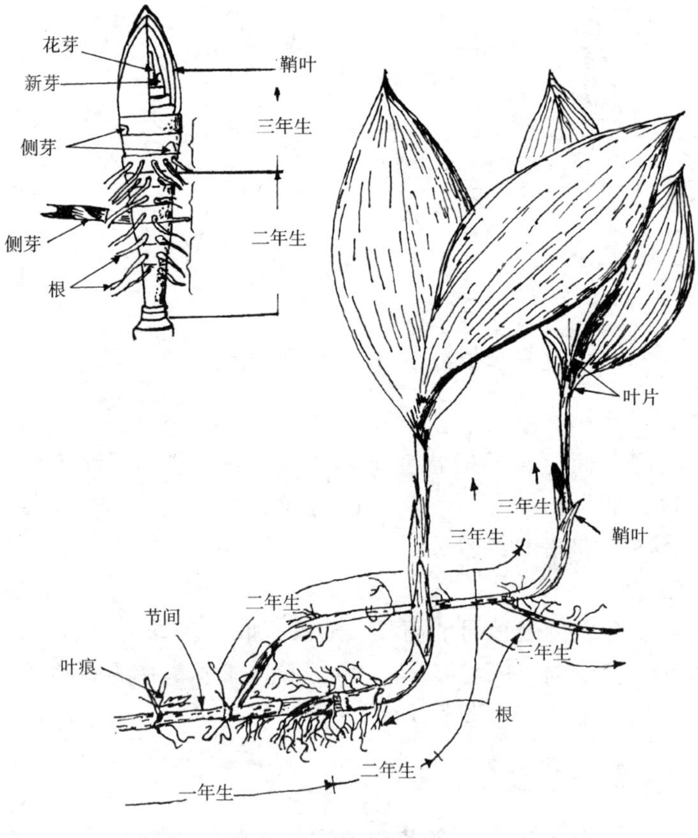

图 1-25 根茎类(铃兰)

表 1-32　常见球根花卉的栽植深度

名称	栽植深度
球根秋海棠	球顶部与土面齐平或略露出土面
马蹄莲	球顶部与土面齐平或略露出土面
大丽花	球顶部与土面齐平
朱顶红	球顶部与土面齐平
球根鸢尾	球顶部离土面 5cm
番红花	球中心位于土层 5cm 处
美人蕉	球中心位于土层 10cm 处
唐菖蒲	球顶部离土面 10cm
百合	球位于土层 10～15cm
水仙	球底部位于土层 12～13cm 处
风信子	球中心位于土层 10cm 处
郁金香	球底部位于土层 15cm 处

园艺生产上常采用深播、去花等方法来促其产生更多的种球，另外还可采取一些措施对现有的种球进行分割，来加速繁殖，称为人工分球。该方法是以一定的方式对母球进行分割，使其产生更多的小球。

第四节　嫁接繁殖

嫁接繁殖是园林植物繁殖技术的一种主要方法，是利用茎、芽、球体等繁殖殖体将两种不同植物结合在一起，使之愈合，形成一个独立的新个体。在新个体上发育成枝、叶、花、果等器官的部分称为接穗(scion)，发育成根系的部分称为砧木(rootstock)。采用嫁接繁殖所得的苗木称为嫁接苗。嫁接苗由于借助了另一种植物的根，也称它根苗。嫁接繁殖可以改良接穗根系，提高其适应性，同时又保持了自身的优良性状，且成株快。但嫁接繁殖程序较为复杂，对技术水平要求较高，有时会在接口处形成瘤状，影响了其在生产上的应用。

嫁接繁殖主要用于不能或不易用播种、分生、扦插等方法繁殖的园林植物，如月季、桂花、山茶等的苗木生产；仙人掌类必须依赖绿色砧木生存，不含叶绿素的紫、红、粉、黄色的品种；适应性差、生长势弱，但观赏价值较高的品种的保存或扩繁；需要进行特殊造型的植物，如以黄蒿作砧木培养塔菊(大立菊)；在直立砧木上嫁接垂枝柳、垂枝桃、龙爪槐、蟹爪兰、仙人指等创造下垂造型；在同一砧木上嫁接不同花型或花色的花，实现特殊的观赏需求；嫁接还用于园林树种进行品种更换或对古树名木的树形、树势进行恢复补救等。

一、嫁接繁殖的生物学基础及特点

1. 生物学基础

嫁接的愈合主要是依靠砧木、接穗结合部位形成层的再生能力。嫁接后，砧木与接穗接触面的破碎细胞与空气接触后产生凝聚，伤口表面上的一层褐色坏死组织，形成隔离层，然后伤口周围的细胞与形成层细胞不断分裂，形成愈伤组织。愈伤组织逐渐充满砧穗间的空隙，使砧穗紧密相连，并通过胞间连丝使养分与水分互通。新形成的愈伤组织边缘与砧穗二者形成层相接触的薄壁细胞分化成新的形成层细胞。这些形成层细胞离开原来的砧穗形成层不断向两侧分化，穿过愈伤组织，直到砧穗形成层相接。在愈伤组织内，新形成的形成层鞘开始正常的形成层活动，沿砧木与接穗的原始维管形成层产生新的木质部与韧皮部，将接穗与砧木的木质部导管及韧皮部导管沟通起来，于是输导组织才真正连通。愈伤组织外部的细胞分化成新的栓皮细胞，与两者的栓皮细胞相连，这时两者真正合成一个植株。如图 1-26。

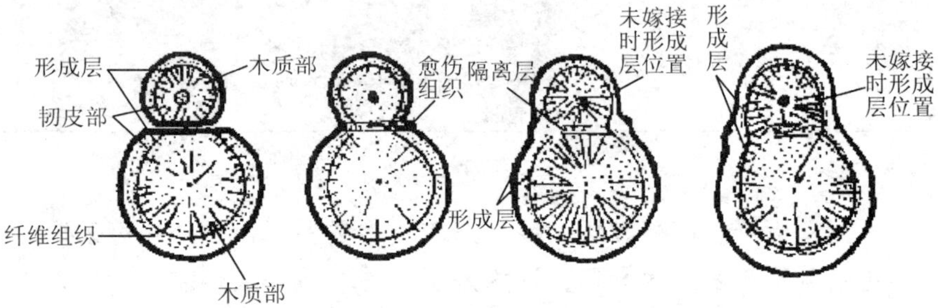

图 1-26 砧穗间愈合过程

2. 特点

(1) 优点

①克服某些园林植物不易繁殖的缺点

有些园林植物扦插或压条不易成活的优良品种，或者播种繁殖不能保持其优良特性的植物均可以用嫁接繁殖，如矮化观赏碧桃、重瓣梅花等。

②保持原品种优良性状

由于用作接穗的繁殖体性状稳定，而砧木一般不会对接穗的遗传性能产生影响，所以通过嫁接繁殖能保持植株的优良性状。

③能提高接穗品种的抗性

嫁接用的砧木的很多优良特性会影响到接穗，使接穗的抗病虫害、抗寒性、抗旱性、耐瘠薄性会有所提高。如牡丹嫁接在芍药上、菊花嫁接在白蒿或青蒿上、西洋杜鹃嫁接在毛白杜鹃上等均可提高其接穗的适应能力。

④提前开花结实

由于接穗嫁接时已处于成熟阶段，砧木根系强大，能提供充足的营养，使其生长旺盛，有助于养分积累，所以嫁接苗比实生苗或扦插苗生长茁壮，开花结实期会提前。

⑤改变植株造型

选用不同的砧木可培育出不同株型的苗木，如利用矮化砧寿星桃嫁接碧桃、利用乔化砧嫁接龙爪柳、利用蔷薇嫁接月季，都可使嫁接苗具有特殊的观赏效果。

⑥成苗快

由于砧木比较容易获得，而接穗只用一小段枝条或一个芽，因而繁殖周期短，出苗速度快。

⑦提高观赏性和促进变异

对于仙人掌及多浆类植物，嫁接后由于砧木和接穗互相影响，接穗的形态比母株更具有观赏性。有些嫁接种类由于遗传物质相互影响，发生了变异而产生新种。如龙凤牡丹就是绯牡丹嫁接在量天尺上发生的变异品种。

(2)缺点

①局限性

嫁接主要限于双子叶植物，而单子叶植物较难成活，即使成活，寿命也较短。

②费工费时

嫁接及嫁接后的管理都需要一定的人力和时间，而且砧木的培育需耗费一定的人力资源。但在国外，这一问题可通过机械化嫁接予以解决。图 1-27 所示为葡萄的机械化嫁接，通过机械的方法在休眠季节将小的只有 1 个芽的接穗嫁接在砧木上。

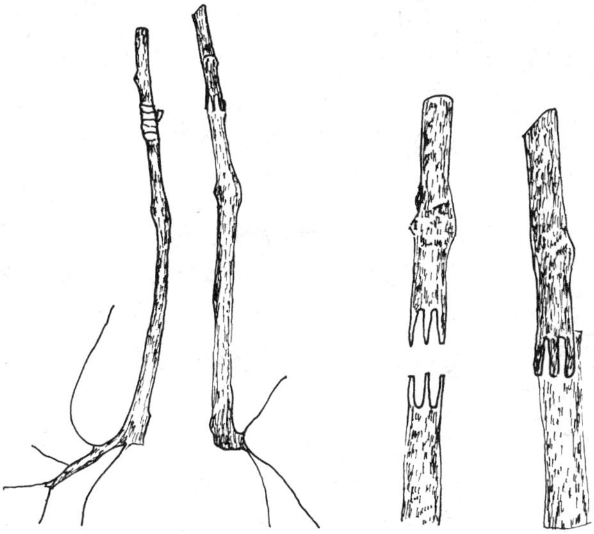

图 1-27　机械化嫁接(葡萄)

③技术性强

要使砧穗快速愈合，应该使砧穗形成层的接触面尽可能大，且接合良好。要做到这些，熟练的嫁接技术非常重要，嫁接工具刀、剪要锋利；嫁接动作要快，使伤口在空气中暴露的时间尽可能短；切口要光滑、平整，使砧木与接穗形成层密接；捆缚要松紧适宜。

二、影响嫁接成活的因素

1. 内在因素

影响嫁接成活的内在因素主要是砧木与接穗之间的亲和力。所谓亲和力，是指嫁接后砧木与接穗二者共同生长发育成一个正常植物的潜在能力，而嫁接亲和力是指接穗嫁接在砧木上后，两者在内部的组织上、遗传上彼此相同或接近，从而能结合在一起的能力。嫁接后砧穗愈合好、成活快、生长旺，说明两者亲和力好；反之，如果愈合不好，嫁接后很难成活或即使能成活，生长不良，开花结果不正常，表明两者不亲和或亲和性差。如图 1-28。

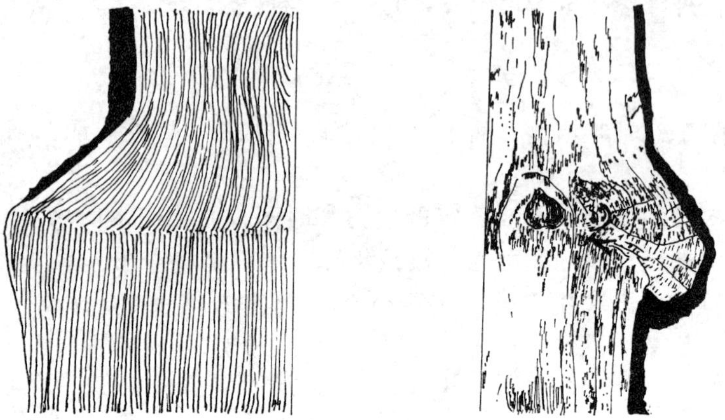

1　　2

图 1-28　砧穗间的亲和性

1. 亲和　2. 不亲和

影响砧穗亲和力大小的因素包括：砧穗间的遗传相似性、砧穗间的亲缘关系、砧穗间细胞组织结构的差异、砧穗间生理生化特性的差异及砧穗的营养状况等方面。

(1)砧穗间的遗传相似性

砧穗在遗传上越相似，则亲和力越强，嫁接越易成活。

(2)砧穗间的亲缘关系

砧穗间的亲缘关系主要是指砧木与接穗在植物分类上的关系而言。二者亲缘关系越近，亲和力越强，嫁接越易成活。一般来讲，同种内不同品种或品系间亲和力最强，嫁接最易成功。同属异种间因属种而异，多数亲和力较好，易成功，如蔷薇属、李属、

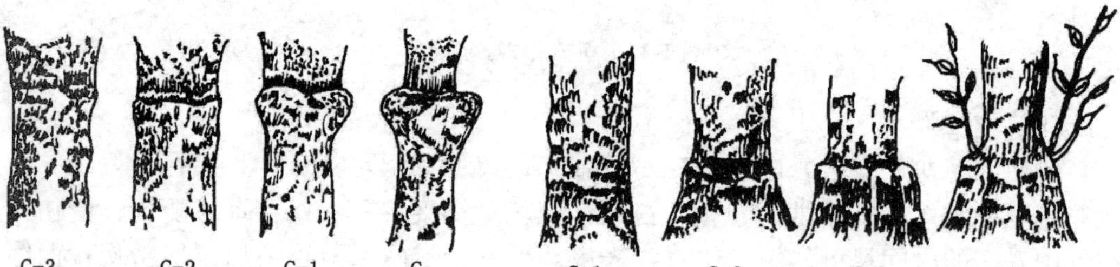

C-3　C-2　C-1　C　C+1　C+2　C+3　C+4

图 1-29　砧穗间的亲和性(柑橘嫁接苗)

苹果属、木兰属、柑橘属、杜鹃花属等；同科异属间亲和力一般较小，多不易成活，即便成活也会出现“大脚”或“小脚”等接口愈合和不良的现象，但也有成活的组合，如仙人掌科的许多属间，柑橘亚科的各属间，桂花与女贞间，菊花与黄蒿、青蒿及白蒿间等；不同科间则由于亲缘关系太远，很难成功，在生产上尚无应用。图 1-29 为柑橘

嫁接到不同砧木上表现出的砧穗亲和关系。其中 C－3、C－2、C－1 是以酸橙为砧木，生长情况分别为一般、较好、良好的三种情况；C 是以甜橙为砧木，生长良好；C＋1 以葡萄柚为砧木，生长一般；C＋2 以枸橼为砧木，生长一般；C＋3 以中国柠檬为砧木，生长一般。

(3) 砧穗间细胞组织结构的差异

砧木与接穗在组织与解剖学上的结构越相似，嫁接就越易成活。如果差异大，有可能出现完全的不亲和；差异小则可能形成“大脚”或“小脚”现象；差异最小时才能很好的亲和。

(4) 砧穗间生理生化特性的差异

当砧木与接穗的生活型接近时，它们同化吸收及整个代谢过程都很相似，则易于愈合。砧穗间影响亲和性的生理生化因子很多，具体主要表现在：砧木根系吸收水分和无机养料的数量，与产生枝叶的接穗消耗所需要的数量间的差异，及接穗制造有机养分与砧木所需要的数量间的差异；砧穗细胞的渗透压、原生质的酸碱度和蛋白质种类等的差异。此外，砧穗在代谢过程中若产生不利愈合的松脂、单宁或其他有害物质，也会影响嫁接的成活。

(5) 砧穗的营养生长状况

砧木和接穗具有较强的生活力、生长健壮和无病虫害是嫁接后细胞再生、愈伤组织形成及发展，新的输导组织形成的物质基础。营养良好、生长健壮、无病虫害的砧木与发育充实、富含营养物质和激素的接穗，其细胞分裂旺盛，嫁接成活率高。因此在生产中应特别注意接穗的选取和保存，以保证接穗具有旺盛的生活力，提高嫁接的成活率。

砧木的发育程度也是嫁接成败的一个重要因素。具有充足营养的砧木才有利于形成层的分化，有利于愈伤组织的生成，成活率也就越高。砧木的年龄也是影响成活的一个因素，一般幼龄的砧木成活率较高，但也有用老龄砧木的，如树桩盆景的嫁接，因此砧木适龄问题上可塑性较大。

接穗的特性主要取决于接穗的年龄和充实度两个因素。接穗的年龄以当年生为佳，同二年生、三年生接穗比较，当年生枝条愈伤组织形成量最多，随着接穗年龄的增加，愈伤组织的形成量减少。接穗的充实度越好，含有的碳水化合物较多，愈伤组织形成的越多，成活率也就越高。

此外砧木与接穗的伤流也影响着嫁接的成活率。伤流往往在结合面上产生隔离作用，阻碍砧穗间的物质交流与愈合，进而影响到嫁接的成活率。

2. 外部环境因素

影响嫁接成活的外因主要有温度、湿度、光照等方面。

(1) 温度

嫁接苗的愈伤组织只有在一定温度下才能形成，大多数植物以 20～25℃ 为宜，温度过高或过低时愈伤组织形成就会基本停止，有时会引起组织的死亡，从而导致嫁接的失败。

(2) 湿度

利于愈伤组织形成的相对湿度为 95% 左右。湿度的影响体现在两个方面：一方面是愈伤组织的形成需要一定的湿度；另一方面是接穗要在一定湿度的环境下才能保持活力。如果湿度过低，细胞易失去水分，从而引起接穗死亡。在生产上嫁接多以薄膜材料绑扎或封蜡，以增加内部小环境的湿度。

(3) 光照

黑暗条件能促进愈伤组织的生长，直射光会明显抑制愈伤组织的形成。此外直射光会加大植株的蒸发量，使接穗容易失去水分而枯萎。因此，在嫁接初期要适当遮荫保湿。

三、砧木的选择与培育

砧木是嫁接的基础，砧木的长势与接穗的亲和力都会影响嫁接的成活，一般砧木应在苗圃中进行培育，以满足嫁接繁殖的需要。

1. 砧木的选择

由于砧木对接穗的影响较大，而且可选取砧木种类繁多，在选择时应因地、因时制宜，所选的砧木应具备以下条件：

(1) 与接穗亲和力强

一般同属植物的亲和力较强，如梅花嫁接在杏、野梅、山桃、毛桃上均可。

(2) 适应性强

对栽培地区、气候、土壤等环境条件的适应能力强，如毛桃耐湿性强，但抗寒性较弱，而山桃则抗寒耐旱。因此在选用梅花砧木时，南方则选取用毛桃，北方多选用山桃。

(3) 生长发育好

对接穗的生长、开花、结果、寿命能产生积极的影响，如把梅花接在杏砧或梅砧上，要比接在山桃和毛桃上寿命长，但开花较晚。

(4) 来源充足、易繁殖

如西鹃选用的砧木为映山红或毛鹃，它们的来源广泛，野生数量较大，完全可满足嫁接的需要。

(5) 抗性强

对病虫害、旱涝、低温等有较好的抗性，野生砧木一般都具有较强的抗性，如山桃、野梅、映山红等；

(6) 能满足特殊需要

在运用上能满足特殊需要，如乔化、矮化、无刺等。如嫁接碧桃盆栽观赏，则必须用寿星桃作砧木，以使嫁接苗矮化，满足观赏需要。

由此可见，选择正确的砧木不但有利于砧穗的愈合，而且可提高嫁接苗的适应能力，延长嫁接苗的寿命，促进嫁接苗提早开花及适合盆栽造型等。

2. 砧木的培育

砧木最好通过播种方法培育实生苗，因为实生苗对外界不良环境条件抵抗力强、寿命长，而且它的真年龄小，不会改变优良品种接穗的固有性状。如月季可用蔷薇的实生苗或扦插苗嫁接，但扦插苗的真年龄往往要比月季的真年龄大，嫁接后容易改变月季的某些特性。实生苗砧木在培育时应注意肥水供应，并结合摘心措施使之尽快达到嫁接的要求。

3. 常用的砧木种类

砧木的来源主要是采集的野生苗木和选择抗性较强的人工栽培品种，常用园林植物与相应的砧木如下(表1-33)。

4. 接穗的选择和处理

(1)接穗的选择

落叶园林植物通常在晚冬或初春进行嫁接，所采用的接穗应该是前一年夏季生长的枝条，选取接穗时应主要以下几点：

多数园林植物选取的接穗最好是一年生或当年生枝条；少数园林植物如橄榄、无花果等，则需要选择两年生的枝条。

接穗枝条上应有健壮的、发育良好的营养芽，不能有花芽。营养芽和花芽可从形态上区分：营养芽多为狭尖形，而花芽为膨胀圆形。

表1-33　常用园林植物及其适宜的砧木

接穗	砧木	接穗	砧木
碧　桃	寿星桃	含　笑	黄兰、木兰
龙爪槐	槐树	洒金柏	侧柏
梅　花	山杏、山桃	白　兰	黄兰、木笔
桂　花	女贞、小蜡	广玉兰	黄兰、木兰
金　橘	其他橘类	翠　柏	桧柏、侧柏
紫丁香	女贞、小蜡	牡　丹	芍药
五针松	黑松	龙　柏	桧柏、侧柏
西　鹃	映山红、毛鹃	蜡　梅	其他蜡梅
菊　花	青、黄、白蒿	樱　花	毛樱桃
仙人掌类	量天尺、草球	玉　兰	木兰
云南山茶	野生山茶	月　季	蔷薇

最好的接穗材料应为植株上部有活力、充分成熟、木质化的枝条，在前一年的夏季已经生长成60～90cm长。为提高接穗的产量，可在前一年的冬季对植株进行重缩剪，以促进枝条的增多。而来自于嫁接植株基部的吸芽通常不作为接穗，因为其有可能是砧木材料的一部分。接穗最适宜的大小为直径0.6～1.2cm。

接穗最好选择充分成熟的带有短节间，一般为枝条的中部或下部2/3处；顶端的枝条因其较为柔嫩、有髓、碳水化合物含量低，不宜作为接穗。

落叶园林植物早春嫁接时，接穗可在冬季植株进入休眠后的任何时间采取，但发生冻害的枝条则不能采取接穗。

(2)接穗的贮藏

接穗剪取后至嫁接前必须进行适当的贮藏，在低温和湿润的条件下阻止芽的萌发，常用的方法是将接穗25～100根一捆用厚的防水纸、塑料薄膜或塑料袋包扎起来，在包装材料中放入少量的、干净湿润的泥炭、锯屑或泥炭藓，但不能放沙子，因为沙子会黏在接穗上，在嫁接操作时会使切面不平整。如果贮藏时间很长，需要每隔几周就检查一下，防止接穗过湿或过干。如果接穗的芽发生膨胀，则需要立即进行嫁接，或者转入温度更低的地方贮藏。

聚乙烯塑料条带是很好的包装材料，它可使氧气和二氧化碳自由交换，阻止水蒸气的散发，因此用这种材料可以不需要使用湿润的接穗。

接穗的贮藏温度很重要，如果需要贮藏2～3周，适宜的贮藏温度为5℃；如果贮藏1～3个月，适宜贮藏温度为0℃，以使芽处于休眠状态。但是像杏树等园林植物，即使在这样的温度条件下贮藏，大约3个月以后芽就开始萌发。

如果没有冷藏设备，可将接穗置于建筑物或高的篱笆的北侧，在冬季成捆地埋藏在冰层以下、排水性较好的土壤中。

如果接穗为柔嫩多汁的草本园林植物，则不需要贮藏，这样的接穗可在嫁接时采取，然后立即进行嫁接。一些如柑橘等的阔叶常绿园林植物，可以在春季树体还没有开始生长时进行嫁接，不需要提前准备接穗，可以随采随接，接穗采自枝条基部，要求带有休眠的腋芽，去掉叶片。

如果接穗上的芽已经开始旺盛生长，则可能会导致嫁接后的死亡，因为在嫁接愈合完全前，接穗会很快抽生叶片，叶片耗费大量的水分，导致接穗的死亡。

四、嫁接时期及使用的工具

(1)嫁接时期

春、夏、秋三季均可嫁接，但以春秋为佳，一些温室园林植物一年四季均可嫁接。一般地，枝接在树液开始流动前进行；芽接宜在夏末秋初时接穗腋芽已发育充实时进行。菊花在其生长期内均可进行嫁接，仙人掌及多浆类植物也可周年进行。总之，只要能满足砧木和接穗的自身条件及外界环境，都可进行嫁接，没有确切的固定时期。

(2)嫁接工具

嫁接的工具有枝剪、枝接刀、芽接刀、手锯、刀片等。如图1-30。为保证切口的锋利，应在使用前磨好嫁接工具。一般地，右手握紧刀柄，左手手指轻稳压住刀面。磨刀石表面应保持湿润，刀面与磨刀石表面应保持约20°夹角，如图1-31所示。刀面回拽时左手的手指不要加力，否则易造成反口。磨刀时逐渐减压会使刀刃变得精致锋利。

(3)绑扎材料

塑料薄膜具有弹性好、保水、使用方便等优点，在木本园林植物嫁接时广泛采用。而在仙人掌及多浆类植物时还需要准备棉线、棉球等绑扎材料。

(4)接蜡

接蜡可有效地防止园林植物嫁接后伤口风干坏死。接蜡分为固体接蜡和液体接蜡两种。固体接蜡制作方法是将松香、蜂蜡和动物油按4∶2∶1的比例配料，先将动物油熔化，然后将松香和蜂蜡一同加入油内，溶化后倒出，冷却后便呈固体状，使用时需加热软化。液体接蜡是用松香、动物油、酒精和松节油为原料，以10∶2∶6∶1的比例配制，先把松香和动物油一起放入锅内加温，待溶化后取出，稍冷片刻再加入酒精与松节油，搅拌均匀即成，然后装入瓶中密封保存。

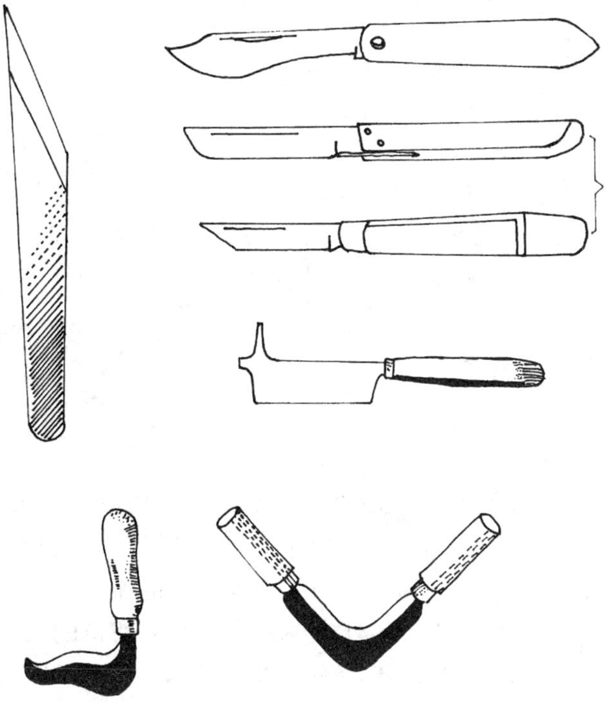

图 1-30　常见嫁接工具

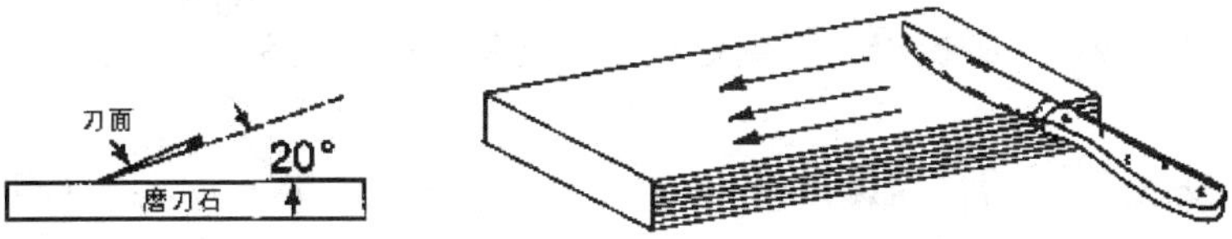

图 1-31　磨刀方法

五、嫁接方法

为提高嫁接的成活率，应根据不同的植物特征，在不同时期选用不同的嫁接方法。嫁接方法包括枝接、芽接、根接、平接四大类，其中枝接法又分为嵌接、切接、贴接、劈接、楔接和皮下接等方法；芽接法又分为"T"字形芽接、"工"字形芽接、环状芽接、嵌芽接和胚芽接等方法。

1. 枝接法

(1)嵌接法(whip grafting)

嵌接法适用于嫁接材料相对较小的园林植物，嫁接材料的直径一般为 6～13mm。由于这种材料含有大量的形成层，产生愈伤组织的速度快，接穗和砧木接合力很强，如能操作正确，嫁接成活率较高。接穗和砧木最好直径大小一致，接穗要带有 2～3 个芽，嫁接部位应在最下部芽以下的光滑节间部位。如图 1-32。

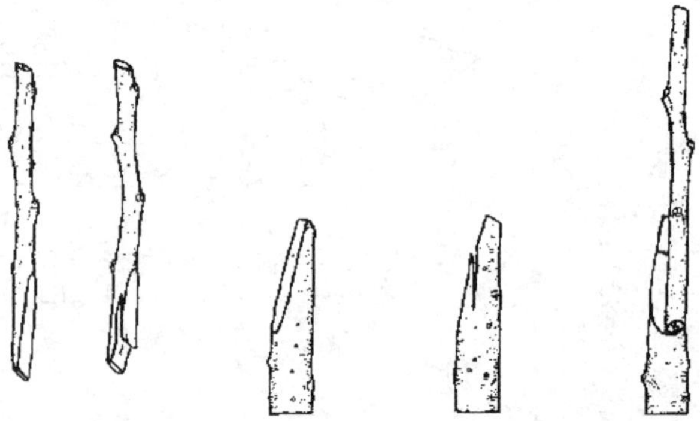

图 1-32 嵌接法

1）砧木和接穗的准备

砧木上部的切口和接穗下部的切口大小要一致，切口要光滑、倾斜。切口长一般为 2.5～6cm，如嫁接材料较大，切口要稍作增大。应用锋利的刀片一刀削成切口，使切口光滑、平整，波状而粗糙的切口不利接穗和砧木的亲和。在每个斜切口的切面上，需在距离切面顶部 1/3 的位置以下另外再削一个切口，切口的长为第一个切面长一半。为保证嫁接的亲和性，第二个切口不能伤及木质部，最好和第一个切口近乎平行。

2）嫁接

然后将接穗插入砧木，两者要互相吻合紧密。至少保证一边的形成层要对齐，最好两边的形成层都对齐。接穗比砧木大时，接穗尖端不能悬在砧木切口内，否则易产生较大的愈伤组织节状物；接穗比砧木小一点时，接穗应该靠近砧木的一边插入，以保证形成层接合紧密；接穗比砧木小很多时，只要在砧木上的一个角上削下一片即可。

3）绑扎

接穗和砧木嫁接好后，为保证两者愈合完全，在包扎和捆绑时应注意以下几点：

①如果接穗和砧木的接口已经被包裹固定住了，就不需要再进行包扎和捆绑了。如果不进行包扎，可以将接口埋在湿润的沙子、泥炭藓或锯屑中，避免接口失水干燥，直到接口充分愈合。或者将嫁接植株直接栽植在地中，接口在土表以下。如果在植株上部进行嵌接，暴露的接口需要采取措施进行保护。

②接口可以不用绑缚材料，而用热的嫁接蜡覆盖接口，以防止接口失水干燥，但是这种方法的成本较高。

③包扎接口常用材料是用塑胶条、纤维带或蜡纸。如用 18#编织棉绑扎接口时，绑扎材料必须将接口全部覆盖。如果接口用嫁接蜡密封，或将接口埋在湿润的沙子、泥炭藓中或直接将嫁接植株栽植在土壤中，接口位于土表以下，则可以不用这些绑扎材料进行绑扎。如果用塑胶条绑扎接口后埋在土壤中时，需要经常检查接口，因为塑胶条在土下分解很慢，随着植株的生长会导致在接口处生长收缩。

④绑扎接口最广泛应用的材料就是一些具有弹性的条带，用条带将嫁接部位绑扎，条带有部分重叠，这样可以使接穗和砧木固定住，防止失水。如果只用一层条带绑扎，

而且接口在土壤下面，条带会很快分解，不会影响嫁接部位的生长收缩；如果接口在地上，接口完全愈合后，需要在3～4周后拆除绑扎材料。具有大量形成层结构的材料最适宜用这种绑扎材料。

⑤绑扎接口也可用塑料条，但需要使用有弹性的塑料，这种材料分解速度比以上的材料慢。

(2)切接法(splice grafting)

这种方法类似于嵌接法，所不同的是切接法不需要在原来的切面上做第二个切口。接穗和砧木作相同的斜切口，两者接合在一起，再用绑扎材料绑缚嫁接部位。切接方法简便，容易操作，尤其适用于有髓的嫁接材料及嫁接材料木质化程度大，两者不容易固定的材料。如图1-33。

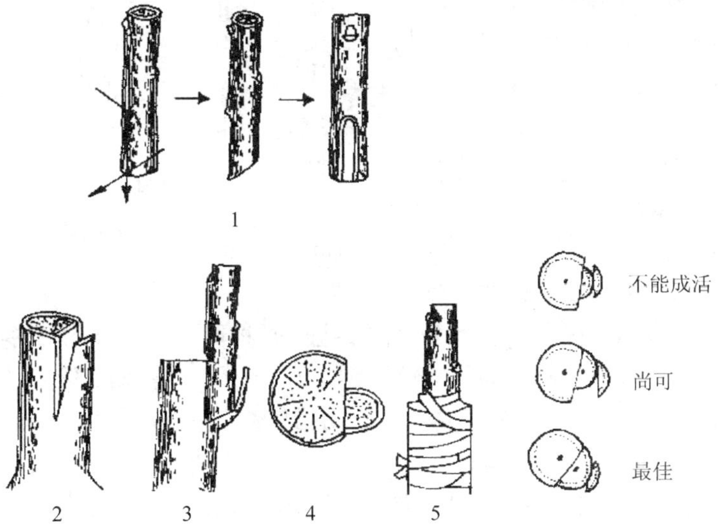

图1-33　切接法

1. 接穗的准备　2. 砧木的准备　3. 嫁接　4. 形成层对齐　5. 绑扎

1)接穗的准备

一般选用一年生枝条作接穗，长为5～10cm，每个茎段含有2～3个芽。然后用切接刀在接穗的基部削出大小不同的两个对称斜面，内切的深度不宜太大，削去大部分木质部即可，一面长约2cm，另一面长约1cm。嫁接刀要锋利，手要平稳，保证削面平整、光滑，最好一刀削成。

2)砧木的准备

将砧木从距地面20cm处短截，并将砧木切口修剪平整，再按接穗的粗度，在砧木上选择合适的位置，用切刀自上而下劈开一条裂缝，深2.5cm左右，注意刀口要锋利，以保证切面愈合。

3)嫁接

将削好的接穗长的削面向里插入砧木切口中，并将两侧的形成层对齐，接穗上端露出0.2cm左右，即俗称的"露白"，有利于砧木和接穗结合。

4)绑扎

用塑料条带将接口绑紧，对一些较幼嫩的接穗，为防止接口愈合前造成接穗抽干，最好用一个小的塑料袋把接穗和切口一起套住，以减少水分的散失，待接穗抽生新稍后再去掉塑料袋。

(3)贴接法(side grafting)

贴接法是将接穗插入砧木的边上，砧木要比接穗的直径大。贴接法又可分为以下三种类型：

1)腹接(stub grafting)

适合腹接的砧木直径最好为2.5cm左右。先用利刀在砧木上切20°~30°角度的斜切口，切口深2.5cm，这样的斜度和深度的切口，拉动砧木上部的时候，切口容易张开，松开时又很容易闭合。接穗要带有2~3个芽，长度为7.5cm左右，相对较细。在接穗基部切成2.5cm长的两个楔形切面，切面要平滑，最好只一刀就切成，接穗以一定的角度插入砧木，保证两者的形成层充分吻合。插入时，拉砧木切口上部的枝干，然后将接穗插入砧木，吻合后再放开枝干，砧木就可紧夹接穗。不用绑扎，或将两个平头的铁针穿过接穗钉在砧木上，也可以用绑扎材料进行绑扎。当嫁接愈合完全后，将嫁接部位以上的砧木去掉。整个嫁接部位需要用蜡密封，接穗尖端也要用蜡密封。如图1-34。

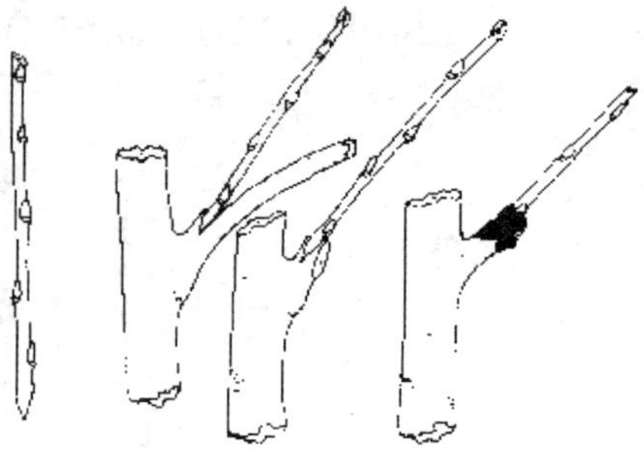

图1-34 腹 接

2)贴舌接(side-tongue grafting)

贴舌接适用于阔叶或针叶常绿树以及株形较小的植株，砧木的茎上要有光滑的部分，接穗的直径可以比砧木稍小。接穗下部的切口类似于嵌接法，在砧木茎光滑的部位削掉一块带木质部的树皮，削口大小和接穗切口大小一致。在砧木切面下部距离切口上部1/3处再削第二个切口(舌)，砧木第二个切口的长度与接穗的第二个切口一致。然后将接穗插入砧木，两个“舌”互相咬合，对齐形成层，绑缚嫁接部位，绑缚方法类似嵌接法。嫁接愈合完全后，去掉砧木嫁接部位以上的部分，逐渐将上部缩剪或直接将上部全部剪掉，以使接穗上的芽充分生长。如图1-35。

3)镶嵌贴接(side-veneer grafting, spliced side grafting)

这种方法被广泛使用，尤其适用于那些盆栽小植株。在砧木上部茎光滑的部位削成狭窄的切口，长为25~38mm，再在切口的下部交叉切一短的狭窄切口，以便将树皮和部分木质部撕掉。在接穗的基部一边切成一个长切口，在另一边切成一个短切口，接穗的切口和砧木的切口长度一致，保证两者的形成层能充分吻合。

嫁接后用密封蜡、石蜡带或塑胶条等材料密封接口，因植物种类不同可以考虑是否采用石蜡材料密封。小型盆栽木本观赏植物贴接时，常将嫁接植株埋入泥炭藓等基质中，使嫁接部位位于基质下面。新嫁接的植株需要放在湿润的繁殖室内或嫁接箱中，促使嫁接愈合。嫁接箱是一个封闭的透明容器，在嫁接植株的周围保持比较高的湿度，直到接口充分愈合。嫁接植株放入嫁接箱中1周左右以后，逐渐打开箱子一段时间，最后将箱盖彻底去掉，愈合完全后将接穗上部的砧木逐渐缩剪或彻底全部去掉。如图1-36。

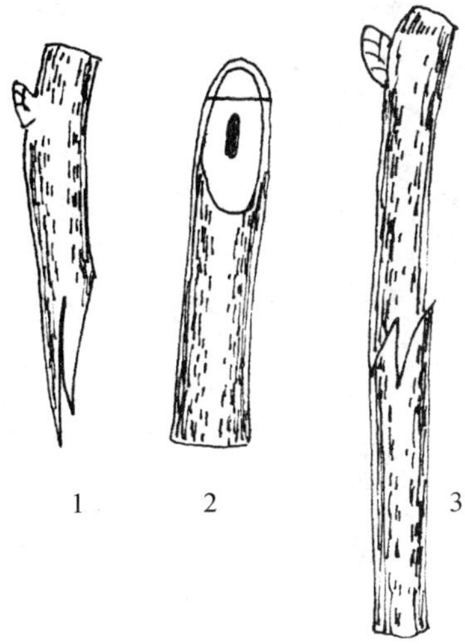

图1-35　贴舌接

1. 接穗　2. 砧木　3. 嫁接

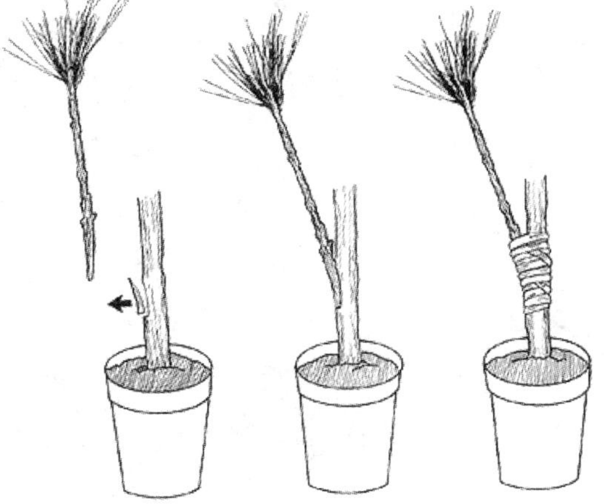

图1-36　镶嵌贴接

(4)劈接法(cleft grafting)

劈接法是最古老、最被广泛应用的嫁接繁殖方法。如图1-37。

1)接穗准备

凡节间长的可剪成单芽枝段；节间短的可剪成双芽枝段。每枝段不得少于5cm，长的8cm。先从接芽上边0.5cm处剪半。之后在芽下2cm处的两侧削成1.5cm长的楔形斜面：一侧略厚，一侧略薄。削面要光滑、平直。如果接穗是双芽，则要在第二个芽下2cm处削成楔形斜面。

2)砧木准备

在砧木基部10～15cm处剪成横断面，再在横断面中央劈1.5cm长接口，劈时要准、要稳，切忌用力过猛。最好在木床上切劈。

3)插接穗

将接穗略厚的一面，对在砧穗愈合的一面，务使砧穗的形成层对齐，并要露白0.3cm。之后用宽0.8cm、长20cm塑料条从下往上缠(接芽露外)，封顶后朝下打结。

(5)楔接法(wedge grafting)

楔接法类似于劈接法，但更容易操作。如操作得当，嫁接成活率较高。楔接法一般在晚冬温暖天气下或早春树液开始流动之前进行。

砧木直径为5～10cm，接穗长度为10～13cm，厚度为10～13mm。在砧木树干的边缘作5cm长的"V"字形楔状切口，并作2个切面，其间的距离与接穗的宽度一致，切口距离砧木边缘2cm深，两个切口做完后，取出中间夹的部分，呈现"V"字形的开口作为接穗插入的部位。接穗基部削成和砧木切口大小、形状完全一致的削面，使形成层对齐，将接穗插入砧木上，接穗上部稍微向外倾斜，以便使砧木和接穗的形成层相

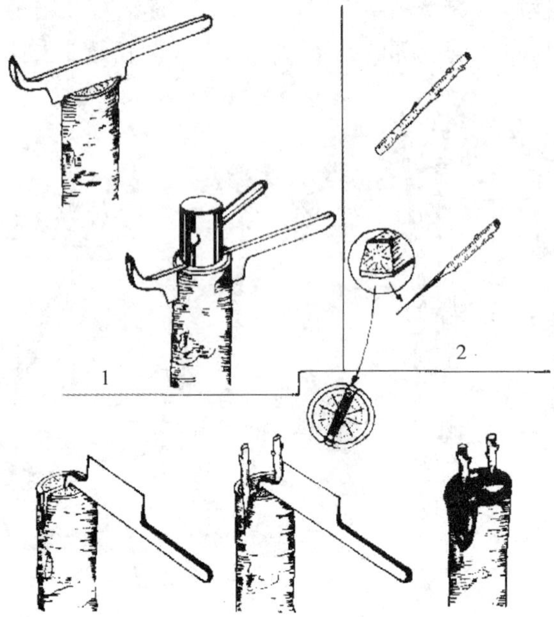

图 1-37 劈接法

1. 砧木的准备 2. 接穗的准备 3. 将接穗插入砧木

交。如果砧木树干为 5cm 宽，两个接穗之间应为 180°角度；如果砧木树干为 10cm 宽，可以嫁接 3 个接穗，其间的夹角为 120°。嫁接后所有的切口要用石蜡密封。如图 1-38。

(6)皮下接法(bark grafting)

皮下接又叫插皮接，嫁接速度快，操作简便，不需要专门的工具即可进行。如果操作得当，嫁接成活率很高。皮下接多在砧木较粗大、皮层较厚并易于剥离时采用。将砧木距地面适当位置截断后，在断面光滑的一侧将皮层自上而下竖划一切缝，深达木质部，长 3cm 左右。接穗末端削成较薄的舌状削面。将削好的接穗，大斜面对准木质部，慢慢插入皮层内。要防止接穗偏斜，砧木要“露白”。然后用塑料薄膜绑扎。嫁接材料的适宜直径范围很大，从 2. 5cm 到 30cm 都可以，但不宜过粗，否则在材料腐烂之前嫁接伤口很难愈合完全。

皮下接法主要是嫁接材料的树皮和木质部容易分离，因此适宜嫁接时期为春季砧木植株开始旺盛生长时进行。接穗使用的是休眠季节的接穗，在植株休眠时剪取落叶园林植物的接穗，冷藏至开始嫁接时为止，常绿园林植物的接穗在新剪下来保持新鲜的时候方可使用。皮下接的接穗和砧木不像其他嫁接方法那样容易安全地固定在一起，在嫁接第一年即便愈合完全，也容易受到大风的侵袭而分离，因此第一年在接穗上发出的枝条，应该短截成树桩或缩剪为原来长度的一半，尤其是在大风天气，经过几年的生长，接合部位会变得越来越牢固。

皮下接法又可分为如下两种方法：

1)方法一

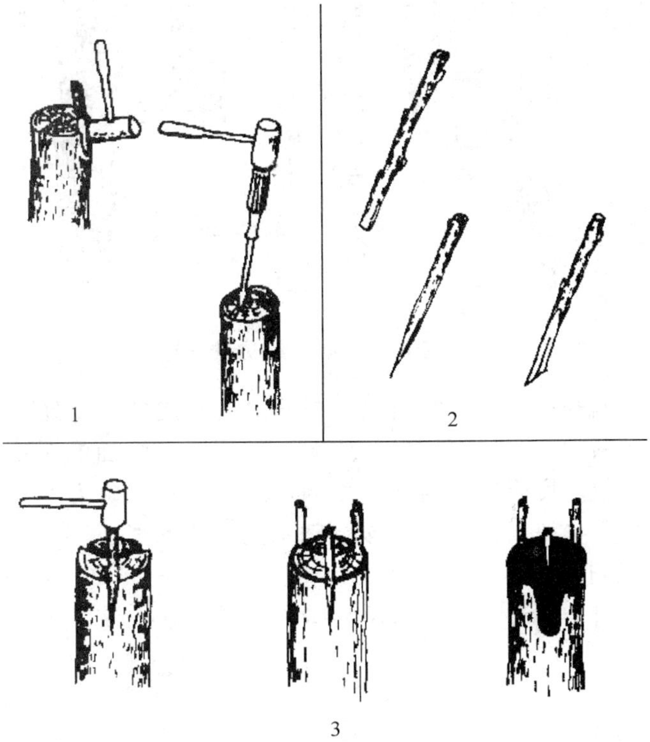

图 1-38　楔接法

1. 砧木的准备　2. 接穗的准备　3. 将接穗插入砧木

如图 1-39。将几个接穗同时嫁接到一个砧木上时，先在砧木上部末端作 2.5～5cm 长的竖直削面，削面通过树皮和木质部，然后将分离的树皮沿着两个切口稍稍撕下，大小和接穗的削面一致。接穗采用休眠的枝条，长 10～13cm，带有 2～3 个芽，6～13mm 厚，在接穗基部边缘作 5cm 长的削面。对于比较大的接穗，切口向接穗内侧延伸 1/3，在切口顶部留有“肩”，“肩”的作用就是减小接穗的厚度，防止接穗插入砧木后皮层和木质部分离。接穗不能削得太薄，否则和砧木接触的部位会断裂或衰弱，对于小接穗可不必形成“肩”。在接穗的长削面相对的一边做第二个很短的削面，接穗基部末端呈现楔状。然后将接穗插入砧木的皮层和木质部之间，接穗长削面一端和砧木木质部接触，“肩”位于砧木切口上端，然后绑扎嫁接部位，每个接穗用两个大头针将接穗和砧木钉牢，大头针长 15～25mm，大头针的规格主要依赖于接穗的大小，接穗两边的皮也要用大头针钉牢，否则容易和木质部脱离。

此外，如果接穗的树皮比较柔嫩，可将所有的接穗嫁接到砧木上，然后用条带、胶带或蜡布等材料在砧木嫁接部位周围绑缚，这样比用大头针钉效果好。如果使用绑扎材料，应在适当时期去掉绑扎材料，以避免绑扎材料束缚植株的生长。当接穗和砧木嫁接完成并绑扎好后，可用石蜡将所有的切口密封。

2）方法二

如图 1-40。在砧木上用利刀划两个长为 5cm 的切口，两个划口之间的距离与接穗

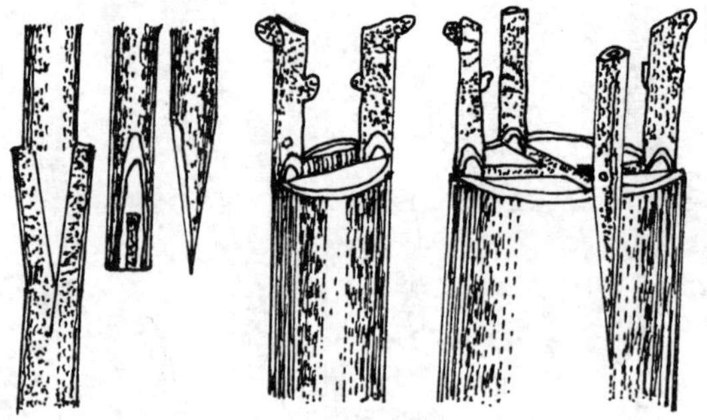

图 1-39 皮下接(方法一)

削面的宽度一致，撕开切口之间的树皮，在分离的树皮的 2/3 处剪掉。在接穗基部末端的一边作平滑的斜削面，削面长 5cm，不带“肩”，在削面的对边作 13mm 长的短削面，接穗基部呈楔状。接穗长削面和砧木的木质部靠近，短削面被砧木切口上留有的一段树皮接触，这样接穗两边都可以接触砧木的树皮和形成层，很容易愈合完全。用两个大头针将接穗固定住，下部的大头针将砧木的一段树皮覆盖接穗的短削面钉住，如果接穗的树皮有时会松动，也可以用大头针将其钉住。该方法适用于树皮比较厚的园林植物。

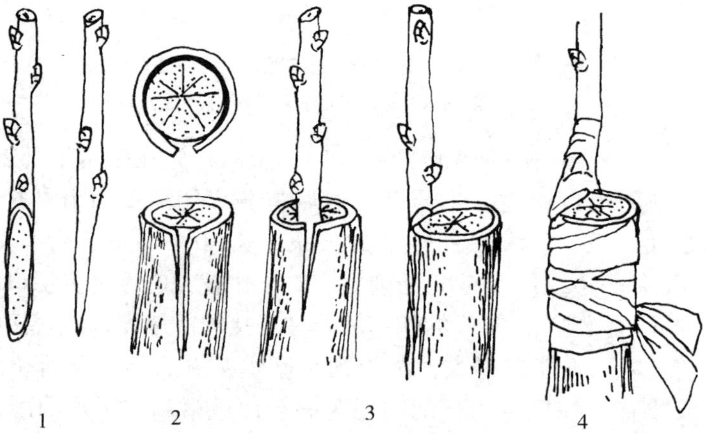

图 1-40 皮下接(方法二)

1. 接穗切削(正、侧面) 2. 砧木切削(纵、横断面) 3. 接穗插入砧木(正、侧面) 4. 捆扎

(7)靠接法(approach grafting)

靠接法就是将两个独立完整的植株嫁接在一起，愈合以后将接穗以上的砧木部分去除，并将嫁接部位以下的接穗剪掉，有时也可逐渐将这些多余的部分去掉。靠接通常是对生长在容器中的一个或两个植物进行操作，容器中的砧木通常靠近提供接穗的植物。靠接法常用于常绿木本园林植物，如女贞靠接桂花、侧柏靠接翠柏、黑松靠接五针松等。靠接应在生长旺季进行，先把培育好的一二年生砧木搬运到用于嫁接的母

株附近，选择母株上与砧木粗细相当的枝条，在适当部位削成梭形接口，长约3～5cm，深达木质部，两者的切削口长短要一致，然后把它们靠在一起，使形成层对齐后进行绑扎，嫁接成活后自接口下把接穗剪断，自接口上把砧木枝条剪断。这种嫁接方法通常在园林植物旺盛生长期进行，这样嫁接容易愈合。

靠接法可分为接合靠接、舌靠接和镶嵌靠接。

1）接合靠接法（spliced approach grafting）

这种方法主用适用于茎干粗度一致的两种木本植物。先在嫁接部位将两种植物各切去2.5～5cm长的一块树皮和木质部，切去的部分应该大小一致，而且切面要尽可能平滑，这样有利于形成层的对齐，然后用胶带、纤维带等材料将两个切面紧密绑缚在一起，整个嫁接部位要用嫁接蜡密封。经过一段较长时间完全愈合后，将嫁接部位以上的砧木部分和下部的接穗部分去掉，形成了一个新的独立的嫁接植株。如果接穗的叶面积超过砧木根系所能承受的能力，需适当缩小接穗的叶面积。如图1-41。

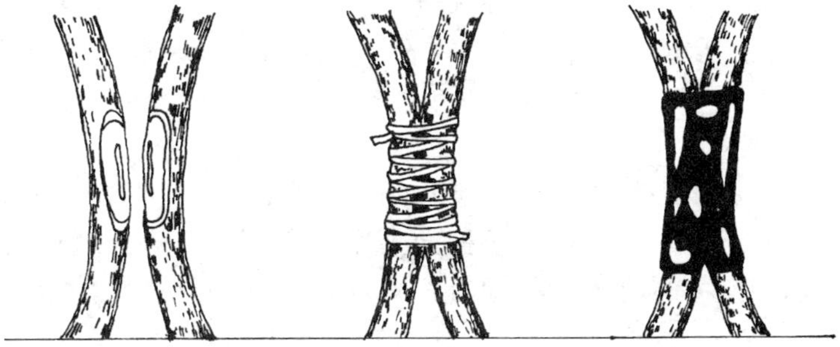

图1-41　木本植物接合靠接

此外对于草本园林植物而言，也可采用类似的方法嫁接，如图1-42所示。首先用竹签挖掉砧木苗的生长点，再用刀片在砧木幼苗上部距子叶约1.5cm处向下斜切1个35°左右的口，口深为茎粗的2/3左右，再用刀片将接穗上部距子叶约1.5cm处向上斜切1个35°左右的口，深度也是茎粗的2/3左右。两幼苗切好后随即把接穗苗和砧木苗的切面对齐、对正嵌合插好，使切口内不留空隙。然后用塑料夹子固定好。接后将苗子移在营养钵里或塑料营养袋里，摆放在苗床中，埋土部位以砧木根为标准最好。嫁接苗要扣上小拱棚，以保证适宜的温度和湿度，白天保持在23～30℃，夜间保持在15～20℃，地温要达到23～28℃。嫁接后3天内要在棚膜上覆盖草苫遮光，避免强光直射造成幼苗失水萎蔫。2～3天后逐步揭开草苫，逐步延长光照时间，同时要适当通风。每天中午用喷雾器喷1次水，使空气相对湿度达到90%以上，以利于愈合和缓苗，直到秧苗见光后不萎蔫时停止喷水和遮光。当幼苗长到两叶一心时，即在嫁接后的10～13天，用刀片将接穗幼苗茎在接合处的下方切断。当嫁接苗长到15天左右时喷1次百菌清500～800倍液防治霜霉病，同时摘掉固定夹子。嫁接苗长到4～5片叶即苗龄50天左右定植。定植前施足有机肥，铺好地膜，定植时注意培土深度不能超过嫁接的接合处，否则，接穗茎接触到土壤后会产生不定根，导致嫁接栽培失败。

2）舌靠接法（tongued approach grafting）

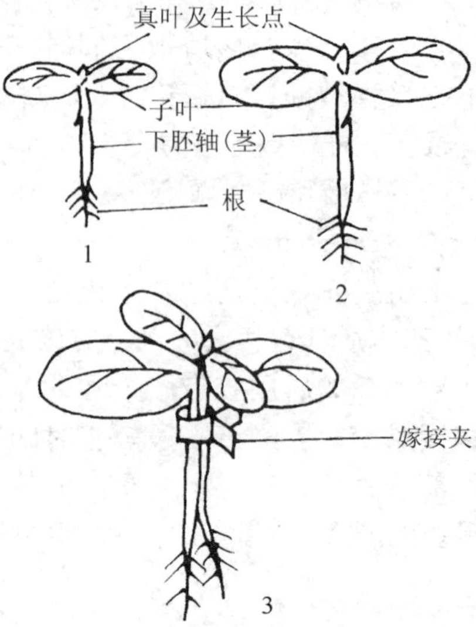

图 1-42 草本植物接合靠接

1. 接穗 2. 砧木 3. 嫁接苗

舌靠接法和接合靠接法基本类似，所不同的是在砧木和接穗上作第一个嫁接切面以后，需要在砧木向下作一个切口，接穗向上作一个切口，这样就形成了一个舌状的结构，然后将砧木和接穗的两个舌状切口互相咬合。这种方法比接合靠接法更容易愈合。如图 1-43。

3)镶嵌靠接(inlay approach grafting)

这种方法适用于砧木的树皮厚于接穗的树皮。在砧木植株旺盛生长，树皮松动时进行。先在砧木上作两个平行的刀口，去掉之间的树皮，形成 7.5 ~ 10cm 长的一狭条切面，切面的宽度要和接穗的切面一致。在接穗植株上也削一狭条切面，长度和宽度与砧木的切面一致，深度要透过皮层稍达木质部。然后将接穗的切面部位放进砧木的切面中，用大头针将两者固定住，将整个嫁接部位用嫁接蜡密封，完全愈合后将嫁接部位以上的砧木和下部的接穗部分去掉。如图 1-44。

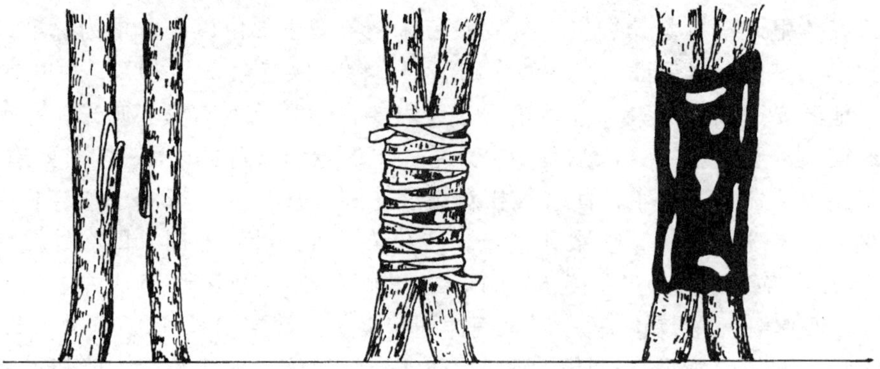

图 1-43 舌靠接

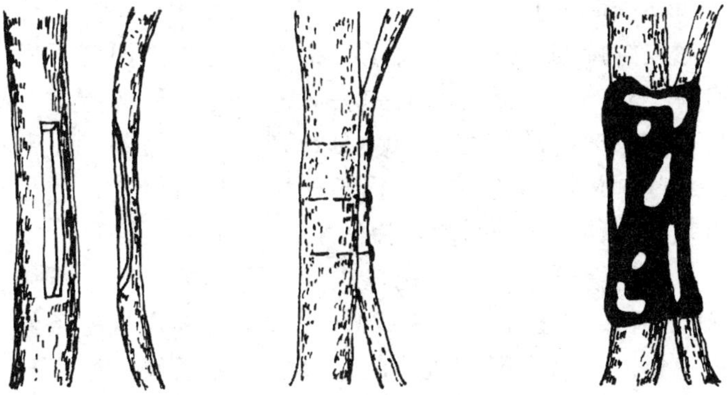

图 1-44　镶嵌靠接

(8)接枝法(inarching)

接枝法通常被认为是一种修复嫁接形式，用于更新由于栽培、病虫害等损害的接穗根系，对于保护珍贵树木、改善植株根系意义重大。

在休眠季节将实生苗或生根扦插苗栽植在受伤植株周围 13 ~ 15cm，在早春树液开始旺盛流动时将这些植株的枝条嫁接到受伤的植株上，并对受伤植株的根部进行环剥处理。用作砧木的实生苗或扦插苗可为受伤植株提供健康的根系统，取代损伤的根系。如图 1-45。

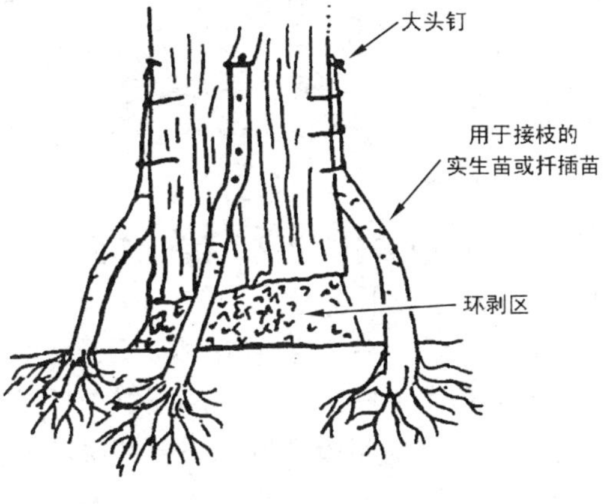

图 1-45　接枝法

用强壮的植株来更新老弱的植株的接枝方法可以促进老树的更新，重新获得新的旺盛的生长。提供新根系的苗木植株比要修复的植株小很多，嫁接方法类似于皮下接的方法，苗木枝条上部削成 6 ~ 12mm 厚、10 ~ 15cm 长的狭长削面，和树干贴近的一边应该去掉一部分木质部，这样即可暴露出形成层组织，有利于两者的形成层对齐，在苗木枝条长削面的对面再做一个 13mm 长的短削面，这样苗木枝端呈现楔形。

在老植株树干的一边作和苗木枝条上削面长度和宽度一致的切口，在切口的上部留一部分皮层，形成“肩”的结构，然后将苗木的枝条与老植株的切口贴在一起。用大头钉将其钉牢，然后将所有的切口用嫁接蜡密封。

(9)桥接法(bridge grafting)

桥接法是一种修复嫁接的形式，主要是在根系没有受损而树干发生损害时可用此法来修复植株，有时不利的栽培条件、病虫害和冻害等会使树干发生很大的伤害，完全限制树木的生长。如果树干的伤害发生蔓延，则因根系得不到上部提供的养分，树木就有可能死亡。有些园林植物树干发生损害时可以自行修复，但是有些却不能自行修复，要想保存原来的树种，必须采取桥接法来弥补损害。

桥接法通常在早春树液开始流动、树皮很容易剥离的时候进行操作，在休眠季节采取一年生的枝条作接穗，接穗直径6～12mm，采下后放在低温条件下冷藏，直到嫁接开始时取出。在晚春也可以进行嫁接，此时接穗的芽已经开始生长，嫁接时去掉发育中的芽和枝条。

桥接的第一步就是去掉树干上受伤的部分，露出健康的组织，沿着受伤部位每5～7.5cm插入一个接穗，接穗的上部和下部都要插在没有受伤的树皮内部，嫁接完成后在嫁接部位和所有伤口处涂抹嫁接蜡，防止病菌的侵害和失水。如图1-46。

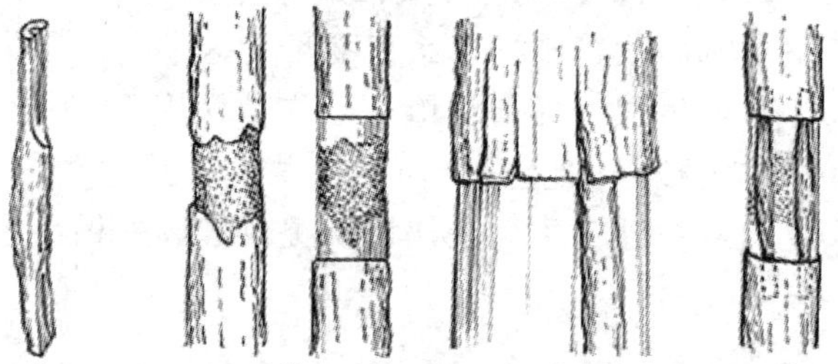

图1-46 桥接法

1. 接穗切削 2. 砧木准备 3. 砧穗结合 4. 桥接苗

2. 芽接法(bud grafting)

采用芽接法的优点很多，如接穗利用率高，接合部位牢固，成活率高，操作方便，繁殖数量大，且传染根癌病的几率较低。

芽接包括四个基本步骤：削取芽片、切割砧木、取下芽片插入砧木接口和绑缚。由于接芽削取方法和砧木接口形成不同，芽接又可分为"T"字形芽接、"一横一点"芽接、"工"字形芽接、方块芽接、环状芽接、带木质部芽接和胚芽接等多种方法。

现以月季的芽接方法为例来介绍芽接的具体操作方法。

(1)芽接苗的种类

芽接苗根据其嫁接的时间、嫁接后生长期的长短和成苗规格的不同，可分为以下几类：

1)大苗

芽接后要求加强水肥管理，促使壮枝的生长发育。一般地，芽接后其生长期不少于5～6个月。在规格上要求：第一，主枝不少于2～3枝，粗度不小于1cm；第二，根系完好，根长应有20～30cm；第三，无病虫害，尤其不能有根癌病和线虫病。此类苗木均为地栽苗，因此只能在休眠期(10月至第二年2月)起苗出圃。

2)休眠芽苗

砧木采用实生苗，其优点是根系好，不会萌发蘖芽。春天蔷薇播种，约经5～6个月的地栽生长；当年8月底至10月籽播蔷薇已成大苗，根颈处已达0.8～1.0cm粗，此时即可嫁接。嫁接部位必须在子叶以下的根颈部，采用“T”字形芽接法。为防止嫁接芽入冬前萌发，接芽要全部绑住，避免光照，并要保持上部枝叶的长势，待11月起苗后才能剪除砧木的枝叶。这类苗木第二年定植后长势强劲，苗木相对比大苗要轻。

3)绿枝苗

绿枝苗露地于4～10月生产，温室可全年生产，正常情况下春夏秋三季经25～40天可见蕾开花，花后即可出圃。绿枝苗一般采用盆栽或袋栽，脱盆去土后，根系不受损伤，加之苗小，重量轻，特别适于航空运输。

(2)芽接准备

1)接芽准备

选择好的接芽是得到优良嫁接苗的第一步。枝条基部的芽形成于枝条发育早期，因此时枝条幼嫩、光合作用弱、营养物质少、腋芽发育不好，嫁接后不易萌发生长成壮苗；而枝条顶部的几个芽形成于花芽分化以后，也常不饱满，休眠浅，萌发早。一般选用开花的枝条，用枝条中段的腋芽作为接芽。剪取接穗后需去除皮刺，保留叶柄，剪掉叶片，立即插入清水中，不可失水，否则成活率降低。接穗最好现采现用，不宜长时间放置，但在保湿5℃条件下可以贮藏1～2周。

2)砧木准备

砧木可以利用实生繁殖和扦插繁殖，当砧木长到一定粗度便可嫁接。

3)嫁接工具

嫁接刀要锋利，切口要一次削成，光滑整齐，这样接口愈合快。刀具要干净，以免沾染病虫或其他杂物影响成活。使用的绑条要柔软，不透水，最好有一定的弹性。

(3)嫁接方法

①“T”字形芽接

是适宜种类最多，应用最广的一种芽接技术。如图1-47为“T”字形芽接的原理。

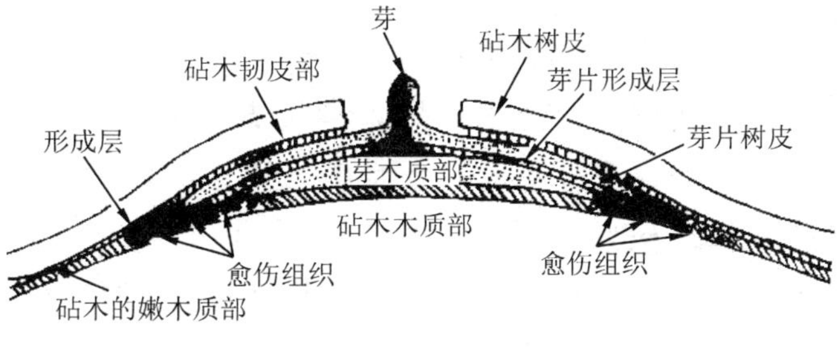

图1-47　“T”字形芽接示意图

“T”字形芽接的步骤：

削芽片：在接穗芽的上方0.5cm左右处用芽接刀横切一刀，深达木质部；然后在芽的下方1cm左右向上挑刀，由浅至深削至芽上方的横切口，用大拇指与食指轻取芽，取下芽片，大拇指与食指轻轻一挤，挤出木质部分，只留芽片，应注意防止芽片撕裂。

春季或秋季芽接采用带木质芽接，芽片成长方形，长1.5cm，宽0.5～0.8cm。

切砧木接口：在嫁接部位光滑处横切一刀，深达皮下，在横切口中间用刀尖竖起向下切1.5cm。

插芽片：用芽接刀背后骨片将砧木横刀切口，竖划使树皮翘起，然后将切好后接穗芽片下端插入砧木切口，顺势往下推，最后使接穗芽横切口处形成层与砧木横切口形成层处对齐相连接为止。

切口包扎：用0.001mm农用地膜或常用窗户膜，1cm宽，20cm长进行包扎。包扎时应先包扎横切口处，然后全部包扎，使芽及叶柄全部包扎起来或使芽眼和叶柄外露。如图1-48。

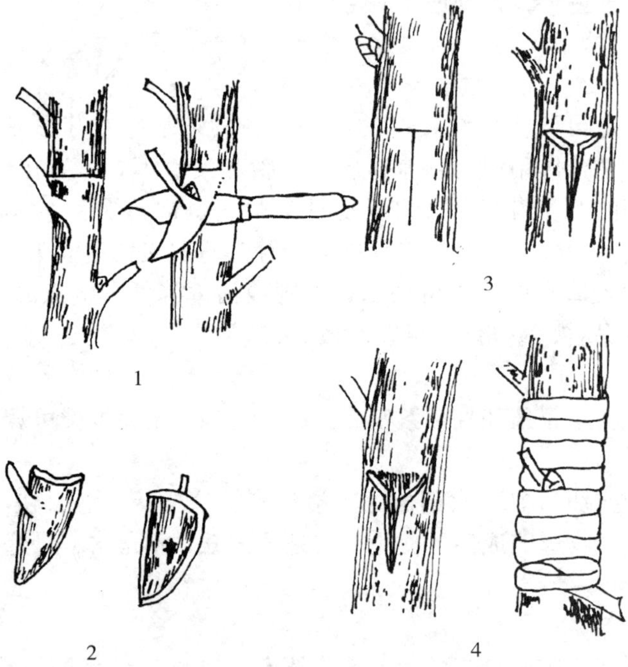

图1-48 "T"字形芽接过程

1. 接穗切削 **2.** 芽片形状 **3.** 砧木切削 **4.** 芽片插入包扎

②"一横一点"芽接

是在"T"字形芽接基础上改进的一种快速芽接法，简便易学，成活率高。其操作程序和"T"字形芽接基本一致。不同之处是在砧木嫁接部分横切1cm左右的刀口，再用刀尖于横口中部向下点出一小口，并用刀尖将小口两边皮层轻轻打开，随即把芽片插入，慢慢推下，砧木便自行裂开，绑缚即可。

③"工"字形芽接

又称双开门芽接。此法比较费工，但芽片与砧木接触面积大，成活率较高，嫁接时，先用芽接刀或特制双片刀将接的芽位切出1.5～2cm的方形或长方形切口，芽片暂不取下，立即在砧木距离地面8～10cm处，按接芽的长短横内切两刀，竖切一刀成

“工”字形，用刀尖将皮层向两边轻轻打开，再将芽片取下贴在砧木内，并用切开的砧木的皮把芽片盖好，用塑料布条由下而上绑紧即可。

如果按照此法切取芽片，但砧木不切成“工”字形，而是按接芽片大小将砧木皮取下，迅速将芽片贴补在砧木去皮的地方并绑缚，即为通常说的“方块芽接法”或“贴皮芽接法”。如图1-49。

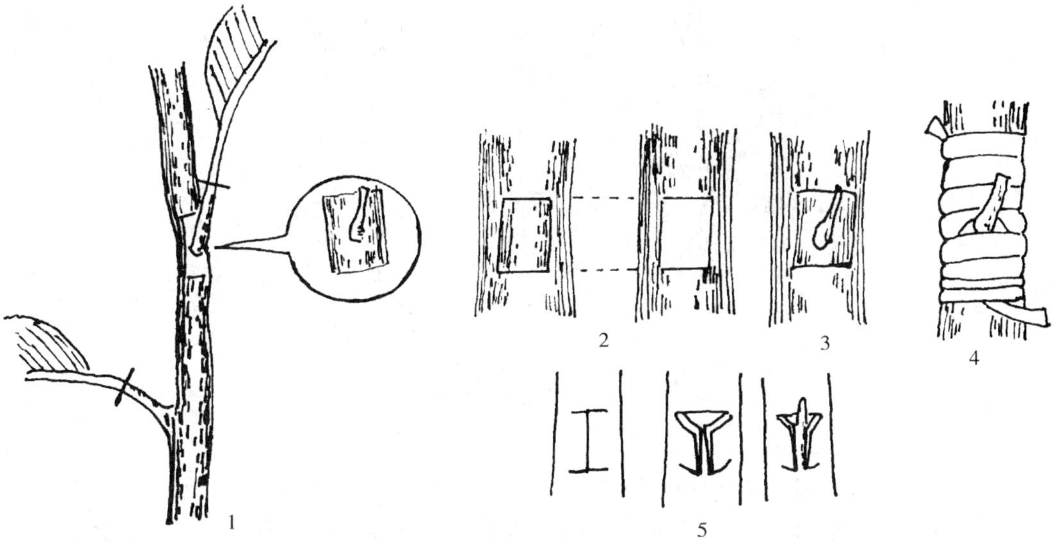

图1-49　方块芽接法

1. 接穗去叶及削芽　2. 砧木切削　3. 芽片嵌入　4. 捆扎　5. “工”字形砧木切削及芽片嵌入

④环状芽接

又称套接、管状芽接或拧笛接，这种方法成活率高，但较费工。嫁接时先将接穗上端剪掉，在1~2个饱满芽的下部环切，用手轻轻将芽套拧下，然后将粗细与芽套一致的砧木剪断，将上端削成尖形，在与芽套长度一致的地方，将砧木环切，并剥去皮层，将芽套套在砧木上，套紧，使两者形成层紧密吻合，稍加绑缚或不绑缚均可。如图1-50。

如果先将砧木皮层竖切几刀，向下撕到预定的套接部位，拧好的芽套在砧木上以后，把撕开的破皮向上合拢，包住芽套，并用塑料布条绑缚，这种方法就叫“带破皮套接法”。

⑤嵌芽接

也称带木质部芽接，具有嫁接成活率高，树冠恢复迅速等优点。

削取接芽：手倒持接穗，从芽上方1.5cm处向接穗下方斜削入木质部，行刀需平稳、顺直至芽下方1cm处，再从芽下方0.6cm处呈45°角斜削深达第一刀口，取下带木质的接芽。根据砧木粗细确定接芽大小，一般接芽长2cm左右，厚0.2~0.3cm。

削切接口及嵌芽绑缚：在砧木的一定部位（根据嫁接目的确定嫁接高度和位置），选择光滑处用削取接芽的方法切同样形状和大小的接口，把接芽嵌入接口，用塑料带

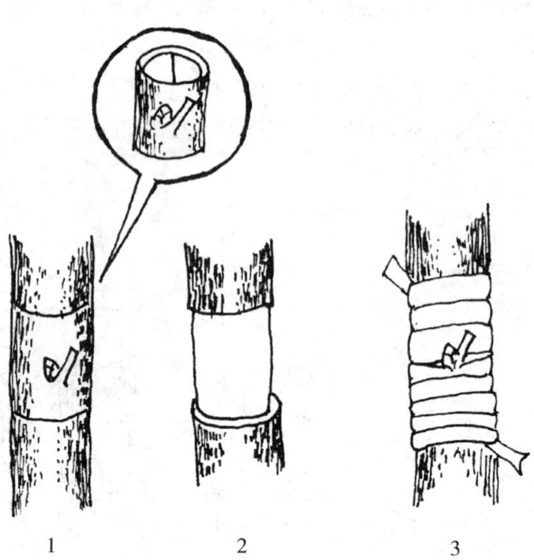

图 1-50 套接法(环状芽接)

1. 芽片切削 2. 砧木切削 3. 捆扎

包严绑紧。为了促使发芽应剪去嫁接部位以上的砧木。如图 1-51。

通常说的休眠期带木质部芽接，是指早春砧木已经发芽而使用结合冬剪采集并经过贮藏尚处于休眠状态的接穗进行嫁接的一种方法，若用此法。嫁接成活后，最好先在接口以上 10cm 处折砧，以促使接芽的萌发，待新梢长达 20 ~ 30cm 再剪砧。秋季嫁接的，应在第二年春季发芽后剪砧。

⑥嫩枝芽接

也叫嫩梢芽接，是芽片带木质部的一种芽接形式。嫩枝芽接因枝条尚未成熟，组织不充实，接穗需随采随用。

接穗选择当年生嫩枝，剪除二次枝，在芽上 0.5 ~ 2cm 处和芽下 1.5 ~ 2cm 处剪断，再把它竖切成两半，取带有芽的一半为接芽，要求接芽上厚下薄，削面要平滑，削好的叶片用“T”字形芽接法嫁接。嫁接 10 天后即可剪砧，砧木剪口上端留 5 ~ 7cm；短桩，当接芽新梢长 10cm 左右时，用塑料布条将新梢绑缚在短桩上，以防风吹折断，同时要将周围的萌蘖及时清除，以促使嫁接新梢生长。

⑦胚芽接

胚芽嫁接技术的简要过程为：种子、苗床消毒处理→浸种催芽→胚根断切→胚芽壮培→胚芽嫁接→苗床管理→移栽大田→栽后管理。如图 1-52。

胚芽嫁接技术要点：

选种与种子处理：选用籽粒饱满、成熟度好、无霉变的大粒种子，首先药剂消毒 1 分钟，然后清水洗净捞干再用 35 ~ 40℃左右温水浸种子 8 ~ 10 小时，使种子充分吸水。

室内催芽：采用含水量 70% 湿沙床进行室内催芽，一层种子一层沙，沙床上面盖上湿草帘以防表层沙失水影响发芽，室内温度 25 ~ 30℃。

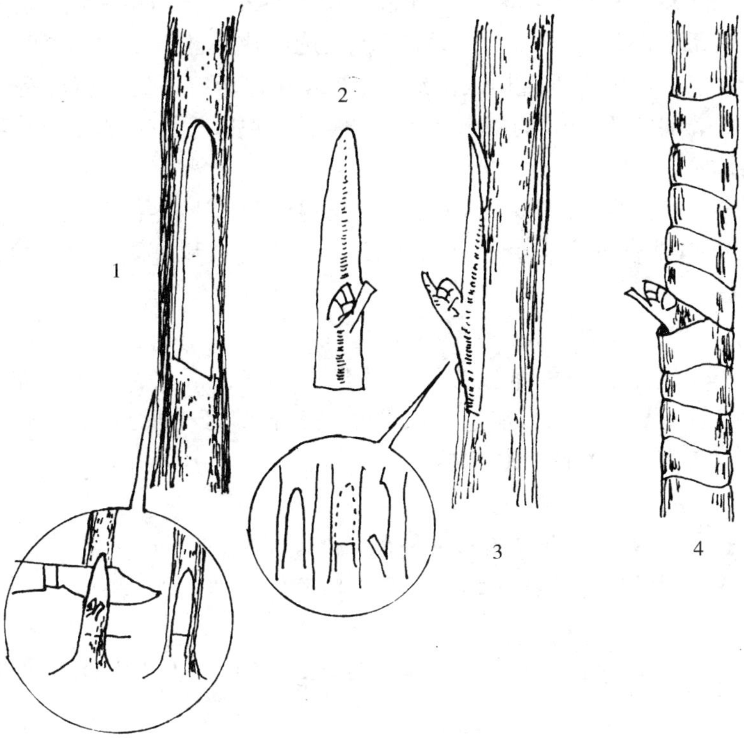

图 1-51　嵌芽接(带木质部芽接)

1. 芽片切削　2. 芽片形状　3. 芽片嵌入　4. 捆扎

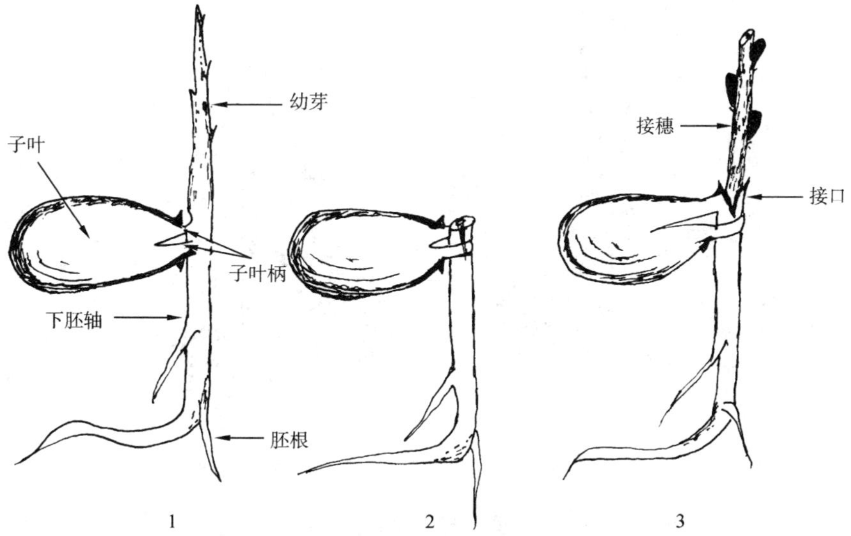

图 1-52　胚芽接示意图

1. 生长到适于嫁接的幼苗　2. 切去胚芽的砧木　3. 嫁接完成

胚根断切：待种子发芽后切断种子胚根，转入室外大棚内苗床进行胚芽壮苗。

嫁接：待胚芽生长3～5cm时，即可嫁接。选用次生根多、健壮粗大的胚芽作砧。首先断切胚芽嫩梢，从中央垂直切入深约2～2.5cm的切口，然后将准备好带有1～2个饱满芽的接穗下端削成约2cm的楔形缓慢地插入胚芽中，使形成层一边对齐好，最后用细线轻轻捆紧。

苗床培育与管理：嫁接后移入大棚内，进行接穗伤口愈合期培育，等接穗放叶抽条10～15cm，伤口结合部愈合后，移栽大田。注意喷水和遮阴，调节好光照和水分，使幼苗健壮生长。

3. 根接法

根接是以根作砧木的一种嫁接方法，牡丹、月季、玉兰、凌霄等常用这种方法。根接法具有嫁接时间长、原料来源广、成活率高、长势旺等优点。一般在1月到3月中旬均可进行，在室内外都能进行嫁接。

(1)砧木的准备

根接育苗一定要选择亲和力强的树种做砧木。将嫁接未成活苗的根、果树根蘖苗的根或野生砧木的根挖出，选择粗细适中带须根的根，保湿保存，以备嫁接用。

(2)接穗的准备

利用冬剪下来的水分充足、芽眼饱满、无病虫害的1～2年生枝条做接穗。

(3)根接方法

根接的方法以劈接为主，也可用切接、腹接和舌接。当根较细、接穗较粗时可采用倒接的方法，即根的削法相当于接穗的削法，接穗的削法相当于根的削法，将根插入接穗之内。如图1-53。

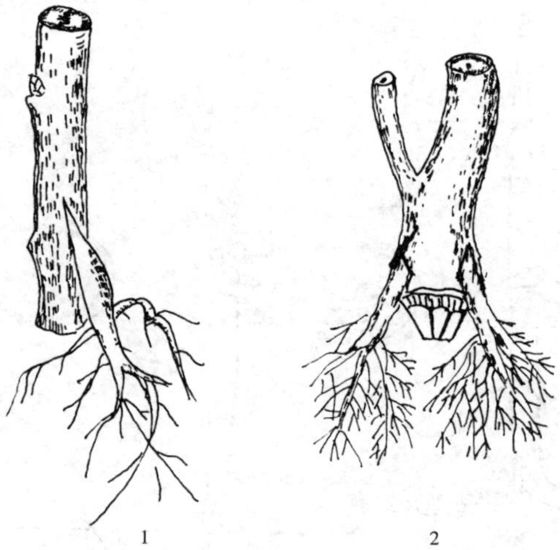

图1-53 根接法

1. 接于幼枝 2. 接于树干

1）劈接

把根段上边剪平，用劈接刀在砧木断面中心垂直劈 3 ~ 5cm 长的口，选取有 2 ~ 3 个饱满芽的接穗，下部削成两面一致的楔形，削面两侧要一边厚一边薄，削面长 2.5 ~ 4cm，将接穗厚的一边靠砧木劈口的一侧插入，使两者形成层紧密结合，然后用塑料条捆扎严紧。

2）切接

用切接刀在砧木一侧的木质部与皮层之间，稍带一部分木质部垂直切下，切口深 3 ~ 4cm，接穗 5 ~ 10cm，下部削成 2 ~ 3cm 的斜面，相对的另一侧削成长 1cm 的斜面。将接穗直插于砧木切口中，斜面长的一面向里，使形成层互相密接，然后用塑料条绑扎。如果接穗较细，砧木和接穗间至少有一侧的形成层密接口。

3）腹接

接穗长 1 ~ 2 个芽，下端削成不对称的楔形。在砧木上用刀向下切一斜形切口，约 30°角，切口长等于接穗削口长，将接穗斜面长的一侧向内，插入砧木切口之中，形成层对齐，然后用塑料条绑紧。

4）舌接

接穗和砧木都削成斜面，再自斜面全长的 1/3 处，垂直切下 2 ~ 3cm 深，这样砧木和接穗的斜面都成了舌状，再将舌状部分互相接合，然后用塑料条绑缚。

（4）沙藏贮存

首先要挖贮存沟，沟深 60cm，长度和宽度依需要而定，沟底铺一层 10cm 厚的湿沙，湿沙以手握成团而落地即散为好。然后将接好的植株移入贮存沟，用湿沙灌满盖严，4 月上旬伤口愈合，即可栽植。如果春季嫁接，接好后可放在温床上促进愈合，2 周后再栽植育苗。

（5）注意事项

在嫁接和接穗的保存过程中，要遮光保湿，严防根穗失水，确保质量；接好的成品移动时，要轻拿轻放，莫碰撞接穗，确保接穗不移位；育苗时要先将苗畦灌水保墒，待水渗下后再栽植育苗，切莫浇水过早影响成活。

4. 平接法

平接法是量天尺、仙人掌、柱状和球状类砧木常用的嫁接法。仙人掌类嫁接，常见的有红色的绯牡丹、黄色的山吹，各样色彩斑斓人工培育的变异株体，其自身缺乏叶绿素，不能自养，而需依靠根系发达的绿色砧木供给养分才能成长。一些细弱生长缓慢的品种，可嫁接促壮，养成优美的株姿造型，花繁枝茂。一些年幼不能分生仔球的珍稀品种，如金琥、新天地等，可将小球接在强大的砧木上促壮后挖去心点，即可孳生仔球繁殖。大量繁殖还可以将健壮球体上的疣状组织带一组毛座分切下来做接穗，平接在砧木心髓部，成活后即可从毛座萌发出仔球，即掌类疣接法，很有实效。

嫁接砧木通常用三棱箭（量天尺）或长盛球和华盛球（俗称草球），嫁接时机宜在 5 ~ 6月或 9 月间 25 ~ 30℃，砧木和接穗都在旺长期。陆生种类一般采用平接法：先削去砧木顶部，恰到露出心髓即止，不可削去过多。再将接穗底部平削一刀，随后将两者心髓对准相接，即髓对髓、肉对肉、紧密结合。观察接穗心髓直径大于砧木心髓，易得嫁接最佳效果。然后用棉线连盆一起纵向分几道绑扎好。放漫射光通风湿润环境养护，一般一周左右即可亲和拆线，逐渐过渡到正常养护。附生种掌类蟹爪兰等用劈(插)接法，常规操作，容易成活。如图1-54。

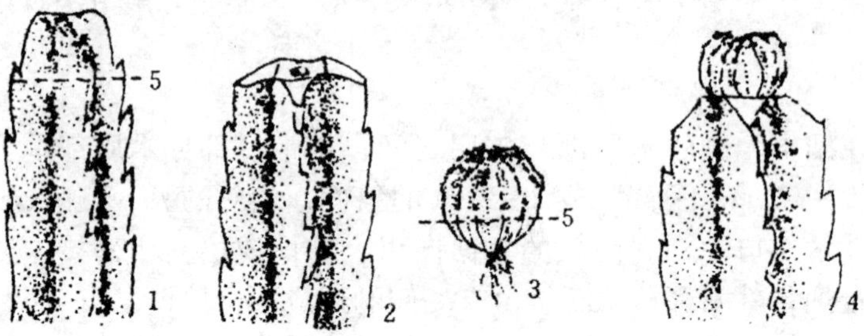

图1-54 平接法

1. 横切三棱箭 2. 斜切 3. 横切接穗 4. 接合 5. 切线

第四章

孢子繁殖

在园林植物中，只有蕨类植物可产生孢子。孢子繁殖是蕨类植物特有的繁殖方法。孢子的形成本身并未经历有性过程，但孢子萌发后，新个体的形成是精卵结合的结果。孢子繁殖的速度较慢，生产上常与分株等方法并用。

一、孢子的生物学特性

除了高度皱缩的类型为高度不育，大多数成熟健康的蕨类植物在其蕨叶(frond)背面产生成千上万的器官，称为孢子囊，孢子囊排列形成小的棕色斑点或线状斑，成熟时释放出孢子。孢子是在孢子囊中经减数分裂形成的特殊细胞，含有单数染色体。孢子为深棕色粉末状，在适宜环境条件下萌发长成扁平的配子体。然后由配子体上形成颈卵器与精子器，分别产生卵细胞与精细胞。在颈卵器中二者结合形成受精卵，受精卵进一步发育成胚。胚逐渐长出根、茎、叶，而发育成新的植株即孢子体，也就形成了蕨类植物体。如图1-55所示。

孢子萌发的适宜温度为21～27℃，低于10℃就会受伤甚至死亡。大多数孢子在2000～5000lx下生长良好，但通常需在播后的10天左右保持黑暗。孢子的萌发需湿润的环境，特别是精卵细胞的结合必须在水中进行。生长基质要求均匀、疏松、透气。

孢子的寿命因种而异。一般有绿色孢子的蕨类，如紫萁蕨属、木贼属等，其孢子寿命很短，仅2～3天，少数可达3～6个月。而非绿色孢子的蕨类的孢子寿命很长，一般可保存3～5年，个别达几十年，一些树蕨的孢子可保存10～15年。孢子的贮藏要求冷凉、干燥的环境。通常把孢子装入纸带或塑料袋中，于4℃下贮藏。

二、蕨类植物的主要特征

蕨类是一群具有微管束的孢子植物，由于没有花、果实和种子，在生存竞争的条件上显得较种子植物逊色，由于生存不易便演化出极为多样的形态特征和构造，以保护和传播孢子。蕨类植物主要特征如下：

1. 幼叶呈卷旋状

无论到世界哪个地方，只要看到幼叶呈卷旋状者，一定是蕨类；但也有少数种类不具有此特征，例如瓶尔小草和水生植物槐叶萍、满江红以及原始的小叶类如石松、

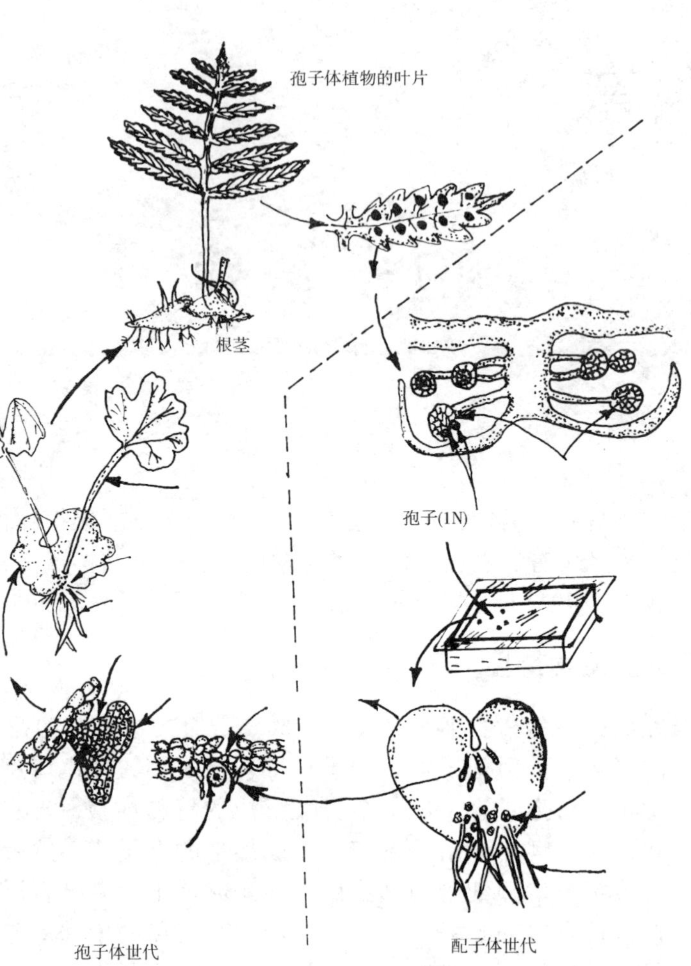

图 1-55 蕨类植物生活史

卷柏等。

2. 叶片为主体

蕨类整个植株最显著的就是叶片，没有花、果实和种子。与其他植物相比，蕨类植物的叶片通常比较大，并且有各式各样的分裂方式，不过分裂的小叶一般都排在同一个平面上。蕨类依其叶片大小基本上可分成两群，第一群是与三亿年多前的古石松、古木贼有关的拟蕨类，这群蕨类至今仍保留以茎为主体的特色，叶片一般都很小，所以又称为小叶类。另一群为真蕨类，大多是两亿年前之后才演化出来，它们和拟蕨类刚好相反，叶片较大，茎通常不明显，因此又称为大叶类。

3. 成熟的叶片背面可见孢子囊群

孢子是蕨类主要的繁殖及传播器官，一般是以 64 颗为一群藏在孢子囊中，通常孢子囊群位于蕨类成熟叶片的背面，但有少部分种类的孢子囊并不集结成孢子囊群，形体一般比较大，长在叶腋或孢子囊穗中。

4. 具有世代交替的一生

许多植物都有有性和无性两个世代，但是种子植物是有性世代(配子体)寄生在无性世代(孢子体)上，苔藓植物是无性世代(孢子体)寄生在有性世代(配子体)上，蕨类植物是无性世代(孢子体)与有性世代(配子体)各自独立生活，它的一生是两个世代交互轮替的过程。

5. 根和茎的形态多种多样

大部分蕨类的根都成细丝状，合囊蕨科、卤蕨的根经常会露出地表，而瓶尔小草科的根通常深埋地底。真蕨类的茎通常不明显，真蕨类常见的茎为横走茎和斜生茎，尤其是斜生茎，它是蕨类植物的特征之一，其他植物身上很少见。蕨类的茎分为挺空直立茎、短直立茎、斜生茎、横走茎、攀缘茎、缠绕茎和悬空茎。

三、孢子繁殖的方法

孢子繁殖是蕨类植物的主要繁殖方法，包括孢子的采集、孢子的去杂与灭菌、播种基质的准备、孢子的播种及播后管理等环节。但有些蕨类植物的叶尖触及地面后也可长出新的植株，可通过分株法繁殖，少量繁殖时可通过这种方法进行。如图 1-56。

图 1-56　某些蕨类植物叶尖触及地面后长成的新植株

1. 孢子的采集

多数蕨类植物是季节性地产生孢子，多在夏秋两季，少数蕨类可全年产生孢子。当孢子囊由绿色变为浅棕色直至棕色时，即已成熟。采收的最佳时期为孢子囊刚成熟而孢子尚未散落时。如采收太晚，则孢子会散落出来，不易采收。可用囊群盖的色泽来判断孢子成熟与否，当其颜色由绿色变成褐色时，即可采收。也可以把在一张白纸垫在下面，用手轻轻地弹蕨叶，当在纸上看到黄色斑点时就表明孢子已经成熟。当孢子成熟时，把有孢子囊的蕨叶剪下来，放到信封或折好的报纸中，放于干燥处 1 ~ 2 日，孢子囊开裂后孢子即可释放出来。在信封的基部就可收集到少量的孢子。采集的孢子可以直接用于播种或贮藏备用。

2. 孢子的去杂与灭菌

收集到的粉末状物并非全是孢子，很多为孢子囊、蕨叶碎片等杂物，还可能混有苔藓、藻类和菌类。真正的孢子为棕色或黑色近圆形的小颗粒。此外苔藓、藻类和菌类的孢子比蕨类的孢子生长快，会影响孢子的生长。去除杂质的方法较简单，可将收集到的孢子放在对折的报纸中，把纸轻轻倾斜，由于大的碎片比孢子移动快，可把二者分开。播前最好对孢子进行灭菌消毒，免除苔藓、藻类和菌类的污染。将孢子放入 5% 的次氯酸钠或次氯酸钙的溶液中，浸泡 5 ~ 10 分钟，然后用无菌水冲洗 1 ~ 2 次即可。

3. 播种基质的准备

孢子繁殖对播种基质无严格要求，关键是要能保水透气。园田土、细沙、蛭石等基质均可用。播种基质要求细而均匀，最好在用前先过筛。栽植前要对基质消毒，杀死其中的杂草种子及其他菌类。

4. 孢子的播种

寿命短的孢子通常在采后立即播种，贮藏的孢子通常在春秋二季播种。孢子的播种较为简单，主要是将孢子均匀地分散于基质的表面，可以与细沙混合后再播，也可制成悬浮液在基质表面喷洒，注意播种不能太密。由于孢子很小，播后通常无需覆土，需用玻璃、塑料薄膜等覆盖保湿。如图 1-57 所示。

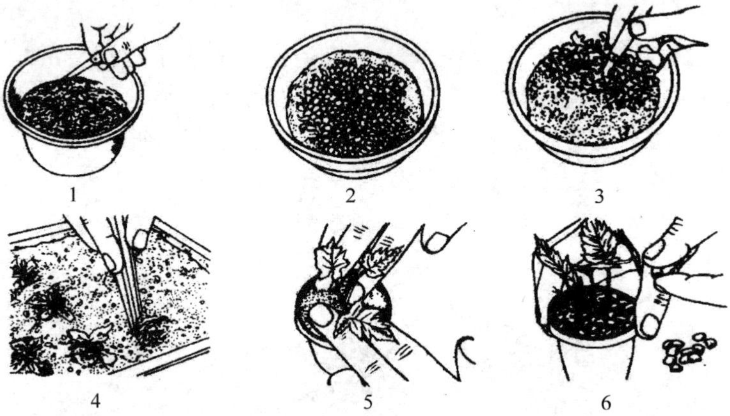

图 1-57 孢子繁殖方法

1. 播种孢子 2. 叶原体出现 3. 已长出小苗 4. 分苗
5. 定植于盆中 6. 土面放上小石子，套上塑料袋

5. 播后管理

播后置于合适的温度 21 ~ 27℃ 下，遮荫并保持基质潮湿，2 ~ 3 周后孢子即可萌发。孢子萌发后要先去除覆盖物，给予适当的光照，定期补充水分。大约 50 天左右就可长成扁平的绿色配子体，过密的配子体可以分栽。在此期间需每天喷雾，因为配子体形成的精细胞与卵细胞只有在水中才能结合。然后蕨叶从配子体中心长出，配子体逐渐死亡。当蕨叶足够大时，幼蕨即可移栽。

第五章

组织培养繁殖

园林植物的繁殖多采用传统的有性和无性繁殖，有性繁殖的后代易发生性状分离，不能保持原有品种的优良性状，并且生产周期长。用常规的无性繁殖方法，虽能保持原有品种的优良性状，但繁殖系数低，繁殖速度慢，并且在生产实践中常发生品种退化现象，降低观赏价值。

植物组织培养研究成果，给园林植物繁殖开辟了新的途径。目前能用组织培养技术进行繁殖的园林植物达到 182 种以上。组织培养繁殖是一种特殊的营养繁殖方式，一般称为快繁或微繁。我国园林植物试管快速繁殖的研究起步较晚，但近年发展很快，建成了若干大型的园林植物苗木工厂化生产基地，初步形成了我国现代化园林植物种苗产业。

第一节　组培繁殖在园林植物生产上的应用

一、离体快速繁殖

植物组织培养应用于植物的离体快速繁殖，是目前应用最多、最广泛和最有成效的一种技术。组织培养不受地区、气候的影响，可比常规繁殖方法快数万倍到数百万倍，为快速获得园林植物苗木提供一条经济有效的途径。自 1960 年 Morel 用兰花茎尖离体培养获得脱病毒植株后，国内外相继建立了兰花工业(orchid industry)，世界上 80% ~85% 的兰花是通过组织培养进行脱毒和快繁的，利用试管繁殖建立的兰花工厂使新加坡、泰国每年出口创汇数百万美元，韩国年产 30 万株兰花的商业性实验室产值为 20. 5 万美元，利润为 6. 5 万美元，在兰花工业高效益的刺激下，园林植物的试管快繁研究取得了很大进展，国内外先后建立了试管苗产业。

目前能用试管快速繁殖的园林植物近 200 种，由于受市场、成本、技术、管理等问题的影响，植物组织培养在园林植物中主要应用于脱毒苗、新育成或新引进、稀缺良种、优良单株、濒危植物和基因工程植株等的离体快速繁殖。

1. 稀缺或急需良种的快速繁殖

某些新育成或新引进的良种，由于生产上急需，用常规方法繁殖速度慢，短时间内无法满足需求，可用试管快速繁殖来解决。我国兰州兰花研究所生产的试管洋兰，占据了国内市场，部分还出口外销；1985 年江苏林业科学研究所生产名贵月季种苗 4.5 万株；1988 年上海园林科学研究所培育非洲菊种苗 2 万株；1990 年沈阳市园林科学研究所生产唐菖蒲种苗 1 万株；1988～1993 年，我国台湾用离体快繁技术繁殖金线莲种苗 600 万株。

2. F_1杂种及基因工程植株的快速繁殖

近年来，各国越来越多地培育出观赏价值很高的F_1杂种(如火炬松F_1、洋桔梗F_1、仙客来F_1、报岁兰×春兰杂交种、拟万代兰和湿唇兰杂交种等)和转基因植株等。由于F_1杂种留种后表现极差，需每年购买种子。利用组织培养方法进行无性快繁，可以保持F_1代的原有性状和杂种优势。美国每年种植火炬松F_1实生苗 20 亿株，试管繁殖约有 10 亿株。另外，对于一些转基因植株，如转基因矮牵牛、曼陀罗等，通过组织培养方法可以保持所转目的基因的稳定性。

3. 濒危植株的快速繁殖

一些珍稀植物或濒危植物的个体数量极少，通过试管保存或扩大繁殖，可以安全地保存这些濒危物种。桫椤是远古蕨类植物保留至今的少数直立种类之一，已有 1.5 亿年的历史，为我国一级重点保护植物。由于生态被破坏，正常世代交替周期受阻，自然界中孢子繁殖难以进行，使其濒临绝迹。毕世荣等利用桫椤的嫩叶和小孢子诱导形成了桫椤小植株，成都生物研究所已在峨眉山建立起人工桫椤林进行桫椤试管繁殖。金线莲是一种小型兰科药用植物，植株药用价值极高，它通常生长在海拔 600～1800m 的森林覆盖地，由于各种原因，野生金线莲正在逐渐消失，通过种子萌发和茎培养，已繁殖出数百万株金线莲，并成功地种植到海拔 500～1800m 的山地。此外，现已成功利用广西金花茶的幼胚和成年树茎尖，再生出胚状体苗、腋生株苗；利用金花茶未成熟胚再生出小苗；用试管繁殖方法繁殖出珍稀石榴品种软籽石榴；利用通江百合幼嫩珠芽再生出小植株。

二、组织培养脱毒

自然界中，很多园林植物因受病毒侵染而致病。病毒病种类繁多，症状各异，一般植株发病后生长不良，器官畸形，轻则减产或使产品质量下降，重则造成毁种绝收。采用无性繁殖的作物，在繁殖过程中病毒可通过营养体进行传递，逐代累积，使病毒病的危害更为严重。为解决无性繁殖园林植物病毒病的危害，20 世纪 80 年代，人们就广泛采用了茎尖组培脱毒的方法。

1. 组培脱毒原理

在染病毒植株体内病毒分布不均匀，生长点处病毒含量最低，而在较老组织中病毒则较多。由于病毒是通过维管束移动的，在分生区内无维管束，所以病毒扩散慢，再加上植物细胞不断地分裂增生，病毒在新生的细胞中还没来得及复制或因为其中高的生长素含量抑制了病毒的复制，在茎尖生长点几乎检测不到病毒。因此可以在无菌的条件下，对其培养形成脱毒苗，有时也称无毒苗。

2. 脱毒苗的生产

脱毒苗的生产通常采用茎尖培养。切取的茎尖越小越好，但太小则不易成活，过大则不能去毒。通常切取0.1～0.3mm的茎尖(或根尖)进行培养。在生产上为了能更好地获得无毒苗，还可以采用热处理的方法使寄主的病毒钝化。采用这种方法生产的苗木并非一定是无毒的，还需用一定的方法检测才行。无毒的苗木可直接用于生产或进一步扩大繁殖。脱毒苗的生产要求较高的技术水平，并需做大量培养，以从中筛选无毒苗木。以康乃馨为例，介绍脱毒苗生产的工艺流程：

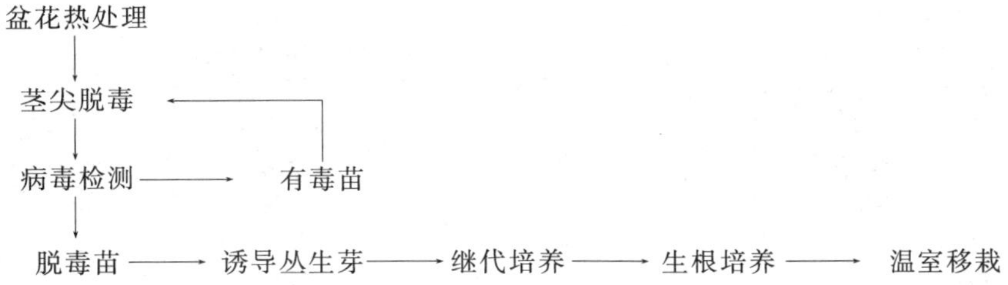

3. 无毒苗的应用

许多园林植物均受到1种或几种病毒(virus)或类病毒(viroid)的侵染危害，使其生长变慢，花朵变小，品质下降，甚至死亡。脱毒植株生长势强，花朵大，色泽鲜艳，抗逆性强，产花数量高，能够保持品种的优良特性。目前，利用生物技术方法对园林植物脱毒苗进行组织培养和扩大繁殖，已被各国园艺界广泛应用。如对香石竹茎尖培养可使其脱毒苗单位面积内平均花数增多，裂苞率减少，在提高切花质量的同时也提高了切花产量，解决了退化问题。日本生产的香石竹脱毒组培苗，在栽培过程中1000m^2温室的优质花比对照增加8.2万支，次级花减少3.7万支。利用鸢尾茎尖(小于1mm)进行组培，试管苗脱去了鸢尾重花叶病毒、鸢尾轻花叶病毒和水仙潜隐病毒。我国的脱毒技术近10年来发展很快，在园林植物方面取得明显的经济效益和社会效益，其中香石竹和菊花的脱毒苗已在生产中广泛应用。

三、人工种子生产

人工种子(artificial seed)也称合成种子、无性种子和人造种子，是将植物离体细胞产生的胚状体或其他组织、器官等包裹在一层高分子物质组成的胶囊中所形成的种子。

由于人工种子在本质上属于无性繁殖，其与天然种子相比，具有可工厂化大规模制备、贮藏和迅速推广优良品种等优点，受到许多国家重视。欧洲将人工种子列入尤里卡计划，我国也于1987年将其列入国家高技术研究与发展计划。

人工种子制种技术包括胚状体诱导与形成、人工种皮的制作与装配两个主要步骤。制人工种子对胚状体的要求是：形态应和天然胚相似，其发育须达子叶形成时期，萌发后能生长成具有完整茎、叶的正常幼苗；其基因型应等同于亲本；耐干燥且能长期保存。要求人工种皮内应富含营养物质、激素、维生素、菌肥及化学药剂等，供胚状体萌发生长等需要。还要求有一定的硬度。迄今为止，虽有许多花卉的不定胚被诱导成功(见表1-34)，但形成人工种子的种类很有限，其中有工艺和技术方面的问题，也有成本问题。

表 1-34 部分园林植物不定胚的发生及所采用的外植体

花卉种类	外植体
1. 观叶类	
桂竹香(*Cheiranthus cheiri*)	实生苗愈伤
洋常春藤(*Hedera helix*)	茎段
胡　椒(*Piper nigrum*)	茎段
丝兰属(*Yucca* spp.)	侧芽、顶芽
全缘大苏铁(*Zamia integrifolia*)	雌配子体
2. 观叶观花类	
金鱼草(*Antirrhinum majus*)	叶原生质体
一品红(*Euphorbia pulcherrima*)	种子
龙　胆(*Gentiana foetidus*)	胚
铁筷子属(*Helleborus* spp.)	花粉囊
鸢　尾(*Iris* spp.)	顶芽愈伤组织
百合属(*Lilium* spp.)	胚
芍　药(*Paeonia hybrid*)	花粉囊
紫斑牡丹(*Paeonia lutea*)	花粉囊
矮牵牛(*Petunia hybrida*)	叶，茎，节间
膨大矮牵牛(*Petunia inflata*)	叶，茎，节间
披针叶白鹤芋(*Spathiphyllum patinii*)	珠心
郁金香(*Tulipa gesneriana*)	珠心
大花天竺葵(*Pelargonium domesticum*)	叶柄
天竺葵(*Pelargonium hortorum*)	叶柄，子叶
唐菖蒲(*Gladiolus hybridus*)	叶，球茎
3. 兰花类	
卡特兰(*Cattleya* spp.)	胚
兰　属(*Cymbidium* spp.)	胚
杓　兰(*Cypripedium* spp.)	胚
石斛兰(*Dendrobium* spp.)	胚
文心兰(*Oncidium* spp.)	胚
蝴蝶兰(*Phalaenopsis* spp.)	胚
万代兰(*Vanda* spp.)	胚
香荚兰(*Vanilla* spp.)	胚

四、种子或孢子的无菌培养

种子或孢子的无菌培养常用于兰花与蕨类植物。

兰花的果实为蒴果，形状大小不一。每个果实中含种子几千至几百万个。种子非常小，在显微镜下才能看清。将兰花种子接种到培养基中，在适宜的温度和光照下培养，可以大量繁殖。因为播种密度大，通常在长出第一枚叶片时分瓶，分瓶后以每瓶有幼苗 20 株左右为宜。小苗长到 3～5cm、有 2～3 条根时，可将幼苗移出瓶，栽到盆中。然后放在适宜温度、湿度和光照条件下，每周施 1 次液体肥料，并喷抗菌剂，1 个月后移植到光照较强的地方，随着植株长大及时换盆，经过几个月至几年可以开花。

蕨类植物孢子的无菌培养是指在无菌的条件下，用人工合成的培养基，给予适当的温度、湿度和光照，使孢子萌发生长并产生精子和卵子，结合后成为合子，最后发育成孢子体的过程。无菌培养可以使蕨类植物的孢子获得比播种、培养更高的成活率和更快的繁殖速度。使用的培养基有营养液培养基与固体培养基。固体培养基主要用于繁殖孢子数量少或极其难得到的蕨类。播种和幼苗的培养的具体方法与兰花的无菌播种类似。蕨类的种类多种多样，孢子萌发生长所需的条件及难易程度不同。现主要对属于铁线蕨科、铁角蕨科、鳞毛蕨科和凤尾蕨科等82个种进行了培养，有54个种得到了孢子体。

第二节　组培繁殖的生物学基础

一、植物细胞的全能性

细胞学说认为，细胞为植物结构与功能的基础单位。在此基础上德国植物学家Haberlandt于1902年提出了植物细胞全能性假说，认为：组成植物体的每个细胞都是由细胞分裂产生的，任何一个具有完整细胞核的植物细胞，都拥有形成一个完整植株所必需的全部遗传信息。在适宜的条件下，单个细胞可像合子一样发育成完整的生物个体。植物体不同部位的细胞受到完整植株对它们的调控，使其只有部分基因得到表达，而另一些基因的表达受到抑制，因此可以表现一定的形态及生理功能。当把植物的器官或组织与完整植株分离后，就失去了原来植株对它的控制，只要给予合适的环境条件，就可进行细胞的分裂与增殖，产生愈伤组织，分化出器官，直至形成完整的植株。

二、植物细胞全能性表达的过程

植物细胞全能性的表达大致过程如下图所示：

外植体→脱分化→愈伤→再分化→根→茎→植株

一般成熟细胞要表达其细胞全能性，需经历脱分化和再分化两个过程。脱分化是指已分化的组织（细胞分裂已停止）在适当的培养条件下恢复分裂活性，从已分化的成熟状态转变为分生状态的过程。再分化是指由脱分化的组织或细胞转变为具有特定功能细胞的过程。图中外植体是组织培养时用于培养的离体器官或组织，愈伤组织是由外植体产生的形态和结构相似、大小相近的无性细胞团。

植物细胞全能性表达的条件大致为三个：第一，外植体必需处于离体状态，摆脱母株对其的控制；第二，需供给外植体充足的营养与激素；第三，需要有适宜的培养环境条件包括温度、光照、无菌等。

第三节　组培繁殖的途径与方法

一、组织培养的途径

由植物的器官、组织、细胞等外植体经组培获得完整植株大致可归纳为五种途径：

即微型扦插型、从生芽增殖型、不定芽发生型、胚状体发生型和原球茎发生型。

1. 微型扦插型

又称节培法。用茎尖或单芽茎段培养时，接种后可直接成苗，后用于继代增殖或直接移栽培育。这种方法能较迅速地获得植株，很适合快速繁殖。此法可一次成苗，遗传性状稳定，培养过程简单，苗易移栽成活，适用于多种园林植物，在生产上广为应用。

2. 从生芽增殖型

初代培养的芽，在适宜的培养基上不断诱导腋芽，形成丛生芽，然后转入生根培养基上，诱导生根成苗。这种方法是从芽到芽，遗传性状稳定，繁殖速度快，但过程较为复杂，品种间差异大。

3. 不定芽发生型

利用植物的叶片、子房、花药、胚珠、叶柄等器官培养时，先诱导愈伤组织，从愈伤组织上发生不定芽，不定芽展叶后，切下来在生根培养基上诱导生根，并形成完整植株。还有一种情况是，当对一些变态的器官如鳞茎、块茎、球茎等进行培养时，不形成愈伤组织，直接从外植体的表面细胞上受损伤的部位分化变态的器官，用于培养成完整植株。这种途径在成熟组织上重新诱导出分生组织，再发生单芽或丛生芽用于扩繁。这种方法可能产生突变，不利于保持品种特性。

4. 胚状体发生型

胚状体是由体细胞或愈伤组织形成的类似胚的器官。它的整个发育过程与合子胚的形成过程类似，又称体细胞胚。利用植物的叶片、子房、花药、未成熟的胚等外植体培养时，可诱导形成胚状体，再对其进一步培育可形成完整植株。能形成胚状体的体细胞包括外植体表皮细胞、内部组织细胞和胚性复合体的表皮细胞。另外，胚状体也可由器官直接产生，如石龙芮的下胚轴也可产生胚状体。

胚状体具有数量多、结构完整、易成苗、繁殖速度快等优点，是植物离体快速繁殖最有效的方法。另外，将胚状体用营养物质或保护性物质包裹起来，可形成人工种子。经胚状体产生完整植株也是组培繁殖常用的途径。

5. 类原球茎发生型

类原球茎(protocorn like body，PLB)是一种短缩的、呈球粒状的、由胚性细胞组成的类似嫩茎的器官，常在兰花种子萌发时产生。在对兰花的组织或器官进行组培时，常会产生类原球茎，再由原球茎形成完整的植株。最近在蔷薇属植物培养过程中，也发现类原球茎，并能发育成植株。

在组培繁殖中应用较多的是前三种。类原球茎的发育多用于兰科花卉，能诱导胚状体的植物种类及品种相对还较少，其发生机理也不很清楚，还存在一些变异，故应用较少(见表1-35)。

表 1-35　常见园林植物组培过程中的主要再生途径

名称	学名	外植体	再生途径
月季	*Rosa hybrida*	茎段	从生式增殖型、胚状体增殖型
蜡梅	*Chimonanthus praecox*	单芽茎段	微型扦插型
樱花	*Prunus serrulata*	单芽茎段	微型扦插型
康乃馨	*Dianthus caryophyllus*	茎尖	从生芽增殖型
仙客来	*Cyclamen persicum*	叶片、黄化叶柄	不定芽发生型
郁金香	*Tulipa gesneriana*	鳞片、鳞茎块	不定芽发生型
		茎尖	从生芽发生型
球根秋海棠	*Begonia tuberous*	叶片	不定芽发生型
菊花	*Dendranthema morifolium*	茎尖、茎段	从生芽发生型
兰花	*Cymbidium* spp.	茎尖	原球茎发生型
杨属	*Populus*	茎尖、茎段	不定芽发生型
刺槐	*Robinia pseudoacacia*	顶芽、茎段	不定胚发生型
杜鹃花属	*Rhododendron*	茎尖	从生芽增殖型
		种子	胚状体发生型
山茶属	*Camellia*	茎尖	从生芽增殖型
		胚、下胚轴	胚状体发生型
君子兰	*Clivia miniata*	茎尖、幼叶	不定芽发育
牡丹	*Paeonia suffruticosa*	茎尖、嫩叶	不定芽发生型
一品红	*Euphorbia pulcherrima*	种子	胚状体发生型
花烛	*Anthurium andraeanum*	茎尖	不定芽发生型
扶芳藤	*Euonymus fortunei*	下胚轴	不定芽发生型

二、组培繁殖的一般程序

组培繁殖一般要经过无菌培养物的建立、外植体生长与分化的诱导、中间繁殖体的继代培养与增殖、生根培养与壮苗、试管苗的驯化与移栽等几个步骤：

1. 无菌培养物的建立

包括外植体的准备、培养基的准备与接种 3 个环节。

(1)外植体的准备

1)外植体的选择

外植体的选择对组培成功与否及效果有很大影响。不同种类外植体的培养效果不同。外植体的选择通常要考虑植物种类、器官的生理状态与年龄、再生途径、取材季节、外植体的大小等因素。通常再生能力较弱的木本植物及较大的草本植物选茎段较为合适，而较小的、缺乏明显茎的草本植物则以叶片、叶柄等为外植体较适宜。顶芽与腋芽发育途径所用的外植体主要是茎尖、侧芽及带芽茎段，不定芽发育再生途径则选叶、花茎或球茎、鳞茎等作外植体较为适宜，胚状体发育途径的外植体主要为发育的胚。

2）外植体的采集

外植体要从有代表性的、生长健壮、无病虫害的植株上采取。另外，从幼嫩组织上取的外植体通常比老组织上的外植体更易成活。外植体的大小对组培繁殖的成功也有较大影响。太大易被污染，太小则难以成活。一般选取外植体的大小为0.5～1.0cm。外植体的选取时间通常在植物生长最适宜的季节。春夏季取材容易成功，秋季取材则难以成活，雨季湿热季节取材不易成功。

3）外植体的灭菌

采回的外植体去除不用的部分，在接种前需事先灭菌。灭菌的方法依材料的类型、带菌程度和幼嫩程度不同而异，一般方法为：首先用软毛刷或毛笔等在流水下刷洗干净，必要时再加少量洗衣粉，用自来水冲洗30分钟以上；然后切成适当大小，转到接种箱中，用70%的酒精浸泡消毒，时间为30秒左右，也可用2%～10%次氯酸钠水溶液或0.1%～0.2%的升汞溶液浸泡，时间为3～15分钟。取出后用无菌水冲洗4～5次，即可接种。

（2）培养基的准备

培养基的选择：培养所用的培养基依植物种类、外植体、培养途径等不同而异。最常用的培养基为MS固体培养基或改良MS固体培养基。

培养基的灭菌：培养基的灭菌主要采用高压蒸气灭菌。一般压力为0.10～0.12Mpa，时间为15～20分钟。

（3）接种

接种是指将灭过菌的外植体接到准备好的培养基上的过程。需在无菌的环境中进行，尽量减少污染。接种后应置于适宜的环境下培养。

2. 外植体生长与分化的诱导

也称初代培养。即在无菌的条件下，诱导外植体的生长与分化，使其按一定的途径增殖。此过程中，主要需调整好培养基的激素配比和控制好培养环境。

培养基的激素配比：培养基的激素配比依植物种类、外植体和再生途径等的不同而异。通过顶芽与腋芽的发育进行再生的，为促进侧芽的分化与生长，常在培养基中加0.1～10mg/L的细胞分裂素及0.01～0.5mg/L生长素或0.05～1mg/L的赤霉素；诱导外植体产生不定芽时，生长素的浓度应低于细胞分裂素；诱导胚状体发生的激素浓度因植物种类而差异很大，无一致的规律。原球茎诱导时，一般用MS培养基，适当提高NAA的浓度至0.1～0.2mg/L即可。

环境条件：诱导培养的环境条件依培养对象的种类而有所不同。一般要求在（25±2）℃的恒温，光照每天12～16小时，光照强度1000～3000lx。

3. 中间繁殖体的继代培养与增殖

中间繁殖体是指在上一阶段的培养中诱导出的芽、胚状体、原球茎等组织或器官。它们的数量有限，有时难以直接种植到栽培介质中，需进一步使其增殖，扩大其数量，称为继代培养。只有如此，才能充分发挥组织培养快速育苗的优势。影响增殖速度的因素有：培养基的营养供应、激素的配比与环境条件。使中间体迅速扩增，需选择合适的培养基类型、调节其营养成分及激素配比，在适当的条件下培养，还需及时的转接，以防止其老化。

4. 生根培养与壮苗

中间繁殖体通过大量增殖后，多数情况下形成的为无根的芽苗，需诱导其生根，才能形成可以移栽的完整植株。诱导中间繁殖体生根通常需专用的生根培养基。生根培养基常需较低的矿物元素浓度、细胞分裂素含量及较多的生长素。故此时一般采用1/2或1/4的MS培养基，不加或加很少量的细胞分裂素，加入适量萘乙酸等生长素，约14～28小时即可生根。有时一些易生根的植物种类，也可直接将中间繁殖体取出在苗床或花盆中扦插，省去生根的过程。在进行生根培养时，提高环境光强，减少培养基中的糖含量，可以达到壮苗的目的。

5. 试管苗的驯化与移栽

试管苗是在培养室中无菌、弱光、恒温高湿且异养的条件下培育形成的，因此通常含有较多水分，非常娇嫩，在移栽时极易失水死亡。为提高其成活率，需在移栽对其驯化(或称炼苗)。通常先在培养室中去掉瓶盖，继续培养锻炼1～2天；然后在温室中培养一周左右，再移至苗床中，栽培基质疏松透气，事先消毒，给予适宜的温湿度，并适当遮荫。最后移入大田中栽培。

第四节　组培繁殖的条件

一、实验室

组织培养是在无菌条件下进行，需要一定的实验室条件，应具备：

1. 化学试验室

用于存放各类化学药品，配制培养基等。需要的物品有：

(1)药品柜　存放化学药品。

(2)玻璃器皿柜　存放各类玻璃器皿。

(3)试验台　分别用来安放天平和配制培养基。

(4)冰箱　存放配好的母液和一些需低温保存的药品及植物材料等。

(5)其他　天平、水浴锅、酸度计、水池等。

2. 洗涤消毒室

用作器皿的洗刷、消毒、干燥等，配有高压灭菌锅、烘箱、铁架、水池等，也可与化学实验室合并。

3. 无菌操作室

用于植物材料的消毒、接种、转移等，要求室内封闭，保持无菌。并具备以下物品：

(1)超净工作台　用于消毒、接种、转移培养材料。

(2)紫外灯　用于空气消毒。

(3)解剖镜　用于胚胎培养、茎尖培养时剥取外植体。

4. 培养室

是供培养物生长的场所，主要有培养架、控温、控光设备等。培养架可分4～5层，上面安装30～40W日光灯照明，每天照明10～16小时左右，用自动定时器控制。温度最好保持在15～25℃左右。此外还可根据需要安置液体培养所需的摇床、转床等。

二、常用药品

组织培养所需药品主要用于培养基的配制，也有部分用于消毒，主要有以下几类：

1. 消毒药品

主要有次氯酸钠、次氯酸钙、双氧水、漂白精片、溴水、硝酸银等。

2. 无机盐类

包括大量元素和微量元素两类，主要的盐类有 KNO_3、$MgSO_4 \cdot 7H_2O$、NH_4NO_3、KH_2PO_4、$CaCl_2 \cdot 2H_2O$、$Fe_2(SO_4)_3$、Na_2HPO_4、$CuSO_4$、$NaNO_3$、Na_2SO_4、$ZnSO_4$、$MnSO_4 \cdot 4H_2O$、$MnCl_2 \cdot 2H_2O$、KI、H_3BO_3 等。无机盐是供外植体吸收的基本营养成分，各有不同作用，如N、P影响蛋白质的合成，Ca、K、S、Mg影响酶活性等。

3. 有机化合物

主要有蔗糖、维生素类、氨基酸等。其中蔗糖是不可缺少的碳源，也是渗透压调节物质。维生素的主要作用是促进细胞分裂和诱导器官分化。氨基酸是蛋白质组成成分，也是有机氮源。

4. 植物生长调节剂

用于组织培养的主要有生长素、细胞分裂素及赤霉素三大类：

(1)生长素类　主要有吲哚乙酸(IAA)、萘乙酸(NAA)、2,4-D和吲哚丁酸(IBA)。2,4-D有利愈伤组织生长，NAA、IAA、IBA有利于器官分化。

(2)细胞分裂素类　主要有激动素(KT)、6-苄基腺嘌呤(BA)、玉米素(ZT)等。其作用是促进细胞分裂与分化，其中KT能明显促进芽的分化而抑制根的形成。

(3)赤霉素　以GA_3运用最广泛，有促进不定芽和幼株伸长生长的作用。

5. 有机附加物

包括人工合成和天然的有机物，常用的有酵母提取物、椰乳、果汁等及相应的植物组织浸出液。对细胞和组织的增殖和分化有一定促进作用。此外，琼脂在组培中作为凝固剂，是外植体的支持体，常用浓度为0.5%～1%。

6. 水

原则上应使用蒸馏水、去离子水等，尤其在对化学成分要求较精确的试验中。但在组培苗的批量生产中，可选用自来水配制，以降低成本。

第五节　组培繁殖的培养基

一、培养基的种类

根据培养基的物理性状大致分为两类，即固体培养基和液体培养基。在培养基中加入一定量的凝固剂(如琼脂、明胶等)即为固体培养基，而不加入凝固剂的即为液体培养基，具体运用上应视培养目的不同选择采用。无论是固体还是液体培养基，其基本成分是类似的，即基本培养基如 MS、B_5、N_6等和附加成分如激动素和天然附加物等。

用于组织培养的培养基主要有以下几种：

(1)MS 培养基组成和配方(见表 1-36)。

表 1-36　MS 培养基的组成配方

组成成分	含量(mg/L)	组成成分	含量(mg/L)
NH_4NO_3	1650	Na_2-EDTA	37.3
KNO_3	1900	$FeSO_4 \cdot 7H_2O$	27.8
$CaCl_2 \cdot 2H_2O$	440	$CuSO_4 \cdot 5H_2O$	0.025
$MgSO_4 \cdot 7H_2O$	370	蔗糖	30
KH_2PO_4	170	pH	5.8
KI	0.83	肌醇	100.0
H_3BO_3	6.2	烟酸	0.5
$MnSO_4 \cdot 4H_2O$	22.3	盐酸吡哆醇	0.5
$ZnSO_4 \cdot 7H_2O$	8.6	甘氨酸	2.0
$Na_2MoO_4 \cdot 2H_2O$	0.25	盐酸硫铵等	0.4
$CoCl_2 \cdot 6H_2O$	0.025		

(2)B_5培养基组成和配方(见表 1-37)

表 1-37　B_5培养基的组成和配方

组成成分	含量(mg/L)	组成成分	含量(mg/L)
KNO_3	2500	$FeSO_4 \cdot 7H_2O$	27.8
$CaCl_2 \cdot 2H_2O$	150	$CuSO_4 \cdot 5H_2O$	0.025
$MgSO_4 \cdot 7H_2O$	250	蔗糖	40
$(NH_4)_2SO_4$	134	pH	5.5
KI	0.75	肌醇	100
H_3BO_4	3.0	烟酸	1.0
$MnSO_4 \cdot 4H_2O$	10	盐酸吡哆醇	1.0
$ZnSO_4 \cdot 7H_2O$	2.0	激动素	0.1
$Na_2MoO_4 \cdot 2H_2O$	0.25	2,4-D	0.1～1.0
$CoCl_2 \cdot 6H_2O$	0.025	盐酸硫铵	10
Na_2-EDTA	37.3		

(3) N_6培养基的组成和配方(见表1-38)

表1-38 N_6培养基的组成和配方

组成成分	含量(mg/L)	组成成分	含量(mg/L)
KNO_3	2.3	Na_2-EDTA	37.3
$CaCl_2 \cdot 2H_2O$	166	$FeSO_4 \cdot 7H_2O$	27.8
$MgSO_4 \cdot 7H_2O$	185	蔗糖	50
KH_2PO_4	400	pH	5.8
$(NH_4)_2SO_4$	463	烟酸	0.5
KI	0.8	盐酸吡哆醇	0.5
H_3BO_3	1.6	甘氨酸	2.0
$MnSO_4 \cdot 4H_2O$	4.4	盐酸硫铵	1.0
$ZnSO_4 \cdot 7H_2O$	1.5		

二、培养基的配制

1. 母液的配制与保存

因不同植物需要配制不同的培养基，所以为减少工作量，可把药品配成浓缩液，一般为10～100倍，其中大量元素倍数略低，一般为10～20倍，微量元素和有机成分等一般为50～100倍，母液的配制及保存应注意以下几个方面：

(1)药品称量应准确，尤其微量元素化合物应精确到0.0001g，大量元素可精确到0.01g。

(2)配制母液的浓度适当，一是长时间保存后易沉淀；二是浓度大、用量少，在配制培养基时易影响精确度。

(3)母液贮藏不宜过长，一般几个月左右，要定期检查，如出现浑浊、沉淀及霉菌等现象，就不能使用。

(4)母液应放在2～4℃的冰箱中保存。

2. 培养基的配制

根据培养基配方，算好母液吸取量，并按顺序吸取，然后加入蔗糖溶液，并加入蒸馏水定容，并用0.1～1mol/L的HCl或NaOH调整pH值，加入琼脂加热熔化，配制好的培养基要趁热分注，倒入三角瓶等培养器皿中，封口准备消毒。

3. 培养基的消毒

由于培养基内有丰富的营养物质，极利于细菌和真菌的繁殖，易造成污染，影响组培的成功，一般有高温高压消毒和过滤消毒两种方法。

(1)高温高压消毒

一般用消毒锅消毒，注意消毒锅不能装得过满，锅内保持1.1kg/cm^{2}的压力，温度120℃左右，大约15～20分钟即可。

(2)过滤消毒

一些易受高温破坏的培养基成分如IAA、IBA、ZT等，不宜用高温高压法消毒，可用过滤消毒，可过滤消毒后再加入已高温高压消毒的培养基中，过滤消毒应在无菌室或超净工作台上进行，以避免污染培养基。

第六节　组织培养的方法和步骤

一、培养材料的采集

组织培养所用的材料非常广泛，可采取根、茎、叶、花、芽和种子的子叶，有时也利用花粉粒和花药，其中根尖不易灭菌，一般很少采用。

对于木本植物来说，阔叶树可在一、二年生的枝条上采集，针叶树种多采用种子内的子叶或胚轴，草本植物多采用茎尖。

在快速繁殖中，最常用的培养材料是茎尖，通常切成 0.5cm 左右，如果为培养无病毒苗而采用的培养材料通常仅取茎尖的分生组织部分，其长度在 0.1mm 以下。

二、培养材料的消毒

(1)先将材料用流水冲洗干净，最后一遍用蒸馏水冲洗，再用无菌纱布或吸水纸将材料上的水分吸干，并用消毒刀片切成小块。

(2)在无菌环境中将材料放入 70% 酒精中浸泡 30 ~ 60 秒。

(3)再将材料移入漂白粉的饱和液或 0.1% 升汞水中消毒 10 分钟。

(4)取出后用无菌水冲洗三四次。

三、制备外植体

将已消毒的材料，用无菌刀、剪刀、镊子等，在无菌的环境下，剥去芽的鳞片、嫩枝的外皮和种皮胚乳等，叶片则不需剥皮。然后切成 0.2 ~ 0.5cm 厚的小片，这就是外植体。在操作中严禁用手触动材料。

四、接种和培养

1. 接种

在无菌环境下，将切好的外植体立即接在培养基上，每瓶接种 4 ~ 10 个。

2. 封口

接种后，瓶、管用无菌药棉或盖封口，培养皿用无菌胶带封口。

3. 温度

培养基大多应保持在 25℃左右，但要因花卉种类及材料部位的不同而区别对待。

4. 增殖

外植体的增殖是组培的关键阶段，在新梢等形成后为了扩大繁殖系数，需要继代培养。把材料分株或切段转入增殖培养基中，增殖培养基一般在分化培养基上加以改良，以利于增殖率的提高。增殖 1 个月左右后，可视情况进行再增殖。

5. 根的诱导

继代培养形成的不定芽和侧芽一般没有根，必须转到生根培养基上进行生根培养。1 个月后即可获得健壮根系。

五、组培苗的炼苗移栽

试管苗从无菌到光、温、湿稳定的环境进入自然环境，必须进行炼苗。一般移植前先将培养容器打开，于室内自然光照下放3天，然后取出小苗，用自来水把根系上的营养基冲洗干净，再栽入已准备好的基质中，基质使用前最好消毒。移栽前要适当遮荫，保持较高的空气湿度(相对湿度98%左右)，但基质不宜过湿，以防烂苗。

六、常见园林植物组织培养技术

表1-39 常见园林植物组织培养技术

名称	学名	外植体	再生方式	培养基及生长调节物质(mg/L)	研究者	年代
侧金盏花	*Adonis amurensis*	顶芽、侧芽	丛生芽	MS；BA GA	王黛运等	1986
广东万年青	*Aglaonema modestum*	块根、幼叶		MS；2,4-$D_{1.0}$ MS；$BA_{1.0}$ $NAA_{1.0}$	杨乃博	1984
绫锦	*Aloe aristato*	叶	不定芽	MS；$BA_{3.0}$ $NAA_{0.2}$	刘宝奎等	1986
金鱼草	*Antirrhinum majus*	茎、叶	不定芽	MS；2,4-$D_{1.0}$ $NAA_{0.2}$ $CM_{10\%}$	Sangwan	1975
马兜铃	*Aristolochia debilis*	茎段	不定芽	MS；$BA_{2.0}$ $IAA_{0.2-0.4}$	程治英等	1983
石刁柏	*Asparagus officinalis*	腋芽	小植株	MS；$NAA_{0.05-0.1}$ $KT_{0.1}$	周维燕等	1981
文竹	*Asparagus setaceus*	嫩茎	不定芽	MS；NAA IBA BA KT LH	林证明等	1982
雏菊	*Bellis perennis*	花托	不定芽	MS；$IAA_{1.0}$ $BA_{0.2}$	黄济明	1983
鸳鸯茉莉	*Brunfelsia acuminate*	侧芽	不定芽	MS；$BA_{0.2}$ 1/2MS $IBA_{1.0}$ $IAA_{0.5}$	董有成等	1984
翠菊	*Callistephus chinensis*	嫩茎	胚状体	MS；$BA_{2.0}$ $NAA_{0.2}$ MS；$BA_{2.0}$ 2,4-$D_{0.2}$	顾梅仙	1986
长春花	*Catharanthus roseus*	嫩果	不定苗	MS；$BA_{3.0}$ $NAA_{0.5}$	邹韵霞等	1987
凤尾鸡冠花	*Celosia cristata* var. *pyramidalis*	带节茎段	丛生苗	$BA_{0.1-0.4}$ $IAA_{0.1-0.5}$	倪德祥等	1987
矢车菊	*Centaurea cyanus*	茎	不定芽	Bonner；2,4-$D_{0.7}$	Forrey	1975
贴梗海棠	*Chaenomeles lagenaria*	茎段	不定芽	MS；$BA_{2.0}$ $ZT_{1.0}$ $NAA_{0.5}$	刘敏	1986
瓜叶菊	*Cineraria cruenta*	叶片	不定芽	MS；$BA_{3.0}$ $NAA_{1.0}$	施天生等	1988
四季橘	*Citrus microcarpa*	胚、试管苗茎段	入土成活	MS；$NAA_{0.1}$ $KT_{2..0}$ MS；$IAA_{0.5}$ $KT_{2..0}$	黄纯真	1980
大花美人	*Canna generalis*	嫩果	不定芽	MS；$BA_{0.25}$ $NAA_{0.5}$ $GA_{2.0}$ CH_{500} 酵母浸出液$_{500}$	鲁雪华等	1985
四棱叶玉树	*Crassula tetragona*	茎段	完整植株	N6；2,4-$D_{1.0-2.0}$ $BA_{0.5}$	黄守印	1985
番红花	*Crocus sativus*	球茎	小植株	MS；B_5；$KT_{2.0}$ $IAA_{0.5}$ 肌醇$_{0.1}$	陈薇等	1982

（续）

名称	学名	外植体	再生方式	培养基及生长调节物质（mg/L）	研究者	年代
三色小凤梨	*Cryptanthus acaulis*	顶芽、侧芽	丛生芽	MS；$BA_{1.0}$ $BA_{2.0}$ $NAA_{0.2}$	傅婉华等	1988
珙桐	*Davidia involucrata*	冬芽	丛生芽	H；N_6；2，4-$D_{2.0}$ $KT_{1.0}$ $IAA_{0.5-1.0}$ $IBA_{2.0-5.0}$ $BA_{1.0-2.0}$	毕世荣等	1983
结香	*Edgeworthia chrysantha*	花托	不定芽	MS；$IBA_{0.5}$ $BA_{1.0}$ $KT_{1.0}$ MS；$BA_{1.0-2.0}$ $NAA_{0.1-0.2}$	杨乃博	1985
无花	*Ficus carica*	带腋芽嫩茎	丛生芽	MS；$BA_{0.5-1.0}$ 2,4-$D_{0.5-1.0}$ $NAA_{0.1-0.5}$	尹怀约等	1988
黄榕	*F. cliversifolia*	侧芽	不定芽	MS；$BA_{1.0-2.0}$ $IBA_{0-0.05}$	胡庆宝等	1987
印度橡胶树	*F. elastica*	茎尖	丛生芽	MS；$BA_{0.5}$ $NAA_{0.01}$ CH_{10}	周雄韬等	1988
网纹草	*Fittonia verschaffeltii*	茎尖	丛生芽	MS；$BA_{0.5}$ MS；$BA_{1.0}$ $NAA_{0.1}$ MS；$BA_{1.0}$ $NAA_{0.1}$	傅婉华等	1988
金橘	*Fortunella margarita*	侧芽	丛生芽	H；$IBA_{0.1}$ $BA_{1.0-2.0}$ N_6；2,4-$D_{3.0}$ $NAA_{0.3}$ $BA_{0.5}$ $KT_{0.5}$ LH_{500}	黄纯真等	1983
香雪兰	*Freesia refracta*	未成熟胚	不定芽	N6；$NAA_{0.3}$ $BA_{0.5}$ $KT_{0.5}$ LH_{500}	王丽等	1988
大花栀子	*Gardenia jasminoides* var. *grandifflora*	嫩茎	小植株	MS；$IAA_{2.0}$ $KT_{0.02}$	李启任等	1985
栀子花	*G. radicans*	嫩茎	小植株	MS；$IAA_{2.0}$ $KT_{0.02}$	李启任等	1985
勋章花	*Gazania svars*	叶、花盘	丛生芽	MS；B5；$BA_{1.0-3.0}$ $IAA_{0.1-1.0}$ MS；$BA_{2.0}$	伍正容	1986
龙胆	*Gentiana scabra*	冬芽、茎尖、茎、叶	不定芽	MS；$KT_{0.1}$ $BA_{0.1}$ $IBA_{0.1}$	郭达初	1985
条叶龙胆	*G. manshurica*	种子胚	丛生苗	MS；$LAA_{0.5}$ $ZT_{0.2}$ White；$IBA_{1.0}$	周云罗	1987
扶郎花	*Gerbera jamesonii*	茎尖、花托	不定芽	MS；$BA_{2.0}$ $NAA_{0.2-0.5}$	黄济明	1983
嘉兰	*Gloriosa superba*	幼叶、根茎	小植株	MS；BA 2,4-D NAA IAA GM	程治英等	1983
满天星	*Gypsophila paniculata*	茎尖	不定苗	MS；$BA_{1.0}$ $NAA_{0.05}$	Kusey	1980
网球花	*Haemanthus katherinae*	鳞茎	小鳞茎成苗	MS；2,4-$D_{0.5}$ $BA_{2.0}$	傅莲芳	1985
洋常春藤	*Hedera helix*	茎	不定芽	MS；$KT_{2.0}$ $NAA_{4.0}$ $KT_{0.15}$ $NAA_{1.0}$	Banks	1979
玉边常春藤	*H. helix* var. *cavendishi*	嫩茎	丛生芽	MS；（改良）$BA_{0.75}$ $IBA_{0.25}$	阙国宁等	1986
萱草	*Hemerocallis fulva*	种子块	入土成活开花	MS；$NAA_{2.0}$ $KT_{0.8}$	黄纯真	1980
扶桑	*Hibiscus rosa-sinensis*	茎	不定芽	1/2MS；$ZT_{0.2}$ $NAA_{0.4}$	田惠桥	1984

（续）

名称	学名	外植体	再生方式	培养基及生长调节物质（mg/L）	研究者	年代
竹节蓼	*Homalocladium platycladium*	幼茎	不定苗	MS；2, 4-$D_{1.0}$ $KT_{1.0}$ $ZT_{0.5}$	田惠桥等	1984
风信子	*Hyacinthus orientalis*	花蕾	不定芽	MS；$BA_{0.1-3.0}$ $NAA_{0.1-3.0}$	Kim，Y.	1981
蜘蛛兰	*Hymenocallis americana*	花蕾	不定芽	MS；$IAA_{0.5}$ $BA_{1.0}$MS；$BA_{0.5}$ $ZT_{0.1}$	傅凯等	1987
凤仙花	*Impatiens balsamina*	顶芽	丛生芽	MS；$BA_{0.5}$ $IAA_{0.01}$；$GA_{0.01}$	何奕昆等	1988
鸢尾	*Iris tectorum*	花序	不定苗	MS；$KT_{0.5}$ $NAA_{2.5}$	Meyer	1975
长寿花	*Kalanchoe blossfeldiana* 'Tom Thunb'	茎、叶	不定芽	MS；$BA_{1.0-5.0}$ $NAA_{0.01-0.5}$	卢思聪等	1975
紫薇	*Lagerstroemia indica*	带腋芽茎段	丛生芽	1/2MS（大量元素减半）；$BA_{1.0}$ $KT_{0.05}$ 生物素$_{0.1}$ 泛酸钙$_{0.1}$ CH_{300}	黄钦才	1984
金银花	*Lonicera japonica*	叶片	不定芽	B5；$IAA_{2.0}$ $BA_{2.0}$ $KT_{2.0}$ LH_{2000}	李利改等	1986
桫椤	*Lyathcas spinaulosa*	嫩叶、孢子	不定芽	N6；2, 4-$D_{2.0}$ $KT_{1.0}$ $IBA_{1.0}$	毕世荣等	1985
二乔玉兰	*Magnolia soulangeana*	茎尖、茎段	完整植株	MS；$BA_{2.0}$ $IBA_{0.2}$ $ZT_{2.0}$	黎京度等	1988
留兰香	*Mentha spicata*	芽		MS；$BA_{2.0}$ $BA_{1.0}$ $ZT_{1.0}$	杨乃博	1981
白兰	*Michelia alba*	枝条	不定芽	MS（维生素加倍）；$NAA_{0.5}$ LH_{1000}	刘敏等	1983
含羞草	*Mimosa pudica*	茎尖、下胚轴	不定芽	MS；$BA_{1.0}$ MS；$IBA_{0.2}$ $BA_{2.0}$	杨乃博	1987
九里香	*Murraya exotica*	茎尖、幼茎	不定芽	MS；$kt_{1.0}$ $NAA_{0.5}$ $ZT_{0.5}$ $BA_{0.5}$	田惠桥	1985
南天竹	*Nandina domestica*	顶芽、侧芽	腋芽丛生	MS（B_5大量元素）；$BA_{1.0}$ $IBA_{0.1}$	陈敏才	1984
夹竹桃	*Nerium indicum*	嫩叶	胚状体成苗	MS；$IAA_{1.0}$ 2, 4-$D_{0.5}$ $KT_{0.5}$	蒋兴村等	1986
虎眼万年青	*Ornithogalum caudatum*	鳞茎	小鳞茎	MS（大量元素）；$B_{10.5}$叶酸$_{0.1}$ $BA_{1.0}$ $NAA_{0.1}$ CH_{400}	陈敏才	1984
好望角虎眼万年青	*O. thyrsoides*	茎、叶、鳞茎、子房	不定苗	MS；$IAA_{2.0-8.0}$$NAA_{0.1-0.8}$ 2, 4-$D_{0.5-2.0}$	Hussey	1976
诸葛菜	*Orychophragmus violaceus*	花梗、花蕾	丛生芽	MS；$IBA_{1.0}$ $KT_{4.0}$ BA_{80} MS；$BA_{4.0}$ $NAA_{0.2}$	潘建萍	1986
桂花	*Osmanthus fragrans*	幼茎	丛生芽	MS；$BA_{1.0}$ $NAA_{0.1}$ MS；2, 4-$D_{0.1}$	秦新民	1988
金苞花	*Pachystachys lutea*	茎尖、叶、腋芽	丛生芽	MS；$BA_{2.0}$ $NAA_{0.2}$	李文安等	1986
芍药	*Paeonia lactiflora*	花蕾	单倍体愈伤组织	MS；NAA 2, 4-D KT	Ono，K.	1981
西番莲	*Passiflora coerulea*	茎、叶、卷须	小植株	MS；BA KT ZT	Scorza，R.	1980

（续）

名称	学名	外植体	再生方式	培养基及生长调节物质 (mg/L)	研究者	年代
红雀珊瑚	*Pedilanthus tithymaloides*	嫩茎	不定芽	MS；$NAA_{0.5}$ $BA_{2.0}$ LS；$BA_{1.0}$	周维燕	1985
天竺葵	*Pelargonium hortorum*	花药、嫩梢	小植株	Hildebrandt NAA KT	Hammerschlag	1981
蝶瓣天竺葵	*P. domesticum*	茎段	不定芽	MS；$BA_{1.0}$ $NAA_{0.05}$ CH_{100}	彭东升等	1986
香叶天竺葵	*P. graveolens*	叶	不定芽	MS；$BA_{0.5}$ $NAA_{0.5}$	彭东升等	1986
五星花	*Pentas lanceolata*	茎段	不定芽	MS；$BA_{2.0}$ $NAA_{0.5}$	舒金生等	1984
矮牵牛	*Petunia hybrida*	叶	不定苗	MS；$KT_{0.2}$ 2, 4-$D_{5.0}$ $IAA_{1.0}$	Frearson	1973
重瓣矮牵牛	*P. hybrida*	叶	不定苗	MS；$NAA_{0.2}$ $BA_{2.0}$	黄济明	1983
福禄考	*Phlox drummondii*	花芽		White；2, 4-$D_{1.0}$ $CM_{10\%}$ $IAA_{0.8}$	Konar	1966
红花菜豆	*Phaseolus coccineus*	子叶、茎尖、胚轴	侧芽苗	MS；$NAA_{1.0}$ $IAA_{1.0}$ 腺膘呤$_{30}$	李文安等	1987
假龙头花	*Physostegia virginina*		小植株	MS；$KT_{2.0}$ $IAA_{0.01}$	龙雅宜等	1986
晚香玉	*Polianthes tuberosa*	块茎	不定芽	MS；$BA_{1.0}$	鲁雪华等	1985
金莲花	*Tropaeolum majus*	嫩茎	不定苗	MS；$NAA_{0.2}$ $BA_{2.0}$	黄纯真等	1983
花叶蔓长春花	*Vinca minor* cv. Variegata	茎尖、茎段	侧芽	MS；$BA_{5.0}$ $NAA_{0.2}$ LH_{400}	过永惠等	1986
海仙花	*Weigela coraeensis*	芽	丛生苗	B_5；$BA_{2.0}$ $NAA_{0.2}$ $GA_{0.5}$	李容辉等	1988
锦带花	*W. florida*	芽	丛生芽	B_5 或 MS；1/2MS；$BA_{0.6}$ $IAA_{0.3}$ $GA_{0.5}$	李容辉等	1988
马蹄莲	*Zantedeschia aethiopica*	叶	丛生苗	MS；NAA　KT 适量	吴念等	1985
吊竹梅	*Zebrina pendula*	带节茎段	完整植株	MS；$BA_{2.0}$ $NAA_{0.2}$	倪德详	1986
韭莲	*Zephyranthes grandiflora*	鳞茎	小鳞茎	MS；$BA_{0.1}$ $IAA_{1.0}$ $NAA_{4.0}$	陈杨春等	1985
虎耳草	*Saxifraga stolonifera*	茎尖、茎段	丛生芽	MS；$IAA_{0.1}$ $KT_{0.5}$ $BA_{0.5}$	张鲁文等	1987
紫花景天	*Sedum telephium*	茎尖、嫩茎	不定芽	MS；KT $NAA_{0.5}$ $ZT_{0.5}$ $BA_{0.5}$	田惠桥	
六月雪	*Serissa serissoides*	嫩叶	不定苗	MS；$NA_{1.0}$ $BA_{1.0}$	舒迎澜	1984
金边六月雪	*S. japonica*	嫩梢、茎段	不定芽	MS；$BA_{0.5}$ $IBA_{0.5}$ $NAA_{1.0}$ 三十烷醇$_{0.25}$	舒世坤等	1987
匙叶芋	*Spathiphyllum* sp.	根茎	丛生芽	MS；$BA_{2.0}$ $KT_{1.0}$ $BA_{1.0}$ $IAA_{0.1}$	常晋淑等	1988
日本绣线菊	*Spiraea japonica*	茎尖、侧芽	丛生苗	MS；$BA_{0.1-4.0}$ $IAA_{0.1-0.5}$	李云峰等	1986
非洲樱	*Streptoearpus* ‘Sparkle’	叶	丛生芽	MS；$BA_{0.05}$ $NAA_{0.01}$	温右兴等	1986
黄花夹竹桃	*Thevetia peruviana*	茎尖、叶	不定芽	MS；$BA_{1.0-2.0}$ $NAA_{0.01-0.1}$	贺海洋等	1986
白花紫露草	*Tradescantia fluminensis*	茎段	不定芽	MS；$BA_{2.0}$ $NAA_{0.2}$	倪德详等	1985

（续）

名称	学名	外植体	再生方式	培养基及生长调节物质（mg/L）	研究者	年代
四季樱草	*Primula obconica*	幼叶	丛生芽	MS；$BA_{0.5}$ $IAA_{0.1}$ $IBA_{0.1}$ $ZT_{3.0}$	李晶等	1988
碧桃	*Prunus persica* f. *duplex*	茎尖、茎段	丛生芽	MS；$BA_{2.0}$ $IAA_{1.0}$	董义虎等	1987
榆叶梅	*P. triloba* var. *plena*	芽	丛生芽	MS；$BA_{1.0}$	杨乃博	1985
红叶李	*P. cerasifera*	嫩茎	丛生芽	MS；$BA_{2.0}$ $NAA_{0.005}$ $GA_{3.0}$ MS；$BA_{1.0-2.0}$	蔡军	1985
玫瑰	*Rosa rugosa*	侧芽、顶芽	丛生芽	IAA 或 $NAA_{0.1-0.3}$	任玉芬	1986
蔷薇	*Rosa* sp.	茎尖		MS；$BA_{0.02-0.2}$	Elliott	1970
粉团蔷薇	*Rosa multiflora* var. *cathayensis*	幼芽	不定芽	MS；$BA_{1.0}$	杨乃博	1986
假叶树	*Ruscus aculeatus*	花茎、变态枝	不定芽	MS；$IAA_{1.0}$ 2,4-$D_{1.0-2.0}$ $BA_{0.5}$	邹韵霞等	1988
一串红	*Salvia splendens*	花枝	丛生芽	1/2MS（大量元素减半）；$BA_{0.3-2.0}$ 木素酸钠$_{0.5}$或玉米素$_{0.5-2.0}$	袁巧平等	1987

下 篇

园林植物繁殖各论

第一章

常见草本观赏植物繁殖技术

第一节 一二年生草花的繁殖技术

1. 黄葵

学名：*Abelmoschus moschatus*

别名：黄秋葵

科属：锦葵科秋葵属

（1）生态习性

原产亚洲热带和中国广东、海南、云南。性喜温暖和阳光充足的环境，不耐寒，适应性强。要求有机质丰富、疏松、肥沃且排水良好的沙质壤土。能自播繁衍。

（2）繁殖方法

1）播种繁殖

春季宜在4月上中旬直接播于露地苗床。苗床选择地势平坦、向阳肥沃的沙质壤土处。播前应施足基肥，并对土壤进行消毒。可用福尔马林喷洒床土，一般每平方米用福尔马林50ml，加10~12kg水，稀释后喷洒床土，然后立即用塑料薄膜覆盖，密封1~2天，去掉薄膜后，晾晒数日，即可播种。播种前需对种子进行浸泡处理，以促进发芽。播后覆土，并用细喷壶喷水，苗床用草帘或稻草覆盖，以保持一定土壤湿度。当幼苗长出后要及时掀去覆盖物，长出2~3片真叶时要及时分苗移植，于6月上旬可进行定植。

2. 藿香蓟

学名：*Ageratum conyzoides*

别名：胜红蓟、蓝翠球、咸虾花、臭垆草

科属：菊科藿香蓟属

（1）生态习性

原产热带美洲。喜温暖，但在酷热的夏季生长受到抑制。喜阳光充足。对土壤要求不严，适应性强。耐修剪，修剪后能迅速开花。不耐寒。自播繁衍能力较强。

(2) 繁殖方法

1) 播种繁殖

春播，于2~3月室内盆播或4月初播于露地苗床，发芽适温为21~22℃，好光性种子，播后不需覆土，8~10天可出苗。盆播以“盆浸法”较宜，可保证土壤充分湿润，种子出芽较为整齐一致。

2) 扦插繁殖

可用嫩枝于冬、春两季在温室内扦插繁殖，室温保持10℃，生根容易。一般优良品种多采用此种方法进行繁殖。

3) 压条繁殖

靠近地面的枝条易生根，可进行压条繁殖。压条时可将埋入土中的枝条进行环剥，以促进生根。

3. 雁来红

学名：*Amaranthus tricolor*

别名：老少年、老来少、三色苋、彩色苋

科属：苋科苋属

(1) 生态习性

原产亚洲热带地区。喜湿润、向阳和通风良好的环境。对土壤要求不严格，耐旱、耐碱，但喜肥沃而排水良好的沙质壤土。能自播。

(2) 繁殖方法

1) 播种繁殖

播种期为4~5月。因直根性，宜直接播于露地，发芽迅速而整齐。种子细小且为嫌光性，播后应覆薄土。发芽适温为15~20℃，约1周左右可出苗。当幼苗长出2片真叶时进行间苗，当长出4~6片真叶移苗定植。注意定植不要太晚，否则下部叶片常凋萎脱落。

2) 扦插繁殖

当播种苗量较少，或是为了保持品种的特征特性，可利用扦插进行繁殖。在生长季，剪取植株中上部枝条作为插穗，长约为10~15cm，削口要平，下切口距叶基约2mm，插入蛭石、珍珠岩或洁净的河沙等基质中，生根容易。如插穗用0.1%的ABT生根剂浸泡1~2小时，则可提前2~3天生根。

4. 金鱼草

学名：*Antirrhinum majus*

别名：龙头花、龙口花、狮子花、洋彩雀

科属：玄参科金鱼草属

(1) 生态习性

原产地中海沿岸。多年生草本，多作二年栽培。喜阳光充足，稍耐半阴；好凉爽，耐寒，畏酷热，生长最适温度为7~16℃。需排水良好的肥沃壤土，在微碱土中也能生长。从播种至开花的时间是90~100天。

(2) 繁殖方法

1) 播种繁殖

以播种繁殖为主，春、秋季均可。一般采用秋播，于8月底至9月上中旬进行。发芽适温18～22℃。播种土壤用泥炭土或腐叶土、培养土和细沙的混合土壤，通过高温消毒后，装入播种盘。为喜光性种子，播后不需覆土，浇水后盖上塑料薄膜，放半阴处，10天左右发芽。发芽后幼苗生长温度为10℃，出苗后6周可移栽。如于10月上盆，入冬前移入7～13℃的温室中，则翌年1月份可开花。也可于3～4月份在温室内春播，9～10月开花，但长势及开花均不如秋播。金鱼草易自然杂交，为了做到品种纯正，留种母株需隔离采种。

2)扦插繁殖

在播种用苗不足的情况下，或为了保持品种的特征特性，如保留重瓣品种，可进行扦插繁殖。扦插在生长季节进行，取发育充实、生长健壮的嫩枝做插穗。长6～7cm。若在温室中四季均可进行。一般初夏剪取健壮嫩枝为插穗，用泥炭苔藓作基质，保持扦插温度约20℃，插后10～12天生根。

3)组培繁殖

利用幼茎作外植体，经灭菌消毒的外植体切成5mm的小段，接种于MS培养基加6－苄氨基腺嘌呤1mg/L和吲哚乙酸0.21mg/L，培养丛生芽。将丛生芽切割继代1～2次后，转接到添加KT 0.21mg/L和吲哚乙酸21mg/L的1/2MS培养基上，即能得到完整的金鱼草植株。

苗期应注意间苗，当长出4片真叶时可摘心并移植。定植距离因品种而异，一般高型40～50cm、中型25～30cm、矮型15～18cm，花坛种植可适当小些。定植前应施足基肥，生长期应追肥1～2次，并经常注意浇水保持土壤湿润。花坛种植应适时剪去开过花的花序，促使侧枝开花，以延长花期。

同属的花卉约有50种，主要分布在北美地区。用于栽培的还有匍匐金鱼草，为多年生草本。

5. 雏菊

学名：*Bellis perennis*

别名：延命菊、春菊、马兰头花

科属：菊科雏菊属

(1)生态习性

原产西欧。较耐寒，喜冷凉气候，可耐－3～－4℃低温。不耐炎热，夏季极易枯死。喜全日照，也耐半阴。不耐水湿。根系发达，耐移栽。对土壤要求不严，但以疏松、肥沃、排水良好的沙质壤土为宜。从播种至开花约120～150天。

(2)繁殖方法

1)播种繁殖

雏菊以播种繁殖为主。于8～9月露地播种。种子细小，喜光，播后不覆土或覆土不宜过厚。发芽适温为15～20℃，播后5～10天可出苗。发芽率一般为20%。出苗后约20天可移栽。

2)分株繁殖

一般可在6月份进行，将开过花的老植株挖出，剥去旧土，露出根茎，剪掉老根，摘除花柄和枯叶，将老株分成每丛具有 3～4 支蘖苗的新株，然后重新上盆分栽。分株不易越夏，需在遮荫的条件下进行养护。老株经过分株，进行追肥和灌溉后，秋季或翌年早春于温室中又可再次开花。

3)扦插繁殖

一般采用茎插的方法，于秋季进行，剪取嫩枝茎尖 3～4cm，扦插于经过消毒处理的基质中，很容易生根成活。

6. 羽衣甘蓝

学名：*Brassica oleracea* var. *acephala* f. *tricolor*

别名：叶牡丹、牡丹菜、花菜

科属：十字花科芸薹属

(1)生态习性

原产西欧。性耐寒，长江流域一带可露地越冬。喜阳光充足、冷凉的环境。忌高温多湿。喜疏松、肥沃的沙质壤土。生长适温 17～20℃。

(2)繁殖方法

播种繁殖。不同品种播种期不同，一般高型品种春、夏播种；矮型品种秋播。发芽适温为 20～25℃，约 1 周可出苗。一般 8 月直接播于露地苗床，不需覆土，发芽迅速整齐，但须注意午间遮荫。当幼苗长出 2～3 片叶时，移植一次。长至 6～8 片叶时可定植园地或上盆，定植时根系上略带宿土。定植株距因品种而异。盆栽时应移入光照条件较好的室内越冬，5～10℃的条件即可。

7. 蒲包花

学名：*Calceolaria herbeohybrida*

别名：荷包花、拖鞋草

科属：玄参科蒲包花属

(1)生态习性

原产墨西哥、秘鲁、澳大利亚、新西兰等地。喜温暖、湿润而又通风的环境，不耐严寒，也畏高热，适于温室培养。好肥、忌湿，宜用排水良好、轻松的微酸性土壤栽培。15℃以下进行花芽分化，高于 15℃开始营养生长，温度的高低可引起花色的变化。喜阳光，但忌夏季阳光直射。为长日照花卉，长日照有利于花芽分化和花蕾发育。花期通常 2～5 月。

(2)繁殖方法

以播种繁殖为主，也可嫩枝扦插。播种以 8 月下旬至 9 月最为适宜，不宜过早，因夏季高温，幼苗易腐烂；播种太晚，植株矮小，生长势弱，开花稀少，影响观赏。一般于 12 月底至翌年 5 月开花。种子细小，宜采用浅盆播种法，播后不需覆土或只覆一层水苔。播种完毕，浸水使盆土完全潮湿，用玻璃板覆盖，保持盆土湿润，然后置于背阴处，经 1 周左右出苗。因种子细小，播种时不可过密，否则，出苗后幼苗易陡长而生长细弱。出苗后，立即移开玻璃板，将播种盆放置通风遮雨处，并逐渐增加光照。减少浸盆次数，保持盆土湿润即可。长出 2～3 片真叶时进行移苗。

8. 金盏菊

学名：*Calendula officinalis*

别名：金盏、金盏花、常春花、黄金盏

科属：菊科金盏菊属

(1)生态习性

原产欧洲南部及地中海沿岸，我国各地有栽培。喜光、喜凉爽气候，较耐寒，忌炎热、多雨。忌高温，适宜的生长温度为10～20℃。要求肥沃、疏松、排水良好的土壤。

(2)繁殖方法

播种繁殖

常以秋播或早春温室播种，北京地区以秋播为主。发芽适温为20～22℃，播后8～10天发芽。盆播土壤需消毒，播后覆土3mm，种子发芽率在80%～85%，种子发芽有效期为2～3年。长江流域也可春播，但春播苗不如秋播苗生长健壮。播种至开花需80～90天，1月温室播种，早春开花。也可用扦插繁殖。

幼苗3～4片真叶时移苗一次，5～6片真叶时定植于10～12cm盆中。土壤以肥沃、疏松和排水良好的沙质壤土或培养土为宜。土壤pH值6～7最好。生长适温为10～20℃，幼苗冬季能耐－9℃低温，成年植株以0℃为宜。温度过低需加薄膜保护，否则叶片易受冻害。冬季气温10℃以上，易徒长。夏季气温升高，茎叶生长旺盛，花朵变小，花瓣显著减少。

9. 翠菊

学名：*Callistephus chinensis*

别名：七月菊、江西腊、蓝菊

科属：菊科翠菊属

(1)生态习性

原产我国北部。为一年生草本。喜温暖、湿润和阳光充足环境。怕高温多湿和通风不良，夏季温度超过30℃，开花延迟或开花不良。较耐寒，安全越冬的最低温度为2～3℃，若0℃以下茎叶易受冻害。翠菊为浅根性植物，生长过程中要保持盆土湿润，有利茎叶生长，但盆土过湿对其影响更大，引起徒长、倒伏和发生病害。翠菊为长日照植物，对日照反应比较敏感，在每天15小时长日照条件下，保持植株矮生，开花可提早。若短日照处理，植株长高，开花推迟。

(2)繁殖方法

播种繁殖

因品种和应用要求不同可分期播种。

矮型品种四季均可播种，2～3月在温室内播种，5～6月开花；4～5月在露地播种，6～7月开花；7月上旬播种，国庆节前开花；8月中旬播种，幼苗在冷床内越冬，翌年晚霜过后定植，则在“五一”节开花。

中型品种多5～6月播种，于9月初开花；8月中下旬播种，在冷床越冬，翌年5～6月开花。

高型品种春、夏两季均可播种，入秋即可开花。但春季播种，生长季节长，植株长得过高，到了秋季植株基部叶片常枯黄脱落，影响观赏，因此春季不要播种太早。

翠菊每克种子420～430粒，发芽适温为18～21℃，播后4天发芽，长出2片真叶时，需分苗移栽。分苗移栽后每半个月追施一次化肥，定植前需施足基肥，以使植株茁壮，抗旱抗涝。中高型品种尽早移植较好，而矮型品种开花时也可移植。

翠菊常为异交植物。重瓣程度较低的品种，天然杂交率很高，留种时必须隔离。而重瓣品种天然杂交率很低，容易保持品种的优良性状。

10. 风铃草

学名：*Campanula medium*

别名：钟花、吊钟花、瓦筒花

科属：桔梗科风铃草属

(1) 生态习性

原产北半球温带至亚寒带。喜夏季凉爽、冬季温和的气候条件。较耐寒，忌炎热，要求阳光充足、肥沃且排水良好的沙质壤土。在中性或碱性土壤中也能生长良好。必须经过春化作用才能开花。

(2) 繁殖方法

播种繁殖

一般于 4 ~6 月盆播育苗，种子细小，覆土不能太厚。真叶长出后应移入露地，夏季应创造通风凉爽及排水良好的环境条件，冬季带土坨假植于冷床越冬，第二年春季定植于露地，则 5 ~6 月便可以开花。如果播种过晚或是夏秋养护不当，植株弱小，常常导致翌年春不能正常开花，但仍可以继续培养，可于下一年春季时开花。

风铃草具一定的多年生习性，因此可将植株根迹处萌生出来的根蘖切割下来，继续养护，翌年春还可以开花，但其开花数量和生长势均不如播种苗。

11. 风船葛

学名：*Cardiospermum halicacabum*

别名：倒地铃、风船蔓、鬼灯笼、包袱草、风船草

科属：无患子科倒地铃属

(1) 生态习性

不耐寒，喜阳光，对土壤适应性强，能自播。

(2) 繁殖方法

播种繁殖

春季播种，一般于 4 月初播于露地苗床，经一次移栽，6 月初定植于露地。株距 40 ~80cm，定植后生长迅速。也可直接播于花池，栽培简易，不需特殊管理。

12. 长春花

学名：*Catharanthus roseus*

别名：日日草、山矾花、五瓣莲

科属：夹竹桃科长春花属

(1) 生态习性

不耐寒，喜温暖，忌干热。喜阳光充足，亦耐半阴。对土壤要求不严，耐瘠薄、耐旱，忌水涝。

(2) 繁殖方法

1) 播种繁殖

全年均可播种，但春播发芽较整齐，因此春播最为普遍。一般于4月播于露地苗床，20~25℃条件下，2周左右可发芽。当苗高4~5cm时，可移栽一次，当幼苗长出5~6片真叶时即可定植。直根性，不耐移栽，大苗移栽恢复生长较慢，甚至不能成活，因此宜直播或用营养钵育苗。

为提早花期，也可于1~2月在温室内播种。播后第3周进行一次移植，当长出4片真叶时可定植于花盆，晚霜过后再定植于露地。

2)扦插繁殖

扦插繁殖可剪取在温室内越冬母株新发的嫩枝作插穗，也可以结合摘心进行。扦插苗很容易生根，将插穗直接插于素河沙中，保持湿润并适当遮荫，约2周可生根。但扦插苗长势较弱，开花稀少，生产上一般不采用。

13. 鸡冠花

学名：*Celosia cristata*

别名：红鸡冠、鸡公花、鸡冠头、鸡冠海棠、青葙

科属：苋科青葙属

(1)生态习性

原产印度。喜高温、干燥和阳光充足环境。不耐寒，忌霜冻。以肥沃的沙质壤土为宜。可自行繁衍。从播种至开花需90~100天。

(2)繁殖方法

播种繁殖

鸡冠花种子萌发的最低温度在20℃以上，因此，可于3月在温床播种，4~5月于露地播种。每克种子1200~1300粒，播种量一般每平方米苗床8~10g。为嫌光性种子，播后需覆土，但因种子细小，覆土不宜太厚，以不见种子为度。发芽适温21~24℃，播后10~12天发芽。幼苗生长期以16~18℃为宜，温度过高，幼苗易徒长。待幼苗长出2~3片真叶，移植一次或直接定植，注意移植或定植时要带土团。

生长期间要及时浇水，保持土壤湿润，雨季注意排涝。鸡冠花喜肥，定植前要施足基肥，生长期再追肥1~2次。鸡冠花为异花授粉植物，留种必须隔离，防止杂交，影响种子质量。采种时，剪取花头，自然风干。一般选取花序中下部的种子留种。

14. 矢车菊

学名：*Centaurea cyanus*

别名：蓝芙蓉、荔枝菊、翠兰

科属：菊科矢车菊属

(1)生态习性

原产欧洲东南部。为一二年生草本植物。喜肥沃的沙质壤土，要求光照充足，忌炎热，好冷凉，耐寒力较强，在南方可在早春露地直播。直根性，不耐移栽。要求肥沃、疏松和排水良好的沙质壤土。种子落地后能自行繁衍。

(2)繁殖方法

播种繁殖

春、秋均可播种，秋播生长及开花均优于春播。9月将种子播于露地苗床，种子的

发芽适温为20℃，7天左右发芽出苗。华中地区可露地越冬，华北地区可于冬前经一次移植后囤入阳畦，翌年早春再定植于露地。也可于早春播种，作一年生花卉栽培，但花期推迟。

因不耐移栽，宜进行直播，或是移栽时带较大的土坨。定植距离为40cm。定植前结合整地施入适量基肥，定植后第7～10天浇水一次，生长期浇水适量，不可过多。苗期摘心，可促使多分侧枝及植株矮化。种子成熟后要及时采收，否则容易散落。

15. 桂竹香

学名：*Cheiranthus cheiri*

别名：黄紫罗兰、华尔花

科属：十字花科桂竹香属

(1)生态习性

原产南欧。性喜阳光，能耐严寒，必须经过冬季低温阶段才能开花。耐水肥，不耐移植。不耐酸，较耐碱性及石灰质土，适宜肥沃湿润的沙质壤土。

(2)繁殖方法

以播种繁殖为主，也可扦插。

1)播种繁殖

一般于9月上旬直接播于露地苗床，播后2周出苗。播种后，覆盖一层细沙，厚度为种子直径的2倍，保持土壤湿润，约2周后即可出苗。因不耐移栽，宜尽早起苗囤于阳畦或冷床越冬。亦可在春、夏播种作初冬室内盆花。

2)扦插繁殖

重瓣种可用扦插法繁殖，选取未木质化生长旺盛的枝条，剪成长约6～8cm的插穗，去掉1/2叶片，插入洁净的沙床中，沙床上盖玻璃保湿，注意荫蔽，生根容易。

16. 醉蝶花

学名：*Cleome spinosa*

别名：风蝶草、蜘蛛花、西洋白花菜

科属：山柑科醉蝶花属

(1)生态习性

不耐寒，喜干燥温暖环境，适合在通风向阳处生长。在轻松肥沃、排水良好的沙壤土生长良好。能自播繁衍。

(2)繁殖方法

播种繁殖

春播，一般于3月下旬至4月中旬播于露地苗床。若2～3月于温室内播种，可提前开花。属直根系植物，不耐移栽，宜直播。种子发芽较慢，15～20℃条件下，2周左右发芽。出苗后，应及时间苗。当苗高5～6cm时，即可定植于园地，株行距为3cm×40cm。定植初期可施稀薄液肥一次，生长期间要控制施肥，以免植株过于高大，影响观赏。

17. 彩叶草

学名：*Coleus blumei*

别名：老来少、五色草、洋紫苏、锦紫苏

科属：唇形科鞘蕊花属

(1) 生态习性

原产印度尼西亚。喜温暖及阳光充足的生长环境，不耐寒，最适生长温度为20～25℃，当室温低于15℃时生长不良，12℃时叶片开始脱落，若低于5℃则会产生冷害，其中皱叶彩叶草的耐寒力稍强。叶片大而薄，不耐干旱，土壤干燥会导致叶面色泽暗淡。对土壤要求不严，在轻碱土中也能正常生长，腐殖质丰富、排水良好的沙质壤土生长最佳。肥水不宜过多，否则易引起节间伸长，株形松散，影响观赏。

(2) 繁殖方法

以播种繁殖为主，也可扦插繁殖。

1) 播种繁殖

种子的发芽适温为25～30℃，因此露地播种一般在5月进行，在温室则可以随时播种，但多于2～3月时进行。由于种子细小，可将种子与细沙混合撒播。种子在萌发的过程中好光，播后不需覆土，采用浸盆法供水，25～30℃条件下，约7～10天发芽。当苗高6～8cm时用小盆分栽。

2) 扦插繁殖

一年四季都可进行。一般于7～8月结合修剪进行扦插较为适宜。剪取枝端约6～8cm作为插穗，插于河沙中，插入沙中的部分应有节，以便从节部生根。扦插后遮荫保湿，20℃条件下，约2周可生根并恢复生长。

18. 飞燕草

学名：*Consolida ajacis*

别名：千鸟草、翠雀、虾子蓝

科属：毛茛科飞燕草属

(1) 生态习性

原产欧洲南部。喜阳光充足的凉爽环境，能耐寒，不耐瘠薄；喜高燥、忌积涝。要求疏松、肥沃的沙质壤土。夏季宜在冷凉处种植，昼温20～25℃，夜温13～15℃。酸性土壤较宜。

(2) 繁殖方法

1) 播种繁殖

秋播在8月下旬至9月上旬进行，先播入露地苗床，发芽适温15～20℃，土温最好在20℃以下，两周左右萌发。入冬前移入冷床或冷室越冬，翌年春季定植，5～6月可开花。南方早春可露地直播。北方一般在温室内育苗，于4月中旬定植，当长出2～4片真叶时可进行移植，长至6～7片真叶时进行定植。

2) 扦插繁殖

在春季进行，当新枝长出15cm以上时，切取插条10cm左右，插入基质的深度约为6cm，基质可用洁净的河沙。插后用细喷壶喷透水，置于通风遮荫处。

3) 分株繁殖

春、秋均可进行，一般2～3年分株一次。日常管理是在开花前适量追施氮肥，开始开花时施用磷、钾肥，作切花时要张网，防倒伏。

19. 蛇目菊

学名：*Coreopsis tinctoria*

别名：小波斯菊、孔雀菊、金钱菊、金星菊、铁菊

科属：菊科金鸡菊属

(1)生态习性

原产北美洲。适应性强，喜日照充足、凉爽高燥的环境条件，其幼苗较耐寒，而不耐酷暑，对土壤要求不严，耐瘠薄，以沙质土为宜。在肥力过强的土壤中生长，会因枝叶徒长而影响开花。能自播繁衍。

(2)繁殖方法

1)播种繁殖

以播种繁殖为主，春、秋均可播种。播种期3～4月，播后覆土、浇水，18～21℃条件下，1～2周后可出齐苗，经间苗、定植后，5～6月即可开花。6月播种，可于9月开花。秋播宜在9月进行，幼苗在冷床或阳畦内越冬，于翌年春季开花。

2)扦插繁殖

在夏季，剪取嫩枝作插穗进行扦插，很容易生根成活。

栽培简单，不需特殊管理。生长期间注意适当控制水肥，防止水肥过量。雨季及时排水。种子成熟后应立即采收，以防散落。

20. 波斯菊

学名：*Cosmos bipinnata*

别名：秋樱、大波斯菊

科属：菊科秋英属

(1)生态习性

原产墨西哥，我国各地都有栽培。性强健，喜阳光，忌酷热。耐瘠薄，对土壤要求不严，抗逆性强，能耐瘠薄和干旱，但在排水良好、湿润、肥沃的地方生长最好。能大量自播繁衍。

(2)繁殖方法

1)播种繁殖

以播种繁殖为主，春季4月播于露地苗床，也可直播，种子出苗快而齐。播种后覆土、浇水，20℃条件下，一般6～7天可出苗。当幼苗长出4片真叶时，可进行摘心并移植，长出侧枝时仍需要摘心；当苗长到20～30cm时，可进行定植。另外也可在7～8月进行播种，秋季仍可以正常开花。

2)扦插繁殖

在生长季节扦插繁殖，植株倒伏后着地部位即可生根，因此扦插易成活。一般是选择健壮的嫩枝，剪取10～15cm作插穗，插于沙质土内，浇透水，并适当遮荫，5～6天后即可生根成活。

21. 石竹

学名：*Dianthus chinensis*

别名：中国石竹、草石竹、洛阳花

科属：石竹科石竹属

(1) 生态习性

耐寒而不耐酷暑，喜排水良好的肥沃壤土。耐盐碱的能力较强，但惧水涝，喜充分的阳光和通风良好的环境。

(2) 繁殖方法

以播种繁殖为主，也可进行扦插或分株繁殖。

1) 播种繁殖

一般于9月初播于露地苗床，发芽适温20℃，发芽迅速整齐。当幼苗长出4片真叶时进行移栽，入冬前移入冷床。也可于1月在温室内播种，5月可开花。或于4月于直接播于露地，如夏季不十分炎热，可在秋季开花。

2) 扦插繁殖

可利用茎基部萌生的丛生芽条扦插繁殖。在花期初过时，选取丛生芽条中健壮的枝条，去掉下部叶片，插于沙壤土中，株距3.5cm，用玻璃盖紧，使不通气，并予遮荫；15~20天即可生根。生根后，逐步通风，而后移植。扦插法多用于繁殖某一特殊变种。

同属的其他花卉还有须苞石竹、锦团石竹、少女石竹、石竹梅和常夏石竹等。

22. 毛地黄

学名：*Digitalis purpurea*

别名：自由钟、洋地黄、钓钟花、德国金钟

科属：玄参科毛地黄属

(1) 生态习性

喜阳光充足，耐半阴；喜温暖湿润，较耐寒，忌炎热。一般园土均可栽培，耐瘠薄干旱土壤，喜中等肥沃、湿润、排水良好的壤土。

(2) 繁殖方法

1) 播种繁殖

春、夏季播于疏松肥沃的壤土中，发芽适温为20℃，如果播种过迟，则翌年春不能开花，或开花稀少。幼苗初期生长缓慢，当苗高10cm时移入露地苗床培养，第二年定植露地，6~8月方能开花。

2) 分株繁殖

老株可进行分株繁殖，分株宜在早春进行，容易生根。

23. 花菱草

学名：*Eschscholtzia californica*

别名：金英花、人参花

科属：罂粟科花菱草属

(1) 生态习性

原产美国西南部。喜阳光充足、冷凉干燥气候，不耐湿热，炎热的夏季处于半休眠状态，耐寒力较强，立秋后从根迹处能萌发新枝。肉质直根系，怕水涝，不耐移栽，宜排水良好、深厚疏松的土壤。能自播繁殖。

(2) 繁殖方法

播种繁殖

一般于9月中旬露地播种，因属直根性植物，宜直播或盆钵育苗。嫌光性种子，播后应覆土。发芽适温为15～20℃，约7天左右出苗。当幼苗生出5～7片真叶时，要及时间苗或定植，定植株距为40cm。北部地区设风障或覆盖即可露地越冬。

花菱草为直根性，须根极少，定植时注意保护根系，切勿伤根，否则不易恢复，甚至死亡。移栽时，需带土球，定植株距为40cm左右。苗期保证良好的水肥供应，薄肥勤施。花期施稀薄液肥1～2次，以腐熟的有机肥为主。为肉质根系，夏季炎热多雨要注意及时排水，以防根茎腐烂。

24. 银边翠

学名：*Euphorbia marginata*

别名：高山积雪、象牙白、初雪草

科属：大戟科大戟属

(1)生态习性

银边翠原产北美。一年生草本。喜温暖、阳光充足而高燥的环境，不耐寒，而耐干旱，忌潮湿。要求疏松土壤，适应性强，生长健壮。直根性。能自播繁衍。

(2)繁殖方法

播种繁殖

春播，宜直播。于3月下旬至4月中旬直播于露地苗床。播后覆土、浇水、保持土壤湿度，10～14天可发芽。一个月后移植。定植成活后，苗长至15cm左右时要摘心一次，以促进分枝，抑制高度。生长期内，要待盆土干透再浇。5～8月每半月施一次20%的饼肥水或粪肥水，并进行松土除草。其果实9月成熟，要注意观察，适时采收。

25. 天人菊

学名：*Gaillardia pulchella*

别名：虎皮菊、忠心菊、六月菊、美丽天人菊

科属：菊科天人菊属

(1)生态习性

原产北美一带。喜温暖而凉爽的气候，不耐寒，但耐夏季干旱和炎热。喜阳光充足，但也耐半阴。要求土壤疏松、排水良好。

(2)繁殖方法

1)播种繁殖

可于4月初播于露地苗床，2周左右可出苗。当长出4片真叶后可进行移植，6月初当苗高约6～8cm时可定植，定植株距为20～40cm。

2)扦插繁殖

多在秋季进行。可采用花后新抽出的嫩枝或基部萌芽作为插穗，剪10～12cm，于温室内扦插。翌年4月定植于露地或盆栽。

26. 古代稀

学名：*Godetia amoena*

别名：送春花、别春花、晚春锦

科属：柳叶菜科晚春锦属

(1)生态习性

原产北美西部。喜凉爽气候，忌夏季炎热。喜湿润环境，忌干燥。具有一定的耐寒性。对土壤要求不严，在排水良好的沙质壤土生长良好。

(2)繁殖方法

播种繁殖

一般于9月初盆播。播后保持土壤湿润，用“浸盆法”提供水分。在20℃条件下，约1周可出苗。入冬前将幼苗囤入冷床内越冬，翌年春季4月定植于露地花坛，5月可开花。在夏季凉爽的东北地区可进行春播。通常于4月初播于露地苗床，经过一次移栽，于6月初定植于花坛。

27. 千日红

学名：*Gomphrena globosa*

别名：火球花、千年红、杨梅花、红光球

科属：苋科千日红属

(1)生态习性

喜炎热干燥气候，不耐寒。喜温暖及阳光充足。适应性强，对土壤无严格要求，但在肥沃疏松的沙质壤土生长良好。

(2)繁殖方法

以播种繁殖为主，也可扦插繁殖。

1)播种繁殖

宜春播，于3月上旬播于温床，或4～5月播于露地。种子外密被柔毛，易相互粘连，且对水分吸收慢，故播前应进行催芽处理。一般用冷水浸种1～2天后，滤出水分，然后用草木灰拌种；或先将种子与湿润的河沙混合并揉搓，然后用温水(20℃)浸种24小时，挤出水分，撒播于苗床。播后不必覆土，发芽适温21～24℃，约2周后可发芽。

2)扦插繁殖

扦插繁殖可在6～7月进行。一般选取健壮的枝梢作插穗，剪取10cm左右，插于干净的河沙中，保持湿润的环境，约7天后即可生根。

28. 霞草

学名：*Gypsophila oldhamiana*

别名：满天星、小白花、丝石竹

科属：石竹科丝石竹属

(1)生态习性

喜光照充足、高燥、通风、凉爽的环境条件，忌酷暑、多雨。耐寒、耐干旱瘠薄和盐碱，不耐移栽。在肥沃疏松和排水良好的沙壤土中生长良好。

(2)繁殖方法

播种繁殖

因直根性，不耐移栽，宜直播。寒冷地区宜春播，5月中旬可开花；南方不结冻地区可秋播、立冬播或小雪播，加稻草等覆盖物过冬，第二年5月即可开花。发芽适温21～22℃，7～10天便可出苗，园林定植株距为30～40cm。切花生产时应分期分批播种，以延长供花时间，定植的行距为30～40cm，株距为20cm。

29. 麦秆菊

学名：*Helichrysum bracteatum*

别名：贝细工、腊菊

科属：菊科腊菊属

(1)生态习性

原产澳大利亚。喜温暖和阳光充足的环境。阳光不足开花不好。不耐寒，忌酷热，盛夏停止生长，很少开花。喜湿润肥沃而排水良好的土壤。在黏性土壤中也生长良好。

(2)繁殖方法

播种繁殖

春播或秋播均可。春播，4月播于露地苗床，为提早开花也可于2月上旬在冷床或温室内播种，发芽适温15～20℃，播后覆土不易太厚，一周左右出苗，出苗整齐。也可秋播，在温床或冷室内越冬，翌年春定植于露地。

定植前应深翻整地，施入适量基肥。当苗高7～10cm时可带土坨定植，株行距约为20cm。定植后随即浇足水，生长期间掌握“见干见湿”的原则。水肥不能过量，否则花虽繁多但花色不艳。采种应于9～10月清晨冠毛发白时进行，否则种子极易散落。

30. 凤仙花

学名：*Impatiens balsamina*

别名：指甲花、急性子、透骨草、金凤花、小桃红

科属：凤仙花科凤仙花属

(1)生态习性

原产中国、印度、马来西亚。喜阳光充足、温暖和湿润的气候，耐炎热，忌霜冻，对土壤适应性强，耐瘠薄，在肥沃而排水良好的沙质壤土生长茂盛。耐移植。能自播繁衍。

(2)繁殖方法

播种繁殖

播期3月下旬至5月上旬，北方地区可在温室或温床中播种，晚霜过后即可定植于露地；而南方地区可直播于露地或直播于花坛。将种子播于露地苗床，覆土约1cm，保持湿润，种子的发芽适温为20～25℃，发芽率70%左右，一般5天左右可出苗。从播种至开花约需90天。如果采种，则留种母株必须春播。

31. 非洲凤仙

学名：*Impatiens sultanii*(*I. wallerama*)×*I. holstii*

别名：洋凤仙

科属：凤仙花科凤仙花属

(1)生态习性

喜温暖、湿润环境条件，不耐寒，不耐酷暑，生长适温15～25℃。不耐干旱，怕水涝。喜半阴，忌夏季直射光。

(2)繁殖方法

1)播种繁殖

喜光性种子，播后不需覆土，散射光对种子萌发有促进作用，忌直射光。发芽适温为21～24℃，7～10天可出苗。种子萌发期需要较高的温度和湿度，发芽后应逐渐降低温度和湿度。

2)扦插繁殖

温度条件适宜的情况下，全年可进行扦插繁殖，剪取健壮的顶芽10cm左右作为插穗，插于干净的河沙中，在25℃下，约20天可生根。

32. 地肤

学名：*Kochia scoparia*

别名：扫帚草、观音草、孔雀松

科属：藜科地肤属

(1)生态习性

喜阳光充足，极耐炎热，不耐寒。耐干旱、耐瘠薄和盐碱，对土壤要求不严。自播性极强。

(2)繁殖方法

播种繁殖

春播，4月上旬播于露地苗床，宜直播。发芽适温为20℃，发芽率一般为50%左右。幼苗期生长缓慢，当苗出齐后进行间苗，经2～3次间苗后可上盆定植，定植株距为50cm。生长初期幼苗细弱，应加强中耕除草，追施磷、钾肥1～2次。夏季植株生长旺盛，可进行造型修剪。

33. 香豌豆

学名：*Lathyrus odoratus*

别名：麝香豌豆、花豌豆、香豆花、小豌豆

科属：豆科山黧豆属

(1)生态习性

喜冬暖夏凉、日照充足且空气通畅的环境条件，不耐酷热，也不耐严寒，需在较高的温室栽培。生长的最适昼温为15～20℃，最适夜温为9～12℃。不耐干旱，也不耐积水。能适应各种土壤，但湿润而又排水的土壤最佳。能耐轻阴。直根性，不耐移植。

(2)繁殖方法

1)播种繁殖

以播种繁殖为主，春、秋两季均可播种。华北地区多进行秋播，一般在8～9月冷床盆播，秋凉后再定植于温室；南方地区可直接播于露地。播种前用温水浸种或在湿沙中催芽24小时，以提高种子的发芽率和整齐度。香豌豆为直根性，不耐移栽，故宜直播或用营养钵育苗，一般每穴2～3粒种子，覆土约2cm。在20℃条件下，约1周可出苗，发芽率为60%左右。出苗后要及时间苗，每穴保留一株壮苗。

香豌豆为深根性植物，播种床的土层应深厚，一般约50cm，如为种植台，土层至少15～20cm。用土宜采用1份腐叶土、1份堆肥土、4份壤土混合，并加入适量的过磷酸钙、骨粉、草木灰及石灰等。忌连作，每年应更换新土栽培。

2)扦插繁殖

扦插繁殖一般应用较少，取其嫩茎扦插，很易生根，开花也较快，但长势较弱，寿命较短。

34. 香雪球

学名：*Lobularia maritima*

别名：小白花、玉蝶球、庭荠

科属：十字花科香雪球属

(1)生态习性

耐寒性不强，喜凉爽，忌炎热。喜充足的阳光，略耐阴和干旱。生长容易，对土壤要求不严，耐瘠薄，忌水涝，耐海边盐碱空气。以排水良好土壤为宜，能自播繁殖。

(2)繁殖方法

播种繁殖

以播种繁殖为主。可秋播或春播，一般秋播生长良好。9 月初播种，出苗迅速整齐。春播因夏季气温太高，育苗比较困难。播种适温为 21 ~22℃，播后 10 天左右可发芽。种子细小，不覆土或仅覆一层薄细土。当幼苗长出 4 片真叶时定植于盆中，在冷床或冷室内越冬，翌年脱盆定植于露地或盆栽观赏，株距为 15 ~20cm。又可用扦插繁殖，生根容易。

35. 锦葵

学名：*Malva sylvestris*

别名：小熟季花、棋盘花、薯蕉花

科属：锦葵科锦葵属

(1)生态习性

适应性强，较耐寒，喜冷凉。夏季炎热，则生长不良。不择土壤，能自播繁殖。

(2)繁殖方法

播种繁殖

北方常秋播，入冬前移入冷床越冬，翌年春暖后定植于露地。南方可于 9 月初播于露地苗床，经一次移栽于 11 月初定植于花池中，可以露地越冬。也可春播，于夏秋季开花，但不如秋播生长势壮，花期也较短。

36. 紫罗兰

学名：*Matthiola incana*

别名：草桂花、草紫罗兰、春桃、香桃、香瓜对

科属：十字花科紫罗兰属

(1)生态习性

原产地中海沿岸。性喜冬季温和，夏季凉爽气候。冬季能耐短暂 -5℃低温，华南地区可露地越冬，长江流域露地栽培可稍加保护越冬。夏季忌酷热气候。喜光照充足，稍耐半阴。喜通风良好的环境。要求肥沃、湿润及深厚的中性或微酸性土壤。幼苗需春化处理方能开花(一年生品种除外)。

(2)繁殖方法

1)播种繁殖

以播种繁殖为主。常进行秋播，发芽适温为16～18℃，播后约2周可发芽，发芽率60%左右。好光性种子，播后不需覆土。秋播不能太晚，否则植株矮小影响开花。一年生品种，在夏季比较凉爽的地区，一年四季均可播种。紫罗兰直根性强，不耐移植，应小苗移植且多带土坨。定植株距为30cm。

2)扦插繁殖

紫罗兰也可进行扦插繁殖，选取健壮枝条作插穗，生根容易。

37. 含羞草

学名：*Mimosa pudica*

别名：怕羞草、知羞草

科属：豆科含羞草属

(1)生态习性

原产美洲热带地区。喜阳光充足及温暖的环境条件，畏寒冷，耐热、耐寒性强，对土壤无严格要求。适应性极强，在华南有野生种自然生长，在长江流域及以北地区多作一年生花卉栽培。能自播繁衍。

(2)繁殖方法

播种繁殖

春播，4月播于露地苗床，早春可在室内盆播。播前用60℃左右的温水浸种24小时，以促进发芽。播后覆一层细土，保持土壤湿润，20～26℃条件下，约1周后可出苗。幼苗生长缓慢，当幼苗长至7cm左右时，即可定植。

38. 紫茉莉

学名：*Mirabilis jalapa*

别名：草茉莉、夜饭花、胭脂花、地雷花

科属：紫茉莉科紫茉莉属

(1)生态习性

原产南美热带地区，性喜温暖湿润的气候条件，不耐寒，冬季地上部分枯死。南方冬季温暖地区根系可安全越冬而成为宿根草花，来年春季续发长出新的植株。性喜肥沃疏松的土壤和稍有荫蔽的地方。矮生种不耐酷热，往往落叶。要求土层深厚、疏松肥沃的壤土。花朵在傍晚至清晨开放，在强光下闭合，夏季能有疏荫则生长开花良好，酷暑烈日下往往有脱叶现象。能自播繁衍。

(2)繁殖方法

1)播种繁殖

属直根性植物，不耐移栽，宜直播。于4月初播于露地苗床，因粒大宜点播，每穴1～2粒种子。种皮较厚，播前浸种处理可加快出苗。发芽适温15～20℃，7～8天可萌发。因属深根性花卉，应小苗移栽，少伤根系。定植株距为40～50cm。

2)扦插繁殖

于春、秋季剪取成熟的枝条扦插，很容易生根。

3）分株繁殖

北方秋末可于深秋将根部挖取窖藏，保持3～5℃，翌年春重新栽植。成株快，开花也早。宿根植株的长势虽不如播种苗健壮，但它的块根却逐年膨大，连续3年即可长成直径10cm左右的褐色块头，苍皮叠皱，质地坚硬。春季，可把块根下部1/3栽入浅盆，块根上部裸露，逐渐茎化适应外界环境。

39. 月见草

学名：*Oenothera biennis*

科属：柳叶菜科月见草属

（1）生态习性

月见草生于向阳山坡、草地、路旁、河边。对环境条件要求不严，喜阳光充足、高燥之地。喜温暖、湿润气候。喜光、耐寒。对土壤要求不严，一般中等肥力的土壤即可生长健壮、发育良好。适宜中性、微酸性或微碱性土壤生长。自播力很强，经一次种植后，可连年不断开花。

（2）繁殖方法

播种繁殖。

播种应选择排水良好、土层深厚、疏松、向阳的沙壤土为宜。播种前应进行秋翻，深翻20～25cm，每亩施底肥1500～2000kg。月见草的种子很小，每千克约220万粒左右，发芽率一般为45%～46%。

可秋播和春播。秋播是在10月中下旬上冻前播种；春播是在4月上中旬，土壤化冻后尽量早播。为促进发芽，播种前可进行浸种处理，用40℃左右的温水浸种一昼夜，然后捞出，与3份细沙混合均匀。播种前，先在畦内开沟，行距为20cm，充分灌水，待水渗后，将处理好的种子播入沟内。播种量为每亩500g左右。也可以按每10cm挖一点播穴点播，每穴播入种子10粒左右，播种深度为1～2cm。播后覆土2cm左右，并用脚轻轻踩实。

当苗高4～5cm时，疏除密苗、弱苗。苗高10cm时可按株距20～30cm定苗，每亩保苗3300～4000株左右。初现花蕾时，每亩可追施磷酸二铵10kg。

同属的其他花卉有拉马克月见草、待霄草、香待霄草、美丽月见草等，其繁殖方法可参考月见草。

40. 二月蓝

学名：*Orychophragmus violaceus*

别名：诸葛菜、菜籽花

科属：十字花科诸葛菜属

（1）生态习性

原产中国，分布在华东及北方各地。性喜温暖，也耐寒冷。喜光，也耐半阴，最适宜在有散射光或半阴的环境中生长。性强健，耐瘠薄，在中性和微酸性土壤中均能生长。花期较长，自播繁衍能力很强。

(2)繁殖方法

播种繁殖

适宜播期为8月上旬至10月，可直接播于露地苗床。苗床用土可用园土3份、菜园土3份、腐叶土3份和草木灰1份混合。播种前需土壤进行灭菌消毒。二月蓝的种子萌发快，18~25℃条件下，基质保持一定的湿度，则10~12天便可出苗。当小苗长出2片真叶后要及时间苗、移栽，11月可定植到盆中。

41. 虞美人

学名：*Papaver rhoeas*

别名：丽春花、小种罂粟花、赛牡丹、蝴蝶满园春

科属：罂粟科罂粟属

(1)生态习性

原产欧、亚大陆温带以及北美。喜阳光充足。耐寒力强，但不耐暑热。喜排水良好的沙质壤土。属直根性植物，移栽不易成活。种子能自播繁衍。

(2)繁殖方法

播种繁殖

从播种至开花约需2个月。种子细小，覆土宜薄。发芽适温15~20℃，2~3周可发芽。不同地区可按预期要求的花期于秋季、立冬或早春直播于园地，冬季寒冷的地区应注意防寒越冬。虞美人及同属其他种类均属直根性，须根极少，不耐移栽，故应直播或用营养钵、小纸盆育苗。用营养钵或小纸盆育苗时应及时移栽或连钵(盆)移植，否则生长不良，甚至不能成活。出苗后适当间苗，逐渐扩大株距，当幼苗当出4片真叶时，定植于园地，定植距离为20~30cm。不需太多的肥水管理。

42. 矮牵牛

学名：*Petunia hybrida*

别名：碧冬茄、灵芝牡丹、撞羽牵牛

科属：茄科矮牵牛属

(1)生态习性

原产南美。喜温暖、干燥和阳光充足的环境，不耐寒。耐暑热，在炎热的夏季仍能正常开花。对土壤要求不严，以疏松、肥沃、排水良好的微酸性土为宜。室温20℃条件下可四季开花。

(2)繁殖方法

1)播种繁殖

以播种繁殖为主，春、秋两季均可进行。春播一般在4月下旬，秋播在9月下旬进行，发芽适温20℃，一般10天左右苗可出齐。矮牵牛的种子细小，最好采取盆播。播前土壤要进行消毒，播后，不需要覆土，用盆底浸水法浇水，盖上玻璃或塑料薄膜保温保湿，避免阳光直射。出苗后，要移到通风处，及时间苗，逐渐增加光照，使幼苗生长强壮。

2)扦插繁殖

矮牵牛的扦插繁殖容易成活。由于重瓣品种和大花品种结实困难，一般采用扦插

繁殖。一年四季均可进行，但以5～6月和8～9月扦插生根快、成活率高。事先将采取插条的母株剪掉，促使根蘖处萌生新的嫩枝，剪取6～8cm健壮的嫩枝作插穗，摘掉下部花蕾和叶片，在基部临近节间处平剪，插于河沙、蛭石或珍珠岩中，浇透水，置于半阴处，20～25℃条件下，15～20天即可生根。

同属的其他花卉还有撞羽矮牵牛和腋花矮牵牛。

43. 牵牛花

学名：*Pharbitis nil*

别名：大花牵牛、裂叶牵牛、喇叭花

科属：旋花科牵牛属

(1)生态习性

喜温暖向阳和通风良好的环境，不耐寒，惧霜冻。对土壤无严格要求，耐干旱和瘠薄。属深根性植物，在肥沃湿润的沙质壤土中生长良好，不耐移栽。直根性，能自播。

(2)繁殖方法

播种繁殖

长江流域于4～5月于露地播种，北方需提前在温室内盆播，成苗后定植露地。牵牛花的种子外壳较硬，播种前应先割破种皮，或浸种24小时，然后用湿布包裹，于25℃条件下，3～4天便发芽，之后取出播于土中。牵牛花属直根性，不耐移栽，应直播或用营养钵育苗。直播每穴2～3粒，播后覆土1～2cm，浇透水，约1～2周后可出苗。

同属的其他花卉还有大花牵牛、裂叶牵牛、圆叶牵牛和三色牵牛等，其繁殖方法同牵牛花。

44. 福禄考

学名：*Phlox drummondii*

别名：草夹竹桃、桔梗石竹、小洋花、洋梅花

科属：花荵科天蓝绣球属

(1)生态习性

原产美洲的南部地区。耐寒性不很强，性喜温和气候，不喜酷热。在北方虽不能露地越冬，但幼苗囤放于冷床或冷室内不会受冻。喜充足的阳光，连日阴雨天气生长不良，开花稀少且花色不鲜艳。喜排水良好疏松土壤，不耐干旱。

(2)繁殖方法

1)播种繁殖

以播种繁殖为主。我国大部分地区夏季气温较高，因此春播后开花不良。一般于9月初秋播于露地苗床或盆内。发芽适温为15～20℃，约1周可出苗，但发芽率较低，约40%左右。温度高时，潜伏不发芽。出苗后要进行间苗，11月上旬将幼苗带土坨挖出，然后囤于冷床或冷室内，翌年晚霜过后定植于露地。春播于2～3月于温室或温床内播种，6～7月开花，花期较秋播短。

2)扦插繁殖

春季栽种的福禄考在夏季多处于半休眠状态，因此可在7月中旬剪取春栽植株上的一部分嫩枝用来扦插繁殖，插后注意遮荫，生根后栽入小盆，8月下旬再栽植于露地，国庆节前后即可开花。

45. 半支莲

学名：*Portulaca grandiflora*

别名：死不了、太阳花、洋马齿苋、松叶牡丹、草杜鹃

科属：马齿苋科马齿苋属

(1)生态习性

原产巴西。喜阳光、高温和干燥的环境条件，对土壤适应性很强，耐瘠薄，但不耐寒，怕水涝。花多在午间开放，早晚闭合，近年来已育出全日性品种，但栽培尚不普遍。能自播繁殖。

(2)繁殖方法

1)播种繁殖

室内可3月播种，露地可于4~5月进行，种子发芽要求25℃左右的温度。播种床宜采用沙质壤土，不施底肥。半支莲的种子喜光，播后不必覆土，约1周可发芽。出苗后应逐渐撒土2~3次，以防幼苗倒伏。当幼苗长出4片真叶时可定植。

2)扦插繁殖

扦插繁殖可在生长期进行。于6~8月剪取嫩枝扦插，插后不必遮荫，只要土壤湿润都能成活。但因其叶和茎均为肉质，露地扦插应注意遮雨排涝，防止插穗腐烂。

46. 报春花类

学名：*Primula* spp.

科属：报春花科报春花属

(1)生态习性

报春花类种间习性差异较大。一般喜温暖湿润，夏季凉爽通风的环境条件。不耐炎热，生长适温13~18℃，耐寒力因品种而异。要求排水良好、腐殖质丰富的土壤，以中性或微碱性土壤为佳，在酸性(pH值4.9~5.6)土壤中生长不良，叶片变黄。能自播繁衍。

(2)繁殖方法

1)播种繁殖

以播种繁殖为主。种子寿命较短，采收后宜立即播种。种子细小，以播种箱或盆播较宜。播种后可不覆土，用光滑木板将种子压入土中即可；也可稍覆细土，以不见种子为度。在15~20℃条件下，约2周出苗。然后分苗、间苗、定植。

2)分株繁殖

主要用于优良品种性状的保存或结实率较低品种的繁殖，一般在9~10月进行。

园林中常用的种类：

报春花(*P. malacoides*)，别名小种樱草、七重楼；四季报春(*P. obconica*)，别名鄂报春、仙鹤莲、四季樱草；多花报春(*P.* × *polyantha*)，别名西洋报春；藏报春(*P. sinensis*)，别名篦齿报春、年景花；欧洲报春(*P. vulgalis*)等。

47. 羽叶茑萝

学名：*Quamoclit pennata*

别名：一角星花、茑萝松、游龙花

科属：旋花科茑萝属

(1)生态习性

喜阳光充足，喜温暖，不耐寒。对土壤要求不严。直根性，不耐移栽。初夏开花至秋凉。从播种至开花约需 90～100 天。能自播繁衍。

(2)繁殖方法

播种繁殖

春播。直根性，宜直播或苗小时及早移栽。播前先浸种一昼夜，以利于发芽。播后，覆一层细土，浇透水，1 周左右可发芽。当幼苗长出 3～4 片真叶时，进行移栽定植，移栽时应尽量多带土坨，以利成活。

同属常见的其他花卉有：圆叶茑萝（*Q. coccinea*）和槭叶茑萝（*Q. sloteri*），其繁殖方法同羽叶茑萝。

48. 黑心菊

学名：*Rudbeckia hirta*

别名：堆心菊

科属：菊科金光菊属

(1)生态习性

原产北美。适应性很强，既耐寒，也耐旱。喜向阳通风的环境。对土壤要求不严，适生于各类土壤，但在疏松、肥沃湿润的沙质土壤中生长最好。能自播繁殖。

(2)繁殖方法

以播种繁殖为主，也可分株和扦插繁殖。

1)播种繁殖

播种繁殖在秋季 9 月播于露地苗床，当苗长出 4～5 片真叶时，可分苗移植。11 月或春季定植。也可春季 4 月初播种。

2)分株繁殖

可在春季 3～4 月或秋季对多年生老株进行分株。

3)扦插繁殖

通常选择根部萌生的新芽作插穗，春季或秋季均可进行。春季当萌芽长至约 15cm 长时，可剪取插穗进行扦插。秋季于花后根际萌蘖后进行。

同属的其他花卉还有金光菊、二色金光菊，其繁殖方法参见黑心菊。

49. 一串红

学名：*Salvia splendens*

别名：墙下红、爆竹红、西洋红、象牙红、撒尔维亚

科属：唇形科鼠尾草属

(1)生态习性

一串红原产南美巴西，为多年生草本花卉，在我国常作一年生栽培。喜温暖和阳

光充足的环境条件，不耐寒，耐半阴，忌霜雪和高温，怕积水和碱性土壤。要求疏松、肥沃的沙质壤土。生长适温为20～25℃，高于30℃，花叶均小，35℃以上停止生长，10℃以下叶片枯黄脱落。露地栽培花期为7～10月，温室越冬老株的花期为翌年5～6月。

(2)繁殖方法

以播种繁殖为主，也可扦插繁殖。

1)播种繁殖

一串红以种子繁殖为主，播种期为3月下旬至5月下旬。播种时，将种子均匀撒播在苗床上，撒一层细沙，喷淋透水后用塑料薄膜覆盖。播种量为每平方米20～25g左右。在20～25℃条件下15天即可发芽出苗。苗出土后要及时掀去塑料薄膜，并给予适当遮荫，以利于幼苗的发育。待幼苗长出2片真叶时，适度控制浇水量，追施稀薄液肥以利壮苗。当幼苗长至3～4片真叶时，移植一次；长至6～7片真叶后，则可定植上盆。

如果为供应“五一”节用花，则可于头年的9月下旬播种，入冬前移入温室越冬，则翌年“五一”可开花。

2)扦插繁殖

扦插繁殖一年四季均可，但冬季需在温室内进行，一般结合摘心于5～6月进行。从母株上剪取粗壮充实的枝条，摘去顶端，长5～6cm，插入消毒后的基质中，插穗保持20℃，插入深度1～2cm，插后浇透水，注意用遮荫网遮荫，覆盖率在80%以上，经常保持床土温润，插后10～20天发根，发根后用50%覆盖率的遮荫网遮荫至秋凉。插后一个月后上盆(定植)。10月间在大棚内或温室内扦插，可提供春季或“五一”用花，此时的扦插苗要在棚内度过严寒的冬天，与播种苗一样要做好保暖工作。

生长期间应经常注意整形，控制植株的高度及分枝数。上盆后，一般可摘心两次。为供应“十一”节用花，最后一次摘心应在9月初进行，这样可使新生花蕾正值节日时盛开。

一串红性喜肥，栽培前要施足基肥，生长期应注意薄肥勤施，为使花色鲜艳，要在花前增施磷、钾肥。花坛种植时应及时剪去开过花的花序，以延长花期。夏季须注意防治红蜘蛛。

同属的其他花卉：

红花鼠尾草(*S. coccinea*)，别名朱唇；粉萼鼠尾草(*S. farinacea*)，别名一串蓝、蓝花鼠尾草；一串紫(*S. horminum*)。

50. 蛾蝶花

学名：*Schizanthus pinnatus*

别名：蛾蝶草、荠菜花

科属：茄科蛾蝶花属

(1)生态习性

原产南美洲智利。性喜凉爽温和气候，适宜的生长温度为15～20℃。耐寒性不太强。冬季需阳光充足。要求腐殖质丰富、疏松肥沃且排水良好的沙质壤土。

(2)繁殖方法

播种繁殖

春、秋均可播种，一般进行秋播，播种适期为8~9月。蛾蝶花种子细小，宜稀播，播后不覆土或覆薄土。在20~22℃条件下，7~10天可发芽。当幼苗子叶展开后进行移植。冬季于温室内养护。翌年早春可脱盆定植或继续盆栽。盆土宜用壤土3份、厩肥1份、河沙1份混合而成。也可早春于温室内育苗而后移植于露地花坛。

51. 瓜叶菊

学名：*Senecio cruentus*

别名：生荷留兰、富贵菊、千日莲、瓜叶莲

科属：菊科千里光属

(1)生态习性

原产北美、加那利群岛。喜温暖湿润、通风凉爽的环境。夏不耐高温，冬也不耐严寒，通常在低温温室内作二年生草本栽培。好肥、喜疏松且排水良好的土壤，忌积水湿涝。最适宜生长温度为10~18℃。花期为12月至翌年4月，开花盛期为2~4月。

(2)繁殖方法

1)播种繁殖

以播种繁殖为主，播种期视所需花期及不同地区而定。早花品种从播种至开花需5~6个月；一般品种需7~8个月；晚花品种约需10个月。

北京地区2~9月均可播种，常常分三批进行。第一批3月播种，元旦开花；第二批5月播种，春节开花；第三批8月播种，翌年4~5月开花，供"五一"使用。若对花期无特殊要求，则以8~9月播种最为适宜，发芽最适温度为20℃。

上海地区一般8月下旬至10月上旬分批播种，于12月至翌年4月开花。昆明地区5~10月均可播种，5~7月播种，可于12月开花，8~10月播种，翌年2~3月开花。四川西部8月中旬播种，第二年早春开花。早播者植株大，花大；晚播者，植株较小。

播种常采用浅盆或播种箱，以沙质壤土为佳。盆土以3份腐殖土、1份园土、1份河沙加少量厩肥或过磷酸钙配合。播种后，覆一层细土，以不见种子为度，或不覆土，然后浸水，至盆土全部湿润，上盖玻璃，置荫蔽、通风和潮湿处。如盆土发干，宜用细喷壶喷水，保持盆土湿润。播后约3~7天发芽，发芽后应移去玻璃以利生长。

播后约20天长出2~3片真叶时进行移苗，株行距约5cm。一个月后，长出4~5片真叶时上盆，每盆一株。约2个月时可定植，定植时应施足底肥。

2)扦插繁殖

扦插繁殖于5~6月花后进行，选取生长充实的腋芽，剪取6~8cm，除去基部的叶片，保留顶部2~3片叶，插于干净的河沙内，约20~30天即可生根。幼苗定植时摘除的下部腋芽也可用来作为插穗进行扦插。扦插繁殖通常很少使用，主要用于不易结实的重瓣品种。

52. 高雪轮

学名：*Silene armeria*

别名：大蔓樱草

科属：石竹科蝇子草属

(1)生态习性

原产欧洲南部。喜光、喜肥、耐寒性较强。要求富含腐殖质、疏松、肥沃且排水良好的沙质壤土。

(2)繁殖方法

播种繁殖

一般于9月下旬播于露地苗床。苗床要求土质肥沃、排水良好、日光充足且通风良好。播种前先将苗床充分灌水，待水分完全渗透后再进行播种。将种子与细沙混合，然后均匀撒播在苗床即可。覆土厚度为种子直径的2～3倍，以不见种子为度。播后在苗床上盖一层稻草，注意保持土壤湿润。在约20℃左右的条件下，1周可出苗。

53. 乳茄

学名：*Solanum mammosum*

别名：五指茄、五指果、五代同堂、五子拜寿

科属：茄科茄属

(1)生态习性

原产热带美洲。性喜温暖及阳光充足的环境，不耐寒，生长适温为22～30℃。耐贫瘠，不择土壤，在微酸性、中性甚至弱碱性土壤中均能生长，但以疏松肥沃的沙质壤土生长良好。

(2)繁殖方法

播种繁殖

春播。为促进发芽，播前可对种子进行浸泡处理。具体做法是：用40℃左右的温水浸泡种子24小时，当种皮充分吸水膨胀后，再捞出播种。撒播于苗床上，播后覆土，厚度约为种子直径的2倍。苗床上还可覆盖塑料或玻璃以保持一定的温度和湿度，20～30℃条件下，约7～10天出苗。当幼苗长出3～4片真叶时可进行间苗或移植，当苗高约15～20cm时可定植或上盆。

54. 万寿菊

学名：*Tagetes erecta*

别名：臭芙蓉、蜂窝菊、臭菊、千寿菊

科属：菊科万寿菊属

(1)生态习性

原产墨西哥。生性强健，适应性强。喜温暖、湿润及阳光充足的环境条件，在半阴处也能生长。不耐寒，但稍能耐早霜。对土壤要求不严，耐移植，生长迅速。

(2)繁殖方法

1)播种繁殖

以春播为主，可于3～4月在温床播种，发芽适温为15～20℃，播后6～10天可发芽。当长到2片真叶时，移栽一次，5月下旬定植露地。一般播种到开花需60～100天。也可进行夏播，以供国庆节用花，夏播一般50～60天即可开花。

2)扦插繁殖

于5～6月剪取长约10cm的嫩枝，扦插于露地。适当遮荫，两周后可生根，3周后可定植，1个月即可开花。

万寿菊栽培管理简单，耐移植。一般定植在露地花坛中，定植株行距为30cm左右。定植前施有机肥为基肥，定植后每2周施稀薄液肥一次，进入开花期不再施肥。为增加分枝，可在生长期间进行摘心。花后剪去残花，促使花枝更新，施以肥料，可再次开花，以延长花期。

55. 旱金莲

学名：*Tropaeolum majus*

别名：金莲花、旱荷花、大红雀、荷叶莲

科属：旱金莲科旱金莲属

(1)生态习性

喜凉爽，但畏寒，能忍耐短时间0℃低温，在华南地区可露地越冬。要求光照充足。喜排水良好、肥沃的沙质壤土，怕水涝，土壤过湿容易造成叶片枯黄。冬季在有暖气供应的室内能正常开花。

(2)繁殖方法

以播种繁殖为主，亦可扦插繁殖。

1)播种繁殖

一般于2～3月在温室或温床内播种，发芽适温15～20℃，播后7～10天可发芽。种子的种皮较厚，播前用40～45℃的温水处理12小时，有助于发芽。第二年晚霜过后定植于露地，5～6月便可以开花。5～6月播种，则可在秋季开花，但在夏季养护时，必须排水良好，并尽量创造凉爽与通风的环境条件。若在9月于温室播种，则可从11月直到翌年春、夏均可开花。

2)扦插繁殖

可剪取带有3～5个芽的嫩茎作插穗，插于基质中，在10～15℃条件下很易生根，2周左右即可开花。

56. 美女樱

学名：*Verbena hybrida*

别名：四季绣球、铺地锦、草五色梅、苏叶梅、美人樱

科属：马鞭草科马鞭草属

(1)生态习性

原产南美洲的巴西、乌拉圭等地。喜温暖湿润的环境条件，较耐寒。不耐干旱，喜光照充足。对土壤要求不严，但以疏松、肥沃排水良好的中性及微碱性沙质土壤较为理想。能自播繁衍。

(2)繁殖方法

以播种繁殖为主，亦可扦插或压条繁殖。

1)播种繁殖

可春播或秋播。种子发芽较慢且不整齐，为提高发芽率，在播前需浸种半天，并在5℃条件下冷藏10天左右。种子嫌光性，播后需覆土，覆土厚度为种子直径的2～3

倍，浇水并保持土壤湿润，25℃条件下，2 周左右可出苗。秋播的幼苗于冷床上或低温温室越冬，翌年春晚霜过后定植于露地。

2）扦插繁殖

扦插繁殖需在气温稳定在 15℃以上时才能进行。一般于 5～6 月，选取稍硬化的新枝条，剪取 6～8cm 插于沙床或露地苗床，插后喷透水并遮荫，约 10 天左右可生根。或将节间生根枝条剪下分栽。冬季亦可在室内扦插。

57. 三色堇

学名：*Viola tricolor*

别名：蝴蝶花、蝴蝶梅、猫脸花、鬼脸花

科属：堇菜科堇菜属

（1）生态习性

原产欧洲。多年生草本，常作二年生栽培。喜阳光充足的凉爽环境，较耐寒，略耐半阴，怕高温和多湿。如果夏季炎热多雨则不能结实。要求肥沃湿润的沙质壤土，在瘠薄干旱的土壤，不能正常开花，品种显著退化。种子落地后能自行繁衍。

（2）繁殖方法

以播种繁殖为主，也可扦插或分株系繁殖。

1）播种繁殖

秋播于 8 月下旬至 9 月上旬在露地苗床或盆中进行，南方地区则可为 10 月上旬。为嫌光性种子，播后需覆土，厚度以不见种子为宜。18～20℃条件下，10 天左右可发芽。幼苗长出 2～3 片真叶时，可分苗移栽。入冬前移入冷床或低温温室，翌年春晚霜过后即可定植。春播可于 3 月播于冷床或加底温的温床中，但一般以秋播为宜，秋播花大而繁茂。若采种，则更宜秋播。从种子萌发至开花需 100～110 天。

三色堇种子为蒴果，待果皮发白后即可采收。第一批成熟的种子品质最好，以后随着高温多雨天气的到来，植株生长势变弱，花朵越来越小，种子大多数都干瘪而不能发芽。

2）扦插繁殖

如为供应秋季花坛栽种，可于 5～6 月剪嫩枝扦插，最好剪取植株基部萌发的短枝，老枝和开过花的枝条均不易生根。将插穗插入泥炭中，保持空气湿润，插后 15～20 天生根，成活率高。

3）分株繁殖

常在花后进行，将带不定根的侧枝或根茎处萌发的带根新枝剪下，可直接盆栽，并放半阴处恢复。

8 月下旬至 9 月上旬，先播入露地苗床，在 20℃条件下，10 天左右可出苗。幼苗经一次移植，入冬前移入冷床或低温温室，翌年晚霜过后定植。定植或上盆后，露地栽培的应每 5～7 天浇水一次，盆栽的应每天浇水。苗期浇水要适量，生长期应“见干见湿”，花期要保证水分充足，雨季注意排水。为供应秋季花坛使用，可在夏初嫩枝扦插，注意应剪根颈中央萌生出来的短枝扦插，老枝和开过花的枝条均不易生根。三色堇耐半阴，在北方干燥的气候和烈日下开花不良，应栽植在有树木遮荫或花带中。

同属的其他花卉：

紫花地丁（*V. chinensis*）、角堇（*V. cornuta*）、香堇（*V. odorata*）等。

58. 百日草

学名：*Zinnia elegans*

别名：百日菊、步步高、节节高、状元红、对叶梅、火球花

科属：菊科百日草属

（1）生态习性

原产墨西哥。生长势强，喜光照充足，较耐半阴。对土壤要求不严，但在肥沃而排水良好的土壤中生长最佳。生长适温为20～27℃，不耐酷暑，当夏季气温高于35℃时，生长势明显减弱，且开花少而小。从播种至开花约80～90天。

（2）繁殖方法

以播种繁殖为主，也可扦插繁殖。

1）播种繁殖

一般于3月末至4中下旬播种，如要提早育苗，则需在温床上进行。发芽适温为22℃，保持土壤湿润，4～5天即可发芽，发芽率在60%左右。种子具有嫌光性，播后应注意覆土。当幼苗长出2～3片真叶，即可移栽于露地。从播种至开花需70～80天。

百日草为异花授粉植物，杂交种子的后代变异较大，容易造成优良品种的退化，因此，留种母株应注意隔离，避免品种间杂交。

2）扦插繁殖

在6月中旬可结合摘心、修剪，选择健壮的侧枝，剪取10～15cm的一段嫩枝作插穗，摘掉下部叶片，留上部2枚叶，插入细河沙中，注意喷水，适当遮荫，大约2周以后即可生根。

当幼苗长出1片真叶时，可分苗移栽。当长至约6～8cm时，可进行定植。百日草的侧根较少，移植后恢复缓慢，因此定植时应在小苗时进行。当苗高10cm左右时，留2对叶片，进行摘心，促其萌发侧枝。当侧枝长到2～3对叶片时，留2对叶片进行第二次摘心，这样可使植株丰满，开花繁多。生长期间保持适当的水分供应，并追施2～3次磷、钾肥，以防倒伏。如肥料不足，则花朵小，且颜色暗淡。

同属的其他花卉有小百日草和细叶百日草，均为一年生草本植物，其繁殖方法与百日草相似。

第二节　多年生草本观赏植物繁殖技术

一、宿根花卉的繁殖方法

1. 乌头

学名：*Aconitum chinense*

别名：华草乌

科属：毛茛科乌头属

(1)生态习性

分布于中国长江中、下游以及越南等地。喜凉爽，较耐寒，不耐炎热；喜半阴和潮湿环境。要求肥沃、排水良好的沙质壤土，忌干旱。

(2)繁殖方法

1)播种繁殖

一般秋播较好，春播当年不易发芽，种子采收后必须保存于潮湿、低于5℃条件下贮藏6周。播种苗生长较慢，2~3年才能开花。

2)分根繁殖

宜在秋季进行，春季分根常生长不良。每块根可长出2~3个子根，每隔3~5年可分根一次，将老根茎挖出，分割后另行栽植即可。栽时要使芽部朝上，栽后覆土约10cm，并浇透水。株高30cm左右时可进行摘心，以控制植株的高度。生长后期可设立支柱，以防倒伏。

同属其他花卉有：北乌头(*A. kusnezoffii*)和瓜叶乌头(*A. hemsleyanum*)。

2. 广东万年青

学名：*Aglaonema modestum*

别名：亮丝草、大叶万年青、竹节万年青、粗肋草、粤万年青

科属：天南星科亮丝草属

(1)生态习性

原产中国和东南亚一带。喜高温多温和半阴环境。不耐寒，怕干旱，忌强光暴晒。

(2)繁殖方法

1)分株繁殖

于春季换盆时进行。植株从盆内托出，将茎基部的根茎切断，涂以草木灰以防腐烂，或稍放半天，待切口干燥后再盆栽。栽后浇水不宜过多。

2)扦插繁殖

以春、夏季为宜。选取长10~12cm粗壮的嫩茎做插穗，保留顶端2片叶，插入沙床，保持较高的空气湿度，室温25~30℃，插后20~28天生根。也可用水插，接穗可稍长，以15~20cm为好，直接插在盛清水的玻璃瓶内，每2天换水1次，约15~20天即可长出新根，根长3~4cm时盆栽。

在规模化生产中，将广东万年青茎节切成小段，但必须带节间，用新鲜水苔包扎起来放进育苗箱，保持20~25℃室温，约20~25天从茎节上生根萌芽。

同属常见的其他花卉有：银后粗肋草(*A.* 'Silver Queen')，别名银后亮丝草；白柄亮丝草(*A. commutatum* 'Pseudo Bracteatum')，别名金皇后万年青。

3. 蜀葵

学名：*Althaea rosea*

别名：一丈红、端午锦、熟季花、花葵

科属：锦葵科蜀葵属

(1)生态习性

原产中国。生长势强，喜光照充足，喜肥，较耐干旱，能耐寒。对土壤要求不严，

但喜深厚肥沃壤土，忌积水。能自播繁殖。

(2)繁殖方法

以播种繁殖为主，对殊优良品种可用扦插、分株或嫁接法繁殖。

1)播种繁殖

春、秋皆可播种，北方地区以春播为主；南方地区则一般采用秋播，9月初播于露地苗床，发芽迅速整齐。一般不耐移栽，宜直播或用营养钵育苗。嫌光性种子，播后覆土约0.5cm，浇透水并保持土壤湿润，在15～20℃条件下，约经2周即可出苗。发芽率50%左右。

2)扦插繁殖

一般在秋季凉爽时进行。扦插选用老干基部萌发侧枝，长约7～8cm，去掉下部叶片，保留上部2对叶片，插于盆内或扦插床上。基质可用珍珠岩、蛭石、泥炭及粗河沙等配制。插前用0.005%～0.01%浓度的萘乙酸水溶液浸泡插穗基部24小时，可促进生根。插时可用竹签或竹筷事先插孔，然后再将插穗轻轻插入，深度为插穗长度的2/3，基质上面留1～2个节即可。插后用手轻轻压一下，使插穗和基质充分接触，最后用喷壶把水喷透。进行适当遮荫并经常进行喷水，保持一定的空气湿度，但如果气温高达25℃以上时，要加强通风透气，扦插7～10天后，早晚要进行弱光照射，促进生根。一般3周左右即可生根。扦插时间自花后直至冬季，但冬季扦插时需要底面加温。

3)分株繁殖

于4月初或9～10月进行。将多年生丛生根挖出，将根冠上所长的嫩枝带根切取分栽，一般每丛留2～3个芽。

4)嫁接繁殖

可在春季用鞍接法，将小接穗嫁接于强健播种苗根颈处。

4. 花烛属

学名：*Anthurium*

科属：天南星科花烛属

(1)生态习性

喜温暖、湿润的环境。观花品种要求光线充足，但不直晒；观叶品种要求半阴或荫蔽的环境且温度稍高。花烛原产南美热带雨林地区，对温度要求较高，生长适温为20～30℃，冬季温度不低于15℃，低于15℃则形成不了佛焰苞，13℃以下出现冻害。因此，花烛需高温温室栽培，一般日光型温室和大棚栽培比较困难。

(2)繁殖方法

1)分株繁殖

分株繁殖主要用于观花品种。春季选择3片叶以上的子株，从母株上连茎带根切割下来，用水苔包扎移栽于盆内，经20～30天萌发新根后重新定植于15～20cm盆内。

2)扦插繁殖

对于叶片不旺盛的植株或直立性有茎的花烛品种可采用扦插繁殖，去掉叶片，保留芽眼，剪取带1～2个茎节茎段作插穗，插于泥炭藓和河沙混合的基质中，全部覆盖，加地温25～35℃，2～3周即可生根发芽，萌发新根后则可定植盆内。

3)播种繁殖

花烛种子较大，采用室内盆播，发芽适温为25～28℃，播后20～25天发芽。播种苗需培育3～4年才能开花。

4)组培繁殖

以叶片、芽、叶柄为外植体，经消毒后接种在添加6-苄氨基腺嘌呤1mg/L的MS培养基上，形成愈伤组织，再转移到添加6－苄氨基腺嘌呤3mg/L的MS培养基上，有65%形成小苗。一般液体培养基比固体培养基好，生根快。

常见栽培的种有：安祖花(*A. scherzerianum*)，别名火鹤花、猪尾花烛；红鹤芋(*A. andraeanum*)，别名大叶花烛、哥伦比亚花烛、哥伦比亚安祖花、红掌。水晶花烛(*A. crystallinum*)，晶状安祖花。

5. 耧斗菜

学名：*Aquiligia vulgaris*

科属：毛茛科耧斗菜属

(1)生态习性

原产北温带。性强健而耐寒，华北及华东等地区均可露地越冬。喜富含腐殖质、湿润而排水良好的沙壤土。对夏季高温适应性较差，在半阴处生长及开花较好。忌积水。

(2)繁殖方法

分株或播种繁殖。

1)分株繁殖

分株应在早春发芽以前或晚秋落叶后进行。一般结合换盆，将母株分成数丛，每丛3～4株，另行栽植即可。

2)播种繁殖

播种繁殖春、秋两季均可进行。早春2～3月可于温室盆播，4月可在露地直播；5～6月播种则次年开花较多；7～8月露地育苗时应以苇帘遮荫，若9月播种，植物尚未进行充分生长天气便转凉，因此次年着花较少，一般仅有30～40开花。播前用50～60℃的温水浸种，播后保持15～22℃，约30～40天可出齐苗。当苗长出3～4片真叶时可分苗移栽。

6. 丽蚌草

学名：*Arrhenatherum elatius* var. *tuberosum* f. *variegatum*

别名：银边草、块状燕麦

科属：禾本科燕麦草属

(1)生态习性

生性强健，耐寒性强，也耐干旱。对土壤要求不严。盛夏季节，地上部分枯萎而进行休眠。9月初再次萌芽生长。

(2)繁殖方法

分株繁殖

一般于春季3~4月初或9月休眠后进行。将老株挖起后进行分离，每丛应带有2~3个新芽，同时将念珠状地下茎也一起分离，另行栽植即可。每年应对老株进行修剪，叶片不要过长，当地下茎露出地面后应及时培土。栽培过程中施肥过多或过度缺肥时，均会使叶片白斑消失，呈现绿色，影响观赏效果。

7. 文竹

学名：*Asparagus plumosus*

别名：云片竹、芦笋山草

科属：百合科天门冬属

(1)生态习性

原产南非。性喜温暖、湿润及半阴的环境。不耐寒，不耐干旱，要求疏松肥沃、排水良好的沙质壤土。

(2)繁殖方法

1)播种繁殖

种子的寿命较短，约为1年，因此，宜在采后立即播种。播前用温水浸种1昼夜，播后覆土0.5cm，并覆盖塑料薄膜保温，种子发芽迟缓，20~25℃条件下，20~30天发芽。当苗长到4~5cm时进行移植，8~10cm时可上盆。

2)分株繁殖

种植4~5年的大苗，可在春季结合换盆进行分株。盆栽用土为壤土、厩肥和腐叶土各一份等量混合，并加适量磷、钾肥。分株上盆后应注意遮荫，避免阳光直射，保持较高的空气湿度。夏季需遮荫，冬季移入温室，室温不低于8℃，低于3℃时则会死亡。

8. 一叶兰

学名：*Aspidistra elatior*

别名：蜘蛛抱蛋、箬叶

科属：百合科蜘蛛抱蛋属

(1)生态习性

原产于我国华南、西南、台湾。适应性强，喜温暖湿润及半阴的环境。耐阴性及耐寒性较强，被称为“铁草”，忌强烈直射，可长期于室内阴暗处养护，盆栽0℃不受冻害，室外能耐-9℃低温。对土壤要求不严，以疏松、肥沃、排水良好的沙质壤土生长更好。

(2)繁殖方法

1)分株繁殖

盆栽两年以上的丛生植株，基部会萌发出很多蘖芽，可于早春新芽萌发之前结合换盆时进行。将老株从盆内倒出，剔除附土，剪去枯老根和病残叶，以5~6片叶为一丛分割，另行栽植即可。要注意分株的叶片不能太少，否则分株后生长不良，难于成型，影响观赏效果。栽好后要浇透水，置于荫蔽处。每天向叶片喷2次水，保持一定的土壤湿度和空气湿度。夏季注意遮荫，冬季于室内栽培。每月施肥一次，注意防治盾蚧危害叶片。

2）播种繁殖

一叶兰的种子于秋季成熟，有温室条件的可于冬季播种。否则可将种子贮藏，于第二年4月中旬再播。苗床可用播种箱或浅盆，播种基质可用腐叶土和沙质菜园土等量混合，经高温消毒后待用。播种时将种子均匀撒播在苗床，覆细土1～2cm，用浸盆法供水，播完后要在播种箱或盆上覆盖玻璃，以保持土壤湿润。然后将苗床置于温暖荫蔽处。幼苗出土后，要及时掀去玻璃，逐渐增加光照，开始以散射光照为宜，透光度为50%左右较佳。当幼苗长出真叶后，可进行分苗并加强水肥管理，当长出3～4片真叶后，便可分株，定植在大小适宜的盆中。

9. 荷兰菊

学名：*Aster novi-belgii*

别名：老妈散

科属：菊科紫菀属

（1）生态习性

原产北美。耐寒性极强，在我国北方大部分地区可安全越冬。喜阳光充足及通风良好的环境条件，对土壤要求不严，但在湿润肥沃的沙质壤土生长繁茂。

（2）繁殖方法

1）播种繁殖

播种期为3月中下旬，采用盆播或温床播种，18～22℃，约1周可以发芽，当苗高6～8cm时进行移栽，4月中旬定植，但播种苗不易保持原品种的特征特性，需严格选种。

2）分株繁殖

可于春、秋两季进行。一般是在初春母株刚长出丛生叶后进行。挖出越冬的地下根，用刀分割成几块，另行栽植即可，成活率较高。

3）扦插繁殖

多于5～6月进行，多年生植株在初春萌生出大量分芽，可用刀将细嫩的枝条切取下来作插穗，插于珍珠岩、蛭石或洁净的河沙中，保持20℃以上的温度，适当遮荫，2周左右可生根。若为国庆布置花坛，则可在7月下旬至8月下旬进行扦插。

10. 紫菀

学名：*Aster tataricus*

别名：青菀

科属：菊科紫菀属

（1）生态习性

喜阳光充足、通风良好的环境条件，较耐寒。要求湿润、排水好的肥沃壤土，忌夏季干燥。

（2）繁殖方法

1）分株繁殖

在春、秋均可进行，将从老株根迹处所长出的萌蘖切下来分栽，每丛应带有2～3个芽。

2）扦插繁殖

多在5～6月进行，取细嫩的枝条作插穗，在沙床上进行扦插，18℃条件下2周左右可以生根移栽。

3）播种繁殖

于3月下旬用盆播或温床育苗，发芽适温18～22℃，约1周可以发芽，当苗高6～8cm时进行移栽，4月中旬定植，但播种苗不易保持原品种的特征特性，需严格选种，一般较少使用。

11. 落新妇

学名：*Astilbe chinensis*

别名：升麻、金毛三七

科属：虎儿草科落新妇属

（1）生态习性

原产中国，分布东北、华北、华中、华东等地。性强健，耐寒，自然界多生于疏林下湿润处、路边草丛、溪下、林缘等处。喜半阴和腐殖质丰富的微酸性或中性土壤，也耐轻碱地。

（2）繁殖方法

1）播种繁殖

以播种繁殖为主。春、秋均可，但以春播为宜。种子最适发芽适湿为25～30℃。种子有休眠现象，可用250mg/L赤霉素或500mg/L丙酮液处理，能打破部分种子的休眠。将种子与细沙混合，均匀撒播，覆浅土，保持湿润。当幼苗长至2～3cm时，及时移植到半阴、湿润的环境中。当苗长至5cm时，可定植，株行距为6cm×15cm，栽后要经常浇水，保持土壤湿润，每2～3周施一次淡肥，第二年即可开花。

2）分株繁殖

将植株挖出，剪去地上部分，每丛带有3～4个芽，另行栽植即可。栽植时要选择有遮荫处或搭设荫棚，栽前可施些堆肥、油粕等作基肥。栽后要及时松土，并保持土壤湿润。一年可分2次施肥，以腐熟的有机肥为主。一般分株后第二年可开花。

12. 银星秋海棠

学名：*Begonia argenteo-guttata*

别名：麻叶秋海棠

科属：秋海棠科秋海棠属

（1）生态习性

原产巴西。是秋海棠中较耐寒的种类之一，夏季生长适温为25℃，忌强光直射，宜稍加遮荫。冬季生长适温为15℃，需阳光充足。生性强健，不择土壤，生长良好。在华东及北京地区均可露地越冬。

（2）繁殖方法

扦插繁殖

四季均可，但一般以5～6月效果最佳。选择生长健壮的嫩枝作插穗，剪取长约15～18cm，带有2～3个芽，在枝条节的下部剪断，摘除下部叶片，仅保留顶部1～2

片新叶。插入洁净的河沙中，株行距为 8cm × 8cm。插后要适当遮荫，用细喷壶喷雾，保持 21 ~ 23℃的温度条件，约 20 ~ 22 天可生根，30 ~ 35 天可进行定植或盆栽。

13. 四季秋海棠

学名：*Begonia semperflorens*

别名：瓜子海棠

科属：秋海棠科秋海棠属

(1) 生态习性

喜温暖、不耐寒，生长适宜温度 20℃左右，10℃以下生长缓慢。喜稍阴湿的环境和湿润的土壤，忌夏季阳光直射。不耐干旱，也忌积水。花期长，开花不受日照长短的影响，只要温度条件适宜，四季开放。

(2) 繁殖方法

1) 播种繁殖

四季海棠易得到大量种子，且发芽力较强，一般多采用此法。四季均可播种。但以 12 月至次年 1 月最宜。因此期于温室内播种，温度及湿度条件易于控制，幼苗生长良好。盆土用腐殖土 1 份、砻糠灰 1 份、园土 1 份加少量过磷酸钙混合，用细筛筛过，消毒后备用。因其种子细小（1g 有 2 万粒），发芽力较强，故播种时不宜过密，播种后一般不覆土，将盆土浸湿，盖上玻璃，置半阴处保持一定湿润，22℃条件下，1 周后可出苗。出苗后应增加光照及通风透气，当长出 1 ~ 2 片真叶时，可进行分苗，株行距 3cm。

2) 扦插繁殖

扦插繁殖一年四季皆可进行，最好冬季在温室内进行，春、秋也可，但夏季扦插容易腐烂。选取粗壮至少带有 2 ~ 3 个芽的嫩枝作插穗，切口靠近节下，切口平滑，插于河沙中，置于蔽阴处，经常喷水保持湿润，20℃条件下，2 ~ 3 周可生根。生根后应逐渐增加光照，一个月以后即可上盆。也可用叶片进行扦插，一般在 5 ~ 6 月，采成熟的叶片，留叶柄 1 ~ 2cm，将叶片边缘剪掉，以减少蒸发，然后插于素沙中，叶片大部分露在外部，插后 20 ~ 25 天生根，2 个月后上盆。扦插繁殖植株分枝性差，长势较弱，一般多用于不易结实的重瓣品种。

3) 分株繁殖

分株繁殖一般结合春季换盆时进行，将母株分割成几个新株，伤口处涂以草木灰或木炭粉，防止腐烂，待伤口稍干燥后栽植。此法使用较少。

如需大规模生产，可用叶片作为外植体进行组培繁殖。

14. 射干

学名：*Belamcanda chinensis*

别名：扁竹兰、蚂螂花

科属：鸢尾科射干属

(1) 生态习性

原产中国及日本。性强健。在自然界多野生于山坡、田边、疏林之下甚至石缝间。耐寒性强，喜干燥。对土壤无严格要求，喜排水良好及阳光充足之地。

(2)繁殖方法

1)分株繁殖

多采用分株繁殖。春天分株，于3～4月将根茎刨出，选择无病虫害、色鲜黄的根状茎，按自然分枝切割根茎，每段根茎带有少量根系及1～2个幼芽，切口稍干后即可栽种，在畦内按株行距9cm×20cm开6cm深的穴，每穴放1株，芽头向上，埋土压实，约10天出苗，当苗高3cm时可松土除草。在春季萌动后及开花前后可略施薄肥，以促进开花。

2)播种繁殖

播种繁殖可春播或秋播，春播在3月初进行，秋播在9～10月进行。在畦内按行距20cm开浅沟3cm深。种子与5倍的细沙混合均匀，按播种量20kg/hm^{2}均匀地撒入浅沟内，覆细土盖平，稍镇压即可。射干种子萌发需要变温条件，用5～10℃低温潮湿预处理120天发芽率可达85%。春播需要对种子进行处理，一般于11月下旬，将种子与5倍的湿细沙混合均匀，装入透气袋内埋在背阴土坑中越冬。翌春化冻后取出放在室内或地窖里，保持湿润，待种子开始露白时播入大田，播后2周才能发芽，当幼苗长到3～4片真叶再行定植，按株距8～10cm定苗。播种苗第三年可开花。种子发芽率可保持2年。

15. 水塔花

学名：*Billbergia pyramidalis*

别名：女王泪、垂花凤梨、红笔凤梨、红藻凤梨、水槽凤梨

科属：凤梨科水塔花属

(1)生态习性

原产南美巴西。性喜温暖、荫蔽环境，耐半阴。不耐高温、严寒及夏季强光照射。适宜生长的室内温度全年在16℃以上，冬季不低于10℃。能忍耐短时间的低温。

(2)繁殖方法

水塔花主要分蘖芽繁殖。

水塔花分芽，宜在春季3～4月结合换盆进行。具体做法是：将母株从盆中全盘托出，用利刀削取新萌发的蘖芽，切口要光滑，以利于伤口愈合。用草木灰涂抹蘖芽和母株的伤口，并置于荫蔽通风处，待伤口干燥后分别栽植。刚分栽的蘖芽，用盆不宜过大，一般以刚容下植株略有空隙即可。基质可用洁净的河沙，但需进行消毒。栽培深度以固定住蘖芽为度，栽培过深，生根缓慢。新栽的蘖芽比较细嫩，水分含量较多，又没有根系，不能立即吸收水分，因此不能于栽后浇透水，而只在叶面和盆土表面喷水即可，也可以在花盆四周洒水，以增加空气湿度，保持蘖芽不萎蔫即可。

蘖芽栽植后，应置于遮荫的通风处，温度控制在22～25℃。约10～15天后，蘖芽的基部可产生愈伤组织，此时可每天向叶面喷水。20天后，其基部有根原基出现，这时，可增加供水量，同时逐渐增加光照，促进生长。

16. 吊兰

学名：*Chlorophytum elatum*

科属：百合科吊兰属

(1)生态习性

性喜温暖湿润及半阴的环境条件。生长期间适温为20℃左右，冬季室内温度不得低于5℃，喜疏松肥沃的沙质壤土，冬季宜阳光充足。

(2)繁殖方法

1)播种繁殖

吊兰开花后可结少量种子，春、夏、秋均可播种，多采用点播法，管理简便。

2)分株繁殖

温室条件下一年四季均可进行。一般于春季出室前，结合换盆进行，将过密的根状茎分开，重新栽植。

3)匍匐茎繁殖

吊兰的匍匐茎上长有大量幼株，无论幼株有无气生根，剪下来重新栽植均可成活。

另外还可用种子萌发的无菌幼苗和叶片作为外植体进行组织培养繁殖。

吊兰冬季于温室内栽培，夏季宜在室外荫棚下养护，避免夏季阳光直射，生长期间需充足的水肥，栽培管理比较简单。

17. 除虫菊

学名：*Chrysanthemum cinerariaefolium*

别名：白花除虫菊

科属：菊科菊属

(1)生态习性

原产南斯拉夫。性喜温暖、向阳、湿润，适应性较强，在寒冷及干燥的地方均能生长。人工栽培宜选用土层深厚、疏松肥沃、排水良好的沙质壤土，黏重或过于潮湿的水渍地不宜种植。

(2)繁殖方法

以播种繁殖为主，也可以进行分株繁殖。

1)播种繁殖

采种应选生长健壮、花朵大、开花早、无病虫害的优良单株，培养成采种母株。6月下旬种子成熟时选晴天早晨采摘，晒干或阴干后脱粒，单独存放。

春、秋播均可。种子发芽适宜温度为18℃。保持一定湿度，播后1周即可出苗，一般需半月才能出苗。由于除虫菊种子寿命较短，隔年种子发芽力显著降低，因此播种时应注意选用当年生新鲜、生命力强的种子。秋播可于9月下旬至10月上旬直接用干种子撒播；春播可于3月下旬至4月上旬进行，通常采用育苗移栽。播种前，苗床应施足基肥，肥、土要充分拌匀，稍加踏实、整平、浇透水；种子要先放进清水中浸泡24小时，使其充分吸水膨胀后，取出晾干，与草木灰或细沙混拌均匀，然后均匀撒入畦面。播后覆一薄层细土，以不见种子为宜，并覆草或玉米秸以保湿。10～15天后，即可出苗，出苗后撤掉覆盖物。苗高5～6cm时间苗、松土、除草，并用0.5%的尿素液喷洒小苗，每10天一次，连喷3次。当苗高10cm左右时，可按株行距35cm×40cm定植，栽后浇足定植水。

2)分株繁殖

可于秋季植株略有枯萎或早春植株尚未发芽时进行。将生长健壮、无病虫害的母株挖出，除去残叶和枯根，按其自然形状分开，根据植株的生长年限及大小分为几株，每株需带一定须根。按株行距 35cm×40cm 挖穴定植，穴深 18～20cm，每穴施入厩肥约 0.5kg，每穴一株。用细土填至与畦面平齐，压紧，浇足定植水。

另外，也可进行嫩枝扦插。

18. 铁线莲类

学名：*Clematis* spp.

科属：毛茛科铁线莲属

(1)生态习性

喜冷凉，较耐寒。喜基部半阴、上部光照较多的环境条件。要求肥沃、排水较好的黏质壤土，大多数喜酸性和中性土，少数喜微碱性土，忌积水及夏季干旱。适应性较强，生长旺盛。

(2)繁殖方法

通常用扦插、嫁接和压条繁殖，亦可用播种或分株繁殖。

1)扦插繁殖

扦插繁殖于 5～8 月进行，剪取当年新生枝条作插穗，具 2 个节，于节下 2cm 处切断，将切口在 1 万～5 万倍吲哚丁酸中浸泡 2～3 小时可以促进生根，扦插用土多用园土加 30%珍珠岩较适，于半阴条件下，约 3～4 周可生根。

2)嫁接繁殖

嫁接多于 2～3 月在室内进行，一般以一些强健种的根做砧木，选粗壮的根，长约 15～20cm；接穗带有一个节即可，在节下 2cm 处切断，用劈接法进行嫁接，接好后用苔藓绑扎处理，置于室内精心管理。

3)压条繁殖

压条繁殖多于生长季进行，一般适用于藤本类，待生根成活后，再与母株分离，另行栽植即可。

4)播种繁殖

播种繁殖一般用于新品种培育。秋播，9～10 月较宜。春播要经沙藏处理后次年春播。因种类不同，需经 1～2 个春化阶段才能发芽，有些种类 20℃下 1～2 周可发芽，如黄花铁线莲、棉团铁线莲、辣蓼铁线莲等；一般种子在 30℃下冷藏 40 天，发芽较整齐，或用 1000mg/L 的赤霉素或丙酮液处理 2～4 小时，则 1 个月后有 50% 发芽。

常见种类有：铁线莲(*C. florida*)，别名番莲；毛叶铁线莲(*C. lanuginose*)；杰克曼氏铁线莲(*C. jackmani*)；转子莲(*C. patens*)；辣蓼铁线莲(*C. terniflora* var. *mandshurca*)。

19. 君子兰

学名：*Clivia miniata*

别名：剑叶石蒜

科属：石蒜科君子兰属

(1)生态习性

原产南非。喜温暖、湿润及半阴的环境。性不耐寒，忌炎热，温度高于 30℃易徒长，低于10℃生长缓慢，低于5℃休眠，0℃时则受冻害。生长期应保持环境湿润，但忌积水。冬季应于温室栽培，清明后出室于荫棚下养护。叶寿命2～3年，植株寿命20～30年。

(2)繁殖方法

1)播种繁殖

君子兰为异花授粉植物，须经人工授粉才能结实。为了得到优良种子，首先要选择优良母株，并在君子兰3～4月开花期间进行人工辅助授粉。人工辅助授粉，每天至少进行3次，具体方法是用新毛笔将花粉蘸到雌蕊上。授粉后8～9个月种子成熟。10～11月果实成熟时，剥开果皮，取出其中乳白色的种子，避免阳光照晒，置于通风透光处10～15天，使种子完成后熟。君子兰种子无休眠期，可立即点播于盛有素沙土的浅盆内，覆土厚度为种子直径的1～2倍。播完后，将浅盆放在室温为20～25℃的室内，使盆土经常保持湿润；如果土壤水分不足，可以用喷壶喷水。播后半个月长出胚根，1个月出苗，出苗后应适当控制水分，并给予充分的光照，播后第一年长出2片子叶，待长出3片子叶时即可上盆定植。

2)分株繁殖

君子兰分株繁殖，是一种应用比较广泛的繁殖措施。在适当的时候把君子兰假鳞茎和根部连接处发出的腋芽从母体上切离下来，进行离体培养。君子兰的适应性和再生能力都比较强，一盆成龄君子兰，往往一年能发出几株，甚至十几株腋芽小苗。分株方法较简单，可于春季进行，一般是在植株开花之后，于4～5月间换盆之际，将母株根颈处萌发的15cm以上的分蘖苗分离，上盆栽植即可。分株时，粗壮的小株可以每盆栽一株；弱小的植株，可以每盆分栽2～3株。分株时所用花盆的大小，应根据植株的大小而定。分株后生长较慢，需2～3年才能开花。

20. 姬凤梨

学名：*Cryptanthus acaulis*

别名：紫锦凤梨、小凤梨

科属：凤梨科姬凤梨属

(1)生态习性

原产巴西。性喜温暖、适度干燥和有散射光的环境条件，耐旱，能耐30℃的闷热高温，5℃以上低温环境能短时忍受，具有较强的适应能力。

(2)繁殖方法

1)播种繁殖

姬凤梨需人工授粉后才能结实，盆播一般在4～5月进行，播种用土要求微酸性，采用撒播法。在25℃条件下，保持土壤湿润，播后约3周发芽。用种子播种的实生苗，生长比较缓慢，春季播种的幼苗，秋季才能分栽，种植于10～12cm的小盆中，冬季于温室内养护。一般需要3～4年才能成熟开花。

2)分株繁殖

分株多在5～9月进行，植株花谢后，从基部萌发出子株，待子株生长与母株大小相同时，可用利刀切取另行盆栽。切后的母株和子株的伤口均要用草木灰涂抹，以防止腐烂。切下的子株要置于通风荫蔽处，待刀口干缩后再进行分栽。栽培基质可用经过消毒处理的素沙土。株行距为6cm×6cm，栽后5~7天以内用细喷壶向叶面和土表面喷水，7~10天后可喷透基质。在25~28℃的温度下，约半个月子株即可生根。30~40天后可按正常的养护方法进行管理。

3)组织培养

可用姬凤梨的芽进行组培繁殖。

21. 菊花

学名：*Dendronthema morifolium*

别名：黄花、节花、节华、秋菊、鞠、治蔷、金蕊

科属：菊科菊属

(1)生态习性

菊花的适应性很强，喜凉，耐寒，生长适温18~21℃，最高32℃，最低为10℃，地下根茎耐低温极限因品种而异，一般为-10℃。喜阳光充足，但也稍耐阴。较耐干，忌低洼积涝，忌连作。喜地势高燥、深厚肥沃、排水良好的沙质壤土。在微酸性至中性的土壤中均能生长，以pH值5.2~6.7较好。

(2)繁殖方法

可进行扦插、分株、嫁接、播种、压条及组织培养繁殖

1)扦插繁殖

菊花以扦插繁殖为主。扦插时期不严格，一般有春扦、伏扦、秋扦之分，一般多在4~5月进行。菊花的扦插可分嫩枝插、芽插和叶芽插。

①嫩枝插

嫩枝插的适宜时期为4~5月。选择生长健壮、花色好的品种作为采穗母株，剪取新梢8~10cm作为插穗，用刀片将伤口剪平，去掉下部叶片，仅保留上部2~3片叶，将枝条插入清洁河沙或蛭石中，株行距为8cm左右。插后立即浇水，适当遮荫，避免日光直射。最适温度为18~21℃，扦插3~4天后浇1次透水。1周后每天傍晚浇水1次，应掌握在既不缺水，又不过湿。插后10~20天即可生根成活。全光照喷雾扦插，不需遮荫。

②芽插

于秋冬季剪取植株外部脚芽进行扦插。选择距离植株较远的脚芽，其芽头丰满。剥去下部叶片，然后扦插，株行距为4~5cm，插在蛭石或粗沙苗床上，保持7~8℃，次年3月定植。

③叶芽插

从枝条上剪取1枚带有腋芽的叶片进行扦插。此法成活率较低，应用较少，仅用于珍贵品种的繁殖。

2)分株繁殖

在3~4月，将植株挖出，依根的自然形态带根分开，另行栽植，株行距30cm×40cm。由于带有须根，成活率极高，是较常用的一种方法。

3)嫁接繁殖

菊花嫁接常用于培育塔菊、盆菊和大立菊。一般在5月进行，以黄蒿、青蒿或白蒿为砧木进行嫁接。秋末采蒿种，冬季于温室播种，或3月在温床育苗，4月下旬苗高3～4cm时移入盆中或田间，于5～6月在晴天进行嫁接。接时将砧木离地7～8cm处截断纵剖为二，以左右斜削成楔形的接穗插入，使砧木与接穗密接，接合部周围用马蔺或塑料条扎紧，遮荫，经10～14天，接合部位愈合后去掉马蔺或塑料条。

4）播种繁殖

菊花采收种子比较困难，只有在培育新产品时才用此法。种子于冬季成熟，采收后晾干保存。于3月中下旬至4月初播种，以沙质土为好，播前将土湿透，播后覆一层极细的沙土，过2～3周种子便发芽，然后进行培养。实生苗初期生长缓慢。

5）压条繁殖

一般很少使用，仅在繁殖芽变部分时才采用。

6）组织培养繁殖

组织培养繁殖菊花具有用材少、成苗量大、脱毒、去病及能保持品种的优良特性等优点。其茎尖、叶片、茎段、花蕾等部位均可用作组织培养的外植体，通常采用未展开的直径0.5～1cm的花蕾作外植体，易于消毒处理，分化快；茎尖培养分化慢，常用于种苗脱毒。

22. 香石竹

学名：*Dianthus caryophyllus*

别名：康乃馨、麝香石竹、丁香石竹

科属：石竹科石竹属

（1）生态习性

香石竹原产南欧、地中海北岸、法国到希腊一带，现在世界各地广泛栽培。为多年生常绿亚灌木植物，作宿根栽培。性耐寒，不耐酷暑，喜肥沃、疏松及排水良好的土壤。

（2）繁殖方法

1）播种繁殖

播种多在秋冬季于温室内进行。床土要疏松肥沃，过筛消毒，装入消毒的育苗盘上，浇足底水，撒播，覆土0.5cm左右，然后覆盖地膜或玻璃，置于温暖向阳处，温度保持在15～25℃左右，1周出齐苗，齐苗后立即撤去地膜或玻璃，进行通风降温，并逐渐进行阳光照射。当有1对真叶时移入塑料育苗钵中培育成苗，2～3个月后可移植在花盆中，在温暖的地方可假植在阳畦内养护，春季定植于露地。

2）扦插繁殖

香石竹主要用扦插繁殖。除炎夏外，其他时间都可以进行。其中露地4～6月及9～10月为适宜扦插时期；温室1～4月和9～11月为适宜扦插时期，尤以1月下旬至2月上旬为最好。

扦插基质可用素沙土、珍珠岩、沙土加细炉灰、泥炭土加珍珠岩等。一般用3份泥炭土和7份珍珠岩混合，效果较好。插穗宜选用植株中部生长健壮侧枝，1月扦插的插条选节间1cm左右的、3～4月选2cm左右的，插条长8～10cm。不用基部和顶端侧枝扦插。插条除留顶端3片叶外，其余叶片摘除，然后将插条浸泡于水中，使插条吸足水分，生长点硬起来后扦插，或采后立即扦插。为提高扦插成活率可用浓度为0.5%的萘乙酸加浓度为0.5%的吲哚丁酸浸沾插穗基部，也可用生根粉处理。

扦插株行距4cm×4.5cm，深度为插条长度的1/3。扦插时可先用洁净的竹签或竹筷打孔，然后再插入插穗。插后立即浇水，并适当遮荫，土壤和环境要保持湿润，每半小时进行一次雾状喷水，叶片要经常处于湿润状态，但夜间停喷。喷水只能喷在插穗上，基质不宜过湿，防止插穗腐烂。基质温度控制在21～28℃，低于20℃时要进行加温。15～20天后伤口能产生愈全组织，20～30天能长出新根。扦插苗生根发新叶后，就可以移入容器中培育成苗，移植时不可栽得过深。如用大龄苗定植，在苗期进行摘心，在第4对叶以上处摘心，留2个侧枝。

3)组培繁殖

为去毒可采用组织培养方法培育新苗。培养基用MS，加入0.2～1mg/L浓度的萘乙酸和0.5～2mg/L浓度的6—苄基腺嘌呤。以幼嫩的芽尖为外植体，取0.2～0.5mm茎尖，用刀切下。将茎尖接种在培养基上，3天后颜色转绿，3～4周茎尖生长，7周后形成丛生株，然后分割移到新鲜培养基上扩繁培养，苗高2～3cm时再移入大量元素减半的MS培养基上，培养20天左右可生根，经驯化后出瓶移栽。

23. 荷包牡丹

学名：*Dicentra spectabilis*

别名：兔儿牡丹

科属：罂粟科荷包牡丹属

(1)生态习性

原产中国北部和日本。性耐寒而不耐夏季高温，耐半阴，不耐高湿、干旱。喜湿润和含腐殖质的壤土，在沙土及黏土中生长不良。春季萌动较早，早春4～5月即可开花。花后至7月间茎叶渐黄而休眠。喜侧方遮荫，忌日光直射。

(2)繁殖方法

1)分株繁殖

以分株为主，春季当新芽开始萌动时进行最宜，但也可在秋季进行。春季分株的苗当年可开花。分株时应注意不要挖伤地下部的半肉质根茎。将根掘起后，去掉腐烂部分，用利刀切成数块进行分栽，每块带有3～4个芽，株行距为40cm×80cm，栽后充分浇水。一般3～4年分株一次。

2)扦插繁殖

多在3月下旬，新芽长出7～10cm时，剪取插穗，进行扦插，插后喷水，适当遮荫，约1个后可生根。也可于花期剪去花蕾进行枝插，插床用沙质壤土或河沙均可。或利用分株时的断根进行根插。根插时每段上要有芽眼。

3)播种繁殖

用种子繁殖，可秋播或层积处理后春播，实生苗三年可以开花。

同属栽培的其他花卉有：加拿大荷包牡丹(*D. canadensis*)、兜花荷包牡丹(*D. cucullaria*)、异种荷包牡丹(*D. eximia*)、美丽荷包牡丹(*D. formosa*)、大花荷包牡丹

(*D. macrantha*)

24. 黛粉叶

学名：*Dieffenbachia picta*

别名：花叶万年青

科属：天南星科花叶万年青属

(1)生态习性

原产巴西。性喜高温多湿环境，冬季温度不低于15℃，不耐寒，容易受冻害，耐半阴，忌强光直射，要求疏松、肥沃和排水好的土壤。

(2)繁殖方法

扦插繁殖

一般在7～8月高温期进行扦插，可把失去观赏价值的老株的茎剪下，剪成10cm的小段，插入素沙中，插后1个月生根，待生根发芽后上盆定植。也可剪取茎的顶端7～10cm，切除部分叶片，以减少水分蒸发，然后插入素沙中或用水苔包扎切口，保持高湿，1个月后生根发芽。生根的适宜温度为20～24℃。

25. 松果菊

学名：*Echinacea purpurea*

别名：紫松果菊

科属：菊科松果菊属

(1)生态习性

原产北美。喜凉爽、湿润和阳光充足环境。耐寒，也耐半阴，怕积水和干旱。宜肥沃、疏松和排水良好的微酸性土壤。冬季温度不得低于－5℃。

(2)繁殖方法

1)播种繁殖

4月春播或9～10月秋播均可。发芽适温20～25℃，播后20～22天发芽，经1～2次移苗后定植，株距50～60cm。4月播种，正常管理，当年可开花。秋季播种，可于翌年5月开花。

2)分株繁殖

分株繁殖早春或秋末进行，恢复快，成活率高。

26. 网纹草

学名：*Fittonia verschaffeltii*

别名：费通花

科属：爵床科网纹草属

(1)生态习性

原产南美秘鲁。喜高温多湿和半阴环境。

(2)繁殖方法

1)扦插繁殖

在适宜温度条件下，全年可以扦插繁殖，以5～9月温度稍高时扦插效果最好。从长出盆面的匍匐茎上剪取插条，长10cm左右，一般需有3～4个茎节，去除下部叶片，稍晾干后插入沙床。插穗温度在 24～30℃时，插后 7～14 天即可生根。若温度过低，插条生根较困难。一般在插后 1 个月可移栽上盆。

2）分株繁殖

对茎叶生长比较密集的植株，有不少匍匐茎节上已长出不定根，只要匍匐茎在 10cm 以上带根剪下，都可直接盆栽，在半阴处恢复 1～2 周后转入正常养护。

3）组培繁殖

常以叶片和茎尖作外植体。消毒灭菌后叶片切成 8～10mm 长，接种到 MS 培养基加 6-苄氨基腺嘌呤 2mg/L、萘乙酸 2mg/L 和 2,4-D 1mg/L 培养基上，30 天后叶片弯曲，再过 20 天长出丛生芽。将丛生芽切割后移入 1/2MS 培养基加萘乙酸 0.1mg/L 培养基上，约 1～2 周长出不定根，形成完整植株。

27. 勋章花

学名：*Gazania rigens*

科属：菊科勋章花属植物

（1）生态习性

原产非洲南部。喜温暖、湿润和阳光充足环境。好低温，不耐冻，忌高温、高湿及积水。喜排水良好、疏松肥沃的壤土。

（2）繁殖方法

1）播种繁殖

花朵凋谢后约半个月种子成熟，新鲜种子没有休眠期，环境条件适宜的地方可自行播种。一般于 4 月春播或 9 月秋播，发芽适温 16～18℃，播后 8 天发芽。苗具 1 对真叶时移临口径为 6～7cm 小盆中，当苗高 10cm 时可定植。春播苗 3 个月后即可开花。

2）分株繁殖

在早春 3～4 月茎叶旺盛生长前，将越冬的母株挖出，用刀自株丛的根颈部纵向切开，分成数株，但每一小株必须带芽和根系，单独栽植即可。

3）扦插繁殖

常在春、秋季进行，室内栽培全年均可进行。从生长繁茂的健壮植株上，剪取带茎节的芽，去掉插条下部的叶片，留顶端 2 片叶，如叶片过大，还可剪去 1/2，以减少叶面水分蒸发。插入沙床，室温 20～24℃，保持较高的空气湿度，插后 20～25 天生根。若用 0.1% 吲哚丁酸处理 1～2 秒，生根更快。

4）组培繁殖

外植体常用优良单株上未展开的茎尖和花蕾。茎尖经消毒后接种在添加 6-苄氨基腺嘌呤 1～3mg/L 和萘乙酸 0.2mg/L 的 MS 培养基上，诱导愈伤组织和分化芽。再转移到添加萘乙酸 1mg/L 的 MS 培养基上，温度为 24～26℃，培养 30～40 天，幼苗生根形成完整小植株。

28. 非洲菊

学名：*Gerbera jamesonii*

别名：扶郎花、葛白拉

科属：菊科大丁草属

(1)生态习性

喜温暖、空气流通、阳光充足的环境。要求轻松、肥厚、微酸性沙质壤土。稍耐寒，生长期适温20~30℃，冬季适温12~15℃，低于10℃则停止生长。

(2)繁殖方法

1)播种繁殖

非洲菊不能自花授粉，需人工授粉后才能得到种子，种子细小，寿命只有半年，在0℃左右低温下贮藏可保持1年，宜随采随播。春播3~5月，秋播9~10月进行。播种时撒播于育苗盘中或育苗畦中，发芽适温为20~25℃，播后约10~14天发芽。发芽率较低，约为40%左右。播后用纸覆盖，避免阳光直射，发芽后可置阳光下，待子叶完全开展时便可分苗。当幼苗长出2~3片真叶时，移植1次，在棚中养护2个月即可上盆或定植于田间。

2)分株繁殖

一般于3~5月或9~10月进行，将花后的健壮母株，顺着植株分枝走势，分成几丛，就地养护，待切口愈合后，带根挖出栽植，此法成活率高。也可以将整株挖出，分成几丛，上盆遮荫培养，成活后正常管理。

3)扦插繁殖

此法繁殖系数较大，生产中常采用，将生长健壮的母株挖出，洗净根部附着的泥土，剪去根系，剥去基部叶片，将根茎种植于无土基质中，使根颈露出，保持温度22~24℃，相对湿度80%，约半个月会从根颈处产生大量的不定芽和腋芽。待新芽有4~5片叶时，用利刀将新芽稍带根颈皮割下，用生根粉处理，然后插于沙床内，保持温度25℃，湿度80%~90%，1个月后即可生根，1个半月左右，可上盆或移至大田定植。

4)组培繁殖

在切花栽培中，为获得大量品质一致的植株，可用叶、花芽、茎尖、未受精的胚珠等作为外植体进行组培繁殖。

29. 萱草

学名：*Hemerocallis fulva*

别名：忘忧草

科属：百合科萱草属

(1)生态习性

性强健而耐寒，对环境适应性较强。根状茎可在－20℃低温下越冬，在华东不加防寒就可露地越冬。对土壤适应性强，但以土层深厚、富含腐殖质、排水良好的湿润土壤为好。喜日光充足，但也耐半阴。

(2)繁殖方法

1)分株繁殖

分株繁殖多在春、秋两季进行，冬暖的地区，也可于冬季分株。每丛带有2~3个芽，用腐熟的堆肥做基肥，重新栽植。春季分株，夏季就可开花。秋季以9月中下旬较宜。分栽株行距为50cm×50cm，不能过密，否则2年后株丛增大，易造成通风不良而导致病害。一般每3～5年分株一次。

2)播种繁殖

播种繁殖，可在采种后即播，第二年春发芽；春播当年不发芽。实生苗一般2年开花。

花后扦插茎芽，成活率也较高。也可用组织培养法进行繁殖，进一步提高繁殖系数。

同属其他常见的花卉还有：黄花萱草(*H. flava*)，别名金针菜；黄花菜(*H. citrina*)，别名黄花；大花萱草(*H. middendorffii*)，小黄花菜(*H. minor*)等等，其繁殖方法可参见萱草。

30. 玉簪

学名：*Hosta plantaginea*

别名：玉春棒、白鹤花

科属：百合科玉簪属

(1)生态习性

原产中国及日本。性耐寒，耐旱，喜阴湿，忌强烈日光照射，栽于树下或建筑物背面生势更佳。以肥沃湿润、排水良好的土壤为宜。在北京地区可露地越冬，是目前较为理想的耐阴花卉。

(2)繁殖方法

1)分株繁殖

玉簪多采用分株繁殖。春季4～5月发芽前或秋季10～11月进行。将根丛挖出，根据株丛的长势，将母株的宿根根茎进行分割，每丛带有2～3个芽，切后用草木灰涂抹切口，另行栽植。栽后覆土2～3cm。秋季分株不会影响第二年开花。通常每隔3～5年分株一次。

2)播种繁殖

如大量繁殖时，可用播种法，一般于早春在温室内盆播。玉簪的种子非常细小，可用2/3的细沙拌种。培养土可用素河沙和腐叶土等量混合而成。培养土上盆后要压平，先把盆土浇湿，然后撒播种子，覆土厚度为1～1.5cm，最后再用浸盆法浇一次透水，并用玻璃覆盖。苗床的温度为25～28℃，相对湿度为90%的条件下，播后约20天种子便可萌芽出土。此时，要掀去玻璃，把苗床移到向阳处，使幼苗逐渐增加光照。当小苗长出2片真叶后，可追施稀薄液肥2～3次，以后进行正常管理。播种苗约2～3年才能开花。

此外，玉簪也可采用组织培养进行繁殖。

31. 新几内亚凤仙

学名：*Impatiens platypatala*

科属：凤仙花科凤仙花属

(1)生态习性

原产非洲南部，性喜温暖湿润的半阴环境，忌暴晒，日照控制在60%～70%，光照不足易引起徒长，严重时甚至不开花。生长适温15～25℃，不耐寒，7℃以下受冻害。根系不发达，要求疏松、肥沃、排水良好、富含有机质的偏酸性土壤。

(2)繁殖方法

1)播种繁殖

播种苗比扦插苗根系发达，分枝力强，株形紧密，开花茂盛。播种发芽适温22～26℃，过高或过低均不利于发芽。播后7～14天发芽。

2)扦插繁殖

扦插一般4～9月结合修剪进行，选取健壮的枝条作插穗，剪取长6～7cm的小段，将枝条基部的叶片剪去，保留顶部5～6片叶，在萘乙酸或吲哚丁酸中浸泡约15分钟，或蘸1500倍ABA，可促进生根。然后插入素沙中，浇足水，并适当遮荫，保持基质湿润，5～7天即可生根，10天可起苗上盆。

盆土用腐叶土4份、菜园土4份、厩肥和沙各1份混合而成。栽后浇透水放在遮荫处，缓苗后进入正常管理。新几内亚凤仙喜肥又忌浓肥，生长期每周施一次稀薄饼肥水或1%的磷酸二氢钾。新几内亚凤仙叶片气孔大，蒸腾旺盛，需水量多，浇水要足，特别是炎热的夏季，更要及时浇水。其萌芽能力强，不需摘心即可产生许多枝条，当分枝3～5cm时，要疏掉一些细弱枝。中午阳光强烈时需适当遮荫，夏天时可放于室外没有阳光直射的地方，冬天可置于大棚内或室内有光照处。

32. 鸢尾

学名：*Iris tectorum*

别名：蝴蝶蓝、蝴蝶花、铁扁担

科属：鸢尾科鸢尾属

(1)生态习性

原产中国，耐寒性强，春季萌发较早，小气候条件良好的地区其地上部茎叶在冬季不完全枯死。排水良好而适度湿润的土壤生长良好。花芽分化在秋季8～9月间完成。春季根茎先端的顶芽生长开花，在顶芽两侧常形成几个侧芽，侧芽在春季生长后，形成新的根茎，并在秋季重新分化花芽。花芽开花后则项芽死亡，侧芽继续形成花芽。

(2)繁殖方法

1)分株繁殖

当根状茎长大时即可进行分株繁殖，可每隔2～4年进行一次，于春、秋两季或花后进行均可。在入冬前使植株进行充分生长，不影响花芽分化。分割根茎时，使每块带有2～3个芽。为大量繁殖可分割根茎，扦插于20℃的湿沙中，促其生长不定芽。

2)播种繁殖

播种繁殖应于种子成熟后立即进行，则在第二年春季容易发芽，实生苗一般2～3年开花。

同属的其他花卉有：德国鸢(*I. germanica*)、香根鸢尾(*I. pallida*)、蝴蝶花(*I. japonica*)、花菖蒲(*I. kcempferi*)、黄菖蒲(*I. pseudacorus*)、溪荪(*I. orientalis*)、马蔺(*I. ensata*)等等。

33. 火炬花

学名：*Kniphofia uvaria*

别名：火把莲

科属：百合科火把莲属

(1)生态习性

原产南非。性喜温暖，较耐寒，对土壤要求不严，要求背风向阳且排水良好的沙质壤土或轻黏质壤土。北京地区可露地越冬。

(2)繁殖方法

1)播种繁殖

春、秋皆可。播种前先用60℃温水浸泡种子0.5小时，在20～30℃条件下，3～4周可发芽。当苗高10cm时要及时分苗，株行距为40cm×40cm。播种苗一般当年不开花，第二年大量开花结实。

2)分株繁殖

可于春、秋进行。每2～3年分栽一次，每株至少带有2～3个侧芽。华北地区宜在初秋进行。

地栽，要施足基肥。栽后及时浇水，春、夏季生长旺盛期，每月施肥1次。开花前要浇透水，保持土壤湿润。花后可减少浇水，初霜后老叶尖端变红或枯萎，但仍保持常绿。冬季用干草或肥土覆盖地面以防冻害。

34. 芍药

学名：*Paeonia lactiflora*

别名：将离、余容、婪尾春、犁食、白术、没骨花、殿春花

科属：芍药科芍药属

(1)生态习性

性耐寒，喜冷凉，忌高温、高湿，北方各地可露地越冬，华南宜在高海拔地栽培。肉质根系，怕积水，要求土层深厚的壤土或沙壤土，忌盐碱及低洼地。

(2)繁殖方法

以分株繁殖为主，也可播种、根插、扦插或压条繁殖。

1)分株繁殖

分株法应在秋季9月至10月上旬进行。切忌在春季进行，农谚有"春分分芍药，到老不开花"。分株时，小心将肉质根挖出，减少伤根。用利刀顺自然纹理小心切割，每丛要保证有3～5个芽；将腐烂的根系去掉，稍阴干，等伤口干燥后用草木灰、硫磺粉等涂抹伤口，防止细菌入侵。栽植深度以芽稍露出地面为宜。芍药分株年限，因栽培目的不同而异，花坛或切花栽培时，每6～7年分株一次，以采根为目的的药用栽培，则3～5年分株一次。

2)播种繁殖

播种繁殖一般仅用于新品种培育，或培养芍药砧时采用。芍药种子成熟后，应立即播种，如播种愈迟则发芽率越低。播种后当年秋季生根，次年春暖后新芽出土。芍药幼苗生长缓慢，第一年只生出1～2片叶，第二年生长逐渐加快，发育良好者4～5年可开花。

3)根插繁殖

秋季结合分株进行，收集剪下来的健壮的断根，切成长5~10cm的小段，插于深10~14cm的沟中，覆5~10cm细土，浇透水即可。

4)扦插繁殖

扦插的适宜时期，是在开花前约2周，剪取茎中间部位，带有2个节，插入河沙中，深约3~4cm，适当遮荫，防雨。炎热天气应每天喷水，2个月左右可生根并形成休眠芽。9月根系可发育良好，入冬前用腐叶土或是稻草覆盖，翌年春带土坨移栽即可。

5)压条繁殖

在春季将嫩茎下部用麻皮轻轻绑扎，然后将绑扎后的嫩茎埋入土中，随着茎的增长不断加土，并且保持土壤湿润，在夏季绑扎的部位便会长出新根。冬季用落叶或腐殖土覆盖越冬，第二年春从基部将绑扎的茎切下来栽植即可，一般4~5年可以开花。

35. 天竺葵

学名：*Pelargonium hortorum*

别名：洋绣球

科属：牻牛儿苗科天竺葵属

(1)生态习性

原产非洲南部。喜温暖、湿润和阳光充足环境。耐寒性差，怕水湿和高温。生长适温3~9月为13~19℃，冬季温度为10~12℃，短时间能耐5℃低温。6~7月间呈半休眠状态，应严格控制浇水。宜肥沃、疏松和排水良好的沙质壤土。单瓣品种需人工授粉，才能提高结实率。花后约40~50天种子成熟。

(2)繁殖方法

扦插和播种繁殖，也可组培繁殖。

1)扦插繁殖

天竺葵以扦插繁殖为主。除6~7月植株处于半休眠状态外，其余时间均可扦插，但以4~5月和9~10月扦插最好。夏季高温，插条易发黑腐烂。春季扦插的于当年冬季或翌年早春可以开花，秋季扦插的次年晚春可开花。从生长势强健、无病虫害的枝条中剪取插穗，插条长6~8cm，以顶端部最好，带有2~3个节，在节下用利刀削平，将下部叶片去掉，保留顶部1~2个叶片，在通风阴凉处放置1天，待切口稍干后，用草木灰或木炭粉涂抹切口，以防伤口易腐烂。扦插基质可用沙质壤土与40%的砻灰或河沙混合，插前用开水浇透消毒，待冷凉后即可扦插。一般先用竹签或竹筷插洞，然后再插插穗，以免直接将枝条插入时擦破切口茎皮组织，影响生根。插入深度为插条全长的2/3左右。插后用手将插穗周围压紧，使插入部分与基质充分接触，以利于吸水。插后要经常喷水保持湿润，但不可湿度过大，否则插穗易腐烂。放置半阴处，保持室温22~25℃，插后14~21天生根，根长3~4cm时可盆栽。扦插前用0.01%吲哚丁酸液浸泡插条基部2秒，可提高扦插成活率。一般扦插苗培育6个月开花，即1月扦插，6月开花；10月扦插，翌年2~3月开花。

2）播种繁殖

春、秋季均可进行，以春季室内盆播为好。发芽适温为 20～25℃。天竺葵种子不大，播后覆土不宜深，约 14～21 天发芽。秋播，第二年夏季能开花。经播种繁殖的实生苗，可选育出优良的中间型品种。

天竺葵也可用组织培养法繁殖。以 MS 培养基为基本培养基，加入 0.001% 吲哚乙酸和激动素促使外植体产生愈伤组织和不定芽，用 0.01% 吲哚乙酸促进生根。

36. 钓钟柳

学名：*Penstemon campanulatus*

科属：玄参科钓钟柳属

（1）生态习性

喜阳光充足、空气温润及通风良好的环境条件。对土壤要求不严，但以排水良好的石灰质沙质壤土为最佳。

（2）繁殖方法

播种、扦插或分株均可。

1）播种繁殖

播种繁殖常于秋季室内盆播，种子发芽适湿为 20～30℃，2～3 周可发芽，发芽不整齐，且幼苗生长缓慢。

2）扦插繁殖

优良品种多用扦插繁殖，10 月剪取技梢，剪除下部叶片，插入盛有沙土的盆中，浇足水后，上盖玻璃或塑料薄膜，置于室内遮荫处，保持湿润和避免霜冻，约一个月即可生根。

3）分株繁殖

分株，秋季枝叶枯萎后分株盆栽即可。

同属常见其他花卉有：红花钓钟柳（*P. barbatus*）、杂种钓钟柳（*P. gloxinioides*）。

37. 西瓜皮椒草

学名：*Peperomia sandersii*

别名：椒草

科属：胡椒科椒草属

（1）生态习性

主要分布在南美巴西的热带雨林中，性喜温暖，湿润的环境。既不耐寒，也不耐酷暑，生长适温 18～28℃，气温超过 30℃或低于 10℃均对其生长不利。喜半阴，怕强光直射。要求通气、排水良好的腐殖土或泥炭土。

（2）繁殖方法

1）扦插繁殖

西瓜皮椒草的生长适温为 18～28℃，各地应根据气候特点，在满足温度要求的情况下进行扦插，一般于 5～6 月进行。可用枝条扦插或叶片扦插。剪取长约 10cm 的枝条顶端，带 3～5 片叶，或剪取成熟叶片，带叶柄 0.5～1cm，插于泥炭土和蛭石等量混合的基质内。喷透水分，覆盖玻璃，置于荫蔽通风处。基质的含水量为 35% 左右，空气的相对湿度为85%，在22～25℃的温度条件下，约20～30天后可生根。扦插生根的过程中，要在每日上午10时和下午16时揭开玻璃，进行通风并喷水，给予一定的散射光。2个月后长出小植株，便可从苗床中移出定植。

2）分株繁殖

也可在春季3～4月结合换盆进行分株繁殖。挑选母株根茎处发有新芽的植株，取出全部植株，剔除附土，保护好母株和新芽的根系，用利刀按照新芽自然的分布情况，切取新芽。然后用草木灰涂抹母株和子芽的切口，待伤口稍干后栽植。

38. 玉带草

学名：*Phalaris arundinacea* var. *pictal*

科属：禾本科藕草属

（1）生态习性

原产欧洲和北美。性耐寒，忌雨涝，耐旱，耐瘠薄。在半阴及阳光充足处均可良好生长。对土壤要求不严，宜在沙质壤土生长。

（2）繁殖方法

玉带草通常用分株繁殖。每3～4年分株一次，以利根系生长。通常每丛3～4株，株行距为15cm×15cm。北京地区可安全越冬。

玉带草多用于花坛或地被植物，6月应修剪一次，留茬10～15cm，以促进植株健壮生长。盆栽时，可移入冷室越冬。

39. 宿根福禄考

学名：*Phlox paniculata*

别名：天蓝绣球、锥花福禄考、夏福禄、草夹竹桃

科属：花荵科福禄考属

（1）生态习性

原产北美。性耐寒，宿根能耐－36℃低温。忌酷热多雨，要求光照充足，夏天在稍遮荫情况下生长良好。种子发芽适温15～20℃。要求疏松、肥沃、湿润的石灰质壤土，pH值6.5～7.5较宜。忌水分过多。

（2）繁殖方法

1）分株繁殖

分株繁殖一般结合福禄考种苗的复壮、轮作来进行，将母株从地下挖出，一丛分为数丛，每丛一般带有3～5个芽，然后立即栽植。通常每4～5年分栽一次。

2）扦插繁殖

福禄考的扦插繁殖可分为枝插、根插、芽插。

①枝插繁殖

枝插是在秋后上冻以前将枝条剪下，切成小段，约8～10cm，去掉下部叶片，然后扦插于苗床，深约为10cm。浇透水，并进行覆盖，以保持湿度。置于光下，但不能阳光直射。20℃条件下，1个月左右可生根发芽，入秋后移入冷室或冷床，于翌年春定植，一般秋天扦插第2年可开花。

②根插繁殖

根插结合分株进行，分株时将挖断的根剪成 3～4cm 长的小段，平放在扦插床上，基质为洁净河沙。插好后再覆盖约 1cm 的细沙，保持一定的湿度，20℃条件下，1 个月左右可生根发芽，生根后尽早移植，当苗高 10～15cm 时即可定植。

③芽插繁殖

芽插是在不分株的株丛上剪取 5cm 高的嫩芽进行扦插。

3）播种繁殖

播种繁殖一般用于新品种培育，种子宜秋播或经过低温沙藏后翌年春播。春天播种，则当年夏秋季便可开花。

栽培管理：

栽后应浇透水，保持土壤湿润，以利于植株恢复生长。苗期应中耕除草，保证土壤通透性。当苗高 15cm 左右时，可进行摘心，摘心后可适当追施 1～2 次液体肥料。花后应及时剪掉残枝花序并适当修剪，促使二次开花。

40. 桔梗

学名：*Platycodon grandiflorum*

别名：僧冠帽、六角荷、梗草

科属：桔梗科桔梗属

（1）生态习性

性喜凉爽，耐寒，喜阳光充足，也耐微阴。生长适温 15～25℃。要求肥沃、富含腐殖质、排水良好的沙壤土。

（2）繁殖方法

播种或分株繁殖，也可用扦插繁殖

播种春、秋均可进行，春播当年可开花。种子发芽适温为 15～20℃，播后覆土约 0.5cm，保持湿润，15～20 天可发芽。直根性，不耐移栽，最好采用直播。分株宜在春、秋进行；还可剪嫩枝进行扦插繁殖。生长期适当施肥，注意摘心，促进分枝。日照要充足，夏季高温时应强剪枝条，保持阴凉。桔梗生性强健，容易栽培。

41. 白头翁

学名：*Pulsatilla chinensis*

别名：毛姑朵花、老公花

科属：毛茛科白头翁属

（1）生态习性

原产中国，除华南外各地均有分布。性耐寒，喜凉爽气候，耐瘠薄，不耐盐碱及湿涝。要求向阳、排水良好的沙质壤土，忌低洼地。

（2）繁殖方法

1）播种繁殖

一般于早春 3～4 月间于苗床条播或盆播。播前应选择花型优美、色彩鲜艳的植株，当第一批花开时，选择 5～6 朵，其余花蕾全部摘掉，以便使养分集中、使种子充实饱满。种子成熟采收后，有条件的可在凉爽的温室中进行秋播，否则可将种子阴干、贮藏，第二年春季播种。为促进发芽整齐一致，播前可用 25～30℃温开水浸泡 1～2

天，然后用湿布包裹放在18～20℃的恒温箱中催芽。催芽期间应注意每天要用20℃左右的温水将布浸湿一次，约7天以后可以取出种子进行播种。播后需覆土约1cm，苗床覆盖稻草保湿，1～2周即可发芽。出苗后要揭去稻草，以增加光照。当幼苗长出2～3片真叶时，可进行一次间苗，秋季便可移栽定植。幼苗期生长缓慢，播种苗第二年才能开花。

2)分割块茎繁殖

一般于秋季植株地上部分枯萎后掘起地下块茎，用湿润的河沙层积贮藏，堆积于室内，次年春3月上、中旬在冷床内栽植，促进块茎萌生新芽。当萌芽后用利刀将块茎按顶芽的分布情况切开，每块应带有萌发的顶芽，切口涂抹草木灰或硫磺粉，以防止腐烂。当切口稍干后，可分栽于露地或盆内。

同属的其他花卉有：日本白头翁(*P. cernua*)、欧洲白头翁(*P. vulgaris*)。

42. 花毛茛

学名：*Ranunculus asiaticus*

别名：芹菜花、波斯毛茛

科属：毛茛科毛茛属

(1)生态习性

原产欧洲和亚洲。喜凉爽及半阴环境，喜向阳，但忌炎热与阳光直射；较耐寒，但不耐冻。在上海地区可露地越冬，长江流域地区稍加保护可露地越冬，华北冬季须在冷床内或低温温室栽培。要求腐殖质多、肥沃而排水良好的沙质或略黏质的微酸性土壤。喜湿润，忌积水，怕干旱。夏季多休眠，越冬温度不能低于3℃。

(2)繁殖方法

1)播种繁殖

一般进行秋播，种子在温度过高时发芽缓慢，在10℃下约20天可发芽，通常播于地箱中或露地条播，于冷床或低温温室栽培，次春开花。播种繁殖一般在培育新品种时应用。

2)分株繁殖

分株法于9～10月进行。栽植前将带根颈部分的块根顺自然状况分开或用手掰开，以3～4个块根为一丛，盆栽或地栽。栽前对分切的植株，要用草木灰或硫磺粉涂抹切口，以防止腐烂。栽后覆土应浅，埋入根茎部分即可。浇透水后，置于荫蔽通风处，缓苗10～15天后，可逐渐增加光照，进行正常管理。地栽株行距10～12cm。

43. 吉祥草

学名：*Reineckia carnea*

别名：玉带草、观音草、松寿兰

科属：百合科吉祥草属

(1)生态习性

野生种常生于阴湿山坡、山谷和林内，故喜温暖，阴湿环境。适应性强，不择土质，但以排水良好的沙质壤土最宜。耐寒性较强，在华东地区可于露地越冬，华北各地皆温室盆栽。

(2)繁殖方法

以分株繁殖为主，春、秋两季均可进行。容易生长。也可播种，但果实多不易成熟，故很少使用。

吉祥草栽培管理较为简便，不需精细和管理就可生长良好。夏季注意避免阳光直射，一般置于荫棚下养护。冬季移入温室或冷床。每1～2年换一次盆。

44. 紫背万年青

学名：*Rhoeo discolor*

别名：紫万年青、蚌花、紫锦兰

科属：鸭跖草科紫万年青属

(1)生态习性

原产于墨西哥和西印度群岛。喜温暖、湿润及阳光充足的环境条件。生长的适宜温度为15～20℃，冬季室内不低于6℃。生长期间要求较高的空气湿度和充足的光照，但忌阳光直射，以免叶片灼伤，夏季适宜在荫棚下养护。肥沃而保水力强的土壤较宜。

(2)繁殖方法

1)播种繁殖

播种于春季温室内盆播，发芽适温为18～25℃，1周左右可发芽。幼苗生长迅速，换一次盆，初夏可定植。盆土用腐叶土、泥炭土和河沙等量混合较宜，定植前施入一定量的底肥，秋季即可长成丰满的株形以供观赏。

2)扦插繁殖

从春季至秋季均可进行扦插，以顶端的嫩枝作插穗，剪取长约8～10cm的小段，去掉下部叶片，仅保留上部2片叶，插入沙床，保持湿润，并置于半阴处，约2周可生根。

3)分株繁殖

可结合春季换盆时进行，切下母株旁萌发出的带根的萌蘖另行栽植即可。

45. 万年青

学名：*Rohdea japonica*

别名：白沙车、冬不凋草、铁扁担、乌木毒

科属：百合科万年青属

(1)生态习性

原产中国及日本。野生于海拔750～1700m的林下潮湿处或草地上。喜温暖湿润及半阴环境地，夏宜半阴，常置荫棚下或林下栽培，忌强光。但最好冬季日照充足，但也不宜阳光直射，不耐积水。要求沙质壤土及腐殖质壤土微酸性，耐寒性强，在华东地区可露地越冬，华北地区于温室或冷室栽培，冬季室温不低于5℃。

(2)繁殖方法

1)分株繁殖

以分株为主，常在春季3～4月或秋季9～10月结合翻盆换土进行。将丛生的母株从盆中倒出，抖去附土，按其自然缝隙切分成数丛，每丛2～3株，用草木灰涂抹切口，另行栽植即可。万年青再生力强，分株后生长繁茂。每3～4年分株一次。

2)播种繁殖

播种适期为春季3～4月，平均气温为22℃时可进行播种。一般采取盆播，基质可用腐叶土和细河沙等量混合，经高温消毒后使用。播种时将基质铺平压实，然后将种子均匀点播在盆内，用浸盆法把水浇透，并覆盖玻璃，将苗床置于温暖通风处。经常保持土壤湿润，温度在20～30℃，约20～30天出苗。苗高1cm时可进行分苗，当苗长到3～5cm时，可按每盆3～4株进行分栽，栽培3年后开花。

万年青生长强健，适应性强，栽培管理比较简单，早春可薄施液肥，夏季生长旺盛时应强加灌溉，每10天左右施肥一次。可全年室内栽培或夏季移入荫棚下。温暖地区可全年露地栽培。栽培期间应保持空气湿润并通风透气。

46. 非洲紫罗兰

学名：*Saintpaulia ionantha*

别名：非洲堇、非洲紫苣苔

科属：苦苣苔科非洲紫苣苔属

(1)生态习性

原产热带非洲。喜温暖、湿润及半阴的环境。宜通风良好，忌高温及强光直射，夏季应遮荫，温度保持在30℃以下，生长适温18～26℃，冬季室温不低于10℃，以15℃左右较宜。喜富含腐殖质、疏松肥沃、排水良好的土壤。pH值6.8～7.2。花期长，夏季至冬季均可开花。采种需进行人工授粉。授粉后6～9个月果实成熟。

(2)繁殖方法

1)播种繁殖

春、秋季皆可进行。一般以秋季9～10月播种较好。此期播种发芽率较高，幼苗生长健壮，第二年春天即可开花。早春2月播种，8月开花，但植株长势较弱，开花稀少，且易发生病害。非洲紫罗兰种子较小，多采用撒播法，播后覆少量细土，不宜过厚。保持湿润，20～25℃条件下，15～20天可发芽。幼苗长至2～4片真叶时可以移植1次，6～7片真叶上盆定植，一般播后6～8个月后即可开花。

2)扦插繁殖

扦插主要是用叶插和芽插。叶插是非洲紫罗兰繁殖最常用的方法，只要温度控制在15～25℃，可以随时进行叶插。叶插时，选择生长充实、成熟健壮带2～3cm叶柄的叶片作插穗。扦插基质要用消过毒的河沙、蛭石和泥炭的混合土。扦插时，将叶柄基部削平，斜插入基质中，深约2cm，用手轻轻按实。插后要浇水遮荫，保持较高的空气湿度，在温度为20～25℃的环境下，20天左右即可生根。芽的发育较慢，50天后小芽才会长出，待长至3～5片真叶时，可上盆定植。如不用基质，可把叶片插入清水中，约一个月可生根、成苗，将芽取下上盆栽植，从扦插至开花需4～6个月。芽插法是在非洲紫罗兰生长旺盛期，在其叶腋不断生出腋芽，把腋芽取下扦插于基质中，扦插不宜过深，否则易腐烂。待长出3～4片真叶时即可定植。

3)分株繁殖

分株法一般在春季结合换盆时进行，把根蘖苗取下上盆另栽即可。

除此之外，可用组织培养法来大量繁殖幼苗。可采用叶片、叶柄和表皮组织作为外植体进行组培繁殖。

47. 石碱花

学名：*Saponaria officinalis*

别名：肥皂草

科属：石竹科肥皂草属

(1)生态习性

原产欧洲、西亚。生长强健，耐寒、耐旱，适应性强，对环境条件要求不严。北京地区能露地越冬。能自播繁衍。

(2)繁殖方法

1)分株繁殖

以分株繁殖为主，春、秋皆可进行。通常在春季的3月中下旬或8月上、中旬进行。分株前，倒出植株，剔去附着土，用锋利的快刀，从根茎处切取蘖芽，每株保留1~3个芽，切口涂抹草木灰或硫磺粉以防止腐烂，置于荫蔽湿润处，待切口干燥后，便可进行分株移栽。石碱花分株苗栽培，可用特制的塑料袋或杯状的小花盆，基质用素沙土和沙质菜园土等量混合。栽植后覆土并浇透水，幼苗集中在荫蔽通风处，每日进行雾状喷水，保护好小叶片，当分株恢复生机后，要加强水肥管理，并逐渐增加光照，培育壮苗，约30~40天后，便可进行定植栽培，成活率较高。

2)播种繁殖

播种繁殖一般于秋季进行。石碱花的种子，8月以后陆续成熟，采种后，置于干燥处，让其开裂，取出种子便要播种。

播前要准备好苗床或用土陶盆，基质用腐叶3份、沙质菜园土3份、山泥土3份以及腐熟的有机肥2份混合配制。播种时，如果是用盆播，则先在盆的底部盖好瓦片，做好排水层，装上配制好的栽培土，然后将种子均匀撒播即可，播后覆一层薄土，厚度以盖住种子为宜。用细喷壶浇透水，并在盆上覆盖玻璃，以保持土壤湿润。保持18~22℃温度条件。其种子萌发很快，当小苗出土后，要及时掀去玻璃，逐渐增加光照。长出真叶后，可用0.1%的磷酸二氢钾水溶液进行浇灌。当幼苗长出3~4片真叶时，可进行间苗，此时可加强水肥管理，以培育壮苗。

48. 银叶菊

学名：*Senecio cineraria*

别名：白妙菊、雪叶菊、雪叶莲

科属：菊科千里光属

(1)生态习性

原产南欧，较耐寒，在长江流域能露地越冬。不耐酷暑，高温高湿时易死亡。喜凉爽湿润、阳光充足的气候和疏松肥沃的沙质壤土或富含有机质的黏质壤土。生长最适温度为20~25℃，在25℃时，萌枝力最强。

(2)繁殖方法

播种、扦插繁殖，亦可分株繁殖。

1)播种繁殖

银叶菊常用播种繁殖。一般在 8 月底至 9 月初播于露地苗床，种子发芽适温为 15～20℃。约半个月左右可出齐苗，苗期生长缓慢。待长出 4 片真叶时可上 5 寸盆或移植大田，翌年开春后再定植上盆。生长期间可通过摘心控制其高度并增大其蓬径。银叶菊喜肥，上盆一二个星期后，应施稀薄粪肥或用 0.1% 的尿素和磷酸二氢钾喷洒叶面，以后每星期需施一次肥。

2）扦插繁殖

取带顶芽的嫩茎作插穗，剪取 10cm 左右的嫩梢，去除基部的两片叶子，插入珍珠岩与蛭石混合的基质中，进行全光照喷雾，约 20 天左右形成良好根系。在高温高湿时扦插不易成活。扦插苗长势不如播种苗，蓬径不大，植株较矮。

49. 一枝黄花

学名：*Solidago decurrens*

科属：菊科菊属

（1）生态习性

生长强健，喜凉爽、耐寒、耐旱；要求日照充足；耐瘠薄，对土壤要求不严，但在排水良好的壤土或沙质壤土生长较好。

（2）繁殖方法

分株或播种繁殖。分株繁殖多在春秋进行，容易成活。播种繁殖于 3～4 月进行，适温下，约 10～15 天发芽，一个半月后移栽定植。

同属其他常见花卉有：加拿大一枝黄花（*S. canadensis*）、毛果一枝黄花（*S. virgaurea*）等。

50. 鹤望兰

学名：*Strelitzia reginae*

别名：极乐鸟之花、天堂鸟之花

科属：芭蕉科鹤望兰属

（1）生态习性

原产非洲南部，喜温暖、湿润气候，怕霜雪。南方可露地栽培，长江流域作大棚或日光温室栽培。

（2）繁殖方法

以分株繁殖为主，亦可播种或组培繁殖。

1）分株繁殖

于春季 4～5 月换盆时进行。将植株从盆内托出，用利刀从根茎空隙处劈开，伤口涂以草木灰或木炭粉以防腐烂。用于盆栽的，每丛分株不少于 8～10 枚叶片。大棚或温室栽培时，每丛分株叶不少于 5～6 枚，栽后半遮荫养护。如管理得当，当年即可开花。

2）播种繁殖

鹤望兰为典型的鸟媒植物，原产地靠体重仅 2g 的蜂鸟传粉，一般需人工授粉后才能正常结实。人工授粉，需 80～100 天种子才能成熟。成熟种子应立即播种，发芽率高。播种前种子用温水浸种 4～5 天，再于 5% 的新洁尔敏 1000 倍液中消毒 5 分钟，发芽适温为 25～30℃，播后 15～20 天发芽。若播种温度不稳定，会造成发芽不整齐或发芽后幼苗腐烂死亡。种子发芽后半年形成小苗，栽培4～5年且具9～10枚成熟叶片时才能开花。

3）组织培养繁殖

组培繁殖外植体用叶柄或短缩茎，用70%酒精漂洗5分钟，然后用0.3%氯化汞溶液消毒15分钟，最后用无菌蒸馏水漂洗。培养基用MS液体培养液，添加吲哚丁酸2.5mg/L、萘乙酸1.0mg/L、激动素5mg/L、2,4-D 0.5mg/L。外植体还可用顶芽、花序轴和茎节

51. 合果芋

学名：*Syngonium podophyllum*

别名：长柄合果芋、丝素藤、箭叶芋

科属：天南星科合果芋属

（1）生态习性

原产中美、南美热带地区。性喜高温多湿和半阴环境，不耐寒，怕干旱和强光暴晒。生长适温为22～30℃，在15℃时生长较慢，10℃以下则茎叶停止生长。冬季温度在5℃以下叶片出现冻害。春季气温超过10℃时合果芋开始萌发新芽，随着温度的升高，茎叶速度逐步加快。喜湿怕干，对光照的适应性较强。在明亮的光照下，叶片较大，叶色变浅。在半阴条件下，叶片变小，叶色偏深。但长时间在低光度情况下，茎干和叶柄伸长，株形松散，叶片变小。适宜生长的光照为1.5万～3.0万lx，夏季需遮荫70%～80%，冬季遮荫40%～50%。要求肥沃、疏松和排水良好的沙质壤土。

（2）繁殖方法

1）扦插繁殖

合果芋的茎节具有再生能力，切取枝条可以进行扦插繁殖。一般于3～10月间，气温在15℃以上均可进行。扦插前，选取当年生半成熟的健壮茎干，每段长约8～12cm，插穗至少要有3～4个节，并且保留子芽生长点。插入土壤中的部分要剪去叶片，只保留顶部叶片和嫩尖。下端削成平口，上端可削成斜口，如有顶芽则保留。

插床可用河沙、蛭石、苔藓、珍珠岩或泥炭土等，插入基质深度为5～8cm，覆土要压紧。用细喷壶把水喷透。置于荫蔽通风而湿润处养护。每天进行多次雾状喷水，小范围的空气相对湿度保持在80%～85%。苗床的温度控制在22～26℃，插后20～25天可生根。生根后要渐渐增加光照，30～40天后可定植移栽。

有时，合果芋在空气湿度较大的情况下，茎节上往往已经长出许多气生根，可剪下直接盆栽，放于半阴处养护。有的蔓生长茎贴地而生，其茎节处不定根直接长入地下，只需挖取即可盆栽。

2）组培繁殖

合果芋常用茎顶和侧芽为外植体进行组培繁殖。茎顶经常规消毒后接种在添加6-苄氨基腺嘌呤5mg/L和吲哚乙酸2mg/L的MS培养基上，45天后将不定芽转移到添加吲哚乙酸2mg/L的1/2MS培养基上诱导生根，约20～25天后成为完整的小植株。

二、球根花卉的繁殖方法

1. 大花葱

学名：*Allium giganteum*

别名：高葱、砚葱

科属：百合科葱属

(1)生态习性

原产中亚，性喜凉爽和阳光充足的环境，耐寒性强，在北方可以露地越冬。忌湿热多雨，夏季休眠。适应性强，能耐瘠薄、干旱。对土壤要求不严，但在肥沃、疏松、排水良好的沙质壤土生长良好。

(2)繁殖方法

1)播种繁殖

宜在9~10月露地向阳处进行或在冷室进行盆播。留种母株在6月下旬地上部枯黄时，采下果穗，悬挂于通风凉爽处，种子成熟后脱粒保存，于秋季播种。播种前种子用60℃温水浸泡24小时，条播或撒播。覆土厚度为种子直径的2~3倍，播后盖一薄层稻草，以防水分蒸发。入冬前浇一次透水，翌年3月下至4月上旬，土温高于5~7℃时陆续出苗，第一年幼苗只有一片针状子叶，生长期要追施2~3次肥。经5~6年小鳞茎长大以后才能开花。

2)分球繁殖

宜在夏秋休眠时进行。将大鳞茎上的小鳞茎分割下来，另行栽植即可。

2. 六出花

学名：*Alstroemeria aurantiaca*

别名：秘鲁百合、百合水仙

科属：石蒜科六出花属

(1)生态习性

原产南美的智利、秘鲁、巴西、阿根廷和中美的墨西哥。喜温暖湿润和阳光充足环境，夏季需凉爽，怕炎热，耐半阴，不耐寒。

(2)繁殖方法

1)播种繁殖

以秋播较宜，一般于10月中旬播种，经过1个月0~5℃的自然低温，种子逐渐萌动，之后移至15~20℃条件下，约2周天可发芽，发芽率在80%~85%。当幼苗长至4~5cm高时移栽。移栽时勿伤根系。一般秋播六出花，翌年夏秋即可开花。

2)分株繁殖

常在秋季进行，成年植株花后，地上部茎叶枯萎，进入休眠状态时，将地下块茎小心挖出，尽量少伤块茎，分切后盆栽，每个块茎上需保留2~3个芽。夏秋季即可开花。

3)组培繁殖

常用顶芽作外植体，经常规消毒灭菌后，接种到添加6-苄氨基腺嘌呤和萘乙酸的MS培养基上，经2个月的培养形成不定芽，再转移到添加萘乙酸1ml的1/2MS培养基上，由不定芽形成块茎。

3. 朱顶红

学名：*Hippeastrum rutilum*

别名：百枝莲、华胄兰

科属：石蒜科朱顶红属

(1)生态习性

原产秘鲁。喜温暖、湿润，阳光不过于强烈的环境稍耐寒，在我国云南地区可全年露地栽培；华东地区冬季稍加覆盖可安全越冬；在华北地区仅作温室栽培。喜夏季凉爽，要求富含腐殖质而排水良好的沙质壤土。

(2)繁殖方法

1)分球繁殖

于春季3～5月，将母球周围的小鳞茎取下来进行繁殖。注意栽种时不要损伤小鳞茎的根，覆土时小鳞茎的顶部要露出地面。栽后浇一次透水，以保持土壤湿润。每7～10天施一次稀薄液肥。霜降时将鳞茎挖出，晾至微蔫，用干沙囤起，2～3℃下贮存。翌年春季再种植。小鳞茎经过1～2年栽培即可开花。

2)去顶芽繁殖

入冬后，当母株进入休眠时，选择较大的鳞茎，剪去叶片与老根，用锋利的小刀在茎盘中央挖一小洞，直径为0.5～1cm，将鳞茎盘挖透，深至肉质鳞片，将鳞茎中央的顶芽和花芽破坏，而保留周围的鳞叶和腋芽，之后晾晒3天，待其受伤部位愈合后，将鳞茎埋藏于半湿润的沙土中，5℃条件下度过休眠期。翌年春季将鳞茎取出栽种，挖去顶芽的鳞茎其腋芽萌发，从肉质鳞片中抽出很多小叶片，并在其基部形成许多小鳞茎。当母株鳞茎萎缩时，即可将小鳞茎分离并单独栽植，生长健壮的第二年春季即可开花。

3)切割鳞茎繁殖

在冬季植株休眠时，选择直径为4～5cm以上的鳞茎，去根叶，用0.1%的高锰酸钾浸泡30分钟，晾干，用锋利的小刀自鳞茎顶部纵切数刀，将鳞茎分割成十几个形似蒜瓣的小块，每一小块下部带有部分鳞茎盘。将其晾干，待伤口愈合后，扦插于盆土中，盆土要求疏松透气、排水良好。覆土约1cm。浇透水，置于向阳处，20～25℃条件下，约50天鳞茎间就可萌发出小鳞茎，当鳞茎长到2cm时就可分球栽植。

4)播种繁殖

朱顶红容易结实，花期人工异花授粉可得到种子。种子采后即播，发芽良好。朱顶红的种子种皮韧性强、质地光滑、不易透水，可用35～40℃温水浸泡24～36小时，以促进种子萌发。播后置于半阴处，保持一定的湿度，于15～18℃条件下，约2周可发芽，18～20℃下，则10～15天可发芽。当种子萌发后，可逐渐增加光照。当长出2片真叶时可分苗，并加强水肥管理。翌年春天上盆，第3年或第4年即可开花。

4. 球根秋海棠

学名：*Begonia tuberhybrida*

别名：茶花海棠、牡丹海棠

科属：秋海棠科秋海棠属

(1)生态习性

为喜阴性花卉，性喜温暖气候，畏暑热，在半遮阴或散射光下生长良好。光线太强会使植株矮化，叶片增厚而卷缩，花被灼伤，但过度阴暗又会使植物徒长。生长最适温度为20~28℃，温度太高，生长不良，高于35℃易引起茎枯萎，花芽脱落。晚秋当气温低于15℃时，地下球茎开始膨大，花叶渐枯，最后进入冬季休眠。

(2)繁殖方法

1)播种繁殖

通常在早春或是秋季进行。播种用土为1份腐叶土、2份泥炭土和1份沙土混合而成。播后不用覆土，但需用塑料薄膜或玻璃覆盖盆面，以保持一定的湿度，置于半阴处。温度控制在20~23℃。发芽后去覆盖物，并逐渐增加光照。当幼苗长至1cm左右时，就可分苗移栽。苗高为8~10cm时，可定植于直径12cm的盆中。

2)扦插繁殖

在春夏季，选取健壮植株，剪取8~10cm的枝条作插穗，插穗上至少要有1~2对芽，插在沙床上。插后浇透水，遮荫，保持温度约20℃。很快可生根，然后移栽入盆，当年可开花。

3)分割球茎繁殖

在早春球根开始生长之前，用利刀将球根分割成数块，每块需带有1~2个芽，切口涂抹草木灰或硫磺粉以防腐烂。待切面干燥后即可种植。种植深度以刚好盖住球根为宜。

5. 花叶芋

学名：*Caladium bicolor*

别名：五彩芋

科属：天南星科花叶芋属(五彩芋属)

(1)生态习性

原产南美巴西。喜高温、多湿和半阴环境。要求光照充足，但夏季应防止阳光直射。不耐寒，生长适温为21~27℃。于热带地区可全年生长，不休眠，而在我国大部分地区的生长期为5~10月，冬季休眠。要求富含腐殖质、肥沃、排水良好的土壤。

(2)繁殖方法

1)分株繁殖

分株繁殖是花叶芋最常用的方法。5月在块茎萌芽前，将块茎周围的小块茎剥下，若块茎有伤口，则用草木灰或硫磺粉涂抹，晾干数日待伤口干燥后盆栽。为了发芽整齐，可先行催芽，将块茎排列在沙床上，覆盖1cm细沙，保持沙床湿润，室温为20~22℃，待发芽生根后盆栽。

如块茎较大、芽点较多的母球，可进行分割繁殖。用利刀切割带芽块茎，待切面干燥愈合后盆栽。

2)播种和组培繁殖

原产地和成批繁殖种苗可用播种和组培繁殖。

播种，采种后需立即播种，花叶芋种子不耐贮藏，否则发芽率很快下降。幼苗阶段叶片呈绿色，到出现一定数目叶片后叶面开始呈现彩斑。

组培繁殖，采用MS培养基加1mg/L激动素、2,4-D诱导愈伤组织，用MS培养基加 1.5mg/L 激动素和 0.1mg/L 萘乙酸，由愈伤组织分化不定芽，再转移到 1/2MS 培养基加 0.5mg/L 萘乙酸生根培养基上。外植体用幼叶、叶柄和块茎等，都能诱导愈伤组织而形成不定芽。采用组培法，在短时间内可大量繁殖种苗。

6. 美人蕉类

学名：*Canna* spp.

科属：美人蕉科美人蕉属

(1)生态习性

原产美洲热带和亚热带。喜阳光充足、温暖、湿润气候，也耐半阴。在周年温度高于 16℃的地区，可全年开花；低于 16℃的环境中，地上部分生长缓慢，直至休眠。在华北、东北地区根茎不能露地越冬。性强健，适应性强，不择土壤，但在湿润肥沃排水良好的土壤生长良好。

(2)繁殖方法

1)分根茎繁殖

春植球根。繁殖时间，长江流域宜在 3～4 月，北方地区宜在 5 月上、中旬。分根茎时，应将整株挖出，剔去附土，将根茎切离，每丛应带有 2～3 个芽，伤口涂抹草木灰或石灰，另行栽植。株距为 30～40cm，覆土约 10cm，栽前施足基肥，生长期每 1～2 个月追肥 1 次。喜高温多湿，生长期适温为 24～30℃。寒冷地区秋季霜后待大部分茎叶枯黄时将根茎挖出，适当干燥后贮存，也可在潮湿沙中贮存。5～7℃可安全越冬。第 2～3 年分栽一次。

2)播种繁殖

多用来培育新品种。种皮坚硬，播前需将种皮刻伤或是温水浸泡 2 天左右，也可用开水浸泡。发芽温度 25℃以上，2～3 周可发芽，定植当年便可开花。生育迟者需 2 年方能开花。

常见栽培的种类有：美人蕉(*C. indica*)，别名小花美人蕉、小芭蕉；大花美人蕉(*C. generalis*)，别名法国美人蕉、红艳蕉；紫叶美人蕉(*C. warscewiezii*)，别名红叶美人蕉；意大利美人蕉(*C. orchioides*)，别名兰花美人蕉、翻瓣美人蕉；粉美人蕉(*C. glauca*)别名白粉美人蕉；蕉耦(*C. edulis*)，别名食用美人蕉、姜芋。

7. 秋水仙

学名：*Colchicum autumnale*

别名：草地番红花

科属：百合科秋水仙属

(1)生态习性

原产地中海沿岸。喜冬季温暖、湿润，夏季凉爽、干燥的气候，生长期要求光照充足。喜疏松、肥沃、腐殖质丰富的沙质壤土。

(2)繁殖方法

1)播种繁殖

播种宜在秋季 8～9 月进行。可用花盆代替苗床。苗床土可用细沙土 4 份、菜园土 2 份、腐叶土 2 份和腐殖土 2 份混合而成。播种前可用 35～40℃的温水浸泡种子24～36

小时，种子刚放入温水时要不断搅动，当水凉以后，再继续浸泡 24 ~ 36 小时，然后把种子捞出，用湿毛巾包裹，置于 22 ~ 25℃的条件下催芽，每天中午把毛巾用温水浸湿一次，一周后可播种。点播的株行距为 1 ~ 2cm，覆细沙土 0.5 ~ 1cm，用细喷壶盛温水喷透。苗床上覆盖玻璃，保持一定的温度和湿度，播后 20 ~ 25 天种子便开始发芽。小苗出土后要及时掀去玻璃，并逐渐增加光照，以促进小苗生长。当小苗长出 2 片真叶时就可以进行分栽。一般播种苗要培养 4 ~ 5 年方能开花。

2）分球繁殖

秋水仙为秋植球根，6 ~ 7 月将鳞茎挖出后置阴凉处贮藏。于秋季栽种，种前要施入大量有机肥，冬季注意防寒。通常每 3 ~ 4 年分栽一次。

8. 铃兰

学名：*Convallaria maialis*

别名：草玉铃、君影草

科属：百合科铃兰属

（1）生态习性

原产欧洲。喜凉爽、湿润和半阴环境，耐寒，忌炎热，喜散射光。宜肥沃、疏松和排水良好的腐叶土，以酸性或微酸性土壤较宜。

（2）繁殖方法

1）分株繁殖

铃兰以分株繁殖为主。其在下根茎，具有大小不等的幼芽，秋季地上部枯萎后掘起根状茎，剔除附土，按根状茎的走向和新芽的着生点，用利刀切割。用木炭粉或硫磺粉涂抹切口，待切口稍干燥后，以 2 ~ 3 个芽为一丛分别栽植，大的幼芽分株后翌春可开花，小的需培养 1 年后开花。

2）播种繁殖

种子需经过 2 个低温时期才可以发芽。用 500mg/L 的赤霉素浸泡种子，用湿滤纸包裹于 2 ~ 5℃的条件 3 个月。之后转入 20℃条件下，40 天后可出芽。幼苗生长缓慢，要培养 4 ~ 5 年才能开花。

盆栽后保持土壤湿润，但不能过湿。春季萌芽后每 10 天施肥 1 次，花茎抽出后停止施肥，花凋谢后再追肥 1 次，使根茎生长充实。秋末地上部枯萎后，以根茎及休眠芽露地越冬，适当覆盖保护，翌年春季发芽，开花繁茂。若盆栽促成栽培，将处理过的根茎盆栽后放室温 20℃条件下，保持盆土湿润，培养 20 ~ 30 天后开花。

9. 文殊兰

学名：*Crinum asiaticum* var. *sinicum*

别名：文珠兰、十八学士、白花石蒜

科属：石蒜科文殊兰属

（1）生态习性

原产亚洲热带，我国广东、云南等地有野生分布。喜温暖、湿润和半阴环境。不耐寒，喜阳光充足，但夏季忌烈日暴晒；耐盐碱土壤，宜肥沃、疏松和排水良好的沙质壤土。花期以 7 月最盛，一年开 3 次花，每次可开半月。

(2)繁殖方法

1)播种繁殖

文殊兰用人工授粉可以获得种子。文殊兰种子较大，且成熟的种子很硬，所以发芽时间较长。为了促进发芽，可对种子进行处理，具体方法是：用35℃温水，浸泡种子48小时，捞出后用湿纱布包裹，置于25℃条件下催芽。一般经15～20天后，种子萌发，便可播种。播种时期以3～4月较宜，用浅盆点播，芽眼向上，覆土约1.5cm。播后用浸盆法供水，浅盆上覆盖玻璃，置于温暖处，在18～24℃的温度条件和60%左右的土壤湿度条件下，约14～21天出苗。刚出土的小苗不宜进行强阳光直射，应放在有散射光处，当幼苗长出3～4片真叶时，可分盆移栽。播种苗需培育3～4年才能开花。

2)分株繁殖

分株繁殖是文殊兰常用的一种繁殖方法。一般于3～4月或秋季换盆时进行，将母株周围的鳞茎剥下，分级盆栽。栽培小鳞茎前，要对切口涂抹草木灰，以防止植株体内汁液外流和伤口感染腐烂。栽植不宜太浅，以不见鳞茎为准。生长期保持盆土湿润，每10天施肥1次，花莛抽出前增施磷肥1次。夏季高温宜放荫棚内养护，盆内切忌积水。入秋后减少浇水，鳞茎进入休眠期，则停施肥水，花后不留种的应剪除花梗。

10. 番红花

学名：*Crocus sativus*

科属：鸢尾科番红花属

(1)生态习性

番红花原产欧洲中部和西部。喜冷凉、湿润和半阴环境。较耐寒，怕强光直射和干旱。球茎夏季休眠，秋季发根、萌叶。宜肥沃、疏松和排水良好的腐叶土。

(2)繁殖方法

1)分球繁殖

以分球繁殖为主，一般秋季进行。夏季地上部枯萎，花后叶丛基部膨大形成新球茎，老球茎当年萎缩，每个成熟的球茎都有几个主芽与侧芽，挖出地下球茎，然后按大小分级，阴干并贮藏于17～23℃的干燥通风处。于8～9月将新球栽种，株行距为10cm×20cm，深8～10cm，生长期为7个月左右，翌年夏季进入休眠期。小球茎需培育1年后开花。一次栽植后可隔数年，待球茎拥挤时挖出分栽。

2)播种繁殖

播种繁殖一般仅在培育新品种时采用，需3～4年才能开花。

11. 仙客来

学名：*Cyclamen persicum*

别名：兔子花、一品冠、萝卜海棠

科属：报春花科仙客来属

(1)生态习性

原产希腊、突尼斯一带。喜凉爽湿润、阳光充足的环境，不喜高温，耐寒力较强，秋、冬、春三季为生长季节，不耐炎热，生长适温为18～20℃，夏季温度在30℃以上，球茎被迫休眠，超过35℃，易受热腐烂，甚至死亡。冬季温度低于10℃，花朵易凋谢，花色暗淡，5℃以下，球茎易遭冻害。在夏季凉爽地区不休眠，而是继续生长。喜富含腐殖质的沙质土壤。酸碱度要求中性或微碱性，如酸度偏大（pH 值小于 5.5），幼苗生长会受到抑制。属日中性植物，影响花芽分化的环境因子主要是温度，适温为 15 ~ 18℃。

仙客来喜湿润，但忌积水。喜光，但忌强光直射，若光线不足时徒长，花色不正。2 年生球茎可开花 10 朵以上，4 ~ 5 年生球茎能开花上百朵。

（2）繁殖方法

1）播种繁殖

仙客来以播种繁殖为主。

①播种时间：播种时期应根据品种特性和播种后气温条件确定。生育期长的品种要适当早播，生育期短的可适当迟播。采用温室加温的可以适当迟播，无加温条件的要适当早播。9 月下旬至 10 月上旬，日平均气温在 15 ~ 20℃，最适宜于仙客来的发芽出苗。在无加温设备的情况下，生育期长的在 9 月下旬播种，生育期短的可以在 10 月上旬播种。10 月中旬以后播种，育苗区内必须安装电热线，以保证出苗期的温度不低于 15℃。

②播种基质：播种基质要求含较高的有机质，通气性好，pH 值 5.8 ~ 6.5 最理想的基质是 70% ~ 80% 的泥炭，20% ~ 30% 的砻糠灰，拌匀后经高温消毒备用。基质消毒方法有蒸气消毒、干热消毒、化学药剂消毒等。

③种子处理和催芽：种子用甲氧乙汞 1000 倍稀释液浸 30 分钟，浸种后清水洗净，再浸种 24 小时，然后装入纱布袋内，在 15℃的保温箱内催芽 5 天即可播种。催芽期少于 5 天，种子尚未充分萌动，催芽期超过 5 天以上，10 天左右就有少数种子露口，影响出苗整齐度。

④配制营养土：营养土可选择优质熟土、细沙、木屑、油渣或鸡粪，按 6∶2∶1∶0.5∶0.5 的比例掺和均匀后，装钵或装育苗盒 2/3 满。蹲实后用开水浇透，灭菌消毒并冷却 24 小时后播种。也可直接选择腐殖质含量高而盐碱含量低的山土播种即可。

⑤播种方法：用竹片以 2cm 间距将表土划出纵横方格状浅沟，或用定制的打孔板压出播种位置。然后 1 粒 1 穴点播，播后轻轻摇动播种箱，填平播种穴，再盖一层基质河沙。播种深度应达到种子直径的 1.5 ~ 2 倍。播种过浅，播后浇水时容易使种子露出，或者因种子干燥而推迟发芽，或者因发芽时种皮不脱落，带种皮出苗，使子叶不能展开。播种过深，发芽出苗迟，生长软弱。覆土后，用下部浸水法或细孔喷雾使基质水分接近饱和为止。

⑥播后管理

出苗前的管理：播种箱可以重叠放在温室台架下或其他阴凉地方，上面盖上遮阳网和薄膜，防雨、防虫和防鼠害。每隔 5 ~ 7 天适量浇水，使基质湿度保持在 70% 左右，特别是在播后 7 ~ 10 天，正是胚轴生长期，如果此时基质含水量在 50% 以下，2 ~ 3 天后种子进入第二次休眠，形成发芽不齐或不发芽。

仙客来发芽最适温度 18 ~ 20℃，15℃以下发芽迟缓，低于 10℃必须加温。白天高于 25℃，低于 30℃ 也不影响正常发芽。水分温度正常，播后 7 ~ 10 天，种子膨胀，幼胚轴从种皮孔长出。10 ~ 20 天，幼茎肥大。30 天左右，子叶出土。

出苗后管理：部分子叶展开后，将播种箱移到温室台架上，用 50% 遮阳率的遮阳网适当遮光，并要注意浇水，不使基质干燥，7 天后，待幼苗出齐后，揭掉遮阳网，全日光照。白天高温多湿而日光不足时，叶柄软弱徒长，容易发生软腐病而死苗。幼苗能耐比较低的温度，即使达到 5℃ 也无伤害，但长时间的低温，往往叶呈紫红色，生长停止。低温时在采用保温和加温过程中，不要使棚内温度过高，否则易发生灰霉病。在此期间，基质不能过于干燥，过干的基质，会使幼苗进入休眠，或以后不长叶。因此，要从播种箱的上方适度浇水。当子叶展平以后，可用 0.05% 的营养液喷施叶面，使幼苗健壮生长。以后每隔 7 天施一次营养液，营养液浓度为 0.1% ~0.15%。

2）球茎分割法

适用于优良品种的繁殖。选 4 ~ 5 年生球茎，切去球茎顶部 1/3，随后将球茎分割成 $1cm^2$ 的小块，经分割的球茎放 30℃ 和相对湿度高的条件下，5 ~ 12 天，促进伤口愈合。接着保持 20℃，促使不定芽形成。分割后的 3 ~ 4 周内土壤保持适当干燥，以免伤口分泌黏液，感染细菌，引起腐烂。一般分割后 75 天形成不定芽，9 个月后有 10 余片叶可用 12 ~ 16cm 盆栽，养护 2 ~ 3 个月后开花。切割繁殖的球茎比种子繁殖的开花要多。

近年来，国外已成功地采用叶插法和组织培养法繁殖仙客来。也用幼苗子叶、叶柄、块茎和根为材料，进行组培繁殖。

12. 大丽花

学名：*Dahlia pinnata*

别名：大理菊、西番莲、天竺牡丹、大理花

科属：菊科大丽花属

（1）生态习性

原产墨西哥海拔 1500m 的高原，既不耐寒又畏酷暑，性喜高燥、凉爽、阳光充足、通风良好的环境条件。适应性较强。要求富含腐殖质、排水良好的沙质壤土。

（2）繁殖方法

1）播种繁殖

新品种培育和花坛栽培多采用播种法。种子的发芽适温为白天 15 ~ 20℃，夜 12 ~ 18℃，一般 7 ~ 10 天可以发芽。大丽花春播，当年秋天即可开花。好的品种要进行人工授粉，方可采种。

2）扦插繁殖

大丽花多采用此法繁殖。一年四季均可进行，但以早春扦插最好。2 ~ 3 月选优质的母株块根进行催芽，一般是将块根囤于温室内，上面覆盖湿沙或腐叶土，每天进行浇水，在白天 18 ~ 20℃，夜间 15 ~ 18℃ 条件下进行催芽。当芽长到 6 ~ 10cm 时取下，扦插于深约 8cm 的干净河沙中，间距为 1.5 ~ 2cm。要从根部取扦插枝条。插后置于半阴处，保持白天 20 ~ 22℃，夜间 15 ~ 18℃，2 周后即可生根，之后逐渐移到阳光充足处栽培，当年可开花。如此继续可以扦插到 5 月。

3)分株繁殖

在春季3～4月，将贮藏的块根进行分割，每块至少带有根颈芽1～2个，无根颈芽或根颈上无发芽点的块根均不出芽。用草木灰涂抹伤口，种于花槽或花盆内，成活率较高，苗粗壮且花期早。如果根颈上发芽点不明显或不易辨认时，可在早春进行催芽，当芽长出后，再按上述方法进行切割种植。

13. 小苍兰

学名：*Freesia refracta*

别名：香雪兰、洋晚香玉、小菖兰

科属：鸢尾科香雪兰属

(1)生态习性

喜凉爽湿润环境，要求阳光充足，耐寒性较差，生长适温为15～20℃，能耐3～5℃的低温，现蕾开花期以14～16℃为宜，高温休眠。为秋植球根，秋凉时生长。在长江流域及北方均不能露地越冬，冬季于冷室或冷床栽培，春天开花，花后茎叶枯死，在30℃以上休眠。短日条件下有利于花芽分化，长日条件则有利于花芽的发育和花期提前。

(2)繁殖方法

1)分球繁殖

小苍兰以分球繁殖为主，为秋植球根类。母球基部一般发生1～3个新球茎，于8～9月进行栽植。新球茎直径达1cm者，栽后可以开花；小的新球茎则培养一年后才能形成开花球；小球或称子球通常经过1～2年的栽培后也或开花。小苍兰的地下部分具有上根和下根，栽植时宜深些，覆土2.5cm为宜。为使发芽整齐，土壤不过分潮湿，通常栽植时只覆土1cm，待长出3～4片真叶再覆土至2.5cm。

2)播种繁殖

小苍兰也可以采用播种繁殖，于5～6月种子成熟后采收，置于通风处，及时播种。播后将盆移于通风向阳处，予以遮荫，保持湿润，发芽适温为20～22℃。播前先将种子浸湿，在20℃左右的条件下催芽，萌动后，播于泥炭苔藓和壤土混合的基质中，凉爽的温室条件下，20天后可发芽。40～50天后，苗高约5～6cm时，可移栽定植。栽植密度为110～130株/m^2。白天温度控制在21℃，夜间18℃，当长到5～7片叶时，温度降到13℃，以诱导花芽分化、花序的形成。生长期进行追肥。约经3～5个月始可开花。

14. 花贝母

学名：*Fritillaria imperialis*

别名：璎珞百合、皇冠贝母

科属：百合科贝母属

(1)生态习性

喜凉爽、湿润气候，忌炎热，有一定耐寒性。喜阳光充足，但夏季宜半阴凉条件。要求富含腐殖质、排水良好、土层深厚肥沃而湿润的沙质壤土，以微酸性至中性为宜。

(2)繁殖方法

1)分球繁殖

为秋植球根类。栽植深度较其他球根花卉深，约 10 ~ 20cm。不需年年分球，每 2 ~ 3年分栽一次。

2）播种繁殖

播种繁殖于春季进行。8 ~ 9 月剪下带蒴果的茎秆，置于阴凉通风处，干裂后取出种子，用湿沙层积贮藏，次年3 ~ 4 月冷室播种。幼苗期应注意遮荫，经4 ~ 6 年培养方能达到开花年龄。

花贝母栽培管理比较简单。栽植前深翻土地，施入大量有机肥及过磷酸钙。秋季栽植，株距为 20cm，深度为 15cm 左右。北方寒冷地区稍加保护越冬，早春新芽出土后应及时掀去覆盖物。生长期保证充足的水分供应。夏季植株开始枯黄脱落，并进入休眠期，应注意防涝，以免种球腐烂。

15. 雪花莲

学名：*Galanthus nivalis*

别名：铃花水仙、小雪钟

科属：石蒜科雪花莲属

（1）生态习性

原产于欧洲南部及高加索。性喜凉爽、阳光充足的环境，性强健，耐寒，华东地区可露地越冬。要求疏松、腐殖质丰富、排水良好的土壤。

（2）繁殖方法

1）分球繁殖

雪花莲多用分球繁殖。多于秋季进行，一般母球 2 ~ 3 年挖掘一次，将子球分离，另行栽植，种植深度为 8 ~ 10cm，株行距为 5 ~ 10cm。

2）播种繁殖

雪花莲也可进行播种繁殖，实生苗需经过 3 ~ 4 年的培养才能开花。

雪花莲生长旺盛，管理粗放。于生长期、花前及花后追施液肥，以利于开花和结球。早春开花，夏季鳞茎进入休眠状态，采收后埋在微湿凉爽的沙土中度过休眠期。

16. 唐菖蒲

学名：*Gladiolus gandavensis*

别名：什样锦、菖兰、剑兰、扁竹莲

科属：鸢尾科唐菖蒲属

（1）生态习性

唐菖蒲原产于非洲及欧亚地区地中海沿岸，为多年生草本。喜光性长日照植物，怕寒冷，不耐涝。喜冬季温暖、夏季凉爽的气候。球茎 4℃ 萌动，20 ~ 25℃ 生长最好，一年中有 4 ~ 5 个生长期的地区均露地栽培。低于 10℃ 生长缓慢。对土壤要求不严，但以排水良好、富含有机质的沙质壤土为宜。

（2）繁殖方法

1）分球繁殖

唐菖蒲以分球繁殖为主。

①种球的选择

栽种前必须经过挑选。一是要选花期一致的品种；二是要选无病斑、顶部发芽处和底部发根处没有损伤的种球；三是种球大小的选择，种球直径2.5～4.9cm的球茎是生产唐菖蒲切花的优良种源材料，播种后植株生长势强，花期较早，生产的切花品质好，球茎发病率低。种球直径小于1.9cm的种球播种后，植株生长势强，生产的球茎质量好，对唐菖蒲种球具有一定的复壮能力。另外，由于球小可加大种植密度从而提高单位面积的种球收获量。直径小于1.9cm的籽球可以作为繁殖唐菖蒲切花生产用球和保持唐菖蒲种性的种质资源进行利用。直径大于5.0cm的种球，种植后生长势弱，壮苗率低，切花品质差，表现出较明显的种性退化现象，不宜利用。

②种球的处理

除去皮膜，放入清水浸泡15分钟以上，再浸入200倍福尔马林液中5分钟，取出堆积并用塑料膜覆盖密闭1小时，然后摊放晾干。

2)切球繁殖

在球茎数量少的情况下，为了加速繁殖，可用分切种球的方法进行繁殖，因为唐菖蒲能开花的成年球茎通常具有4～6个芽眼，用利刀纵切成2～3块，每块必须带有一个以上强壮的芽和部分根盘，每一块可作为一开花球茎应用。如果只有芽而不带根盘，则不能形成新植株，切割后的伤口要用草木灰涂抹，即可防腐，又有一定肥效。

3)播种繁殖

主要用于选育优良品种，从杂交授粉到种子成熟一般需40天左右。秋季采种后，后熟半个月，9月末在温室植床播种，温度不低于13℃。第二年春季移植露地，夏季可见部分植株开花。

4)组培繁殖

组织培养法用植株幼嫩部分作为外植体进行组织培养。在试管中培育成直径为0.3～1cm的休眠小球茎，经过一季的栽培可得到直径为3cm以上的开花种球。

17. 网球花

学名：*Haemanthus multiflorus*

科属：石蒜科网球花属

(1)生态习性

原产非洲热带地区。我国云南亦有野生分布。喜温暖、湿润和半阴环境。不耐寒，耐半阴，怕干燥。宜用肥沃、疏松和排水良好的微酸性腐叶土。

(2)繁殖方法

1)分球繁殖

在春季进行，结合换盆，将母球周围的子鳞茎分开，另行栽植。因鳞茎形成子球能力差，分球繁殖需2～3年进行1次。

2)播种繁殖

种子成熟后即可播种，采用盆播，发芽适温18～22℃，播后14～21天发芽。幼苗生长速度慢，需培育4～5年才能开花。

春季盆栽，盆土要求疏松、肥沃，发芽展叶期每15天施肥1次。夏季光线过强时，需适当遮阳。夏季花期移放凉爽处，能延长花期。秋季叶片开始枯黄，减少浇水，鳞茎进行休眠期，应停止浇水，保持土壤干燥并挖出鳞茎贮藏于室内。

18. 风信子

学名：*Hyacinthus orientalis*

别名：洋水仙、五色水仙

科属：百合科风信子属

（1）生态习性

原产非洲、欧洲和小亚细亚一带。喜凉爽、湿润和阳光充足环境。鳞茎有夏季休眠习性，秋冬生根，早春萌发新芽，3月开花，6月上旬植株枯萎。较耐寒，要求疏松肥沃、排水良好的沙质土壤，忌土壤低湿黏重。

（2）繁殖方法

1）分球繁殖

母球栽植1年后分生1～2个子球，可用于分球繁殖。不宜于采收后分球，因贮藏越夏时伤口易烂。风信子自然分球率低，为提高繁殖能力，可采用扇形挖切和十字形切割繁殖。切割的目的是破坏生长点，去除鳞茎生长的顶端优势，以促进侧生鳞茎的生长发育。具体方法是：鳞茎先通过25℃贮藏30天，待花芽形成后进行切割。扇形挖切是用匙形刀从鳞茎基部切成凹形的一片基盘，再向鳞茎中心作十字形切入，切割时直接从鳞茎基部向顶芽切成十字形。切后待切口分泌的汁液略干后用升汞溶液消毒，然后放浅盆内，摊成一层，放在21℃和低湿繁殖箱内使产生愈伤组织。当鳞片基部膨大时，温度渐升到30℃，相对湿度85%，3个月后形成小鳞茎，可分出栽种。诱发的小鳞茎培育3～4年后开花。

2）播种繁殖

以秋播为主，播种土需高温消毒，播后覆土1cm，翌春1～2月发芽。播种苗培养4～5年成为开花种球。

3）组培繁殖

利用花芽、嫩叶作外植体，繁殖风信子鳞茎。将消毒的花芽接种到添加6-苄氨基腺嘌呤3mg/L和萘乙酸0.3mg/L的MS培养基上，诱导分化出小鳞茎，再转移到含0.1mg/L萘乙酸的MS培养基上，这样90%以上的小鳞茎成功地转移到土壤基质中。

19. 球根鸢尾类

学名：*Iris* spp.

科属：鸢尾科鸢尾属

（1）生态习性

球根鸢尾类性阳光充足、凉爽的环境，忌炎热，耐半阴。较耐寒，生长适温为白天15～20℃，夜间0℃以上均能生长。长江流域可露地越冬，华北地区需覆盖或风障保护露地。秋冬季节生根，翌年早春迅速生长开花，夏季休眠。喜排水良好的沙质壤土。

（2）繁殖方法

1）分球繁殖

球根鸢尾类以分球繁殖为主。夏季采收鳞茎后，摊放在通风阴凉处，母鳞茎上附生的小球和残根暂时不要分离，以免伤口腐烂，至秋季栽培时再将子球分离，另行栽植。

2)播种繁殖

也可进行播种繁殖，种子成熟后即行播种，一般采用盆播，幼苗需培养3~4年方能开花。

露地栽培时宜选择向阳而高燥地方。定植前需施足基肥。种植的株行距为7cm×7cm，深度为10cm。定植后应立即浇水，并覆盖稻草，以保持一定的土壤水分。生长期间避免土壤干燥，但不能有积水。花莛伸出地面时，为增加其坚韧性，应控制浇水。但过度干燥，会导致“盲花”。

整个生长期的温度应保持在25℃以下，当温度过高时应注意遮荫。最低温度不低于0℃，在寒冷季节应加设塑料薄膜，保持夜温在5~8℃。

6月地上部分枯黄，球根进入休眠状态，此时可将球挖出，于通风阴凉处充分晾干后，于20~25℃条件下贮藏。

常见栽培的种类有：西班牙鸢尾(*I. xiphium*)、荷兰鸢尾(*I. hollandica*)、英国鸢尾(*I. xiphioides*)。

20. 雪滴花

学名：*Leucojum vernum*

别名：雪花片、雪铃花

科属：石蒜科雪铃花属

(1)生态习性

原产欧洲中部及高加索地区。喜凉爽、湿润和阳光充足环境。适应性强，怕干旱和强光暴晒，耐半阴。较耐寒，温暖地区可露地越冬。宜疏松、肥沃和排水良好的泥炭上或腐叶土。

(2)繁殖方法

1)分球繁殖

以分球繁殖为主，在9~10月鳞茎休眠期进行，栽植深度为5cm。盆栽3~4年分株1次，培养2年即可开花。

2)播种繁殖

种子的发芽适温为10~22℃，播后21~27天发芽，实生苗需培育3年才开花。

一般进行盆栽，盆土要肥沃、疏松，于11月进行，栽好后放室外，待长根和萌芽后搬进室内。放置阳光充足处，约50天左右开花。鳞茎贮藏温度为15℃。

21. 百合类

学名：*Lilium* spp.

科属：百合科百合属

(1)生态习性

百合类绝大多数喜阳光充足的环境，少部分品种喜半阴。绝大多数喜冷凉、湿润气候；多数品种耐寒性较强，耐热性较差，炎热的气候影响开花。最适生长温度为15~25℃，高于30℃或低于10℃都会使植株生长发育不良。要求腐殖质丰富、疏松、肥沃、透气及排水良好的沙质壤土。喜微酸性，pH值6.5左右为宜，少数种类可在弱碱性土壤中生长，但不耐盐，忌连作。

(2)繁殖方法

分球、分珠芽、扦插鳞片、鳞茎切割法或播种繁殖。

1)分球繁殖

以分球繁殖最为常用。百合母球(老鳞茎)在生长过程中，于茎轴上逐渐形成新的小球(鳞茎)，每个母球经一年栽培后，可以分生1～3个甚至7～9个或更多的小球，小球的数量因品种而异。将小球与母球分离，另行栽植。百合地上茎的基部以及埋在土中的茎节处也可以产生小的鳞茎，把它们分割下来，也可以另行栽植。

分球茎的时间，通常于9月上旬至10月中旬，最晚不得超过11月中旬，春季可在4月中旬进行。分球栽培前，可用苯菌灵水合剂对小球进行消毒，时间为30分钟。为了使小球茎的根系得以充分伸展，小球栽培要浅些。栽后浇一次透水，以后可进行正常管理。

2)分珠芽繁殖

对于有珠芽的种类，可利用珠芽进行繁殖。当珠芽成熟时，略呈紫色，手触即落，采收后将其种于沙土中，覆土以刚好盖住珠芽为宜，遮荫并保湿，1～2周后可生根，20～30天后出苗，约1周后可移栽。经过2～3年的培养可开花。

3)鳞片扦插繁殖

选取成熟、肥大、无病虫害的鳞茎，剥去外层鳞片，将内部肥厚的鳞片小心剥下，注意不要使鳞片受伤，以免扦插时腐烂。扦插基质为粗沙或蛭石，还可用4份泥炭、1份细沙混合。扦插前浇透水，然后将剥下的鳞片斜插于基质中，深度为鳞片的1/3，注意使鳞片的内侧朝上。在22～25℃条件下，1个月后可长出小鳞茎。经培养3年可长成种球。一般一个母球可剥取约30片鳞茎，可培育成50～60个小子球。

4)鳞茎切割繁殖

对于较大的鳞茎，可以将其纵切成4～6块，栽植于洁净的河沙中，遮荫并保持湿润，第二年即可形成小苗，另行栽植。注意每一块鳞茎上必须带有2～3个芽眼，切口处涂抹草木灰以防腐烂。

5)播种繁殖

一般只在培育新品种时采用此法。种子不易贮藏，播后生长缓慢且品质有所下降，因此很少采用。一般是种子成熟采后即播，约20～30天可发芽。若暂无播种条件，也可阴干后贮藏至秋季或次年春播。从播种至开花所需时间，因种类和条件而异。

播种前，要精心挑选成熟、饱满、粒大、坚实而富有光泽的种子，这对以后的出苗率、成活率非常关键。对于经过干燥贮藏的种子，应进行浸泡处理，可用35～40℃的温水，浸泡24～36小时，待种子充分吸水后，再进行播种。

露地播种应选择地势高燥、无强烈阳光直射的半阴的沙质壤土处，播种前施足基肥。按20cm×20cm的株行距挖播种穴，深约30cm，穴内填腐殖土和氮、磷、钾复合肥，上面再填入腐叶土和沙质菜园土，然后点播种子，覆土1～2cm。百合的种子，经过浸种处理后，发芽快，约7～10天要发芽。一般每穴留4株苗，其余拔掉。加强水肥管理，使小苗健壮生长。

除此之外，还可运用组织培养法进行繁殖，利用百合花的不同部位，如花丝、花柱、子房及幼胚等作为外植体均可获得新的植株。

常见栽培的种类有：山丹(*L. concolor*)，别名渥丹；百合(*L. brownii*)，别名布朗百合、野百合、香港百合、紫背百合、淡紫百合；天香百合(*L. auratum*)，别名金线百合、山百合；川百合(*L. davidii*)，别名大卫百合、昆明百合；卷丹(*L. lancifolium*)，别名南京百合、虎皮百合；麝香百合(*L. longiflorum*)，别名铁炮百合、龙牙百合；王百合(*L. regale*)，别名岷江百合、王香百合、峨眉百合。

22. 石蒜

学名：*Lycoris radiata*

别名：老鸦蒜、蟑螂花

科属：石蒜科石蒜属

(1)生态习性

在自然界石蒜多野生于山林阴湿处及河岸边，故喜阴湿环境。耐寒性强，不耐阳光直射，喜散射光，夏季休眠，冬春生长，秋季开花。适应性强，在种类土壤均能开花，但以排水良好、肥沃的沙质壤土或石灰质壤土生长良好。

(2)繁殖方法

1)分球繁殖

以分球繁殖为主。春、秋两季均可栽植，一般较寒冷地区春植，而较温暖地区多秋植。栽植不宜过深，以环顶刚好埋入土为宜。因鳞茎基部根的寿命在1年以上，因此不宜每年分栽，一般4~5年分栽一次。栽培管理简便。采收后将球茎贮存在干燥通风处。

另外还可用鳞茎切割法来进行繁殖。具体操作：将大鳞茎从基部向上作十字形交叉纵切，深度约为至鳞茎颈部的3/4；之后放置半天，将鳞茎埋在潮湿的沙或泥炭藓中，深约为鳞茎的3/4，一个月以后，有许多小球茎从切口处产生，将小球分开栽植，3~4年可开花。

2)播种繁殖

新品种培育时常采用播种繁殖。秋季种子成熟后应立即播种，若不能及时播种，可用湿沙贮藏。播种深度为2~3cm。次年种子在土中萌发，并在地下形成小的鳞茎，秋季幼叶萌发出土。播种苗需经过5~6年的栽培后才能开花。

23. 葡萄风信子

学名：*Muscari botryoides*

别名：葡萄水仙、葡萄百合、蓝壶花

科属：百合科蓝壶属

(1)生态习性

原产亚洲和中欧。喜温暖、凉爽的气候。喜光，也耐半阴。较耐寒，在中国华北地区可露地越冬。不耐炎热，夏季地上部分枯死，进入休眠状态。适应性强。喜疏松肥沃、腐殖质丰富、排水良好的沙质壤土。

(2)繁殖方法

1)分球繁殖

葡萄风信子以分球繁殖为主。炎热夏季休眠，秋季分栽小鳞茎，起球后将母球周围自然分生的小鳞茎取下来，另行栽植。当年可生根发叶。栽培地宜选温暖、向阳避风及排水良好处。株行距8～10cm，及时灌溉，抽生花穗前追施1～2次速效液肥。培养1～2年即可开花。

2）播种繁殖

播种繁殖一般采取秋季露地直播，次春发芽。实生苗需培养3～4年方能开花。

栽培管理：葡萄风信子对环境要求不严，适应性强，栽培管理容易。定植前要施足基肥，株行距为8～10cm。土壤干旱地区，入冬前应浇足冻水，早春及时灌溉，花莛抽生前追施1～2次液肥。夏季地上部枯萎，进入休眠期，将鳞茎挖出后于通风凉爽处保存。

24. 中国水仙

学名：*Narcissus tazetta* var. *chinensis*

别名：雅蒜、天葱、凌波仙子、女使花、湘夫人

科属：石蒜科水仙属

（1）生态习性

性喜温暖、湿润及阳光充足的地方，尤以冬无严寒、夏无酷暑、春秋多雨的环境最佳。生育适温前期为12～20℃，后期为20～24℃，气温过高会使叶片枯萎早衰。当气温高于25℃时进入休眠。喜光，每日光照10小时以上时才生长良好。喜肥，对土壤要求不严格，但以土层深厚肥沃、湿润而排水良好的黏质土较宜，以中性和微酸性土较好。

（2）繁殖方法

分球、双鳞片繁殖、播种或组培繁殖。

1）分球繁殖

以分球繁殖为主，为秋植球根类。将母球上自然分生的小鳞茎掰下来，作为种球于11月上中旬种植，覆土厚度为球高的2倍，铺盖稻草，待出苗后追肥一次，使用速效氮肥或人粪尿，至翌年2月初再追施一次氮肥，春分过后追施一次磷、钾肥。夏季地上部分全部枯萎后将球茎挖出，在阴凉处晾干，于光线较暗处贮藏。如此经过2年培养的鳞茎称为种球。

2）双鳞片繁殖

通常在2～3年生的鳞茎内，每隔2片鳞片有一个芽。将鳞茎消毒后，纵切成8～16块，再将切块每隔2个鳞片纵切一刀，成为2个鳞片下带鳞茎盘的双鳞片。然后将鳞片放入含水量50%的蛭石或6%的粗沙中，在20～28℃黑暗条件下，保持湿度，2～3个后即可从鳞茎盘基上生出小鳞茎。霜降前取出双鳞茎片，将已经可萎缩的鳞片去掉，摘下小鳞茎，另行栽培即可。

3）播种繁殖

播种繁殖多用来培育新品种。原种大多数能结籽。播种苗约3年后开花。

4）组培繁殖

用芽尖或茎盘作外植体，采用MS培养基，另外每升附加30g蔗糖和5g活性炭，

25℃条件下，20 天后长成小球；然后转移至 1/2MS +0.1mg/L NAA 中，6 ~8 周长出根与叶，即可移栽。

25. 虎眼万年青

学名：*Ornithogalum caudatum*

别名：鸟乳花

科属：百合科万年青属

(1) 生态习性

原产非洲南部。喜凉爽、湿润和阳光充足环境。耐寒、耐半阴，怕强光直射和干旱，不耐水湿。宜肥沃、疏松和排水良好的沙质壤土。鳞茎夏季休眠。

(2) 繁殖方法

1) 分球繁殖

以分球繁殖为主，8 ~9 月挖起鳞茎，按大小分级栽种，一次种植后，待 2 ~3 年后鳞茎拥挤时再分球繁殖。

2) 播种繁殖

以春播为主，发芽适温 16 ~18℃，播后 20 ~25 天发芽，培育 3 ~4 年才能开花。

虎眼万年青适应性强，生长健壮，选择阳光充足和湿润的环境，土壤要深厚、肥沃和排水良好。栽植深度为 5 ~6cm，切花生产 80 ~100 株/m^2，盆栽用 12cm 盆。栽植后，土壤保持湿润，每半月施肥 1 次。花茎抽出后，增施 1 次磷、钾肥，并设网架，花后摘除残花梗，翌年开花更盛。鳞茎贮藏温度为 25℃，需干燥通风。

26. 晚香玉

学名：*Polianthes tuberosa*

别名：夜来香、月下香、玉簪花

科属：石蒜科晚香玉属

(1) 生态习性

原产墨西哥及南美。在原产地无休眠要求，气温适宜则四季均可生长开花。在我国大部分地区因冬季严寒而落叶休眠，为春植球根类。性喜温暖湿润、阳光充足的环境，稍耐寒，忌冷冻与积水。要求黏质壤土或壤土，沙土不易生长。好肥喜湿，在潮湿而不积水的土壤生长良好。

(2) 繁殖方法

1) 分球繁殖

春植球根，华北地区在 4 月下旬至 5 月初栽植，华南地区则于 3 月底至 4 月初栽植。按球的大小不同，分级栽植。栽种前将球在 25 ~30℃条件下经过 10 ~15 天湿处理，可以提前 1 周发芽。母球的自然增殖率很高，通常一母球能分生 10 个子球。较大的子球当年即能开花，较小的需要培养 2 ~3 年方能开花。株行距因球的大小不同而异：大球 20cm ×30cm、中球 15cm ×15cm、小球 10cm ×10cm。栽植深度因栽植的目的不同而有所差异：一般认为“深养球，浅抽莛”，用来开花的要浅栽，使球顶芽稍露出地面为宜；而促进小球增大的要深栽，顶部与地面平齐即可。

晚香玉出苗缓慢，从栽植到出苗约 1 个月，以后生长快，因此前期不能灌水太多。

芽出齐后，表土干时需要浇水。花茎即将抽出和开花前期应保证足够的水分供应以及土壤湿润。

2）播种繁殖

常用于新品种培育。种子发芽适温为25～30℃，播种1周后可发芽，发芽率为75%以上。

27. 花毛茛

学名：*Ranunculus asiaticus*

别名：白头翁、芹菜花、波斯毛茛

科属：毛茛科毛茛属

（1）生态习性

性喜凉爽透风环境，忌炎热，高温、高湿生长不良。较耐寒，但冬季在0℃时会冻害，在长江流域可以露地越冬。喜半阴环境，也可在光下种植。喜富含腐殖质、疏松、肥沃、排水良好的沙质壤土或略黏的壤土，以中性或微碱性为宜。

（2）繁殖方法

1）播种繁殖

播种繁殖可于春、秋季进行，但以秋播较好。播前先浇透水，然后将种子均匀撒播于土面，覆盖细土或蛭石，厚度约0.3～0.5cm。10℃条件下，20天发芽。如果温度过高，则发芽缓慢。幼苗长至2～3片真叶时，可移植上盆，次年开花。

2）分球繁殖

分球繁殖于秋季9～10月进行。将块茎带根颈，顺其自然生长状态，用手掰开或使之自然分离，以3～4根为一株分栽即可。覆土厚度以刚好盖住根茎部为宜。定植后立即浇一次透水，保持土壤湿润。栽培中忌高温、高湿，要保持通风透气。

28. 大岩桐

学名：*Sinningia speciosa*

别名：落雪泥

科属：苦苣苔科大岩桐属

（1）生态习性

原产巴西。适生于夏季凉爽、冬季温暖的热带高原地区。生长期喜温暖、湿润和半阴环境。适宜温度在18～23℃，冬季为8～10℃。夏季高温多湿，对植株生长不利，需适当遮荫。生长期要求空气湿度大，叶片生长繁茂葱绿。冬季休眠期保持干燥，如湿度过大，温度又低，块茎易腐烂。冬季温度不低于5℃。要求肥沃、疏松而排水良好的富含腐殖质土壤。

（2）繁殖方法

1）播种繁殖

以播种繁殖为主，只要温度在18℃以上，可以随时播种，但以8～12月最佳，春季播种者因夏季高温易徒长，腐烂。从播种至开花约需5～8个月。种子细小，播后覆土宜薄或轻轻镇压不覆土，发芽适温20～22℃，10～15天发芽。用腐叶土、培养土和细沙的混合土壤，经消毒后装入播种浅盆，铺平压实。幼苗长出3～4片真叶时移植浅盆，6～7片真叶时定植于12～15cm盆。苗期避免强光直射，适当遮荫，经常喷雾，保持较高的空气湿度。一般播种后6个月开花，即3～5月播种，9～10月开花，9～10播种，翌年4～5月开花。

2)扦插繁殖

嫩茎插：块茎上常萌发出嫩茎，当新芽长4cm左右时，剪取嫩茎长2～3cm，插于珍珠岩或细沙中，室温维持21～25℃，插后15～20天生根。

叶插：可用全叶插或半叶插。花落后，选取优良单株，剪取健壮叶片，留叶柄1cm，剪平，叶片的1/3插入沙床、2/3留在地面，适当遮荫，保持一定湿度，插后10～15天可生根。待长出小苗后移入小盆。在温室的条件下可全年进行，但以5～6月及8～9月扦插最好。

3)分球繁殖

春季换盆时块茎发芽后，将块茎从盆中取出，用芽接刀将块茎割成几块，每块需带1～2个芽眼，否则仅能生根，不长枝。分割的伤口用草木灰涂抹，以防止块茎腐烂。栽种初期要少浇水，待生根发芽后，再逐渐增加浇水量，进行正常管理。

29. 郁金香

学名：*Tulipa gesneriana*

别名：洋荷花、郁香、草麝香

科属：百合科郁金香属

(1)生态习性

郁金香喜冬季温暖湿润、夏季凉爽稍干燥，向阳或半阴的环境。耐寒性强，冬季可耐－35℃的低温。生长温度为5～22℃，生长适温为18～22℃，花芽分化适温17～23℃。对土壤酸碱性的适应性较广，pH值6.0～7.8均能正常生长，但在中性至微碱性环境中更有利于生长。要求疏松肥沃、排水良好的沙质壤土。生长季节忌高温和积水。

(2)繁殖方法

1)分球繁殖

于秋季9～10月进行，为秋植球根类。一个成熟的郁金香鳞茎包括三代种球，大种球为第一代种球，具有分化完全的花器官，当年种植即可开花；较小些的为第二代种球(子球)，种植当年不开花，栽培一年后可成为成熟的开花球；子球的外部鳞片上基部形成的小子球为第三代种球，种植2年才能成为开花的种球。栽种时按球茎的大小，分级栽植。栽培前要先剥掉鳞茎外壳，取出新球茎。栽培时，要选择疏松肥沃的沙质壤土，施入大量有机肥，用量为800～1000kg/100m^2。土壤要进行严格消毒，可用溴甲烷喷洒或熏蒸。种球用50%的可湿性多菌灵1500倍液浸泡半小时。栽培株行因种球大小有所不同，一般株距为10～15cm，行距为20～25cm，覆土厚度为球高的2倍，过深容易腐烂。栽后浇一次透水，冬季干燥地区，入冬前浇一次冻水。第二年春天幼苗出土后，结合浇水每2周追肥一次，整个春季追肥5～6次。6月上、中旬当地上部茎、叶均已枯黄时，可挖出种球，清除污泥，按大小分级贮藏。

2)播种繁殖

一般露地秋播。郁金香的种子于5月中、下旬成熟，连茎剪下阴干，取出种子贮藏。于9月下旬播种，播前将地整平，浇透水，播后覆细土，深度为1～1.5cm。种子无休眠的特性，需经7～9℃低温，播后30～40天萌动，越冬后种子萌发出土。播种苗当年仅长1片线形子叶，6月，当地上部分枯黄后将种球挖出贮藏，秋后再种，如此经过4～5年才能进入开花期。

30. 马蹄莲

学名：*Zantedeschia aethiopica*

别名：慈姑花、野芋、水芋、观音莲

科属：天南星科马蹄莲属

(1)生态习性

原产非洲南部。喜温暖、湿润和阳光充足环境。不耐寒，耐阴，不耐干旱和强光暴晒。宜肥沃的壤土或黏质壤土。冬季忌霜害，生长适温为白天15～24℃，夜间温度不得低于13～16℃，冬季越冬温度不低于5℃。在冬暖夏凉地区可全年开花，温室栽培情况下，如秋季种植，则花期为12月至翌年6月，1～3月为盛花期。夏季高温和冬季低温均会导致植株休眠。

(2)繁殖方法

1)分球繁殖

以分球繁殖为主。一般于春、秋两季或盛花期后，或是休眠期均可进行。将母株从土中挖出，剔除腐烂部分，剥取球茎四周形成的带芽的小块茎，另行栽植。栽好后覆土，以埋住种球为度。浇一次透水，当萌发新芽、叶片伸展后进行正常管理。每平方米40～50株，栽植深度为3～4cm。生长适温为20～30℃，生长期施肥2～3次。5月中旬至6月中旬为盛花期，花后剪去枯黄叶片，8月上旬进入休眠期，适当遮阳，停止施肥，控制浇水。一般块茎栽植后55～75天开花。

2)播种繁殖

为了获得大量种苗或是培育新品种，可用播种繁殖。

①留种

经人工辅助授粉获得种子。在盛花期3～4月，选择株形优美、高矮适度、花色纯正的优良品种，在开花第二天，待其佛焰苞完全张开，雄蕊花大部分或完全开放时，轻轻撕去佛焰苞片，使花朵下部的雌蕊花全部露出，然后用新毛笔轻轻刷下雄蕊花药，授在雌蕊柱头上。一般每天上午10时左右进行，连续授粉2～3次。马蹄莲授粉10～15天后，即可看到子房明显增大，一般经过60～70天左右，种子便发育成熟。然后用剪刀剪下来，进行搓洗，去掉肉质，放于通风阴凉处，使其自然干燥。最后用布袋贮藏，于干燥通风处保存。

②播种

马蹄莲播种，宜于8月上旬进行，此时的温度最适合马蹄莲的种子萌发。为了出芽整齐一致，播前可进行催芽处理。用50℃左右的温水浸泡种子24～36小时，当种子吸足水后，把水倒掉，将种子放在铺有3～4层纱布的大瓷盘中，上面再覆盖3～4层纱布，把瓷盘置于温暖处，每天用30℃左右的温水喷洒一次，保持一定的湿度，约15～20天后，种子即可萌发。播种时将种子均匀地撒播在苗床，覆土以盖住种子为度。播完后以浸盆法提供水分，然后在苗床上加盖一块玻璃，以减少水分蒸发，保持一定的湿度。

③播后管理

播后管理主要是保持苗床湿润，湿度控制在18～20℃，约8～10天左右小苗便能够破土而出，出苗后，要及时掀去玻璃，逐渐增加光照。当长出2～3片真叶时，可进行分苗，并用0.05%的磷酸二氢钾水溶液浇灌，每10天一次。入冬前可分盆定植，于温室中越冬养护，一般播种苗4年后开花。

第二章

常见木本观赏植物繁殖技术

第一节　常绿木本观赏植物繁殖技术

一、常绿针叶类

1. 冷杉

学名：*Abies fabric*

科属：松科冷杉属

(1)生态习性

耐阴性强。性喜温凉，具有一定耐寒力。喜疏松、肥沃、弱碱性土壤。

(2)繁殖方法

1)种子采收与处理

球果采集的有效时期较短，果实成熟和种子开始散落之间约有 1 个月时间。冷杉种子的成熟经过后熟阶段，故球果采集后不能立即取出种子，在生产中通常是将冷杉球果袋贮藏在干燥的棚内几周或几个月，球果袋不能堆集，要求通风良好，以免发芽和霉变。在自然界中，冷杉种子通常出现物理和生理休眠，种皮是休眠的一个因素，也可能与生化因子有关。一般优良的冷杉种子，在 5℃、潮湿条件下经 100 天后开始发芽，160 天后能完成发芽，自然界中的冷杉种子，往往在类似于此的条件下发芽的，如雪堆融化后开始发芽。

2)播种

对于层积处理的种子，于春节进行种子消毒处理后进行播种，未层积处理的种子，在 3 月底将多半麻袋种子放在小河内，水要超过麻袋 5 ~ 10cm，浸泡 7 ~ 10 天，然后捞出来，在池内进行水选。净选后的种子，0.1% 的高锰酸钾消毒后摊在室内通风地面上，厚度 10 ~ 12cm，待 5 ~ 10 天种子裂口后进行播种。

冷杉的一般播种时期是春季。冷杉适宜的播种期，在四川海拔 3000m 地区约在 4 月中下旬左右，简便的方法是在土壤完全解冻后即可播种。播种沟深度为 1.5 ~ 2cm，沟宽 4cm，每平方米播种(经选种后的种子)0.1g 左右，覆土厚度 1cm，覆土后用木板将整个床面进行轻度镇压，使土壤和种子紧密结合，以利发芽。

冷杉在高山森林生态系统中，秋季种子脱落后天然下种，历经一个冬天后在适宜的温度和湿度条件下便萌动生长，从这一自然规律出发，冷杉还可进行冬季播种。播种时间一般在11月，采用高床条播，播后用细土覆盖1cm，再用白桦落叶和松针混合后以5cm的厚度覆盖床面，以减少土壤水分蒸发，降低地表温度，防止冻土上抬把种子抛出地表。

冬季播种与春播相比，优点在于：延长生长季节；提高当年生苗抗病、抗霜、抗冻能力；减少种子贮藏的工作量，不需催芽，节约人力、物力；利用冬季空闲时间育苗，协调营林生产等优点。

(3)栽培管理

幼苗生长期，可追施少量以氮肥为主的稀肥水，生长后期多施磷、钾肥促使木质化，利于越冬，冬季注意防寒。冷杉在育苗过程中，应每隔3~4年移植或断根一次，促使根系发育。冷杉在小苗期间生长缓慢，移栽时要多带原生土，移后要加强管理，苗龄达4年以后生长逐新加快。

2. 南洋杉

学名：*Araucaria cunninghamii*

别名：鳞叶南洋杉、尖叶南洋杉、肯氏南洋杉

科属：南洋杉科南洋杉属

(1)生态习性

原产大洋洲东南沿海地区。属热带树种，为现代孑遗植物之一。性畏寒，在我国中部及北方各地均栽于盆中，冬季需移置温室内越冬。性喜空气湿润、土质深厚肥沃、排水良好的沙质壤土，在山谷中发育最佳。

(2)繁殖方法

1)播种繁殖

播种幼苗易受病虫危害，因此播种前应对土壤严格消毒，种子则用沙床催芽后再播，或破壳播种，播种后30天出芽。因种子缺乏，很少采用。

2)扦插繁殖

扦插常用当年生木质化及半木质化枝条作插穗，穗长6~8cm，插后加盖塑料薄膜，保持相对湿度75%以上，温度控制在15~25℃，约3~4个月生根。第二年春夏间，将幼苗挖起，移栽盆内，并适当蔽荫，3年苗高可达60~100cm。

3)压条繁殖

①高压时间

宜在生长期进行，一般在4~5月最佳，而夏季高压时植株发根较晚，且不定根数量少。

②高压方法

在距盆土2cm左右，在水平轮生枝下2~5mm处环割，在水平轮生枝剪口用生根剂处理后加大生根面积，易于生根，环剥上下切口距离近似等于此处树干直径，用刀尖轻轻挑去树皮(不能伤木质部)，用45cm×30cm塑料薄膜在树上围成圆筒状，并将

下部在距环割伤口 8cm 处用细绳或铁丝扎紧，填入消毒的蛭石或发酵过的木屑，不仅能通气渗水，而且能在植株生根后继续提供微量元素。边填边压实，当土填至距切口上部边缘 10cm 时，再用细绳或铁丝扎紧。这时高压处的塑料袋呈长椭圆形，长约 20cm，直径约 12cm。

③压后管理

高压后将其置于阳光充足处进行光合作用，促其提高生根量并提前生根，同时要注意塑料袋内土壤保持湿润，管理至 11 月，从塑料袋处可看到有少许粗壮不定根，到第二年，根系将发育更加完善。

④截取

到第二年 8 月中下旬，待根系充分发育形成后，用枝剪或手锯从根部位的下方截干，然后轻轻拆去细绳或细铁丝，剥去塑料袋（注意不要将根系周围的泥土打散），然后将截取的植株定植于大泥盆内即可。

3. 翠柏

学名：*Calocedrus macrolepis*

别名：长柄翠柏

科属：柏科翠柏属

（1）生态习性

性喜光。对土壤要求不严格，但以 pH 值 6.5～7.0 的半沙质土壤中生长较好。耐湿，忌涝。

（2）繁殖方法

以嫁接、扦插为主，也可用播种和压条繁殖。

1）嫁接繁殖：翠柏主要采用靠嫁接繁殖，嫁接的砧木多用桧柏或侧柏的实生苗作砧木。砧木以 1.5cm 粗为宜，接穗应选用生长充实并仍为绿色的两年生枝，在 4～5 月进行。接穗及砧木的切口长 5～7cm，木质部要多带些。8～9 月剪离母株，剪切时接口下方的接穗宜留尾 3cm 左右，然后上盆，第二年春季在接口上方将砧木切去。

2）扦插繁殖：扦插宜用嫩枝作为插穗，约 10 个月才能发根。

3）种子繁殖：隔年结果，待性球果成熟后，种鳞开裂，种子散落，要及时采收，晾干后筛出种子，干藏至春季 3 月播种，约 20～30 天发芽，出苗后要搭棚遮荫，幼苗生长缓慢。

4. 雪松

学名：*Cedrus deodara*

科属：松科雪松属

（1）生态习性

原产于喜马拉雅山西部从阿富汗到印度的海拔 1300～3300m 之间；中国长江流域多有栽培，且在上海、南京、郑州、昆明、青岛、西安等城市生长良好。性喜光，幼年稍耐阴，大树要求充足的上方光照，否则生长不良或枯萎。喜温暖，在 22～26℃且顶端有充足的光照生长最好，抗寒能力强，已能在北京地区生长，但以背风处为宜。对土壤要求不严，喜肥沃、深厚、排水良好的土壤，在高燥而含有腐殖质的沙质中性、微酸性土壤中生长最好。耐干旱，不耐水湿，忌低洼积水。抗烟尘能力弱，二氧化硫气体会使嫩叶很快枯萎。

(2)繁殖方法

1)播种繁殖

①播种量

一般在每平方米15~27g之间，具体数量据种子的发芽率而定，种子发芽率高的，播种量宜小；种子发芽率低的，播种量则宜适当加大。

②种子处理

播种前，为避免种子因失水而降低发芽率，要用湿沙进行贮藏。具体方法是每两层沙子夹放一层种子，沙子的湿度以用手抓握指缝不渗水、手松后沙子不成团为好。播种前2~3天，要用0.1%~0.2%的高锰酸钾溶液浸种3~4小时，或用50~53℃的温水浸种20~30分钟，以杀灭病菌和幼虫。然后除去浮在水面的空粒和有虫眼的种子，换凉水浸泡2天以催芽。种子露白后，晾干即可用于播种。

③播种方法

视气候条件，一般可在3~4月播种。雪松种子比较珍贵，一般采用点播法播种。即每隔5~8cm播种1粒种子，每隔10~15cm为1行。点播时，要将种子的小头向下(即胚根向下)直插，并在上面覆盖0.5~1cm厚的细土，然后浇透水，用稻草或塑料薄膜盖在苗床上，保持土壤湿润而不积水。这样种子扎根容易，出土快，因而发芽势强，出苗率高。专业性较强的育苗单位，可采用芽苗移栽法育苗。即先用沙床播种，精心培育，待到芽苗长到4cm时再移栽到苗床上。

④苗期管理

播种一星期后，可揭去稻草或薄膜，并及时搭棚遮荫。此后要经常除草松土，保持苗床土壤疏松不积水。要注意控制水分，不要过多浇水。梅雨季节要用塑料薄膜搭雨棚挡雨(但要注意透气)，及时排除积水，以防发生苗木猝倒病。

⑤苗木移植与出圃

一年后，苗高达30cm左右，要进行疏苗移植，否则影响苗木的增粗生长和侧枝的发育，降低苗木品质。苗木移植宜在2月至3月初进行，移植的株行距，要在原株行距的基础上加大1~2倍。移植后的苗木按常规进行肥水管理即可。如此反复移植2~3次后，3~4年生的雪松苗即可出圃上市，或用于绿化美化工程。

2)扦插繁殖

①扦插时间

雪松一年四季均可扦插。春插2~3月，夏插5~6月，秋插8月中旬；晚秋和冬初仍可扦插，但当年不能生根，故以春插和夏插育苗为好。

②扦插采集

插穗应选幼龄实生母树的树冠中部一年生健壮枝条，如采用10年以上大树的枝条，则宜采集树冠上部一年生半木质化的枝条。夏插应剪取当年春梢作插穗。剪采插穗的时间应在有露水的早晨或阴天进行。枝条剪下后将基部对齐，用湿润卫生纸包住保湿，随即带回室内处理。

③插穗处理

将穗条剪成长 15cm 左右的插枝，基部用利刀在芽节下 0.5cm 处削成马耳形，上部在节上 1.5cm 处剪成平口，剪时不要撕裂表皮和损伤腋芽。插穗剪取后按径级分开，捆成小把，用萘乙酸 500mg/g 的水溶液把插枝基部浸 5 秒钟，或用 ABT1 号生根粉 100mg/g 水溶液浸 1 小时，取出稍晾干即扦插。

④苗床扦插

把插枝按径级分开扦插，春插株行距 5cm × 10cm，其他季节插可密一些，插入深度为 6 ~ 8cm，插后压实，浇一次定苗水。

⑤苗床管理

扦插后插床上要搭荫棚，透光度以 30% ~ 40% 为宜，能使用遮阳网覆盖则更佳。同时注意肥水管理，晴天早、晚各喷水一次，阴天只需轻喷水一次。插枝生枝后，要减少喷水次数和水量。温度高时，要盖双帘防晒降温。如遇阴雨连绵或暴雨天气，应及时清沟排水，防苗床浸水烂根。立秋后可拆去荫棚。一般插植 3 个月左右可生根，成活率可达 85% 以上。抽梢后，可喷施 0.2% 的尿素或磷酸二氢钾作叶面肥。第二年春可按 30 ~ 50cm 的株行距移植于圃地，按圃地育苗方法进行培育，苗高 100cm 以上就可带土移栽定植。

3）嫁接繁殖

宜在 2 月中旬至 3 月上旬进行。选取两年生黑松苗作为砧木，再剪雪松的枝，长 16cm 左右，斜削 1cm，用腹接法插入黑松基干的基部。可将黑松苗挖起，搬到室内来接。接好的苗当日栽于圃地，40 天左右即可成活。到梅雨季节将黑松上部的茎干剪去，使接好的雪松枝条生长。

5. 龙柏

学名：*Sabina chinensis*

科属：柏科圆柏属

(1) 生态习性

性喜光。喜排水良好、土层深厚土壤。耐旱力强。

(2) 繁殖方法

龙柏虽然能结籽，但不易萌芽。繁殖方法大都用扦插和嫁接两种繁殖方法。

1）扦插繁殖

①扦插时间

在江淮之间，扦插一般在 2 月初至 3 月上旬或 10 月上旬至 11 月中旬，但以春季最佳。

②苗床准备

应选择利于排水、通风、透气之处。墒面宽应在 80cm 以内，沟宽 50cm，沟深 40cm，苗床长度应在 15 米左右。酸性土壤最为适宜。

③扦插基质

可用新鲜的稻糠灰、珍珠岩、细锯末、粗黄沙等作基质材料，和土掺和到一起。基质的用量应根据土壤的性质和结构而定。配制的扦插床土壤既要清洁又要能保证通气、疏水，才能使插穗有足够的水分和充足的空气，才能有助于切口根瘤菌组织的活跃繁殖及新根的产生。

④插穗选择

长度一般应在15～20cm。最好不用当年生徒长枝。采用2～3年生枝条最宜。插穗基部剪成马蹄形。插穗剪好后，用ABT生根粉1号或2号和医药用酒精溶剂混合后加水5～10kg，根据说明书要求，把插穗浸泡2～8小时。如果是大量生产或者遇阴雨天，可以用黄沙暂时贮存一下。

⑤插后管理

春季扦插由于昼夜温差较大，为了提高插穗积温，尽快长出根瘤菌组织，应采用竹竿弓圈加农膜覆盖保温。最高温度25℃左右，超过了要采取通风或遮荫措施。白天最低气温10℃左右应去除覆膜。保湿最好是雾状保养，禁用大水浇，空气湿度保持在60%～70%。

2)嫁接繁殖

嫁接繁殖时期，春季以2月中旬至3月上旬为适宜，秋季在9月下旬至10月上旬进行。用2年生侧柏作砧木，嫁接方法主要有地接法和掘接法。

①地接法

砧木地上部分要保留，把根茎部分土壤挖除3～5cm，割砧木深达1/2左右。接穗选取二年生枝条中段，长8cm左右，基部针叶除去1/3，切口一面削成长1.5～2cm，另一面为0.6cm左右，将接穗插入砧木切口内，使二者形成层对齐，用塑料薄膜扎紧，并壅土3～5cm，盖草防旱，还需搭棚盖帘子临时蔽荫。

②掘接法

把砧木掘起后适当修根、修枝，掘接方法与地接相同，但是嫁接后要及时种植，壅土至露顶3cm处。龙柏嫁接后，从开始愈合到成活都较缓慢，春接要到5月开始愈合，因此砧木枝叶要逐步剪除。接后除了要适当遮荫、防止干旱风吹、保持一定湿度外，在接后半个月内，防止雨水侵入，一般成活率可达75%以上。

6. 杜松

学名：*Juniperus rigida*

科属：柏科刺柏属

(1)生态习性

性喜光照，耐寒。对土壤要求不严，适应性强。

(2)繁殖方法

以播种繁殖为主。

1)种子繁殖

首先将果实晾晒十几天后，用石块进行揉搓，除去果皮、果肉，选出种子。杜松的种皮坚硬，透水性差，需进行强迫高温浸种的方法打破种子的休眠。首先用高锰酸钾溶液浸种灭菌后，捞出洗净，用80℃的热水进行浸种。这样用高温浸种3天后，随即用40℃的温水浸种7～10天进行沙藏，可以进行变温混沙或低温层积催芽。种子经过一冬的沙藏后，已吸水膨胀，3月下旬可将种子搬出室外，随着气温回升，种子很快萌动，有部分种子裂开后即可播种。

2)嫁接繁殖

嫁接繁殖理想砧木为臭柏(沙地柏)，最佳嫁接期为3月下旬至4月下旬，采用髓心形成层贴接法。首先采1～2年生、长约10～15cm接条，摘去下部3/4的叶子，将接穗基部用刀削一短斜面，然后翻转来，以左手的拇指和中指捏住穗条的顶部，穗身垫放在食指上，右手拿住刀柄，从顶芽针叶附近逐渐切到髓心，再顺着髓心纵向削去半边接穗。削面要求平直光滑，一刀完成。摘去砧木嫁接部位的全部针叶，左手握住砧木，右手握刀，平贴砧木从上而下通过韧皮部和木质部之间切开，露出白色形成层，割断砧木削开的皮部，使之成尖齿状。切口深浅要合适，切面的长度要同接穗切面一致。再将接穗基部楔形部分对准砧木削面下部的齿状凹口中，把接穗切面贴在砧木的切面上，使形成层相互对正，不再移动。然后先从下向上再从上往下缠绕薄膜，到下端后结一个活扣。

3)嫁接条扦插繁殖

杜松扦插繁殖成活率很低，但是杜松嫁接条繁殖成活率很高。方法是将杜松二年生枝条剪下，剪时应带砧木厚条，其长度为接穗1/3，呈倒“T”字形，后用清水浸泡2～4天后扦插，插入深度是接条的1/4。

7. 红皮云杉

学名：*Picea koraiensis*

别名：白松、大果云杉、粗皮云杉、粗枝云杉、大云杉、粗云杉

科属：松科云杉属

(1)生态习性

性喜光，耐寒力强。喜排水良好，土层肥厚的土壤。

(2)繁殖方法

扦插繁殖为主。因种子不易采集，故一般不采用播种繁殖。

1)插床处理

插床设计成圆盘状，外径13m，内径12.5m。插床的周边用红砖水泥固体结构组成，床高0.5m，外底部设有渗水孔。床内分三层，下层由河卵石和粗炉灰铺成，中层为中等粒度的炉灰和粗河沙组成，上层(插壤)为中等粒度的河沙(直径0.3cm)和珍珠岩组成，厚度15cm。

2)扦插方法

剪取半木质化嫩枝。扦插时可采用两种方式，一种为先扎孔再扦插，一种为先犁沟，然后摆齐掩埋，扦插深度4～6cm，密度800株/m^2。

3)插后管理

温度要保持30℃以下，降温可靠草帘遮荫或喷水及通风等方法降温。湿度要保持在95%以上，可靠喷水来保持。待扦插苗发芽后，每隔7～10天喷一次500倍液的多菌灵，防止杂菌产生，同时要配合喷施磷酸二氢钾溶液，浓度为0.1%～0.3%，以满足插穗生根的需要。

8. 华山松

学名：*Pinus armandii*

别名：白松、果松、葫芦松、青松、五叶松、五须松

科属：松科松属

(1)生态习性

在耐寒，最低可耐 -30℃。性喜光。能适应多种土壤，其中以在深厚、湿润、疏松、微酸性的土壤上生长最好。

(2)繁殖方法

华山松球果在9～10月间成熟，球果呈黄褐色，果鳞微裂，即可采种。球果采收后，先堆放5～7天，再摊开暴晒3～4天，果鳞大部分张开，再经敲打翻动，种子即可脱出。种子不能暴晒，阴干后置于阴凉通风处贮存。

育苗地选择壤土为宜，播种时间以5月末至6月为宜。华山松因种皮坚硬，播后不易吸水膨胀，发芽比较困难，因此通常播前进行催芽处理，用冷水或温水浸种1～2天催芽，一周左右即可播种。按20cm左右行距进行条播，覆土厚3cm左右。幼苗出土前要注意保持土壤湿润，按需要喷水或灌水。未经处理的华山松种子要经一个月才能发芽，越冬时可采取覆草或覆土防寒。

用1～2年生苗木按1.5m×1.5m或2m×2m的株行距在春季造林，栽时要注意保护苗根，防止窝根，浇水，分层填土踏实。

9. 白皮松

学名：*Pinus bungeana*

别名：白骨松、白松、虎皮松

科属：松科松属

(1)生态习性

喜光，幼时较耐阴。温带树种，可耐 -30℃的严寒，对温度的适应能力可从 -30～40℃。耐旱、耐湿。喜生于土质干燥、排水良好的土壤。有深根性，寿命长。

(2)繁殖方法

1)播种繁殖

①种子采集

10月白皮松球果由绿色变成淡黄褐色，应立即采收，否则球果果鳞开裂，种子易散落。采集球果，晒干，果鳞开裂，用木棍敲打，种子就可脱出，晒干收藏。种子倒卵圆形，黑褐色，长约1cm，宽0.7cm，每千克种子约6000粒。

②种子催芽

白皮松种子发芽势弱，播种前必须进行催芽处理。其方法如下：

a. 混沙露天埋藏处理

在冬季上冻前，将种子拌上3倍的湿沙，放置于阴凉处贮藏，其上覆盖草苫，防止干燥。第二年春天，气温上升时，取出倾倒在背风的向阳处，经常上下翻动，利用自然的气温进行催芽。当有40%的种壳裂开时，即可播种。

b. 温水催芽法

春季播种前10～15天，用30～40℃的温水浸种24小时后，混湿沙2～3倍，置于背风向阳处，堆置高度为20cm左右，上盖湿麻袋，每日翻动一次，并保持一定湿度，当少部分种壳裂开即可播种。

②播种

选择地势较高、土质疏松肥沃、排灌方便的地块为育苗地。一般春播，土壤开冻后，整平地面，作成播种畦。播种前土壤灌足底水，待土壤表面稍干用铁耙整平，开沟播种，行距 15～20cm，株距 3～5cm。播后覆土，厚 1～2cm。为促使早出苗和出苗整齐，播种后可施用土面增温剂或覆盖塑料薄膜，以增加地温和保持湿度。播种量每平方米约 25g。

③苗期管理

播种前灌底水，幼苗出土前一般不灌水，如遇大风或旱天，可喷雾浇洒。苗木出土时应注意防鸟害。幼苗宜适当密生，间苗不宜太早，以 6～7 月生长旺盛期为适宜。间苗后需浇水一次，并结合追肥，每平方米可用磷酸二铵 8～12g。白皮松幼苗生长较慢，故苗期应及时清除杂草。为了减少水分蒸发和增加土壤的透气性，雨后和灌水后应及时松土中耕，其深度先浅渐深。

④幼苗移栽

当年生苗在北方寒冷地区应予覆土防寒越冬，在结冻前灌一次透水，隔几天表土已干燥，用碎细的表土盖苗，使苗木歪倒一边埋上土，埋土厚度超出幼苗 3～5cm。为了促使白皮松苗木根系的发育，提高苗木的质量，要及时进行分床培育。二年生小苗可以裸根移栽，株距要求 15～20cm，三年生的幼苗移栽，必须带土球或带宿土，栽后灌水，确保成活。

2）容器袋育苗

①营养土的配制

以钙质土或黄土为主，可用钙质农田或黄土农田为育苗地，就地取土，每立方米土掺过磷酸钙 1kg、硫酸亚铁 0.25kg、氮磷钾复合肥 0.1kg、甲基异硫磷 0.02kg，有条件的地方每立方米还可掺松林菌根土 3kg。配制营养土时，可在选好的育苗地上，整地做床，床面宽 1m（不宜太宽，以利拔草和芽苗移植），埂宽 0.25～0.30m，长视操作方便和地形而定。按照营养土的配制比例将上述原料，均匀撒于床面，和土壤均匀混合后即成营养土。

②容器袋选择与装土

宜选择高 15～16cm、直径 8cm，下部有 6～8 个孔的容器袋，装土时要沿苗床一端开始，将营养土向畦内方向堆起 30～50cm，床底整平，畦深 15cm。容器袋土要装满，袋装好后应整齐地放入床内。1m 宽的苗床每行可放 13～15 个营养袋，行与行、袋与袋之间要排列紧密，不要留有空隙，否则不利保墒。营养袋排好后上面要求平整，并且要略高于地面或和地面持平，以利排水。

③种子处理及芽苗培育

做上述工作前 20 天进行种子处理和芽苗培育，一般在 3 月中旬进行。播种前先将种子用 0.5% 的高锰酸钾溶液浸种 20 分钟，进行表面消毒，然后用清水洗净，再用 40℃的温水浸种 48 小时，捞出稍晾，即可进行催芽。选背风向阳处挖宽 1m、深 30cm、长视种子数量而定的阳畦，底铺厚 15～20cm 的干净细河沙，将种子均匀撒入阳畦内（每平方米撒种 120～130g），再盖一层 0.3～0.5cm 厚的干净细河沙，喷洒 500 倍的多菌灵液进行消毒，然后喷透清水，用塑料弓棚覆盖，四周密封。3～4 天开窗喷水 1 次，保持床内湿润，10～15 天出苗，20 天左右基本出齐。畦内温度出苗前不要超过 30℃，出苗后不超过 28℃，温度过高要及时开窗通风、遮荫、降温，以防日灼。当芽苗基本出齐时要逐渐开窗炼苗，经 1 周炼苗后，芽苗基本脱壳，此时只有直根，尚未生长侧根，是芽苗移栽的最佳时机。

④芽苗移栽

经过炼苗的芽苗即可向营养袋中移植。将芽苗从阳畦中起出，根朝下放到盛有干净清水的小盆内，以防失水。用 0.5cm 粗的细棒向袋中央垂直插一小孔，然后将起出的芽苗栽到孔中，用手指把实，每袋栽芽苗一棵，浇透水即可。

⑤苗床管理

刚移栽的芽苗 3 天内，每天要喷水 2 次，早晨、下午各 1 次，以后每天早上喷水 1 次，7 天后基本成活，移栽成活的苗床可进行漫灌，漫灌 1 次直到苗床干燥时再进行漫灌。容器繁殖因装有营养土，不需要追肥，更不能喷施氮肥。一般发现杂草时及时手工拔除，不用化学除草剂。芽苗刚移植时喷 1 次 500 倍多菌灵溶液，到高温多雨时再喷 1 次，即可有效地防治苗木立枯病的发生。大雨过后及时排除床内积水。封冻前浇一遍防冻水即可安全越冬。

⑥苗木移植

由于白皮松苗期生长十分缓慢，容器苗可在床内生长 2～3 年。当年苗高仅有 5～8cm，第 2 年可达 10～13cm，第 3 年才达到 15～20cm。为增加苗木的营养空间，在苗床内生长 2～3 年的苗子可进行移植培养。第一次移植，将容器苗起出，连同容器袋一起栽到移植区内，密度 0.5m×0.5m。经第一次移植的苗子在移植区内再培养 3～4 年，苗高可达到 0.5～0.7m，冠幅半径可达 0.3～0.5m，此时要进行第二次移植，可隔行去行，隔株去株，将起出的苗木按 1m×1m 的密度移到新区内培养，留下的苗木继续留床培养，再培养 3～4 年，苗高和冠幅半径都达到 1m 以上时，即可出圃。

10. 马尾松

学名：*Pinus massoniana*

科属：松科松属

(1) 生态习性

性喜光。喜温暖湿润气候，耐寒性差。喜酸性黏质壤土，不耐盐碱。

(2) 繁殖方法

1) 播种繁殖

①种子采集

马尾松 5～6 年开始结实，10 年后结实渐多，约每隔 2～3 年丰产一次。为了提高种子品质，应选择冠形匀称、干形通直、生长健壮的 15～40 年生的母树。球果 10 月中旬至 12 月上旬成熟。当球果由青绿色变为栗褐色，鳞片尚未开裂时采集，要严格掌握成熟期，适时采集大型球果。

球果鳞片含有油脂，采下后一般将球果堆积在阴湿处，浇透清水或 40℃左右的温水，上面盖稻草，每隔 2～3 天浇水一次，经 15～20 天，球果变成灰褐色，晴天摊晒，以加速鳞片开裂，勤翻动，7～10天果鳞开裂，种子脱落。这种方法因球果堆积发热，对种子质量有所影响。可采用人工干燥法使种子脱落，种子质量较高。种子随落随收集，揉去种翅，经筛选、风选，清除夹杂物，晾干，装入麻袋、木箱、竹箩等容器，放在通风干燥的地方保存。发芽力保存期约1年。100kg球果可收净种子3kg左右。

②圃地选择

马尾松幼苗喜光，怕水涝。因此圃地应选择地势平坦，或略有倾斜、易于排水的坡地，周围无大树或山峰遮荫，阳光充足。土壤应选择微酸性的沙质壤土或轻黏性壤土。水源最好位于圃地上方，以便于自流灌溉。前茬宜是栎类、板栗等阔叶树种，不要选用种过蔬菜、瓜类、棉花、马铃薯或杉木等针叶树种的土地，预防感染立枯病和地下害虫的危害。马尾松连作只宜两年，否则宜发生严重的立枯病，同时不能充分地利用地力。连作期太长、土壤疏松、主根入土很深，不利于培育主根较短、侧须根较发达的壮苗，不便于起苗，根系容易遭受破坏。

采用轮作的圃地通常进行三犁三耙，采用连作的圃地一般在早春进行二犁二耙．只要求适当浅耕，一般16～18cm，深耕反而不好，会使松苗形成主根长、侧须根少的现象。在犁耙的同时必须施足基肥，宜在第三次或第二次犁耙后，将基肥均匀撒入圃地，然后作床，将步道的土覆于床面，使基肥居于床面中层，这种施肥方法可以促进侧须根的发育，基肥种类很多，应以土杂肥为主，为了降低育苗成本，应扩大肥源，采用火烧土、塘泥、猪粪堆肥、湖泥等土杂肥，效果均良好。每平方米施用量2.2～3.7kg。在土壤缺磷的地区，松苗生长不良，不利于菌根的生长发育，因此，可将过磷酸钙与饼肥或土杂肥混合施用，效果良好。磷肥的用量每平方米35～70kg。

③苗床准备

在土壤消毒的基础上修筑苗床，首先应将圃地四周的排水沟挖好，如田块大还需增加中沟，以利排水。马尾松育苗应采用高床育苗，一般床高15～21cm，宽度100～115cm，苗床高度大都依地形而异，但以南北向为好，以利排水。步道要直，要利于排水，严防步道有积水现象。

④种子处理

播种前用30℃温开水或冷水浸种12～24小时，把浮在水面上的种子捞除，然后沥水阴干即可播种。不能在旱天播种，否则吸水膨胀的种子容易失水而降低种子发芽率。如果不易掌握天气变化，则不宜进行浸种催芽处理。

为了预防病害，播种前还应进行种子消毒。通常采用0.5%的硫酸铜溶液浸种4～6小时，也有采用0.3%的福尔马林喷洒种子闷半小时。

⑤播种

播种量的多少不仅是产苗量的基础，同时也是影响苗木质量的重要条件，而且还关系到育苗成本的高低。只要种子纯度与发芽率在70%以上，千粒重在10g左右，撒播每平方米播种量100～150g，宽幅条播每平方米播种量7.5g左右。

马尾松应适时早播，以2月上旬至3月上旬为宜，最迟也应在3月中旬播种。播种方法有撒播和条播两种。条播用宽10cm、长100～115cm、厚约2cm的光滑木板条压出播种沟，行距17～20cm、沟深0.5～0.8cm。条播产苗量低，但便于中耕除草，目前生产上多采用撒播。播种完毕，随即覆土，用细眼筛子筛土覆盖种子，用步道土、火烧土或黄心土均可，覆土要匀，厚度0.5～0.8cm。覆土之后，再稍加镇压，随即盖草，以保持床面湿润，避免雨水冲击床面，以利种子发芽。每平方米用草量375～450g，盖草要匀，盖草后在苗床两端各打两个桩，拉绳压住盖草，以防大风吹散盖草。

⑥播后管理

马尾松种子播种后，约经20～30天发芽出土，当种子发芽出土50%～60%时，即可揭除盖草70%左右，待种子萌发出土80%以上，即可将余草揭除。应在阴天或傍晚揭除盖草，雨天或大风则不宜揭草，防止床面板结或干燥。马尾松种子萌发顶壳出土，易遭鸟害，故揭草后应驱鸟，直到幼苗种壳脱落为止，约需10～15天时间。

在雨后天晴或灌溉后进行除草，效果良好。撒播苗在拔草以后，要进行适量的覆土，防止床面裂缝，条播苗除草和松土结合进行。也可用化学除草，马尾松播种后每平方米用扑草净0.12g加25%的可湿性除草醚0.37g，兑水375g，用喷雾器喷洒在苗床上，其杀草效果达90%以上。

间苗应在雨后天晴、阴天或灌溉后进行。若有小块缺苗现象，可带土移植，力求全苗。通常间苗分两次进行，第一次在5月中、下旬，第二次在7月上、中旬进行定苗，间距约4～5cm，使幼苗生长健壮。

久晴不雨或夏季高温土壤干燥时，要适时进行灌溉。水源充足的地方采用侧方灌溉，辅以覆土，防止床面出现裂缝。灌溉应在傍晚或夜间进行，灌溉后若有幼苗茎叶黏附泥浆的现象，要及时用清水淋洗幼苗茎叶，以免呼吸受阻而导致部分苗木死亡。

雨后或灌溉后，步道和排水沟中不能有积水现象，以免引起苗木的生长不良。所以每次灌溉当水浸透苗床后，应立即放出余水，雨后也应清沟排水。

培育松苗应以基肥为主，追肥为辅。一般从5月中旬开始到7月底以前进行2～3次追肥，生长后期应停止追施氮肥，增施钾肥，防止秋梢徒长，促进苗木木质化。追肥要掌握“先稀后浓”的原则，每次追肥后要用清水冲洗苗叶，以免肥渣或肥液黏附叶面而造成肥害。追肥时最好先松土或施肥后待苗叶水干，用细土覆盖床面，厚度0.5cm。

追肥人粪尿或猪粪尿每平方米4.5g加水30g左右。追肥腐熟饼肥每平方米7.5～22g，用水兑成饼肥水22g左右。追肥硫酸铵、硝酸铵、尿素每平方米4～7g，追肥过磷酸钙每平方米10～15g，分别加水30～45g。

2）容器繁殖

马尾松繁殖也可以采用容器繁殖的方法。在春季多干旱、低矮丘陵、荒山土壤贫瘠、水土流失严重、岩石裸露地区，若用春播裸根苗造林，因松苗易抽梢，一遇春旱造林成活率极低。因此为提高造林成活率，采用容器繁殖，成效显著。

容器有营养篮、营养土杯、营养纸袋和营养砖四种。营养篮用竹篾编制，高约25cm，径粗15～20cm，多用来培育大苗。营养土杯用竹桶或木套板模等工具制作，其中以木套板模性能较好。营养土杯圆锥形，高10～12cm，口径约6cm，底径约5cm。制作时先将稻草浸湿变软，分束黏附黏土泥浆，然后贴于模具周围，再上一道泥浆即成。采用套板木模，需用圆形套板压实，脱出晾干。营养纸袋用废报纸折叠而成，高约10cm，直径约6cm。营养砖用黄心土50%、火烧土45%、过磷酸钙5%，将其混合加水搓匀成稠浆状，整理成宽约1m表面平整的畦，略干后切成长6cm、宽6cm、高约12～13cm的营养土块，砖面挖深约3cm的小洞以备日后播种。

播种前配置营养土，为了预防松苗立枯病，营养土应以磷、钾肥为主，忌用厩肥或土杂肥做配料。常采用黄心土、火烧土、过磷酸钙做配料，其重量比有70∶28∶2和50∶48∶2两种，调匀过筛即成。然后将营养土装入容器压实，深约离器口2cm。育苗时将容器排列成行，每行10个，以利于浇水、除草。容器之间的空隙，须用沙土壅成畦，防止透风而引起器内土壤干旱。营养纸袋体积较小，每行可排20个，各袋能紧密相接，不易透风，可不必壅土防旱。

容器繁殖以随采随播较好，撒种要匀。每器5～10粒，催芽的种子2～3粒即可，播种后覆土盖草。通常11月播种，第二年2月苗木出圃，可供春季造林。

11. 五针松

学名：*Pinus parviflora*

别名：五钗松、日本五针松

科属：松科松属

(1)生态习性

性耐阴。温带树种，越冬温度0～5℃，不耐炎热，忌湿涝。对土壤要求不严，喜微酸性土壤。

(2)繁殖方法

1)扦插繁殖

选中号泥盆，盆底先放一层3cm厚的沙石，再填入3份沙、7份黄土配成的混合土或酸性营养土。于3～4月，选当年生或两年生的五针松强壮顶枝，削踵剪下，削平踵部，摘去针叶，按2～3cm株行距将插穗插人泥盆中(或苗床土中)，压紧后浇水，置于荫棚下，每天上、下午各喷1次水，30天后针叶未凋落者即已生根，50天后改荫棚为半阴半阳棚，当年插穗即可长出新芽。

2)嫁接繁殖

有春接和秋接2种。春季以2月中旬至3月上中旬为好。嫁接应选择晴好无风的日子，要在上午9时前或在下午15时后，这时空气湿度较高、温度较低、接口易愈合。如果有雨，嫁接应移至室内进行。

常以健壮的2年生黑松或马尾松作砧木，在离砧木基部2～3cm处，选一个平直的部位斜切一刀。最深部位一般只占主于直径的1/5，切面要平，切口的深度比接穗所削的切面略长些，以不露白为宜。接穗选用1年生粗壮枝条，削成楔形，切面要长些，以扩大愈合面，并要求平，长度一般为0.8～1cm。削好后插入砧木切口处，对准形成层，然后用麻皮或尼龙条自下而上地将接口扎牢。嫁接完成后，在接合外部套上塑料袋保湿，可增加嫁接的成活率。也可将接穗顶端稍露出土面，在其下部培土。待新梢长出后进行施肥及其他管理工作。当接穗长到一定长度后，愈合口较牢固，则可彻底剪除砧木部的枝叶，让新生的五针松生长。

或者选用2～4年生的黑松，先行盆栽培养。于6～7月将盆栽移至接穗母株边，选生长壮实的2~3年生五针松枝条作接穗进行靠接。接法是：两者均适当位置，作为接合口；各削去接合口枝条的将近一半，将砧木和接穗的形成层对准，切口宽度不对时，应以一边形成层密接为准，接合后用塑料带绑严。待伤口愈合后，即可将接合处以下的五针松母体植株割离开，母体的五针松枝条成为树冠后，再将砧木上的接合口处原来枝条剪去，便可形成冠根共生体的盆栽五针松新株。

12. 侧柏

学名：*Platycladus orientalis*

别名：扁柏

科属：柏科侧柏属

(1)生态习性

原产华北、东北。性喜光，有一定耐阴力。耐寒、耐旱。对土壤要求不严，喜中性、酸性及微碱性土壤。

(2)繁殖方法

1)嫁接繁殖

①腹接繁殖

a. 接穗选择

春季树液流动时是嫁接最佳时期。为了使接穗活动晚于砧木，避免嫁接成活之前接穗提前萌发，采集接穗必须提前15~20天进行。接穗应该选择在树冠外围的中上部，剪取1~2年生的健壮枝条，装入塑料袋内运回。运回后立即贮藏在阴凉的地窖里，以备嫁接时随时取用。

b. 砧木选择

选用2~3年生的侧柏苗，嫁接前一年，苗木按株行距20cm×40cm移栽定植。嫁接前3~8天将定植的砧木圃地浇一次透水。采用腹接法，先将砧木在离地30cm处剪断，在根颈以上5cm处用刀腹切，由上而下斜向切入砧木木质部，切口深度约为2cm，接穗长7~10cm，下部削成双面马耳形，切面长2cm左右，将接穗插入砧木切口内，使双方形成层对准，然后用2cm宽的塑料条将伤口捆紧，套上塑料袋保湿，并保持地面湿润。

c. 接后管理

由于接穗带有鳞叶，会不断地蒸腾水分，加之针叶树接后愈合较慢，接穗必须保持湿润，才不至于失水干死。因此在接后30~40天内，将嫁接部位套上塑料袋，保持接穗周围有较高的湿度，这是保证嫁接成活的关键。在接后40天，将塑料袋下口敞开通风，为避免塑料袋被风吹掉，将袋的下口一角用绳子捆住。接后2个月左右嫁接成活，可松绑，并在松绑的同时除去保湿袋。

嫁接后，要随时除去砧木接口上下的萌条，并逐步剪除接口上部的砧木枝条。由于接枝幼嫩细弱，易于折断。解绑后，可将新生的接枝复绑在接口以上的砧桩上。第二年春，苗木生长前进行断砧，即把接口上部的砧木枝条全部剪去，以促进接株生长。为避免断砧时伤口散去水分，可用红油漆涂抹伤口。

②根基插皮接

此法是营建侧柏种子园时最有效的嫁接方法。培育侧柏2~3年生砧木苗，苗床宽

0.8～1.0m，床长4～8m。每床3～4行，定苗株距20～25cm，于3月底4月初选择地径为0.4～1.5cm的苗做砧木。扒开砧木根部的泥土，从根基处剪砧，剪口呈马耳形。选择优树中上部1～2级侧枝的顶枝作接穗，穗长8～15cm，基部半木质化。用刀片将接穗通过髓心削1.5～2.0cm的削面，在其反面削约0.5cm的削面，然后用手将砧木剪口顶部捏开，按接穗长削面朝木质部插入皮层与木质部之间，插后用泥将砧木顶部的缝隙糊住，接穗的一半埋入土内；洒水1～2遍，搭塑料棚，棚上用剪掉的砧木枝遮荫。3月底4月初嫁接，40天后完全愈合，可掀开塑料棚两侧通风5～10天，然后揭开塑料棚，继续遮荫10天左右。从通风开始，根据墒情灌水，第二年春可起苗定植。

采用根基插皮嫁接，砧木最好用留床苗，若用移植苗，需提前一年移植，使砧木生长健壮，根系发育良好。接穗最好选择1～2级侧枝的顶枝。若用3～4级侧枝作接穗虽能成活，但不易抽梢。嫁接的部位最好达根基处，覆土后能促进接穗基部愈合。嫁接第30天后，每隔5天检查愈合情况，在愈合后开始灌水，在结合牢固后撤塑料布和荫棚。

2）播种繁殖

是最常见的生产方法，但是侧柏的常规育苗时种子需要催芽后播种。

①种子采集

选择生长健壮，树干通直、树冠丰满、无病害，20～40年生的壮龄母树采种。9～10月侧柏球果成熟，当球果鳞由青绿色转变为黄色，果鳞微裂时，立即采收，否则种子易落，采种时用长竹竿或木杆轻轻敲击果枝，使球果落地，然后收集起来，暴晒4～7天，使果鳞开裂，脱出种子，除去夹杂物。6kg球果可得纯种子1kg，每千克种子约46000粒。阴干后装袋置于冷凉地方保存。

②种子处理

侧柏种子空粒较多，需经水选后进行催芽。用30～40℃温水浸种12小时，捞出置于背风向阳处并覆盖以湿物，每日用清水浇一次，并经常翻动，有30%种皮破裂时，随即播种。另一种方法是用30℃的水浸种24小时，捞出混2～3倍湿沙，置于背风向阳处，盖以湿物，每日翻动一次，保持一定湿度，10～15天后，种子开始出芽，即可播种。

③播种

多采用春播，用床播和垄播都可。播种前对土壤进行杀虫灭菌处理；每平方米施腐熟的有机肥料7.5kg。土地整好后，灌足底水，在苗床上开深垄，垄宽70cm左右，每平方米产苗50～60株左右；床播，床长10～20m，宽1m，一般多采用条播，幅距20～25cm左右，播幅3～5cm。也可顺床4行条播，播幅5～10cm，播后覆土1.5～2cm。播后用塑料膜覆盖在苗床的弓形支架上，高5～30cm，四周用土压实。

④苗期管理

播种后保持土壤湿润，并防止鸟兽危害，幼苗生长期间要及时灌水，生长期根据天气和土壤墒情每10～15天灌一次水，以侧方灌水或喷灌为宜。苗木速生期间结合灌水进行追肥，每平方米每次施硫酸铵10～15g，在苗木速生前期追第一次，半个月后追第二次；或施用人粪尿，苗高3～5cm进行间苗，株距4～5cm。棚内温度太高时，要通风降温；至4月下旬气温升高后，就可除去棚，让其自然生长。土壤封冻前要灌冻水，北方寒冷多风地区，应埋土防寒，以便苗木越冬。一般一年生苗高 15 ~ 25cm，地径 0. 25cm 以上。

3）扦插繁殖

①插床准备

在无自动间歇喷雾的条件下，苗床需建成半地下式，也可选透光率 10% ~30% 的林间空地建苗床。苗床采用塑料拱棚保湿、苇帘遮荫降温。苗床内先铺 10 ~ 15cm 厚的碎石块或炉渣块，再在上面铺一层砖，砖上填入纯河沙基质或炉渣，厚度 20cm。苗床包括 2 个插池，每个插池内径 80cm，中间留步道宽 30cm。

②基质处理

插前 3 ~6 天先用 0. 2% 高锰酸钾消毒，每平方米用药液 2. 5 ~ 5kg，将药液均匀洒到基质上，然后覆塑料薄膜，插前水洗 3 ~ 5 次。如果基质使用时间过久，需取出在阳光下暴晒 3 天，然后填入池内重新消毒。

③插穗选择

最好选用 10 年生以下的幼树作为采条母树，成龄优树必须选生长健壮的母树。选 1 ~2 年生的侧枝作插穗，最好逆向劈下，采穗时间全年任何时间均可，但最佳时期为春季和秋季。

④插穗截制

穗条采回后要先放入水中浸泡 3 小时左右，边采、边截制、边处理、边扦插。首先用利刀去掉下部的鳞叶和侧枝，插穗长 15 ~ 25cm，粗 0. 2 ~ 0. 4cm。插穗保留梢头，下切口沿弓形枝条外面基端切成单马耳形，切口长 1. 5cm、深达木质部，并保证插穗基部足够的厚度，如果太薄易腐烂。

⑤插穗处理

插前将制好的插穗下切口长 1 ~2cm 处在 ABT 生根粉液中浸泡 2 ~ 5 小时。一般插后 25 ~ 30 天开始生根，40 天生根率达到最高。

⑥扦插

扦插时期如在秋季，只能在棚内越冬，第二年春移植。最好 3 月底到 4 月初扦插第一批。如果在 5 ~6 月采用二年生枝或一年生嫩枝的插穗，效果也很好。扦插时先用插棒斜插一孔，并保证插穗上部直立，下部斜插。扦插深度 8 ~ 10cm，密度 10cm × 10cm。插后压实基质，并随即用喷壶喷水 1 次。

⑦插后管理

棚内气温控制在 30℃ 以下，相对湿度 80% 以上、地温 25℃，透光率 10% ~20%、基质含水量 10%。其余同常规管理。

4）容器繁殖

①育苗地点选择

侧柏容器繁殖土壤应选择壤土为宜，沙性太大则不宜，原因是沙性土黏结性太小，土块易于破损，失去带土栽植的作用。

②营养土的配制

侧柏幼苗施肥很容易被肥料烧死，因此土壤中应一次施足肥料，生长期不必施肥。

一般每平方米地施过磷酸钙 350～400g、磷酸二氢钾 50～100g 左右。由于幼苗易得立枯病，因此应施入硫酸亚铁 15～40g/m^2，然后将土和肥料搅匀压碎。

③苗床规格

侧柏容器繁殖要进行修整苗床，一般宽 1～1.5m，长 30m。床面修平，床的两边踏实，深度为 10～15cm，略低于地面。

④容器规格和装土要求

容器以直径 6～8cm、高度 12cm 的塑料容器为宜。装土时要求装饱压实，抖放平整。

⑤种子处理和播种技术

侧柏种子天然空壳率达 50%～70%，因此需将种子用水浸泡 2～4 小时，将空籽捞出，下沉者为好种。然后进行催芽处理。最简单的催芽方法是将漂洗后的种子装入塑料偏织袋，每天用清水淘洗 1 次，等 50% 种子裂嘴后即可播种。播前将容器袋用小水浇透，待水下渗后播种，每袋播种 5 粒以上，用手覆土，厚度以盖住种子为宜，不可过厚，否则芽子顶不上来，影响出苗率。

⑥播后管理

播种后经 10～15 天陆续出苗，可即时喷药防治立枯病(最有效的药剂是硫酸亚铁)。喷后每天用清水冲洗 1 次。如果有缺苗现象，可于 6 月下旬至 7 月上中旬，逢阴雨连绵天气进行小苗移栽，成活率可达 80% 以上。侧柏容器苗一般可育 350～450 袋/m^2，当年可长高 15～25cm，可供上山造林。

13. 罗汉松

学名：*Podocarpus macrophyllus*

科属：罗汉松科罗汉松属

(1)生态习性

性耐阴，半阳性树种。耐寒性弱，冬天需防冻。喜排水良好而湿润的沙质壤土。

(2)繁殖方法

1)播种繁殖

①苗床准备

选择半遮荫、排水通畅、土壤肥沃的地块。作畦宽 60cm、高 30～35cm，将苗床土深翻，使土壤疏松。平整地后撒 0.5% 呋喃丹及 50% 的多菌灵可湿性粉剂进行土壤消毒，消灭地下病虫害。

②播种

于 8～9 月待种子成熟后由绿转褐时即可采摘，准备播种。采后先将种子浸水 4～5 天，待其充分吸水膨胀后，按行距 20cm、株距 10cm 播种。播种深度以盖住种子为好，播后盖草保湿，每天喷水 1 次。幼苗 8～10 天即可出土，出土后除去盖草立即遮荫，切勿暴晒。

③播后管理

待幼苗长到 5～8cm 时，每周施薄肥一次，土施 1% 复合肥，叶面喷施 0.5% 的磷酸二氢钾以壮苗。冬季来临前做拱棚覆膜保温防冻。

2）扦插繁殖

①苗床准备

以东西向深沟高畦为好。畦面宽 80cm，墒沟深 25cm，以利排水。畦面整平、耙细，然后在其上铺上红土与沙（按 1∶1 配制、厚度为 6cm）。增加土壤酸性及通透性，以利于不定根的形成。

②扦插时间

春季、梅雨季节和秋季均可扦插。以春插为宜。扦插株行距为 5cm × 10cm。

③插穗选择

春插选取一年生枝条，梅雨季节选当年生半木质化枝，秋插应选取当年生枝。枝长 15cm，注意带踵扦插。

④扦插

将插穗竖直插入苗床土，深 8 ~ 10cm。插后浇水注意遮荫，秋插注意防冻。

⑤插后管理

插后浇足水，并用塑料薄膜小拱棚罩在畦上，可增加苗床湿度。同时减少浇水次数，利于不定根的形成。具体做法：若畦面宽 1m，则小拱长 1.8m（用毛竹劈做），棚顶离畦面 0.5m，用 2m 宽的薄膜正好覆盖其上，这样省工、省料。在小拱棚两头要留空，以便通风透气。天气较冷时，两头要压实，平时要经常浇水、除草。拱棚之上再搭设 1.8 米高的遮荫棚，材料用双层遮阳网，其目的是为了遮荫，保持棚下空气流通，减少病虫害的发生，利于作业。生根后，要逐步揭去遮阳网，但要保留小拱棚，防寒过冬。当年 9 ~ 10 月或第二年春移栽。小苗移栽的株行距为 30cm × 50cm。于春季集中施氮肥一次，此后不必再施。2 ~ 3 年小苗可上盆。

14. 沙地柏

学名：*Sabina vulgaris*

别名：新疆圆柏、天山圆柏、双子柏、叉子圆柏

科属：柏科圆柏属

（1）生态习性

性喜光，耐阴。喜冷凉气候，耐寒。耐瘠薄土壤，耐干旱。

（2）繁殖方法

1）播种繁殖

播种前种子作催芽处理，通常使用的方法是：在 5 ~ 6 月用温水浸种 1 ~ 2 小时，捞出后用 2 ~ 3 倍湿沙混合搅拌均匀，置于背阳处，堆置厚度一般在 30cm 左右，表面再铺 2 ~ 4cm 湿沙，并用蒲包、草袋等物覆盖，以保持种子湿润。每隔 10 ~ 15 天翻倒一次，翻倒时注意补充水分，当年 9 ~ 10 月即可进行秋播，用种量每平方米 30 ~ 40g，一般多用床播；春播者于 3 月初将上年沙藏的种子移至背风向阳处催芽，到 3 月下旬至 4 月上旬进行播种。

2）扦插繁殖

可于 5 ~ 6 月取生长健壮的 1 ~ 2 年生枝条扦插，插穗长 10 ~ 15cm，然后在塑料薄膜覆盖的低棚内扦插，相对湿度保持在 85% ~ 95% 以上，温度 28℃左右，约经 40 天可

生根，生根率90%以上。扦插时如蘸ABT生根粉，还可提高生根率，且根系发达。扦插繁殖的幼苗，根系较嫩，故在移植前先要注意插床通风，使其适应自然条件。移植后在短期内要适当遮荫，成活后再逐步撤去遮荫物，使其正常生长。

3)埋条繁殖

早春土壤解冻后选取健壮枝条，剪成50～60cm，平放埋在土中，覆土3～5cm，以不露枝条为宜，踏实后浇透水。要保持土壤湿润，土温在15～20℃的情况下，1个月后就可生根，针叶返青，成活率达90%以上。

4)压条繁殖

早春将生长着的沙地柏枝条拉压在地面上，但不剪断，埋土10～15cm，踩实。当年内着地的枝条便可形成新根，第二年春季从母株处截断即可形成新植株。

15. 紫杉

学名：*Taxus cuspidata*

别名：东北红豆杉

科属：红豆杉科红豆杉属

(1)生态习性

产于黑龙江、松花江流域以南老爷岭、张广才岭及长白山区海拔500～1000m山地。性耐阴。喜气候冷湿、酸性土壤。抗空气污染能力强。

(2)繁殖方法

1)播种繁殖

①种子采集

果实呈深红色，10月中旬采集为宜。此时种子内部营养物质能充分转化合成，对种子萌发更为有利。种实采收后，浸在40～50℃温水中自然冷却，浸泡1周左右，用洗衣板搓揉挤出种子，去其皮肉杂质，晾干待用。

②种子催芽

紫杉属深休眠性种子，不进行特殊催芽处理，不易发芽，即使发芽也不整齐，有的种子到第二年才出土。育苗成功与否，关键在于越冬处理的技术上，通常用的是越冬雪藏、沙藏催芽法，而冰镇变温催芽法处理紫杉种子效果颇佳。具体操作步骤是：将购买的种子或采集调制好的种子，12月上旬用45～48℃温水，加人捣碎的大蒜泥(每千克水约加入大蒜3g)，浸泡种子36小时，捞出后混2倍高温灭菌的湿沙，在室温18～22℃的环境下，加快过渡种子后熟阶段和促进内部抑制物质分解转化。12月末将种子筛出装在容器里，拌入3倍的碎冰块，块径0.3～1.0cm，放入冷棚或仓库进行低温处理。为防止早春溶化，上面加一些覆盖物。在第二年春播种前，4月10日左右取出种子冲洗净，用2%的硫酸铜溶液浸泡15分钟，清毒后用水洗净，再放入48℃温水浸泡48小时，捞出置入容器内，在20～25℃室温内进行催芽。此时不必混沙，需要专人勤翻动，使其上下温度一样。种皮干燥时，随时洒些净水拌匀，调好湿度。大约10天左右种子发芽，待有25%的种子萌发时，便可用于播种。此法处理的种子发芽齐、出苗快、长势好、成苗多。

③播种时间

为提高增强苗木抵抗病虫自然灾害的能力和延长苗木生长期，应根据当时的气候条件，在气温回升快、气温较高的情况下适时早播。一般正常气候条件下以4月26日至5月6日播种为宜，最晚不能超过5月20日。

④播种

发芽率为60%的种子，其播种量为52.5g/m^2，如果准备定向留床培育多年的苗木，下种量则可少些，37g/m^{2}即可。

手工用播种槽条播时，种幅8cm，播距7cm，覆沙土厚度1cm。镇压1~2次，立即用淋洒的方式浇透水。如果土层干旱，播后当天浇湿10cm厚的种子层即可，经过夜间的水分扩散滋润，第2天继续浇水，干旱的土层便可与湿土层结合，以保证种子顺利扎根，破土生长。

2)扦插繁殖

①插穗选择

采集上年生枝条，自顶端向下截取10~20cm的一段，切口要平滑。底端的针叶要用刀除去5cm，防止它在扦插后腐烂，影响插穗生命力。

②插床处理

作床宽1m、高10cm，长可根据插穗的多少来定。床面上覆盖3cm厚的用高锰酸钾消毒的细沙，插床上还要作一个高45cm的塑料弓形棚，以保温、保湿。塑料弓形棚上再作高1.7m的遮荫棚，使棚内无直射光。

③插穗处理

将修好的插穗每50支一捆，下端对齐，放入100mg/L的萘乙酸溶液中，浸深4cm，浸泡24小时。

④扦插

一般可在5~7月扦插。将泡好的插穗插入沙床中，下端正好接触土层即可。株行距为5cm×5cm，使叶面朝阳，然后浇足水，使插穗与沙子紧密接触，再盖上塑料布。

⑤插后管理

主要是控制好温度和湿度。温度超过30℃时要降温，可浇水或遮荫；湿度宜控制在60%的含水量，抓在手里的沙能成团，但未有水挤出为宜。插穗长出不定根后，可逐渐撤去塑料布。

3)容器繁殖

紫杉树结实晚、产量低、种子发芽率也不高，因此种子非常珍贵。为解决种源不足，提高种子利用率，可采取容器育苗。

①容器选择

在塑料制品厂订做规格为16cm×22cm的塑料袋，袋的底部打2个孔，袋高的1/2处两侧各打1个孔，孔径为1cm。

②营养土配制

按粪土、腐殖土、黑沙土1∶2∶1的比例混合拌匀，堆积备用。

③槽床准备

挖宽1m、深22cm(与营养袋高度基本一致)、步道40~50cm的槽床。槽床的长度随意而定，一般为20m。将装满营养土的容器袋整齐紧凑摆入槽床内，袋口与地面持平，放水沉实。

④播种

5月左右将萌发的种子植于容器营养袋内，每袋均匀播种9~12粒，距周壁1cm，覆土厚度1cm，不必镇压，浇透水即可。

16. 红豆杉

学名：*Taxus mairei*

别名：紫杉叶、赤柏松

科属：红豆杉科红豆杉属

(1)生态习性

中国特有树种，分布于甘肃、陕西、四川、云南、贵州、湖北、湖南、广西、安徽等地。喜生于疏松、不积水的微酸性土壤中。忌暴冷暴热和空气干燥。

(2)繁殖方法

1)播种繁殖

①种子处理

于9~10月收种，采收健壮中龄树上紫红色的成熟果实(落地果更好)，置于盆内或缸中，加入适量的河沙和水，在洗衣板上反复用力搓洗，然后漂净种皮和沙，放至在阴凉处晾干。这样既能去掉外种皮，又能给坚硬的内种皮以机械性磨损，使种子易于透气吸水，加速发芽。

浸种播种前，先将种子用50℃白酒和40℃温水按1∶1混合的溶液，浸泡15~20分钟，捞出后再用赤霉素500mg/kg浸种20~24小时，促进种子萌发。

②苗床整理

选择光照充足、排灌方便、土层肥厚的沙壤土，翻耕，撒施三元复合肥(75~120g/m^2)作底肥，耙细、耙平，做成宽1.2m的畦，挖好排水沟。

③播种

收种后一周内将处理好的种子密播于苗床上(勿使种子堆层)，用2cm厚的细土盖种，浇透水，平盖薄膜，膜上再覆盖8~10cm厚的泥土和干草，这样既不积水烂种，又能保温、保湿。若在3月中下旬播种，则发芽率会低于秋播，因此应提前半个月催芽。催芽前先将种子按上述方法进行处理，然后将种子与河沙以1∶10比例混合，河沙的湿度以手捏成团松开即散为宜，铺于室内，厚度在30cm左右，盖上薄膜保温。催芽期间种子可充分吸水膨胀，待胚根露白时播种。

2)扦插繁殖

①插穗采集

在春夏之交的5~6月，从4龄以上的母树上剪取当年生嫩枝作插穗。剪取长15cm以上的枝条作插穗，除去下部叶子，将枝条基部环剥出0.5~1cm的伤口，待伤口周边处有瘤状物形成后，再把枝条从环剥处下部剪下，基端置100mg/L吲哚乙酸或萘乙酸中浸泡3小时，或用200mg/L ABT2号生根粉溶液浸泡8~10小时。

②扦插方法

将处理过的插穗插于备好的苗床上或蛭石加风化沙(1∶1)的基质上，扦插深度3～5cm，株行距8～10cm。插后浇透水，并用塑膜薄膜保湿，起初每天喷水2次，2周后每天1次。蔽荫同种子育苗。插后45～50天生根，精心管理，成苗率可达90%以上。

(3)栽培管理

幼苗怕霜冻，冬季须拱棚保温护苗，塑膜上加盖草帘更好。播种苗或扦插苗经培育1年后，均应移栽炼苗，按株行距25～30cm把苗移栽到露地苗床上，常浇水，见苗退黄时追施淡尿素或清淡粪水，培育壮苗。

二、常绿阔叶类

1. 米兰

学名：*Aglaia odorata*

别名：树兰、米仔兰

科属：楝科米兰属

(1)生长习性

原产亚洲南部，我国华南以及越南、印度、泰国、马来西亚等亚热带林间。性喜半阴半阳环境，具有较强的耐阴性。喜温暖，不耐低温，除华南地栽外，其他地区多盆栽。喜多湿，忌干旱，怕涝。喜肥沃富有腐殖质、排水良好的沙质壤土，以微酸性为宜。

(2)繁殖方法

米兰一般采用空中压条法或扦插法繁殖。

1)空中压条法

可在春、夏季进行。选直径0.5cm的无病虫害、生长健壮的二年生枝条，在离分枝点5～8cm处进行环状剥皮，然后套上无底的塑料袋，下端在环剥口以下约2cm处扎紧，装入保水性能良好的苔藓或山泥，再将上口扎住，不要太紧，以便通气与干燥时灌水。经40～60天，从塑料袋外可看到已经发出新根，待新根较多时与母株切离、上盆，遮荫培养，再经30天转入常规养护。小苗进行轻度摘心可促使多发侧枝，早日形成丰满树冠。

2)扦插繁殖

插穗宜在新梢长到组织充实、叶片肥厚、叶色浓绿、腋芽饱满时剪取。插穗一般长10cm左右，要在节下剪断，剪口平滑，只留顶部2～3片小叶，下端可用20～25mg/kg的吲哚丁酸溶液浸12～14小时，以提高成活率。插穗基质以通气和排水性良好，且具一定持水能力的蛭石或河沙为好。将插穗全长的1/3插入基质，插后用手指把入土部位按紧，使插穗与基质密接，土温以30℃为宜，要搭棚遮荫保持湿度(不使落叶)，40天左右生根成活。成活的幼苗要带土球上盆，并遮荫保湿，切忌强光暴晒，1个月后开始生长新根新叶时，每2周施肥1次，盆土水分控制在80%左右。

2. 黄蝉

学名：*Allemanda neriifolia*

别名：硬枝黄蝉

科属：夹竹桃科黄蝉属

(1)生态习性

原产巴西，我国南方栽培较多。性喜光，宜种植在阳光充足处。喜高温多湿环境。喜排水良好、肥沃的土壤。

(2)繁殖方法

1)播种繁殖

花后结实，宜随采随播，发芽率较低，约为50%左右，播种繁殖时宜加大播种量，1年即可出圃定植。

2)扦插繁殖

扦插多在3～4月进行，气温稳定在20℃以上时。可结合整形修剪，剪取1～2年生枝条，长10～15cm，直接插于沙床或沙壤土中，喷雾保湿，约20～30天即可发根，发根后半个月上盆定植。

3. 洒金东瀛珊瑚

学名：*Aucuba japonica*

别名：洒金桃叶珊瑚

科属：山茱萸科桃叶珊瑚属

(1)生态习性

原产我国和日本。性喜半阴环境，忌暴晒。喜温暖，越冬温度不得低于－2℃。喜肥沃疏松和排水良好的微酸性土壤。

(2)繁殖方法

扦插繁殖以5～6月扦插最好，选择当年生半木质化枝条，长15cm，留2片叶，插入沙床，插后50～60天生根，成活率在95%以上。也可播种繁殖。采种后沙藏，春播，但种子有休眠性，当年出苗较少，第二年则大量出苗。此外还可水插繁殖或叶芽扦插繁殖。

4. 山茶

学名：*Camellia japonica*

别名：曼陀罗树、晚山茶、耐冬、川茶、海石榴

科属：山茶科山茶属

(1)生态习性

原产于中国长江流域和西南各地，现多分布于热带及亚热带。性喜半阴半阳环境，在散射光和疏林边缘生长良好。喜温暖，生长适温为18～25℃。喜疏松肥沃、排水良好的酸性土壤，pH值要求4～5.5，中性土也能生长，但发育不良，抗性减弱。

(2)繁殖方法

可用扦插、嫁接、压条、播种和组织培养等方法繁殖，以扦插和嫁接为主。

1)播种繁殖

单瓣或半重瓣品种多用此法，主要是为了培育砧木或新品种。种子于10月中旬成熟，随采随播，也可用湿沙拌种贮藏，第二年春播，但秋播的发芽率高于春播。播时多行浅播，基质用蛭石，覆盖6mm，室温21℃，晚上补光10小时，播后15天便开始

萌发，幼苗具2～3张叶片时移栽，3～4年后开花。

2)扦插繁殖

扦插多在6月中旬和8月底左右进行，选充实且芽饱满的当年生半木质化枝条为插穗，长8～10cm，先端留2片叶。基部尽可能带一点老枝，扦插后易形成愈伤组织，发根快。在清晨采条，并将插穗用利刃削平或削成马蹄形，留顶芽和侧芽，然后用0.4%～0.5%吲哚丁酸溶液浸蘸插穗基部2～5秒，立即扦插。用泥炭土、素沙、蛭石或通透性好的酸性土做基质，插穗插入基质约3cm，株行距分别为3～4cm、10～15cm。插后用手指将插穗四周按实，遮荫保湿，扦插后需要每天对叶面喷雾，保持湿润，维持温度在20～25℃，约3周后开始愈合，6周后可生根。当根长3～4cm时移栽上盆。

也可在9月选择生长充实的当年生枝条，除尽下部叶片，选择适当部位进行环剥，伤口处会逐渐长出愈伤组织，然后形成瘤状的愈合体。第二年春天从其下剪取枝条，用泥炭土或山泥把愈合体端裹住，埋入湿润的素沙中，此法成活率较高。

3)嫁接繁殖

优良品种扦插发根困难，因此多采用嫁接繁殖，可用芽苗砧嫁接、大树砧嫁接、靠接等方法。

①芽苗砧嫁接

可充分利用繁殖材料，生长迅速，在短期内可繁育大量名贵茶花，砧木可用单瓣山茶和油茶作砧木，在嫁接前45～60天播种，幼苗4～5cm时即可嫁接。接穗选择生长健壮的半木质化枝条，从上至下1枝1芽1叶。先将砧木距地面1.5～2.5cm处短截，用刀在砧木中心对半劈开1～1.5cm深备用。然后将接穗在叶柄两侧下方0.5cm处向下削一个正楔面，长约1cm。将削好的接穗及叶片插入砧木中，形成层对准，绑扎固定，接后用薄膜覆盖并逐步加强通风，增加光照，待新芽萌动后，全部揭去薄膜，当年可长出3～4片真叶。

②大树砧嫁接

一般利用粗种山茶或油茶成年苗作砧木，进行换头腹接。借助砧木强大的生长势，促使接穗迅速生长，1～2年内即可培育成名种山茶的大型植株。嫁接宜在5～6月的梅雨季节进行。

砧木选择：选择植株健康，芽眼饱满而无病虫害的植株作砧木。夏接砧木，在2月底以前进行修整；秋接砧木，在6月上、中旬结合扦插进行修整，剪除病弱枝、下垂技、交叉技和过密枝。

嫁接时间：嫁接适宜温度为25～30℃。9月下旬为嫁接适期，此时皮易拉开，嫁接后接口愈合快，成活率高，管理也比较容易。

嫁接方法：对直径1cm以上的枝条，均采用拉皮接，即在砧木的适当部位，上、左、右刻一刀，深达木质部，将皮拉下，其长度与接穗的削面要一致，然后将削好的接穗贴在砧木拉皮的内侧，将皮包住接穗，然后用塑料带缚住，露出芽头，再套上塑料袋，以增加湿度，促进愈合，1个月后解除包扎，并进行松绑，待接穗长出新梢，逐步木质化后，可全部解除绑扎。若砧木粗度与接穗相似，则以腹接法为好。

分3次断砧木。第1次是在绑扎时断顶梢，以削弱砧木的顶端优势，促进愈合；

第2次在接穗第1次新梢充分木质化后，截断砧木上部1/3枝条，保留部分枝叶，以利于光合作用和根系吸收功能；第3次是在接穗第2次新梢充分木质化后，在与接口同高度处向下切约45°的斜口，断掉砧木。分次断砧对接穗可起到蔽荫保湿的作用。

在高温季节进行嫁接，必须搭荫棚，盖双层帘，使棚内基本上不见直射阳光，中午前后要喷水降温，使局部小气候温度控制在大气温度以下。日平均温度宜低于30℃，最高不超过35℃。砧木上萌发的芽头要及时抹去。

③嫩枝劈接

利用砧木的多头新枝，并选用当年生枝条，一般在接穗全部叶片展开后一周进行。劈接法要求砧木应有3～5个主枝，在根颈处分杈的最好，嫁接后套袋保湿或用蜡封口。

④靠接

宜在梅雨季节进行，当年秋季就可剪砧，置于遮荫处养护1～2个月，然后逐渐增加光照进行正常养护，2～3年后即可成型。

4)压条繁殖

均采用高枝压条法，枝条宜选1～2年生的枝条，离顶端20cm处，进行环状剥皮，宽1cm，不要伤及木质部。用激素处理，然后将苔藓或腐叶土用塑料薄膜包裹，再用塑料薄膜绑扎，注意保湿。2～3个月即可生根，4个月后可剪离母体，带土坨移栽，遮荫养护1周进入正常管理。

(3)栽培管理

分地栽和盆栽两种栽培方式。盆栽选透气、排水较好的瓦盆为好，盆的大小要与苗大小相配，盆土则以微酸性、疏松肥沃、排水良好为佳，上盆时间宜在11月到早春2～3月。幼苗每隔2～3年换盆1次。施肥要掌握时期，在2～3月以追施氮肥为主。花蕾过密要疏蕾，宜每枝1～2个花蕾。浇水次数以保持土壤湿润为原则。北方盆栽，冬季宜放置光照良好、通风而冷凉的室内；夏季移出，在室外的荫棚或树梢旁放置。露地栽培宜选择土层深厚疏松、排水良好的场所，pH值5～6最为适宜。若是作园林绿化栽培，需要有蔽荫树做伴。

5. 夜香树

学名：*Cestrum nocturnum*

别名：洋素馨

科属：茄科夜香树属

(1)生态习性

原产于热带美洲，在我国的华南、西南等省区有分布。性喜光，稍耐阴。喜暖畏寒。喜疏松肥沃沙壤土。

(2)繁殖方法

常采用越冬老枝的扦插和嫩枝扦插两种方法繁殖。

1)越冬老枝扦插

在入冬后将近下霜时，将植株枝条留4～5cm从母株上截断。这样老桩就容易套上塑料袋，便于封闭，利于保暖。冬季只要保持土壤湿润，并放在窗前等阳光照射处就可安全越冬，并能使来春发芽早，发芽数量多。

剪下来的枝条要去除全部叶片，仅留叶柄，再剪成每3芽1段，然后用塑料带按10余段为1束捆好，埋在背风向阳、15cm深的土中越冬。

在第二年3月底4月初终霜期后从土中挖出枝条，此时有相当部分枝条末端已形成愈伤组织，也有部分枝条上的腋芽已经萌动，可直接插入准备好的苗床中。扦插时先用小棒引孔再轻轻插入，插深一般以1节为宜，使1芽在土下，2芽与土平，3芽在土上。

插后浇足水，并经常保持床土湿润，约经45天就可以长枝生根成活。当新枝长高3～4cm左右，具有3对以上叶片时，就可移栽上盆，此时每株已有粗根6～8条，长5～6cm。到6月下旬苗高可达30cm以上，这样7月中旬就可开花。

2）嫩枝扦插

越冬老桩保暖措施好的，在3月上中旬就可萌发新枝，这时可在多次炼苗后于3月底去除塑料薄膜，到4月上旬将长2cm以上的嫩枝掰下，插在准备好的苗床中。嫩枝插深约1cm左右，不可过深，浇足水后经常保持湿润，这样经30天左右就可见到新枝伸长。这时每株至少有3～6条粗根生出，根长约4～5cm可移栽上盆。

6. 香樟

学名：*Cinnamomun camphora*

别名：樟树

科属：樟科樟属

（1）生态习性

性喜光，稍耐阴。喜温暖，耐寒性不强，在－18℃低温下易受冻害。喜疏松肥沃、排水良好的沙质壤土。

（2）繁殖方法

以播种繁殖为主。

1）种子采集

常于11月前后，待果实充分成熟，即果皮由青转成紫黑色时，选择健壮母枝采摘。随后将采集的果实浸在水中2天左右，泡去果皮，淘洗干净后阴干，然后取湿沙混合，进行沙藏或层积埋藏。

2）播种

播种前将种子从沙中取出，洗净后先用0.5%的高锰酸钾溶液浸种1～2小时进行消毒灭菌，再用温水浸种，以提早出苗，使幼苗整齐均匀。

香樟一般以3～4月间春播为宜。采用条播，条距约30cm。每平方米播种量18g左右，播后覆稻草直到出苗。

3）播后管理

种子播下一个半月后开始萌发。这时可将稻草除去以利于幼苗出土。香樟苗均于第二年春季移栽，故一般不作间苗处理。冬季为防冻害，可用稻草进行幼苗的包扎覆盖，直至第二年春季无霜冻后方可去除覆盖物，准备移栽。

4）移栽

3 月底至 4 月初是香樟移栽适期。移栽前 1 天，应浇足水分，以利于当天拔苗，防止伤根。幼苗移栽可采取以下两种方式。

短截移栽：这是根据香樟萌芽力强和幼苗期生长迅速的特性，具体方法是将拔下的移栽苗短截，仅剩幼苗基部 2～3 个芽眼，上部枝梢全部剪除。同时将直根适当修剪，以促进侧根生长，移栽株行距为 25cm×40cm 左右。移栽苗上所保留的 2～3 芽如无坏死，则一般全部萌发。待其长至 10cm 左右时，择优保留。此后可结合浇水，略施薄肥促进幼苗生长，当苗长至 30～40cm 高时，植株就有分叉出现。为保证苗的向上生长，要摘除侧芽和剪除侧枝。

除叶移栽：即将植株叶片全部剪除后进行移栽。除叶是为防止移栽苗因叶片的蒸腾作用而脱水死亡。移栽后的管理与短截移栽基本相同。

5)管理

移栽后的樟苗在幼苗时期生长相当迅速。一般经 3～4 年，胸径可达 4m，高可达 3m 以上，因此移植后樟树施肥相当重要，追肥以氮肥为主，春、夏、秋均可进行。春季是苗木生长的旺盛时期，除了适时追肥外，还要及时中耕除草和防旱。

7. 变叶木

学名：*Codiaeum variegatum* var. *pictum*

别名：洒金榕、彩叶木、锦叶

科属：大戟科变叶木属

(1)生长习性

原产马来西亚和爪哇，华南地区多地栽，北方多盆栽。性喜光，但不耐强光直射。喜温暖，不耐寒，在 20℃的条件下生长良好。喜黏重、肥沃而具保水性的土壤。

(2)繁殖方法

以扦插繁殖为主，也可采用压条或播种繁殖。

1)扦插繁殖

多在春、夏于温室或露地进行，春插在 4～5 月进行，夏插在 6 月进行。选嫩枝或 2～3 年生壮枝作插穗，长度 10cm，切口有乳汁，晾干后插入沙床中，3～4cm 深，上罩塑料薄膜，床温保持 25℃以上，每天喷水 2～3 次，气温过高时，要适当通风，3 个星期后即可生根，成活率很高。

2)压条繁殖

以 7～8 月高温季节为好，2 个月后可剪离母株上盆。

3)播种繁殖

7～8 月种子成熟，采后秋播，温度保持 25～28℃，播后半个月发芽。第 3 年4～5 月分栽上盆。

(3)栽培管理

变叶木移植时，要带土球，用腐叶土、苗圃土和粗沙配制盆土。移后要遮荫，以利于恢复生长和新根的生长。冬季宜光照，夏季稍遮荫，并经常喷雾，保持空气湿度。生长期每 1～2 周施肥一次，缺磷时叶色暗淡，斑纹不明显。

8. 苏铁

学名：*Cycas revolute*

别名：凤尾蕉、凤尾松、铁树、避火蕉

科属：苏铁科苏铁属

(1)生态习性

性喜阳光充足，短日照条件下开花。喜温树种，耐高温，不耐低温。耐干旱，不耐积水。喜疏松肥沃的微酸性壤土。

(2)繁殖方法

1)扦插繁殖

将苏铁的吸芽、茎干及茎块等插入沙间或沙壤土中，生根后发育成新植株。这是一种最常见的无性繁殖方法，尤其以吸芽进行扦插繁殖的方法在生产上已广泛应用。

从母树主干上用利刀切下生长超过3年、直径约5cm以上的吸芽，涂多菌灵粉剂，置于通风处6～8小时，等伤口干燥后进行扦插；或将直径15cm以上的干茎横切或纵切成2～3块，每块长5～10cm，涂多菌灵粉剂，置于通风处晾干后进行扦插。

一般在苏铁冬季休眠期间采下吸芽沙藏，3月上旬取出后扦插或随采随插。扦插时将吸芽或茎干的干基一端插入沙床、沙盆或沙壤土中，茎块则要将树皮一面朝上埋入土中，不宜倒置，全埋或微露出插穗顶部。保持土壤湿润，在常温下大约50天以上才会发根长叶。

2)分株繁殖

苏铁的根茎部长出的不定芽(即吸芽)生根后，从母株上连根分割下来，带土植于沙壤土或花盆中，即可形成新的独立植株。

分株繁殖一般在春季4～6月及雨季中进行，将母株根茎周围的土松开，小心把蘖芽连根带土从母体上切割下来，尽量不要伤及主干，分割后在伤口处涂多菌灵粉剂，晾干后移植到地上或花盆中，浇透水并置于荫棚下养护。

3)埋干繁殖

为扦插繁殖与分株繁殖的特例，将生长吸芽的干基全部埋入土中，待其吸芽生根后再与母株分离，使之成为新植株；或把整个铁树干横倒埋入土中，以扩大吸芽数量与生长速度，之后或切取吸芽再作扦插繁殖，或将树干横切分株繁殖。

4)压条繁殖

先用利刀切割压条茎干下部，涂多菌灵粉剂，伤口干燥后用洗净的薄膜袋套入伤口下部，缚紧，然后反卷上去，内装苔藓或壤土至伤口上10cm处，再将薄膜袋口收拢缚紧，经常喷洒些小水，使其保持湿润。一般经过30～60天可生根，锯下定植。

5)嫁接繁殖

a. 砧木和接穗的准备

平接：砧木可采用实生苗或扦插苗，也可采用大苗上萌生的3年生以上的芽苞，要求根系发达、生长健壮。接穗可用一年生以上的实生苗或扦插苗，也可用植株茎秆萌生芽苞的上半部。若采用芽苞作接穗，可随切随用，也可将整芽切下埋入湿沙中待用。砧木与接穗的粗度应相等或相近，使砧木和接穗的生长发育大体相同。砧木和接穗直径以2.5～6cm为宜(直径达9cm也能成活)。

靠接：砧木和接穗均可采用2～4年生的实生苗，也可用茎粗3～6cm的芽插苗作材料，要求砧木和接穗的形状、大小相同或相近。

b. 嫁接方法

平接法：把砧木和接穗双方切成相同的平面，使切伤面与砧木(或接穗)生长方向相垂直，然后将砧木和接穗的切面接合。4～10月均可嫁接。

4～5月嫁接时，砧木可选择已发新叶的植株，接穗则选用未萌动的植株，接后40～120天，约有一半的嫁接苗能萌发出新叶并继续生长。而6～10月嫁接，切面愈合后一般要到第二年才萌发。砧木选好后，首先剪掉全部叶片，然后根据砧木的情况从适当部位(离地面3cm以上)用利刀横切茎秆的上部(即顶芽)，切面与茎干垂直或稍偏斜，切去的长度与切面直径基本相等。接穗如有叶片，也要剪去后横切，切下的长度与砧木被切部分大体相等。如果切面流胶较多，可用竹片刮去。接着将接穗放置在切好的砧木上，使两切面中心相互对准并接紧吻合，用透明胶布将接合部包裹，最后用铁丝纵向捆绑，也可先用铁丝捆好后再包透明胶布。

靠接法：于5～9月均可进行，但以5～6月为宜。若6月初靠接，一般经过40～60天接口愈合，接口愈合前后便陆续萌发新叶，3～6个月后即可移至露地管理。先挖出供嫁接的植株并剪去全部叶片，在砧木和接穗的相对部分用利刀各切成长3～6cm、宽2.5～3.5cm的纵切面(保留顶芽)，深度为茎粗的25%～35%，迅速将两切面靠拢吻合(以两切面中心对准为宜)，立即用铁丝捆紧后再用塑料薄膜包裹嫁接体茎干，最后栽入花盆，置于阴凉避雨处。

6)播种繁殖

①种子采收

在人工授粉条件，每株下可采200～600粒种子。结实率与授粉时期掌握准确与否、花粉新鲜程度以及授粉次数有关，成功的人工授粉后的结实率一般均在90%以上，有时可达98%～100%。苏铁种子成熟为红色；大孢子叶松散或开张，种子与大孢子叶柄部连接微弱，轻摘即掉；种子手感很重实，晾放一周后仍沉水。苏铁种子的质量与树体强壮程度、结实率、光照、施肥等因素有关。树体强壮，结实率低；光照充沛，肥料充足，则种子个体大，饱满程度高，种子发芽率高；反之，则种子个体小，瘪浮粒比例高，种子发芽率低。

②种子贮藏

苏铁种子可随采随播，或去除外种皮后湿沙贮藏，或置于通风处，晾干后再袋藏至早春播种，但干藏种子容易失水而影响发芽率。苏铁种子宜当年播种，出苗率可达98%以上，而隔年播种则不足20%。

③播种

一般在3～4月播种，播前先浸种5～7天，以使种子充分吸水，每隔1～2天换一次清水，最后用福尔马林消毒；或用40～60℃温水浸泡12小时，倒出后摊放1小时以加强呼吸，然后再用温水浸泡12小时，同时加入0.1%硫酸亚铁或磷酸二氢钾；或用工具磨破种皮以加快吸水。宜选择肥沃疏松、排水良好的沙壤土作苗床，在苗床上按5cm×20cm的株行距点播；也可用撒播法以节约播种土地。然后覆土3～5cm，上面盖草保湿。北方春季气温较低，可用地膜保温，以提高土温，提早出苗。

(3)栽培管理

苏铁苗木一般在生长停止后的秋末冬初或在早春末抽新叶之前移植较好，生长季节时移植对成活率有一定影响。近距离移植时宜带土球，尽量不损伤根系，可以不剪羽叶或少量疏一些，定植后浇透水，之后保持土壤湿润，最好能搭棚遮荫。至于长途移植，有条件时宜带土球移植，有时为了便于运输，可剪去部分羽叶和根系，但运输与装卸过程中尽量不要损伤干茎，否则受伤后病菌极易侵袭，局部受感染后逐步传染，引起干茎腐烂。

9. 瑞香

学名：*Daphne odora*

科属：瑞香科瑞香属

(1)生态习性

原产中国长江流域，湖南、湖北、浙江、江苏、四川等地均有分布。性喜阴，忌暴晒。不耐寒，在北方冬季需室内越冬。喜排水良好的酸性土壤。

(2)繁殖方法

1)扦插繁殖

①土插法

从3～11月都能进行，但以5～6月为最佳。此时气温能稳定在20～30℃，昼夜温差大，空气相对湿度也较大，有利于插穗生根成活。扦插基质应选择疏松、保温、保湿、透气性能好，如珍珠岩、河沙、稻糠灰、杉木屑等都作为扦插基质。在大田的生产实践中常用稻糠灰为扦插基质，从母树上剪取当年生的半木质化的枝条，每段剪成长6cm左右，留4～8片叶为宜。为促进生根，枝条可用ABT生根粉进行处理，插穗插入苗床后要喷透水。若是大规模扦插，可安装喷头，采用全光照喷雾育苗法；若是家庭小规模扦插，则要专人进行定时浇水遮荫，保证基质含水量在70%～80%为宜。插后20天左右开始生根，30～45天可移栽上盆。这样的小苗，移栽后经过4～5个月的精细管理，当年就可培育成3～8个枝梢、15～30cm宽的树冠。同时被剪插穗的母株，又能早发秋梢，在春节期间开花。

②水插法

水插时间：一年四季皆可进行，但最宜选择在5月底至6月初进行，有利于插穗愈合和不定根发芽，成活率较高。

插穗采集：选当年生半木质化的健壮枝条长6～8cm，留取1～2片叶。注意切口一定要用清洁的利刀削平，否则切口易腐烂。

扦插：将插穗浸入100mg/kg的萘乙酸溶液中10分钟，然后插于高6～8cm的棕黑色瓶中，或将插穗插于厚2～3cm的泡沫塑料板上，下端露出2cm长，使之浮于遮荫的水面上。

插后管理：每4～5天换水一次，宜选用贮藏2～3天的自来水。用1000mg/kg的高锰酸钾溶液进行消毒，以防止培养容器中出现青苔。待发根后，让其略见光线，以促进根系生长。当不定根长至1～2cm长时(约40～50天)及时上盆。盆土选用消毒过的疏松微酸性营养土。上盆初期，保持盆土湿润，并注意适当遮荫。

2)压条繁殖

采用高空压条法。在春季3～4月，新芽萌发时进行，选1～2年生枝条，经环状割皮后包扎，2～3个月生出新根后剪离母体，分栽于盆内。

10. 香龙血树

学名：*Dracaena draco*

别名：巴西木、香千年木

科属：百合科龙血树属

(1)生态习性

原产于美洲的加那利群岛和非洲的几内亚等地。性耐阴，日照50%～60%为佳，忌强光直射，也要避免老叶或斑叶在阴暗下斑色退化消失。喜高温，生育适温20～28℃，低于13℃则植株休眠，停止生长。喜疏松、排水良好的土壤。

(2)繁殖方法

常用扦插繁殖，也可用播种或高压法繁殖。扦插在早春进行，选择成熟粗壮的枝干，摘去叶片，剪成长5～10cm插穗，平放在温床内，对温床加温，使温度维持在25～30℃，并保持较高的空气湿润，1个月左右即可生根。夏季多在室外扦插，需搭建荫棚以遮光。若用播种繁殖，则在较大的老龄植株上采种，并在春季播下。栽培土壤宜用腐叶土、黏质壤土与沙配合成的混合肥土。

11. 枇杷

学名：*Eriobotrya japonica*

科属：蔷薇科枇杷属

(1)生态习性

性喜温暖湿润气候，在年平均气温12℃以上的地区都能生长，一般在冬季气温不低于-5℃，花期不低于-3℃的气候条件下结果较多，但由于枇杷是冬季开花，气温偏低时容易遭受冻害而影响结果。现在经引种后，在黄河以南地区可露地越冬，黄河以北地区多作温室盆栽观赏。喜肥沃、排水良好的中性或微酸性沙质土壤。

(2)繁殖方法

1)播种繁殖

从产量高、品质好的优良母树上采种。种子要充分成熟，以单核或双核的为好，食用或去肉得种，洗净后可随即播种。播后将一层浅浅的细土或草木灰覆于其上，再在上面盖草，以保持土壤湿润。30天左右种子发芽出土，间苗在苗高10cm时进行。在夏季，外界气温高时需搭棚遮荫，并在种畦上覆草喷湿。以后，每月一次中耕除草，并适当施一些速效性氮、钾肥。第二年春天苗木达30～70cm高，即可出圃，也可在苗圃里继续培育1～2年，成为大苗后再用于造林或供嫁接用。

2)高压繁殖

高压法操作简便，并能保持品种特性。在春季，选择健壮母株上2～4年生的枝条，在其基部进行环状剥皮，随后用泥土、青苔包裹，尼龙绳包扎，上留一小口，以便日后补水。1～2个月后开始生根，此时应注重保持湿润，用250mg/L吲哚丁酸涂抹伤口，可加速生根。秋冬季将其从母株上剪下移栽。

3)扦插繁殖

扦插在春、夏季皆可进行，用半木质化的枝条，带叶扦插，容易成活。用400～500mg/L萘乙酸或吲哚丁酸溶液快蘸处理，有利生根。

4)低位嫁接换种技术

嫁接换种在12月至第二年3月进行，以春梢萌动前的1～2月为佳。从优良品种母树上，选树冠外围中上部生长健壮、叶片浓绿、芽眼饱满的一年生枝条为接穗，采前10天左右，去掉母穗枝条上端幼嫩部分或花穗，以使腋芽生长得更饱满。剪穗应在晴天露水干后进行，采下的接穗除留短叶柄护芽外，要立即剪去叶片和末端幼嫩部分，随采随用；不能马上用的，则处理后的接穗要立即用塑料薄膜包裹，挂上标签，做好标记，放在室内阴凉处。贮藏期少于6天的，则只要每天解膜透气半小时左右；如贮藏期超过6天，需保温防寒，用湿润河沙分层贮藏，上面覆盖稻草，每隔3天翻堆检查接穗和河沙的干湿度；如接穗需在跨地区长途运输的，则需用纸箱包装，箱壁四周铺一层苔藓保湿。

嫁接换种方法有切拉法和嵌接法，其中切拉法因易操作、高成活率、用材省而最好。

a. 切拉法：

锯(剪)砧：在换种树上选分布均匀、斜生的1～2级分枝2～3个，距分枝15～20cm处锯断。锯口断面皮层用嫁接刀削平滑、稍倾斜、不撕裂。留嫁接部下面分枝角度大的斜生侧枝节1～2个，其余枝条从主干分杈处锯除，嫁接部位离地面高度约1m左右。

切砧：选树皮光滑处，在皮层与木质部交界处，略向木质部倾斜5°～10°，稍带木质部纵切一刀，深2～2.5cm，切口平直，嫁接处径粗6cm以上的，在断面的相对面切两处切口，嫁接两个接穗，便于嫁接处断面尽快愈合。

削接穗：左手倒握接穗，右手握刀，在接穗基部稍带木质部削长2～2.5cm的长削面，相对一面切成45°的斜面，长1～1.5cm的短削面，两刀相交处成一线，倒转接穗，留1～2个芽眼削断、接穗削成楔形，长3～4cm，具有1～2个饱满芽眼，芽眼应处在两削面之间，长、短两削面要平直。

插穗、包扎：接穗与砧木的形成层务必对齐、密切紧贴，插穗深度以微露削面为宜，以利于与砧木断面伤口愈合。插穗插入后马上用薄膜带包扎，先在接部中上处紧扎两圈，固定接穗，使接穗与砧木切口形成层密贴，然后用薄膜覆盖砧木断面，继续环扎薄膜带，包裹整个嫁接部，接穗部分用地膜留芽眼包裹。

b. 嵌接法

适用于主干高、嫁接部位干径粗15cm以上的换种树，嵌接操作较困难，成活率比切接低，接穗要求粗大且用量多。

锯砧：一般在离地40～50cm处锯砧，如树冠较大锯砧前应先锯除树冠部分大枝条，以减轻树冠重量，防止主干撕裂、断砧。

砧木锯槽：用手锯在断面光滑处一侧纵锯宽1cm左右、深1.2～1.5cm、长5～6cm的楔形缺口，用嫁接刀修切锯槽，使槽内比槽外略宽，槽上比槽下略宽，槽下部2cm

处由内向外倾斜，槽两侧要修切平直。在相应的面同样开一个槽。

削插接穗：在接穗枝条对称的两侧，稍带木质部削成长 4～5cm 的斜面，向内的一侧下端削成长约 2cm 的短斜面，深达接穗木质髓部，呈楔形，其形状与接口大小相似，穗削成后，对准两侧形成层插入接口，稍向下轻敲，使穗砧密贴。

包扎：接口空隙用锯屑堵塞，接部用薄膜带绑扎牢固，断面覆盖薄膜并扎紧，接穗部分用地膜留芽眼包裹。

(3) 栽培管理

栽植时应带土团移栽，在 9～10 月的秋季或 2～3 月的春季下雨后移栽，栽后灌足定根水。定植后 3 年内为幼树期，主要是培养树形。一般每年施 6～8 次肥，以"淡肥勤施，前促后控"为原则，在每年春梢、夏梢和秋梢抽发的前后，各施一次促梢肥和壮梢肥。在定植后第 4 年，采取控氮肥、控水分和整形拉开分枝等办法，以促使植株提早开花结果。以后每年施肥 3～4 次，重施 5～6 月采果后的基肥，适时施好 9～10 月的花前肥、2～3 月的春肥和 4 月的壮果肥。

12. 大叶黄杨

学名：*Euonymus japonicus*

别名：冬青卫矛、法国冬青、四季青、日本卫矛、万年青

科属：卫矛科卫矛属

(1) 生态习性

原产日本。性喜阳光充足环境，耐阴。喜温暖，耐寒性较强。喜肥沃疏松的沙壤土，耐干旱瘠薄。

(2) 繁殖方法

1) 扦插繁殖

①苗床准备

苗圃地宜选择水源充足、排水良好、土层深厚、富含腐殖质、土壤结构疏松、前作水稻的农田。晚稻收割后开沟排水，田土干后，每平方米施农家肥(猪、牛粪)375g，过磷酸钙 75g 作基肥。整好地，做成宽 1～1.2m、高 20cm、沟宽 30cm 的插床，做到床土细碎、床面平整、水沟通畅。在扦插前 3 天用 50% 多菌灵可湿性粉剂 0.125% 溶液喷洒消毒。

②扦插时间

春、夏、秋三季均可进行，最好在春季 2～3 月扦插。因为这时的树液即将流动，插穗的生长力开始复苏，外部的条件如温度、湿度、光照等也适宜插穗生根，苗木的生长期也较长。

③插穗处理

选择长势旺、枝叶茂盛、无病虫害的健壮的中、幼龄树为采穗母树。从母树的中、上部选取健壮饱满的一年生春梢作插穗。将插穗剪成 12～15cm 长，插穗上部留 3～5 片叶，除去下部叶片。把剪好的插穗扎成捆，将其下部放入植物生长调节剂 6 号 50mg/L 溶液中浸泡 1 小时。

④扦插

采用开沟排放插穗法扦插。株行距为 5cm × 10cm，将处理好的插穗整齐排放在插穗沟里，再埋好土，扦插深度为插穗的 2/3。要做到随剪穗随处理随扦插随覆土，然后再用手压实土壤、浇透水。

2）压条繁殖

①压条时期

春、夏、秋三季均可进行，以 6 月中旬至 7 月上旬、雨季来临之前最好。

②压条方法

采用单枝压条法，取绿篱内侧的枝条作为被压枝条，所选枝条以直径在 1cm 以下、长度在 30cm 以上的较好。压前先将欲压枝条弯曲至地面比试，再根据枝条的弹性大小在地面上垫 10 ~ 30cm 厚的土，然后将枝条压下，覆 10 ~ 15cm 厚的土，稍踏实。压条顶端应露出 15cm 左右。

③压后管理

由于压条不脱离母体，在生根过程中，其水分和养料均由母体供给，所以管理容易。但要随时检查压入土中的枝条，露出地面的必须重压。天气干旱、降水较少时，可对花坛进行漫灌，以保证其生长良好。分离压条的时间须以根的生长状况为准，一般压入 15 ~ 20 天，可生出棕色的毛细根。从母体切离的时期应在第二年的 6 ~ 7 月，此时新根已长至 10cm 左右。然后分株拔出。栽植时要尽量带土，以保护新根，最好在阴天或小雨天进行。

3）嫁接繁殖

砧木多选用丝棉木进行高接，以培育成小乔木型单株。可在秋季采用劈接法进行。

4）分株繁殖

可于早春进行，将根蘖苗切离母体栽植即可。

（3）栽培管理

移植苗不宜在春季 3 ~ 4 月进行，小苗可裸根栽植，大苗需带土球。栽植后土壤必须踩实，并浇足水分，盆栽暂放半阴处。生长期保持土壤湿润，每 2 个月施肥 1 次。通过修剪整株进行造型，春、夏两季各进行一次，剪取过长或过密枝。冬季停止施肥。

13. 一品红

学名：*Euphorbia pulcherrima*

别名：猩猩木、圣诞花

科属：大戟科大戟属

（1）生长习性

原产墨西哥及热带非洲，我国的海南、广东、福建、云南等地可露地栽植。性喜光，要求光照充足，属短日照植物。喜温暖环境，不耐寒，最低温度不能低于 5℃，适宜生长温度为 18 ~ 29℃。不耐旱、涝。喜疏松肥沃、排水良好的中性至微酸性土壤，最适 pH 值为 5.5 ~ 6.0。

（2）繁殖方法

以扦插繁殖为主。

1）插穗选择

扦插繁殖时首先要备好采穗母株，如在北方繁殖，则只能采自盆栽的一品红，可在3～4月把一品红的花盆移到阳光充足、通风良好的地方，保持20℃左右温度，加强水肥管理，促进盆栽的一品红生长出粗壮的枝条。5～6月剪取枝条粗4mm以上、长8～10cm的枝条，并保留上部3～5张叶片作为插穗。

2)插穗处理

从母株上采下的枝条，在切断的剪口和摘叶的部位涂抹草木灰。待剪口和摘叶部停止流出汁液时，10条捆1把，浸泡在ABT 50mg/L溶液中1小时(液温8℃以上)或2小时(液温8℃以下)，其浸泡深度为3～5cm，在浸泡过程中尽量避免叶面上沾上ABT溶液。浸泡过的插穗从ABT溶液中捞出后，备扦插用。

3)插床准备

批量生产一品红扦插繁殖苗，插床最好用木板或砖块砌成床高12cm、床宽1m的床，床长以扦插数量而定。株行距以插穗上的叶互不重叠为宜，一般8cm×10cm或12cm×10cm，每平方米床面上扦插80～120株。插穗基质最好用珍珠岩或粗粒河沙，其厚度为12cm。扦插的前一天下午在插床上浇透水，水质pH值为6.5左右。

4)扦插

到5月下旬至6月上旬进行扦插。扦插时，在平坦的床面上，用比插穗稍粗的木条插入插床5～6cm深，拔出木条的同时插入插穗，注意保留叶片互不重叠，扦插深度为4～5cm，插穗下部叶离床面3～4cm高为宜。用喷雾器随插随浇水，保持插穗叶面湿度，封住插入口，并把插穗直立起来，避免插穗斜歪现象。

5)插后管理

扦插初期10天左右，最好用电子控制浇水量或定点自动浇水设备浇水为好。没有这些设备，看叶面湿润情况，采取叶面无水滴就浇水的办法，少量多次浇水。由于插床基质是无肥源的珍珠岩和粗沙，扦插10天后开始定期叶面喷雾的方法补充插穗所需要的养分。每隔7～8天用1%葡萄糖或0.5%尿素里加入适量锌、硼、镁、锰、铁等微量元素喷雾叶面。一般情况下，插后半个月开始生根，一个多月可以移入花盆中。因此插后20天左右开始适当通风，逐步撤出四周遮阳网，让上午10点前和下午16点后的散射光射进床面，促进光合作用。至插穗底部生出3～5条根时，应移入盆栽。

14. 红背桂

学名：*Excoecaria cochinchinensis*

别名：紫背桂、红叶桂花、青紫木

科属：大戟科土沉香属

(1)生长习性

原产我国南部地区。性喜光，耐半阴。喜温暖气候，越冬温度5℃以上。喜疏松肥沃、排水良好的微酸性土。

(2)繁殖方法

一般在春末气温稳定后进行，以6～7月梅雨季节最好，可结合修剪，剪取嫩枝作插穗，每段长10～15cm，去除下部叶片，剪切时，伤口有白色汁液流出，在水中浸2～3小时或涂抹草木灰，以防汁液在伤口处结胶，影响发根。扦插在全光照下进行，于沙床中密插后，注意保持空气高湿。30～40天后可发根，萌发新芽后10～15天上盆或移植于苗圃培育，第二年即可出圃。

(3)栽培管理

红背桂在南方可地栽，北方多为盆栽观赏。盆栽时最好用疏松肥沃的培养土。扦插苗上盆后，先放阴凉处缓苗3～5天，以后逐渐增加光照。生长期每月施肥1次，夏、秋季加施2次磷、钾肥。盛夏放半阴处养护，秋、冬季适当修剪。

15. 八角金盘

学名：*Fatsia japonica*

别名：八角盘

科属：五加科八角金盘属

(1)生态习性

原产我国台湾和日本。耐阴性极强。喜温暖，忌高温，生育适温约13～23℃，越冬温度不低于－5℃。较耐湿，怕干旱。喜排水良好肥沃的微酸性或中性沙壤土。对有害气体抗性较强。

(2)繁殖方法

用播种、扦插、分株或高压法繁殖，春、秋季为适期。

1)播种繁殖

播种一般在5月进行。种子从4月下旬至5月上旬陆续成熟，种子采收后去掉外果皮及种肉，用清水洗净。待种子阴干即可播于浅盆，播后加一层薄土压实，从盆底孔吸足水，放入半阴处，盆口盖上玻璃，1个月左右出苗。当小苗长出2～4片真叶时可进行分栽，用4寸的瓦盆栽入，缓苗数天后转入正常的养护。到第二年春季再翻入6寸的盆内生长，当年生长新叶数可达8～12片。

2)扦插繁殖

扦插繁殖于春季萌发前或梅雨季节进行，剪取粗壮的侧枝长约15cm左右，带1～2片顶部小叶。叶片过大应剪去一半，以减少水分蒸发，以利于成活。将插穗插入备好的沙子或土壤中，需注意遮荫和保持一定的湿度(可套上塑料袋，保温保湿，以利提前生根)，约30多天即可生根。插穗生根后，根系长10cm以上时可栽入盆内。

3)分株繁殖

常在春季换盆时进行，将成苗根部的分蘖苗连根切下，带土移栽，成活率高。

16. 橡皮树

学名：*Ficus elastica*

别名：印度橡皮树

科属：桑科榕属

(1)生态习性

原产印度、缅甸等热带地区。性喜半阴半阳环境。喜温暖环境，不耐寒，夏季温度达35℃时仍可生长；冬季最低需10～15℃，低于10℃以下时，则叶色变黑脱落。喜排水良好的酸性、中性土壤。

(2)繁殖方法

以扦插繁殖为主，也可采用压条法繁殖。

1）扦插繁殖

扦插繁殖按取材部位的不同，可分为软枝扦插、硬枝扦插和芽叶插。其中，软枝扦插基部较易腐烂，扦插成活率在50%左右，成活率及繁殖系数均较低。而一二年生半木质化、木质化枝条扦插较易生根，常规扦插成活率可达80%，用激素处理还可提高其成活率，不过插穗剪断后，要尽快用素胶泥封住切口，以免乳液流出影响成活，缺点是繁殖系数低。较理想的繁殖方法是采用芽叶插。芽叶插是指用仅有一芽一叶、芽下带有一小段盾形茎部的插穗进行的扦插。由于橡皮树的腋芽绝大部分都是饱满的，所以基本上带叶片的每一节均可成为一个插穗。剪取插穗时，可把叶片剪去一半，以防止叶片因重量过大而倒下，影响生根。扦插时，扦插基质不能覆盖整个腋芽，需让腋芽露出，否则会影响腋芽的萌发。插后15～20天可生根，成活率在90%以上。

扦插苗的上盆需在生根后，新枝长至3～5cm时进行。用腐叶土、堆肥土各4份，加沙1份配成盆土。上盆后，冬季放置10℃以上的温室内；夏季放于荫棚下，浇透水，并保持盆土湿润；高温时，宜向叶面喷水。幼苗时每年春季必须换盆，成年植株可每2～3年换盆1次。秋、冬季应减少浇水。当植株长到1m高时，进行截顶，促进分枝，以形成优美的树形。

2）压条繁殖

①压条部位选择

在雨期或夏季的生长季节，在长势旺盛的粗壮植株上，选择枝干节间处的外皮呈棕红色的枝条，对其有较长褐色气生根的节下方进行环状剥皮，刚萌发出1～2cm长的棕白色气生根的枝干最适压条。另外，在橡皮树的枝干节间有一些鼓起的突点，是气生根原基，通过环状剥皮和捆绑土团的诱导，也会很快长出粗壮的嫩根。环状剥皮的部位不宜过嫩，否则易感染菌类而造成腐烂。

②压条方法

选择在晴天压条，先在有气生根或气生根原基的节下侧，用单面刀片环状切割茎干皮层两圈，两圈之间以枝条或梢干直径的3倍为间隔，然后用刀轻轻挑去两环割圈之间的韧皮部分，撒干燥的木炭粉于伤口上或者等其伤口流出的白色乳汁变干后，在剥皮部位上下约10～15cm的地方敷上由青苔和沙壤混合而成的诱根基质，或只敷干净的湿沙，一般一个土球约有0.5～1kg重。敷土前要在伤口的下侧捆扎一块20cm×15cm的厚实塑料布，此时用该塑料布将土团包裹好，最后捆紧，以防土团内水分蒸发。但在包裹土球上部的捆绳处应留一个斜口，以便于日后在给土球内部补充水分，或承接雨水。如果被压条的枝梢太细，承受不了土团的重量，则可在被压植株的边上垂直插一根细木棍或小竹竿，并把土球横向捆绑在木棍或竹竿上。

③压后管理

在新根萌发的过程中，要注意保持塑料布内土球的湿润。湿度不够时可从上面的斜口补充浇水。一般50天后，土团内就会有粗壮的白色根系长出，此时便可从土团下侧剪断被压条枝梢，撕去包裹土团的塑料布，栽种于花盆中。

17. 榕树

学名：*Ficus microcarpa*

别名：细叶榕、小叶榕

科属：桑科榕属

(1)生态习性

原产亚洲热带地区，印度、越南、缅甸、马来西亚、菲律宾、中国的华南均有分布。性喜阳光充足环境。喜温暖，越冬温度不得低于5℃。喜土质疏松、富含腐殖质的中性或微酸性土壤。

(2)繁殖方法

1)扦插繁殖

南方可于3月进行，北方可于早春在高温温室扦插或在5~6月进行。剪取顶端一年生健壮嫩枝，长10~12cm，下部叶片剪除，保留上部2~3枚叶片，插穗剪口要平，剪口分泌的乳汁，要用清水洗去、晾干后，再扦插到素沙土中，遮荫保湿养护，室温以24~26℃为好，插后一个月可生根，移入苗圃，2~4年后可出圃。也可用直径6cm左右的粗干剪成2m左右，去除枝叶，顶端裹上泥土，直接插干栽植。

2)压条繁殖

压条在5~7月进行。选择二年生的健壮枝条，离顶端15cm处进行环剥，宽1.5cm，用腐叶土和塑料薄膜包扎，保持25℃左右的温度，15~20天可生根，30天后可从母株上剪离，直接栽于盆中。

3)播种繁殖

①种子采集

每年8~9月，采回成熟的榕树果实，摊开晒干，捣碎后取出细粒种子，将其放在水里浸种约15小时，然后捞取沉在水底的饱满种子，稍晾干后就可用于播种。

②苗床准备

床土可用堆沤过的锯末或粗糠1份与园土1份混合而成。苗床应选择土壤疏松湿润、通风良好、光照充足、排灌方便的地块。先整平地面，后将配制好的营养土整成宽150cm、高20cm的畦面。

③播种

将选出的饱满种子均匀撒播在畦面上，然后盖上一薄层稻草或麦秆，以防浇水或雨水冲刷掉种子，利于出苗。

④水肥管理

播种后浇透水，以后保持畦面湿润，但忌积水，防止烂种烂苗。播种后约15天左右即可出苗。当榕树幼苗长出3片真叶时，便可施稀释的沼气液肥或充分腐熟的人粪尿等肥料，每7天追施1次，以促进幼苗健壮生长。

⑤分苗移植

当榕树苗高达6~8cm时，即可起苗移植。起苗前应先浇透水，以防起苗时伤根。先采用8cm×12cm的塑料营养袋单株分苗培育。当榕树苗高达30cm时，可移植到大田培育，加快榕树生长发育，提高其成型速度，缩短出圃期。

4)嫁接繁殖

在春、夏季均可进行。采用2~3年生有独立主干的橡皮树作砧木，将长15~20cm

的垂榕接穗用枝接法嫁接，成活率高。

18. 栀子

学名：*Gardenia jasminoides*

别名：山枝子、黄枝子

科属：茜草科栀子属

(1)生态习性

原产我国长江流域以南地区。性喜稍荫蔽的环境，忌强阳直射。喜温暖，耐热，不甚耐寒。不耐水湿，耐干旱。喜排水良好、轻松肥沃的酸性轻黏壤土。

(2)繁殖方法

1)扦插繁殖

①扦插时间

扦插繁殖多在3月上旬至4月中旬进行，此时扦插成活率最高。也可在温室内夏插和秋插，扦插时间分别为6月上旬至8月上旬，或10月上旬至11月中旬。

②扦插采集

从花香、朵大的中幼龄树上选择生长健壮、充分木质化、无病虫害的1~2年生枝条作插穗。

③插穗处理

将枝条剪成10~15cm长的插穗，将其下部叶片剪去，只留上部3~4片叶，以减少蒸腾强度。将插穗的上切口切成平口、下切口切成斜口，以增加其与土壤的接触面，有利于吸收水分。上切口离芽1~2cm、下切口离芽0.5cm，切口要平滑、防止劈裂。把剪好的插穗按30~50根作一捆，基部的3~5cm浸入50mg/L的GGR6号溶液中1小时。

④扦插

将处理好的插穗插入圃地内。为了防止插穗伤皮，可采用沟埋法扦插(先挖出小沟，再将插穗整齐地放入沟内，最后将其基部用土掩埋)，扦插深度为插穗长度的2/3，扦插株行距按10cm×15cm安排。用手将土压实，浇透水，以利插穗与土壤紧密结合。为了防止插穗失水，应做到随剪随插。

2)压条法

此法在春夏间进行较好，选1~2年生枝条，就地压入土内或盆内，1个月左右即可生根，2个月后剪离母体，另行栽植。它比扦插苗成形快、开花早。

3)分株法

宜在早春或晚秋结合移栽或换盆进行，分栽后要放入背风而湿润的棚下缓苗，待有新苗发出时，转入正常管理。

(3)栽培管理

栽培土壤选用偏酸性的，常用腐叶土3份和细沙7份配制。从春季开始，应保持空气较高湿度和盆土湿润状态。夏天每天浇1~2次水，早晚还需向叶片和地面喷水。栀子花忌涝，雨季注意排水。浇水过多、过勤而使盆土经常处于过湿状态，对生长不利。由秋至冬浇水量应减少。

19. 扶桑

学名：*Hibiscus rosa-sinensis*

别名：朱槿

科属：锦葵科木槿属

(1)生态习性

原产我国南部。性喜阳光充足环境。喜温暖，不耐寒。对土壤要求不严，但以肥沃、疏松的微酸性壤土最好。

(2)繁殖方法

1)扦插繁殖

①土插法

除冬季以外均可进行，但以5～6月的梅雨季节成活率高。硬枝扦插和嫩枝扦插皆可。

硬枝扦插：宜选半木质化健壮枝条，以中段5～7节最好，剪成长约10～15cm的插穗，留顶端叶片，削平切口，扦插后保湿保温，在气温18～25℃，相对湿度70%～85%的情况下，约3周后可生根。

嫩枝扦插：宜选择当年生的生长健壮枝条，插穗剪成长10cm，带2张叶片，剪去叶片的1/3～1/2，在基部节下削成马蹄形，插入基质中，遮荫保湿，20～30天即可生根。为提高成苗率，插前可用激素处理。

冬季扦插宜在温室内进行，室温为18～21℃，根长3～4cm时移栽上盆。

②水插法

在5月中旬至9月上旬，结合整形修剪，选当年生的无病虫害的健壮枝条，剪成10cm左右的插穗，一般带有2～3个芽，去掉下部叶片，上部保留1～2张叶片，上剪口距叶片0.5cm左右(带顶芽者保留上部2～3片叶，直接可作为插穗)，下剪口距下芽0.2～0.3cm处剪成斜口，入水部分为插穗的1/2～2/3左右。一般在20～25℃的温度条件下，快则4～5天，慢则7～8天，可见切口处有白色的愈合组织形成，一般8～10天即发新根，待新根长到2～3cm时(约2周)即可上盆。培养土用疏松肥沃、富含腐殖质的沙壤土。上盆时一定要注意，新生根很脆弱，不宜用力重压，防止碰断根系。栽后浇足定根水，放在阴凉通风处养护，10天左右后即可常规管理。

在温室内可用贮水池或水槽来大量扦插扶桑，用泡沫将插穗固定在水中，将聚苯乙烯泡沫加工成长40～50cm、宽8～10cm、厚约1～2cm的条形，在其上挖成间距4cm×4cm的小孔若干，小孔不宜太粗，能放进插穗即可，将插穗插入其中即可。

2)嫁接繁殖

在春、秋季进行。多用于扦插困难或生根较慢的重瓣品种，枝接或芽接均可，选用生长强健的单瓣花扶桑为砧木，优良品种的枝条为接穗。嫁接苗当年可抽枝开花。

(3)栽培管理

盆栽扶桑时，每年春季需换盆，常选15～20cm的花盆。盆栽土用腐叶土、培养土和粗沙的混合土为好。生长期保持盆土湿润，每月施肥1次，花期增施2～3次磷、钾肥，如供水不足，叶片易萎蔫变黄脱落。光照不足，花蕾易脱落，花朵小，花色暗。

冬季由于气温低，要严格控制浇水量，停止施肥，否则植株容易发生冻害。

20. 枸骨

学名：*Ilex cornuta*

别名：猫儿刺、老虎刺、鸟不宿

科属：冬青科冬青属

(1)生态习性

原产于我国中部、长江中下游地区。性喜阳光充足，但亦能耐阴。喜温暖，耐寒性不强。喜排水良好的酸性肥沃土壤，但在土壤贫瘠的沙土中也能生长，对石灰质土壤也有一定的适应能力。

(2)繁殖方法

1)播种繁殖

枸骨的繁殖常用播种法，在果实成熟后采下，除去果皮，与湿沙混合，放0～3℃的低温下储藏，第二年的3月播入土壤中。

2)扦插繁殖

①插穗选择

在生长健壮、无病虫害的植株上选择当年生节间距较短的健壮嫩枝，截取长10～15cm的枝条作为插穗，插穗下端切面位于叶或腋芽之下，以利生根，上端则保留顶梢，把插穗下部的叶片去掉，适当保留上部叶片。

②扦插

在苗圃地选择地势高、排水良好、土质疏松的壤土，整成宽1.5m、长10m的种植床，也可以用蛭石、砻糠灰、珍珠岩等作为扦插基质。然后扣上拱棚，盖上塑料薄膜，再立好遮阳网。把插穗下端整齐地浸入50mg/L萘乙酸溶液，浸入深度为2cm，并迅速拿出，随即扦插。在插床上株行距为15～20cm，插深8～10cm即可。

③插后管理

插后要进行遮荫和适当浇水，温度要保持在28℃，相对湿度90%左右，水分不能过多，否则会出现烂叶现象。夏季高温时还需加盖双层帘，40天后可开始炼苗，炼苗5～6天后可以移栽，移栽株行距为30cm×40cm。若天气炎热仍需适当遮荫。移栽之前要整地，一定要施足基肥，并浇透水，整平，做成1.5m宽的床面，然后随起随栽，栽后浇透水。

21. 茉莉

学名：*Jasminum sambac*

别名：茉莉花

科属：木犀科茉莉属

(1)生态习性

原产于波斯湾和印度等地，在我国南方各省(自治区、直辖市)均有栽种。性喜阳光充足，稍耐阴。喜温暖，不耐寒，最适生长温度25～35℃。喜湿忌涝，也不耐干旱。喜深厚、疏松肥沃的沙质或半沙质土壤。

(2)繁殖方法

1)扦插繁殖

①扦插时期

一般选择在4～10月进行，最好是梅雨季节，因为此时雨水充足，空气湿度大，插穗发根较快，成活率高。

②扦插采集

通常是选取生长健壮，组织充实的一年生枝条，也可选取整形修剪的枝条作为插穗的来源。此时要注意枝条必须无病虫害，同一枝条以中下部最好。区别枝条好坏的标准是表皮呈灰白色，略带皱纹且粗壮，这样的枝条组织充实，有利于成活。

③插穗剪取

首先除掉多余的叶片，按10～15cm的长度剪截插穗。插穗两端剪口需离腋芽1cm左右，顶端剪成45°光滑斜面，以防积水腐烂，下端要剪平。

④扦插方法

首先将河沙与泥炭土等量配比后装盆，将盆土淋透，直至水渗出洞孔为止。这种盆土可防止因土壤肥沃而造成插穗腐烂。扦插时先用竹筷在盆内插一小孔，深度占插穗长度的2/3，再将插穗插入孔中，留一个节位在上面，为避免浇水后入土节露出土面，要插至插穗上的一对叶片贴在泥土上为止。扦插完毕，立即浇足定根水。

⑤插后管理

水分管理是培养茉莉花的关键，要经常浇水，以保持土壤湿润。为促使插穗早发芽，可架设简单的塑料棚进行覆盖以增温催芽，在30℃气温下，经30多天即可生根发芽，此后只要注意水肥管理即可。

2)压条繁殖

压条繁殖在每年6月前进行。选择当年生或二年生的枝条，长45～60cm，在离母株15cm处压下，压入另一盆中。压入土中部分要有节，节下要刻伤，这样才易生根。覆土1cm，约30天生根，50多天可以切离母体，再经10天即可栽植。当年可望开花。

3)分株繁殖

此法繁殖的苗木数量较少，因而生产上很少采用，适宜家庭少量繁殖时使用。可利用翻盆之际分割母株，然后分盆栽培。分株要在春季旺发之前进行。分株后新株需注意遮荫与浇水。

22. 广玉兰

学名：*Magnolia grandiflora*

别名：洋玉兰、荷花玉兰、大花玉兰

科属：木兰科木兰属

(1)生态习性

性喜阳光充足，长日植物，但在苗期有一定的耐阴性。在长江以南的地区生长良好，在北方小气候下才能越冬。肉质根系，不耐涝。喜肥沃、湿润而排水良好的微酸性或中性土壤。

(2)繁殖方法

1)播种繁殖

播种繁殖适于大规模的生产，苗木的规格比较一致，有利于商品化和产业化生产。

但因异花传粉时种子的一致性比较差，苗木品种很难达到一致性，因此播种繁殖大多都用于砧木的生产和育种研究等方面。

①种子采收

采种在10月中下旬，当果壳露出红色种子时，连果柄采下，过迟采集时果实裂开，种子散落，不易收集。果实脱粒后，选择籽粒饱满、无病虫害的留作繁殖用。种子的发芽率50%～80%，发芽力保存期可达两年，层积处理可以打破休眠，提高发芽率。

②种子处理

果实采收后，需晒1～2天，果壳稍干后混入沙贮藏或装入麻袋内至于干燥通风处。第二年春季播种前，取出种子后放入冷水中，浸泡3～5天，再用粗沙将种子外面的红色的假种皮搓掉，然后播种，发芽率可达90%以上。

③播种

a. 露地播种

随采随播的种子，可放入50℃的温水浸泡3～5天，自然冷却，待种皮松软后在太阳下晒10分钟，种皮便会出现裂缝，或用沙搓去红种皮，播种后促进发芽。

选择在土层深厚肥沃、排水良好的沙壤土上深翻土地，细致做床。早冬将地深翻25cm，自然熟化，第二年播种前，每平方米施有机肥料4.5kg，然后细耙细耱，平整去杂。整高垄畦播种，2月中下旬播种，一般为条播，行距20～30cm，覆土2～3cm，盖草后保持一定的湿度，防止雨水冲刷畦面。播种量因不同的种类而异，发芽时间大约30天。大部分幼苗出土时，揭去覆盖物。

要注意雨季的排水，以免积水烂根。在高温干旱时节注意浇水，幼苗根系浅，不抗旱。一般苗木才到30～40cm时即可出圃，出圃时根部要带土球，保护其肉质根系，以提高成活率。在中午的强光下，给予幼苗一定的遮荫。

b. 保护地播种

为防止晚霜、低温等灾害性天气，采用塑膜大棚播种，棚架高应达到18m以上，以便于操作。圃地宜深耕细耙，整地时每平方米施入呋喃丹35～40g、多菌灵0.7g，进行土壤消毒处理预防病虫害。

播种期以2月下旬至3月上旬为宜。播种前将圃地表土打碎，做畦后将畦面整平，用6目筛将表土过筛并平铺于畦面，种子撒播于过筛后的细土上，再用6目筛过筛细土覆盖，覆土厚度以1cm左右为宜。播种行距20～30cm，播后棚内的温度控制在15～25℃，最高不能超过30℃，最低不能低于7℃，棚内相对湿度以75%～90%为宜。

土壤湿度以表土不发白为度，可在每天清晨和傍晚各浇一次清水。每周喷一次70%甲基托布津800倍液，以防病害发生。每15天在地表撒一次呋喃丹粒剂，用量25g左右，防止土壤害虫。每周喷一次0.4%磷酸二氢钾与1%尿素混合液作追肥，促进幼苗健壮生长。因幼苗耐阴，忌强光，在中午的时候要有一定的遮荫，以利于幼苗生长。

2）扦插繁殖

①扦插采集

在健壮优良的母树上取上年生的半木质化新枝，长 10 ~ 15cm，除去下部叶片，保留上部 1 ~ 2 枚叶片，且只留叶片的 1/3。

②扦插时间

扦插可在春季或夏季进行。若在春季，扦插后用小拱棚保温、保湿，提高成活率。若在夏季，扦插后要用加盖塑料薄膜的阳畦作扦插床，上面用尼龙网或苇帘搭设荫棚。

③扦插方法

基质可用细沙和腐殖质的混合土，将插穗基部削成斜面，插入基质的 2/3，地面留 1 ~ 2 个芽，插穗每天浇水 2 ~ 3 次，畦内温度保持 24 ~ 25℃，相对湿度 90% 以上，10 天左右可形成愈伤组织，30 多天即可生根。

3) 压条繁殖

选取健壮充实、芽饱满的当年生枝条，用刀在枝条芽下 0.5cm 处环割，用塑料布将割伤部位包成圆球状，在剥皮下放 2 ~ 3cm 的保墒薄膜，扎成口袋状，在袋内填入营养土。压实后将口袋上方扎紧，以保持合适的土壤含水量，在压条的同时应加强母株的肥水管理，保持袋中土壤湿润。当袋内长满白色根系时，即可剪下枝条，另行栽植，加强管理，即可成活。

4) 分株繁殖：

可分蘖繁殖，跟压条一样，不用于大规模的生产。每年 2 ~ 3 月，挖取母株旁萌发的幼苗，对其根系稍加修剪进行移栽，很快可以成活。

5) 嫁接繁殖

嫁接繁殖因开花早、见效快，是目前生产上繁殖广玉兰普遍采用的方法。

①"T"字形芽接

适合不同树龄的嫁接，在生长期的不同时期均可进行。选择好接芽，在芽的上方 0.5cm 处横切一刀，深达木质部，并在芽的下方 1cm 处向上削芽，削时可稍带木质部，将削下的芽包在湿毛巾中备用。

选砧木光滑面横切一刀，在切线中央向下纵切一刀，深达木质部，成"T"字形，将树皮(形成层以外部分)轻轻剔开，插入芽片。砧木和接芽的横切线要对齐，两侧树皮紧包芽片，除接芽露出外，接口其余部位均用塑料薄膜条包扎，15 天左右即可发芽。

②枝接

接穗取自 2 ~ 3 年生健壮的结果母枝，具 3 ~ 5 个芽，以 2 ~ 3 年生实生苗作砧木，在早春进行嫁接。

将选好的砧木在离地 5 ~ 10cm 处剪断，在砧木截面切一垂直劈口，接穗上端留 2 个芽，下端削成 4 ~ 5cm 长的楔形，削面平直光滑，形成层处稍宽，木质部渐窄，将砧木劈口撬开，插入接穗，接穗插入时，形成层要对齐，用塑料薄膜带捆紧、绑好，罩上塑料袋。

③芽苗枝接

播种时将种子侧放，使胚芽的生长不弯曲。幼苗出土后，控制水分，促使加粗生长。当胚芽长至 3cm 左右，第一对真叶展开时，即可起苗嫁接。

接穗选 1 ~ 2 年生芽眼饱满的枝条，径粗 0.3 ~ 0.5cm，封蜡或蘸黄泥浆后，用塑料薄膜包好，放在 0 ~ 4℃的低温下贮藏备用。

嫁接时，在子叶着生处上方 3cm 左右处剪断，芽苗顺着子叶柄，沿胚茎中心切成 2cm 长的切口。接穗带 1 ~ 2 个芽，下端削成楔形，两侧削面长均为 1.5cm，将接穗插入接口，再用塑料薄膜条绑紧，将嫁接苗移栽到苗床或塑料袋中待其愈合，上面覆盖塑料薄膜，使温度保持在 20 ~ 25℃，相对湿度 90% 左右。同时注意通风、浇水等。约经 20 天，接穗芽开始萌发，展叶后即可移栽大田。

23. 十大功劳

学名：*Mahonia fortunei*

别名：狭叶十大功劳

科属：小檗科十大功劳属

(1) 生态习性

性耐阴。喜温暖气候，不耐寒。喜肥沃湿润、排水良好的土壤。

(2) 繁殖方法

播种、枝插、根插及分株等法均可。

扦插在春、夏、秋三季均可进行。春插在 3 月，用一年生枝条；夏插在 6 月上旬至 7 月中旬，秋插在 9 月，夏秋季用当年新发的枝条，将新梢基部的叶片去掉，长约 10 ~ 20cm，切口处双面反切，随切随插。春插不用遮荫，夏秋季插需要半遮荫。

24. 白兰花

学名：*Michelia alba*

别名：把儿兰、缅桂

科属：木兰科含笑属

(1) 生态习性

原产印度尼西亚、菲律宾、马来半岛等地。性喜光，不耐阴。喜温暖、湿润。不耐干旱。喜排水性能良好的酸性土壤。

(2) 繁殖方法

由于气候等因素，白兰花在我国不能结果收种，故无法用播种法繁殖。常采用繁殖方法如下：

1) 全光照喷雾扦插繁殖

①插床设置

选择背风向阳的地方，用砖块平地交错铺两层（以便排水），按东西向设置苗床，床高 0.4m、长 6m、宽 1.2m，预先埋好水管，每米设一个喷头。

②扦插基质

由于需要不断喷雾，必须选择排水良好的扦插基质。可用黄沙、蛭石、黄沙壤土按 4∶3∶3 比例混合而成，并用 1% 福尔马林和 0.5% 甲胺膦混合液进行消毒。

③插穗采集

选择基部无病虫害、生长良好、芽苞丰满的一年生枝条，剪切成 10 ~ 15cm 长的插穗。剪条时要求切口平滑，上口平，下口略斜一点。扦插前用 1∶5000 的高锰酸钾溶液对插穗进行消毒，再用 400mg/L 萘乙酸快浸插穗 3 分钟。

④扦插

扦插在春、夏、秋均可进行。扦插密度每平方米15株左右，插穗入土2/5～3/5，穗端向北斜插，芽苞向阳。

⑤插后管理

插床晴天不间断喷雾，阴天每1小时喷雾一次，喷雾时间为15分钟。雨天、夜晚不喷。当成活的白兰花生出3～4片叶、根长5cm左右时，及时移植到塑料薄膜营养钵内栽植养护。

2)嫁接繁殖

可用紫玉兰、黄兰等作砧木，进行嫁接繁殖，砧木可于春季上盆，先栽于盆的一侧，以便靠接时砧木较易贴近接穗，并可使靠接部位尽量降低。嫁接时间以白兰花生长的旺季最适宜。

25. 含笑

学名：*Michelia figo*

别名：含笑梅、山节子、香蕉花

科属：木兰科含笑属

(1)生态习性

原产我国南部。性喜半阴环境，不耐强光暴晒。喜温暖，抗寒能力较差，越冬温度不低于5℃。喜湿润和喜排水良好的微酸性或中性土壤。

(2)繁殖方法

1)扦插繁殖

以扦插繁殖为主，6月花谢后扦插。选取当年生长较为成熟的枝条，长约10～15cm，下部叶片去掉，只保留上部2～3片，切口斜切。用黄沙土混焦泥灰做插床。插后浇水，使土壤适度湿润，切勿多浇，上部遮荫，待生根后，渐见日光。

2)压条繁殖

从母树上选出健壮的二年生枝条，在距基部约3cm处进行环切，要割断韧皮部和形成层，切至木质部。然后按常规压条繁殖法处理。经3个月左右生长，环切处的愈伤组织便可生根，根长一般可达3～5cm。这时把高压枝从基部剪下，移入花盆中。花盆内要浇足水，并用塑料袋将花盆罩严、扎紧，置于半阴处。此时幼苗既可进行光合作用，又不会因蒸腾速度过快而失水。以后注意观察盆内水分状况，保持湿润状态。1个月后去掉塑料袋，剪去部分顶枝，便可获得新的植株。

3)嫁接繁殖

嫁接可用木笔或黄兰作砧木，在3月上、中旬腹接或枝接。

4)播种繁殖

于11月将种子沙藏，至第二春种子裂口后盆播。5月下旬发芽后需注意遮荫。盆栽植株需每年翻换土一次。

(3)栽培管理

宜在春季3月中旬至4月中旬进行苗木移植，小苗可裸根栽植，大苗需带土球。选疏林下、土质疏松、排水良好的地区定植，栽植后土壤必须踩实，浇足水分，并稍遮荫，盆栽的暂放半阴处，每年翻盆换土 1 次，并要注意通风透光。生长期保持土壤湿润，每 2 个月施酸性液肥 1 次。通过修剪整株改造树形，冬季停止施肥。

26. 南天竹

学名：*Nandina domestica*

科属：小檗科南天竹属

(1) 生态习性

原产我国和日本。性喜半阴环境，怕强光。喜温暖，气温在 20℃ 时生长良好，具有一定耐寒力。喜肥沃、湿润和排水良好的沙壤土。

(2) 繁殖方法

以播种和分株繁殖为主，也可通过扦插繁殖。

1) 播种繁殖

①种子处理

采种处理 1 ~ 2 月，当南天竹的种子呈鲜红色尚未发黑脱落前，在成片栽植（或野生）、生长健壮的高大植株上采摘充分成熟的果实，将果粒用清水浸泡 2 ~ 3 天待其果皮发软，再用清沙混合后搓揉去果肉、果皮，最后用清水漂浮去除秕粒，稍晾干后即可用于沙藏后熟、催芽育苗。

②后熟催芽

因南天竹属于胚发育不完全的生理后熟型种子，必须经过湿沙混合贮藏，待后熟作用完成后才能进人正常的发芽阶段，此过程长达 6 ~ 8 个月。

促成后熟和贮藏催芽的具体做法是：将洗净稍晾干的种子，与干净湿润的细沙按 3∶1 的比例混合均匀。也可采用层积沙藏的方法，沙的含水量以手握之成团、松开即散为度，将其贮放于水缸或釉质大花盆中，加盖木板以防治鼠类危害。在其后熟至发芽过程中，每隔 20 天检查一次，如发现沙粒干燥要喷水增湿，如有种子发霉现象，要及时进行清洗并重新换沙贮藏，直到 9 月上旬，种子开始裂口露白，此时播种最为合适。如果在 3 月中旬播种，要加盖稻草保湿，并始终保持床面湿润，但也要到 10 月上旬才能出苗，这样加大了浇水、遮荫、拔草等管理的工作量，且出苗很不整齐，故不宜采用。

③苗床准备

幼苗忌暴晒和根部积水，否则易造成大量死亡。因此圃地应选择在有侧方庇荫，且背风阴湿、排灌方便的疏松地块，播种前施入沤熟的饼肥，将圃地作成高 10 ~ 20cm、宽 1 ~ 1.2m 的苗床；为防止杂草滋生，可用 30mL 果尔乳油加 75kg 水配制的除草剂药液洒于床面。

④开沟播种

在苗床上按 15cm 的行距开沟，沟深约 5 ~ 7cm，然后将已经发芽露白的混沙种子均匀地撒入播种沟内，一般种粒的间距为 2 ~ 3cm，再加盖一层厚约 2 ~ 3cm 的肥土或火烧土，以不见种子为度，最后加盖一层稻草或秸秆保湿。

⑤播后管理

在种子出苗前，经常保持床面湿润，一般 15 天后即有 70% 以上的种粒破土而出，分2～3次揭去覆草，若湿度过高则要及时搭棚遮荫，为幼苗创造一个阴凉湿润的环境，以利于其快速生长。当植株长出真叶，且天气转凉后，即可撤去遮阳网或芦帘，用以锻炼小苗。可于秋末撒一层草木灰于苗床上，增加小苗抗寒性。为防止其小苗被冻，苗床要加盖地膜，特别冷的天气还要在地膜上搭盖草帘，晴天揭开，这是保证小苗安全越冬的关键。第二年3月撤帘揭膜，加强水肥管理，2～3年后即可长成供绿化或盆栽观赏的大苗。

2）扦插繁殖

①扦插采集

在无病虫害、生长健壮的母树上采集当年生普通嫩枝，枝条是否处于半木质化状态是成活的关键。采集后要防止枝条失水，阴雨天采集为佳。

②插穗剪取

将所采枝条剪成长15～20cm的插穗，剪口要平滑，下端剪口呈斜切口，上端留一完整小侧枝（如系枝顶就留芽）。带叶的枝段应将插枝下部2/3的叶片摘除。

③插穗处理

用50mg/kg的ABT 2号生根粉浸泡基部2小时，浸泡深度4cm，对提高成活率效果最好，成活率可达95%。此外用6号生根粉效果也较好，成活率为75%。

④扦插

扦插采用小圆棒引洞，然后插入、压实。插入深度为插穗长度的1/3～1/2，扦插的株行距为10cm×15cm。扦插完毕后，浇1次透水。扦插时间以5月上旬至7月中旬为宜。

⑤插后管理

扦插后，在插床上及时搭建荫棚，采用80%遮光率的遮阳网遮阳，棚高1.8m左右。扦插浇透水后，插竹弓覆盖塑料薄膜，两侧用泥块密封。然后定期检查塑料薄膜上的水雾和水珠情况，如薄膜上布满水雾和水珠，说明苗床内暂不缺水；如薄膜上水雾和水珠较少，土壤泛白，便需要向薄膜内喷水，以保持膜内空气湿度。待其生根后，可让扦插苗逐渐接受光照炼苗，从而培育成根系完整、茎枝叶健壮的南天竹小苗。

3）分株繁殖

多在春季3月萌芽前结合移栽或换盆时进行，也可在秋季进行。分株时要多带须根，并及时蘸浆后定植。分株苗2～3年即可开花。

27. 夹竹桃

学名：*Nerium indicum*

别名：柳叶桃

科属：夹竹桃科夹竹桃属

（1）生态习性

原产伊朗、印度、尼泊尔，现世界热带地区广为栽植，我国长江流域以南地区栽植较多。性喜阳光充足。喜温暖，不耐寒。耐旱，对土壤适应性强。具有抗烟尘和抗有害气体能力。

（2）繁殖方法

1）压条繁殖

在雨季，选用地栽植株靠近地面的枝条进行压条繁殖，压条时将节部刻伤压入土中，保持20℃以上温度，2周即可发根。

2)扦插繁殖

①插床处理

插床的床面一般宽60cm，作多个床时中间留30~40cm宽的步道。床土要疏松平整。用0.3%的高锰酸钾溶液或0.125%的多菌灵溶液喷洒消毒。

②插穗选择

在春季未现花蕾前，从母株的中上部及外围剪取1~2年生枝条，然后剪成长10~12cm，基部为斜面的插穗，顶部留1片叶子(二年生枝条中下部无叶子也可)。把剪好的插穗放入水中，基部浸入1/3，浸泡7~10天，中间换3次水。数量较少时可用敞口的大塑料盆，量大时可专门砌一个浅水池，留一个进水口和出水口，以方便换水。

③扦插

插穗浸泡7~10天后，部分基部有白色突起，此时即可扦插。扦插的密度为5cm×5cm，扦插深度为插穗的2/3。扦插完后浇透水1次，无须遮荫。

④插后管理

插后要经常喷水，保证床面湿润，同时要注意拔除杂草，拔草时要尽量不要使插穗松动。约20天后，插穗即可生根。生根后可用0.2%的尿素追肥2次，促使其健壮成长。

3)分株繁殖

夹竹桃常在茎基部萌发出根蘖苗，生根后可将其切离母体另栽。

28. 桂花

学名：*Osmanthus fragrans*

别名：木犀、岩桂

科属：木犀科木犀属

(1)生态习性

性喜光，但在幼苗期要求有一定的庇荫，成年后要求有充分光照，只有在全日照条件下，方可良好生长。适宜生长在温暖的亚热带地区，耐寒性不强。对土壤、水分的要求不太高，喜生于土层深厚、富含腐殖质的沙质壤土上，在黏重土壤上也能正常生长。在pH值5.5~6.5的微酸性土壤上生长更好，土质偏碱会导致桂花的生理缺铁症。土壤不宜过湿，忌积水。遇涝，易导致根系腐烂，叶片脱落，甚至全株死亡。

(2)繁殖方法

1)播种繁殖

桂花果实一般在4~5月间成熟，当果皮由绿色逐渐转变为紫蓝色时即可采收。采收后洒水堆沤，清除果肉，阴干种子，与沙子层积贮藏。种子需经后熟作用，至少要有半年的沙藏时间，贮藏至秋季或第二年春季播种。沙藏初期要求沙层偏干，沙子持水量以10%为宜；到中后期，可逐步增加沙子持水量，以用手不能捏出水为度，以保证绝大部分沙藏种子能顺利发芽。在沙藏期间，注意防止种子霉变和鼠害。

播种一般采用条播。播种时将种脐侧放，播后覆盖少量稻草，并搭盖荫棚。一般每平方米播种量30g，可产苗木35~45株。当年苗高约15~20cm，在圃地继续培育2

年，第3年春季进行移栽。播种苗一般要经10年生长方可开花，也不易保持品种原有性状，但其适应性较强，可用作砧木嫁接桂花的优良品种。

2）压条繁殖

一般分普通压条和高空压条两种方法。

①普通压条法

因桂花是灌木状的小乔木，故普通压条法必须选用低分枝或丛生状的母株，以便进行压条操作。

可采用局部压条法，在3～6月间选用比较健壮的低干母树，将其下部1～2年生的枝条压入3～5cm深的沟内，填土覆盖，并用木桩或竹片固定好被压的枝条，仅使枝条顶端和叶片留在土表。通常每株母树可繁育出10株左右的小苗。

也可采用全部压条法，即在苗圃中的大苗区，选用10～15年生的母本桂花树，将其全部新梢分散压埋在土内，如此可获得100株左右规格均匀的小苗。这些小苗2年后即可断离母树。原来的母树经1～2年的恢复生长后，又可再次用以育苗。

②高空压条法

高空压条法适合长成乔木状的母株，但较费人工，繁殖数量有限，有时还会伤害母树，因此一般较少采用，只适合用于桂花的良种繁育。压条时采用二年生枝条，先在待压部位的节间自下向上斜削一刀，深达木质部，然后将切口上部的枝条反方向拉弯，使伤口裂开，再用泥炭土或山泥包裹，套上竹筒或塑料薄膜保湿，秋后可剪离母树定植。

3）嫁接繁殖

嫁接是繁殖桂花苗木最常用的方法，有靠接和切接之分。对于切接，宜选用二年生苗的砧木，在早春萌发新芽前，自地面10cm处剪断，然后切接；而靠接，北方宜在6月下旬至7月中旬之间进行，南方在春、夏均可进行。嫁接砧本很多，可用女贞（*Ligustrum lucideum*）、小叶女贞（*L. quithou*）、水蜡（*L. obtusifolium*）、流苏树（*Chionanthus*）和白蜡（*Fraxinus chinensis*）等。用女贞作砧木，嫁接成活率高，初期生长也快，但亲和力差，接口愈合不好，风吹容易折断；用小叶女贞、小蜡和水蜡等作砧木，嫁接成活率高，亲和力初期表现良好，但后期却不够协调，会形成上粗下细的“小脚”现象；用流苏树和白蜡等作砧木，亲和力在初期也表现良好，但后期仍不够协调，常形成上细下粗的“大脚”现象。

4）扦插繁殖

①扦插时间

3月初至4月中旬为最佳扦插时间。此时树液开始流动，插穗的生长力开始复苏，外部的条件如温湿度、光照也很适宜插穗生根。

②插穗采集

从中、幼龄树上选择树体中上部健壮、饱满的一年生春梢，因为这些枝条所含的生长物质较多、营养充足、代谢活力强、生长旺盛，扦插后成活率高。

③插穗处理

将枝条剪成10～12cm长的插穗，插穗上只留3～4片叶，以免蒸腾强度过大或过少。把剪好的插穗捆好，将插穗下部放入0.2%的高锰酸钾溶液中浸10分钟进行消毒。

取出晾干20分钟后，再将插穗下部放入50mg/L生根粉1号溶液中浸泡0.5～1小时。

④扦插

圃地整平后，用比插穗略粗的小木棒垂直地面插一个洞，将插穗放入洞内，扦插深度为插穗长度的2/3，用手将土压实。株行距按8cm×15cm处理。插后浇透水。

5）分蘖法

在适宜的栽植季节，将幼龄枝干多的桂花树，用斧头在适当的基部带根处劈下，分成几蔸，将带根的蔸苗移栽到坑里，培土浇水，促其成活而成苗。

（3）栽培管理

种植点要求土层深厚，地下水宜在1.0～1.5m以下，排水良好。种植穴要挖得既深又宽，多施堆肥、厩肥以作基肥。移植常在3月中旬至4月下旬或在秋季花后进行，必要时雨季也可移栽，切忌冬季移植，否则会导致生长不良，使花期推迟。定植时，用带土球的大苗仔细栽植。栽植不宜过深，必要时在平地还要堆土栽植。如果植株较高大，定植时需要用木桩固定，同时进行大量疏枝修剪。

29. 发财树

学名：*Pachira macrocarpa*

别名：瓜栗、马拉巴栗、中美木棉

科属：木棉科瓜栗属

（1）生态习性

原产墨西哥。性喜阳光充足，怕强光直射。喜高温环境，耐寒力差，成年树可耐轻霜及长期5～6℃低温，华南地区可露地越冬，以北地区冬季须移入温室内防寒。喜肥沃疏松、透气保水的酸性沙壤土，忌黏重土或碱性土壤。

（2）繁殖方法

1）播种法

发财树多采用播种法繁殖。播种繁殖的实生苗具有出苗整齐、根直苗顺、茎基部膨大。4～6年生的发财树开始开花结实，一般7～10月果实成熟，果实成熟后即可采摘。敲开壳后取出种子。种子取出后，不能失水，夏季采收，宜随采随播，秋季采收，将种子混于湿沙中贮藏越冬，第二年春暖后再播。将成熟的种子按5cm×10cm的株行距播种于盛素沙的育苗浅盆内（也可条播），播种深度为3～4cm。播种后用浸盆法浇透水，保持盆土湿润，并维持温度在25～30℃，经过7～10天即可发芽。室内盆栽植株较少结果，即使结果种子也发育不良，不宜用来繁殖。

2）扦插法

扦插繁殖取材容易，成活率高，可以大量繁殖。但在扦插苗基部不形成膨大的“萝卜头”，并因插穗上有节眼而不光滑。扦插繁殖在华南一年四季均可进行，北方宜在5～8月进行。插穗多选用带顶梢的大枝条，截成10～15cm的插穗，扦插在盛素沙盆内，浇透水，上面覆盖塑料膜保湿。保持盆土温度在25～28℃。同时维持盆土湿润，将盆置于光亮处，15天左右即可生根。

3）嫁接法

斑叶品种的发财树需用嫁接法繁殖，以保持其优良性状。砧木用普通的发财树。

一般于8～9月嫁接，每株接3芽，用嫩枝劈接法嫁接。嫁接后置于塑料棚中防雨。只要精心养护，当年即可成苗。

30. 石楠

学名：*Photinia serrulata*

别名：石南、枫药、千年红

科属：蔷薇科石楠属

(1)生态习性

原产中国秦岭以南各省，日本、菲律宾、印度尼西亚也有分布。性喜阳光充足的环境，也较耐阴。喜温暖，能耐短期－15℃低温。喜土层深厚、肥沃、排水良好的沙质土壤。耐干旱瘠薄，不耐水湿。

(2)繁殖方法

以播种繁殖为主，11月果实成熟采收后，经浸水发酵捣烂，洗净取得种子，晾干装袋，放于通风处保存。第二年春天3月进行露地畦播或盆播，播前先浸泡一天，捞出晾干后即可播种，因其种子粒小，播后需搭塑料拱棚予以保护，并经常保湿，中午遮荫，1个月可发芽出土，逐渐去掉塑料棚膜，增加光照，促苗生长。

若进行扦插繁殖，可选用当年生半木质化枝条作插穗。

31. 火棘

学名：*Pyracantha fortuneana*

别名：火把果、救军粮

科属：蔷薇科火棘属

(1)生态习性

性喜温暖向阳，稍耐阴。性湿润、疏松、肥沃的壤土。萌芽力强，耐修剪。

(2)繁殖方法

1)播种繁殖

可于果熟采后即播，或采后堆放后熟，捣烂漂洗，将种子阴干沙藏至第二年春播。

2)扦插繁殖

①苗床准备

苗床宽1m、高20cm，长度不定。育苗前先将地深翻20cm，结合深翻施入底肥，打碎土块后将地整平。插前苗床灌水，并用多菌灵消毒。

②扦插

扦插于2～4月进行均可。选择生长健壮无病虫害的母树，剪到1～2年生粗壮的枝条作为种条，将它剪成15～20cm的插穗，每根种条可剪出若干根插穗。剪穗时下剪口在下枝刺下端0.5～1cm处，上剪口在上枝刺上端0.5～1cm处，也可保留顶芽，再剪去每穗下部10cm以内的所有枝刺，剪口平滑，不能有裂口和撕皮。插穗每5根扎成捆，条基下端对齐，浸入1%的多菌灵药液中浸泡几分钟，待水晾干后，插穗基部在1000mg/L的ABT1号生根粉溶液中速蘸10秒，然后按3cm×3cm的株行距插入苗床，插深为3～5cm，插后压实。

③插后管理

扦插完毕后，要浇透水，并立即搭拱形棚架，拱高50cm左右，架上覆膜，并将薄膜四周盖严压实，做到无破沿和不透风。棚内气温控制在25～30℃，为避温度过高和光照太强，棚上及侧面要用遮阳网遮荫75%，遮荫棚高度在2m左右，以不影响操作为宜。

32. 杜鹃花

学名：*Rhododendron simsii*

别名：映山红、照山红、野山红

科属：杜鹃花科杜鹃花属

(1)生态习性

性喜肥，但忌施浓肥，因它的根较细密，吸肥能力较差，如果肥料过浓或生肥，就会烂根，叶片焦枯死去，应薄肥勤施。喜光，但不可暴晒。春、秋、冬三季充分光照。生长的最适宜温度应为12～15℃，秋天霜冻前移入室内过冬即可，冬季温度保持在5～15℃为宜。耐干旱但喜湿，空气相对湿度在70%～90%为宜。喜通风良好的生长环境，通风不良，会造成叶黄脱落或植株死亡。

(2)繁殖方法

杜鹃花用常规的播种、扦插、嫁接、压条的繁殖方法都能成功，应按繁殖目的和环境条件不同，选择不同的繁殖方法。如个人业余栽培，繁殖数量不多，但求稳妥可靠，常选用扦插、嫁接或压条繁殖；商品性专业生产，既要求稳妥，又要数量大、速度快，往往选用扦插和嫁接繁殖；如加以引种驯化或获取新品种为目的，则用播种繁殖。压条繁殖虽然十分稳妥，但不利于大批量生产。一般来说，传统栽培的园艺品种，有性繁殖和无性繁殖都比较容易；常绿的野生杜鹃则比较难，需时较长，尤其是无性繁殖，目前国内尚缺乏成熟的繁殖技术。

1)播种繁殖

①种子采收

秋季当杜鹃花果实呈绿褐色或黄褐色时，即可采收。采收后首先放置于室内晾干，待果皮开裂后，然后抖出种子，置于室内干燥处即可。

②播种时间

在华北和华中地区，播种适期为3月中旬至4月下旬，这样可使幼苗避开春末的晚霜和初夏的暴热。因杜鹃花种子无须经过后熟期，所以生产上也可随采随播。如采用设施栽培，也可于当年11月播种，让小苗在保护地中过冬。

④上盆播种

用浅盆或地床均可。若是盆播，在盆底先铺2～3cm厚粗粒物，如碎瓦片、陶砾、木炭屑、煤渣粒等组成排水层(若是地床，排水层要加厚至5～10cm)，再加入基质，上盆后用浸盆法或用细喷头连续数次，使土壤吸收到充足的水分。然后将种子均匀地撒入盆中，每盆约播200～300粒。播种结束后，在盆口覆盖薄膜或玻璃板，置于阴处。若为室外地床，需用塑料膜密封，其上部还要用30%遮光率的遮荫膜覆盖1～2层，以隔绝强光(如图1-58)。

④播后管理

出苗之前，要保持盆土湿润，相对湿度保持在90%左右，一般只要苔藓不干，就

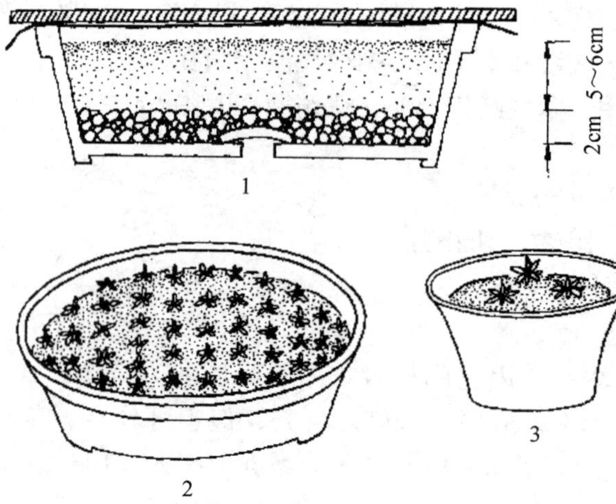

图 1-58 杜鹃花的播种与分苗

1. 播种 2. 第一次分苗 3. 第二次分苗

不必浇水。如温度保持在 15～20℃，则经 20 天左右就可出苗，发芽率约为 75%～85%。此后可将覆盖物去掉，加强通风。

⑤分苗

分苗是选优去劣、加快幼苗成长的有效措施。落叶杜鹃在长出 2～3 片真叶时即可第一次移植，株距 2～3cm。秋后幼苗长至 2～3cm 高时，再次掘起移霜于 3 寸小盆中，3 株一盆。常绿杜鹃到秋后第一次移植，次年秋再次移植。苗期需避免强光、暴雨、大风，土壤不宜太湿，浇水以喷雾为好。

从播种到植株开花，落叶类杜鹃约需 3～4 年，常绿类杜鹃则至少要 5～6 年后才能开花。

2）扦插繁殖

扦插是繁殖杜鹃花最常用的方法，它突出的优点是操作简便、成活率高、生长快速、性状稳定。与落叶杜鹃相比，常绿杜鹃的扦插生根较为困难。杜鹃花的扦插繁殖多采用硬枝扦插，有些比较好的品种也可进行嫩枝扦插。

①插穗采集

基本要求是健壮、有一定长度、老嫩适中、叶色绿、没有病斑。取当年生嫩枝刚刚木质化的枝条，带踵掰下，修平毛头，剪去下部叶片，留顶端 4～5 片叶，如枝条过长可截去顶梢。最好随采随插，如不能，则可用湿布或苔藓包住其基部，并套以塑料薄膜，放置在阴处。

②扦插时间

一般来说，最适宜并能大量扦插的季节是在初夏 5～6 月，其次是秋季 9～10 月。种类不同，扦插繁殖的时间也不完全相同，如西鹃在 5 月下旬至 6 月上旬，毛鹃在 6 月上旬至中旬，东鹃、夏鹃在 6 月中旬至下旬。

③扦插方法

少量的可用盆插，大量的可用床插。基质常用腐叶土、山泥等偏酸性土壤，并混

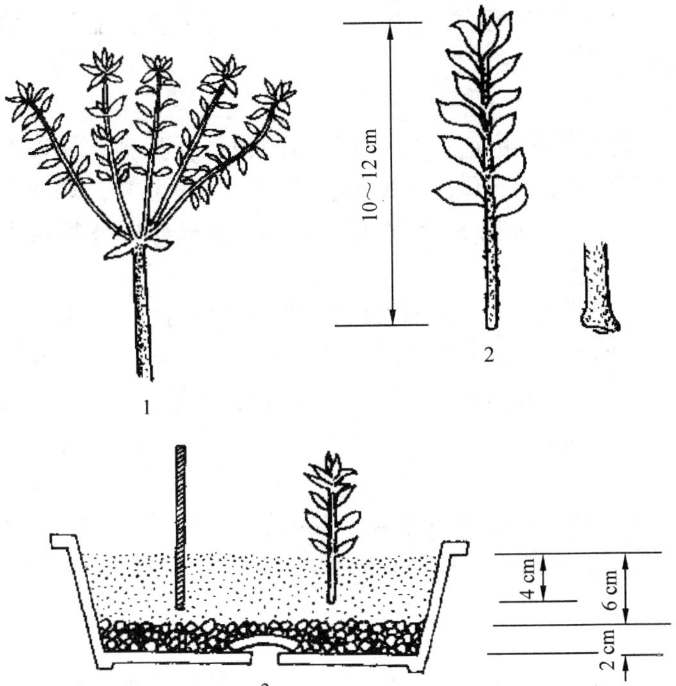

图 1-59　杜鹃花园艺品种的扦插

1. 健壮枝条　2. 插穗　3. 扦插

以蛭石、珍珠岩、河沙等。插穗插入深度约 3cm 左右，为插穗长度的 1/3 至 2/3。间距 2～3cm，口径 35cm 的花盆一般可插 60 枝。大批量生产，都在室外作苗床扦插。苗床高 15～20cm、宽 80～100cm，长度以管理方便为原则。苗床之间设排水沟，宽 20～40cm，苗床两侧每隔 1m 插毛竹片，构成中高 50cm 的半圆形拱肋，作为覆盖遮荫膜的支架。(图 1-59)

④插后管理

插后一个月内，要遮荫和喷水，使插穗保持湿润。大雨时避免雨水冲击，连日阴雨要注意排水。喷 1000 倍液的甲基托布津防治黑斑病。高温季节要增加地面和叶面喷水，注意通风降温。

毛鹃、东鹃、夏鹃发根快，约 1 个月左右；西鹃需 60～70 天。生根后顶部抽梢，如形成花蕾，应予摘除。9 月后减少遮荫，使小苗逐步壮实，10 月可施薄肥，10 月下旬即可上盆。

3）嫁接繁殖

嫁接繁殖技术在繁殖西鹃时采用较多，其优点是：用一段嫩梢作接穗，取材非常方便，不受时间限制；可将几个品种嫁接在同一株上，能增加观赏效果；比扦插苗长得快，成活率较高。

①砧木选择

砧木多采用 2 年生大叶类独干毛鹃，尤以‘玉蝴蝶’和‘紫蝴蝶’等较为常见，这类单瓣花具有较强的生长势和较强的抗病虫害能力，与大多数品种的接穗都有良好的亲和性，并且其自身扦插苗又易生根。

②接穗选取

应选择生长强健、无病虫害、观赏价值高的枝条作插穗。母株以中棵型为佳，剪取接穗前1～2个月要保证肥水供应，使母株强健，多发新梢。如果母株的新梢数量较少，可提前2个月修剪，并施以肥水促发新梢。接穗母株应及早疏去花蕾，以免开花影响新梢生长。

剪取接穗长度一般为3～4cm，如果长7～8cm，可剪成2个接穗。带顶梢的上面留4～5片小叶，下面叶片全部除去，然后用快刀从两面切削，使下端成为楔形。另一接穗只须留上端3片叶，下端同样削成楔形。成活后带顶梢可萌发3个新技；不带顶梢的接穗一般只萌发1个新枝。

③嫁接时间

一般在4～5月，最晚可至6月中旬。此时温、湿度均为适宜，杜鹃花生长旺盛，接口愈合快，嫁接成活率最高。在温室中栽培，温、湿度和光照可人工调控，从11月至第二年4月亦可嫁接。

④嫁接方法

常用嫩枝顶端劈接法，具体步骤是：持砧木在当年新梢基部之上5～6cm处剪断，切面要平，不能撕裂皮层；摘除靠近断口处的2～3片叶，保留下面叶片，从断面中心处纵劈一刀，深1cm左右，略长于接穗的楔形削面。然后插入接穗，使一侧或两侧与砧木对齐，用有一定韧性的塑料带，从接口开始，自上而下依次缠绕捆扎，使接穗与砧木贴紧，宽、紧要适度。最后用一只塑料袋(不可漏气)，将接穗连同接口全部套入袋中扎牢，放置阴处(图1-60)。

⑤接后管理

嫁接完毕，应将植株放于荫棚下，忌阳光直射。观察袋中有无水珠，若无应及时解开，将接穗喷湿，并重新扎紧。如接穗7天不萎蔫，则表明接穗有望成活。2个月后去袋，次年春解开绑扎。

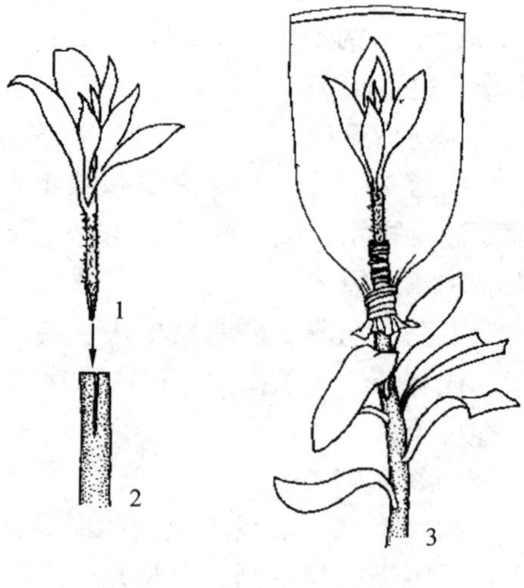

图1-60 西鹃的嫩枝劈接

1. 接穗 2. 砧木 3. 绑扎套袋

4)压条繁殖

压条一般都在5～6月间进行，有高压和低压两种方式。

①高压法

又称套管法(图1-61)。准备一个小竹管，内径2～3cm、长约8cm，一头带节不打通。将其居中对劈成两半，将竹节底部各挖一个半圆形小孔，正好使枝条穿过。然后在母树上选定一枝二三年生的枝条，在适当部位用刀环割一圈，深达木质部，宽约0.5cm，剥去表皮，随即将准备好的竹管套合，使剥皮的部位处于竹管中下部。用棕绳或铁丝扎紧竹管，然后向管内填实山泥，留出 1 ~ 2cm 沿口，浇足水分。为不使枝条负荷过重而倾倒折断，要立一根支柱固定套管。以后只要保持管内山泥湿润即可。3 个月后，环割处就会生处许多须根，这时便可从底部剪开竹管，上盆培育成为一个新株。不用竹管也可用塑料袋包一团土代替。但在底部要戳几个小孔，以免积水。

②低压法

是利用地栽植株靠近地面的枝条，通过环割后，压至地面，用树杈固定，在环割处堆壅泥土。3 个月后，环割处也会长出许多新根，至秋季或次年春，断离母株上盆培育（图 1-62）。

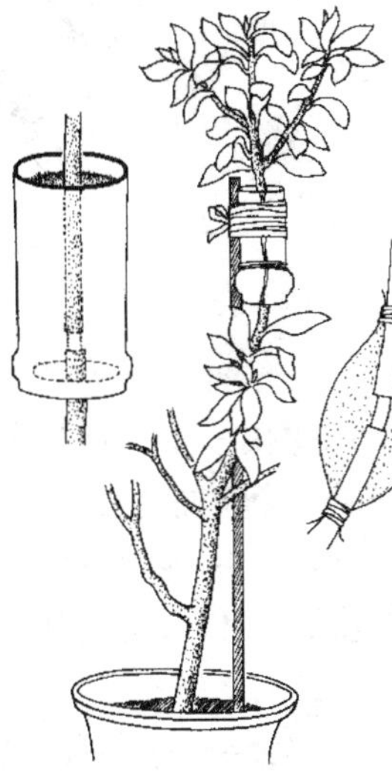

图 1-61　高枝压条
（用毛竹套管或薄膜套袋）

5）常绿杜鹃的扦插与嫁接

野生常绿杜鹃通常都用播种法繁殖后代，但实生苗的生长发育比较缓慢，从播种到开花少则 7 ~ 8 年，多则 10 余年，难以满足商品生产的需求。国外在扦插、嫁接技术上取得了成功的经验，但繁殖技术不如落叶杜鹃那样方便容易。

①扦插繁殖

常绿杜鹃的最佳时期是在秋季 9 ~ 10 月。方法是在当年生枝条近老枝条处剪断，长约 10cm，保留顶端 4 张叶片，以下的全部除去。因常绿杜鹃的叶片较大，保留的叶片还需剪去 1/3 ~ 1/2，然后浸入清水中 1 ~ 2 小时，并在

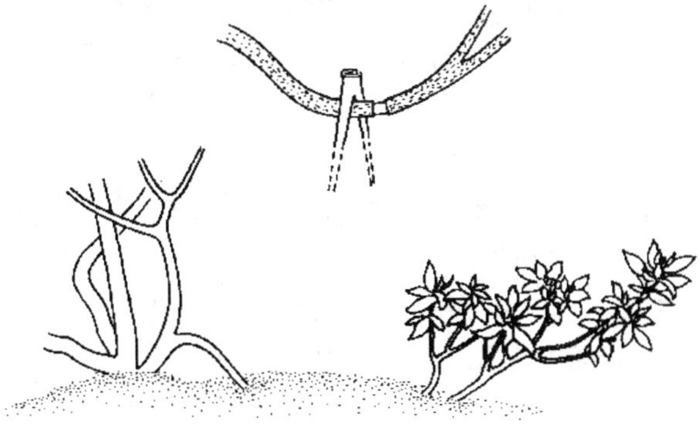

图 1-62　普通压条

水中将下端剪成斜面（或修平）。斜插或正插于腐叶土中，深约 3 ~ 5cm。插后用透明塑料膜密封，放于半阴处，温度保持 20℃或略高一点，避免忽冷忽热，约 1 ~ 2 个月生根。至次年 3 ~ 4 月，即可分盆栽植。如顶上有花蕾的应摘去。插穗剪取后，用生根粉涂抹下端 2/3 处，3 ~ 5 分钟内插入水中，成活更好。为提高成活率，也可应用生根剂来扦插杜鹃（图 1-63）。

②嫁接繁殖

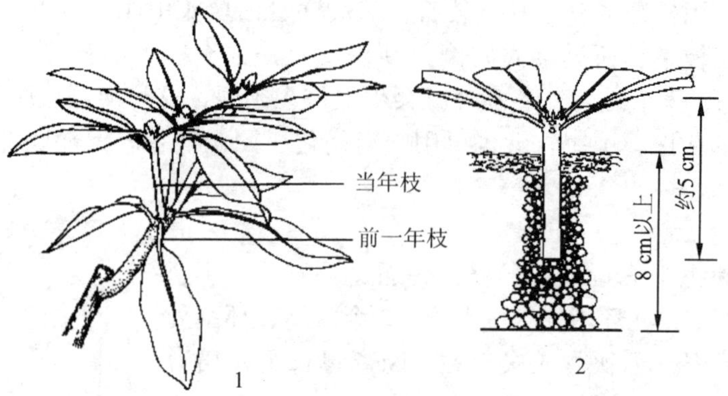

图 1-63 常绿杜鹃的扦插

1. 插穗 2. 扦插

用嫁接繁殖常绿杜鹃在加快生长、提早开花方面要优于扦插。嫁接的时间是在春末夏初，新梢木质化之前。方法如劈接、腹接外，还有其他多种接法。接后也要在避光、保温、保湿的条件下促进愈合。英国最常用的砧木是长序杜鹃(*R. ponticum*)，其皮层厚实，亲和力特别强，嫁接两年的苗高达20cm以上。

33. 鹅掌柴

学名：*Schefflera octophylla*

别名：手树、鸭脚木

科属：五加科鹅掌柴属

(1)生态习性

性喜半阴环境，夏季的直射阳光会使树皮受灼伤，导致落叶。喜温暖，耐寒性强，可忍受－15℃的低温。喜肥沃疏松和排水良好的沙质壤土。不耐水湿和干旱。

(2)繁殖方法

1)播种繁殖

4月下旬至5月初，用腐殖土或沙土盆播。先将2份腐叶、1份园土混合好，装盆至2/3压平。再将种子均匀地播到盆内，用细土覆盖以不见种子为宜，然后将播种盆放到有水的容器中，让水从盆底孔慢慢渗入盆中，至上面见土湿即可(水不可从盆口流入盆内)，以后保持盆土湿润。在20～25℃的条件下，15天后逐渐出苗。待苗高长到5～10cm时移栽。

2)扦插繁殖

鹅掌柴在北方盆栽不易开花结实，只能用扦插繁殖。按扦插使用的基质，又分为土插与水插两种。

①土插繁殖

结合春季换盆与修剪进行，用培养土或河沙作基质，剪取上年生带2～3个节的健壮枝条或一年生顶端枝条，去掉下部叶片，插入苗床或花盆。上覆塑料薄膜，温度控制在20～25℃之间，相对空气湿度在70%～80%之间，4～6周即可生根，2个月左右可移植上盆。

②水插繁殖

在5~6月进行，剪取有3~4个节的嫩枝，用草木灰涂抹一下剪口，除去中下部叶片，留上端1~2枚。用广口瓶或小盆作容器，以泡沫板作中介物。先在泡沫板上打孔，孔径应比插穗直径稍细一点，将插穗下端节下剪成马蹄形，再在维生素 B_{12} 汁液中蘸一下。最后将插穗通过泡沫板孔眼插入水中，入水深度为1~2个节。水质以天然水为佳，用贮存1~2天的自来水也可。每2~3天更换1次新水，以保持水质清洁。如水温在20℃左右，1个月左右即生根。根长4~5cm时可上盆。

3)全光照喷雾扦插繁殖

扦插池底用砖铺一层，其上放已消毒的河沙30cm厚。插穗选当年生长的长8cm的嫩枝，去掉下端叶片，用ABT生根粉1000mg/kg蘸根20分钟，再将此插穗插入河沙。最好下午扦插，插后前两周8：00~17：00时喷雾时间隔3分钟，夜晚停喷；第三、四周间隔为7~8分钟；第五周后间隔保持在10分钟，此时已生根(如遇低温或阴雨天气少喷，生根时间可能相对要晚些)。待苗根长壮后即可分栽。

4)压条繁殖

4月下旬~6月中旬均可进行。选二年生枝条，先环状剥皮，宽1~1.5cm，深见绿色的形成层为宜，用潮湿的苔藓或腐熟的牛粪与田园土(1:1)或腐叶土等包扎在伤口周围，最后用塑料膜包紧并扎好上下两端。40天左右生根，此法费工费时，但根系好，成活率高，且有利于植株的整形修剪。

(3)栽培管理

盆栽土用泥炭土、腐叶土和粗沙的混合土壤。盆栽鹅掌柴常用15~20cm盆，盆底多垫碎瓦片或碎砖块，以利于排水。生长适温为16~27℃，3~9月为21~27℃，9月至第二年3月为16~21℃。在30℃以上高温条件下仍能正常生长。冬季温度不低于5℃。若气温在0℃以下，植株会受冻而出现落叶现象。

34. 珊瑚树

学名：*Viburnum odoratissimum*

科属：忍冬科荚蒾属

(1)生态习性

原产日本、朝鲜南部。性喜阳光，稍耐阴。喜温暖，不耐寒。喜潮湿、肥沃的中性壤土，酸性土、微碱性土也能适应。

(2)繁殖方法

繁殖以扦插为主，也可播种。其中以其单叶芽扦插繁殖珊瑚树苗木，既节约植株，又能保证珊瑚树的优良遗传基因。

叶芽扦插在6月中旬左右进行，成活率高。从珊瑚树1~2年生的枝条上采取饱满的单叶芽，采芽时用单面刀片，从芽的上方1cm处横切一刀深达木质部，在芽下方1.5cm处向下斜切一刀取下叶芽。削叶芽时一定将芽眼保护好，保留一片完整的叶子，芽片取下后立即放在清水盆中，或将芽片立即放在已配制好的1000mg/L ABT 2号溶液中，速蘸3~5秒，插入已准备好的沙床中，扦插深度为2~3cm。扦插时要使叶片正面向东南或正南方向。插后浇透水，搭盖遮荫棚，上覆盖透光度为50%的遮阳网，以减少阳光直射，避免床面温度过高。喷水掌握量少次多，保持一定空气湿度，床面过湿会引起落叶，影响成活。经过精心管护，20天后在芽片周围开始产生愈伤组织，再经过20天从愈伤组织上开始生出新根，新根形成后，芽子开始萌动向上生长形成新的植株。珊瑚树根系质脆易断，分栽时必须注意保护，并做到随挖随栽，及时浇水，加强养护管理。

三、常绿藤本类

1. 叶子花

学名：*Bougainvillea spectabilis*

别名：毛宝巾、三角花、九重葛

科属：紫茉莉科叶子花属

(1) 生态习性

原产巴西，热带和亚热带地区。性喜阳光充足环境。喜温暖、不耐寒，耐高温，在3℃以上才可安全越冬，开花则需15℃以上。对土壤要求不严，喜排水良好、矿物质丰富的黏壤土，耐贫瘠、耐碱、耐干旱、忌积水、耐修剪。

(2) 繁殖方法

1) 扦插繁殖

夏季扦插成活率较高，插穗宜选择一年生半木质化枝条，剪成10～15cm的一段，切口位于节的基部，必须平滑；插于沙床中，温度保持在20～25℃，经常喷水，20～25天可生根，40天后上盆，第二年入冬即可开花。如扦插前用激素处理，可促进生根，提高成活率。

2) 压条繁殖

在6～7月进行，主要用于扦插生根困难的品种，一般采用高空压条法。在离顶端15～20cm处，进行环状剥皮，宽1.5cm，包上腐叶土并用塑料薄膜包扎，约2个月可愈合生根，于秋季盆栽。

3) 嫁接繁殖

常用于盆栽观赏。在春季气温15℃以上时，用3～4年生的普通三角花作砧木，选重瓣等优良品种作插穗，长5～10cm，以劈接或枝接法繁殖，接后40～50天可愈合，并发出新芽。

2. 常春藤

学名：*Hedera nepalensis* var. *sinensis*

别名：洋爬山虎、长春藤、中华常春藤

科属：五加科常春藤属

(1) 生态习性

原产于北非、欧洲、亚洲亚热带或温带，我国主要分布于华中、华南、西南以及甘肃、陕西等地。性耐阴。喜冷凉，耐寒。喜中性土或微酸性土壤。

(2) 繁殖方法

常春藤扦插极易生根，它的节部在潮湿空气中能自然生根，接触到地面会扎根入土，可在春、秋季直接将它们按 3 ~4 节一段剪开，直接上盆定植即可。也可用没有生根的营养枝，将每段剪成 10 ~15cm 长，扦插于腐殖土或沙床中，插后要及时遮荫，保持较高的空气湿度，接受日照约 50% ~70%，床土的持水量不宜过高，约 20 ~30 天后可生根。

也可用压条繁殖，将茎蔓刻伤，压埋于培养土中，待根群生长旺盛，再剪断分离即成新株。

3. 龙吐珠

学名：*Clerodendrum thomsonae*

别名：珍珠宝莲

科属：马鞭草科赪桐属

(1)生态习性

原产非洲热带。性喜长日照，怕强光直射。喜温暖环境，不耐寒。喜肥沃疏松、排水良好的酸性或中性土壤。

(2)繁殖方法

①扦插繁殖

扦插多在 2 ~3 月或 8 ~9 月进行，选取一年生健壮枝条，切成约 10cm 长作插穗。切口平滑，每段有 2 ~3 个节。以素烧盆作容器，用素沙土作基质，插入深度为插穗长度的 1/2，间距以 1.5 ~2cm 为宜。插后要遮荫，并保持基质湿润。约 1 月后可生根，植于直径为 20cm 的盆中培育。

②分株繁殖

在花后，挖取地下匍匐茎上萌发的新枝，带根直接盆栽，放半阴处养护。

③播种繁殖

常于 3 ~4 月进行。种子较大、寿命短，采后即播。采用室内盆播，室温保持 24℃ 条件下，播后 10 天左右相继发芽，苗高 10cm 时移入小盆养护，第二年就能开花。

4. 扶芳藤

学名：*Euonymus fortunei*

别名：爬行卫矛

科属：卫矛科卫矛属

(1)生态习性

性耐阴，不喜阳光直射。喜温暖，较耐寒，江淮地区可露地越冬。对土壤要求不严，地栽一般园土即可，盆栽可用腐叶土和园土拌沙土配制盆土。

(2)繁殖方法

以扦插繁殖为主。

1)插穗选择

选择壮龄苗木上的一年生枝条，要求生长健壮，木质化强度高，以体内营养丰富的外围枝条为好。过嫩梢、节间太长的徒长枝及粗度低于 2mm 的枝条不宜选用。于清晨剪取枝条，此时枝条含水量多，扦插后伤口容易愈合。插穗要随剪取、随处理、随扦插。插穗一般长 8 ~10cm，顶端只保留一两片叶。

2)苗床准备

插床应选择通风背阴、排灌良好的地块。扦插前用0.5%多菌灵或福尔马林溶液消毒。基质最好用沙土，沙土透气性好、渗水快、不含腐殖质，既不易积水，又可避免细菌感染而造成插穗腐烂。

3)扦插

插穗基部在0.2%~0.5%高锰酸钾溶液中浸泡10~15分钟消毒灭菌。10~12月露天扦插后要在土壤封冻前盖小拱棚保温、保湿。扶芳藤嫩枝育苗最适宜的气温为15~25℃，超过或低于这一温度范围均不利于其生根生长。春季，小拱棚要注意通风控温，防止小苗灼伤。夏季扦插时一般30天左右即可生根，可不必覆膜；秋后插穗并没有生根，或只有少许嫩根，这时不能过早接受阳光直射，使之处于散射光下，经过20天左右的炼苗期后，扶芳藤幼苗才能直接暴露在阳光下。幼苗出圃前尽量不施肥。

5. 五色梅

学名：*Lantana camara*

别名：马缨丹、三星梅、七变花、龙船花、如意草

科属：马鞭草科马缨丹属

(1)生态习性

原产美洲热带。性喜光，在半阴处亦可生长，但花的数量减少。喜温暖，但不耐寒。对土壤要求不严，喜疏松肥沃、排水良好的沙壤土，耐干旱瘠薄。喜肥，在生长期喜大水。

(2)繁殖方法

①播种繁殖

花后易结实，可随采随播，也可贮藏后于第二年春季播种，发芽适温为20℃以上，一般当年就可成苗，如在春季播种，秋天即可开花。

②扦插繁殖

一般在4月下旬，结合换盆，将修剪下来的枝条截成15cm长的枝段，每段必须保留4~5个芽子，插入盛有素沙土的花盆中，扦插深度为5cm左右，插后浇透水，用玻璃片盖住盆口，置于室内向阳之处，保持盆土湿润，经30~40天即可生根，成活率在50%左右。

7~8月选当年生长枝条扦插也可以。插穗长度、留芽数目和扦插方法同前。但需要用苇帘遮荫，盆土稍干后喷水，盆内温度应保持在25~28℃之间，经20天即能生根，成活率一般在90%以上。当新芽长至5~7cm时分苗。盆土可用3份腐叶土与7份细沙土混合配制的培养土。待新梢长到15cm时摘心，以促使其分枝。

6. 金银花

学名：*Lonicera japonica*

别名：忍冬、金银藤

科属：忍冬科忍冬属

(1)生态习性

性喜阳光充足，耐阴。喜温和环境，耐寒，可耐-25℃低温。对土壤要求不严，

偏酸、偏碱性土壤均能适应，耐盐碱，但在疏松肥沃、土层深厚的沙壤土上生长最好。

(2)繁殖方法

繁殖以扦插为主，也可播种繁殖、分根和压条法繁殖。

1)扦插繁殖

①扦插时期

应于春、夏、秋季进行，春季宜在新芽萌发前，秋季于9月初至10月中旬。长江以南地区宜在夏季6～7月高温多湿的梅雨季节进行。

②扦插采集

宜选择1～2年生健壮充实的枝条，截成长30cm左右的插穗，每根至少有3个节位。然后摘去下部叶片，留上部3～4叶。将下端近节处削成平滑的斜面，每100根扎成1捆。用500mg/kg生根剂溶液快速浸蘸下端斜面5～10秒钟，稍晾干后立即扦插。

③直接扦插

在整好的栽植地上，按株行距150cm×150cm或170cm×170cm挖穴，穴径和深度各40cm，挖松底土，每穴施腐熟肥5kg。然后将插穗均匀散开，每穴插入3～5根，入土深度为插穗的2/3，再填细土，脚踏踩紧，浇1次透水，保持土壤湿润。1个月左右即可生根发芽。

④扦插育苗

在整平耙细的插床上，按行距15～20cm画线，每隔3～5cm用小木棒或竹筷在畦面上打引孔，然后将插穗2/3斜插孔内，压实按紧，随即浇1次水。若在早春低温时扦插，插床上要搭塑料薄膜弓形棚，保温保湿。半个月左右可生根发芽，随即拆除薄膜，进行苗期管理。春插苗于当年冬季或第二年春季出圃定植。夏秋扦插育苗的于第二年春季移栽。扦插育苗能在短期内取得大量营养苗。

2)播种繁殖

在霜降前后，当浆果变黑成熟时，及时采收后置于清水中揉搓，漂去果皮及杂质，捞出沉入底层的饱满种子，晾干贮藏备用。也可随采随播。若第二年春播，于播前40天将种子取出，用40℃温水浸泡24小时，捞出与3倍的湿沙层积催芽。当有50%的种子裂口露白时，即可筛出种子进行条播。在畦面上按行距20cm开横沟、深3～5cm、播幅宽10cm。将种子均匀撒于沟内，覆土压紧，盖草保温、保湿110天左右出苗，齐苗后揭去草帘，加强苗床常规管理。当苗高15cm时，摘去顶芽，促进分枝。当年秋冬或第二年早春便可出圃定植。每平方米用种量为1.5～2g。

3)分株繁殖

在冬季金银花休眠期挖取母株，将根系及地上茎适当修剪后，挖穴进行分株，每穴栽1～2株，栽后第二年就能出现花蕾。

4)压条繁殖

于秋冬季植株休眠期或早春萌发前进行。选二年生以上已经开花、生长健壮、产量高的金银花作母株。将近地面的一年生枝条弯曲埋入土中，把枝条入土部分刻伤，压盖10～15cm细肥土，再固定压紧，使枝梢露出地面。若枝条较长，可连续弯曲压入土中，压后勤浇水施肥。第二年春季即可将已发根的压条苗截离母株，另行栽植。

7. 炮仗花

学名：*Pyrostegia ignea*

别名：黄金珊瑚

科属：紫葳科炮仗花属

(1)生态习性

原产巴西，我国福建、广东、海南、云南等地常见栽培。性喜阳光充足、通风良好的环境。喜温暖，越冬温度在8℃以上，正常开花需在12℃以上。喜富含有机质的沙质壤土。

(2)繁殖方法

1)压条繁殖

压条于春、夏、秋均可进行，采用普通压条法。主要利用落地的藤蔓，将叶腋处刻伤压土，以夏季为宜。压条后20～30天即可产生新根，3个月后剪离母株，即可定植，春、夏压条的当年均可开花。

2)扦插繁殖

①插穗选择

常于5～6月扦插，选用二年生枝条，此时新芽刚萌动，养分含量较高，细胞处于分裂旺盛时期可大量育苗；9～10月扦插，可选用当年生半木质化枝条，待其停止生长，处于花芽分化前剪取。插穗要选择藤条节间较短，芽大饱满，生长健壮，无病虫害的中部枝条。

②插穗处理

剪取有2～3个节的插穗，剪口呈斜面且平滑，以增加剪口与基质接触面。扦插前可用ABT生根粉处理，辅以高锰酸钾消毒后稍晾1～2分钟扦插。插穗前端一节要保留2～3片小叶。

③苗床准备

苗床应选背风向阳、地势较高、四周留通道、不积水、杂草少的地段。苗床宽1m，上设钢架棚，用粗河沙作垫底以利于排水。苗床土壤要求通气性、排水性良好且又保湿的基质，pH值在6.5～7.5之间，宜选用蛭石和珍珠岩、细河沙混合材料为基质。

④扦插

采用开沟覆埋法，斜插枝条，入基质1/2，地上留1节，插后灌透水。插后管理同常规。

⑤移植

一般扦插25～35天抽新芽，至50～60天根系已基本长成，但时值最炎热的夏季，小苗根系嫩脆应延至9月中旬进行移植。上盆宜在早、晚，边取苗边上盆，并剪去弱根和一些过密枝叶。栽植后要浇透水，并适当遮荫。移植后数天，有些嫩枝小叶会干枯，但过2～3周则又会抽出新枝叶。上盆30天后，便可正常管理。

8. 锦蔓长春

学名：*Vinca major*

别名：花叶蔓长春花

科属：夹竹桃科蔓长春花属

(1)生态习性

对光照要求不严，喜半阴环境。喜高温，生育适温20～28℃。适应性强，生长迅速，每年6～8月和10月为生长高峰期。

(2)繁殖方法

用扦插法，春至夏季为适期。剪取的插穗每段长约10～15cm，插于沙床或细蛇木屑，保持湿度，约经2～3周能发根。

第二节　落叶木本观赏植物繁殖技术

一、落叶针叶类

1. 水杉

学名：*Metasequoia glyptostroboides*

科属：杉科水杉属

(1)生态习性

性喜光，幼苗则能稍耐阴。喜温暖，要求1月平均气温在1℃左右，最低气温－8℃，7月平均气温24℃左右，年降雨量1500mm。具有一定的抗寒性，在北京可露地过冬。不耐涝，对土壤干旱也比较敏感。耐盐碱能力较强，在含盐量0.2%以下的轻盐碱地可以生长。喜深厚肥沃、排水良好的酸性土壤，但在微碱性土壤上亦可生长良好。对二氧化硫、氯气、氟化氢等有害气体的抗性较弱。

(2)繁殖方法

1)播种繁殖

①种子处理

播种前用0.1%高锰酸钾溶液浸种30分钟后，用清水冲洗干净，再用清水浸种24小时，捞出后，阴干备用。

②苗床准备

苗床建在背风向阳处，一般长12m、宽1.2～1.3m，播种前用0.5%的新洁尔灭对温床进行消毒。床面全部用经过筛选的清洁河沙铺垫，厚20cm左右，并用0.1%高锰酸钾溶液进行消毒，并将沙拍平。

③播种

3月中旬播种，每平方米的播种量控制在15g左右，必须播种均匀。播种后覆盖冲洗干净的沙子，以不露出种子为宜，再浇透水，盖上薄膜。

④播后管理

温床内温度应保持在25℃左右，温度超过30℃时，揭开薄膜降温。如遇春寒，夜间在薄膜上加盖草帘以利保温。晴天每日喷水1～3次，阴雨天少浇或不浇水，连续阴雨天需揭膜透气。

⑤芽苗移栽

芽苗出土长到3~5cm，脱壳子叶展开成“丫”字形，炼苗后，即可移栽。移栽用的苗床须进行杀虫灭菌处理，可用50%辛硫磷0.1%溶液浇灌。苗床最好是东西向，床宽1m、高20~25cm、步道40cm。结合苗床整理，分层施足基肥，每平方米施150g腐熟的有机肥(可用110g饼肥和40g过磷酸钙)。苗床须整平，土块要细碎。

⑥管理

芽苗移栽后应立即浇定根水，并架设荫棚，棚高50cm，注意防止日灼。前3天内，每天早、中、晚要适当浇水。以后视苗床干湿状况，一般每天喷1次水。用退菌特、新洁尔灭、多菌灵溶液每10天轮流喷洒1次，防治猝倒病。每隔15天追0.2%~0.5%的尿素溶液1次，后期追施磷酸二氢钾等磷钾肥。随着苗木木质化程度的提高，逐步缩短遮荫时间，立秋后拆除。

2)扦插繁殖

①插穗选择

于3月上中旬，在1~3年生水杉母株上选择生长健壮枝梢作为插穗。在清晨或无风阴天剪取，插穗长一般为10cm左右，粗度为0.3~0.5cm，保留1~2个腋芽(冬芽)。插穗上端切口在距冬芽以上1cm处平截，下切口剪成马蹄形，并将剪好的插穗放入盆内盖上湿纱布保湿。

②扦插

插前用木签按9cm×15cm株行距预先在地膜上打好插孔，然后扦插。扦插深度为穗长的2/3。插后及时淋足定根水并用黄心土压实。

③插后管理

因苗床上层黄心土层草籽较少，且采用了化学除草剂处理，地膜覆盖，保持了床面湿润，增强了药效，故从6月下旬至7月上旬苗木已基本郁闭，苗期无需除草松土。在苗木发叶至郁闭前，要保持苗床经常湿润，遇特殊高温应在中午前后对地膜喷淋2~3次水或在行间覆草进行降温，以防高温烈日灼伤。苗床干燥严重时可揭开圃地四周地膜，灌平床水，以渗透床面为准。为促进苗木生长，6月后可用0.5%尿素进行根外追肥2~3次，7月中、下旬将水杉行间地膜用刮刀划开去掉，同时追施1g/m^{2}的复合肥1~2次。

(3)栽培管理

选土层深厚、疏松而肥沃的圃地，分栽培育一年生播种苗或春插苗2~3年，可采用70cm×70cm株行距，也可在原苗圃中按50cm×50cm的株行距留床培育部分苗木。这样前者3年出圃，后者2年出圃，均可用于城市园林绿化。如用以营建风景林，则可用2年生苗，初植密度以2m×3m为宜。

2. 金钱松

学名：*Pseudolarix kaempferi*

科属：松科金钱松属

(1)生态习性

性喜光，幼时稍耐阴。耐寒，能耐-20℃的低温。不耐干旱，也不耐积水。喜深厚肥沃、排水良好而又适当湿润的中性或酸性沙质壤土，不喜石灰质土壤。抗风力强，生长速度中等偏快，10～30年生长期间生长最快，在适宜条件下每年可加高约1m左右，此后则渐变缓慢。

(2)繁殖方法

1)播种繁殖

用播种法繁殖，发芽率达80%以上，每平方米用种约20g。播前可用40℃温水浸种一昼夜。播后最好用菌根土覆土，约半月可出苗，当年苗高约10cm；2年生苗高约30cm。移栽或定植时，为了保护菌根应多带宿土或用菌根土打浆。大面积绿化时也可用直播法。移植或定植树木，应在发芽前进行，否则不易成活。

2)扦插繁殖

苗床以东西向深沟高畦为好，并施以基肥。畦面整平后，在其上铺一层厚度为6cm的混合土(红土与沙按1∶1配制)，增加土壤的酸性及通透性，以利于不定根的形成，从而提高成活率。春季或秋季均可进行扦插，尤其早春扦插成活率较高，一般达到85%以上。结合发芽前整枝，剪取长为10～12cm，顶端有3～5个饱满芽的枝条做插穗。将插穗直接插入苗床，注意遮荫及防止苗床过干或过湿。

插后浇足水，用50cm高的塑料薄膜小拱棚罩在苗床上，增加苗床湿度，以利于不定根的形成。拱棚之上再搭设1.5m高的遮荫棚。材料用双层遮阳网。播穗生根后，逐层揭去遮阳网，增加苗床光照，促使幼苗生长。只保留塑料薄膜小拱棚防寒过冬，第二年春天移栽。除雨季外，每月可施稀薄水肥一次。金钱松幼苗起苗移栽应多带宿土，随起随栽，以保持湿润。移栽季节于冬季落叶后至第二年春萌发前进行，金钱松喜光，应移苗疏植。

3. 池杉

学名：*Taxodium ascendens*

别名：池柏、沼杉、沼落羽松

科属：杉科落羽杉属

(1)生态习性

原产美国东南部。性喜光，不耐阴。喜温暖，耐寒性较强。耐涝，又较耐旱。喜深厚疏松的酸性、微酸性土，对碱性土敏感，pH值达7.2以上时，即可发生叶片黄化现象。枝干富韧性，加之冠形窄，抗风力颇强，萌芽力强。

(2)繁殖方法

1)播种繁殖

①种子采集与处理

池杉开始结实年龄一般为7～9年，3～4年生时就出现雌球花，但要到5～6年生时才能少量形成球果，故幼树的结实率很低。池杉花芽形成期在7～8月，开花期在第二年3月下旬至4月上旬，花期一周左右，球果在6月中旬定型，果皮于10月由青转黄，11月上旬种子成熟，即可采集。球果采回后堆放2～3天，室内阴干或室外日晒，然后轻敲脱出带壳种子。

种子晾干或晒干后，通常连同果壳放在麻袋、木桶中贮藏，不必分离。如用湿沙层积贮藏，则有提早发芽和增加幼苗生长量的作用。种子寿命短，一般只有1年，因此随采随播或冬播较好，也可于第二年2月间催芽播种。

②圃地选择

圃地要求地下水位较高，灌溉便利，土质轻黏壤，pH值5~6.5为宜。土壤pH值较高，应多施有机肥，改善土壤理化性质，防止苗木黄化。播种前整地，开沟做床，每平方米施饼肥45~60g，磷肥40~50kg。

③播种

池杉种子较大，千粒重74~118g，发芽率为30%~40%。开沟带水条播，沟深10cm，沟宽10~15cm，条距30cm，播后覆土8cm，轻压拍实。播种前用清水或温水40~50℃浸种5~6天，每天清晨换水，或用3%硫酸铜或1%尿素溶液浸泡10分钟，能促进发芽。每平方米播种90~100g带壳种子，种子饱满度45%，每平方米成活率约75%，可产苗45~50株。

冬播第二年3月中下旬苗可出齐，春播4周后种子胚根外露，约5周有75%苗木出土，苗木出齐约7周。在阴雨天人工拔草间苗移植补缺，待苗木长至15~20片叶后，在苗木未木质化前用1∶1.5∶100的波尔多液每周喷一次，喷洒3~4周，同时可用0.1%~0.5%尿素液施第一次肥，注意液肥不要洒在子叶上，自5月中旬至8月中旬止，每15~20天追施1次稀薄的尿素液，肥料浓度随苗木生长适当加大，但要防正“烧苗”。每次灌溉后要松土除草，以保持土壤疏松、湿润、肥沃。8月下旬可施适量磷肥，促进苗木木质化，使苗木能安全越冬。

2)扦插繁殖

扦插繁殖分硬枝扦插和嫩枝扦插两种。

硬枝扦插采自1~2年生母树者，成活率可达90%。用4年生母树的插穗，成活率只有41%。多于早春扦插，插穗一般长10~12cm，入土深及全穗长的2/3。如管理得当，当年苗高可达70~80cm，高的可达1m左右。

嫩枝扦插以初夏或仲秋为宜，仍须选幼龄母树取插穗。用1~2龄截干苗的枝条扦插，成活率达78%。8年生幼树的萌发侧枝，扦插成活率仅30%。当年平均苗高60~70cm。如用萘乙酸500mg/L液剂插前处理插穗基部0.5~1分钟，还可促进发根。要求操作连续，插穗不脱水，随剪随浸。

4. 落羽杉

学名：*Taxodium distichum*

科属：杉科落羽杉属

(1)生态习性

性喜光。喜温暖，具一定耐寒性。极耐水湿，能生长于浅沼泽中，亦能生长于排水良好的陆地上。喜湿润而富含腐殖质者土壤。

(2)繁殖方法

1)播种繁殖

种子每千克约5000~10000粒，发芽率20%~60%。种子保存年限较短，一般只有1年。播种前应用温水浸种4~5天，每天换水，也可用3%的硫酸铜溶液浸种，可提早发芽，减少病害。每平方米播种量约 130g 种子。

2）扦插繁殖

可用硬枝扦插和软枝扦插。硬枝扦插的成活率受插穗母株年龄的影响很大，自 1～2 年生苗上所采的插穗成活率可达 90%，而自近 20 年生树上采取者不管采取何种处理法都很难生根。插穗可在落叶后剪取，剪成 10cm 长，扎成小捆后沙藏，第二年春天扦插。软枝扦插可于 5～10 月间进行，在雨季扦插时，约经 20～30 天即可生根。软枝扦插的成活率受母株年龄影响较小。

二、落叶阔叶类

1. 复叶槭

学名：*Acer negundo*

别名：白蜡槭、糖槭、羽叶槭

科属：槭树科槭树属

（1）生态习性

原产北美东南部，中国东北、华北、内蒙古、新疆及华东一带都有引种。性喜光。喜冷凉气候，耐干冷。喜深厚、肥沃、湿润的土壤。稍耐水湿。

（2）繁殖方法

1）播种繁殖

9 月果熟，8～10 月采种，从树上摘取或从地面收集均可。种子收集后去杂，阳光下晾晒，藏于凉爽通风的种子库内。多采用低温处理，低温处理的种子发芽率高，出苗齐，而且健壮。处理方法采用低温沙藏处理，春节后用 2 倍湿沙和清水浸过的种子混拌均匀，置于背阴处，解冻后，置于背风向阳处，每天上下翻动一次，白天堆放 15～20cm厚，晚间堆放 20～25cm 厚，并用草帘覆盖保温，保持种沙湿润。种子有部分裂口，即可播种。

复叶槭多用春播，但也可秋播。秋播时，种子收集后随即播种，可以免去种子催芽处理，但播后需要冬季管理。播种前 2～3 天，床面浇足底水，条播或撒播，每平方米播种 7.5～10g，盖土厚度 1.5～2cm。春季播种后，经常保持床面湿润，10 天左右即可出土。

2）扦插繁殖

插穗采用上年生扦插苗截干，每根长 6～8cm，含 2 个节，上离顶芽 1cm，下于近节 0.2cm 处剪平，50 根 1 捆，用 100mg/L 的吲哚乙酸处理 6～16 小时，开沟插入沙中，加土压紧，入土深 1/3～2/3，插后浇透水用塑料膜保温，床内温度维持在 15～25℃，湿度维持在 80%～90%，待愈伤组织形成后，减少浇水次数，并适当光照。

（3）栽培管理

幼苗出土初期，浇水应少量多次，经常保持土壤湿润。苗木逐渐长大，根系发育完整，浇水应逐渐由少量多次转为多量少次。进入雨季可以不浇水或少浇水。苗木进入生长旺期，可追氮肥 2 次，以补充基肥的不足，时间应在 6 月下旬或 7 月上旬，7 月下旬追 1 次磷钾肥。进入 8 月停止追肥，以免苗木徒长，造成冻害。结合除草，进行间苗，每平方米留苗70～80株，当年苗高可达1m左右。

移植一般在春季进行，株行距为50cm×100cm，栽植后灌水。移植后如果长势不好，为了使苗木生长整齐，便于培养通直的树干，第二年春从地面处剪去苗干，使其重新长出枝条。注意加强水肥管理、去蘖、除草、病虫草害防治等抚育管理。1～2年再移植或隔行隔株间再移植一次，即可培育成大苗。

2. 鸡爪槭

学名：*Acer palmatum*

别名：鸡爪枫

科属：槭树科槭树属

(1)生态习性

喜充足光照，但稍耐阴蔽，夏季易遭日灼。喜温暖，华北栽培需选小气候好的环境，在北京冬季能露地越冬，但在幼苗期需加以保护。喜肥沃湿润、排水良好的土壤，抗盐碱能力差，在碱性反应的土壤中生长不良或易黄化。

(2)繁殖方法

一般原种用播种法繁殖，而园艺变种常用嫁接法繁殖。嫁接可用切接、靠接及芽接等法，砧木一般常用3～4年生鸡爪槭或秀丽槭实生苗。

播种繁殖时，秋季种子成熟后采下。选好藏于干燥通风之处，第二年春季进行浸种沙藏促芽。4月初在以整好的土地上进行垄播或床播，播后10天左右即可出苗。幼苗出土后，因喜庇荫，故需设荫棚，待苗木健壮后，即可将荫棚拆除。苗木高5～6cm时即可间苗定苗，最后每平方米可留苗15～20株，在以后肥水管理得当的情况下，年生长量可达40～50cm，秋季将苗木掘起假植，第二年再行移植，培养大苗出圃。

也可用扦插繁殖。从三年生植株上截取插穗，分别在16～24℃下繁殖，基质为浅色泥炭与沙土混合物，比例是1∶1。插穗在100mg/L生根粉1号溶液中浸泡5分钟后立即扦插，生根率可达100%。

3. 元宝枫

学名：*Acer truncatum*

别名：平基槭

科属：槭树科槭树属

(1)生态习性

喜充足光照与温暖，也能忍受一定的低温。喜深厚疏松的肥沃土壤，酸性和微碱性土壤皆可生长。常生长于阴坡湿润山谷，能忍受较干旱的气候条件。

(2)繁殖方法

元宝枫的繁殖可采用播种和扦插繁殖法。

1)播种繁殖

①种子采收

10月翅果成熟时由绿色变为黄褐色，即为果熟期。采取的翅果，暴晒3～4日，去杂搓去果翅，风选后贮藏于通气室内备用。也可以带翅贮存，贮存时种子的适宜水分含量为8%～11%，带翅种子每千克5200粒左右，去翅种子每千克5600～5800粒。

②苗床准备

苗圃地以地势平缓，背风向阳，土层深厚疏松、排水良好的沙壤土为宜。秋季进行深耕，播前耙平，细致整地作床，每平方米施有机物600～750g。气候干旱地区，则用低床。

③播种

播种多在春季，也可在秋季随采随播。播种前用40～50℃的温水浸种2小时，然后掺沙堆置室内催芽。每隔2～3天翻堆1次，约10～15天待种子萌动即可播种。也可于播种前30～40天用20℃温水浸种24小时捞出，用清水冲洗后，混以粗沙，掺拌均匀，然后置于阴凉处堆积，堆放厚度以20cm左右为宜，其上用湿润的草帘盖好。并要经常翻倒和补充水分，于播种前一周后将种子移至背风向阳处，增温促芽。待种子有30%～40%开始发芽时即可播种。条播或撒播均可，每平方米播种量20～30g，开沟条播，覆土厚度2～3cm，再覆草保湿。

④播后管理

元宝枫幼苗期间，喜湿润肥沃、通气良好的土壤，忌低洼积水之处，因此播种时应尽量选择符合上述条件的地区，而后作成低床或用大田垄播，垄距为60～70cm，在垄上开沟播种。播种前土壤灌足底水，播后保持土壤湿润，一般经2～3周即发芽出土。经过催芽的种子，可以缩短发芽出土的时间，出苗盛期约3天，4～5天内可以出齐。出齐后3～4天长出真叶可撤草。幼苗出土3周以后开始间苗。6月幼苗生长加速，月平均高生长约8cm，7月生长最快，月平均生长量为19.7cm，9月生长量下降，仅3.5cm。6～7月苗木生长旺盛期，可施化肥2～3次，当年苗高可达50～60cm。每平方米产苗100株左右。第二年春移植，二年生苗高可达1.2～1.5m。

2）嫁接繁殖

元宝枫早实丰产的重要措施之一是栽植良种嫁接苗。定植嫁接苗比实生苗提前3～4年挂果，3年生良种嫁接苗每平方米产翅果达600g以上。

①砧木选择

选择根系发达，生长良好的1～2年生或2根1杆、地径0.5cm以上的播种实生苗作砧木。

②接穗选择

在结实稳定、生长健壮的优良单株或母树上，采集树冠外围发育充实的当年生枝条作接穗，一般随采、随运、随嫁接。把采集的接穗剪掉叶片，放入盛水的桶中置于阴凉处。若当天嫁接不完，把接穗用湿布包好存放在10℃左右的冰箱中，但存放时间不超过2天。

③嫁接时间

嫁接时间视砧木生长状况，一般在7月下旬至8月下旬进行。

④嫁接方法

目前生产中常用的元宝枫良种苗木嫁接方法，主要是带木质部嵌芽接和“T”字形芽接两种，方法操作比较简单，成活率达80%以上。

带木质部嵌芽接：在采集的接穗上选1饱满芽下部1.5～2cm处，用芽接刀斜面下切，削木质部达 1/3 深，呈短削面；在接芽上部 2cm 处以上往下，由浅入深推切达第一刀口的削面处，取下芽片作接芽。然后在选好的砧木上选距地面 10cm 一面，切出同接芽大小相同的切口，把接芽嵌入砧木切口处，两者形成层对齐、密接，用塑料布条全部绑扎接芽。

“T”字形芽接：在采集的接穗上选一饱满芽，在芽的下部 1～1.5cm 处，用芽接刀从下往上，由浅入深推切达木质部，在接芽上部 1～1.5cm 处横切 1 刀深达第一切口底部，取下接芽。在砧木上选距地面 5cm 左右光滑皮处横切 1 刀，深达韧皮部，长与接芽横切口相同，再从横切口中间向下垂直切入韧皮部，用刀向两侧挑开，把削好的接芽插入“T”形口内，接芽上端与“T”形切口贴紧，用塑料布条绑紧接芽。

嫁接后的管理同常规。

3）扦插繁殖

用扦插法繁殖优良品种时，由于元宝枫枝条生根较难，故多在生长期中选用半木质化的枝条进行软材扦插。扦插一般在 5～6 月生长旺季进行，一般采用一年生枝条作插穗，剪成 8～10cm 长，用 ABT 生根粉 100mg/L 浸泡 2 小时后，斜插在插床上。春、秋两季均可栽植，晚秋栽植成活率较高。

栽植地点宜选择土层较深厚、湿润的沙壤土。土层较厚、坡度不陡的地方，可用带状整地，带宽 40cm。土层较薄、坡度较陡之处则用穴状整地，做成鱼鳞坑，整地规格 40cm×40cm×30cm。

4. 七叶树

学名：*Aesculus chinensis*

别名：天师栗

科属：七叶树科七叶树属

（1）生态习性

对光照要求不强，幼树喜阴、喜温暖，较耐寒，畏酷热。喜土层深厚、肥沃湿润、排水良好的土壤。

（2）繁殖方法

1）播种繁殖

①种子处理

七叶树种子生命力很难保持，由于种子内含水量高，若去果皮干藏，1 个月余即丧失发芽力。故 9 月上旬采收后应随即播种，带果皮拌沙在低温处贮藏至第二年春播。在半密闭状态下，置于泥炭土中贮藏半年，仍保持 100% 生活力。播种前剥去种皮，将种子置阴凉通风处晾 1～2 天，注意观察，勿使种子失水过多，播种前用 50% 甲基托布津可湿性粉剂 0.2% 溶液浸种半小时可提高发芽率。

②播种方式

七叶树种子采用条状点播，株行距 15cm×25cm，播种沟深 5～6cm，播种时种脐向下，覆土 3～4cm，轻微镇压。

③播后管理

当年生苗在秋末温暖多雨情况下，会有部分幼苗出土，这部分幼苗在霜冻前应盖草防寒，也可将这部分小苗移走。应保持床面湿润，勿使板结。未发芽的种子到第二年3月见苗，此时正值春旱，七叶树幼苗出土能力弱，畏日晒，应注意灌溉，保持床面湿润，小苗至5月中旬出齐，发芽率为75%～80%。早春气温逐渐升高，土壤解冻后，设高约1.5m荫棚，待小苗出齐后去掉遮阳网，使幼苗及时见光，从而加快生长速度。当年生苗高约50cm。

2）扦插繁殖

①插穗选择

选择无病虫害、生长健壮、叶片完好、腋芽饱满的当年生绿枝作插穗，截取插穗在腋芽的上下1.5cm处剪断，并用单面刀片削成马耳形，斜面一定要平滑。及时放入0.3%的多菌灵溶液中进行消毒。

②插床准备

首先用砖砌成长10m、宽2m、高40cm的插床，以新鲜河沙作为扦插基质。选用0.3%的多菌灵或0.3%的高锰酸钾溶液进行基质消毒，最后拱好竹片盖上塑料布，并要固定好遮阳网。

③扦插方法

扦插前将插穗用ABT1号0.1%溶液速蘸后备用。为防止插穗基部受伤，扦插时用小木棒或用手在基质上打孔，株距10～15cm、行距10～20cm。

④插后管理

棚内温度保持在28℃，湿度保持在90%左右，喷水次数以保持叶面湿润为宜。为防止杂菌侵染，在插后第7天喷1次0.2%的多菌灵溶液进行全面消毒。扦插后一般第15天开始产生愈伤组织，第23天开始产生不定根，到30天时可减少喷水次数，开始炼苗，炼苗5～7天后可移栽。

5. 合欢

学名：*Albizzia julibrissin*

别名：夜合花、马缨花、青裳

科属：豆科合欢属

(1)生态习性

分布于热带、亚热带地区，以南半球热带、亚热带为主。我国主要分布在南部和西南部，是夏季主要的观赏花树种。性喜充足光照，能适应多种气候条件。对土壤适应性强，也耐瘠薄。

(2)繁殖方法

1）播种繁殖

①种子处理

合欢主要用播种法繁殖。10月采种干藏，第二年春3～4月播种。由于合欢种皮硬实，透水性能差，为提高发芽率，需在播种前10天左右进行浸种催芽处理，即用70～80℃的热水浸泡种子，第二天换水1次，第三天捞出与湿沙等量相混，堆放在背风向阳处，上覆稻草、麻袋或塑料膜保湿催芽，每天翻动1～2次，并及时适量喷水，经7～8天后有60%左右裂嘴露白时即可播种。播种前种子消毒，可用5%高锰酸钾溶液浸种30分钟或以500倍的百菌清药液浸种30分钟，捞出种子，用清水冲洗，放在箩筐或器皿内晾干。为便于操作，可掺入少量熟石灰拌匀进行播种。

②播种方法

因合欢种子大，苗木生长快，所以很适宜条播。春季3月初播种，直接条播于苗床，间距40～50cm，播种量为500g/m^2，先用黄心土铺底，每千克种子用100g 50%多菌灵粉剂拌种，播后用焦泥灰覆盖种子，以不见种子为度，然后盖上稻草，用木棍稍加盖压。合欢播后5～7天即可发芽出土。

播种量的多少不仅是产苗数量的基础，同时也是影响苗木质量的重要条件，而且还关系到育苗成本的高低。只要种子纯度与发芽率在70%以上，千粒重在40g左右，撒播每平方米播种量10～15g，宽幅条播的播种量每平方米7.5g左右。

为使主干通直，育苗期间可适当密植，并要及时剪除下部侧枝。弱苗和倾斜苗可在第二年齐地平茬，以使主干通直粗壮。当年生苗高可达80cm以上。1～2年生苗需捆绑防寒以安全越冬。再经分床培育3～4年即可出圃，以供园林绿化之用。定植后加强管理，5～6年生苗可开始开花。

移植宜在3月中旬至4月上旬芽刚开始萌动时进行。移栽时要对枝条强修剪，栽后要设立支架，并及时浇水松土，成活率很高，并能当年开花。

2)扦插繁殖

扦插繁殖一般在6～7月进行，选无病虫害健壮的一年生枝条，剪成长约15cm，以粗河沙为基质，做成插床扦插。将穗条的1/3～2/3插入沙中，按时浇水，相对湿度保持在80%～90%，温度保持在20～30℃之间。移植一般宜晚，最好在芽刚萌动时进行，此时成活率最高。

3)根段催芽繁殖

①根段采集

从2月下旬至3月上旬，选择4～6年生且长势旺盛的合欢树，挖取其直径在3～10mm的侧根(不要撕破根皮)，按根粗细剪成3～5cm长的小段，分级扎把，每把50根，扎好后埋入湿沙中备用。

②温床育小苗

选择背风向阳地段作育苗床，畦宽约为1.5m，长度根据需要而定。3月上旬根段植于畦内，每平方米300～350根。植后喷水，上覆1cm厚细土，随即搭好拱棚。覆盖塑料薄膜，四周压紧密封，并挖好排水沟。床面温度保持在25℃左右，约20天出芽，1个月出齐。3月下旬，当畦面温度超过30℃时，注意通风换气。床土干旱时，可于晴天下午喷水。苗高4～5cm时进行炼苗。

③苗圃育大苗

从4月下旬到5月上旬，当苗高达5～8cm时，即可移至苗圃内。移栽前苗圃地要施足基肥，并整地作畦。为有利于提高移栽成活率，应做到带土移栽，以雨后或阴天移栽为好。移栽株行距可根据育苗规格而定。一般每平方米栽植7株左右。移栽后浇活棵水，以后不旱不浇水。当年生苗木可长到2m以上。

4)营养钵育苗

采用营养钵育苗的方法，有利于提高造林成活率，便于机械化作业。

营养钵有营养篮、营养土杯、营养纸袋和营养砖四种。营养篮用竹篾编制，高约25cm，径粗15～20cm，多用来培育大苗。营养土杯用竹桶或木套板模等工具制作，其中以木套板模性能较好。营养土杯圆锥形，高10～12cm、口径约6cm、底径约5cm。制作时先将稻草浸湿变软，分束黏附黏土泥浆，然后贴于模具周围，再上一道泥浆即成。采用套板木模，需用圆形套板压实，脱出晾干。营养纸袋用废报纸折叠而成，高约10cm，直径约6cm。营养砖用黄心土50%、火烧土45%、过磷酸钙5%，将其混合加水调匀成稠浆状，整理成宽约1m、表面平整的畦，略干后切成长6cm、宽6cm、高约12～13cm的土砖。砖面挖深约3cm的小洞以备日后播种。

为预防立枯病，营养土应以磷、钾肥为主，忌用厩肥或土杂肥做配料，常采用黄心土、火烧土、过磷酸钙做配料，其重量比有70∶28∶2和50∶48∶2两种，调匀过筛即成。然后将营养土装入营养器压实，深约离器口2cm。育苗时将营养钵排列成行，每行10个，以利于浇水和除草。营养纸袋体积较小，每行可排20个。

营养钵育苗以随采随播较好，撒种要均匀。每个容器5～10粒，催芽的种子2～3粒即可，播种后覆土盖草。通常11月播种，第二年2月苗木出圃，可供春季造林，因育苗期约经百日，固有冬播百日苗之称。

6. 美人梅

学名：*Armeniaca mume*

科属：蔷薇科梅属

(1)生态习性

性喜阳光充足。喜温暖，有一定耐寒力，在北京需种植在背风向阳的小气候良好处。对土壤要求不严，喜土层深厚、排水良好、富含有机质的土壤，忌积水。

(2)繁殖方法

以嫁接繁殖为主，多在晚秋落叶后或早春萌芽前进行嫁接，砧木可采用桃、杏或梅的实生苗。

1)枝接

选用一年生健壮苗木作砧木，距地5cm处截干，在截面一侧纵切。接穗宜选用美人梅树上1～2年生无病虫害的健壮枝条，短截成有3～5个饱满芽的接穗，将下端削成楔形，插入砧木切口，将砧木和接穗的形成层对齐，然后用薄膜条包扎紧。

2)芽接

多在生长季节进行，砧木选用1～2年生实苗。将砧木皮层切成“T”形，并沿切口将皮层向两侧揭开。接穗宜选当年生健壮枝条的中部芽，在芽上方横切入木质部后，再纵向将芽从接穗上切下，形成盾形芽片。将盾形芽片插入砧木切口，形成层对齐后用薄膜条扎紧。

嫁接进程中要求嫁接刀锋利，并用力均匀，使切面光滑。嫁接动作要迅速。嫁接后嫁接部位近地时可用土埋住，以防水分散失。接穗成活后要及时除去薄膜和覆土，以利于形成层的愈合及新芽的生长。对于砧木要及时剪砧和抹芽，使养分集中供给接穗生长。

7. 白桦

学名：*Betula platyphylla*

科属：桦木科桦木属

(1)生态习性

性喜光，强阳性。耐严寒性强。对土壤要求不严，喜生于湿润、肥沃土壤上。

(2)繁殖方法

以播种繁殖为主。

1)种子采收

白桦的花期为4～5月，种子成熟于8～9月。成熟后种穗涨开，遇风随之飞散。一般采种时间只有7～10天，要掌握好时机，及时采集。种子采下后，运送到干净的场地进行晾晒，每天翻两遍，直至晒干使其种仁自行脱落。人工筛选后，将种子放在通风干燥的库房内贮藏。

2)催芽处理

白桦育苗可分为春播和秋播两种。秋播的种子不需要经过催芽处理，可直接将种子播入土中。而春播则需要进行种子处理。进行种子催芽处理一般在播种前15天左右，用0.5%高锰酸钾1∶1500水溶液浸泡2小时进行种子消毒，捞出洗净。然后用25～30℃温水浸种24小时，捞出后以4∶1比例混沙，每天进行搅拌，室内温度保持在25℃左右。待种子60%裂口可适时进行播种。

3)播种

春季播种，将做好的床进行平整后，再将经过催芽的种子均匀撒播于土壤中，盖土要均匀，然后在床上撒铺上一层草，上面浇上适量的水，使土壤保持一定的湿润，避免种芽干燥而影响出土。秋季播种，一般采用当年采收的种子，不需要经过催芽处理，在10月的中、下旬，将地整好后，直接将种子均匀地撒播在土壤中，盖土即可。

4)播后管理

播种后的管理，分两个环节：一是幼苗出土期间的管理。这一时期，种芽刚刚出土，抵抗外界的能力较差，因此这一时期的主要管理措施是对幼苗经常浇水和打药，使土壤保持湿润，水分充足，预防气温干旱和病害发生。二是幼苗生长期的管理。当幼苗生长1～2个月后，此时处于暑伏季节，气候高温干旱，幼苗需要充足的养分和水分，需要充分浇水和施肥，适时进行病、虫、草害防治。

8. 香椿

学名：*Toona sinensis*

别名：椿芽

科属：楝科香椿属

(1)生态习性

原产中国中部，现除部分寒冷地区外，各地均有栽培。性喜光，不耐阴。耐寒性稍差。喜生于深厚、肥沃、湿润的沙质土壤，在中性、酸性及钙质土壤中生长良好，耐轻盐渍，较耐水湿。

(2)繁殖方法

1)分株繁殖

香椿根部易萌生不定芽，长出很多根蘖苗，将这些苗挖出后即可成为独立的新枝。为促进根蘖苗的产生，可用人为的方法进行处理，春季土壤解冻后在植株周围挖50～60cm深的环形沟，其直径与树冠相当，这样可切断部分根系，再将沟内土壤翻松，适量施肥，刺激断根部位产生根蘖苗，秋后即可移栽。

2）扦插繁殖

①插根繁殖

于秋季落叶后或春季发芽前，选择1～2年生的壮根，距主干1～2m远将其挖出，根的直径以0.5～1.5cm为宜，将其剪成15～20cm长的根段，上端剪成平口，下端剪成斜口，剔除根皮被损伤或劈裂的根段，再将根段按50根或100根绑成一捆。另外，将粗度0.3～0.5cm的细根，剪成3～4cm长的根段，用1000mg/L的萘乙酸溶液将根段下端浸泡1～2小时再绑成捆，经沙坑埋藏后，再于春季埋插，具体方法是：将根段平口向下，斜口向上斜插于阳畦内，斜度25°左右，覆土要浅，露出1/4根段即可，当年冬季移植。

②枝插繁殖

于秋季落叶后或春季萌动前，剪取直径1～1.5cm的一年生枝条，剪成15～20cm长的插穗，剪口上平下斜，上口距芽1～1.5cm，下斜口距芽0.5cm，与根段一样进行沙坑埋藏。土壤化冻后，将插穗取出扦插，斜插度为30°～40°，露出1/3枝段当年冬季移植开春萌动前应随剪随插，可先用清水浸泡24小时或将基部浸在1500～2000mg/L的萘乙酸溶液中12～24小时，在背风向阳处挖阳畦，将插穗平口向下、斜口向上斜插于阳畦内，斜口上覆沙土插好后盖严塑料薄膜。当斜面周围长出突起的愈伤组织后，立即将插穗取出再正插在阳畦内，照样盖严塑料薄膜。当幼芽萌发长至0.5cm长时，即可移植。

3）播种繁殖

育苗应选择背风向阳处，将地整平，施足底肥后在北面插风障。播种前先将种子用温水浸15～20小时，然后按行距20～30cm开沟条播，播后覆土2～3cm，半个月即可出土，幼苗出土后需进行2～3次间苗，最后让株距保持在15～20cm。间出的苗可移植至其他地块。

9. 紫荆

学名：*Cercis chinensis*

别名：箩筐树

科属：苏木科紫荆属

（1）生态习性

原产我国，从辽宁至广东均有分布。性喜温暖和阳光充足的环境，忌水涝，有一定的耐寒性，华北地区可露地越冬。喜冬季避风、向阳和排水良好的地方。对土壤要求不严，但在疏松肥沃的土壤中生长较好。

（2）繁殖方法

1）播种繁殖

11～12月采收种子，进行沙藏。第二年春播前，用60～70℃温水浸种后播于苗床，稍加遮荫，保持床土湿润，则出苗整齐，容易生根。实生壮苗当年可以开花。

2)扦插繁殖

春季2～3月进行硬枝扦插，选一年生壮枝作插穗，长12～15cm，插入整好的阳畦内，保持畦土湿润，5月即可生根，当年苗高达30cm左右，成活率很高。带叶嫩枝扦插可于生长季节进行，在全光自动喷雾条件下生根更快。

10. 蜡梅

学名：*Chimonanthus praecox*

别名：黄梅花、香梅

科属：蜡梅科蜡梅属

(1)生态习性

原产我国中部，现各地都有栽培。性喜阳光，能耐阴，在北京小气候良好处可以。耐寒、耐旱，忌渍水。

(2)繁殖方法

蜡梅的优良品种，用播种法种质常变劣，扦插压条不易生根，芽接、枝接成活率也均甚低。用带叶腹接的方法成活率极高，基本上能全部成活，并能当年成型当年开花。

1)播种繁殖

多用于砧木繁殖及新品种培育，也可用于生产。在6～7月，种子达到形态成熟时即可采收，阴干后贮藏，第2年早春播种，也可随采随播。播种前用温水浸种12小时或冷水浸种24小时，使种子出苗一致。一般播后10天左右出苗，1年生苗高可达15～20cm，培育3年即可开花。

2)分株繁殖

可在秋季落叶后至春季萌芽前进行。分株时将蜡梅整株挖出，用枝剪分成几小株，每小株留1～2根主枝，并于主干留10cm短截，然后栽植，第二年即可开花。

3)扦插繁殖

在清明、谷雨之间进行，用分株时的不带根的萌芽条及树基部萌芽条做插穗，带踵劈下，随采随插，多用沙插，插后浇透水并保持潮湿，半个月后可生根。

4)压条繁殖

可用普通压条、壅土压条和高枝压条等方法繁殖，但现已很少应用。普通压条在整个生长季节均可进行；壅土压条宜在初夏进行；高枝压条宜在梅雨季节进行，可用土壤、苔藓、泥炭等作介质，生根后即剪离母体上盆定植，当年就能开花。

5)嫁接繁殖

嫁接多用于繁殖优良植株，砧木一般选用狗牙蜡梅和其他品种较差的实生苗，嫁接常用切接、靠接和腹接法。

切接，宜在蜡梅叶芽开始萌动至麦粒大小时进行，过早、过晚均难以成活，接穗宜选用二年生健壮充实的枝条，取枝条中部作接穗，长6～7cm。嫁接苗到秋后可长到50～60cm，2～3年后即可开花。

靠接，宜在生长旺季进行，以5～6月效果最好。

腹接，适宜嫁接时间为6月中旬至7月中旬。20～25天伤口愈合，新枝展叶后除去绑扎物，当年即可形成高50cm，具有3～4个分枝的带花植株。

砧木培养：实生苗、狗牙蜡梅的压条苗、分株苗均可做砧木。先将砧苗按行距70cm、株距40cm栽好，待其长至粗1cm左右时，即可嫁接。

接穗选取：选优良品种当年生的健壮枝条，剪去上端未木质化和下端腋芽不饱满部分，叶片留3cm长，每段接穗自节上0.8cm处及节下3.5～4cm处剪断，再从叶的侧面节下0.5cm处向下平削至下端，深及木质部，反面下端按45°削成斜楔形。

砧木选取：自地面上5cm左右处选一平整部分，最好向东北方向(这样可防接穗暴晒，萌发后抗风力强)，向下平削深及木质部，长度和接穗的长削面相等。

嫁接方法：将接穗的长削面向内合在砧木的削面上，砧木削开的皮包在外面，用薄膜条缚牢，再用塑料薄膜在嫁接处包卷成一个疏松的圆筒，上下口缚紧保湿，外面再包上一层防晒纸。若是盆栽，接后放半阴处，不必用防晒纸。

接后管理：接后25天时，去掉外面的防晒纸，松开薄膜上口使接穗逐渐适应外部环境。30天时去掉包膜，若叶片鲜绿如初，则能成活；如叶片枯落而茎部未枯萎亦可成活。再停5天待接穗成活后，即可在接穗上面1～2cm处将砧木上部剪去。再停10天解去绑缚接合处的薄膜条，以免妨碍生长。若不成活，可随即换个位置补接。有的接穗在去包膜前已萌发，未萌发的在剪砧后5天前后即开始萌发生长。

为了使植株早成形早开花，应加强水肥管理，在新枝长15～20cm时留2～3对叶摘心，至8月上旬摘去新枝顶部以促使花芽形成。如7月以后嫁接，在冬前剪砧，接穗长出的枝条太嫩易受冻害，为了安全，可至次年3月上旬剪砧。

(3)栽培管理

蜡梅于秋冬落叶后至春季萌芽前移栽植株。种植地需选高燥避风场所，切忌积水和碱土。每年秋、冬季根据树冠形状修剪，力求通风透光。花后施肥1次，冬季翻土1次。盆栽蜡梅通过修剪整枝，控制植株高度，每年春季花后及时换盆。

11. 流苏

学名：*Chionanthus retusus*

别名：花木、萝卜丝花

科属：木犀科流苏树属

(1)生态习性

性喜光，耐寒，较耐阴。不择土壤，但在肥沃深厚、排水良好的土壤上生长，开花多。

(2)繁殖方法

1)种子采收与处理

华北地区，流苏树种子9月中旬～10上月上旬成熟，可以采种。选择树势壮、树姿好的植株作为采种母树。挑选籽粒饱满、无病虫害的种子。采下后浸水1天，再用水脱粒，放于阴凉通风处阴干，忌阳光暴晒。在阴干2～3天后，用干净湿沙进行贮藏。在种子贮藏期间，每隔半月进行喷水翻拌一次。喷水量至沙湿润为止，切忌水量过大。

2)播种

流苏种子经沙藏至第二年3月，种子露白30%左右时，要适时整床播种。圃地应选择排水良好、灌溉方便、深厚肥沃的土壤。华北地区育苗采用大田高垄播种，一般要求垄距30cm、垄高20cm、垄顶宽度50cm。施足基肥，在每个垄顶两边开两行播种沟，垄顶上播种沟的行距为30~40cm，播种沟深度在2cm。将已催芽的种子均匀地撒在播种沟里，每平方米播种量为20~30g，再用细土盖种，并覆草保湿。如遇干旱天气，可在垄沟内浇水，以使种子湿润，浇水时切勿使垄顶过湿，否则土壤易板结。

3)播后管理

在播后1个月，幼苗开始出土。气温高、光照强时要及时搭盖荫棚进行遮荫。如果小苗过密，可适当间苗。在夏季，圃地要勤中耕除草，保持土壤疏松。流苏树喜肥，在6~8月，每半月施一次肥，并注意病虫害防治。通过管理，流苏树一年生苗可长高至0.8~1.2m，地径粗1cm左右。

12. 红瑞木

学名：*Cornus alba*

科属：山茱萸科梾木属

(1)生态习性

原产中国北部。性喜光，耐半阴。耐寒冷和干旱。喜肥沃、湿润土壤，也适应江南湿热环境。

(2)繁殖方法

1)播种繁殖

9月下旬种子采后，用清水浸泡，搓去果皮，然后用清水掏净，放在背阴处通风阴干。待第二年春天，播种前2个月(约3月初)进行种子处理。方法为：用50℃温水浸种一昼夜(边倒水边搅拌降温)后，用凉水浸种4~5天，每天换水1次，然后用0.5%的高锰酸钾消毒4小时，捞出晾干。然后用沙土均匀拌种、拌匀。埋藏于室外背阴背风处。播种前2周每天翻动2次，待有1/3种子发芽即可播种。高床条播时间在4月下旬至5月初，播后15天开始出苗，20天左右出齐。

2)扦插繁殖

①扦插采集

在插穗的选择中应注意以下几点：母株生长旺盛，无病虫害；插穗直径0.5~1.0cm；插穗以颜色鲜红者为佳；芽充实饱满。

②插穗采集

红瑞木插穗一般在气温0~5℃、树液停止流动时采集。采回的插穗要做适度的修剪。修剪要做到快、平、准，即速度快、切口光滑、接穗长度适中(15~20cm)，上下切口距芽1~2cm。剪好的插穗按大小头100根捆成1把，贮于温度1~4℃，相对湿度为60%的净沙中备用。

③插穗处理

为了提高红瑞木扦插成活率，需在扦插前进行一定的药剂处理。一般用50mg/kg的ABT1号生根剂水溶液浸泡24小时。

④扦插

在5月上旬扦插，首先在预先做好的以1∶1的沙、泥炭土混合物为基质的插床上开沟，然后按10cm×15cm的株行距将插穗斜放于沟中，覆盖基质，压实，使插穗的1/3暴露于空气中。

⑤插后管理

为了减少水分的损失，常用透光率50%的黑色遮阳网遮荫，每3～5天浇水1次，40～50天即可生出3～4cm长的须根。生根后即可撤去遮阳网，每10天喷施1次0.5%的尿素溶液，每平方米施肥水1kg，生长季除草3～4次，依此方法扦插成活率可达85%。9月下旬扦插小苗可长至45cm左右。

13. 灯台树

学名：*Cornus controversa*

别名：女儿木、六角树

科属：山茱萸科灯台树属

(1)生态习性

性喜半阴。喜温暖，适应性强，耐寒、耐热。喜肥沃、湿润及疏松、排水良好的土壤。

(2)繁殖方法

1)种子采集

灯台树一般10年生开花结果，15～30年生为结果盛期。当核果由紫红色变蓝黑色时即可采种，采集后的种子放在玻璃丝袋里，把袋口捆住，放在河沟里用脚在袋子上面踩，把外种皮去掉，然后用水反复搓洗干净，晾晒干后即可进行贮藏或催芽处理。

2)种子处理

灯台树种子休眠期长，因其种皮致密、坚硬、通气透水性差，故常不能适时发芽。因此对种子必须进行催芽处理，这是育苗的技术关键。采用混沙露天埋藏法催芽效果最好，具体方法是：将纯净的种子用0.3%高锰酸钾水溶液浸种消毒30分钟，然后用清水洗净、控干，与干净的河沙(含水率以60%为宜)1∶3混拌均匀，装于尼龙网袋中并埋在室外地势高燥、背风向阳的深80～100cm坑内(大小依据种子数量而定)，顶部形成丘状即可。每隔15天翻倒1次，勿使种子发霉，到种沙即将结冰时停止翻倒。至第2年冰雪融化时再继续翻倒。翻倒次数依种子催芽情况而定，如种子萌芽偏早、尚不适宜播种，翻倒次数宜少，且要降低温度，适当控制水分，防止过早出芽，影响播种成活；反之，应增加翻倒次数，加快催芽速度。

3)播种

播种多采用撒播，也可条播。播种前进行土壤消毒，并做成宽1m、长10m的苗床。用床作撒播是将做好的床面整平镇压后，将种子均匀地撒播在床面上，然后覆土，厚度2～3cm，再次镇压后浇水。播种时既要躲过晚霜，又要做到适时早播，以延长苗木生长期，有利于苗木充分木质化。

4)苗期管理

从播种到苗出齐约需20天，此时天气易干旱，要注意浇水。在出苗前后浇水时要湿透种子层以下，幼苗期要湿透根系分布层。一般为每天浇水 2 次，遇到干热天气可以增加到 3 ~4 次。

14. 黄栌

学名：*Cotinus coggygria*

别名：红叶树、烟树

科属：漆树科黄栌属

(1)生态习性

性喜光，也耐半阴。耐寒，在长江沿线均能越冬。不耐水湿，耐干旱瘠薄。对土壤要求不严，中性、酸性、石灰性土壤均能生长。

(2)繁殖方法

1)种子处理

黄栌种子 6 月成熟，具有干燥的种皮，千粒重 6.5 ~11.5g，平均 8.5g，每千克约 11 万粒。因种子生长期短，成熟后很快脱落，生产上采收的种子常有许多空粒，具发芽能力的仅为 60% 左右。

干藏种子于立冬前后(11 月上旬)用 80℃左右热水浸种，不断搅拌至不烫手，浸泡 24 小时后捞出，再用 3% 高锰酸钾水溶液浸泡半小时后冲洗干净，混 3 倍湿沙沙藏。选背阴不积水的地方挖坑深 50cm，宽 40 ~50cm，长度视种子多少而定。将混沙种子放入坑内，厚 20 ~25cm，上面用湿沙填至略高于坑面。每隔 50cm 在坑内竖一通气草把。沙藏期间防止雨雪渗入坑内，封冻前覆土或盖草帘，使坑内种子层温度保持在 5℃左右。经此处理后发芽率达 92% ~97%，出苗时间集中，约 10 天出齐。沙藏前未经热水浸种第二年春播种则仍有 1/5 ~1/4 种子未吸水膨胀而不能按时发芽，发芽时间延续到 6 月中旬。而未经沙藏的种子春播时虽经热水浸种仅有个别种子发芽出土，滞留在土壤中的种子仍保持原有的色泽和硬度，但不能发芽。

2)整地播种

黄栌忌水涝，育苗地应选择有浇水条件、疏松、肥沃不积水的壤土。施足基肥，深翻整平，苗床作宽 1m，长视地形而异。3 月下旬至 4 月上旬沙藏的种子个别露白时即可播种。播种前，造好墒。开沟条播，沟深 1cm，镇压使沟底平，并向沟内施水，施水量根据天气和土壤墒情而定。水充分渗下后，将经过沙藏的种子均匀地撒于播种沟内。每畦 4 行，播幅宽 5cm，播种量每平方米 3 ~5g。播种后沿播种沟覆土，垄高 10 ~15cm，4 月中旬种子萌动后将垄搂平，使种子盖土厚减少到 1cm。起垄有利于保温保湿，有效地防止出苗前种子落干或因灌水降雨而造成的土壤板结和通气不良等不利影响。

3)播后管理

幼苗出土前不可人畜踩踏，大水漫灌。出苗结束后及早调整密度，过密部分去弱留强，缺苗的地方用幼苗补齐，并随即灌水。早补苗成活率高，对苗木生长影响小。苗高长到 5cm 左右按株距 20 ~25cm 定苗。定苗后遇干旱天气应及时浇水。勤松土除草，提高地温，促使根系生长。分别在 6 月下旬和 7 月中旬结合浇水各追施一次速效肥，每次每平方米施尿素 15g。雨后圃地严禁积水，进入 9 月应控制浇水，以抑制嫩梢突长，以防冻害。

15. 平枝栒子

学名：*Cotoneaster horizontalis*

别名：铺地蜈蚣

科属：蔷薇科栒子属

(1)生态习性

原产于我国的西南、华中、西北地区，多散生于海拔2000～4000m的高山湿润地带。性喜光，也耐阴。耐寒，在华北地区可以露地安全越冬。喜湿润和半阴的环境，对土壤要求不严，不耐涝。

(2)繁殖方法

扦插繁殖为主。

1)苗床准备

预先做成宽2.0m、长10m、高40cm的插床，插床的底部铺上一层20cm厚的地瓜石，上层铺上一层20cm厚的新鲜河沙、蛭石或珍珠岩作为扦插基质，选用0.3%的多菌灵药液或0.3%的高锰酸钾药液进行基质消毒。然后扣好拱形棚，盖上塑料膜，立牢遮阳网。浇水保持扦插基质湿润。

2)插穗采集

6月中旬～7月上旬，选取当年生半木质化、生长健壮、无病虫害、腋芽饱满的带叶嫩枝，剪成10～15cm的插穗。剪插穗时，下剪口在叶或腋芽下端0.5～1cm处，上剪口在叶或腋芽上端0.5～1cm处，也可保留顶芽，每根插穗上部保留2～3片叶子，上剪口平剪，下剪口呈马耳形，剪口平滑不裂口，不撕皮，及时放入0.3%的多菌灵药液中进行消毒。为了防止嫩枝萎蔫，最好在早晨或阴雨天采集插穗，并随采随插。

3)扦插

扦插前在室温无阳光照射处，将插穗下部2cm在1000mg/L的ABT1号溶液中作速蘸处理，为防止插穗基部受伤，扦插时用比插穗稍粗的木橛做好插孔，株距5～10cm，插深8～10cm，放入插穗用手按实。

4)插后管理

棚内保持在28℃左右，湿度90%以上，每天上、下午各喷水1次，但不使土壤过湿，以保持叶面湿润为宜。为防止病菌感染，插后第7天喷1次0.2%的多菌灵药液进行全面消毒。40天后开始炼苗，炼苗5～6天后即可移栽。

16. 四照花

学名：*Cronus japonica* var. *chinensis*

别名：石枣、山荔枝

科属：山茱萸科四照花属

(1)生态习性

原产于长江流域及河南、陕西、甘肃等省。性喜光，稍耐阴。喜温暖湿润气候，有一定的耐寒力，能耐-15℃的低温，常生于海拔800～1600m的林中及山谷溪流旁，在江南一带能陆地栽植。喜湿润、排水良好、肥沃的沙质土壤。

(2)繁殖方法

1)分株繁殖

分蘖生于春季未萌芽或冬季落叶之后，将植株的分蘖苗移栽定植即可。

2)扦插繁殖

扦插于四照花生长季节进行，3～4月间选取1～2年生枝条，剪取5～6cm长，插于纯沙或沙质土壤中，盖上遮阳网，放置荫蔽处，注意保持湿度，50天左右可生根，生根后再定植即可。

3)播种繁殖

秋季及时采收果实，熟果阴干后装入麻袋或筐内置通风处贮藏，因种子大多是硬粒种子，播种2年后方可发芽，故种子应经过催芽处理。处理要点是将种子浸泡后碾除油皮，再加沙碾去蜡皮，然后用湿沙层积，在播种前20天再用温水浸泡催芽，春季早播，以条播为宜，经处理的种子，精心管理后可于播后3个月发芽，当小植株长至30cm时，可分开移栽。

17. 珙桐

学名：*Davidia involucrata*

别名：中国鸽子花、水梨子、鸽子树

科属：珙桐科珙桐属

(1)生态习性

原产于湖北西部、四川、贵州及云南北部，生于海拔1300～2500m山地林中。性喜半阴。喜温凉湿润，耐寒，不耐炎热。喜排水良好的酸性或中性土壤。

(2)繁殖方法

1)播种繁殖

①种子处理

珙桐果骨质坚硬，后熟期长，有隔年发芽习性，有的甚至3～4年才发芽，故大部分种子是未到发芽时间已腐烂，发芽率极低，甚至基本不发芽，播种育苗困难。而采用珙桐毛种(毛种即为包括中果皮、外果皮的果实)冬天露地低温催芽，接着次年露地埋藏催芽可有效解决这一问题。具体做法是：每年10月下旬至11月上旬的采种季节，将采收下来的毛种直接在林缘或苗圃地堆成直径100cm、高30cm的毛种堆，置于冬天寒冷的露地环境中，使其自然冷冻，加速生理成熟，进行露天低温催芽处理。次年3月，在露地挖长3m、宽1m、深0.7～0.8m的浅坑，坑底用石砾、秸秆垫15cm左右厚以利于排水。将经过冬天低温处理过的毛种放入坑内，种子每隔25cm高覆土10cm。如遇长时间干旱则需适当灌水，使毛种保持湿润，如有积水应及时排出，到10月中下旬将经过露地挖坑埋藏催芽后的毛种取出，这时种子绝大部分已开始发芽。

②整地播种

播种的圃地选择排水良好，湿润肥沃的沙壤土或中壤土，土壤酸碱度以微酸至中性为佳。切忌在黏土中播种。苗圃地经过细致整地，均匀撒施充分腐熟的农家肥，施肥量为25kg/m^2，筑成宽115m、长10～20m的低床。播种前，每平方米苗圃地用40%的福尔马林15g配成1%的溶液或每平方米用18g硫酸亚铁配成1%的溶液喷入土中进行消毒处理。将经过冬天露地低温催芽和次年露地埋藏催芽的种子在该年11月中、下旬播种。每平方米播种量约为750g毛种，采用点播，株行距20cm×30cm，播种深5～8cm，播后盖3cm左右细土。在出芽时节，每天早、晚分别对土壤浇水一次，使土壤保持湿润。次年3月中下旬幼苗开始出土，发芽率达90%。在海拔较低的地方出苗更早些。

③播后管理

珙桐种子破壳后不耐水湿，刚出苗时在阴湿、排水不良情况下，根、茎、子叶均易腐烂，死亡率高。因此种子破壳出芽后到真叶出现前土壤不能太湿，如遇长时间的阴雨天气，应做好排水工作，同时还须用托布津1000倍液或代森锌500倍液喷洒苗木。刚出土的幼苗不耐低温，因此应特别注意晚霜对幼苗的危害，如遇寒潮应用薄膜覆盖，但要注意通风透气。真叶出现后就可施用浓度很低的农家肥，在长出3对真叶以后，适当施用0.5%的碳酸氢铵等化肥促使其生长，并及时除草，注意病虫防治。当年苗高达50cm以上，第二年秋天大部分可达到100cm以上，珙桐苗高达30cm且地径达0.4cm时可出圃栽植。

②扦插繁殖

用一年生枝条做插穗，插穗长15～20cm，直径0.3cm以上，每个插穗上至少要有2个节间、2个芽，插穗切口要平滑，不伤皮。每年3月上旬，在土壤刚化冻，芽萌动前扦插。扦插前应细致整地，施足基肥，使土壤疏松、水分充足。行距为20cm，株距为10cm。插穗角度以直插为主，插穗深度因环境条件而异。过深土壤氧气不足，不利于插穗生根，过浅枝条外露太多，蒸发量大。造成插穗大量失水而干枯。如果在扦插时气候寒冷而干燥，插后上端应适当覆土；在较旱的条件下，上端与地平；在温暖、湿润条件下，上面第一个芽微露地表即可。插穗成活后，要适时做好灌溉、松土、除草、施肥和病虫防治等工作。

扦插时插条切勿倒插，插后要踏实，使插穗和土壤密接，严防插穗下端蹬空，插后立即灌足水。扦插育苗的成苗率在60%左右。扦插前若用1000mg/L的ABT生根粉对插穗进行处理，成苗率可提高10%～20%。

③嫁接繁殖

珙桐的嫁接选用2～3年生实生苗做砧苗，插穗宜选取开花树的树冠外围、向阳、无病虫害、健壮的当年生枝条，在落叶后采集，最迟在枝条萌发前2～3周采集。嫁接的方法主要采取枝接和“T”字形芽接两种办法，枝接在砧木树液开始流动时进行，“T”字形芽接一般在7～9月树木生长旺盛季节进行，其中“T”字形芽接法适合粗壮的砧苗。

18. 柿树

学名：*Diospyros kaki*

科属：柿科柿树属

(1)生态习性

性喜温暖，较耐寒，根发达。吸水吸肥力强，抗旱，耐瘠薄。喜黏重的中性土壤，耐微酸或微碱的土壤。

(2)繁殖方法

以嫁接繁殖为主。

1)砧木培育

①砧木

柿树的砧木苗主要是君迁子，俗称黑枣、软枣。黑枣种子发芽率高，出苗齐，根系发达，生长较快。播种后需及时管理，当年就可嫁接。黑枣苗嫁接柿树亲和力强，结合部位牢固，成活率高，抗寒、抗旱，是我国北方繁育柿树的良好砧木苗。

②种子采集和处理

黑枣种子一般在10月下旬采收。采集充分成熟的果实，堆积软化，搓去果肉，用水洗净，取出种子经阴干即可秋播育苗。春播则需将洗净的种子阴干，用湿沙层积贮藏或将阴干的种子装入筐内或麻袋内置于通风干燥的地方贮存。播种前1个月，将湿沙层积贮藏的种子移至温度适宜的地方，扣好塑料薄膜并洒水翻动，保温催芽，待有1/3的种子破嘴露白后即可播种。未经湿沙层积贮藏的种子，播种前可用两开一凉的热水浸种。浸种过程中要进行充分搅拌，使之受热均匀。经浸种处理的种子要浸泡2～3天，每天换水1次，种子吸水膨胀后用指甲能掐动种皮时即可播种。或采用经浸泡的种子，按1∶2的种沙与湿沙比进行充分混合后置于避风向阳处，用湿草片或湿麻袋覆盖后再用塑料薄膜密封覆盖进行保温催芽，注意每天中午高温时隔1～2小时翻动1次。待有1/3的种子破嘴露白后即可播种。

③苗圃准备

苗圃地应选择背风向阳、排水良好、土壤疏松的地块。播种前要结合土壤深翻，施足底肥、浇足底水、整平耙细、作畦、开沟，沟深2～3cm，播种后稍加镇压，并在畦面上覆盖地膜，可起到提高地温、保持湿度、出苗整齐的效果。当幼苗出土后长出2～3片真叶时进行间苗。按株距10cm间苗或补苗。出苗后15天左右要进行蹲苗。5月下旬至6月上旬结合浇水，每平方米追施尿素15g左右，及时中耕除草。砧木苗生长到30cm左右或嫁接前20天，采取扭梢或摘心措施，促进砧木苗加粗生长，秋季即可芽接，不足嫁接标准的等到第二年春季枝接或开花时期芽接。

2)嫁接与管理

接穗选择要符合区域化的要求，做到品种纯正，品质优良，无病虫害。为提高嫁接成活率，应选择充实粗壮的枝条作接穗。优良新鲜的接穗生命力强，形成层细胞分裂速度快，嫁接容易成活。由于柿树含有大量的单宁物质，此物质与空气接触极易氧化凝固，形成黑色的难以通气透水的隔离层，这是柿树嫁接成活率低的一个主要原因。一般接穗失水后出现黑色，成活率极低，故柿树接穗的保鲜特别重要。

①枝接

枝接是柿树的传统嫁接方法。所用接穗应为15～30cm长的生长健壮的发育枝或结果母枝，在秋季落叶后采集接穗。接穗修整后每20～30根1捆，挖沟用湿沙埋藏备用，冬季注意保湿，早春避免升温过快，第二年春季，在砧木苗已萌动而贮藏的接穗萌动前进行嫁接。方法可用劈接法、皮下接法或腹接法。砧木苗要粗壮，地径不小于1.5cm。接口要用塑料条绑扎紧实，再用完好的白色塑料袋将接穗全包保湿为宜。

②芽接

因芽接时期不同，选择接穗的具体方法也不一样。

花期带木质芽接：第一年5月上旬，选好生长健壮的发育枝，并在基部环割。秋季落叶后，将经过环刻的枝条剪下作接穗，并用石蜡封蘸后打成小捆，挖沟后用湿沙埋藏，第二年花期使用冬藏的接穗嫁接。因为花期单宁含量较少，容易成活。所以花期芽接成活率一般在95%左右，是目前柿树嫁接成活率最高的方法。

一般芽接：在砧木和接穗都离皮的6~7月进行。方法可用"丁"字型芽接、"工"字型芽接、方块型芽接，以方块型芽接的成活率高。砧木苗要粗壮，地径不少于1cm。为提高嫁接成活率，接穗要选择生长健壮、接芽饱满、皮孔清晰的当年生发育枝，芽片要适当大一些，也可带一层木质部。接口应朝北，避免阳光直射，减少水分蒸发。接口上下要用塑料条绑紧缠严，注意接芽下部要紧贴砧木，以免四周皮层愈合而接芽枯死。夏季采集的接穗，为防止病虫传播和水分蒸发，可放在1%的石灰水中浸泡3~5小时，捞出置于阴凉背风处并盖以湿布。随采随泡，随接随取。

柿树所含单宁物质影响嫁接成活，所以不论枝接还是芽接，在熟练掌握嫁接操作技术的前提下，嫁接操作动作要快，尽量减少单宁氧化形成隔离层的机会，这是影响柿树嫁接成活率高低的关键。嫁接苗木的管理是培养优种壮苗的重要措施，首先要及时检查接穗、接芽的成活情况，不失时机进行补接，解除绑缚物，以免形成"蜂腰"被风吹断；其次，柿树叶片大，容易招风，当嫁接苗生长到20~30cm时要设立支柱保护；再者，要加强肥水管理，及时中耕除草、除去砧木萌蘖，减少养分消耗，促进接穗、接芽新梢生长；最后，要及时防治病虫害。

19. 结香

学名：*Edgeworthia chrysantha*

科属：瑞香科结香属

(1)生态习性

性喜半阴。喜温暖湿润气候，不耐寒。根肉质，怕积水，要求排水良好的沙壤土。在北方作温室栽培。

(2)繁殖方法

1)分株繁殖

于植株落叶后至萌芽前进行，一般是12月至次年3月，分株时注意保留根系完整及保留部分土壤，确保其成活率。

2)扦插繁殖

一般于2~3月或6~7月进行，剪取前一年生枝条，插穗长15cm左右，基质可用纯沙或园土，插后喷足水用遮荫网覆盖，注意保持湿度，30多天即可生根，50多天左右可定植。

20. 刺桐

学名：*Erythrina variegata* var. *orientalis*

别名：木本象牙红、象牙红、龙牙花

科属：豆科刺桐属

(1)生态习性

性喜光，栽培处宜日照充足。耐高温，适合生育适温约23~30℃。喜土层深厚，地势高燥而排水良好的沙质土壤，耐贫瘠。

(2)繁殖方法

1)播种繁殖

乔木状的种类易结实，可用于繁殖，种子 9 月成熟，采后置通风处阴干。可随采随播或混于干沙中贮藏到第二年春播。播种前需用60℃温水浸种 1 昼夜，多采用条播，种子少时可用点播法。实生苗 1 年后即可出圃或定植。

2)扦插繁殖

刺桐为落叶灌木，在南方或原产地长成小乔木状，多用扦插繁殖。华南地区可于 2～3月进行，北方宜在 5～6 月扦插，剪取 2～3 年生的枝条作插穗，剪成 20～25cm 左右一段，斜插入沙床、泥炭土等基质中，插后需浇水保湿，极易生根成苗。

21. 杜仲

学名：*Eucommia ulmoides*

科属：杜仲科杜仲属

(1)生态习性

性喜光，稍耐阴。对温度的适应性很广，耐寒性强，能耐 −20℃低温，年平均生长温度 13～17℃。对土壤要求不严，无病虫害。

(2)繁殖方法

1)播种繁殖

①种子采集

采种母树应选择生长健壮、无病虫害和未剥皮利用的 20 年生以上的壮年树。选定的母树挖取后，截去树冠，保留干高 3m，按 4m×6m 株行距定植，使其重新萌发新条，留养5～7 个分枝构成自然开心型树冠，以扩大结实面。加强管理，移后 2～3 年，母树林即普遍开花结实，产种量逐年提高。移植后第 10 年，单株产籽量平均有 2.7kg，每平方米达 0.1kg。另外，杜仲为雌雄异株植物，采种圃要配植雌株作授粉树。

杜仲种子成熟的特征是果皮呈栗褐色、棕褐色或黄褐色，有光泽，颗粒饱满，胚乳白色，子叶扁圆筒形，米黄色。果实成熟后虽不立即脱落，但应适时采集。一般是在霜降以后树叶大部分脱落，果皮呈栗褐色、棕褐色或黄褐色时，选无风或微风之日，用竹竿轻敲或摇动树枝，使坚果脱落在铺于母树附近的收种布上。若采收过早，胚的发育不健全，果实含水量高，采后容易发热霉变，丧失生活力。采集过晚，果实易风吹飘散，难以收集，寒冷地区还易遭受霜冻危害。采集的坚果去杂后置通风阴凉处晾干，切勿烘烤暴晒。坚果即为播种材料，通称种子，净度 90% 以上，千粒重为 58～130g，每千克带翅坚果 7600～17500 粒。

贮藏时含水量应在 10% 以下，在室温下普通干藏的杜仲种子很难长期保持生命力。供第二年育苗的种子如不冬播，应当混沙层积越冬。如果需要较长时间地保持发芽力，必须在低温下密封干藏。在 4℃条件下密封干藏半年后的发芽率为 99%，室内普通干藏半年的则仅为 15% 左右。

春播用种最适宜用湿沙贮藏。在计划播种期前 30～50 天，以 1 份种子和 10 份湿沙混合，沙的湿度以手握不流水为度，铺于阴凉通风的室内地面(不用水泥地)，厚度

30~40cm，经常保持种沙湿润，室温5~6℃，每隔10~15天检查翻动一次，防止因过分潮湿或干燥而使种子霉变或失水。一般1个月左右种粒即可充分吸水膨胀，待翅果顶端缺口稍露白尖，既胚根开始伸长时，播入圃地。采用这样低温湿藏催芽方法，大面积育苗的平均发芽率高达80%，较采用干藏方法于播前进行温水(40℃)或冷水浸种催芽，发芽率提高15%~25%，其出土整齐一致，成苗率高。湿沙贮藏时间，应根据各地的气候情况与播种期密切配合，过早、过迟均不利于发芽成苗。

②播种方法

杜仲苗木培育常用采用两种方式，即圃畦播种育苗和温床播种。

a. 圃畦播种育苗

适用于温暖气候地区，圃地应选择土壤疏松肥沃、湿润而排水良好的微酸性至中性的土壤，冬前深翻，冬后浅犁，结合施基肥，基肥用量为每平方米堆肥3kg、饼肥150g、草木灰200g，并混成粉状施用，而后作畦进行土壤消毒。

经过低温湿沙贮藏催芽的种子，一般在2~3月中旬日均温已稳定在10℃以上时，即可播入圃地。播种越早，发芽率越高，苗木生长越好。未经低温湿沙贮藏的种子，在气候温暖地区适宜播种期应在1~2月，最迟不能超过3月中旬。

播种方法采用宽幅条播，播幅20cm，播沟(边)距20cm，每沟均匀播种60~80粒。根据种子千粒重、纯度和生活力具体情况，每平方米播种量在7~15g之间，播后覆土1~2cm。湿沙催芽的种子，播后15天左右即可出土；浸种催芽的干藏种子则需25~30天。

种子发芽期间，圃地管理除覆盖外，应在春旱期间进行圃畦灌溉，特别是经过湿沙贮藏催芽的种子，发芽过程已经开始，应经常保持圃畦湿润。

种芽出土以后，幼苗进入生长初期，此时苗木嫩弱，地上部分生长缓慢，除应进行松土除草之外，特别注意立枯病和地下害虫防治。每周定期喷波尔多液1次。当幼苗出现2~3片真叶时，即可施用第一次追肥，每平方米施用尿素1.5~2.5g，兑水300g，施于沟间。6~8月为苗木速生期，每月最高生长可达20cm以上，此时应加强中耕、除草和灌溉。每月应施用追肥一次，每次用尿素2kg，对水施于播沟间。其中8月一次施肥应在中旬以前进行，防止生长后期徒长，遭受冻害。此外速生期开始，即应进行间苗工作，每播种沟定苗25~30株。9月苗木生长进入后期，此时主要注意预防早霜危害苗梢。

b. 温床播种

适用于气候比较寒冷的地区。温床选排水良好，便于管理的土地，挖深0.3m、宽1m、长10m的长方形土坑，原土全部取出，表、底土分放，床底略有倾斜，以便于排水，而后铺垫一层10cm以上厚度的新鲜马粪，上面覆盖拌匀的煤灰、火土灰、过磷酸钙和表土。播前需要浸种3天，并充分浇灌底水，播后用塑料薄膜覆盖，封闭温床，增温催芽。一般温床土温可较床外土温提高2~4℃，播种后10~15天即可出土，待2~3天后子叶展开，真叶初露时，即成丛掘起芽苗，在预先作好的移植圃畦上，按行距20cm，株距10cm以上木棍扎孔，每孔植芽苗1株。床土干燥，移后浇水1~2次，成活率在95%以上。这种育苗方法的优点是能提早播种期约一个月，缩短种子发芽期，节约用种，省去间苗工序，保证每株苗木有适当的营养面积，便于集约经营管理。

②无性繁殖

杜仲的萌芽力很强，无性繁殖可采用扦插法、留桩再生法、伤根萌芽法、压条繁殖法、条根繁殖法。

a. 扦插繁殖法

苗圃地选择应以阴凉、湿润、腐殖质较多的半沙质土壤为好。扦插时间宜为早春新叶未萌发之前，一般惊蛰前将一年生的新枝条剪下，切成有5个芽的插穗，上部一个芽要与顶端切面相平，下端切口面成马蹄形。这样随切随插入苗床中，深度为插穗的2/3，株距8～10cm，行距20～25cm。插好后经常保持畦土湿润，高温季节还要搭棚遮荫，以保持阴凉湿润，有利新生根生长，在夏、秋季节要除草，结合追肥，第二年春即可移栽。

b. 留柱再生

在5～6月，立夏至夏至，砍伐杜仲树时，不要把树桩挖掉，因砍伐后的树桩能够很快地萌发再生，这个期间砍伐的过30～40天就能萌芽再生，7月砍伐的要过60～70天才能萌芽新苗，有的到10月还要发芽，萌发的嫩苗容易冻死。一个树桩有的能抽芽数株，要在萌芽根部培土，以利新根生长，第二年春就可挖取移栽。

c. 伤根萌芽法

由于杜仲的萌发力很强，可把大杜仲树的主根皮挖伤，然后覆盖泥土，也能萌发生长新苗(一般在惊蛰前伤根较好)，过一年后，也可切下移栽。

d. 压条繁殖法

在早春季节雨水前后将杜仲幼苗的枝条用泥土或砖、石块压入土中，只要土壤湿润，湿度适宜，深约8～12cm，枝稍露外，使枝条萌发新根，第二年就可切下移栽。

e. 条根繁殖法

在种子育苗地内，春季挖苗定植，将主根下端留部分于土中，再把原林地加以整理，待其萌发成苗后，再挖取根上的萌蘖作苗木。

22. 无花果

学名：*Ficus carica*

别名：蜜果、奶浆果

科属：桑科无花果属

(1)生态习性

适应性强，喜肥沃、湿润的沙性土壤，也能耐阴和－10℃的低温。

(2)繁殖方法

1)扦插繁殖

①选择插穗

9月中下旬，选取健壮无病的母株上当年生顶梢枝或侧枝作插穗材料。一般选择中部组织充实的部分为好，要求插穗长20～25cm，保留2～3片叶，大叶可剪掉1/3。插穗上剪口应距芽2cm左右，以防剪口抽干影响第一芽的萌发，下部剪口在节下1cm处剪断，用快刀削平，要求越平滑越好。每30～50根为一组，用0.2%高锰酸钾溶液浸泡下端5秒钟后，再用500mg/L的ABT 2号生根粉浸泡30分钟备用。

②苗床准备

苗床宽1.0～1.2m、深25～30cm，长视棚宽而定。在床内铺20cm左右的经0.05%甲基托布津消毒的2∶1腐殖质土与河沙混匀物，再覆以5～10cm的细沙或锯末，平整后备用。

③扦插

将浸泡后的插穗按15cm×20cm的株行距进行扦插。为避免下剪口损伤，可先用稍粗于插穗的竹棍在苗床上插孔，然后将插穗放入，并随时将四周基质压实，及时喷水以防叶片萎蔫并确保插穗与基质充分紧实。插畦后喷施1%的甲基托布津或0.1%的百菌清溶液，防杂菌感染，然后扣上小拱棚。

④插后管理

无花果绿枝扦插后，当棚温控制在20～30℃时，很快就能生根。生根期间，可结合杀菌消毒喷水2～3次，一方面促进根系生长，另一方面保持土壤湿度。到10月中旬，生根苗根系生长减缓，组织进一步充实，这时要加强防寒措施。首先揭开小拱棚，在苗床上覆盖5～10cm的麦糠或锯末，喷透水，扣上小拱棚。棚上加盖草苫，在天气晴朗的上午10：00～下午15：00揭苫，以增温保湿见光。进入2月气温逐渐回升，这时要注意早揭苫晚合苫，灵活掌握小拱棚放边风，以保持空气畅通，防止烧苗，促进根系活动。3～4月份要及时清除病株、杂草，去除小拱棚，同时加速炼苗进程。在防止苗木变干的前提下，逐渐减少喷水次数和喷水量，进行抗旱锻炼。最后苗木在除去保护设施后能够正常生长，即可为移植作准备。另外可结合喷水进行叶面喷施，选用0.2%的磷酸二氢钾或光合微肥，促进苗木生长。

⑤移栽

4月下旬到5月上旬，经炼苗后的苗木即可移栽，栽前选择地面平坦、土质疏松、排灌方便、交通便利的地块建园。起苗时逐株挖取，尽量保留根周围的基质，栽植时将苗放入事先挖好的定植穴内，然后覆土压实并及时浇水，并适当遮荫。最好选在傍晚或雨前栽植，以后每隔3～5年浇1次水，可减少缓苗期，提高成活率。

2)压条繁殖

6～8月间，从无花果大株上选取上部生长健壮有3～4个分枝的带果老枝，并从距分枝以下8～10cm处用利刀进行环状剥皮，宽为1cm，然后用透明塑料薄膜包裹在塑料薄膜内的环割部位加入湿泥，泥中加入少量化肥，然后将薄膜上下两端用绳捆好，便形成了高空压条，由于带叶的高空压条叶片较多，光合作用制造的养分向下运输到环剥处积累较多，能促进很快生根，经过10～15天就可发现透明塑料薄膜内有白色根系出现，经过20天左右即可从环割部位下方剪断，然后上盆，先放在半阴处养护半月，再移至阳光处即可成苗。

23. 连翘

学名：*Forsythia suspensa*

别名：黄寿丹、黄花杆

科属：木犀科连翘属

(1)生态习性

原产于中国北部、中部及东北各省。性喜温暖，湿润气候，也很耐寒，喜光，略耐阴。对土壤要求不很严格，能耐干旱和瘠薄。在中性、微酸或微碱性土壤均能正常生长。

(2)繁殖方法

1)播种繁殖

在秋季8~9月采集连翘种子，挑选成熟果实，晒干、敲打，去掉杂质得到纯净种子。贮在-5~10℃条件下，第二年3月10日左右，开始催芽(距播种还有25~36天)。方法是将种子在1∶2000的赤霉素酒精溶液中浸泡3~4小时，打破休眠；再按重量1∶1000的比例与湿河沙充分混合，置于14~20℃条件下，30天左右即可发芽。然后条播到已备好的宽120cm、高15cm的畦中，深度为2cm、行距30cm，每畦3行。及时浇水、除草，当年可长到60~90cm。

2)分株繁殖

秋末上冻前，把丛生的连翘3~5个枝条为一组，从母株上竖着切下，用生根粉水溶液浸泡3分钟，立即栽入备好的坑穴内，浇透水过冬。也可以在春季4月土层化冻35cm左右时，按上述方法分株、移栽。

3)扦插繁殖

花期后选连翘母株上生长旺盛的二年生枝条，从根部剪下，截成35~40cm段，把形态好的下端用生根粉水溶液浸泡10~20分钟，然后按株行距10cm×25cm，插入备好的苗床中。用铁条或细竹做弓形支架，上覆盖塑料布，并适当遮荫，浇足水分。成活率在95%以上。第二年可移栽。

4)芽播繁殖

①插穗选择

于11月末至翌年3月初选择生长健壮连翘作母树，从母树上剪取当年生径粗0.4mm以上的木质化的枝条做插穗，将插穗按0.8~1m长剪取，去掉未木质化或粗度不够的部分，切口上下分开摆齐，每50~100根绑扎成捆，存放在窖里，用湿沙埋好。注意保湿或防止发霉。将插穗两个芽中间剪成短穗，即所谓的芽，穗长3.5~5.5cm。播种前将芽浸泡24小时。

②苗床准备

选择土壤疏松、排水良好、便于管理的地段作芽播床，将土壤翻耕并整平，做成高床。长、宽、高为5m、1m、0.3m的苗床，床面要求平整。芽播前5~7天用0.2%的高锰酸钾溶液喷洒床面，进行消毒处理。

③芽播

芽播时间为4月中、下旬，播前将床面均匀喷水，再将剪好的芽按株行距5cm×10cm平放在床面上，用细河沙覆盖，厚度为1cm。播后要及时浇透水，床上搭拱架，罩上塑料薄膜或覆草。

24. 大叶白蜡

学名：*Fraxinus americana*

别名：花曲柳、苦枥白蜡树

科属：木犀科白蜡树属

(1)生态习性

原产北美，在我国主要生长于新疆天山南北，苗木具有二次生长的特性。喜光树种，适生于深厚肥沃及水分较好的土壤上。根系深而发达，具有较强的抗寒性，对气温适应范围较广，年平均气温 5.5～14.4℃，7 月如最高气温 47.6℃，1 月极端低温 -36.8℃条件下，都能生长。但耐干旱的能力较差，当 7～8 月相对湿度为 45% 左右的情况下，叶缘发黄甚至脱落。当土壤含盐量低于 0.5% 时仍能生长。

(2)繁殖方法

主要以播种繁殖。

1)种子园建立

按照选优规定的方法和要求，选择优良单株，建立种子园和采条圃。大叶白蜡为雌雄异株，建园时要采用隔行间种法，每栽两行雌性无性系，就栽两行雄性系，各无性系的配置按错位排列，成林后将雌雄无性系各划一行。同时还可建立采穗圃供繁殖用。种子园周围应设立 170m 宽的隔离以防不良植株的花粉侵入。

2)种子采集

采种于 9 月中下旬进行，当翅果干燥、果皮由黄绿色变为黄褐色时，应选择生长健壮、结实良好、无病虫害的树木作为母树，进行采种。新鲜种子含水量约 30% 左右，应充分晾干，装入麻袋，放在干燥通风室内储藏备用。种子成熟后还能长期挂在树上，待第二年春树木发芽时才脱落，因此也可以到春季种子处理前再采种，并不降低种子质量。

3)苗床建立

选择在土层深厚肥沃、排水良好的沙壤土。深翻土地，细致做床。秋播时，伏耕晒地深翻 25cm，9 月中旬第二次犁地 20cm，每平方米施有机肥料 4.5g，然后细耙细耱，平整去杂。春播时，前一年秋翻 25cm，不耙不耱，使土壤风化并积雪。在有条件的地区可用冬水泡地，待次年积雪融化、土壤含墒时，进行耙地并施入积肥，接着第二次抢墒犁地，深 15cm，做到边犁边耱，碎土去杂，平地做床。做床以平床为主，其大小视土地平整程度而定，多以 50m×5m 为宜。

4)播种育苗

播种育苗分秋播和春播两种。秋播种子不必处理，采种后即可在 10 月中下旬播种。播后秋灌，次年春发芽早，出苗齐。春播种子需作催芽处理，多采用湿沙处理。方法有二：其一是入冬前，选择排水良好处挖 1m 深的坑，坑底铺 5～10cm 细沙，把沙子和种子按 3∶1 的比例拌好后，放入坑内，厚达 40cm 以上，再盖蒿秆 20cm，寒冬来临时覆上堆雪，第二年春待种子大部分吐白时即行播种。另一种方法是在播前 25 天处理，用 60℃的温水浸种 10 分钟，待翅果变软，加冷水浸泡 24 小时，吸足水分后捞出，再用湿沙层积催芽，用麻袋覆盖，每隔 5 天翻动一次，20 天左右有 30% 种子露白，筛出种子，即可播种。时值 4 月下旬至 5 月初。

大叶白蜡种子千粒重 71g 左右。一般种子发芽率 80%～85%，每平方米播种量 5～

6g。条播行距 60cm，也可采取 25cm×60cm×25cm 带状条播，每平方米下种 50 粒，深度 3cm，春播宜稍深于秋播。做到撒种均匀，边播种、边覆盖、边镇压，以防土壤失水影响种子发芽。

秋播后要灌好冬水，次年开春后及时横向耙地。幼苗现行后应及时松土除草。当幼苗现出 3～4 片真叶时，进行定苗，选留叶片大而根茎粗壮肥厚者，按株距 5～10cm，每平方米保留 20～30 株。在幼苗刚出土时还要防晚霜冻害和蝼蛄等害虫。此后要及时灌水、松土、除草和追施肥料。松土除草全年 6～7 次。

25. 绒毛白蜡

学名：*Fraxinus velutina*

别名：津白蜡

科属：木犀科白蜡树属

(1) 生态习性

原产北美，为暖温带喜光树种。幼树耐阴，在年平均温度 12℃，一月平均温度 -4℃；绝对最高温度 40℃，绝对最低温度 -18℃，全年无霜期 238 天的条件下，均能种植生长。萌芽时要求温度 10℃，展叶开花的温度为 12℃。当秋冬温度下降到 5℃开始大量落叶。耐水湿，甚至连续 2 天降雨量达 262mm 和水浸泡 30 天的情况下，生长依然正常。绒毛白蜡对土壤要求不高，在含盐量 0.3%～0.5% 的土壤上也能生长，并具有一定的抗毒性气体的能力。

(2) 繁殖方法

以播种繁殖为主。

1) 种子采集

绒毛白蜡树龄为 8～9 年时开始结实，种子遇风容易脱落，成熟后要及时采集，采集时要选择优良母株，采集后晾干、风选、去瘪除杂，不用去翅。秋播在圃地整好后可直接播种，春播将种子装入袋内贮藏在干燥通风地方备用。种子千粒重 22g，发芽率 75%～85%，发芽势 69%，发芽温度(地温)10℃。

2) 播种

通常采用大田条播育苗。育苗前进行深耕细耙，耕前施足底肥，并进行土壤消毒，灌足底水使土壤保持湿润。

①秋播

在 11 月下旬至 12 月上旬采种后即播，这样可以提早发芽，又可以免去种子处理贮藏与催芽处理。秋播覆土要比春播厚，覆土厚 4～5cm。播后浇水，第二年 2 月初土壤解冻前再浇一次，以防春旱，至 4 月上旬地温达 10℃即萌芽出土，一般比春播早发芽 10～15 天。

②夏播

4 月下旬播种。播种前将种子用 40～50℃温水浸泡 24 小时，然后捞出放入竹箩筐里，置于室内催芽(室内温度保持 25℃)，每天用温水冲洗 1～2 次，种子裂嘴即播。条播行距 60cm，播幅 10cm，开沟深度 3～4cm，覆土 3cm，每平方米播种量 45g，每平方米产量 15 株，一般 10 天左右即可出齐。春播时若墒情不好，在灌水后再整地或先浇沟，等水渗下再播种。如土壤黏重，为防止春旱土地龟裂，覆土时顺沟培垄，厚5～6cm，然后再进行全面浇灌，种子开始扎根时立即将垄背土撤去2～3cm；3～4天后即可出齐苗。

幼苗出土后，注意保墒，中耕锄草，10～15天开始间苗，株距8～10cm定苗。注意防止地老虎、蛴螬等地下害虫。6～7月加强追肥。幼苗萌芽力强，应抹芽1～2次。

一次移植后，再定植培育大苗，移植苗株行距40cm×120cm，苗高1m以上剪去部分枝条，1m以下的可截干移植。一年后定植大苗株行距为80cm×120cm，加强苗期管理。

26. 银杏

学名：*Ginkgo biloba*

别名：白果、公孙树

科属：银杏科银杏属

(1)生态习性

性耐寒，喜光。抗旱性较强，不耐水涝。喜生于温凉湿润、土质深厚肥沃、排水良好的沙质壤。生长较慢，寿命极长。

(2)繁殖方法

1)播种繁殖

①种子贮藏

一般可采用湿藏。将种子与沙子按1∶3混拌均匀。沙子湿度以手握成团，放开手后松散为度。挖坑，坑深60cm、宽80cm，长视种子多少而定。坑底铺10cm湿沙。将种沙混合物放入，距坑沿15cm，其上覆沙与地面相平，最后用土培成屋脊形。坑内插一束秸秆通气，要定期检查干湿情况。

②种子催芽

可用阳畦催芽，在向阳处挖深25cm、宽80cm的阳畦。底部放10cm细沙，然后将种沙混合物放入摊开，厚度10cm即可。保持沙质湿润，上覆一层细沙，然后用薄膜密封即可。

③苗床准备

可采用平床育苗，将土壤于秋末深翻，土壤中施入有机肥，第二年春将畦耙平整平后浇水1次，水渗后再将畦搂平耙细。

④播种时间

一般播种时间在3月中下旬至4月上中旬，适时早播为好。

⑤播种量

根据不同育苗目的可选用不同的播种量，一般常规用量在60g/m^{2}左右，有些地区如山东用量提高到150g/m^{2}以上。

⑥播种

可采用点播，下种时种子应南北放置，方向一致，胚根向下，种子缝合线平行或垂直地面，种尖横向。

2)扦插繁殖

①插穗准备及处理

一般宜在萌芽前的2月20日至3月10日之间完成扦插。插穗取自3～4年生实生苗嫁接时剪下的木质化枝条。选择健壮枝条，剪成有3～4个芽，长15～20cm、粗0.5～1cm的小段。枝条最好随取随用，不能及时应用的应打捆浸入清水中保鲜。插穗上端在上芽上方1cm处平剪，下端在下芽对侧下方1cm处用锋利嫁接刀切成单马耳形，然后抹去下芽，以诱导节处生根。插穗剪好后马上放入多菌灵800倍液中浸泡，扦插前捞出，下切口稍干后蘸500mg/L萘乙酸(配制时尽量减少乙醇用量)10秒钟。注意减少插穗在空气中暴露的时间。

②扦插

扦插前要先用小锄在畦面开深浅适宜的小沟，插穗靠沟壁垂直排放，然后覆土压实。插穗入土深度约6～8cm，地上露1～2芽。扦插密度以10cm×20cm为宜，每平方米可扦插45株。插后马上喷透水1次，然后每畦面上方用竹片做成临时拱形棚架，高约50cm，上盖遮光率70%～95%遮阳网，四周围严。

3)嫁接方法

①劈接

选用2～3年生的实生苗作砧木，砧木粗在1cm以上。每年早春砧木和接穗均未离皮时进行嫁接。选择有2～3个芽的粗壮接穗，在接穗最下端芽的两侧各削一个3～5cm长的楔形削面。两削面间的木质层应一边稍厚、一边稍薄、上端稍厚、下端稍薄。削面要平滑、清洁。在砧木平滑圆整处将其切断，用切接刀从砧木楔断面中间垂直切开，劈口长度要稍长于接穗削面长度。用竹签将劈口撬开，把削好的接穗插入劈口，至接穗面上部留0.2cm的露白，务必使接穗与砧木形成层对齐。若砧木较粗，可将砧木十字形劈开，插入多个接穗。插完接穗后，用塑料薄膜将接口绑紧。在砧木茎部嫁接，可用湿土培成土堆，将接穗埋在土堆中，土堆高出接穗顶端3～5cm。此法嫁接的工序简单、便于操作、成活率较高，且成活后长势强，树冠形成快，结果早，可充分利用山上的银杏树改接换头。

②插皮舌接

此法是在树液已开始流动，树皮易剥离的清明前后进行。这时芽眼已开始膨大，叶子尚未展开。具体操作步骤是：根据嫁接的高度，选择砧木平滑处把砧木锯断，削平锯面，选择砧木皮光滑平直的一侧，用刀削去老皮，长约5cm深达嫩皮见白。接穗上端保留两个芽，下端削一个长4～5cm长的马耳形斜面，入刀口处要陡直深些，达髓部后再向下平直斜削成马耳形，刀要锋利，削面要平滑。然后在其背面下端0.5cm处削一刀，削去下端的皮部和木质部。把削好的接穗从马耳形的下端将皮层轻轻捏开，将接穗的木质部从砧木削去一些皮处的上方插入皮层内，接穗插在马耳形上端0.2cm的空白处为止。然后用塑料薄膜扎紧，封严接口。此法嫁接，成活率也较高，成活后长势旺，树形形成快，结果早。但嫁接时间性强、操作工序较繁，技术熟练时方能提高嫁接速度和成活率。

③插皮接

插皮接的适宜时间、接穗方法、砧木处理等与插皮舌接基本相同。不同的是在接穗的背后要轻轻削一刀，以露出木质部。接穗皮不撬开，直接插入砧木皮层与木质部之间，并务必使削面在砧木的韧皮部和木质部之间，接穗的马耳形削面贴紧木质部外沿形成层。这种方法较插皮舌接简便易行。由于接穗与砧木二者形成层接触面大，因而成活率也较高。

④插皮腹接

削接穗要求与插皮接略同，但斜面需长达5～6cm，此法适用于大树的高接换头、老树更新和盆景个别部位的补枝。嫁接时于大枝光秃部位选较平滑处，横切皮层深达木质部，并将横切口以上削除老皮呈月牙形，以利接穗与砧木密接。再于横刀口向下竖割1～2cm长的切口，然后将削好的接穗慢慢插入皮层。用塑料布封盖，上下捆紧，最好用蜡封，接穗和嫁接处涂蜡。此法嫁接若方法得当，操作熟练，其成活率也较高。

⑤片状芽接

此法可在7月下旬至9月上旬进行。具体操作是：先在接穗上选取饱满芽，用锋利的芽接刀在芽的四周切成方块形，方块大小视砧木粗细而定。砧木粗，方块则大些，反之则小些。切口深达木质部，然后取下芽片。将接穗芽片贴在砧木上，用塑料膜扎紧即可。此法简单易行，应用广泛，节省接穗，大小树皆宜，成活率也较高，尤其适用于繁育珍稀优良银杏品种。

27. 木棉

学名：*Gossampinus malabarica*

别名：攀枝花

科属：木棉科木棉属

(1)生态习性

原产亚洲南部和大洋洲，云南、贵州、广西、广东等省区南部均有分布。性喜光，喜暖热气候，很不耐寒，较耐干旱。树皮厚，耐火烧。

(2)繁殖方法

1)播种繁殖

种子于5～6月成熟，熟后开裂，随风飘散，应在开裂前及时采收。宜随采随播，可采用条播法，如种子量少，可点播。播后发芽整齐，3天全部出土，播后1年，苗高50cm时可移植，二年生苗即可出圃。

2)扦插繁殖

用扦插法育苗，可剪下直径2cm以上的萌芽条，剪去枝叶，然后扦插于营养土中培育，太老的枝条无法插活。

3)嫁接繁殖

用实生苗或扦插苗作砧木，选用已开花的老枝作接穗，在早春叶片没有萌发前进行，用芽接或切接法，均可成苗，当年可开花。

28. 木槿

学名：*Hibiscus syriacus*

科属：锦葵科木槿属

(1)生态习性

喜阳，也耐半阴，喜温暖湿润气候，北方寒冷地区宜栽背风向阳处，耐干旱，抗烟尘能力强。耐修剪，用作绿篱材料时，长至适当高度宜及时修剪。

(2)繁殖方法

多以扦插法繁殖。硬枝扦插在春季3月即芽萌动前开始取穗，窖埋后扦插；绿枝插在6~7月生长期采穗，随采随插。插穗可利用修剪下来的枝条，将其削平，每枝留基部3~4个芽，上部剪去，长30cm左右，然后埋入湿土内，20~25天后，基部有愈伤组织生成方可扦插。插床灌足水，插穗入土约12cm，每3~4天灌水一次，连灌3次后中耕，以后见干再浇水。

(3)栽培管理

生长期保持土壤湿润。春季萌芽前施肥1次，6~10月开花期，施磷肥2次。通过修剪来控制株形和树姿。移植宜在落叶后进行。木槿虽较耐旱，但仍需给予充足的水分，以利枝叶茂密多开花，并应在定植时施以基肥，供多年生长开花所需。

29. 八仙花

学名：*Hydrangea macrophylla*

别名：紫阳花、绣球

科属：虎耳草科八仙花属

(1)生态习性

分布于中国长江流域以南，日本和朝鲜也有，现世界各地广泛栽培。喜半阴、温暖和湿润的环境，耐寒性不强，华北地区需温室越冬。宜湿润、富含腐殖质且排水良好的酸性土壤。

(2)繁殖方法

八仙花在生产中多采用分株、压条、扦插法进行繁殖。

1)分株繁殖

宜在早春萌发前进行。分株时先把母株从盆内倒出，抖去大部分旧的培养土，露出新芽和萌蘖根系的伸展方向，并把盘结在一起的根系分解开，尽可能少伤根，用利刀将分蘖苗和母株相连部分切割开，分别栽植。

2)压条繁殖

一年四季均可进行。选择生长健壮、半木质化的枝条，在下部靠近节的部位用刀刻伤韧皮部，用潮湿的苔藓、泥炭土或培养土将刻伤部位包好，外面再包以塑料薄膜，上下捆紧。如果温度适宜，1个月左右即可生根。在压条部位以下剪断，去掉塑料膜，上盆。

3)扦插繁殖

扦插除冬季外均可进行。春插在3月上旬~4月上旬进行，需在2月采取未发芽的一年生枝储藏备用，插穗要有2~3节，摘除下部叶片，以减少水分蒸发。也可在夏季生长旺季从基部剪取主干和侧枝上萌发的带花芽的幼嫩侧枝，摘去下部叶片，上部叶片切去1/2，插入素沙土中，放在蔽荫处养护保湿，20天左右即可发根，且成活率高。秋插多用当年生枝条，用10~25mg/L的吲哚乙酸浸泡24小时再插为好。

30. 枫香

学名：*Iiquidambar formosana*

别名：枫树

科属：金缕梅科枫香属

(1)生态习性

性喜温暖。喜光，幼树稍耐阴。耐干旱瘠薄，但较耐水湿。喜湿润肥沃、土质深厚的红黄壤土。深根性，主根粗长，抗风力强。

(2)繁殖方法

1)种子采集

枫香果实成熟时子房上部开裂，种子顶端有翅。采集种子质量状况、数量多少与采种时期和采种方法有着密切的关系。

采种时间主要取决于种子成熟度、脱落期及天气情况，过早种子成熟度低、发芽率差，过迟则种子易脱落，因此最佳采种时间应在霜降后至小雪前采集。用采种镰、球果耙等工具采摘或用竹竿敲落法去球果。果采回后，要进行干燥，以日晒自然干燥为主，使球果逐渐失去水分，再进行堆积、翻堆、日晒、翻动敲打。使果鳞裂开种子脱出，过筛去杂，装入布袋通气贮藏。

2)苗床准备

背风向阳、水源充足、排灌方便的地方，经过“二犁二耙”后按宽100cm，床高20cm以上，沟度宽30cm标准做床(垄)进行初步平床。在苗床上撒施复合肥料，每平方米45～60g，并使用疏耙工具疏松床面土壤，使肥料与土壤均匀混合，并进行平整床面，垫黄心土约2cm厚以减少杂草和病虫害的发生，这样肥料肥力集中于黄心土下约3～6cm土层内促使苗木根系向水平生长，从而达到苗木须侧根系发达密集。

3)播种

采取春播，优点是时间短、出苗快，省工省时。适时早播苗木质量好，最适宜时间应在3月中上旬春分前后播种。对枫香种子进行催芽是打破种子休眠期，提高种子发芽率，使幼苗出土齐，缩短出苗期提高苗木质量和合格苗产量。采用60℃左右热水浸种一昼夜，浸种后将种子放在竹子编制的容器中，并上下用通气的材料覆盖，每天用温水淘洗种子2～3次，催芽几天后种子露白达30%以上即可播种。

枫香每平方米播种量在0.5～1g之间最适宜。将催芽后的种子稍晾干后均匀地撒在圃地苗床上，也可采用条播，按行间20～25cm距离开沟将种子均匀地撒在沟内，并覆盖黄心土，盖度以90%以上种子不见为宜。播种后当即盖草，以防雨水冲刷导致土壤板结，并使土壤保温、保湿，提高发芽率和防治鸟害，盖草厚度以不见地面为宜。幼苗出土60%以上时，应选择阴天或傍晚时揭草。

31. 迎春

学名：*Jasminum nudiflorum*

别名：迎春花、金腰带

科属：木犀科素馨属

(1)生态习性

原产于我国北方，主要分布在华北、辽宁、陕西、山东等省。适应性强，耐寒、耐旱、耐碱、耐瘠薄，喜阳光，但在较荫蔽的条件下也能生长良好。喜排水良好的沙质壤土，水分不宜过多，以防徒长。

(2)繁殖方法

1)扦插繁殖

在早春2月中旬至3月中旬进行，采一年生充实的枝条进行硬枝扦插，剪成15cm长一段，基部切成平口，每段2~3节，入土深10cm，插后放于半阴环境，保持20℃以上温度，1个月即可生根，3个月后定植。另外在6月中旬至7月上旬的生长季节也可嫩枝扦插，将当年生枝条的基部叶片去掉，浸水后扦插，极易成活，方法同上，但插后应遮荫。

2)分株繁殖

分株多在早春进行，根据株丛大小可分成5~10丛，每丛有2~3根枝条即可，可直接上盆栽植，栽植后很快就会开花。

3)压条繁殖

压条在生长旺季时进行，压条可选用垂地的枝条，采用普通压条法，成苗较快。每个节部当年即可长出3~5根枝条，第二年春从母体切离便可作为苗木用。

32. 棣棠

学名：*Kerria japonica*

别名：黄榆梅、黄度梅

科属：蔷薇科棣棠属

(1)生态习性

产河南、陕西、甘肃、湖北、湖南、江西、浙江、江苏、四川、云南、广东等省，分布于海拔800~1500m之沟谷、溪畔湿润沙壤土地，为落叶丛生灌木。喜光，耐半阴。适生于湿润肥沃、排水良好的土壤。

(2)繁殖方法

棣棠花繁殖极易成活，常用的有分株、扦插、压条等方法。扦插时在3月初取一年生枝条，截成10~15cm长的插穗，带4~6个芽，插于做好的苗床上，(方法同常规)，插入深度为1/2~2/3，浇透水。气温过高时用草或草袋遮荫，2周左右即可生根发芽。生根后可粗放管理，只需适当的松土和除草，至第二年春季即可出圃进行移植。

33. 栾树

学名：*Koelreuteria paniculata*

科属：无患子科栾树属

(1)生态习性

耐寒、耐旱、耐瘠薄、抗污染。花期6月，满树金色，鲜艳夺目。

(2)繁殖方法

1)硬枝扦插

①插穗选择

在秋末树木落叶后，结合1年生小苗平茬，把基径为0.5~2cm的树干收集起来作为种条。或采集多年生栾树的当年萌蘖苗干、徒长枝作种条(同等粗细)，边采集边打捆。整理好后立刻用湿土或湿沙掩埋，使其不失水分，以备作插穗用。

②插穗剪取

取出掩埋的插穗，首先剪去梢部1/3部分，将剩余部分剪成15cm左右的小段，上剪口平剪，距芽1.5cm，下剪口在靠近芽下剪切，下剪口斜剪。把剪好的插穗每50枝打成一捆，叶芽方向一致。

③插穗贮藏

冬季贮藏的地点应选择不易积水的背阴处，沟深80cm左右，沟宽和长视插穗多少而定。在沟底铺一层深约2～3cm的湿沙，然后把捆好的插穗竖放在沙藏沟内，注意叶芽方向向上，单层摆放，再覆盖50～60cm厚的湿沙，让湿沙和插穗充分接触，不留空隙，以免损失水分。

④苗床准备

扦插基质以含腐殖质较丰富、土质疏松、通气性、保水性良好的壤土为好。如果地块板结，应掺适量细沙。基质中要混以腐熟的有机肥，以供扦插苗的发育。栾树萌芽较早，3月底开始萌动，基质最好秋季准备好。苗圃地一定深耕细作，整平整细，达到疏松、细碎、平整，以免灌溉时发生高处干旱，低处积水现象而导致新萌发的幼叶沾泥，被太阳晒而浆死。到第二年土壤解冻后视墒情浇水、打畦，并于扦插前10～15天覆盖地膜，以增地温。

⑤扦插

北方地区春季土壤解冻后，即可扦插。株行距一般为30cm×50cm，每可插6根左右，以旺盛生长期不搭叶为宜。先用木棍打深12～13cm左右的孔，然后将插穗直插于孔内，插穗外露1～2个叶芽。扦插时要按种条粗细，分级扦插，这样可以使苗木生长整齐，避免以大欺小。

⑥插后管理

成活期：插穗插入土壤到生根前(2～3个月)，其成活过程中，主要是利用插穗本身所贮存的营养物质，插穗的水分主要是从插穗下切口通过木质部导管从土壤中吸收的，所以必须保持土壤含水率为田间最大持水量的60%～70%。4月中旬前全光照以增地温，4月中旬揭去地膜，在地块四周立杆搭遮荫棚或拉遮光率为50%的遮阳网，以降低气温减少蒸发量。

幼苗期与生长初期：插穗地上部分生出新幼茎并已发叶后，适当施些氮、磷肥，促进幼苗生长，并适时适量进行灌溉，最好用喷灌，灌溉后及时松土，保持土壤良好的通透性，以利生根。

速生期：6月中旬，撤去遮阳网，以利于苗木光合作用，促其生长，此时追施肥料1次。

苗木硬化期：控肥控水，减小其生长量，促使其木质化。

冬季防冻：结合定植，将苗木刨下假植或涂白，使其安全过冬。

2)播种繁殖

①种子处理

栾树种子种皮坚硬不易透水，如不经处理春播，常不发芽或发芽率很低，因此需采用湿沙层积处理后，种子用水浸泡3天，每天换1次水，然后进行低温层积沙藏，沙藏时间从 11 月中旬至次年 3 月中旬，于 3 月中下旬将层积处理后的种子进行催芽，待种子 1/3 时即可播种。

②苗床准备

深翻过的地块在土壤化冻后开始整地，按垄距 60～70cm 作垄。每平方米施有机肥 3kg、复合肥 0.5kg、硫酸亚铁 0.06kg、50% 多菌灵可湿性粉剂 0.38g 和 3% 辛硫磷颗粒剂 3.0g 进行土壤处理，以杀灭病原菌，防治地下害虫。

③播种

播种时间一般为 3 月中旬，在垄上开沟、浇水后进行播种，用种量 30～50kg，覆土厚度为 3cm，然后按垄覆盖塑料薄膜，以保墒增温，促发芽整齐，4～7 天苗即可出齐，此时要选择时机及时去膜，以防烧苗。

34. 猬实

学名：*Kolkwitzia amabilis*

科属：忍冬科猬实属

(1)生态习性

原产中国，分布于河南西部和西北部、甘肃东南部、陕西东南部、山西东南部和西南部、湖北东部和西北部、安徽西南部。性喜光，耐半阴。耐寒，华北地区可露地越冬。耐旱，不耐高燥，宜栽植在稍有遮荫的地方。喜肥沃湿润、排水良好的沙质土壤。

(2)繁殖方法

1)扦插繁殖

一般于 6～7 月取嫩枝扦插，剪取当年生木质化枝条，剪成 12～15cm 长的插穗，插入事先整好的苗床，扦插深度以插穗的 1/2～2/3。插后覆盖塑料薄膜，以保持湿润，一般 20 多天可生根，第二年春移植于露地。

2)播种繁殖

应在 9 月采收成熟果实，轻轻捣碎果皮，用水洗净种子并阴干，入冬后将种子用湿沙层积贮藏，第二年春 3 月下旬至 4 月上旬插入苗床，14～20 天即可出苗。

3)分株繁殖

分株于春、秋两季均可，秋季分株后假植到春天栽植，易于成活。苗木移栽，从秋季落叶后到次年早春萌芽前都可进行。雨季要注意排水，开花后适当疏修剪，促使来年花繁色艳。

35. 紫薇

学名：*Lagerstroemia indica*

别名：痒痒树、百日红

科属：千屈菜科紫薇属

(1)生态习性

喜阳光，稍耐阴。有一定抗寒力，在华北可露地栽培安全越冬。耐旱忌涝。对土壤肥力要求不严，喜肥沃湿润且排水良好的土壤。萌蘖性很强，生长较慢，但寿命很长。

(2)繁殖方法

1)扦插繁殖

①扦插时间

在3月中旬～4月上旬春插；在6月中旬～8月夏插。

②插穗采集

选用1～2年生的旺盛枝，枝龄越小的生根性越好。春季的硬枝，为阳面枝、侧枝、萌蘖枝，营养丰富、组织充实。

③扦插

将插穗截成15～20cm，插入土中2/3处，基质以疏松、排水良好的沙质土壤为最佳，不需太多养分，只要通气良好、保湿性好、不含病虫菌即可。

④插后管理：插后要注意温度、湿度、光照等外界环境因素的调控。如果管理不当会导致植株苗死亡，尤其温度，对插穗生根影响很大，温度适宜则生根快，一般温度在15～25℃较适宜，原产热带的种类要求温度较高一些，而且生长期扦插比休眠期扦插的温度要高一些，因此温度不可太低。

基质湿度保持在50%～60%之间，而空气湿度则要更高一些。基质湿度不可过高，否则基质的通气就会不良，含氧量低，甚至会使扦插基部由于缺氧而导致根部窒息腐烂。

⑤嫩枝扦插

除了春季硬枝扦插外，还可采用夏季嫩枝扦插。注意遮荫，不要光照过强，否则水分蒸发过快会导致植株萎蔫，另外还要注意保湿。最好采用全光弥雾扦插，成活率高，且利于苗木工厂化生产。

⑥老干扦插

紫薇还可用老干扦插，方法与上述相同。于春季选择3年以上的枝，截成20～30cm的插穗入土2/3，注意保湿。这种方法经常用于树桩盆景材料的培育。

2)分株繁殖

一般在春季萌动前将植株根部的萌蘖切割后栽植即可。紫薇分蘖较多，因此很适用于这种方法。将紫薇母株周围地面上自然萌发生长的根蘖苗带根挖出，挖掘时不要将母株的根系损伤太多，以免影响母株的正常生长，然后将带有根的萌蘖苗进行适当的修剪，一般留干茎基部3～4个芽剪断，如有两株相连的苗，可在带根处断开，分别进行栽植。在生产上常用将母株进行切根的方法来促使根蘖发生，以产生更多的分蘖苗。

3)播种繁殖

于10～11月采下蒴果，经晾晒，果开裂，去皮净种，干藏。待第二年2～3月播入沙土床中，上盖薄土，保持土壤湿润，4月即可出苗。幼苗期间稍庇荫，在幼苗生长期保持土壤湿润，每隔二三周施薄肥1次。立秋后施1次过磷酸钙，每平方米约20g。在肥沃的圃地上管理得当，实生苗第2年即可开花，第2～3年定植。定植时，应将各色花分栽。

36. 鹅掌楸

学名：*Liriodendron chinese*

别名：马褂木

科属：木兰科鹅掌楸属

(1)生态习性

中性偏阴树种，适宜于湿润肥沃的酸性或微酸性土壤，喜温暖潮湿、避风的环境，能耐3℃低温，抗病虫害能力强。

(2)繁殖方法

繁殖以播种育苗为主，也可进行扦插、压条繁殖。

1)播种繁殖

①人工授粉

鹅掌楸的花为两性花，但因其雌雄蕊成熟不一致，导致自然受粉率低。一般发育成熟的种子仅占种子总数的8%左右，所以自然种子的发芽率、成苗率都很低。人工辅助授粉可以提高授粉率，促进种子发育。授粉时若能用北美鹅掌楸的花粉，则种子生长发育更好，后代的抗寒性也强。

②采种

果实一般10月成熟，当果实呈褐色时即可采收。采种时选择生长健壮的15～30年生的母树，或人工辅助授粉的种树，将果枝剪下在室内阴干，然后放在日光下摊晒，待具翅的小坚果自行分离脱落后，晒干、去杂、保存。保存种子既可干贮，也可沙藏。干贮时用布袋挂藏在通风干燥处，也可用种子柜干贮。沙藏时可先铺一层沙，再铺一层种子，然后一层沙一层种子均匀铺放。种层的厚度以1～2cm为宜，沙的厚度以盖住种子为准，最上面一层沙可略厚，然后浇水保温。沙堆的湿度不宜大，否则种子易霉烂。沙的湿度以手握成团，松手既散为标准，沙藏过程中保持湿度。

③播种

选择避风向阳、土层深厚、肥沃湿润、排水良好的偏酸性壤土作苗床，施足基肥，深耕细翻，挖沟筑床。苗床以东西向为好，苗床的宽度以不超过2m为宜。为提高出苗率，播前应催芽。将贮藏的种子晒1～2次，用30℃温水浸泡一天，然后捞出并用湿棉布蒙盖，保持20℃的温度，每2天用温水淋种一次，7天左右种子开始露白，这时即可播种。播种期宜选在3月中上旬，以5cm深处地温稳定在10℃以上为标准。播种量参照种子发芽率来确定，若是自然授粉的种子，每千克可播15～20m^2，若是人工辅助授粉的种子，每千克可播100～150m^2。播种时先把畦面整平，然后把种子撒匀，再用筛子筛炉灰土覆盖，土粒直径以不超过0.5cm为好，土层厚度以不超过1cm为好。盖好土后用木杆刮平畦面，然后盖上草，喷透水。

④播后管理

播后管理以水管理为中心，既要保持一定的湿度防止床面干裂，又要防止水分太多而使种子受渍害，一般保持盖草干干湿湿即可。浇水应避开中午的高温时段，宜在早晨日出前进行。待子叶出土但尚未展开时揭去盖草。若揭草后中午阳光太强可用遮阳网遮荫，以后随着幼苗长大，适当间苗，保持20cm×10cm的行株距。间苗后及时浇水、施肥。一般1年生苗达40cm，可留圃、转圃或移栽定植。

2)扦插繁殖

在落叶后至第二年发芽前，选择健壮母树上的 1 ~ 2 年生健壮新枝，剪成 15cm 左右的插穗，剪口下斜上平，保证每个插穗有 2 ~ 3 个饱满的芽，按 30cm × 20cm 的行株距插入苗床，插穗入土深度以露出一个芽为宜，可直插也可与畦面成 45°斜插。插后浇水并用塑料薄膜覆盖。4 月中旬后逐步炼苗、揭膜，扦插当年苗如管理得当，可达 60 ~ 80cm高，小苗可留圃，大苗可移栽。

3）高枝压条繁殖

高枝压条操作麻烦，繁殖率低，但成功率高，而且繁殖的苗木较大，能满足小规模、育大苗的要求。在生长旺季，结合疏枝整形，选择枝形好、生长健壮的 2 年生以上枝条，在压条部位环剥或刻伤树皮，待伤口风干后，用竹筒、瓦罐、花盆或塑料薄膜等材料固定在枝条割伤处，竹筒等容器的直径一般为枝条割伤处的 3 ~ 5 倍，长度为 30 ~ 40cm，里面装满泥灰土或苔藓等易蓄水的物品，浇足水，并经常保持湿润，2 个月后检查是否生根，若生根，即可把枝条剪离母株，移栽定植。定植时因根量少，吸水能力不强，所以应适当疏枝去叶，以减少蒸发，保证成活。

37. 金银木

学名：*Lonicera maackii*

别名：金银忍冬、鸡骨头

科属：忍冬科忍冬属

（1）生态习性

性喜光，又较耐庇荫；耐寒性较强，可耐 －40℃ 低温；对土壤要求不严，耐旱、耐瘠薄土壤，对城市土壤适应性较强，生长强健。

（2）繁殖方法

1）播种繁殖

10 ~ 11 月种子充分成熟后采集，将果实捣碎、用水淘洗、搓去果肉，通过水选得到纯净种子，阴干后干藏至第二年 1 月中、下旬。种子催芽时先用温水浸种 3 小时，捞出后拌入 2 ~ 3 倍的湿沙，置于背风向阳处增温催芽，外盖塑料薄膜保湿，经常翻动，补水保温。3 月中、下旬，种子开始萌动时即可播种。苗床开沟条播，行距 20 ~ 25cm，沟深 2 ~ 3cm，播种量为 5g/m^2，覆土约 1cm，然后盖农膜保墒增地温。播后 20 ~ 30 天可出苗，出苗后揭去农膜并及时间苗。当苗高 4 ~ 5cm 时定苗，苗距 10 ~ 15cm。5、6 月各追施一次尿素，每次每平方米施 20 ~ 30g。及时浇水，中耕除草，当年苗可达 40cm 以上。

2）扦插繁殖

一般多用秋末硬枝扦插，用小拱棚或阳畦保湿保温。10 ~ 11 月树木已落叶 1/3 以上时取当年生壮枝，剪成长 10cm 左右的插穗，插前用 50mg/L 的 ABT1 号生根粉溶液处理 10 ~ 12 小时。扦插密度为 5cm × 10cm，200 株/m^2，插深为插穗的 3/4，插后浇一次透水。一般封冻前能生根，第二年 3 ~ 4 月萌芽抽枝。成活后每月施一次尿素，立秋后施一次复合肥，以促苗茎干增粗及木质化。当年苗高达 50cm 以上。也可在 6 月中、下旬进行嫩枝扦插，成活率也较高。

38. 枸杞

学名：*Lycium barbarum*

科属：茄科枸杞属

(1)生态习性

适应性强，能忍耐38.5℃高温，耐寒性亦强，在-25.6℃下无冻害，耐干旱，在荒漠地仍能生长，抗涝能力差，低洼积水处不宜栽种。喜光，在全光照下发育健壮，在庇荫下，生长细弱，花果极少。对土壤要求不严，耐盐碱。

(2)繁殖方法

1)播种繁殖

①种子处理

将干果实用30~40℃温水浸泡24小时，使干果实充分吸水到膨胀状态，捞取浸泡后的果实放入盆内，用洗衣板将果实反复揉搓，直到种子和果实完全分离为止。然后捞去漂浮在水面的果皮和果肉，滤去水液，将种子加清水反复淘洗几次，即可得到干净的种子。最后把种子薄薄地摊在布上，放在通风阴凉处，晾干备用。

在播种前7~10天，将预播的种子用40~50℃温水浸泡一昼夜，然后将种子与5~10倍的细沙混合，加入温水使细沙达湿润状态，放在湿草袋内进行室内催芽，约5~7天即可出芽，当种子发芽率达30%左右时即可播种。在种子催芽过程中，要保持湿度，上下翻动1~2次，经常检查发芽情况。

②育苗地选择

由于枸杞种子细小，为了保证种子的出苗完好，育苗地应选择沙土或排水较好的轻壤土，过于黏重的土壤或排水不良的栽培地不宜育苗。在4月中旬进行打垄施底肥，每平方米施农家肥6kg，复合磷肥15~30g，打成40cm宽的小垄，并进行垄台镇压。在播种前5~7天顺垄沟灌一次水，当耕层土坡温度稳定在10℃以上时进行播种。

③播种方法

在已打好的垄台上开沟播种，沟宽3~5cm、深2~3cm，每平方米播种量0.75~0.9g。由于种粒小，易产生播种不均匀的现象，所以需将发芽的种子混加10~20倍的细沙，在开好的沟内均匀下种，然后用锄将播种沟轻轻推平，并轻度镇压，撒上一扁指细沙或覆盖一层稻草，以保持墒情。在播后到出苗期间，若遇大风干旱天，则需洒水保湿，7~12天苗可出全。此时注意及时去除杂草。

2)容器育苗法

①营养土的配制与容器规格

营养土的配比是羊粪：河沙：壤土(表土层内)为1：3：5；每吨营养土中加入磷酸二铵1kg。羊粪要腐熟的，河沙不能过细，否则影响透性。容器为12cm×6cm的聚乙烯塑料营养袋，并在基部打5个孔(如图1-64)。袋内下2/3处装营养土，上1/3部分装河沙，要填实。

②搭设弓棚与荫棚

弓棚高1.5m、宽2.4~2.5m，在棚中间挖一步道，宽0.3m、深0.4~0.5m。将棚内分成两个床面，每床宽1.0m、长10.0m，外盖农用棚膜。弓棚外搭设荫棚，高1.8m，上面盖草帘，透光率30%~50%。

③容器的摆放与消毒

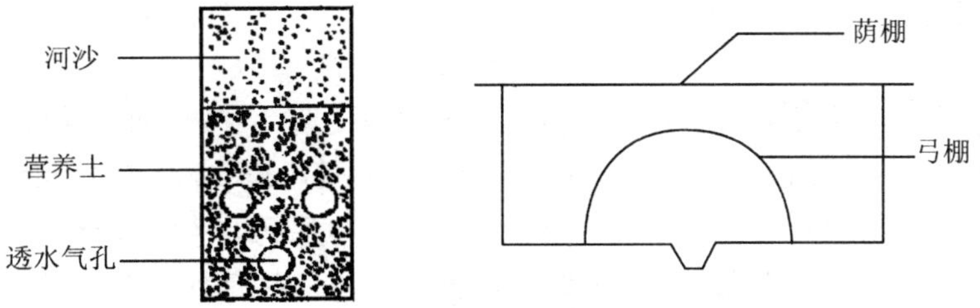

图1-64 营养袋与弓棚示意简图

将容器整齐地摆放在搭好的棚内，每棚放置6000～7000袋，然后浇水下渗到袋的1/3，再用500倍液多菌灵喷洒，以水印渗透到袋的1/2高度为好。用霜疫净两片熏蒸，封棚，12小时后扦插。

④插穗采集

嫩枝扦插应采集半木质化的枝条。枸杞年生长量大，分枝发梢多，在5月下旬到9月上旬均可采集到符合条件的枝条，考虑到温度对穗条生根的影响，以6月上旬到8月上旬为最好。插穗来源有：采穗圃、大田根蘖苗、徒长枝、树上营养枝(新梢副梢)。

大量繁殖时，应建立采穗圃(萌芽前截干，临时性采穗圃截干30～40cm，永久性采穗圃截干5～10cm)，其成活率最高；大田根蘖苗一定要选择幼嫩半木质化的，树上的新梢副梢，应选择较粗壮的。

用锋利的刀片剪制插穗，插穗长6～8cm，上剪口为平口，下为斜口，靠近节基部，穗条下部叶片剪去，上部留4～6片(大叶留3个，并剪成半片)，穗条粗应在0.2cm以上。采条制穗中应注意：带刺枝不要；带花枝不要；枝条梢部不要(过软)；枝条基部不要(过硬)；剪口要光滑；穗条要保湿(穗条采来及时喷水；上盖湿布；随采随制穗随扦插)；带有小副梢的插穗成活率也很高。

⑤扦插

先用细棒在容器中间打小孔，将基部蘸800～1000mg/L ABT生根粉的插穗插入，用手捏紧，深度1～1.5cm。全部插完后，用500倍液多菌灵均匀喷洒1遍，封膜。

⑥插后管理

枸杞嫩枝插穗生根属于综合生根类型(皮部生根、愈伤组织生根均有)，以愈伤组织生根较多。生根的最佳条件是棚内气温30～32℃，基质(容器10cm营养土内)温度25～28℃，棚内空气相对湿度92%～95%。棚内空气相对湿度过大时容易发生病害。

39. 玉兰

学名：*Magnolia denudata*

别名：白玉兰、望春兰、木花树

科属：木兰科木兰属

(1)生态习性

原产中国中部各省。性喜温暖，对湿度较为敏感，南北花期可相差4～5个月左右，对低温有一定的抵抗力，能在-20℃条件下安全越冬。喜光，稍耐阴。不耐积水，否则肉质根易腐烂。喜肥沃湿润且排水性良好的弱酸性土壤。

(2)繁殖方法

1)播种繁殖

玉兰为落叶乔木，其果实9~10月成熟，果实采回后，摊于通风阴凉处约2~3天，待果皮自行开裂后取出红色种子。将取出的种子立即置于1000倍托布津药液中浸泡3~4小时，再捞出搓去红色假种皮，用清水漂洗干净后晾干待用(至种壳上无宿水即可)；或将取出的种子立即混拌草木灰搓去红色假种皮，用清水淘洗干净后，再在1000倍托布津中浸泡消毒1~2小时，捞起用清水冲净后晾干待用。在处理时，一定要将假种皮除干净，同时，漂洗时要剔除瘪种、烂种；另外，最好不用发酵变软法去除红色假种皮，以免造成种子腐烂。

玉兰种子不耐干藏，具有休眠特性，故处理后应立即播种或湿沙层积贮藏。为了提高种子发芽率和出苗整齐度，最好采用湿沙层积贮藏后春播。玉兰种子湿沙层积方法：选用相当于种子量5~6倍的洁净河沙，用相当于叶面喷洒浓度的农药，如代森锌，喷洒河沙至适宜湿度，即手握沙成团但不滴水，注意边喷边搅拌，然后选室内阴凉处先铺上一层厚约5~10cm的沙，再铺上一层种子，种子层不能厚，以保证种子间不重叠且均匀散开，这样一层种子一层沙相间铺放，最后在顶层沙上盖上湿稻草等保湿物。层积堆以30~50cm为宜，以防内部种子发热霉烂。另外，底层和顶层沙厚些，5~10cm为宜，中间沙层薄些，以2~3cm为宜。种子贮藏期间，应每隔半月检查一次，包括沙堆湿度、温度和种子霉变情况。若沙较干应适当喷水；霉烂种子要及时剔除。玉兰种子破除休眠所需的湿沙层积时间较长，一般4个月左右，为了缩短层积时间，促进萌发，可用生长调节剂处理。方法是在种子层积之前用300~400mg/L赤霉毒浸泡2天，也可同时加进100~200mg/L的细胞分裂素。

在长江流域，一般2月上旬~3月上旬在塑料大棚或塑料小拱棚中播种为好。苗床土壤应细碎松散，最好铺一层过筛的细土或沙，将种子撒播于床上，种子要密播但不能重叠，播后再覆以同样的细土或沙，厚约1cm，最后用800~1000倍托布津药液喷洒苗床。种子播种后出苗前，要闭棚保温，促进出苗，出苗期间要降湿和调节好温度，既要防止低温冻苗(即5℃左右及以下低温)，又要防止高温高湿引发立枯病，地面以见干见湿、温度以15~25℃为好，发现有立枯病，可用绿亨一号、托布津等农药喷洒苗床。另外，在移苗前10天左右要逐渐加大放风，使棚内温度和湿度逐步降低来对苗木进行锻炼，逐步适应棚外露地的环境。

在3~4月，当苗木长至10~15cm时可进行移苗，苗木太嫩、太老时移栽都会影响成活率，移栽用地也应整碎、整平。移栽时，幼苗尽量少伤根而多带土，且随栽随起，栽后立即浇定根水。温度过高、土壤过干时最好不移苗，以免死苗。

2)嫁接繁殖

将一年生苗在第2年3月下旬至4月上旬叶子初展时进行移栽，株行距20cm×30cm，每平方米定植1~2株左右，加强水肥管理。8月中旬~9月中旬，平均苗高65~75cm，地径0.8~1cm时，可以进行嫁接。

①砧木与接穗采集

砧木为白玉兰与望春玉兰的二年生实生苗或4~6年生幼树(高接换头)。接穗采自品种优良、健壮母树上当年生腋芽饱满的枝条，剪下枝条，去叶留柄，随采随用。

②接芽与砧木的削法

倒拿接穗，在芽的上方 1～1.5cm 处向下向内斜削一刀，由浅入深，深达木质部 1/3，长 3cm 左右，再在芽的下方与接穗纵轴呈 60°斜切一刀，与竖切口相接，取下芽片。砧木的削法是在基部 5～10cm 的光滑平直处，由上向下削一切口，切口削法与接芽相同，但稍长于接芽。

③嵌芽绑缚与管理

芽片嵌入砧木，使两者形成层对准，上端露出一线砧木皮层（俗称露白），用塑料条全包扎，绑严绑紧，第二年 4 月初全部解绑，成活的要剪砧。一般嫁接成活率 90% 以上，对未接活的春季可进行补接，生长季节应及时对砧木进行抹芽除蘖。

3）扦插繁殖

扦插宜选用幼龄树的当年生枝条，在 5～7 月生长旺季进行。枝条用激素处理后，留上部少量叶片，插入沙床中，适当遮荫，注意喷雾保湿，一般成活率可达 70% 以上。

4）压条繁殖

可采用高压法，时间在 2～3 月为宜。宜选用 1～2 年生健壮的枝条，对要压条部位进行环剥，用苔藓、营养土包裹，用薄膜上下绑扎，或用对半竹筒进行固定基质，要注意保持基质湿润。当年生根，第二年春剪离母体另栽，定植 2～3 年后开花。

40. 天女木兰

学名：*Magnolia parviflora*

别名：天女花、小花木兰、玉兰香、玉莲、孟兰花

科属：木兰科木兰属

（1）生态习性

多生于海拔 700～800m 阴坡、半阴坡及土壤肥沃、湿润的杂木林中，喜凉爽湿润气候和肥沃土。

（2）繁殖方法

①播种繁殖

种子采收后，搓去种子表面的蜡质，清水浸泡 24 小时，混沙层积，第二年春 3 月在室内催芽，经常翻拌，使种子受热均匀，并适量淋水，以保持沙子湿度。当种子有 20% 以上露出胚根时即可播种。采用床播，播后要保持床土湿润，一般播后 15～20 天出苗。苗期加强床面管理，及时间苗并拔除杂草，促进幼苗生长，当年苗高可达 15～30cm。第 2 年换床移栽，株行距 30cm，2 年后定植，或留床 1 年后定植。

②扦插繁殖

以绿枝进行扦插。插床遮荫量为 60%～70%，床内空气相对湿度在 85% 以上，基质温度为 18～25℃，空气温度控制在 30℃ 以下。基质疏松、渗透性强、通气性好，一般以洁净细河沙为宜，厚度 12～15cm。6 月中下旬从半木质新梢剪取 10～12cm 插穗，顶部留 2 片叶，直接插在准备好的插床上，深度约 2cm，密度 150～190 株/m^2，插后浇透水，然后覆盖薄膜封闭插床。如果用 500mg/L 吲哚丁酸水溶液浸插穗下端 1～3 秒钟，效果更好。扦插后要加强管理，每周浇水 5～6 次，每次浇水量不宜太多，以淋湿

叶面为度，切忌水量过大或过急浇灌。大约经2个月的管理，插穗即可生根。

41. 海棠

学名：*Malus spectabilis*

别名：梨花海棠

科属：蔷薇科苹果属

(1)生态习性

性喜光，不耐阴。喜温，对严寒的气候有较强的适应性。耐干旱力也很强。喜在土层深厚、肥沃、pH值5.5~7.0微酸性至中性的壤土中生长。多数种类在高燥的向阳地带生长最宜，有些种类还能耐一定程度的盐碱，如珠美海棠等。

(2)繁殖方法

海棠通常用嫁接或分株繁殖为主，也可用播种、压条及扦插等方法繁殖。

1)播种繁殖

用种子繁殖的实生苗，虽成长较慢，且常产生变异，但为获得多量的嫁接用砧木或杂交育种时，仍须采用播种繁殖实生苗的办法，我国北方常用砧木有山荆子、西府海棠、裂叶海棠和海棠果等，南方则用湖北海棠。

海棠种子不宜干藏，必须经过层积沙藏处理，才能出苗良好，这是播种繁殖的关键。同时也可在秋季采果、去肉，稍晾干后即播种在沙床或苗床，让种子自然后熟。覆土深度约1cm，上覆塑料薄膜保墒，出苗后掀去塑料薄膜，及时撒施一层疏松肥土，苗期加强肥水管理，当年晚秋便可起苗换床移栽。在各种海棠之中，仅湖北海棠为三倍体，但因其有无融合生殖的特性，故能通过播种而保持其优良遗传特性，实生后代一致性好。

2)嫁接繁殖

嫁接繁殖是海棠繁殖最常用的方法。砧木用播种繁殖的实生苗，枝接、芽接均可。春季树液流动枝前行枝接，秋季7~9月间可芽接，具体时间可根据当地气候情况进行。枝接可用切接、劈接等法。接穗选取发育充实的一年生枝条，取其中段(有2个以上饱满的芽)，接后壅上细土盖没接穗。芽接多用“T”字形接法，接后10天左右，凡芽体新鲜、叶柄一触即落者为接活者，数日后即可割断其扎缚。当苗高80~100cm，冬季剪去顶端，促使其第二年春长出3~5条主枝，第二年再将主枝顶端剪掉，养成骨干枝，以后只修剪过密技、内向枝、重叠枝，保持圆整树冠。

3)分株繁殖

多于早春未萌芽前或秋冬落叶后，挖取从根际萌生的蘖条，分切成若干单株，或将2~3条带根的萌条为一簇进行移栽。分切时要注意保留蘖条的须根，以确保栽后成活。分栽后要及时浇透一次底水，注意保墒，必要时予以遮荫。此外还可将海棠掘后的土坑保留，放入肥土一层，将坑内切断的残根薄薄盖住，以后干旱时浇水，不久即可从残根的断口处生出新芽，秋后落叶或来春未萌芽前掘出移栽，即成一独立新株。

4)压条和根插繁殖

均在春季进行。小苗可攀枝着地，压入土中，大苗用高压法，压泥处均用利刀割伤，不论地压或高压都要保持土壤湿润，待发根后割离母株，另行栽植。根插主要在移栽挖苗时进行，剪取过长较粗的主根，剪成 10～15cm 为 1 段，浅埋土中，上面盖草保湿，成活容易。

(3)栽培管理

苗木栽植以早春萌芽前或初冬落叶后为宜。苗木栽植后要经常保持土壤疏松肥沃。盆栽垂丝海棠可用肥沃疏松的田园土，先在盆底垫一层粗沙土，以利排水。平时管理要注意勤浇水，经常保持盆土疏松湿润，但不能积水，水渍会造成黄叶，甚至全株枯烂。夏季如盆土过干，会停止生长，呈半休眠状态。可定期修剪枝端，以整树容，如果适当地摘去一些幼果，可减少对营养的吸收，来年能增加开花量。

42. 牡丹

学名：*Paeonia suffruticosa*

别名：富贵花、木本芍药、洛阳花

科属：毛茛科芍药属

(1)生态习性

性喜温凉气候，性较耐寒，耐旱，不耐湿热。能耐 -29.6℃的绝对低温，在年平均相对湿度 45% 左右的地方也能正常生长。喜光，也较耐阴，对其生长开花有利。喜疏松肥沃、通气良好的壤土或沙壤土，忌黏重土壤或低洼积水之地。土壤从微酸性、中性到微碱性均可。但以中性土为宜。

(2)繁殖方法

可采用分株、嫁接、扦插和播种等多种方法繁殖，其中最常用的是前 3 种方法，也可用压条法繁殖。

1)播种繁殖

播种繁殖由于繁殖系数大，多用于选育优良新品种与培育砧木。药用牡丹栽培则主要用种子繁殖。由于牡丹种子休眠与萌芽特性，要注意种子的适时采收与适时播种。

①种子采收

采种时间：种子成熟期因地区与品种不同而存在差异。山东菏泽于 7 月中旬至 8 月上旬，兰州 8 月中下旬，铜陵 7 月下旬。当蓇葖果呈蟹黄色时即可采收。过早种子不成熟，过晚则种皮变黑发硬不宜出苗。

采种方法：因种子成熟有早有晚，要分批采收。将呈蟹黄色的果实摘下后堆放在屋内，让种子在果壳内继续完成后熟过程。每隔 2～3 日翻动一次。10～15 天后，种子由黄绿色变为褐色到黑色，绝大多数果皮开裂散出种子。此时果皮和种子仍堆放在原处备用，切勿暴晒使种皮变硬，待下种前 5 天左右，再将种子拣出播种。江南一带应注意堆放地点不要过于潮湿，以免引起腐烂。

大面积药用栽培牡丹需要重视选种工作，首先是田间选种，根据牡丹株龄和生长情况选好留种田，一般 5 年生牡丹所结种子饱满充实为留种主要对象。7 年生植株花多，应控制其结实量，以免影响种子充实度和根皮产量；其次是蕾期选种，应注意摘除生长不良和晚出花蕾，保留健壮花蕾。最后是播前选种，待播的种子清除瘪子和杂质，再经水选，等浸泡 1～2 小时后，留下饱满颗粒，去掉上浮的不充实种子。

②播种

播种时间：种子宜当年采当年播，菏泽等地多于8月下旬至9也上旬下种。过晚当年发根少而短，翌年苗木生长弱。牡丹种子具有上胚轴休眠特性，当年秋末播种后在常温下只发生幼根，幼芽需经冬季低温，完成休眠期的生理变化，来年春方可萌发。若于次年春季播种，当年也只能长出幼根，幼芽仍需待到第三年春天才能长出。

种子处理：较干的种子皮黑、发硬、不易透水，播种前要用50℃的温水浸种24～48小时，使种皮软化，吸水膨胀才易萌芽。浸种后如拌以适量的草木灰再播种更利于发芽出苗。如不能立即播种，可先将种子处理，并用等量的细沙拌匀后沙藏，但沙藏时间不能超过15～20天，必须在生根前种下。

整畦下种：深翻整平的育苗地要施足底肥，如墒情适中可整畦下种。菏泽等地育苗采用小高畦，畦高8～10cm、宽35～50cm，畦间距30cm，平顶。将种子按行距6～9cm、株距3～4cm点播，最外边的一行距畦边10cm。种子充足时也可撒播，株距不小于3cm，播种后用湿土覆盖2cm厚。为防旱保墒，提高地温，覆土后宜加盖地膜，地膜上再覆土6～8cm。点播每平方米用种35～50g，撒播则需要75g左右。无水源的地方也可用平畦育苗，但要选雨后土壤湿润适宜时播种，种后仍需盖上地膜。

③苗圃管理

只要下种适时以及土壤湿度适宜，一般播种后30天左右即可发出幼根，当年可达10～12cm。次年2月下旬到3月中旬，地温上升至4～5℃时，种子幼芽开始萌动，此时应去掉覆土并揭去地膜，随之微松表土。

菏泽等地3月中下旬幼苗基本出齐，子叶带壳留在土中。当年地上部分茎高约4cm，有一顶芽，根颈处着生1～4个不定芽，根为黄白色。铜陵约于2月中下旬幼苗出土，半个月后幼叶展开。

幼苗生长主要靠底肥，对二年生苗要加强苗圃管理，适时追肥、浇水。浇水或雨后及时松土保墒。

④幼苗移栽

只要加强条件管理，及时浇水、追肥，一年生幼苗即可移栽。移栽可于9月间进行。起苗时从畦一头挖60cm深的沟，然后用铁锹垂直入土，用力将土和苗一齐送入沟中；将苗拣出，按大小分开，大苗备栽，小苗集中密植在畦内待长大后移栽。

苗木栽植的行、株距一般为60cm×50cm，也可根据土地的肥力或准备让其生长年限的长短扩大或减少，每平方米3～4穴。一年生苗每穴栽2棵，二年生苗一穴一棵。

2)分株繁殖

分株繁殖是牡丹主要的营养繁殖方法，牡丹是丛生状灌木，很适合分株。

①母株的选择

以生长健壮、品种纯正、4～6年的植株分株较好。因为牡丹定植后头三年，地下部分主要是根数目增加，但多为细根。第四年以后，根的数量增加甚少，但根显著加粗，重量增加。第七年以后加粗速度又逐渐减缓。

②分株季节

分株宜于秋季进行，以9月下旬到10月上旬最为适宜。此时地温较高，有利于根系的恢复与生长，且根系已经贮藏较充足的养分，对次年植株生长有利。据观察，9月下旬栽植，当年新根可长到12~15cm，10月上旬栽植的仅能长3~4cm，11月上旬栽植时不再发新根。

春季分株栽植，因气温升高较快，枝芽虽已萌动生长，而根系还不能供应充足的水分和养分，只能消耗原有储存物质，当年植株长势衰弱。但甘肃各地冬季漫长，春季分株移植仍应用较多，特别由远地引种或搜集品种时，亦多于春季栽植，这时需加强管理，尽量保留原有根系，适当剪除上部老枝，除去花蕾不使开花，以保证植株较快得到恢复。

③分株方法

分株前将植株全株挖起抖落根部附土即可分劈。若土壤湿度较大，可置阴凉处晾1~2天再分，但不可置阳光下暴晒。分时要顺其自然，用手掰开或用刀切开。一般4年生植株可分2~3株，每株上有2~3个萌蘖枝。分株时要尽量注意保留细根、须根。较老的株丛也可通过分株进行复壮，适当剪除老枝，保留根颈处萌蘖枝，同时去掉老朽根。分株后枝根比例协调，有利于植株复原。分株后伤口较大时，可阴干伤口后再栽，必要时可涂抹1%硫酸铜液或硫磺粉，以免感染病菌。

大田栽植时，应施足底肥，深翻整平地块，按株行距80cm×80cm挖穴栽植。注意使根系舒展，根颈低于地平面2cm左右，一边填土一边将苗木四周压紧实，使土与根系密接。栽后浇水，入冬前再浇水一次，然后封土越冬。

3）嫁接繁殖

①嫁接繁殖的特点

嫁接繁殖主要应用于观赏牡丹。在菏泽、洛阳等牡丹种苗生产基地，嫁接是主要的繁殖方法。通过嫁接，保留牡丹品种优良性状，将嫁接繁殖与牡丹的播种、分株、压条繁殖相结合，可大大提高优良品种的繁殖系数；通过嫁接提高牡丹观赏品质和应用价值（如盆栽和‘什样锦’的培养）；提高抗性，扩大牡丹栽培范围。

②砧木的选择

牡丹嫁接所用砧木有以下几种：

芍药根砧：用芍药根或用观赏芍药分株时取下的粗根作砧木均可。以粗度在1.5~2cm，长15~20cm以上，带有须根的为好。据湖北等地观察，砧根年龄对嫁接成活率有明显影响。从1~4年生平均嫁接成活率分别为45.0%、88.3%、61.7%、11.7%。此外，砧根太粗（削口处直径3.0cm以上）成活率也大幅度下降。

牡丹根砧：一般用生长3~4年，须根多的牡丹粗根作砧木，长25~30cm。

牡丹实生苗：用2~3年生，根茎粗1cm以上的‘凤丹’实生苗作砧木，嫁接成活率高，且成活后植株生长旺盛。

③接穗的选择

接穗宜选健壮植株上一年生粗壮萌蘖枝（俗称土芽），其髓心实，接后易发根保活；也可用上部当年生枝。接穗一般长约6~10cm，带有健壮的顶芽和一个或几个小侧芽。接穗要随剪随接，不可久放。远途运输以水苔或锯屑装入塑料袋内保鲜。

嫁接成活率的高低与接穗的品种有关，如‘种生红’、‘朱沙垒’、‘蓝田玉’、‘大棕紫’、‘赵粉’、‘状元红’、‘大胡红’等嫁接成活率较高，而‘烟龙紫珠盘’、‘梨花雪'、'三奇集盛'等仅为10%左右，但改用牡丹实生苗作砧木，成活率可提高到68%以上。

④不同根砧对嫁接苗生长发育的影响

芍药、牡丹两种根砧对牡丹嫁接苗生长发育的影响各不相同(见表1-40)。在生产上，一般牡丹嫁接多用芍药根砧，其原因：一是芍药根软，操作容易，大多数品种成活率较高；二是嫁接苗有矮化倾向，适于盆栽；三是耐湿程度增加，适于牡丹南移。而牡丹根系中，粗根较少，质地坚硬，对嫁接技术要求较高。不过嫁接苗的生长由于根砧不同，生长情况也有差别；芍药根嫁接苗初期生长快，但以后从接穗基部发根少，萌蘖不多，植株寿命较短；牡丹根砧嫁接苗接穗基部较易发根，萌蘖较多，寿命较长。不过，芍药根砧嫁接苗的生根情况也因品种而异，有的品种虽然嫁接成活率高达85%以上，但接穗本身不易生根，而只生长芍药根，如'赵粉'、'假葛巾紫'、'朱红绝伦'等，50%以上嫁接苗生长7~8年仍不生牡丹根。而'首案红'、'脂红'、'蓝田玉'等品种，不但成活率高，而且接穗上生牡丹根者高达95%以上。

表1-40 不同根砧对牡丹嫁接苗的影响

砧木	嫁接效果						
	成活率	接苗高度	寿命	花梗	抗性	成苗	抗病
芍药根砧	高	低	短	短	较耐黏湿土壤	快	弱
牡丹根砧	低	高	长	长	不耐黏湿土壤	慢	较强

⑤嫁接方法

牡丹嫁接的方法，以接穗的性质分为枝接与芽接两类；在枝接中，以在砧木上接合的部位而分茎接和根接；按嫁接时砧木的状况，可分为地接(居接)法和掘接法。

a. 枝接

嫁接时期与方法：牡丹枝接多于秋季进行。9月下旬嫁接常用地接法，即不用挖出根砧，就地进行嫁接。而晚秋和冬初嫁接则用掘接法，即将芍药或牡丹根砧挖出后进行嫁接。这种方法比较简单灵活，可以利用冬闲时间，在室内进行操作。不论是掘接或是地接，均需要根据砧木性质或粗细而采用嵌接或切接、劈接等各种操作方法。

掘接法：生产中多用以芍药根为砧木的嵌接法。从2~3年生芍药上取下1.5~2cm的粗根作砧木，放阴凉处2~3天，变软后待用。若挖起就接，根砧质脆，不易嫁接。接穗宜用基部一年生萌蘖枝，以节间较短的好，长约5~10cm，带有1~2个充实的芽。嫁接时在选好的接穗下面对称地斜削两刀，注意使切口平滑。切口长2~3cm，横断面成三角形，然后将根砧顶部修平，自一侧向下切一直口，长度与接穗切面相同。用右手拇指在切口对面向切口方向挤压，使砧木切口张开，立即放入削好的接穗，使二者形成层密合，然后松开拇指，用麻皮等物捆绑，用配好地稀泥浆涂抹切口。

地接法：此法操作较掘接困难，但因砧木根系未受损伤，接苗成活后生长旺盛。嫁接时在砧木距离地面6~7cm处剪平，随后削取接穗。其余操作方法与掘接相同，接后就地培土、封埋。

枝接中，接穗多带2个芽，而日本牡丹产区多用单芽枝接。

在具体嫁接方法中，洛阳等地还将皮下接应用于‘什样锦’的培养。

接后管理：掘接嫁接苗应立即栽植于事先准备好的苗床内，苗床土壤宜下部稍湿，表土稍干以防嫁接苗伤口感染，栽植深度约在接口以上约2cm处，然后培高出接穗8～10cm的土以防寒、防旱，第二年春转暖后逐渐除去覆土。注意嫁接苗栽植后在伤口愈合前不能浇水。

一年生苗高可达12cm，第三年秋(二年生苗)可以移栽。移栽时可见牡丹接穗上有自生根，这时可将芍药根砧剪去后栽植，若不剪去，幼苗生长不旺。

地接的牡丹入冬前培土封埋，以利保湿、保温，促进接芽生长。第二年春也需完全去掉培土。

b. 芽接

牡丹的芽接主要用于更换品种或培养一株多花色(‘什样锦’)的植株。方法有贴皮法和换芽法两种。芽接时间以5月上旬到7月上旬最好(菏泽)，操作时间宜在10：00～17：00时，这时皮层易于分离与黏合。

贴皮法：在砧木当年生枝条上连同木质部削一块长方形或盾形切口，再将接穗的腋芽连同木质部削下一大小和砧木上切口大小形状相同地芽块，然后迅速将其贴在砧木切口上，用塑料带扎紧。

换芽法：将砧木上嫁接部位的腋芽连同形成层一起取下，保留木质部完整的芽胚；用同样方法将接穗上的芽剥下，迅速套在砧木的芽胚上，注意二者要相互吻合，最后用塑料带扎紧。

接后1个月接芽已经成活时，解开塑料带，去掉砧木上的萌蘖。砧木上的叶片应保留，使养分集中于接芽，当年可形成饱满花芽，第二年即可开花。

c. 一株多色牡丹的嫁接

一株多色牡丹或者叫‘什样锦’的培育，可以用枝接，也可用芽接，但都是高接。

砧木：与前述牡丹芽接相同，主要用于‘凤丹白’或其他牡丹实生苗，多年生，独干(干高20～30cm)而多分枝。为使砧木本身的花色成为‘什样锦’中的主色调，也可选用生长旺盛、着花容易、干性强、较易繁殖的品种，如‘洛阳红’等。

接穗：选花色、花型不同，花朵鲜艳但花期基本一致的优良品种，如‘赵粉’、‘白雪塔’、‘似荷莲’、‘二乔’、‘洛阳红’、‘姚黄’、‘胡红’、‘蓝田玉’、‘首案红’、‘青龙卧墨池’等。以其饱满健壮的顶芽作接穗。

嫁接时期与方法：以9月上旬到10月上旬嫁接为宜。当气温20～25℃时伤口易愈合。

嫁接方法：洛阳等地用皮下接。接穗长4～8cm，多选花芽。先削去叶片，再在接穗下部2～3cm处两面各削一刀，深达木质部，削口要光滑呈尖削状三角形。在三角形削口背面还要削去1～1.5cm皮层，但不伤及髓部。砧木是选植株上部粗壮侧枝，在其中上部光滑的枝段侧面，顺形成层内侧向下(稍内斜)削一个2～3cm长的接口。将接穗垂直(稍斜)插入砧木切口底部，使二者形成层密接对紧。如接穗比砧木细，可使其一侧形成层与砧木对准。用尼龙、麻等材料从下向上绑缚接口，并用塑料条缠扎。然后用塑料袋将接穗及接口罩住，在接口1cm处将塑料袋口扎紧，以保温、保湿，避免雨水渗入。

接后管理：及时剔除砧木根部萌蘖，抹去枝干上所有腋芽和不定芽。每株可施入腐熟饼肥0.5kg或复合肥100～150g，施后立即浇透水。顶芽上的叶片有利水分、养分向上输送，一开始可予以保留，待嫁接成活后再逐步剪去。如操作得当，最高成活率可达100%。第二年春有1/3～2/5的接芽开花。若嫁接植株分枝多，每株可嫁接10个以上的品种。

根据洛阳经验，成功的'什样锦'需要有较好的品种组合。表1-41中所列组合中花色花型各异，而开花物候、生长势基本一致，多属"勤开"品种，每年都可同时开花，效果较好。将花期及花型差别大的品种嫁接在同一植株上，观赏效果较差；嫁接部位不妥，也影响观赏效果；大小年较严重的品种作为高接品种亦不适宜。

表1-41 几组观赏效果好的中原牡丹嫁接组合

编号	开花物候	砧木	接穗品种及花色				评价
			A	B	C	D	
1	早开	'凤丹白'	'赵粉'(粉)	'白玉'(白)	'洛阳红'(红)	'二乔'(二色)	优
2	早开	'凤丹白'	'大金粉'(粉)	'似荷莲'(浅红)	'红莲'(红)	'黄花魁'(黄)	优
3	中开	'洛阳红'	'胡红'(红)	'蓝田玉'(蓝)	'姚黄'(黄)	'烟绒紫'(墨红)	优
4	中开	实生苗	'首案红'(红)	'十八号'(红)	'烟绒紫'(紫)	'胡红'	优
5	晚开	实生苗	'昆山夜光'(白)	'葛巾紫'(紫)	'银粉金鳞'(粉)		优
6	晚开	实生苗	'豆绿'(绿)	'紫云仙'(浅紫红)	'盛丹炉'(粉红)		优

4)压条繁殖

压条繁殖是牡丹营养繁殖中最简便而又最古老的繁殖方法，特别对稀有名贵品种繁殖效果良好。方法有以下几种。

①原株压条法

春季开花后，或秋季9～10月，将二三年生枝条，从基部环剥或刻伤，深达枝粗的1/3，然后将整个枝条埋于土中，仅将枝梢露在土外。经常保持土壤湿润，当年秋季即可萌生少量新根。第二年春，压条顶端的鳞芽萌发出土长成新枝。潜伏芽与中部腋芽也开始膨大，当年生枝基部产生新根。10～11月，基本形成完整的根系，长30～50cm。第三年春季，潜伏芽、腋芽相继出土，发育成新枝，根系亦继续扩展，9～10月间将新株与母株断离，挖出移栽。

②全株斜栽压条法

此法是将分株苗斜栽，并将枝条全部压下作为压条。洛阳花木公司提倡的"双平"压条法属于这类方法。

将分株苗立于穴中，使根颈部略低于地面，让根系在穴中舒展开，分布均匀，然后一人扶苗，一人添土。待土填至穴深2/3时，顺行已经自然形成一条沟，这条沟槽正好用作压条之用。此时将穴内已经填好的土压实，然后将枝条从近根颈处顺沟平压，略向上斜，枝顶端留在土外。压土填至与地面平，踏实，然后起垄，以保墒保温，促其生根。

全株斜栽压条苗的发芽与生根规律，类同原株就地压条。但栽植的第一年，生长势弱于原株就地压条，第二年即可旺盛生长。被压枝所萌发的当年生枝可于秋季平插，获得大量的优质接穗，促使萌发更多的分蘖枝。中原一带，被压枝条生长 2 年后即可刨出剪开分栽，生长 3 年即可达到成品苗出售标准。

此法还可运用于牡丹的切花生产。因其压条所萌发的新枝可均匀地分布在行内，且枝条生长均匀，当年生枝条可当年形成花芽，第二年即可进行切花。

③高位吊包压条法(空中压条法)

一些植株高大和独干型的牡丹，不能采用地下压条法繁殖，可采取空中压条法。用该法培育出的苗木，须根发达，植株矮小，适宜盆栽。

该法宜用于嫩枝，需在花谢后 10 天开始，过早、过迟(即枝条太嫩或太老)均不适宜。方法如下：在当年生嫩枝基部第 2 或第 3 片叶的叶腋下 0.5 ~ 1cm 处进行环剥，宽约 1.5cm 左右；用吲哚乙酸(50 ~ 70mg/L)、ABT1 号生根粉(40 ~ 60mg/L)、生根灵(原液用水稀释 15 倍)等处理。取 0.5g 脱脂棉浸泡于上述溶液中，取出后捏出多余溶液并拉成宽 1.5cm 的棉条，缠于环剥部位上口；吊包：用宽 14cm、长 18cm 的薄膜在环剥部位进行吊包，包内装入基质(经粉碎的苔藓 1 份与小于 0.5mm 的炉渣 10 份按重量比例混合)并压实，吊包用竹竿固定。用注射器向包内基质注入水适量使保持湿润。

枝条经处理后约 45 ~ 60 天生根。此前仅向包内适时注水，愈伤组织较发达时，改为补充由硝铵、磷酸二氢钾及硫酸锌配置的营养液，溶液 pH 值调到 6.0 ~ 6.5 之间，从包外能看到萌发的幼根时，及时剪下，移入花盆或苗床(培养土用优质腐殖土)适当深栽。先在半阴下培养半个月，然后转入全光照培养。每 5 ~ 7 天喷一次营养液(白糖 60g + 尿素 60g + 磷酸二氢钾 40g + 水 10kg)，共 3 ~ 4 次，注意保持土壤湿润。

5)扦插繁殖

一般采用硬枝扦插。各品种间扦插成活率差异较大。据洛阳植物园试验(1982)，‘银粉金鳞’、‘胭脂绣球’、‘葛巾紫’等成活率可达 80% 以上；而‘蓝田玉’、‘露珠粉’、‘紫雁夺珠’则不及 20%。菏泽试验，‘璎珞宝珠’、‘乌龙捧盛’、‘假葛巾紫’、‘盛丹炉’成活率在 31% ~ 46%；‘朱沙垒’、‘赵粉’、‘二乔’、‘石园白’为 19% ~ 26%；而‘胡红’、‘状元红’仅 10% 左右。

扦插时间宜在 9 月上旬至 10 月初。此时气温适宜，在合适条件下插后 15 天就可愈合生根。60 天新根长到 1 ~ 3cm。扦插床用地膜覆盖或插于大棚中，保持一定温度、湿度，有利于提高成活率。一年生扦插苗根长可达 25 ~ 30cm。

插穗宜用基部一年生粗壮萌蘖枝，随剪随插。插穗可用激素处理。如南京植物园 1979 年 5 月中旬用 500mg/L 萘乙酸速蘸处理，牡丹一二年生枝全光照喷雾，蛭石苗床扦插，25 ~ 30 天生根，成活率 36% ~ 40%；洛阳牡丹研究所，插穗用 300mg/L 吲哚乙酸水溶液速蘸，塑料大棚扦插，成活率 80% 以上。此外，秋天结合越冬培土，将植株基部枝条用湿土培上(培土前将基部刻伤处处理好)，经过第二年雨季，枝条基部发生幼根。秋季将枝条连同幼根取下插入苗床，或用 ABT3 号生根粉 30 ~ 50mg/L 浸根后栽植。

(3)栽培管理

①栽培时间

黄河以北地区可适当早栽，长江以南地区可适当晚栽。栽植时期要适当，这样栽后伤口愈合快，容易生根。若栽植过早容易引起"秋发"，次年无花。若栽植过迟，伤口愈合慢，影响成活，即使成活，生长也很瘦弱，需经1～2年后始可慢慢恢复生机。

②栽培土壤

牡丹为肉质根，栽植时要选择疏松、肥沃、深厚的沙质壤土。如果土壤不好，要加以改良。栽植牡丹要选择地势高燥、排水良好的地方。切忌栽在易积水的低洼之处。土壤性质以中性最好，微碱、微酸性土壤亦可。栽前要对根部进行适当修剪，剪去病根和折断的根，再用0.1%的硫酸铜溶液或5%的石灰水浸泡半小时进行消毒，然后取出用清水冲洗再栽。栽植深度以根茎交接处与土面齐平为好。在黄河流域以9月下旬～10月上中旬为宜。

③水肥管理

牡丹虽然比较耐旱，但在春、秋干旱季节也要进行浇水，但不能积水，夏季雨水多时还应注意排水防涝。牡丹是喜肥植物，要想使牡丹花大色艳，避免"隔年开花"的现象，合理施肥是重要条件之一。

每年至少需施3次肥。第一次为"花前肥"，在2月中、下旬，结合浇"解冻水"施入。第二次在5月上旬施"花后肥"，如用饼肥要充分腐熟，如用复合肥(化肥)要施在距主根较远之处，也可用0.2%～0.5%的磷酸二氢钾作根外追肥。第三次在入冬前后施肥。

43. 泡桐

学名：*Paulownia fortunei*

别名：白花泡桐

科属：玄参科泡桐属

(1)生态习性：

性喜光，稍耐阴。喜温暖气候，耐寒性稍差。喜水、喜肥、喜湿、怕旱、怕淹，不耐贫瘠和重盐碱。对黏性瘠薄土壤适应性强。

(2)繁殖方法

泡桐繁殖方法有埋根繁殖、播种繁殖和留根繁殖等。

1)埋根繁殖

利用泡桐一、二年生的苗木或大树的根进行繁殖。此法具有出苗一致、育苗方法简单、生长整齐、成苗率高、容易管理、生长迅速等优点，生产上作为主要方法广泛采用。

①苗圃地选择

苗圃地的好坏，直接影响到苗木的生长发育。苗圃地应选择地势平坦、排灌方便、土层深厚、土壤肥沃，地下水位在1.5～2.0m以下的沙壤土或壤土地，pH值6.5～7.5，并选择背风向阳的苗圃地。圃地选好后，于秋末冬初进行深耕深翻，耕后不耙、促使土壤风化，增加积雪和冻死越冬害虫。第二年解冻后，进行浅耕、细耕，平整土地。结合浅耕，每平方米施基肥3.5～7.5kg，再打畦作床，或者起土做成高垄苗床，垄高15～20cm，上宽30～40cm，每垄埋一行泡桐根。

②种根选择

育苗种根最好是1～2年生苗木出圃后留下来的或修剪下的苗根。种根的长度和粗度对埋根成活率以及苗木生长均有一定影响。此外，还可利用大树树根育苗。选用生长健壮、无丛枝病的大树，在树干周围一半以外处挖沟采根。

种根采集时间从落叶到发芽前均可进行。一般在2月下旬到3月中旬，随挖随埋。种根挖出后应及时按照预定长度剪成根穗，上端平剪，下端斜剪。剪后晾晒1～2天，再进行埋根或储藏，以免烂根。

③埋根

为了保证苗木生长整齐，便于管理，埋根前应做好种根分级工作，对粗度不同的种根，分片种植。

埋根的方法有直埋、斜埋、平埋三种，其中以直埋最好。在直埋情况下，苗木根系发达，生长旺盛，成苗率高。对很粗的大根和无法分清大小的根，可采取平埋。先挖穴，将种根大头向上直立穴中，上端与地面平，然后填土踏实，使种根与土壤密接，再在上面封一个土丘，以防冻保墒。如果培育5m以上，地径6～8cm以上的大苗，密度以每平方米1株左右为宜，株距采用1.0m×1.0m。

④栽后管理

泡桐多数是先发芽后生根，从出苗到苗高10cm左右这段时期，幼苗经历出苗期和自养期两个阶段。在此期间，温度对根穗的发芽和生根具有决定性的作用。如果地温太低，土壤温度过大，往往延迟发芽生根。发芽前扒去土丘，根上要有5cm厚的细土，以提高地温，晒土催芽。不特别干旱就不需灌水，如果土壤过干，可在行边开沟浇水。幼苗长到一定高度后，对一个根上发出的数个萌蘖要及时去弱留强，进行定苗。苗木生长期地下部多生长较快，适时灌水，并在根基部生根，为进入速生期创造条件。进入旺盛生长期后，地下部分高生长量占总生长量70%～80%，这是培育壮苗的关键时期，15～20天每亩地追施一次速效性化肥10kg左右或人粪尿400～500kg，结合施肥灌水。在此以后不再浇水施肥以免引起苗后期生长。

2)留根育苗

利用泡桐根系较强等特点，在大树采伐或苗木出圃后，用留在土壤中的残根，萌生出新株，通过栽培管理育成苗木。这种方法不用挖根重埋，节省劳力，只要管理得当也可培育出优质壮苗。但往往苗木分布不均，生长差异大，单位面积上产苗量较低。一般留根1～3年后，根系变深，侧根减少，产苗率明显下降，苗木质量降低，所以一般只留根1～2年。

①起苗与留根

为了使根苗分布均匀、生长旺盛，在苗木出圃时就要注意留根。尽量使苗木多带小根，在保证苗木质量的前提下，有意识地截留较大的侧根，对不能出圃的小苗，在树液流动前在苗干基部进行平茬。

②整地与施肥

冬季起苗后，应及时填埋起苗穴，防止冻根，如为冬季起苗，应立即进行平整，整地前起苗穴略加填平，但不可填土过深，以免影响萌芽或造成烂根。然后每平方米施入3～7kg基肥，松土深度10～15cm，以增加断根萌芽的株数，松土后适当平整，筑成苗床，以利灌水。

③间苗与定苗

泡桐留根萌发出来的幼苗多丛生，为了保证单位面积上苗木的产量和质量，在苗高20～30cm时，将生长瘦弱、有病虫害或过多的幼苗全部除去，每穴可留3～4株，以便培育健壮的苗木，间苗常在5月中下旬进行。

④抚育与管理

为了保证苗木正常生长，间苗后应进行追肥，每次每平方米施入硫酸铵15～20g。追肥后立即进行灌溉。在松土除草的同时应培土，防止苗木倒伏。培土高度一般在15～20cm，另外应及时进行病虫害防治和排水工作，以免苗木受害。

3）埋条繁殖

又称埋干繁殖，是利用一年生苗干的再生能力培育苗木。有的地方采用埋带根的小苗，效果也很好。埋条法具有种条来源广、幼苗生长快的优点，但一般母条生根较困难，在种根来源缺乏的情况下，此法还可以采用。

①母条采集

采条应于11月苗木落叶后，选择发育充实、没有病虫害的一年生苗木的中下部作母条，粗度以2.5cm以上为好。母条采集后，应立即进行剪接，长度40～60cm，剪口距芽2～3cm，剪口要平滑，以利于愈合生根。剪后应按部位分级，以分别埋条育苗。母条组织松软，含水量大，适于秋末采条储藏，次年春季埋条。储藏方法除采用大头向下竖立于坑内，其他与摘根育苗的种根储藏法基本相同。

②埋条方法

一般在3月中下旬到4月下旬埋条较好，最迟不得晚于萌芽季节。首先在苗床中间锄开一条5～8cm深的沟，然后顺沟灌水，待水渗下后，趁泥浆将母条单行、同向、接连排列于沟内，每平方米埋条2～3条，最后封土与床面平，厚约4～5cm。埋后的2天踏压踏实，再用铁耙耧松表面，以防板结。有的地区将小头埋深8cm，大头浅埋4cm，利用土壤温差，抑制母条养分向小头流动的速度，改善出芽快和根系发育迟的上下不平衡现象，或在大头位置上先铺上一层马粪再盖上一层土，然后再封的方法，对促进母条成活有大作用。

③抚育与管理

母条发芽前一般不进行灌水。幼苗出齐后，结合松土进行培土，应特别注意不要触动母条。5月底到6月初，幼苗开始扎根，需及时进行灌溉和封土，以促进幼苗基部，并进行定苗工作。6月下旬开始追肥，每半月一次。

4）播种育苗

播种育苗是泡桐繁殖的一种重要方法，实生繁殖的苗木因根系发达，树木生活力强，生长潜力大，速生期持续时间长，不易造成木材心腐。泡桐种子微小，千粒重仅0.17～0.25g。一个泡桐果内有种子数百粒，可以通过播种育苗迅速扩大繁殖，在短期内获得大量的苗木和种根。

①种子采集与储藏

泡桐的采种要按“因地制宜”的原则，选择适合本地的良种母树。母树为生长健壮、树干通直、无丛枝病、树龄在八年以上的优良单株。种子成熟度是泡桐育种成败的关键之一。一般秋季当果壳由绿色变成黄褐色，个别果实先端稍开裂时采种为好。果实采下后，晾晒5~7天，果壳开裂，脱出种子，除去杂质，使种子充分干燥，即可装袋储藏，种子要放在阴凉、干燥而又通风的地方，要防止受热，受潮使种子变质而降低发芽率。

①栽培地准备

因为泡桐种子微小，苗木出土后很嫩弱，整地质量应当比埋根育苗更高、更细，真正达到土块碎细，地面平整，上虚下实，以保证墒情良好。苗圃整好后，要根据土壤和气候条件的不同，选择比较合适的苗床形式进行作床。播种育苗的苗床有以下三种形式：

平床：这种苗床适宜于播种期雨量较小、地势干燥、土壤透气性比较好的地方。床宽1m，埂宽25cm左右，埂高10~15cm，这种苗床便于浇水。

高床：适宜于地势较低、雨量较大、土壤黏重、透气性差、持水力强、比较潮湿的地方。在整好的苗圃地上，按1m的距离画线，沿线开沟，将土翻到中间形成高床床面。沟上口宽40cm左右，深可15~20cm，床面宽60cm左右。

斜面高床：这种苗床只作东西长的苗床，床北边高，南边低，在雨水较多、土壤渗透性差的地方更容易排水，床面阳光充足，可提高地温。

以上三种床在做好后，床面适当压平、刮平，并灌水1~2次。另外在播种前两三天用硫酸亚铁或五氯硝基苯均匀撒一次床面，进行土壤处理。

②浸种与催芽

将种子放在40℃的温水中浸泡10分钟，同时充分搅拌，使种子受热均匀，再在常温下将种子浸泡一昼夜。取出种子混入干净的湿润细沙。混匀后装入草袋或放入其他容器内，置于25~35℃的温度处进行催芽。为使种子干湿均匀、受热一致，发芽集中，每天都要翻动并用30℃左右温水冲洗1~2次。这样，一般4天即可开始露白。5~6天发芽5%~10%时便可播种。种子不能发芽过长，否则播种后要因温度下降发生“回芽”而失败。

③播种方法

播种时间因地区及气候条件不同而异，一般在避免晚霜危害的前提下尽量提前。为了防止雨水溅泥染病，可用塑料薄膜覆盖。播种量一般0.4g/m^2。播种方法可采用撒播、宽幅条播、穴播等3种方法。

撒播：首先在准备好的床面上喷一遍水，使床面完全湿润，然后撒催好芽的种子，最后加以覆盖，覆盖物以草炭或马粪末2份、细土1份、细沙1份的混合物为好。

宽幅条播：不管那种床式，每床播种一条带，幅宽15cm左右。

穴播：每个苗床播种一行，穴的长宽各15cm左右，穴间距离50~60cm。

④播后管理

泡桐实生苗生长发育可分为4个阶段。

出苗期：从播种开始到幼苗出土为止，在气温15℃左右的情况下，大田播种一般需20～30天左右，经催芽的种子需7～10天左右，这段时期注意保持地面湿润疏松。另外注意防止蝼蛄等地下害虫为害。

幼苗期：从幼苗出土到6～7对真叶大量出现时，大致两个月左右时间。苗高生长占全年生总量的10%左右，根系生长相对较快。两对真叶大量出现之前，苗小，根短，抗旱力较差，保持土壤湿润十分重要，但土壤含水量不要超过35%以上，以免烂根。3～4片真叶大量出现时，根系生长特别迅速，根长为苗高的6倍以上，这时苗的吸收能力和抗旱能力迅速提高，可以减少喷水次数，进行蹲苗，促进根系向深处发展。在真叶达4～5对时，可以开始间苗。如需要移栽可结合间苗进行，移栽前浇水一次，以便带土移栽。苗木4对真叶之前，需拔除杂草，不起土，不松土。6～7对真叶大量出现时，苗木生长速度加快，叶面积迅速扩大，这时定苗。密度以行距1m、株距50～60cm为宜，定苗后选用0.2%～0.5%的尿素进行一次根外追肥。

速生期：此期出现在第7～8对真叶时，生长速度很快提高，是苗木生长发育的关键时期，需加强肥水管理，每隔10天左右浇水一次，追一次肥。生长高峰过后，逐步减少肥水。

生长后期：从苗木生长速度迅速下降到落叶，生长基本停止，经历木质化程度逐渐提高的过程，封顶时间也比埋根苗晚10天到半月左右。为防止苗木生长旺盛，要控水肥，使苗木充实。

44. 悬铃木

学名：*Platanaceae acerifolia*

别名：二球悬铃木、英国梧桐

科属：悬铃木科悬铃木属

(1)生态习性

性喜光，阳性树种。喜温暖，在年平均气温在13～20℃地区生长良好。对土壤要求不严。抗污染能力较强，叶片能吸收部分有害气体，对苯、硫化氢等抗性较强，对二氧化硫、氟化氢抗性中等，抗风力中等。

(2)繁殖方法

1)播种繁殖

①种子采收与处理

应在温暖地区采种，采种时间一般为12月至次年的3～4月，以选取生长旺盛的悬铃木中上部结的种子为佳。将采下的种子除去枝梗等杂物，挤散后在阳光下晒干储藏。于3月底4月初将种子取出暴晒1～2天后装入编织袋内放在较温暖地方，5～7天有部分种子露白，即可播种。

②苗圃地准备

选取土质肥沃、排水良好、灌溉方便的圃地。每平方米施有机肥不少于150g，钙镁磷肥150g，尿素75g，草木灰不少于75g。畦面宽1.4m，留约25cm宽、深约15cm的排水沟。

③播种

播种时实行条播，行距20m。播时用镢头将畦面刨深约1cm、宽约4cm的小浅沟，将露白的种子放入盛水的桶中搅匀，然后浇到条沟内。悬铃木种子发芽率在10%～20%左右，播种量每平方米15000粒左右。进行浇播时使种子不重叠为好，浇播后撒一层厚约0.5cm的细土覆盖，最后用稻草等压住即可，之后应注意苗床不缺水。

④田间管理

种子播下后约5天就可出土，待大部分苗子出土后，可在晚间揭除稻草，并及时浇水和除草。在真叶尚未长出前，为防止发生猝倒病，需用2%硫酸亚铁水溶液喷洒，喷后立即用清水喷洒冲洗。待苗高达20cm～30cm时，按株距30cm定苗。7月上中旬于雨后或浇大水后，每平方米按30～50g撒施1次尿素。同时要定期抹侧芽。一般至10月中旬前后苗木停止生长，此时，平均苗高1.5m，地径1.4cm。

⑤移栽

移栽一般秋季为宜。移栽前，先在待栽圃地每亩施有机肥100kg、磷肥100kg、尿素50kg，深耕细整，按株行距30cm×40cm、深30cm见方地坑塘，将原圃地的苗木隔行移出到新圃地栽植，栽后浇足水。栽植时如叶子过多，可将苗木顶部5～8片叶子保留，其余抹去。

⑥次年管理

次年管理重点是水肥。待5月上中旬前后，苗木开始迅速生长时，每平方米穴施尿素30g。注意及时灌水排涝，防治病虫害，抹侧芽。到8月以后，任其生长，10月苗木停止生长。10月中下旬的主要工作是截根，即用铁锹在每行中间下挖约25cm深沟，铲断树根，促使多发侧根，以确保次年春季造林的成活率。铲根后浇1次透水。截根最迟不可超过11月下旬。

采用种子繁育的苗木，其茎干粗壮，根系发达，树龄整齐，开花结实晚。栽后结合修剪整形，大约可控制12～15年不挂果，20年左右才进入盛果期。这样既保证了绿化效果，又大大减少了果毛对环境的污染。

2)扦插繁殖

扦插繁殖主要于春季进行，方法为硬枝扦插。

①插穗选择

落叶后从母树上采剪1年生硬枝，可结合修剪进行，也可培育专门的采穗圃供给穗条。剪下的长枝，先切去过粗的、芽不饱满的基部枝段和直径小于1cm的枝段，然后按长度15～20cm，保留3个芽，上切口在芽以上0.5cm左右，下切口在芽以下1cm左右切成插穗，上下切口均以平切为好。

②插穗贮藏

切好的插穗按粗细分级，以50枝1捆稍加绑扎。选择高燥、向阳的地方，进行露天堆土贮藏。将地面略整平，铺5～15cm厚的松土(用湿润的沙或草木灰与细土拌匀而成)，将插穗捆好正向竖放，排满后在其间隙中填土压实，然后在该层穗条上铺盖15cm厚松土，如此按层摆放操作，最上面一层盖土20～30cm厚，并作成屋脊形，以利排水。贮藏地四周理好排水沟，勿积水。

③扦插

在2月下旬至3月上旬，穗条未长出幼根、幼叶前进行。苗圃地要求排水良好，土质疏松，土层深厚，呈微酸性或中性。插前深耕 30 ~ 45cm，施足基肥。扦插行距 30 ~ 40cm，株距 20 ~ 30cm，每平方米插 8 ~ 15 枝。插入深度以露出上端芽为度。插时上端芽宜统一朝向南方，既有利生长，又便于田间管理。

④插后管理

悬铃木插后一般在生根前就会萌发放叶，产生假活现象，此期必须加强水分供应，最好是搭荫棚。放叶后 10 天左右副芽萌发，此时标志新根已长出。萌芽条高 7 ~ 10cm 时，留主条去副条；萌芽后的晴天中午勤检查，发现萎蔫者即摘去 1 ~ 2 片叶；如早晨发现萎蔫，需立即除去主芽条，留副芽条。苗木枝叶过密时，适当修枝，摘除基部黄叶，保持通风透光。生长高峰期加强肥水管理，注意除草。

培育杯状行道树大苗时，扦插株行距 30cm × 30cm，1 年生苗高可长至 1.5m 左右，第二年初春行间株抽稀移栽，株行距变为 60cm × 60cm，同时截干，以获取通直的主干；需培养大树苗的，第三年冬季定干，以后继续培养。待第一级侧枝长达 80cm 时摘心，以后短截至 50cm。

45. 红叶李

学名：*Prunus cerasifera*

别名：紫叶李

科属：蔷薇科梅属

(1) 生态习性

性喜光，在蔽荫条件下叶色不鲜艳。喜温暖，不耐寒。较耐湿。对土壤要求不严，可在黏性土壤中生长。

(2) 繁殖方法

通常采用嫁接繁殖。采用扦插繁殖，可缩短育苗时间，成活率达 90%，且当年即可分栽，大大提高了生产率。

1) 插床准备

苗圃地选择在背风向阳、地势平坦、排水良好、较肥沃的沙壤土或壤土地块上。扦插苗床可作平床或低床，平床与地面持平；低床底于地面 10 ~ 15cm。床宽 1 ~ 1.5m，东西方向作床，床长视其扦插量而定。北方多采用低床，作成畦埂南低北高的阳畦，主要是有利于提高地温和保湿。

整理苗床每平方米施腐熟的有机肥 1 ~ 2kg，深翻 25cm，整平耙细。然后用 50% 多菌灵可湿性粉剂 800 倍液或用 1% ~ 2% 福尔马林液喷洒消毒，消毒后盖地膜封闭床面。

拱棚用 2 ~ 3cm 宽的竹片作支架。竹片长度根据拱高和畦宽而定，一般拱高 50 ~ 80cm，竹片数量按畦长计算，每米一个拱架。棚膜通常选择 0.08mm 厚的白色棚膜，同时准备好防寒用的草苫子。

2) 扦插时间

一般掌握在秋季正常落叶达到 50% 以上时为最佳扦插时间，一直到土壤封冻为止。

3) 插穗选择

选择无病虫害、无机械损伤、直径 3 ~ 10mm 的优质一年生健壮的萌条和枝条。最好选木质化程度较高的种条中下部。插穗一般剪成 10 ~ 12cm 长，上部离芽 1cm 处平剪，下部剪成斜面，50～100 个一捆。在背风向阳处，选择排水良好的沙壤地掘一坑，深约 60～80cm，坑大小视插穗多少而定，坑底铺干净河沙 15cm，沙子湿度以手攥成团、手触即散为度。将剪好的插穗置于 70% 的酒精溶液中浸泡 30 秒，取出用清水漂洗。然后再将插穗上端朝下基部朝上，整齐地排在坑内。若插穗多，也可排两层，层间填沙 15cm，上部填土，土要高于地面，防止积水。用生根粉 ABT1 号 50mg/L 溶液处理 10～12 个小时，或用萘乙酸 50mg/L 的溶液处理 2 小时后，拿出晾干后即可扦插。

4）扦插

取出插穗，用萘乙酸（100～200mg/L）、吲哚乙酸（100～200mg/L）、吲哚丁酸（100～200mg/L）或三十烷醇（300～500mg/L）等激素处理，处理时间为 24 小时。将插穗下端浸入上述溶液中 1cm 深，若插穗基部断面变褐，应剪去一小段，使露出白茬，或者干脆弃之。处理后即可扦插，株行距一般按 5cm×8cm，每平方米约插 200～300 株。扦插时地膜不用揭除，隔着地膜下插，深度为插穗长的 3/4。插好后地面要露出 1～2 个芽，插完后撒 1cm 左右的一层碎土，浇透水一次，搭拱棚罩塑料膜增温保湿。

（3）栽培管理

红叶李扦插生根的最适温度是 20～30℃，湿度为 80%。当冬季夜间气温下降至 -5℃时，每天下午 16 点以后需盖草苫子防冻，早晨 10 点后揭开草苫子增温。早春温度低，也要注意防冻，温度低于 0℃时，夜间要用草帘覆盖，次日上午揭开。4～5 月气温回升后，若棚内温度高于 30℃，中午要掀开拱棚两端通风，防止气温过高，造成回芽。第一次浇透水后，插床不干不浇，防止水分过大影响地温升高，导致愈伤组织腐烂。5 月中下旬逐渐揭去塑料膜，在揭膜前要进行炼苗，即先揭少部分膜，通风透光，再逐渐增大。炼苗 7～8 天即可全部揭掉棚膜。揭膜后除及时防治病、虫、草害外，每隔 50～60 天施氮肥一次，并浇透水，每两周喷一次 0.3%～0.5% 的尿素溶液。初冬或第二年春即可分栽，以培育大苗，也可盆栽。

46. 梅花

学名：*Prunus mume*

科属：蔷薇科李属

（1）生态习性

性喜光照充足，阳性树种。喜温暖气候，较为耐寒，冬季需一定低温的刺激，以年平均温度 16～23℃的地区生长最好。喜较大空气湿度，但花期忌暴雨。喜排水良好的土壤，涝泽数日即可能会大量落黄叶或死亡。

（2）繁殖方法

常用播种和嫁接，其次是扦插和压条繁殖。

1）播种繁殖

播种培育实生苗，主要供嫁接繁殖作砧木，或为培育新品种。

①播种时期

春、秋两季均可播种。春播于 3～4 月进行，从播种到出苗时间较短；秋播者 9～10 月进行，可免去贮藏种子的麻烦，符合多数植物种子秋季成熟、落地入土的自然生长规律。秋播后种子第二年春发芽早，出苗齐，生长旺，故苗圃经营者多习惯秋播。

②种子采收

梅果6月开始成熟。收集完全成熟或自然落下的黄熟梅果，堆集在25~30℃的阴凉处，厚度10~15cm，经常翻动。约半月，果肉腐烂，便可洗出梅核即种子。将洗净的种子置于阴凉处摊开阴干，厚2~3cm，每日翻动数次，3~5天后可干藏。若作春播使用则应进行沙藏，以3~7℃为宜。

③苗床准备

苗床应选在光照充足，5°以下的缓坡地，土质宜微酸性的肥沃疏松且排灌方便的壤土。秋播苗床应在初秋翻耕施肥，为防止芽苗染病可用药剂熏蒸消毒。

④播种方法

一般用宽窄行直条点播，播种后苗床应盖草以利保墒，待芽苗长出2~3片真叶趁阴天掀去稻草。当梅苗长至3~5cm高时要及时间苗，即间去畸形苗、瘦弱苗和过密苗，按株距7~8cm定苗。

⑤苗期管理

中耕除草在生长季节不可间断。当苗高15~20cm时开始薄肥勤施，以氮肥为主。7~8月后则减少或停止施肥。8月中下旬有望达到高30cm、直径0.6cm的嫁接标准。

用作盆栽后培育1年，第二年春选壮苗移植。移植时剪断主根，促发侧根，主干留4~5芽短截，使分枝低矮。

2)嫁接繁殖

嫁接繁殖成活率极高。梅、桃、李、杏均可作砧木。梅砧的嫁接亲和力强，嫁接苗生长势旺，病虫害较少，植株寿命长。但梅砧木质部较硬，不如桃砧易操作，且砧苗初期生长较慢。桃砧嫁接成活率高，始花早但3年后常出现“小脚现象”，植株寿命短。杏梅抗寒性特强，宜在北方地区使用。

嫁接方法有多种，最常用者为芽接，其次是枝接和靠接。

①芽接法

嫁接时间：将接穗上的芽移接在砧木上，在5月下旬至9月上旬皆可进行。要求不同时期应根据树液流动状况采取相应的芽接技术。

接穗选取：接穗从母树树冠外围充实的当年生枝上剪取，横断面的白色髓部愈小愈好，忌用徒长枝或瘦小的芽进行芽接。接穗应保持新鲜，最好随采随用。

嫁接方法：长江流域5月下旬至6月上旬是砧苗和梅树生长的旺盛期，也是树液流动的旺盛期，容易剥皮，宜用“T”字形芽接。

嫁接时先剥接芽，在芽上方距芽尖0.5~0.6cm处横切一刀，深达木质部，然后在芽下端距芽底部0.7~0.8cm处拉刀，由浅至深削成长约2cm的盾状芽片，芽片内面的着生点无“孔”，带有维管束，不带木质部。芽片大小应与砧木切口基本吻合。

选好砧木后，在砧木离地3~4cm处选光滑无疤面横切一刀，切口宽度应稍大于芽片。再对准横切口中央的下方与横切口垂直纵拉一刀成“T”形伤口，随即用刀将切口处树皮轻轻向左右挑离木质部。将芽片插入砧木“T”形切口内顺势下推，直至接芽上部横切口与砧木的横切口密接为止，使砧木皮层紧包芽片。芽片插妥后用塑料薄膜条带绑扎。

接后管理：芽接后 7～10 天进行检查，凡接芽呈现绿色，叶柄手碰即落，表示成活。30 天后完全愈合，应尽快解绑。芽接成活的芽苗仅是半成苗，还要在圃地培养一年才能成苗出圃。苗期管理包括剪砧、抹砧芽、绑枝和二次剪砧等，并要加强肥水管理。

②枝接法

枝接即将带有 2～3 个芽的接穗接在砧木上。其方法有多种，习惯用切接或单芽腹接，高接换种时则多用劈接，也有用绿枝嫁接、靠接、根接方法。

切接的最佳时期在砧木树液刚开始流动，接穗上的叶芽尚未膨大时。在苗圃地里切接，砧木应尽量剪低，以便于封土，即将接穗埋入土中，堆成馒头形以防干燥。封土后要常检查，待接穗萌芽发枝后扒去封土。

③绿枝嫁接

属植物生长期的嫁接。嫁接时砧木的新梢正处于生长旺期，顶芽未形成。接穗选取当年生健壮而充实，且尚未木质化的枝条，保留叶片，每片应剪去 1/2。嫁接前后及时浇水保持湿度。

④室内嫁接

室内嫁接是冬季掘起一二年生苗，在室内进行嫁接。12 月至第二年 2 月正值植物休眠期，也是农闲季节，最宜掘接。此法优点在于嫁接时间长、劳动强度小、工效高且成活率也高。

⑤靠接法

常用于梅桩制作。

3）扦插繁殖

一般在 11 月底进行，此时枝条已停止生长，当年生枝条已木质化，且枝条养分含量高。插床宜选排水良好、向阳的地方，床宽约 1m，床面用肥力较大的疏松壤土作基质。从易扦插成活的幼壮年母树品种上取已木质化的当年生枝条，用枝条中上段截取长约 13cm 左右的枝段为接穗，插入土中 10cm，留 2～3cm 外露，株距 3～5cm，行距 15cm，插后用手轻轻地将周围土压实，最后喷一次透水，盖上塑料薄膜。

扦插后经常喷水保持土壤湿润，低温期盖严薄膜以防透风。到来年春季回温后，在膜内温度达 20℃以上时，上午掀膜透风，下午再盖上。至 3～4 月确认插穗生根后去薄膜，以后进入苗期管理。

也采用地热线扦插，其优点是通过提高地温达到扦插提前完成愈伤组织形成，且根系形成早、好，出苗整齐，避免出现叶后长根的“假活”现象，同时成活率更高，苗木生长量更大，提前一年苗木移栽出圃。

4）压条繁殖

压条繁殖宜在 2～3 月进行，选择 1～2 年生枝条，在压入土壤的下方处割伤 2～3 刀，注意不要割得太深。如伤木质部会影响生根，将割伤那段埋入土中。操作时要注意不能使芽苞受损。压后还要培土，最好用疏松深厚的沙质土壤。夏季注意浇水，保持土壤湿润，秋季生根后割离成为新植株。

高压多应用于大苗繁殖，来年早春即可开花。可于梅雨季节在母株上选适当枝条刻伤，用塑料布包轻质的混合土(如泥炭加水藓)，两头扎紧，保持湿度，约一个月后检查，已生根者可用快刀在压条之下截一切口，深及枝条中部，稍迟再全部切离培养。

(3)栽培管理

园林栽培宜用大苗，一般应在苗圃里培养4～5年，干径达5cm以上，有几个自然分枝，且已始花者为好。梅花对土壤选择不严，最宜微酸性的土层深厚、排水良好的沙壤或壤土，在中性或偏碱性的轻黏土中亦能生长。要求空气流通，但在风口处或建筑物北面遮荫处不适合植梅。

梅树容易成活，幼树采用裸根栽植，挖苗时放大根盘，多保留须根，随根宿土勿去掉。梅花属浅根性树种，宜浅栽，深栽根系不发达且易烂根。栽后要灌一次透水，待水完全渗透穴土后再封土保墒。

47. 桃花

学名：*Prunus persica*

科属：蔷薇科李属

(1)生态习性

原产中国。性喜光。喜夏季高温，有一定的耐寒力。耐旱，不耐水湿。喜肥沃且排水良好的土壤，碱性土或黏重土均不宜。

(2)繁殖方法

1)播种繁殖

多采用秋播，也可春播，但春播需对种子进行处理。一是将种子冷冻沙藏，使种皮开裂，二是将种壳敲破，不可伤及种仁，再浸种24小时后播种。

2)嫁接繁殖

采用切接、芽接等方法嫁接。砧木北方多选用杏苗，南方常用毛桃。切接在春季芽萌动时进行，芽接于8～9月上旬进行，嫁接后注意遮荫、浇水，成活率均较高。

(3)栽培管理

桃树栽植，南方多秋植，北方多春植。北京地区可露地过冬。施肥、灌水多在冬春进行，要施足基肥，灌足定根水，雨季注意排水，开花时节怕晚霜，忌大风。

48. 樱花

学名：*Prunus serrulata*

科属：蔷薇科樱属

(1)生态习性

性喜光。耐寒，温带树种。根系较浅，不耐水湿。在土层深厚、肥沃疏松、微酸或弱碱性土壤中均可生长。不耐大风及有害气体。

(2)繁殖方法

1)嫁接繁殖

①砧木的选择

砧木选用一年生的樱桃树，该树在各地有很强的适应性，生长快，通过种子繁殖可获得丰富的种苗资源。

②嫁接时间

嫁接的最佳时间宜在每年 2 ~3 月进行，这样能大大提高嫁接的成活率。

③接穗选择

接穗选用一年生健壮无病虫害的樱花枝条。每个接穗保留 2 个芽，但接穗少时保留 1 个芽也可以。在接穗下芽的背面 1cm 处斜削一刀，削掉 1/3 的木质部，斜面长 2cm 左右。再在斜面的背面斜削个小削面，稍削去一些木质部，小削面长 0.8 ~1cm。接穗应随采随嫁接。

④嫁接方法

采取切接法。在平地面处截断砧木，选砧皮光滑、纹理顺的部分，在皮层内略带木质部垂直下切 2cm 左右。将接穗插入砧木的切口中，使接穗的长斜面至少有一边形成层和砧木的形成层对准、靠紧，然后再用塑料薄膜带自下而上扎紧。

⑤嫁接后的管理

嫁接后用土把砧木和接穗全部埋上，并用手将下面的土轻轻的压一下，即下紧上松，利于保湿和发芽。及时除去樱桃的萌芽和樱花的花芽，以便提高成活率。由于嫁接成活后新株生长迅速，故新株长到 30cm 时，及时去掉塑料包扎带，防止缢伤，并覆土使接穗也生根，以防风折。樱花枝条的愈合能力弱，应尽量少修剪，特别不宜修剪粗枝。

2）扦插繁殖

①插穗选择

选择中年健壮的母树，在其树冠中上部，剪取一年生粗壮枝条，保留顶梢，截成 30 ~40cm 长的插穗，将下部削成斜口。当天剪的穗条当天扦插完，以防插穗失水或损坏。因樱花属于难生根的木本植物，尤其名贵品种成活率很低，所以采用萘乙酸、ABT 生根剂等对插穗进行处理提高生根率。

②苗床准备

选择背风向阳、排水良好的地块，事先做成宽 1m、高 0.3m 的床畦，床畦底层铺垫 15cm 厚、具有一定肥力的沙壤土，上层再覆盖 10cm 厚黄心沙壤土（即 80% 黄沙壤土与 20% 黄沙配制），并进行灭菌处理。这种苗床与基质，利于吸收太阳热，增加土壤温度，且病菌少、杂草少，插穗生根后能吸收到一定养分。

③扦播

樱花是落叶树种，扦插应在树芽萌动前进行。在苗床上扦插，一定要先引洞后扦插，即用比插穗粗一点的小棍，垂直插入苗床土墩，引出空洞（深度 5 ~6cm，间距 10cm），然后将插穗插入，接着用手按实，再用小细喷壶喷洒透水即可。

④插后管理

樱花硬枝扦插后，特别是水分、温度管理尤为重要。因此要保湿、保温，如日最高温度达 18℃时，中午要喷水一次，后期温度增高，每天喷水量也随之增到 2 ~4 次，以表土不发白为宜。并随时抹芽，如春季阳光充足温度过高，插穗在未生根的状况下，就开始大量萌发芽叶，此时除保留顶芽外，其余一律抹除，以免过多地损失养分和水分，影响成苗率。

3）播种繁殖

单瓣樱花可用播种繁殖，樱花种子果实一般在4~8月成熟，待果实充分成熟时采集，去其果肉洗净、晾干。樱花种子外的果核较硬，可采用去除果核(内果皮)和长期低温处理的方法，但机械去除果核常易人为损坏种胚，所以对樱花种子大都进行低温处理，但应根据不同种选择适宜的低温贮藏条件和发芽条件。

49. 榆叶梅

学名：*Prunus triloba*

科属：蔷薇科李属

(1)生态习性

原产中国北部。性喜光、耐旱、耐寒，不耐水涝。

(2)繁殖方法

1)播种繁殖

①采种

榆叶梅5月初开花，7月末种子成熟，采集后去掉果肉，将种子装于网袋中在背阴通风条件下保管。

②沙藏

在封冻前，将种子用40℃温水浸种24小时后捞出，用木箱或花盆作沙藏容器，底铺一层湿沙，上铺一层种子，反复至容器满。然后在背风向阳的墙根底下挖坑，将木箱或花盆放进去，上覆土15~20cm厚，清明前起出，用湿水洗掉种壳上的泥沙，再装进花盆，上盖塑料膜，放在温暖的地方催芽。每天上下翻转一次，种壳见干时喷水，当1/3或1/2种壳裂口时即可播种。

③播种

清明过后播种，种子少可用桶盆或木箱，多的采用床播。苗床最好是秋或春翻的，必须施足底肥，床播株行距10cm×15cm，采用点播法。点种时踩好底格，覆土3~4cm后，再踩一遍上格子，使种子上下密结，防旱保墒。

④苗期管理

谷雨前后小苗就陆续出土了，此时要注意防治金龟子等危害幼苗，发生时立即用药物除治，并开始除草松土。夏季若发生蚜虫可用乐果乳液除治。此外，还要追肥一两次，促苗生长。如此管理，当年苗高可达50cm左右。处暑过后摘心，促苗木成熟，床上越冬，第二年春就可以出床移栽或上盆了。

2)嫁接繁殖

①芽接法

用一年生榆叶梅作接穗，一年生毛桃或山桃作砧木，在立秋前后进行方块芽接，成活率较高。首先从一年生榆叶梅的枝条上取接芽，接芽取成方块形，长宽各1.0~1.5cm，芽位于中间或稍偏中上，带有一段叶柄，用湿布包好，然后在砧木上选择树皮光滑部位，按芽片大小切掉一块树皮，或在砧木上切“工”形切口，剥开竖切口两侧树皮，立即把切好的芽片放入切口。芽片与砧木的切口要对齐，用塑料薄膜绑紧即可。

②切接法

在3月芽开始萌动时，以当年生粗壮饱满的榆叶梅枝条作接穗，选用二年生毛桃、山桃或一年生的实生榆叶梅作砧木进行嫁接。将接穗剪成10cm长，带有2个以上的芽，在接穗下端削一长约3cm斜面，使切口呈扁楔形，用湿毛巾包好备用。然后将砧木在距地面6cm处剪断，选择较平滑的一侧，用切接刀紧靠木质部(或略带木质部)竖直切下，与接穗削面等长或稍长即可。再把削好的接穗插入砧木切口，形成层对齐密接，把砧木切开的皮层贴在接穗外侧，用塑料薄膜带绑紧，然后用疏松土壤封埋即可。

3)分株繁殖

把丛生的榆叶梅母株连根挖出，去土后将整个株丛在根部劈开，分成几个小丛，每小丛带2~3个茎干，茎干下带根，然后分别栽植。分株时也可不必挖出全株，在母株的一侧把土挖开，然后分出一些带有1~3个茎的小丛，移至别处栽植。每个小丛生长几年后，又可形成一个大丛，可再行分株。

4)压条繁殖

在春季选择榆叶梅母株上发育较好的二年生枝条，用疏松土壤压埋于地面上，踩实浇水，生根后剪离母株，进行移栽。丛生的老株压倒困难，可在枝条基部制造较大的伤口，然后用土堆把整个株丛的基部埋住，通过灌水来保持土堆湿润。经过一段时间，伤口部位可萌发出大量新根，秋末或第二年早春把土堆扒开，然后分苗定植。

50. 石榴

学名：*Punica granatum*

别名：安石榴、若榴、丹若、金罂、金庞、涂林

科属：石榴科石榴属

(1)生态习性

石榴为亚热带及温带花果木，喜温暖。较耐瘠薄和干旱，怕水涝，生育季节需水极多。对土壤要求不严，但不耐过度盐化和沼泽化的土壤，酸碱度在pH值4.5~8.2均可。土质以沙壤土或壤土为宜，过于黏重的土壤会影响生长和果实品质。喜肥、喜阳光，在阴处开花不良。

(2)繁殖方法

1)播种繁殖

一般在选育新品种或大批量培育矮生的花石榴时采用。播种可冬播或春播，多采用点播和条播方式。冬播可免于种子的储藏，但苗床要盖罩越冬。春播的种子如冬季已经河沙埋藏，可直接播入苗地。干藏种子应在播前用温水(一开对一凉)浸泡12小时，或用凉水浸24小时，种子吸水膨胀后进行播种。播后覆土厚度为种子的3倍，半月左右即可出苗。

2)分株繁殖

此法繁殖量较小，适于家庭应用。可在早春芽刚刚萌动时，把丛生状的老株分成几丛栽植，也可以挖取根蘖苗另栽，分株繁殖成苗快，第二年均可开花。

3)扦插繁殖

在大量繁殖时多采用此法。冬春采用硬枝扦插，夏秋采用嫩枝扦插。

①硬枝扦插

选二年生枝条作插穗，剪成15~20cm一段，按15cm×50cm的株行距，插入土内

10～15cm。

②嫩枝扦插

选用当年生已充分木质化的枝条作插穗，剪成4～5cm，并保留顶部几片小叶，插后注意遮荫保湿，温度控制在18～30℃之间，湿度保持在90%左右。

扦插后踏实土壤灌水，在剪枝时随剪随插，以防插穗失水萎蔫。第一年春，分苗移栽1次，2～3年可出圃。插穗用激素处理，可提早生根。

4)压条繁殖

可在春季进行，在芽萌动前将分蘖枝条压入水中，夏季生根后，可剪离母体，秋季即可成苗。也可在第二年春天剪离母体上盆定植，成活率更高。另外，可以在夏季采用拥土压条法，将枝条下部距地面20～25cm处环割，然后堆起土堆，把植株下半部埋住，保持土壤湿润，第二年春刨开土堆，把生根枝条逐根剪断，可直接上盆定植。

5)嫁接繁殖

常用切接法，多选用3～4年生酸石榴作砧木。在春季芽将萌动时，从优良母株上取接穗，长10cm，接于砧木基部10～15cm处，切接后约需培育5～6年。改良品种时，亦有采用高头换接法的。

51. 火炬树

学名：*Rhus typhina*

科属：漆树科盐肤木属

(1)生态习性

原产北美，各地多引种栽培。生长快速，适应性强，能耐旱抗寒，为荒山绿化先锋树种。

(2)繁殖方法

1)播种繁殖

①苗床准备

3月下旬，选用疏松、通透性良好的土壤，并配以一定量的土杂肥整细装入营养袋内，营养袋要装满、装实。圃地最好选在灌溉方便的地块，畦宽1.2～1.5m，畦背宽0.3m、高0.2m，长度视水源及地块而定。畦底要整平，铺上2～3cm厚的沙土，把装好的袋紧密地排列在畦面内，不要歪斜，若袋之间空隙较大，要加土填满，以防透风透水。

②种子处理

火炬树种子粒小，且附有绒毛和蜡质。在播种前10天，用80℃的碱水烫种，边倒水边搅拌，待水不烫手时，捞出用砖在水泥地上搓去蜡质，一次去蜡不彻底，用50℃2.5%的碱水再搓一遍，搓净后，用70℃水浸种，随倒随搅至不烫手为止，浸泡48小时后，将上面的空粒种子去除，下面捞出混湿沙2倍放在背风向阳处催芽。种子一般堆放10cm厚，早、晚用草苫覆盖，温度保持在20℃左右，每天翻动2～3次，使种子温、湿度上下一致，待种子有1/3裂嘴时即可播种。

③播种

4月上旬播种前，向畦内灌一次透水，待水渗透后，往每袋内放入2～3粒处理好的种子，深度在1cm左右。

④苗期管理

幼苗出土前最好不浇水，干旱时可进行喷水。保持畦面湿润，幼苗长至5～10cm高时，要进行定苗，并及时清除杂草，适当进行追肥，预防病虫害。

2）根插繁殖

火炬树移植后，将部分地下根挖出，选用0.5cm以上的根作插穗，剪成12～15cm，50根一捆，倒置于长方形坑内，坑深20cm，装入湿沙，上面覆盖塑料薄膜催根，待根插穗上产生愈合组织后，即可进行埋根育苗。根插繁殖方法简便，株距40cm、行距30cm，分层埋实，埋实后再覆一层松土，以利保墒。为促进根插穗生根，可用ABT生根粉处理。

3）分株繁殖

火炬树极易产生根蘖苗，可以从母株分离成为苗木。

52. 香花槐

学名：*Robinia pseudoacacia* 'Idaho'

别名：富贵树

科属：豆科刺槐属

（1）生态习性

原产西班牙。植株健壮、耐寒、耐旱、耐瘠薄，能抵抗－25～－35℃的低温，是稀有的耐寒园林绿化树种，南北栽培皆宜。它具有一次性栽培多年受益及花期长、适应性强、栽培管理容易、繁殖快等特点。喜温暖、湿润的气候和阳光充足、通风良好的环境，要求湿润、排水良好、土层厚而疏松的中性土壤，亦能适应偏酸和偏碱性土壤。

（2）繁殖方法

1）根插繁殖

根插法是生产中最常用的传统繁殖方式，方法较简单、成活率高，但繁殖系数不高，不适宜大规模发展。

①插穗选择

选用1～2年生根，直径应大于0.5cm为宜，秋季停止生长后至春季萌动前，将香花槐30cm以外侧根剪断，以防影响母树正常生长，秋采的应沙藏。

②插穗截取

扦插前将根段截成8cm，按粗细进行分级，确保扦插时出苗整齐。

③扦插时间

室外扦插在5月初进行，温室内1月中下旬就可进行。

④扦插方法

扦插前，根段最好经过一段时间的沙藏，确保出苗整齐。大田扦插可采用水平根插，株距15cm、行距30cm，埋深3～5cm，搭拱棚。温室扦插基质可采用草炭土和珍珠岩3∶2的比例混匀，装入营养钵内，喷透水。然后将根穗直插入营养钵中，上部与基质面平。

⑤插后管理

插后浇透水，使根穗与土壤接触紧实之后保持土壤或基质湿润，切忌水大。室内的温度控制在20℃左右。20天左右出苗。

2)枝插繁殖

枝插法繁殖技术要求较高，需采取措施处理插穗，促其生根。此方法可在繁殖材料紧张时，结合夏季树形修剪进行，以充分利用修剪下的枝条。

①插穗选择

插穗以半木质化、生长健壮、无病虫害的当年生侧枝为佳。插穗长度为10cm，保证有2~3个饱满的芽子，剪去下部叶片，保留上部1个复叶的3~4片小叶，上剪口离叶芽2cm，下剪口位于叶或腋芽之下3~5cm。

②插穗处理

插穗随采随插。将采来的插穗打捆剪好后，放入2~3深的0.1%萘乙酸溶液中速蘸10秒后进行扦插效果较好。

③扦插

扦插时间以7~8月间为好。温室扦插时，扦插基质采用进口草炭土、蛭石、珍珠岩，并按1:1:1的比例混匀；室外扦插时，应采用全光喷雾法进行，直接在沙盘上进行扦插。深度为2~3cm为宜，株行距为5cm×8cm，生根后进行移栽。

④插后管理

扦插后立即喷透水1次，之后适时进行叶面喷水，宜少量多次，尽可能保持叶片不脱落。切忌基质水分太大，否则插穗容易腐烂。10天即可形成愈伤组织，15天开始生根，1个月后即可进行移栽。如果管理好成苗率可达75%。

3)芽接繁殖

芽接繁殖具有繁殖系数高、适宜大规模发展的特点，是较好的繁殖方法。

①砧木选择

在当年生播种的刺槐实生苗中，选择长势较好的植株，地径在1cm，进行芽接前应灌水1次，使砧木充分吸水利于切砧。抹去砧木底部枝条、叶片和泥土，为芽接做好准备。

②接穗选择

在香花槐母树上选择枝条充实、枝芽饱满的当年生枝剪下，将叶柄留下1~2cm，其余部分连同叶片剪去。枝条顶端木质化程度不够的枝条不能作为接穗，一般1条枝可保留18~20个接穗。剪下枝条喷水，用湿布包好，以保持枝条水分和新鲜度。接穗应随采随接。

③芽接

在砧木距地面5cm处将树皮用刀割出“丁”字形切口，一般横向刀口约1cm，纵向刀口约2cm，刀割深度应刚好使韧皮部与木质部分离，而不伤及茎干。然后取出准备好的枝条(注意芽被叶柄基部所覆盖)，在叶柄上方0.5cm处横割一刀，然后沿叶柄两侧用刀尖划下，下端刀口斜交在一起，深度刚好使韧皮部断开，这样轻轻一掰，即取下一个盾牌状芽片。将削取的芽片楔入砧木的“丁”字形切口中，上部与砧木上部切痕对齐，皮层对接平整，砧木的树皮将接穗裹住，用塑料绑条，采用八字法绑扎，将伤口完全绑紧，仅露出叶柄即生长芽的位置，使其不至于透风或进水。芽接 5 天后，用手轻触叶柄即脱落，而且芽痕色泽鲜绿，说明已经成活。之后芽会逐渐膨大，芽接成功。20 天后松绑，以免影响主干生长。松绑一周后可剪除砧木部分梢头，使根部营养和水分能集中供给新梢生长发育。

4）分株繁殖

香花槐极易产生根蘖，将根蘖苗从母株分离可作为苗木。

（3）栽培管理

香花槐移栽宜在秋季落叶后或春季萌芽前进行，挖穴后每穴施腐熟农家肥 5kg，苗栽好后填土、压实、浇透水，以后保持湿润。由于香花槐栽培易成活，故不需带土栽培，成活率可达 98% 以上。栽后根据不同的绿化环境定干 0.8 ~ 1.5m，促进分枝。一般栽植当年树高可达 2m 左右，栽后第二年开花，树高 3 ~ 4m，干径 6 ~ 8cm。

53. 月季

学名：*Rosa chinensis*

别名：月月红、斗雪红、瘦客

科属：蔷薇科蔷薇属

（1）生态习性

原产北半球，几乎遍及亚、欧两大洲。性喜光照充足、通风良好，忌阴暗潮湿。一般每天要求有 6 小时以上的光照才能正常生长和开花，空气湿度在 75% 左右，空气流通才能生长良好。喜温暖、怕炎热，其适宜生长温度为 15 ~ 25℃。当气温超过 30℃ 时，生长受到抑制，花芽不再分化。在炎热的夏季，月季花少而小，花色不正常。气温低于 5℃ 时，停止生长，进入休眠。最适宜的栽培土壤是富含有机质，疏松肥沃，具团粒结构，排水良好，pH 值为 6.5 ~ 7 的微酸性或中性土壤。

（2）繁殖方法

1）播种繁殖

多用于培育新品种。种子采收后要充分后熟，然后脱去果皮和果肉，将它们沙藏在 5℃ 以下的冷室中，第二年早春用撒播或条播在露地苗床上，待苗高 10cm 时上盆。

2）扦插繁殖

扦插繁殖是繁殖月季的主要方法。

①土插法

a. 扦插时期

当气温稳定在 15℃ 以上时，即可进行扦插。若气温低于 15℃ 时，可在温室或塑料棚中进行扦插，3 月中旬至 4 月一般均可在室外进行扦插。秋末冬初的 11 ~ 12 月秋高气爽，天气变凉，也是扦插月季的好季节。

b. 基质准备

插床基质一般可用干净的河沙、珍珠岩 + 椰糠（1∶1）或草木灰、塘泥、木糠、煤渣等按一定的比例组成混合基质，基质要求排水良好。为减少基质病菌，促进插穗生根，扦插基质可用 1000mg/L 高锰酸钾溶液进行消毒处理，一个星期后方可使用。为了防止插床底部积水，可用砖铺垫一层后上面再放基质。

c. 插穗处理

选择一年生健壮枝条，将其剪成长约10cm的插穗，一般不带叶片，以减少蒸腾作用。插穗剪口应用利刀削切，将爆裂部分削去，使剪口平滑，以减少病菌入侵，利于发根。扦插前，可用1000mg/L高锰酸钾溶液浸泡插穗插端约15分钟进行消毒。也可用萘乙酸或生根粉，按药物说明对插穗进行处理，可提高扦插成活率。

d. 扦插方法

用与插穗大小相同的插棍打好插孔，深度约为5cm，株行距约4cm左右（行距可适当放宽），然后将插穗插入插孔，压实插穗基部基质，使基质与插穗紧密接触，并淋足透根水。

e. 插后管理

插后要经常注意插床的温度和湿度，保持温度在15～25℃范围，室外插床要搭遮阳网或在树荫下，经常喷水，保持湿润，但切忌太湿，否则容易引起腐烂。

利用上述方法进行月季扦插育苗，一般插后12～15天开始发根，成活率可达70%～80%以上。当根长2～3cm时，应及时移植，若等根老化时再移植，会降低移栽的成活率。

②水插法

a. 绿枝水插

适用家庭小规模繁殖采用。将插穗修剪好后，用纸条卷住，塞住瓶口使插穗基部入水1～2cm，避免强光直射，瓶中要及时补充水分，新水忌过凉过热。一般1周后生愈伤，3周后生根，当根长到2cm左右时，可将插穗从瓶中取出植于山泥或素细沙中，等根系发达后再移栽。

b. 休眠枝水插

冬季水插，在室内进行，一般在12月下旬开始到3月中旬为好。插后放在10℃的温度处，等愈伤生成后，移到温度稍高的地方，使其生根，并接受光照。

③全光喷雾无土扦插繁殖

a. 扦插基质

繁殖月季的扦插基质，过去多采用河沙，主要是利用它渗透力强的特点，插穗下端不易腐烂、易于生根。无土扦插繁殖月季，现采用的基质有：蛭石、珍珠岩混合基质1∶1以及细质炉渣。

b. 插床准备

扦插前首先用砖砌一个宽2m、长6m、高12cm的扦插床，插床底部铺一层砖，盛满基质，在长形插床上高50cm处，用喷雾头和铁管安装一个5m长的简易喷雾装制（如图1-65）。

c. 插穗选择

扦插月季，插穗的选择很重要。高温季节的扦插，要选择当年生、开过花的枝条作插穗，短剪插穗时，要用锐利的剪刀，每个插穗剪成长8～10cm，每个插穗带2～3节，插穗顶端留2～4片小叶，大叶片可剪去1/2。株距3cm，行距4cm，每平方米插

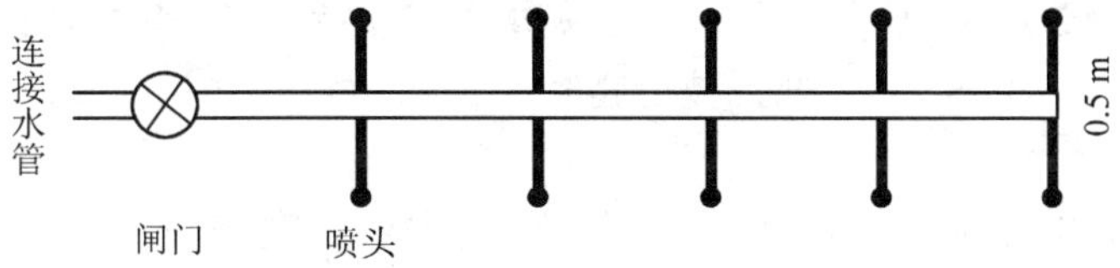

图 1-65　喷雾装置示意图

图 1-66　插穗示意图

700～800 株。

插穗的剪取方法：要从插穗的下端节 0.5cm 处，芽向反面下剪刀，剪口向外剪成马蹄形（如图 1-66）。插穗剪取后要放在清水内，随剪随扦插。扦插的深度为插穗的1/2即可。

d. 扦插时间

扦插时间以 6～8 月高温季节为插穗最佳时间，此时光照强、时间长，植物生长新陈代谢作用强，易于生根。

e. 插后管理

扦插后及时喷雾，而后每天上午 8：00～下午 18：00，开关自来水闸门连续喷雾，阴雨天、夜间不喷雾，这样连续喷雾，插穗 7～10 天生根，25～30 天生根数十条，成活率可达到 95%～100%，此时根系的生长，已达到移栽（上盆）的时候。如露地阴雨天气移栽，幼苗随起随栽，栽后及时浇水，成活率达到 95% 左右。上盆栽植，栽植后遮荫，及时浇水，成活率可达到 97%～100%。

3）嫁接繁殖

嫁接在月季生产中也是常用的方法，尤其对扦插难以生根的优良品种，多采用此法。砧木应选择适应能力强，能抵抗白粉病和褐斑病的种类，如野蔷薇、粉团蔷薇、刺玫瑰等。多用枝接或芽接。枝接，应在休眠期进行，南方多在 12 月至第二年 2 月，北方则在春季叶芽萌动前进行。芽接，在生长期均可进行，但以 9 月为宜，可在高大的砧木上进行不同品种的多枝芽接，从而培育出树状月季。

4）压条繁殖

①高压时间

一年之中除寒冷季节外，其余时间均可进行，而以高温高湿的夏季为最佳季节，且在春夏压的条，当年即可开花。

②枝条选择

高空压条应选用植株向阳、生长健壮、枝径在 0.5cm 以上的枝条，高压部位需在枝的上部，即日常剪取插穗的枝段。枝条太嫩不易环剥，枝条太老又难以愈合生根。如枝径在 1cm 左右，可压 2 ~3 处，枝径越粗，压数就可越多。

③压条

先在枝条节下 0.5cm 处进行环状切割，深达皮层，宽为枝径的 1 倍左右。枝径细的隔一节再切，枝径粗的每节都切。然后再剔出中间皮层，用棉花球或毛笔头蘸取维生素 B_{12}溶液或其他生根激素，涂抹伤口，晾干后再涂 1 次。将准备好的塑料纸，裁成大小适度的方块，绕枝一周，折叠成漏斗状，大口向上。伤口下端用细绳捆紧，塑料纸叠口处用大头针扎住。然后以枝条为中心，填进中等程度河沙至离口 0.5cm 处，形成沙袋。沙袋的大小，由枝径的粗细而定，以枝条能够承受为度。再用细木棍或竹竿 1 ~2根，下端插进土里，上端用绳与月季枝条连结固定，以起支撑作用，防止枝条折断与倒伏。最后浇透水即可。

54. 玫瑰

学名：*Rosa rugosa*

别名：四季花、月月红

科属：蔷薇科蔷薇属

(1)生态习性

对环境适应能力强。性喜温暖、阳光，但强光和高温对开花不利。对土壤要求不严，但忌石灰质土壤，以略酸性土为好。我国南北各地均有繁殖。最适宜玫瑰生长的温度白天为 18 ~25℃，晚上为 10 ~15℃，相对湿度为 70% ~80%。

(2)繁殖方法

1)播种繁殖

一般都是为培养新品种才采用，将秋季采收的种子装入盛有湿润沙土的塑料袋内，置于夜冻昼融的环境里，经过 1 个月左右后再逐渐加温至 20℃左右，种子裂口发芽后即可以播种(或者沙藏到第二年春季播种)，当幼苗长出 3 ~5 小叶时分栽。

2)分株繁殖

分株繁育是玫瑰传统的繁育方法。移栽时间是秋季落叶后或早春发芽前，不宜在生长季节进行。分株繁育有 2 种方法：一种是将玫瑰整个株丛挖出，依据其根系的生长状况，分成若干小株。另一种是只刨株丛附近的根蘖苗，最好取二年生、地上部具有 2 根以上的枝条，根茎已发育相当数量的须根。移栽后成活率高、长势旺，栽后 2 年可以形成相当大的株丛。缺点是繁育系数低，不能满足大量生产的要求。

3)埋根繁殖

埋根繁育是利用玫瑰秋季分株移栽和老花埝翻新，刨出的断根截短繁育。具体方法是，把秋季刨出的断根，进行挖沟贮存(50 ~60cm)，春季化冻后，选用直径 0.5 ~1.5cm、无劈裂的玫瑰根，剪成长 10 ~15cm 的根段，在整好的畦内开沟，沟深 10cm，沟距 20 ~25cm。埋根有 2 种方法：一是将种根平放于沟内，然后覆土，轻轻踏实；另一种是将种根呈 45°斜角插于沟内，插深以种根上端略低于地面为宜。埋根结束后，要及时灌一次透水，在畦内覆盖草帘或玉米秸，新芽出土后，逐渐除去覆盖物，保持土壤湿润，及时松土除草，7 月追肥 1 次，10 月下旬可出圃定植。

4）扦插繁殖

①带踵嫩枝插

即在早春选新萌发的枝，用利刀在其茎部带少许木质削下，用生长激素处理后插入扦插床或小盆中。

②半木质化枝扦插

此法是在6～9月，选择玫瑰花朵初谢的枝条，剪去花柄，削平其下部，以2～3节为一段，切除下面的一枚叶片，再剪去条留叶片的大部分，用生长刺激素处理后插于上法同样条件的床中。

③硬枝扦插

是将越冬前剪下的一年生充实枝条，2～3节为一段，每10枝成一捆，在低温温室内挖约30cm的坑将插穗倒埋在湿润沙土中，顶部覆土5～10cm保持湿润，第二年早春，将插穗插入插床。

④硬枝水插法

选带1～2片叶的半木质化枝或硬枝，用利刀将基部削平，插入盛水容器中，枝条浸入水中1/2，放在15～20℃且能见到阳光的地方，使其长出根来。在促根期间，容器内的水每隔2～3天要更换一次，等枝上新根的表皮变浅黄或淡褐色时，即可取出细心栽入营养袋中培养。

5）嫁接繁殖

嫁接繁育出的玫瑰均比分株及埋根繁育出的玫瑰产花量高2～3倍，是当前玫瑰生产普遍使用的繁育方法，其具体措施如下：

嫁接时间：在3月中旬玫瑰萌芽前，7月上中旬玫瑰腋芽形成及9月中下旬玫瑰停长后均可进行。3月嫁接时间短，成活率低；9月嫁接后次年方能成苗。故嫁接时间主要为7月。

砧木选择及繁殖：砧木选择近代月季、红十姊妹、西洋蔷薇等品种。砧木采用扦插繁殖，春、夏、秋三季均可进行，以9月中旬到10月中旬最为适宜。选当年生发育充实的蔷薇枝条，剪成长15～20cm作插穗，按株距10～15cm、行距20～30cm扦插。

嫁接方法：嫁接以芽接为主，可用"单开门"、"双开门"、"丁字形"等嫁接方法。接芽要选用当年萌发的玫瑰枝条中上部的饱满腋芽。嫁接时最好选在气温26℃以上的晴天。先剥去砧木基部针刺，在离地面3～5cm处开口，开口大小以所取接穗芽片而定。在适宜的条件下，接后7天即可愈合，10～15天接芽萌发时解除绑线，过早会因愈合不良，产生"回芽"现象，过晚影响接芽的正常生长。解绑后要经常及时地抹除蔷薇砧芽，待接芽长至15cm以上，具有4～6片复叶时剪砧。此后要及时进行除草松土、浇水、病虫害防治等一系列的苗木管理工作。

55. 黄刺玫

学名：*Rosa xanthina*

别名：刺玫花、破皮刺玫

科属：蔷薇科蔷薇属

（1）生态习性

性喜光，稍耐阴，耐寒冷、干旱、瘠薄，可在碱地上正常生长，但不耐水涝。在露地可安全越冬，是观赏价值很高的花灌木。

(2)繁殖方法

因黄刺玫不结实，主要靠分株、压条繁殖，硬枝扦插虽经生长调节剂处理，但生根率极低，嫩枝扦插生根率可达90%。而采用全光照喷雾嫩枝扦插，则可大大提高成活率。

1)插穗选择

用作插穗的母树，最好为3~4年生，并以树冠外围中上部无病虫枝条为最佳。取材时间以花要凋谢的时候为好。采条时要用手掰条，摘去嫩尖，只保留3个叶片。插穗长以7~8cm为宜。如插穗过长则浪费材料，过短自身储存的营养满足不了生根的需要，影响成活率。

2)扦插方法

扦插前在喷雾池内铺上珍珠岩掺沙作为扦插基质，厚度为30cm，用0.5%的高锰酸钾浇床面消毒，半小时后用凉水冲洗并浇透。将掰好的插穗用100mg/L的吲哚丁酸溶液浸泡50~60分钟，取出后用清水冲洗即可扦插。扦插深度为2~3cm。

3)插后管理

保持插穗的鲜活度，应随采条、随扦插、随喷叶面水。喷水要连续进行，待整个扦插池插满后，浇一次透水。然后接通电源，使整个喷雾系统正常工作，在空气相对湿度90%以上、气温25℃、基质温度在22℃左右，经30天即可生根。

为了提高全光照喷雾池的利用率，在插穗根系达7~8根、长度3cm以上时，蹲苗7~8天，人为控制池内的供水量，然后移苗换床培育。移苗后的管理和普通苗木相同。

56. 木香

学名：*Rose banksiae*

科属：蔷薇科蔷薇属

(1)生态习性

性喜阳光和温暖的气候环境，对土壤要求不严，宜栽植在排水良好的沙质土壤。怕涝，较耐寒，耐修剪。

(2)繁殖方法

1)压条繁殖

在春季2~3月进行，选1~2年生枝条，采用波状压条法，刻伤按压部位，第二年春季可与母体切断分栽。

2)扦插繁殖

硬枝扦插多在秋末或春季进行。选一年生、节短、圈部小而壮实的枝条(忌用徒长枝)，剪成10~15cm长的插穗，每穗保持3~4节，插入沙壤或蛭石基质内，用塑料薄膜拱棚封闭，保温、保湿，防寒越冬，春插夏季搭棚遮荫，约1个多月即可生根，侧根多时移栽容易成活。

软枝带叶插于6~7月进行，插后遮荫保湿，生根后注意通风见光，待其侧根发出后，再行移栽。

57. 银芽柳

学名：*Salix leucopithecia*

别名：棉花柳

科属：杨柳科柳属

(1)生态习性

原产我国。性喜温暖、湿润和阳光充足环境。耐寒、耐干旱和盐碱，耐水湿。宜肥沃、疏松的沙质壤土。

(2)繁殖方法

因银芽柳种子细小，采集困难，所以多采用扦插繁殖。3～4月间，白天气温回升至15～20℃时，做2m宽、20m长的平床，上铺10cm厚干净无菌河沙，然后剪取阳面、花少、无病虫害、1～2年生、健壮已木质化枝条，截成10～12cm长的插穗，每段插穗3～4个芽，上切口位于首芽上0.5cm处，呈平面，下切口一般在末芽下0.2～0.3cm处，呈45°的斜面。取与插穗同等粗度的干净木签在苗床上打孔，将插穗入沙土2/3左右，地上部分保留1～2个芽，然后浇透水，地上部分展叶，20天左右伤口愈合生根。亦可结合秋季修剪进行温室扦插。

(3)栽培管理

扦插苗成活后，注意施肥1～2次，促使新枝生长。当新枝高20cm时移栽大田，每平方米为50～60株，生长期每月施肥1次，特别在冬季花芽开始膨大后和剪取花枝后要加施1次肥。前者为磷钾肥，后者为氮肥，夏季高温干旱时，注意灌溉，保持土壤湿润。每年早春花谢后，应从地面5cm处平茬，以促使萌发更多新枝，并修剪弱枝和姿态不整的枝条。剪取花枝时要轻剪轻拿，防止芽苞脱落，影响花枝质量。

58. 夏蜡梅

学名：*Sinocalycanthus chinensis*

别名：牡丹木、黄枇杷、大叶柴

科属：蜡梅科夏蜡梅属

(1)生态习性

耐阴树种，喜湿度大、水分充足、土壤稍酸性的地方生长；在强光、干旱生境中生长不良。

(2)繁殖方法

1)播种繁殖

每年10～11月间，夏蜡梅瘦果外壳由绿转黄，内部种子呈棕黑色时，即可采收，取出种子，阴干后贮藏，在种子贮藏过程中要注意保持其湿度。秋播或春播均可，播种前，种子用温水浸种，催芽24小时，能保证较高的出芽率。另外，选用排水良好的湿润土壤作苗床，幼苗成活率也较高。幼苗期需遮荫，冬季要覆盖防冻。成苗后的植株适宜在没有强光照射和比较干燥的环境里生长。

2)分株繁殖

因夏蜡梅根际萌发力强，于秋季落叶后至春季萌发前，掘起株丛，用利刀或钢锯分开成若干小株，每株需有主根1～2条，然后栽种。易成活，2～3年后便能开花。

3)压条繁殖

有普通压条、开沟压条、堆土压条、套盆压条与高空压条等方法。每年2～3月间，选生长茁壮、1~2年生枝条，根据不同的方法，将入土的部位用刀刻伤，在刻伤部位撒少许ABT生根粉或抹上500mg/L萘乙酸，然后埋在以碧糖灰作介质的土中，经常保持土壤湿润，2个月左右便可生根移栽，当年即可开花。

4)嫁接繁殖

这是夏蜡梅的主要繁殖方法，也是制作盆景的唯一手段，分切接和靠接。

①切接法

宜于农历春分前后当芽刚萌动时进行，最佳时间仅一周左右。为延长嫁接时间，可将部分母株上的芽抹掉，待新芽长至小米粒大小时进行切接。约在切接前1个月，从嫁接成长后2~3年的壮龄夏蜡梅树上，选粗壮而较长的一年生枝条作为接穗，先截去顶梢，使养分集中在枝的中段，有利于嫁接后成活，生长充分。接穗长6~7cm，留1~2对芽，削取长的切面宜浅，以略微露出木质部为度。砧木用分株后培养2~3年的狗牙蜡梅，也可用蜡梅2~3年生的实生苗，制作盆景时可用老根上往年萌发枝条。切下时用刀不宜深，以微露出木质部为宜。缚扎后在接口涂泥浆，然后用疏松碎土把砧土和接穗一齐封住。接种约1个月，即可扒松封土，检查是否成活，然后仍需封地，以免刚接活的嫩芽受到风吹日晒而死亡。用此法繁殖夏蜡梅，生长甚旺，成活率可达80%~90%，培养2~3年后即可开花。

②靠接法

适宜在春、夏季进行，以5月(阴历立夏、小满)效果最好。因夏蜡梅枝脆易断，所以靠接时要特别小心。用狗牙蜡梅作砧木，接时去顶。砧木和接穗均需削去一长条的皮，长约3~5cm，然后把切口对齐，用麻缚住，外面涂泥浆封住。约1个月后成活，分3次把接穗从接口以下处切断，每7天割1次，每次割1/3。

59. 五指茄

学名：*Solanum mammosum*

别名：乳茄、牛角茄、五代同堂

科属：茄科茄属

(1)生态习性

原产美洲热带地区。喜温暖、喜光照、喜肥水、耐高温、怕冻。生长温度为15~38℃，最佳的开花长果温度为20~35℃，夏季能忍耐40~42℃的高温，成苗能忍耐短时3℃的低温，秋后长期霜冻寒冷时即枯。对土质要求不严，南方的酸性土及北方的碱性土均可生长，以排水良好而疏松肥沃的壤土为佳。

(2)繁殖方法

常用播种和扦插繁殖。播种，春季盆播，发芽适温20~25℃，播后7~10天发芽。扦插，夏季用顶端嫩枝作插穗，长12~15cm，插入沙床，15~20天可生根，30天移栽露地或盆栽。

(3)栽培管理

地栽选择疏松肥沃和排水良好的沙壤土，如排水不畅，根部极易腐烂。乳茄喜肥，生长期每半月施肥1次，孕蕾至幼果期增施2~3次磷、钾肥。花期遇高温干燥，花粉不易散开，影响授粉结果。注意浇水和遮阳。秋季剪取长50~60cm结果枝作插穗，以茎、果为主，摘除叶片，插于清水中保鲜。

60. 龙爪槐

学名：*Sophora japonica* ‘Pendula’

别名：垂槐

科属：豆科槐属

(1)生态习性

性抗寒，能适应干冷气候。喜光，稍耐阴。喜生于土层深厚、肥沃疏松的沙质壤土，在轻度盐碱土中也可良好生长。抗二氧化硫、氯气、烟尘等，寿命长。

(2)繁殖方法

压条与扦插繁殖压条与扦插繁殖的生根率极低，在生产上多采用槐树作砧木进行嫁接繁殖。

1)砧木(槐树)的培养

①种子处理

槐树种子种皮较致密，硬粒较多，宜用逐渐增温，多次浸种法处理。即先用60℃水浸种，自然冷却放置24小时，将膨胀的种子取出，对未膨胀的种子再用80℃水浸种，不断搅拌，直至水温下降到45℃以下为止，对仍未膨胀的硬粒，用开水浸种，搅拌3分钟后加冷水，使水温下降到45℃左右。将膨胀的种子用湿麻袋或草席覆盖，闷种催芽经1.5～2天，部分种子萌动即可播种。

②播种

多采用春播，以3月下旬至4月上旬为宜，可采用垄播或床播。垄播，垄距70cm，垄底宽50cm，垄面宽30cm，高15cm。播幅10cm，覆土1.5～2cm。也可平播，行距40～50cm，播幅5cm。播后轻压，并保持床面湿润。在苗高15cm，真叶15片前，分2～3次间苗。定苗株距有两种，若是在苗圃内培养嫁接，则定苗株距为70cm。若是定植嫁接，则定苗株距为15cm。

③平茬养干

槐树具萌芽力，截干平茬后易发生大量萌芽，当萌芽嫩枝长到20cm左右时，选留一株直立向上的壮枝作主干，其余全部抹掉。当苗高达2m，粗度达5cm时，就可进行嫁接。

2)接穗选择

在冬季修剪龙爪槐时，将一年生无病虫害的健壮枝条剪下，将其一捆一捆放在阴凉处，进行沙藏。若在春季剪接穗，要在树液开始流动时剪，选取一年生无病虫害的健条。接穗取下后，按7～10cm的长度剪取(留1～2个芽)，在90～100℃的石蜡溶液中速蘸，使接穗表面形成均匀的保水膜。

3)嫁接时间

在砧木离皮以后进行，4月中旬至5月上旬。

4)嫁接方法

嫁接采用插皮接法。在接穗下端芽的下部向下削成3cm的平滑斜面，然后在大切面两侧各削去一窄条皮层，使尖端呈扁三角锥形，以便于插入砧木内。在砧木距地面

2m 左右(包括分枝)选择光滑无伤疤处剪断枝条，剪口要平滑，由剪口向下顺切一刀，深达木质部，长度略大于接穗削面，用竹签插入砧木的皮层与木质部之间，深为接穗大切面的1/2 左右。拔出竹签后迅速将接穗插入。扶正接穗后用塑料布条将接口由下至上，再由上到下绑紧绑严。每个枝条可根据枝条直径粗细嫁接 2 ~ 3 个接穗。

5)接后管理

解除绑缚要在 2 个月以后，过早易遭风折。要及时松土除草，浇水追肥，注意防治蚜虫、红蜘蛛。龙爪槐要想成型美，必须进行修剪，不能徒长。一年要进行 2 次修剪，即夏季修剪和冬季修剪。夏季修剪是在生长旺盛期间进行，将当年生的下垂枝条，剪截 2/3 或 3/4，使剪口发生更多的枝条，扩大树冠。剪截的剪口，留芽必须注意留上芽或侧芽，因为上芽再萌发长出枝条，可以呈抛物线状扩展。到了冬季，龙爪槐已落叶，苍劲的枝条看得很清楚。此时修剪要仔细，可以调整树冠生长的方向，如某一方向缺少枝条，可以用绳子把长枝条吊拉过去补充，使形成一个伞形。而内堂细弱小枝要进行疏枝或重剪(仅留 1 ~ 2 个向上的芽)。外围的枝条，一律要留上芽剪截，即从弯曲最高点处剪去，使树冠形成扩张的伞形。

61. 槐树

学名：*Sophora japonica*

科属：豆科槐属

(1)生态习性

原产于我国北部，北起东北南部，南至广东、广西，东至沿海，西至四川、云南，各地均有自生或栽培。为温带阳性树种，喜光，稍耐庇荫。根系发达，喜生于土层深厚、湿润肥沃、排水良好的沙质壤土，中性土、石灰质土及微酸性土也可适应，在轻度盐碱(含盐 0.15% 左右)也能正常生长，但在过于干旱、瘠薄、多风的地方难成大材，低洼积水处常落叶死亡。深根系发达，抗风力强，萌芽力强，有利于截干养材。

(2)繁殖方法

1)播种繁殖

①种子采收

槐树每年 7 ~ 9 月开花，10 月中旬 ~ 11 月中旬种子成熟。果实肉质含胶，呈串珠状，于种子之间扁缩。荚果过冬悬挂不落，采种期从落叶到第二年展叶。果实采摘后，装入大的池子，用凉水浸泡到果肉可搓掉为宜，一般需 5 ~ 7 个月。去果肉的办法：可用手戴帆布手套在洗衣板等可摩擦的工具上搓擦，也可穿雨鞋踩搓，也可用粗点的木棒糙在大缸里捣春。去掉果肉而不损伤种子。果皮去掉后，阴干干藏。

②育苗地准备

育苗地要选择有灌溉条件并排水良好的深厚肥沃的沙壤土。槐树不宜连作重茬，与针叶树种育苗地轮作效果很好。下种前要施足底肥，每平方米施硫酸亚铁(黑矾) 60 ~ 75g，深耕细耙。

③种子催芽

种子催芽有两种办法：

a. 热水分次浸种膨胀法

在播种前 3 天用始温 60 ~ 70℃的热水浸种 20 小时左右，捞出用凉水冲洗，将膨胀粒与硬粒分开，余下不膨胀的与上法相同反复二三次，所不同的是始温水用 80 ~ 90℃。区分膨胀粒和不膨胀粒有两种办法：一种是种子数量不多时可用人工挑拣；另一种是当种子数量多时可用壤土泥浆漂浮洗，泥浆的浓度以浮起膨胀粒为宜。

b. 热水浸种混沙催芽法

在播种前 20 天用始温 70℃热水浸种 20 小时，捞出用凉水冲洗后混入 3 倍湿沙中，堆放在温暖向阳处，厚度不超过 30cm，上盖麻袋、草袋或塑料薄膜以保温、保湿，并经常翻动，使湿度、温度均匀一致。当种粒有 30% 裂嘴时即可播种。

④播种

播种时间待春季地温回升稳定后(一般在谷雨至立夏间)进行，采用开沟点播，株距 5 ~ 8cm，行距 40cm，每平方米播种量为发芽率 80% 以上的种子 7.5g，发芽率 65% 以上的种子 12g，覆土 2 ~ 3cm，然后压实。如采用地膜覆盖效果更好，地膜覆盖后有部分幼苗出土就可在地膜上开口放苗。

⑤播后管理

幼苗出齐后一般不进行间苗，主要工作是除草、浇水，在幼苗速生期(6 ~ 7 月)要进行追肥。一年生苗高 1 ~ 1.5m，地径 0.5 ~ 0.8cm，每平方米产苗 20 ~ 40 株。封冻前浇一次越冬水，待第二年解冻后将所有苗木全部刨出分级定植，株距 40cm、行距 50cm。

2)扦插繁殖

①扦插采集

11 月下旬树木落叶后，选择生长健壮、无病虫害、5 ~ 10 年生幼树上的当年生枝条，枝条采回后不短截，用蜡封枝条下端口，以免枝条失水，然后用湿沙贮藏于背风向阳处，也可随插随采，成活率略低。

②插穗处理

于 3 月上旬把采回的枝条短截成 15 ~ 20cm，每 50 段捆成一捆，注意不要把插穗捆颠倒，用蜡把上剪口封住，然后用 1 号或 2 号 ABT 生根粉液(每 1g 生根粉，500g 酒精，加水 19.5kg 可处理插穗 1 万根)浸泡下端口 1 小时。将枝条拿出晾干，再用湿沙进行贮藏，待插穗下部有凸起露白将要生根时，即可扦插。

③扦插方法

将处理好的插穗埋植于事先整理好的圃地。株行距的确定，可根据培育苗木的大小而定，一般每平方米可插 10 ~ 12 株，插穗稍露圃面即可。

④插后管理

扦插后 3 个星期内要保持土壤湿润，在插穗未生根前不要进行中耕，以免伤根，影响成活。待 4 月下旬插穗生根后，即可除草，以后的管理同其他阔叶树苗。

62. 华北珍珠梅

学名：*Sorbaria kirilowii*

科属：蔷薇科珍珠梅属

(1)生态习性

性喜阳，有很强的耐旱、耐寒能力，对土壤要求不严，栽培比较容易。喜阳光充足、无遮荫、无水涝、排水良好的生长环境。性喜肥沃疏松、排水良好的沙质土壤。

(2)繁殖方法

1)扦插繁殖

①整地作床

选择背风向阳，地势较高的地块，土质要求通气透水性能良好的沙质壤土，黏土地可掺入1/3左右河沙，最好用蛭石作扦插基质。

低床育苗，一般苗床宽度110~112m，长5~10m，埂高15~20cm。床面深翻，同时混土撒施30g/m^{2}的呋喃丹或110ml/m^{2}的辛硫磷，以防治地下害虫，再用多菌灵对土壤消毒。扦插前苗床灌足水。

②插穗选择

采穗母树选择中龄、生长旺盛灌丛。春季3~4月选取1~2年生健壮枝条萌生条作为插穗，尽量少用或不用已开花结果的老枝。插穗长度10~15cm，上端剪平，下端剪成马蹄形，切口平滑。按50或100根绑扎成捆，并注意保湿。插穗用ABT1号、ABT6号生根粉吲哚丁酸处理，浸泡插穗基部1小时。

③扦插方法

插穗垂直床面插入土中8~12cm，地表保留2cm左右，株行距为10cm×20cm。插后立即浇透水。

④插后管理

扦插后一般不需特殊管理，只需要1~2周浇一次水，及时松土除草。插穗一般在20~30天左右生根发芽。珍珠梅扦插苗当年高度一般可达30~50cm，第二年春季移栽定植，株行距40cm×60cm，移栽时截杆，促进分枝。定植后培育2~3年，植株高度就可达到1.5m左右，每丛分枝5~10枝，即可出圃。

2)播种繁殖

①种子采集

每年9~10月采种，将蒴果先放在通风冷凉的室内，阴干，轻轻揉搓，除去种壳和杂质，放入纸袋内保存。

②苗床准备

选择地势平坦、排水良好地块作育苗地，也可采用大棚育苗。育苗地土壤要疏松，肥力较好。低床育苗，床面宽110~112m、长5~10m，深翻，清除杂物和杂草，采用呋喃丹或辛硫磷灭虫，多菌灵土壤消毒。播种前灌足水。

③播种方法

珍珠梅种子细小，播种采用坐水法。播种时土壤以湿润，但不发黏为好。将地耙平、整细，种子混土撒播，播后覆盖细薄土，最好为森林腐殖土，随即用喷壶洒水，使种子与土壤紧密结合。

③播后管理

播种后地表覆盖遮阳网，每天洒水1~2次，露地育苗3~5天出苗，大棚育苗2~4天出苗。出苗期一定要保持土壤湿润。幼苗出齐后逐步减少遮荫时间，增加日照时间，大棚苗在20天左右后撤去遮阳网，露地苗在30天左右撤去遮阳网。露地播种育苗，1 年后苗高 5 ~ 15cm，二年生可长至 50cm 左右。二年生移栽定植，株行距 40cm × 60cm，4 ~ 5 年生出圃。大棚育苗，当年高可达 30 ~ 50cm，第二年露地移栽定植，3 ~ 4 年生出圃。

63. 丁香

学名：*Syringa* spp.

科属：木犀科丁香属

(1)生态习性

性喜光、耐阴、耐寒、耐旱。喜干爽环境和肥沃、湿润、排水良好土壤。

(2)繁殖方法

1)播种繁殖

丁香有一段种子生理休眠期，且种子的休眠与萌发特性因种而异，为此播种前需将饱满成熟种子与湿沙混藏，置于 0 ~ 7℃ 低温下处理 1 ~ 2 个月以打破休眠，促进发芽。经低温处理好的种子，播种 7 ~ 10 天即可出苗，出苗率达 80% 以上。不同播种期对种子发芽率有影响。3 月中旬昼夜温差达 10 ~ 20℃ 时，为冷室盆播的最佳时期；4 月中旬为露地播种的适宜时期。当幼苗长出 3 对以上叶片时，应及时分苗或移栽。

露地苗床一般春播较好，播前一个月宜将种子低温沙藏，以促进提前发芽。苗长出 4 ~ 5 对叶片时进行间苗或分苗移栽，同时也要考虑物候期的规律。

2)扦插繁殖

①半硬枝扦插

在落花后 20 ~ 30 天内，采集长 12 ~ 15cm、带 2 ~ 3 对芽节的插穗。用 100mg/L IBA、ABT1、ABT2 溶液浸泡插穗 13 ~ 15 小时，或在 500mg/L IBA、ABT1、ABT2 溶液中速蘸，插入珍珠岩基质中，使其生根发芽而形成完整植株后再进行栽植。

②硬枝扦插

在秋末冬初，丁香落叶休眠后，剪取一年生枝条，以室外或冰箱保湿状态下贮藏，第二年春冬芽萌动前取出，剪成 12 ~ 15cm 长、带 2 ~ 3 对芽节的插穗，使下端切口紧靠节处，用 IBA、ABT1、ABT2 处理，均可生根，但较半硬枝扦插效果差。

3)嫁接繁殖

可芽接也可枝接。砧木可用欧洲丁香或小叶女贞。华北地区芽接一般在 6 月下旬 ~ 7 月中旬进行。选择当年生健壮枝条上的饱满的休眠芽，以不带木质部的盾状芽接法，接到离地面 5 ~ 10cm 高的砧木干茎上，冬季要注意保护。也可于秋冬季采条，经露地埋藏至第二年春枝接。枝接成活的接穗可于当年萌发生长，长可达 50 ~ 80cm，第二年萌动前将枝干离地面 30 ~ 40cm 处截短，促其萌发侧枝。对芽接或枝接成活的植株，要注意及时剪除砧木的萌蘖枝条。

(3)栽培管理

将盆播、盆插苗于 5 月末移入苗圃地进行定植，株行距 15cm × 30cm，定植后，丁香在生长季内一般不需要特殊管理，只适时适量浇水、除草即可。丁香在苗圃地培育到 3 ~ 4 年后，可栽种到观赏区。时间在 3 月中旬芽萌动之前，以裸根栽植，植穴 50cm × 50cm × 50cm，并施入适量基肥，栽植后浇透水，适度修剪地上部分枝条，以利树体恢复。

64. 柽柳

学名：*Tamarix chinensis*

别名：红柳、三春柳

科属：柽柳科柽柳属

(1)生态习性

性喜光，不耐阴，适应性强，耐寒、耐旱、耐盐碱，能在含盐量0.5%～1%的重盐碱地生长。生长快，萌蘖力强。根系发达，抗风力强，并对多种有毒气体有较强的抗性。

(2)繁殖方法

1)播种繁殖

育苗地要选择地势平坦、有浇水条件的地块。将育苗地耕细耙匀，在四周打高30cm、上顶宽20cm的土坝，将采好的种子，在大雨或灌水后，待水下沉，再均匀撒到地面上，7～10天生根发芽。发芽后，先匍匐生长，再直立向上生长，根系向深层生长较快。据调查，当地上高度5cm时，主根长达30多cm，根长是地上高度的6倍多。

2)扦插繁殖

育苗地要选择沙壤或轻壤土，满足灌溉要求，春季将育苗地耕细耙匀、做畦备插。插穗要采集一年生健壮枝条，直径在0.5cm左右。将插穗剪成长15～20cm，上口剪平，下口剪成马耳形。将剪好的插穗每50根一捆，用清水或用100～200mg/L的萘乙酸溶液浸泡12小时再扦插。在3月中下旬即可进行扦插，插前可将地块浇透，行距30～40cm，株距15～20cm。插完后用地膜覆盖，保墒增温。

65. 天目琼花

学名：*Viburnum sargentii*

别名：鸡树条荚蒾

科属：忍冬科荚蒾属

(1)生态习性

耐寒力强，也耐干旱。性喜温暖、湿润、半阴环境，在全光照下也能生长良好，幼苗必须遮荫，过分荫蔽则生长不良。对土壤要求不严，在微酸性、中性、微碱性土壤中都能生长，适生于湿润、肥沃、排水良好的土壤，在富含有机质的土壤中开花更繁更艳。萌芽力强，耐修剪。根系发达，移栽易成活。

(2)繁殖方法

1)播种繁殖

①种子收集

选择生长健壮、无病虫害的植株作采种母株。当果实由硬变软，由绿变红时，于10月底从树上采摘果实。

②种子处理

果实采集后放布袋中捣烂，用水淘洗，清除果肉并漂浮去果皮、果肉及瘪粒，洗净后捞出放通风阴凉处阴干，注意经常翻动，不可在阳光下晒干。天目琼花的种子有胚根和胚轴双休眠的特性。必须经变温处理后让其完成后熟过程，才能进入正常发芽阶段。首先将除去果肉的干净种子用45℃温水浸24小时，捞出后用高锰酸钾消毒2～3小时后混入3倍湿沙(手捏成团，松开后能散开)，并装入塑料袋中封口，置于25℃条件下30天，再转入0～5℃低温下60天，第二年春4月初播种。

③苗床准备

苗床要求疏松肥沃，细致平坦，施有机肥并掺入化肥后深翻30cm，然后整细耙平。采用低床育苗，床面宽80～120cm，田埂宽40cm。

④播种

4月中旬，用条播法，播前充分灌水。将已发芽的种子按15cm行距条播在松软肥沃的苗床上。覆盖2～3cm肥土，以不见种子为度，并加盖草帘保湿，约1周后小苗出土。

⑤播后管理

经常喷水保持苗床湿润，出苗后及时揭去草帘，苗期用苇帘、遮阳网等设荫棚进行遮荫，使幼苗不受阳光直射。5、6月间苗1～2次。生长季追施硫铵3～4次，每平方米15g，促进小苗生长。生长期保持土壤湿润而不积水，适时中耕除草，注意不伤苗根。生长后期减少肥水管理，使其充实，利于越冬。对于1～2年生幼苗，冬季至早春应在植株北侧设风障防寒。小苗5～10cm高时及时移植，宜带土球移栽。一般留床2～3年后即可用于园林绿化。

2)扦插繁殖

①硬枝扦插

选地：选择背风向阳、地势平坦、排水良好、较肥沃的沙壤土地块。

插床准备：做成低床。床宽1～1.2m，东西方向做床；床长视扦插量而定，每平方米施腐熟有机肥1～2kg，深翻20～30cm，整平耙细，然后用1%～2%福尔马林喷洒消毒，消毒后用地膜密封覆盖。

搭棚：用细竹竿、竹片作支架，一般拱棚高80～100cm。

扦插：秋季开始落叶至土壤封冻时，选择无病虫害、生长健壮的一年生枝条，剪去梢头过细部分，剪成长15～20cm的插穗，上端剪口离芽2cm处，平剪，下端剪成斜口，株行距5cm×8cm，每平方米约插250株。深度为插穗长的3/4，露1～2芽，扦插后立即浇透水1次，及时盖棚膜，四周用土压实，成活率80%以上。

②嫩枝扦插

5～6月选当年生带叶的半木质化新梢作插穗，长15～20cm，剪去下部叶，保留顶端1～2片叶，基部用浓度为100mg/L吲哚丁酸浸泡10小时左右，或用1000～2000mg/L吲哚丁酸速醮，取出用清水冲洗去附着在插穗表皮上的药液，插入沙床2/3，浇透水，搭荫棚遮荫，每天喷雾多次，以保持较高的空气湿度，生根率可达70%～80%。应作到随采、随剪、随插，如不能及时扦插，应将插穗放阴凉潮湿处或用湿润材料包好，以免失水。

(3)分株繁殖

一般在春、秋两季进行，可将整丛掘起，抖去根部土团后，用利刀分割成几株，每株需具1~3个枝条。分栽于新穴中，盖土，然后栽植，避免伤根太多。将分开的株丛在苗圃培育2年左右再定植。

66. 锦带花

学名：*Weigela florida*

别名：海仙花、文官花

科属：忍冬科锦带花属

(1)生态习性

性喜温暖气候，但其耐寒较强，在北京及其以南地区，成年植株可露地越冬。黄河以北，当年的扦插小苗冬季要注意防寒。黄河以南，小苗亦可露地越冬。喜光，亦耐半阴，宜种植或放置在日照充足的地方，每天至少接受3~4小时的直射光。喜湿润但忌涝，甚耐贫瘠亦喜肥。保持土壤湿润，不可渍水。11月落叶后到萌芽前，则应少浇水，稍干为好。较耐贫瘠，不施肥亦能开花。

(2)繁殖方法

1)扦插繁殖

硬枝扦插时，常用一年生成熟枝条，剪成15~20cm插穗进行露地扦插。夏季扦插在6~7月，可在荫棚下、大棚内或全光雾插床上进行。为提高夏插成活率，可速蘸500mg/kg的吲哚丁酸或生根粉。插床最好用辛硫磷进行土壤消毒，除治虫外，也有杀菌防病效果。床面温度保持在27~29℃，20余天陆续生根。结冻前灌透水越冬，或起苗假植越冬。第二年春按30~50cm的株距移植。

2)播种繁殖

锦带花种粒细小，应于10月果实成熟后及时采收，随采随播；或风干后净种收藏。第二年春4月下旬，用冷水浸种2~3小时后，混入2~3倍的沙，平铺于背风向阳处催芽，6~7天后即可播种。整地做床时，床面要平，床土要细碎。播前灌足底水，种子和沙子同撒于床面，覆土0.5cm左右，播后盖稻草或覆膜，以保持土壤湿润，直到苗出齐后撤去。种子千粒重0.3g，每千克85万粒，发芽率50%，每平方米播种2.5~4kg，每平方米留苗100~150株。当年苗高30~50cm。

分株、扦插或压条繁殖。可在早春结合移栽分株。在春季2~3月用一年生的成熟枝条，于露地扦插，或于6~7月采用半木质化的嫩枝，在荫棚下扦插，插穗长10~15cm，有2~3个小节，基部双面反切。可在6月压条。

3)压条、分株繁殖

压条在生长期进行。分株在春季发芽前进行。

三、 落叶藤本类

1. 猕猴桃

学名：*Actinidia deliciosa*

科属：猕猴桃科猕猴桃属

(1)生态习性

原产我国长江流域以南各地，生于海拔200m以上林缘或灌木丛中，同属植物全国有56个种和变种。性喜光，稍耐阴，适应性强。适宜土层深厚、肥沃疏松的腐殖质土和冲积土，在酸性土、中性土中生长良好。

(2)繁殖方法

1)播种育苗

猕猴桃雌雄异株，实生后代多为雄株，播种育苗用于育种或繁殖砧木。首先采集优良种子，即选择健壮母树充分成熟的果实。待变软后将种子和果肉分离，洗净阴干备用。接着对种子进行处理，即在播种前40天将种子放入45℃的温水中浸泡24小时，花盆底部垫上湿沙(以用手握紧刚渗出水为宜)，然后将种子平摊其上，交替分层沙藏，上盖油毛毡。第二年早春播种，播前施足基肥，灌足水。由于其种子很小，最好用筛细的营养土拌种进行条播，行距15cm，播种量为$1g/m^2$，播后先用过筛的细土覆盖，再用秸秆覆盖，经常保持土壤湿润。出苗后应及时揭去覆草，当幼苗长出3片以上真叶时，进行间苗定苗，苗距10~15cm，余苗可带土移栽别处，苗期要薄肥勤施，当实生苗的直径达0.5cm以上时，即可进行嫁接。

2)嫁接繁殖

嫁接最佳时期在6~7月，过早或过晚成活率都较低。当接芽萌发新叶展开后，在接口10cm以上处剪砧。嫁接较迟的，可待来年春季发芽后剪砧，接芽萌发抽生枝条后，应设立支柱绑缚，以免折断。

3)嫩枝扦插育苗

嫩枝扦插的最佳时期为6月中旬和9月中旬。应选择无病虫害的当年生半木质化枝条作插穗，每枝留2~3个芽，上部留1~2片叶，并将所留叶片剪去一半，插穗下剪口要紧靠节间下平剪或斜剪，剪口一定要平滑，然后用200mg/L的ABT 1号生根粉处理液浸沾剪口。插床应选择在水源较好的地方，用筛过的沙土做床土，并用代森锌或高锰酸钾进行土壤消毒，土地平整后设置2m高的荫棚。插后要随时检查，使棚内湿度保持在90%，一般晴天上午、下午各喷水1次，插穗20天后生根，25天后可喷0.2%的尿素或磷酸二氢钾进行根外追肥壮苗，扦插苗40天后即可移栽。

4)插根育苗

根萌蘖力较强，利用起苗或整地时，挖出的根段育砧木苗。方法是将铅笔粗的根切成10~15cm长的根段，大头朝上、小头朝下进行扦插。小头要用修枝剪剪平，插后能萌芽生根长成植株，以4月上中旬根插成活率较高，插床的准备及插后管理与嫩枝扦插相同。

2. 凌霄

学名：*Campsis grandiflora*

别名：紫葳、女葳花

科属：紫葳科凌霄属

(1)生态习性

性耐干旱，忌积水，地栽管理粗放，盆栽需见干浇水。喜疏松、排水良好的土壤。喜温暖，不甚耐寒，在北方越冬应做好防寒准备，长江流域能露地越冬。喜阳光，较耐阴，幼苗早期要遮荫。

(2)繁殖方法

1)播种繁殖

凌霄果实采后放在无风处暴晒或阴干，开裂后搓出种子，可于采后立即播种，也可于第二年春播种。可用撒播法，密播于育苗盘中，播后覆盖少量营养土。当气温达到20℃左右时，1周即可发芽，苗木稍木质化时，可移入圃地培育，一年生苗即可出圃。但凌霄不易结果，生产上很少采用播种繁殖。

2)分株繁殖

于春季将凌霄基部萌发的根蘖苗带根挖出，短截后上盆栽植，当年即可成株，容易成活。

3)扦插繁殖

可进行休眠枝扦插与绿枝扦插。休眠枝扦插的采条期为11月下旬至12月或第二年春2~4月；绿枝扦插则整个夏季都可进行。插穗一般选取带2~3个节，长15~20cm的枝条。休眠枝要沙藏，等第二年春季扦插；绿枝选有气根的枝条，在气根下0.5cm处剪断，并将基部叶片去尽，顶端留2对复叶即可。插床可选用盆插、沙床插或大田插。

4)压条繁殖

压条宜在春、夏进行，因凌霄茎节上的气生根发达，压条时不用刻伤枝条，采用普通压条法，极易成活，当年即可成株。

3. 地锦

学名：*Parthenocissus tricuspidata*

别名：爬山虎、爬墙虎

科属：葡萄科爬山虎属

(1)生态习性

性耐寒，喜阴湿，雨季在蔓上易生气生根，喜生长在水分充足的向阳处。对土壤适应性强。

(2)繁殖方法

1)播种繁殖

地锦的果实为浆果，有种子1~4粒，秋季成熟，采下后水洗，即得种子，可随采随播，也可沙藏于第二年春播。发芽适温18~25℃，将种子催芽后，可点播或撒播于育苗盘中，培育1年即可出圃定植。

2)扦插繁殖

扦插用当年生嫩枝作插穗，每穗保留2~3个芽，可于春季或雨季进行，插于泥炭或素沙中，保持土壤湿润，并置于半阴处，1个月后即可发根，当年即可定植。

3)压条繁殖

多在春季压条，也可在夏、秋季节进行。可将节部刻伤，然后埋入土中，20~30天可生根，春季压条，到秋季可剪离母体定植；夏、秋压条可在第二年春、夏剪离母体，然后定植。

4. 五味子

学名：*Schisandra chinensis*

别名：北五味子

科属：五味子科五味子属

(1)生态习性

原产中国，分布东北、华北及秦岭、华中等地。喜半阴、湿润、肥沃、排水良好的环境。耐寒、耐阴，适应性强。

(2)繁殖方法

1)播种繁殖

①种子处理

于10月中旬以后采收大穗果实作种子。这个时期的种子成熟度好，发芽率高，育出的苗壮。果实要在水中浸泡三四天后，用搓衣板或加入果实体积1/3的河沙将果肉搓去，漂出种粒，捞出成实饱满的种子并晾干。

五味子的种皮坚硬，有皮下油脂层，必须经过冷冻、变温及药剂处理打破休眠后，播种才能出苗。将种子放在种子重量3倍的250mg/L的赤霉素溶液或1%的硫酸铜溶液中浸种24小时，捞出后再拌上种子2～3倍的河沙，放在阴凉通风的地方，每周翻动1次。在11月前后，选背风向阳的地方，挖深60cm的坑，长宽视种子的多少而定，将拌有湿沙的种子装入袋中放在坑里，覆土进行冷冻处理。第二年春季解冻后，取种子放在22～25℃的环境下催芽，催芽时注意保湿。当有50%种子裂开露白时即播种。防止催大芽播种，否则播种时芽容易被碰掉，或遇干旱年份又不能及时浇水而保死芽子。

②播种

选地势平坦、向阳、不涝、耐旱、离水源较近且较肥沃的沙壤土地育苗(不要选择菜地)。床宽1.2m即可(太宽不利于后期田间作业)，长度随地块而定，床高10cm左右。在翻地做床时可施入适量的腐熟农家肥。播种时期在4月下旬至5月上旬为宜，采用条播。在床面上按行距18cm，顺床开3cm深的沟进行播种，要踩好底格子，覆土3cm。若墒情不好要用喷壶浇透水，然后再覆土盖膜。每平方米播种量为7g。未经催芽的播种后也能出苗，但必须覆地膜。

2)扦插繁殖

在4月中下旬芽萌动前或7～8月高温、高湿季节，剪取粗枝条，长15cm左右，按行距12cm、株距8cm扦插于苗床上。苗床需适当的遮荫，并经常保持湿润，一般15～20天即可生根。

3)压条繁殖

在早春萌动前将枝条埋入土中，经常浇水，保持土壤湿润，枝条生根后于晚秋或第二年春天剪断，另行栽植。

5. 紫藤

学名：*Wisteria sinensis*

别名：藤萝

科属：豆科紫藤属

(1)生态习性

原产我国，全国各地均有分布，园艺品种很多。生性强健，喜阳略耐阴，耐寒、耐旱。北方露地栽植，喜湿润肥沃、避风向阳、排水良好的土壤，有一定耐瘠薄和水湿的能力，对土壤酸碱度适应性较强，在微碱性土地上也能生长良好。植株生长迅速，寿命长。

(2)繁殖方法

1)播种繁殖

秋季采种后，将种子晒干贮藏，第二年春天用温水浸种24小时，然后在露地苗床点播，每穴下种2粒，当气温达到10~13℃时即可发芽，秋后间苗，每穴保留1株，3年后可出圃。

2)扦插繁殖

扦插可于春、秋两季进行，但春季扦插成活率较低，可于秋季选当年生茎部枝条长8~10cm，带踵扦插。如地温控制在16℃以上，则很快生根。也可以在秋分前后选择当年生粗壮枝条，把它们按倒后全部埋入30cm深的纵沟内，第二年春把枝条挖出，截成20cm一段，蘸上泥浆扦插，2个月后可全部生根。也可利用起苗时剪下的根进行根插，根插苗的初生枝生长势弱，常匍匐于地面，待枝条直立向上生长后再起苗定植。

3)压条繁殖

压条可于春、秋进行，宜选择健壮的长枝，在压条处刻伤或去皮，将其压伏地面，覆盖细土或用水苔包裹，并浇水保湿，待生根后剪离母体另植。

4)分株繁殖

紫藤的根部常萌生根蘖苗，可于落叶后或发芽前将其挖离母株，另行定植。

5)嫁接繁殖

优良品种可用嫁接繁殖，砧木选择抗性较强的普通品种。嫁接宜在春季萌芽前进行，常采用枝接法和根接法，盆栽最适合根接，可获得矮壮的开花植株。

第三章

其他类型观赏植物繁殖技术

第一节　兰科类观赏植物繁殖技术

兰科是单子叶植物中最大的科，全世界兰科植物约有 700 属 2 万余种。中国约有 173 属 1000 多种，另外还有大量的变种。兰科植物为多年生常绿草本，有 2 万种以上可供观赏。根据人们欣赏习惯可分为洋兰与国兰两大类。洋兰主要产于热带地区，也称热带兰，花朵大、色彩艳、一般没有香气，最著名的有蝴蝶兰、鹤顶兰、虎头兰、指甲兰、拖鞋兰和石斛兰等。它一般是以其气生根附生于悬崖峭壁或森林的大树高枝之上，故称为“附生兰”或“气生兰”。常见栽培的洋兰主要分布在南、北回归线地域，主要产地在南美洲。国兰主要产于中国，因其生长在地上，故又称“地生兰”，有春兰、蕙兰、建兰、寒兰、墨兰等。与热带兰相比，国兰假鳞茎较小，叶片较薄，没有艳丽的色彩，但却具备高雅、文静、幽美的气质和清醇、馨远的香气，花姿秀美，叶态飘逸，与东方人鉴赏花卉的标准相吻合，深为人们所爱。

一、生态环境

1. 温度

温度是限制兰花自然分布及室外栽培的最重要条件。兰花性喜温暖气候，绝大多数分布于热带地区。在自然环境条件下，大都生于凉爽通风并有一定遮荫的地方。夏季高温和冬季夜间温度太高对兰花生长有害。

2. 光照

兰花对光照要求较严格。光照不足会使其生长缓慢、茎细长而不挺立、新苗或假鳞茎细弱或不开花；过强则使叶片黄化或造成灼伤，直至全株死亡。兰花对光的需求存在属间差异。原产东南亚的兰花其喜光性为：棒叶万代兰 > 石斛兰 > 贝母兰 > 蝴蝶兰 > 兜兰；原产中南美洲的兰花对光强的需求为：金蝶兰 > 卡特兰 > 蕾丽兰 > 捧心兰 > 齿瓣兰。光照过强，则需遮荫。遮荫与季节、时间、气温有一定的联系，夏季要多遮荫，冬季可减少遮荫或不遮荫；中午多遮荫，下午和早上要少遮荫；高温要多遮荫，凉爽要少遮荫；低海拔处多遮荫，高海拔可少遮荫。

3. 湿度

兰花喜湿不耐涝。温度较高时，对湿度的要求也高，温度较低时要求的湿度也低。在北方温室栽培中如供暖不正常，切记不能喷雾和浇水。调节湿度的办法主要是靠地面洒水、空中喷水以及增加贮水器的面积；减低温度可以靠通风的方法。

地面洒水对蝴蝶兰的生长十分有利。温室地面最好不用水泥地面，而用带土壤的地面，因为洒水后，蒸发会带来土壤的养分，可被兰花吸收。地面要保持湿润，干的角落要洒水，但不可使整个地面积水。其次是空中喷水（即喷雾）。温室地面为沙地则多喷，黏土少喷；夏天多喷，冬季少喷。以保持所需空气湿度而植物的叶、花、芽心和根不滞留水分为度。通常高温天气每天3~4次，阴天1次，冬季则至多1次。最好在早上太阳出来后和正午时喷水，不可在黄昏与夜晚，更不可使植株滞留水分过夜。此外，喷水的水温最好与室温相近，忌水温过高或过低，只有在水温太高时，才可用冷水降温。北方温室为增加温室的湿度，放置贮水器，贮水器内可养水生植物或鱼类，既改善水质也可增加温室的湿度。贮水器的形式可有多种，如水槽、水缸、水池、水盘等。

4. 通风

兰花在自然环境中大都是四面通风的，因此栽培时既要保持兰花自身的通风，包括根际周围及植株彼此间的通风，又要保证温室通风良好。同时通风还可以排除污浊及有害气体，调节和降低温度，抑制病虫害的滋生和蔓延等。此外，二氧化碳浓度高时，也需要微通风使其在温室内均匀分布。

温室通风主要靠排风扇，辅以开窗通气。既要防止从外界吹入太多的干燥空气，引起室内空气湿度急剧降低，又要防止因室内外温差太大引起的室温剧变。

5. 营养

花的根部一般与真菌共生，真菌穿过兰花根部，最后自身组织被兰花根部吸收作养料。但真菌供给的养分是不充分的，仍需从基质中补充养分。

兰花的肥料分为有机肥和无机肥两类。有机肥包括牛（马、羊）粪、骨粉、血粉、饼粕（豆饼、菜籽饼、茶子饼等）、腐殖质等。无机肥即化学肥料，主要是氮肥（硫酸铵、硝酸铵、碳酸氢铵、氯化铵、尿素等）、磷肥（过磷酸钙、磷酸氢钾、磷酸铵、磷酸二氢钾等）和钾肥（硫酸钾、氯化钾、磷酸二氢钾等）。此外，还需要微量的铁（Fe）、锰（Mn）、镁（Mg）、钙（Ca）、铜（Cu）、钴（Co）、硼（B）、锌（Zn）、钼（Mo）等。

肥料的使用要十分小心，以免损害根部，引起死亡。有机肥要经过2~3个月的发酵才能使用。稀释倍数可根据有机肥加20~30倍水或更稀。化肥一般要稀释1000~10000倍，即配成0.1%~0.01%的液肥使用。

二、繁殖方法

（一）分株繁殖

中国兰是多年生具假鳞茎的常绿草本植物。每年从新生的假鳞茎基部长出1~2个新芽，生长季节结束时完成生长，基部再形成假鳞茎。一般，盆栽2~3年以上的兰花即可分株。中国兰传统的繁殖方法即是分株繁殖。

1. 繁殖季节

一般只要避开兰花的旺盛生长季节，均可进行。较适宜的时间是兰花休眠期，即

3～4月新芽未出土前和9～10月兰花停长后。新芽出土后，操作不便，有可能碰伤新芽；长江流域冬季栽培兰花时不加温，故不在严寒的冬季分株。

不同种类的兰花繁殖时间不同。早春开花的，如春兰、墨兰、蕙兰、寒兰，应在花后长势相对减弱时，或在休眠期花芽尚未伸长前分盆。夏秋开花的种类，如建兰，最好在早春分盆。

2. 准备工作

(1)分株苗的准备

为方便操作，可在分株前适当干燥盆土，使根发白，产生不明显的凋缩，即可使脆而易断的肉质根变软，减轻伤害。

(2)盆栽材料及工具的准备

培养传统名兰常用塘泥，使用前先打碎，再经不同粗细网眼的筛子过筛。盆栽时，粗大颗粒放在盆底层，最细的放在上层。兰盆要清洗干净，以免带来病虫害；新盆使用前必须用清水浸透。盆底部要有一个较大的排水孔，若用普通瓦盆，应事先将孔扩大，以利透气和排水。

3. 分株

(1)兰苗选择

选择生长良好、健壮的无病植株。建兰每2～3年分盆一次，蕙兰长出8～9个假鳞茎时才可，春兰可少些。

(2)分株方法

首先扣盆，扣出兰苗，将兰苗及盆土放平，切忌土坨散裂使兰花根系折断。再将土坨轻轻拍打松散，抖掉旧盆土。剪去枯黄叶片、叶片已脱落的假鳞茎及腐烂的老根，注意保留新芽上的叶片。若分盆前盆土未经干燥，应将苗根用清水洗过、晾干，待根发白变软时再进行处理。

选择清理好的较大丛植株，找出两假鳞茎相距较宽、容易松动的地方(俗称“马路”)，用利刀剪开。此时应在剪口处涂以炭末或硫磺粉，防止伤口腐烂。剪开的两部分假鳞茎上都应带新芽，每一部分至少有3个假鳞茎，太少则不易开花。

4. 盆栽的方法

兰花盆栽要求较高，要求栽后既能适合兰花的生长，又要美观。因此，栽前应根据兰盆的大小、形状，选定几丛兰苗，拼出一盆相称的组苗。拼苗时要使有新芽的部分向着盆沿，并给2～3年内生出的新芽留出空位。

先在盆底排水孔上盖一片铜纱网或尼龙网，防止害虫或蚯蚓伤害根系。再将破碎的盆片、砖块(直径0.3cm、0.6cm、1cm)或多孔的盆底盖在其上，形成排水层。厚度为盆深的1/5～1/4。排水层的厚度因兰花种类不同而有所变化。要求根部透气性强的建兰、墨兰、宽叶兰科适当厚些，春兰和蕙兰稍薄。

在排水层上面加培养土至盆深的一半。用手将盆土压实，使盆中央的土高于四周。再将拼好的兰苗置于盆中心，逐步添加培养土。根据苗栽植的深浅向上轻提兰苗，使根系在盆中理顺，同时将根系间的空隙填满压实。所用腐殖土应稍干些，但不能过干，防止浇水浇不透。栽好的兰苗应稍向内倾斜，这样新芽才是直立的。

有些地区盆栽的春兰、建兰，为了盆土表面的美观和防止浇水冲刷土壤，常铺一层碎石粒或蕨类植物，如翠云草，这样即使叶片不会溅到泥土，增加美感，又使盆土保持一定湿度，避免高温伤害鳞茎和根系。但北京地区气候干燥，盆土表面加盖碎石子等不能准确了解盆土的干湿度，对生长不利。

栽植好的盆苗放在半阴处，浇透水，精细养护。

若用苔藓栽植，方法则有不同。通常盆底1/4～1/3空间填充瓦片、砖块等，下部放大粒，上部放小粒。苔藓先用水浸透，挤干多余的水，再加上少量直径1～1.5cm的碎砖块、蕨类或蛇木块。将兰花的根及1/3的假鳞茎用苔藓包好放入花盆中，四周再用苔藓填紧压实，理平盆面，放在通风荫凉处。目前，我国台湾省种植中国兰和艺兰多用此法。

此处以兜兰、万代兰的分株繁殖为例。兜兰通常在初春或开花后短暂的相对休眠期内分株。将生长旺盛、栽培2～3年并已长满盆的植株分株。分盆时先将植株扣出，再用镊子或竹签去掉根部培养土。兜兰较其他兰花根系脆弱，且再生能力较差，若根系损伤过重或伤及新株的根和芽，则影响新株的恢复和生长。去掉旧培养土后，双手各执靠近根部的一部分植株，用利刀剪断分开。将分好的小苗分别栽种到花盆中，浇水后置温室光线较弱处，2周后可按一般兜兰进行管理。盆栽时的注意事项与中国兰相同。

万代兰自然分株较慢，一般盆栽3年以上生长旺盛的植株多在基部生出幼苗。此时，可将母株上部连同2～3条根一起剪下，重新栽植。留在原盆中的幼苗很快长大，将其分栽，成为新株。繁殖时间宜在5～7月间。

有些万代兰不容易分枝，则要等到其长得较高大时，从中部剪断。剪断的部分要带2～3条气生根，重新栽植。留下的部分，会在叶腋间生出1个或数个幼芽，长大后再分株。

(二)假鳞茎培养方法

1. 直接栽植

分株繁殖时剪下的老假鳞茎，也可作为繁殖材料。中国兰和虎头兰通常每个假鳞茎下部有两个芽(上部还有隐芽)，一般每年只萌发1个，另1个处于休眠状态。将这些无根无叶的假鳞茎剥除上面的叶鞘，清水洗净后，用苔藓栽植于小花盆中，保持湿润和温暖环境，大约每个假鳞茎都可生出1～2个新芽，在新芽基部生根，精细培养成新植株。

此法在贵重的兰花品种和艺兰品种栽培中经常使用。也有人故意将老株的根、叶剪掉，将多数假鳞茎栽在大花盆中，促其萌生新芽，并使其产生叶变。

2. 扦插繁殖

石斛繁殖时，可选取未开花而生长充实的假鳞茎，从根际剪下作插条。每2～3节切成一段，直立扦插在用泥炭和苔藓填充的小插床上，一半露在外面，放在半阴、潮湿和温度较高的环境中。待苔藓表层变干时，少量喷水，保持湿润。1～2个月后，待新芽生出2～3条小根时，连同老根一起栽种在新盆中。

(三)无菌播种繁殖法

中国兰的优良品种目前只是从自然变异中选择，品种改良很慢。而中国兰花果实较大，每蒴果有数万至数十万粒种子，故提倡用无菌播种法繁殖。

用无菌法播种至少有1/3～1/2的种子可萌发。试管苗经3～4年可成苗开花。若连续进行培养，3～4年后每年可培育出数量可观的商品苗，稳定供应市场。

1. 人工授粉

兰科植物大多是异花授粉，在原产地几乎都有与其共生的昆虫为之传粉。而兰花离开产地因无特定的昆虫，无法完成传粉受精作用，不能结实。故需进行人工授粉。

人工授粉首先应选好亲本。一般开花第一天花粉发芽力最强，开花后7天花粉块仍可使用。雌花最好的授粉时间是开花后3～4天。授粉时，先将雌花(母本)的花粉块除去，再将采集的父本花粉块轻轻放在母本柱头上。为防止已授粉的花再被昆虫传粉，可将母本的唇瓣去除，不用套袋。做好记录，标清父母本及授粉时间。

2. 果实采收和播种

1954年，Tsuchiya Itaru用兰花未成熟(绿色)蒴果中的胚培养成功，并萌发成苗。故现今许多兰花工作者都用未成熟的绿色果实。果实采收时，要将果实和标牌一起采收，随采收随播种为宜，在授粉父母本花期不一致时，可将采集的花粉块风干后密封在干燥器中，－8～－21℃时，可保存1年。第二年发芽率有所下降，第三年完全丧失。

接种前，要将兰花种子灭菌，用10%次氯酸钠浸泡5～10分钟，无菌水冲洗干净。灭菌时，要不断摇动，使种子和消毒液充分接触，并排除种子表面的空气，充分灭菌。尚未开裂的兰花蒴果，可用10%～15%的次氯酸钠浸泡10～15分钟，无菌条件下，取种子播种。

国产兰属地生兰类的几个种的种皮与洋兰有很大区别，它们的种皮有很强的不透水性，若按上述方法处理，绝大部分不能出苗。方法如下：用0.1M的氢氧化钠浸泡种子10分钟，腐蚀种皮，再经灭菌，无菌水冲洗后，接种到培养基上即可。

以上操作都应在超净工作台上进行，操作人员双手表面消毒，各种器具高压灭菌。一切操作尽量保证无菌。

3. 播后管理和小苗出瓶移栽

接种后的培养瓶可以放在培养室或有散射光的地方，温度20～25℃。在胚明显长大后，光照调整到2000lx，相当于40W日光灯下距15～20cm，每日照射10～12小时。

不同种类的兰花，胚生长有快有慢。虎头兰、石斛、万代兰、卡特兰和独蒜兰等接种后1～2周胚明显增大，4～6周种子变成绿色，表明胚上已生叶绿素。播后2～3个月，从原球茎的顶部中间生出第一枚叶片；出现2～3片叶时，原球茎伸长，并生出第一条根；播后3～6个月，可见部分胚芽突破种皮；播后9～10个月，小苗可出瓶锻炼。一般在长出第一枚叶片时分瓶，经2～3次分瓶后每瓶保持20株幼苗。最后一次选择较大的培养瓶，以使幼苗生长健壮。当培养瓶中的幼苗长到5～8cm高、有2～3条发育较好的根时，可将其移出，栽植到盆中。试管苗长大些再移栽，成活率高，抗逆性强。用切碎的苔藓、泥炭、碎木屑和少量沙配成培养土。从培养瓶中取出试管苗后，要将其根部黏的培养基洗去，栽植，每盆10～20株，然后放在25℃的温室中，保持较高空气湿度和较强散射光。每周施液肥1次，喷洒抗菌剂，浓度控制在0.1%左右。1个月后移到光线较强的地方。随植株长大及时换盆。

还应指出，洋兰多由胚直接发育成原球茎，再出芽成苗。有些中国兰的种胚生长较慢，而且通常不直接长成原球茎和幼苗，而是由胚发育成根状茎(俗称“龙根”)，再长成幼苗。这种根状茎生长迅速，若不改变培养基中激素的配比及培养室的环境条件，就不会或很少形成能发育成幼苗的芽。有试验指出，在每升培养基中加 150 ~ 200ml 椰子水和微量的 NAA，或每升中加 5ml 的 6 – BA 和极少量的 NAA，都可以促进根状茎上芽的分化；另外，培养基中加适量的水解蛋白、酵母提取液、香蕉等也有利于芽的分化。一般，将根状茎转移到分化培养基中 4 ~ 6 周后，可看到新形成根状茎的节处生出乳白色的芽点。此时，若增加光照至 3000 ~ 5000lx，对芽的生长有利。

现将兰花胚培养中使用过的 Kundson C(KC)和 Murashige and Skoog(MS)介绍如下(表 1-42，表 1-43)：

表 1-42　KC 培养基

成分	用量(mg)
磷酸二氢钾	250
硝酸钙	1000
硫酸铵	500
硫酸镁	250
硫酸亚铁	25
硫酸锰	7.5
蔗糖	20g
琼脂	17.5g
蒸馏水	加至 1000ml

表 1-43　MS 培养基

成分	用量(mg)	成分	用量(mg)
硝酸铵	1650	钼酸钠	0.025
硝酸钾	1900	碘化钾	0.83
氯化钙	440	硼酸	6.2
硫酸镁	370	烟酸	0.5
磷酸二氢钾	170	VB_6	0.5
硫酸亚铁	27.8	VB_1	0.1
乙二胺四醋酸二钠	37.3	肌醇	100
硫酸锰	22.3	甘氨酸	2
硫酸锌	8.6	蔗糖	20 ~ 30g
氯化钴	0.025	琼脂	7 ~ 10g
硫酸铜	0.025	蒸馏水	加至 1000ml

在兰花的胚培养和组织培养中，添加一些天然复合物效果较好。如椰子汁添加 10% ~ 20%，香蕉用量 150 ~ 200g/L。

(四)组织培养繁殖法

在一定条件下，兰花的原球茎增殖较快，并可形成幼苗。而且繁殖速度快，几年时间就能从几株增殖成数万株，从根本上改变了兰花生产的面貌。目前，有近 70 属、数百种兰科植物可用组织培养方法进行繁殖。应用最多的是洋兰，如蝴蝶兰、卡特兰、虎头兰、石斛、万代兰、树兰、米尔顿兰等。另外，利用兰花的组织培养方法，可以对病毒感染的品种进行脱毒，也可在组培中加入诱变剂，促使幼苗产生变异，以培育新品种。

1. 培养器材及栽培环境

(1)容器：培养初期可用 50 ~ 100ml 的培养瓶，后期则换用较大的，200 ~ 500ml 培养瓶。

(2)光照：兰花培养中，多用光强约 2000lx，每天光照 12 小时，黑白交替；也可用 40W 日光灯，在灯管下 15 ~ 20cm 培养，不要离得太远。

(3)温度：恒定在 22 ~ 25℃，温度低生长缓慢，温度高易发生褐变，尤其夏季要防止高温。

(4)清洁卫生：保持培养室干燥、清洁，与外界空气交流不要过多，避免发生再污染。

2. 外植体的采集和灭菌

最理想的用于组织培养的外植体是生长中的芽，由于各属和种不同，采集芽的大小有区别。虎头兰3～8cm、卡特兰6～8cm、米尔顿兰2～3cm、中国兰(地生种)2～3cm；单轴类的如万代兰、树兰等应从旺盛生长的顶尖上采切，取其生长点部位。

切下的芽，上面包括生长芽和数个隐芽(休眠芽)。生长芽是细胞分裂最活跃的部位，培养成活率最高。休眠芽也可用作培养，但由于体积小、剥离困难、生长较慢，有时需在培养基中加入植物生长调节剂才能打破休眠。

外植体采集后，应充分灭菌。先去掉最外面1～2片苞片，在流水中冲洗30分钟，放在10%次氯酸钠或漂白粉溶液(10g漂白粉溶解于140ml水中，充分搅拌后静置20分钟，取上清液)中浸泡10～15分钟，不断搅拌。有时，在流水冲洗后，先用70%～75%的酒精浸泡10～30秒，再转入其他消毒液中。灭菌的时间和浓度应根据外植体的大小和成熟度及不同种属进行调节，既要灭菌彻底，又要避免因消毒液的杀伤作用而引起的组织坏死。

外植体灭菌后，应在无菌条件下剥离和切割。剥离出芽的大小依培养目的而定。以脱除病毒为目的时，应尽量小，一般0.1mm^3；以繁殖为目的，用2～5mm^3。体积越小，脱毒也彻底，但成活越难。另外，卡特兰易褐变，切割时应放在无菌水中操作，培养时液体震荡培养较好。

3. 培养基的选择

在兰花茎尖的组织培养中，依不同目的及兰花种类，分为4种培养基：适于形成原球茎的培养基、适于原球茎增殖的培养基、适于从原球茎分化芽和根的培养基、适于分化后的幼苗迅速生长的培养基。但是，对于中国兰来讲，它是由根状茎形成幼苗，与洋兰有很大不同，因此，在具体到各种属的培养时，应具体研究其适用的培养基。

(1)适于形成原球茎的培养基

从芽上剥出的生长点直接接种于该培养基上。对许多兰花而言，MS培养基最好，如用于培养卡特兰、虎头兰效果均好。KC培养基应用也很广泛。

一般，培养4～6周，会形成小的原球茎。若用叶片培养，则从切口或切块诱导愈伤组织的形成，再进行分化培养。也可从愈伤组织诱导形成原球茎，再进行继代培养。

(2)适于原球茎增殖的培养基(继代培养)

要达到增殖的目的，必须将原球茎分割成小的组织块，再经1～2个月的培养，可形成新的原球茎。

虎头兰继代时，用KC培养基+10%椰子汁作液体培养，经70天，生长指数达200；KC+NAA 1mg/L+KT 0.01mg/L的固体培养基效果也较好。

繁殖卡特兰时，通常用MS培养基+NAA 1mg/L+6-BA 5mg/L的固体培养基，60天增殖30倍。此外，MS+NAA 0.1mg/L+KT 0.5mg/L；MS+NAA 0.5mg/L+KT 0.1mg/L；MS+BA 0.1mg/L+香蕉15%或椰子汁15%。

(3)适于原球茎分化的培养基

一般，原球茎分化苗很容易，用基本培养基即可。先出芽后生根，形成新的植株。

添加生长调节剂可促进分化。

卡特兰在 MS 培养基上添加 NAA 0.5～1mg/L 和 BA 0.1～1mg/L，效果较好。继代培养不可太久，若出现长势衰退的现象，最好重新采芽接种。NAA 或 2,4-D 不要使用过多，否则会出现畸形的原球茎。

(4)促进幼苗生长的培养基

通常基本培养基可以满足幼苗生长的需要。培养基不同，幼苗生长的健壮程度亦有区别。虎头兰在 White 培养基上添加 10% 香蕉生长较好；蝴蝶兰在狩猎培养基上加 10% 香蕉也较好。应该注意，蝴蝶兰在幼苗生长过程中，不能频繁转移培养瓶和更换培养基，以免造成幼苗受伤。可在原瓶中加入灭菌的培养液。

4. 试管苗的移栽

小植株必须移入大的培养容器中，继续长大，直到长出 3～4 片叶、3～4 条根时，高 5～8cm 时，才可移植到露天环境中。苗的大小要适宜，苗大一些的成活率高，但不易出瓶。栽培用的材料与播种苗相同，每盆栽种 10 株。取出的幼苗要先洗净根部黏有的培养基，以免发霉引起烂根。为了避免出瓶困难，配制培养基时，适当减少琼脂，以降低培养基的硬度。另外，试管苗出瓶前应提前锻炼，可在出瓶前 24～48 小时把瓶盖全部或部分打开，提高叶片的抗性，但打开时间不用太久，以免引起发霉。移栽后，要及时调整温度、湿度及遮荫。

5. 液体培养

在洋兰生产性组培中，为大量的增加原球茎的数量，多使用液体振荡培养。振荡培养机和旋转培养机可增加和改进培养液中的氧气供应，且旋转培养机的效果较好。培养期间，保持室温 22℃ 和 24 小时光照，可在短期内获得大量的原球茎球状体。

旋转培养中形成的原球茎的球状体组织块较大，分化培养前必须把它切成小块，转移到固体培养基上可直接形成幼苗。若不切割，体积过大，每块组织上会出现许多幼苗，再行分割较困难。

三、几种洋兰的组织培养

1. 虎头兰

虎头兰的茎尖培养介绍如下：

(1)外植体的切取、灭菌和接种

①2～4 月虎头兰新芽萌发时，选 8cm 长的新芽从基部与老鳞茎分离，尽量取露在培养土外面的芽。采芽前数日减少叶面喷水，可减少菌类污染。

②外植体先用肥皂和流水冲洗 10～15 分钟，在无菌条件下切去芽的上半段，剥除最外面的 1～2 枚叶片，在 95% 的酒精中蘸 1～2 秒，立即浸泡在 10% 的次氯酸钠中 10 分钟，不断摇动，取出后无菌水冲洗。再剥除 2～3 片叶，放入 5% 的次氯酸钠中 5 分钟后无菌水冲洗，剥至留下最后一枚叶片。再以生长点为中心，切取 0.3～0.4cm^3 的组织块，浸泡在 1% 次氯酸钠中，1 分钟后取出，无菌水冲洗数次。用解剖刀切成数块，接种到培养基上，每瓶只接 1 块，避免相互感染。

③切取生长点的大小依培养的目的不同而异。在茎尖培养中，再分裂增殖的部位

不仅在生长点部分，生长点与叶原基的中间也有较强的分生能力。所以，切取茎尖时带有两个左右的叶原基效果较好。

(2)培养和增殖

接种后，培养瓶放在20～25℃，有明亮散射光的室内，光强2000lx，不可阳光直射，每天光照时间12小时。4～6周后形成原球茎。若分割或压碎原球茎，接种后，便会形成更多的原球茎，大量增殖。一般，每30～40天分割一次。

(3)培养基

基本培养基为MS，附加NAA 0.01～0.05mg/L，促进分裂和叶片生长，但不生根；附加NAA 0.1～0.2mg/L，可形成原球茎，也可生根。另外，不加NAA，外加椰子汁，也有利于幼芽分化和生长。

表1-44 用于虎头兰茎尖培养的改良Morel培养基(pH值5.2)

成分	用量(mg)	成分	用量(mg)
硝酸钾	1000	钼酸钠	0.25
硝酸铵	650	硫酸铜	0.025
氯化钙	440	氯化钴	0.025
硫酸镁	370	NAA	1
磷酸二氢钾	170	VB_1	1
乙二胺四醋酸二钠	37.3	VB_6	0.05
硫酸锰	27.8	椰子汁	200ml
硼酸	6.2	葡萄糖	10g
氯化锌	3.93	蔗糖	10g
碘化钾	0.83	蒸馏水	加至1000ml

表1-45 适于虎头兰和卡特兰茎尖培养的改良VW培养基(pH值5.2)

成分	用量(mg)	成分	用量(mg)
硝酸钾	525	NAA	0.2
硝酸铵	500	苯腺嘌呤	0.5
磷酸二氢钾	250	烟酸	1
硫酸镁	250	椰子汁	250ml
酒石酸铁	28	蔗糖	20g
硫酸锰	7.5	蒸馏水	加至1000ml
硼酸	2		

2. 卡特兰

卡特兰的茎尖培养介绍如下：

(1)外植体切取、灭菌和接种

①春季从旺盛生长植株基部切取长5～10cm的芽，剥去容易污染的部分及上部叶片，流水冲洗半小时。放在消毒液中灭菌，方法同虎头兰。

②剥出顶芽，以生长点为中心切取1～2mm^3的组织块，接种。整个接种必须在无菌条件下进行，切取组织块时，应在无菌水中操作，减少褐变。

(2)培养和增殖

卡特兰培养中，液体培养应用广泛，方法同前述。据角田报道，采用MS培养基，2%蔗糖、0.1mg/L NAA、椰乳10%、pH值5.5，液体培养，旋转速度2转/分，温度26℃，每天光照16小时，茎尖成活率较高，球状体的形成和分化较好，无褐变现象。

继代培养因人而异。可将采取的芽经2个月的液体培养，把产生的圆形组织块切成4块，再继代。培养基除基本盐类，还需维生素、氨基酸、0.186mg/L NAA、GA_3 0.346mg/L、KT 0.215mg/L、蔗糖20g/L。培养愈伤组织时，加椰乳或100mg/L水解酪蛋白为宜。

分化培养基一般是基本盐类加0.168mg/L NAA、GA_3 0.173mg/L、KT 0.02mg/L、蔗糖30g/L、琼脂6g/L，不加椰乳。经1~2月的培养，大多数原球茎球状体可发芽、长根。

表1-46 卡特兰茎尖液体培养基(pH值5.2)

成分	用量(mg)	成分	用量(mg)
硝酸钙	1000	VB_6	0.5
硫酸铵	500	NAA	0.1
磷酸二氢钾	250	苯腺嘌呤	0.2
硫酸镁	250	烟酸	0.5
硫酸亚铁	28g	甘氨酸	2.0
硫酸锰	7.5	椰子汁	150ml
肌醇	100	蔗糖	20g
硼酸	0.5	蒸馏水	加至1000ml
VB_1	1		

表1-47 卡特兰茎尖培养固体培养基(pH值5.2)

成分	用量(mg)	成分	用量(mg)
硝酸钾	640	腺嘌呤	2
硝酸铵	580	烟酸	1
硫酸镁	300	VB_1	1
磷酸二氢钾	300	VB_6	5
磷酸钙	250	核甘酸	2
酒石酸铁	32	甘露醇	1000
硫酸锰	8	椰子汁	200ml
硼酸	4.5	蔗糖	10g
甘氨酸	2	葡萄糖	5g
肌醇	100	琼脂	10g
2,4-D	0.5	蒸馏水	加至1000ml
苯腺嘌呤	2		

(3)防止培养物褐变

在卡特兰的培养中，培养的关键在于防止从茎尖切取到形成原球茎组织块的过程中发生褐变。具体措施如下：外植体灭菌后，切取生长点时一定要在无菌水中进行；

在培养基中单独或复合添加下列物质：芸香甙 50～100mg/L、20% 硫代硫酸钠 5ml/L、柠檬酸 0.05%～0.5%、活性炭 1～4g/L、聚乙烯吡咯烷酮 5～10g/L；从开始培养到成活的一段时间内保持温度 15～20℃；pH 值 5.5 时，成活率最高，pH 值 4.5～5.0 时，排出的褐变物质最多；6～8 月高温季节采芽，褐变率高，成活困难，因此要严格掌握采芽的适宜季节。

表 1-48　卡特兰芽球体(PLB)增殖培养基(pH 值 5.3)

成分	用量(mg)	成分	用量(mg)
硝酸钾	1000	腺嘌呤	5
硝酸铵	200	烟酸	1
硫酸镁	250	VB_1	10
磷酸二氢钾	150	VB_6	1
氯化钙	170	KT	5
硫酸铵	134	IAA	0.5
乙二胺四醋酸铁	175	麸氨酸	100
硼酸	3	水解酪蛋白	100
甘氨酸	2	椰子汁	150ml
肌醇	100	蔗糖	5g
硫酸锌	2	葡萄糖	10g
碘化钾	0.75	琼脂	7g
钼酸钠	0.25	蒸馏水	加至 1000ml

表 1-49　用于培养卡特兰属分生组织的 Knudson **改良培养基**(pH 值 5.2～5.5)

成分	用量(mg)	成分	用量(mg)
硫酸铵	1000	磷酸二氢钾	250
硫酸亚铁	25	氯化钾	250
硫酸镁	250	蔗糖	20g
硫酸锰	7.5	琼脂	17.5g
硝酸铵	500	蒸馏水	加至 1000ml
硝酸钙	500		

3. 蝴蝶兰

蝴蝶兰的茎尖培养和叶片组织培养介绍如下：

(1)蝴蝶兰的茎尖培养

蝴蝶兰为单轴植物，极少有侧芽产生，不能像虎头兰类切取侧芽作为外植体。只有少数的种在长日条件下，花茎基部的隐芽可萌发成小苗。因此，蝴蝶兰的茎尖培养只能切取幼苗或成株苗的顶尖作为外植体。由于蝴蝶兰茎尖中含有较多的多酚类物质，切取的茎尖极易褐变，很难培养成功。

通常采带有 5～6 叶的幼苗茎尖效果较好。先去掉大部分叶片，灭菌后无菌条件下剥取生长锥，使生长锥部分带有 2～4 枚叶原基。每个生长锥可切取 4 块带有分生能力的外植体。如果是无菌苗，可在切取叶片和根后直接接种到培养基上。

表 1-50 蝴蝶兰茎尖培养的改良 VW 培养基(pH 值 5.4)

成分	用量(mg)	成分	用量(mg)
硝酸钾	600	椰子汁	150ml
硫酸铵	520	蔗糖	10g
磷酸二氢钾	280	葡萄糖	10g
硫酸镁	280	VB_1	1
酒石酸铁	28	VB_6	0.5
磷酸钙	200	烟酸	0.5
硫酸锰	7.5	胞核甘酸	1
硼酸	4	甘氨酸	500
腺嘌呤	5	琼脂	9g
苯腺嘌呤	5	蒸馏水	加至 1000ml
2,4-D	0.5		

(2)蝴蝶兰的叶片组织培养

蝴蝶兰通过叶片培养产生芽球体，通常是经过愈伤组织分化出芽球体和在气孔部位产生芽球体两个途径。蝴蝶兰株龄越小叶片越嫩，越容易产生愈伤组织并分化出芽球体。最好切取花梗上刚生出 1～3 片小叶的幼苗的嫩叶作为外植体。叶片越嫩，越可切割成小的培养块。这样切口多，产生愈伤组织的机会大，分化的芽球体数量就多。通常把叶片切成 $1cm^3$ 左右的组织块放在瓶中培养。若出现褐变坏死现象，可更换培养基来解决。

表 1-51 蝴蝶兰叶片液体培养基(pH 值 5.4)

成分	用量(mg)	成分	用量(mg)
硝酸钾	580	硫酸锰	22.3
硝酸铵	600	烟酸	0.5
氯化钙	250	VB_1	5
硫酸镁	370	VB_6	1
磷酸二氢钾	170	IAA	0.5
乙二胺四醋酸二钠	37.3g	腺嘌呤	2
硫酸亚铁	27.8g	苯腺嘌呤	2
硼酸	6.2	葡萄糖	10g
硫酸锌	8.6	蒸馏水	加至 1000ml

4. 石斛兰

石斛兰的茎尖培养介绍如下：

(1)外植体的切取、灭菌和接种

切取长 3～6cm 的新芽，自来水冲洗 30 分钟，剥去最外面一层叶鞘，于 75% 酒精中蘸 2～3 秒，放到 15% 次氯酸钠中浸泡 15 分钟，轻轻摇动。取出后剥去外层组织，再放到 5% 次氯酸钠溶液中浸泡 5～10 分钟，然后无菌水冲洗多次。在无菌条件下剥取顶芽或侧芽作为外植体，每瓶接 1 芽。液体振荡培养。

培养温度26℃，光照2000lx，时间16～24小时。液体培养基每两周更换1次。外植体产生的原球茎繁殖到一定数量后即可转移到固体培养基上培养。

表1-52　蝴蝶兰叶片形成的芽球体固体增殖培养基(pH值5.6)

成分	用量(mg)	成分	用量(mg)
硝酸钾	525	腺嘌呤	10
硫酸铵	500	赤霉素	0.5
硫酸锰	7.5	IAA	0.5
硫酸镁	250	KT	10
磷酸二氢钾	250	水解乳蛋白	1g
磷酸钙	200	活性炭	1.5g
酒石酸铁	28	蔗糖	15g
肌醇	100	琼脂	9g
椰子汁	200ml	蒸馏水	加至1000ml

(2)培养基

外植体增殖通常用VW培养基+15%椰乳。使原球茎分化芽和根常用VW培养基+椰乳+香蕉浆+马铃薯提取液。椰乳的用量15%～50%均可，量大些有利于生根。

培养产生芽球体时可选用以下培养基：改良MS培养基+椰子汁15%+6-BA 5mg/L+NAA 1mg/L+KT 1mg/L；KC培养基+20%椰子汁+1mg/L NAA；White培养基+20%椰子汁液体或固体培养2～3周。

表1-53　石斛的茎尖培养(pH值5.4)

成分	用量(mg)	成分	用量(mg)
硝酸钙	500	钼酸钠	0.3
硝酸钾	125	反苯丙烯醛	50
硫酸镁	125	苯腺嘌呤	2
柠檬酸铁	10	腺嘌呤	2
磷酸二氢钾	125	肌醇	100
氯化铁	0.5	VB_1	0.5
氯化锌	0.15	VB_6	1
乙二胺四醋酸二钠	0.8	烟酸	1
硼酸	0.05	椰子汁	150ml
氯化锰	0.05	葡萄糖	5g
氯化铜	0.5	蔗糖	10g
氯化钴	0.03	蒸馏水	加至1000ml

5. 兜兰

兜兰的茎尖培养介绍如下：

兜兰在花的结构和生长习性等方面和其他兰花有较大差异。兜兰的茎极短，当植株成熟后其基部可萌发出一至多个腋芽，可作为茎尖培养的外植体。但是，兜兰为地生种，其茎靠近土壤生长，切取外植体十分困难，极易污染。只有硬叶兜兰、杏黄兜兰等，其侧芽有时像根状茎一样生长，便于采芽。

表1-54 石斛茎尖培养的改良 White 培养基(pH 值 5.4)

成分	用量(mg)	成分	用量(mg)
硫酸镁	720	甘氨酸	3
硫酸钠	200	烟酸	0.5
硫酸锰	70	泛酸钙	1
硫酸锌	3	VB_1	1
硝酸钙	300	VB_6	1
硝酸钾	80	椰子汁	25ml
氯化钾	65	葡萄糖	10g
磷酸二氢钠	16.5	蔗糖	10g
硼酸	1.5	琼脂	9g
碘化钾	0.75	甘露醇	1000
反苯丙烯醛	80	蒸馏水	加至1000ml

(1)外植体的切取、灭菌和培养

选择健壮植株，切取已成熟但未开花的新生苗。去除根和大部分叶，流水冲洗后，再用75%的酒精擦其外表，剥去剩下的叶片，只留叶基里面1~2cm茎。按照虎头兰的灭菌法灭菌，采芽。最后切取4~5mm^{3}的外植体培养。液体回转培养，室温25℃左右，每日光照12小时。若用固体培养基，可放在暗室或培养箱中，室温25℃，黑暗环境可刺激其增殖。待培养物已开始生长，再移到培养室中，光强1000lx，每日光照16小时，温度25~27℃。

(2)培养基

表1-55 兜兰茎尖培养的培养基(一)(pH 值 5.3)

成分	用量(mg)	成分	用量(mg)
硝酸钠	600	2,4-D	0.5
硫酸镁	250	苯腺嘌呤	0.5
硫酸锌	1	椰子汁	150ml
硫酸铜	0.05	葡萄糖	10g
硫酸锰	8	蔗糖	20g
氯化钾	750	VB_1	0.1
氯化钙	75	VB_6	0.5
氯化铁	1	烟酸	1.0
氯化镍	0.05	甘露醇	1.0
氯化铝	0.05	琼脂	10g
磷酸二氢钠	125	蒸馏水	加至1000ml
硼酸	1		

表 1-56　兜兰茎尖培养培养基(二)(pH 值 5.3)

成分	用量(mg)	成分	用量(mg)
硝酸铵	400	烟酸	1
硝酸钙	400	泛酸	0.5
硝酸钾	200	2, 4-D	0.5
硫酸镁	200	椰子汁	150ml
磷酸二氢钾	200	葡萄糖	10g
柠檬酸铁铵	25	蔗糖	10g
硫酸锌	0.5	甘氨酸	2g
硫酸锰	7	苯腺嘌呤	0.5
硼酸	0.5	IAA	0.5
VB_1	5	琼脂	9g
VB_6	0.5	蒸馏水	加至 1000ml

6. 万代兰

万代兰的外植体培养介绍如下：

表 1-57　万代兰的外植体培养(pH 值 5.5)

成分	用量(mg)	成分	用量(mg)
硝酸钙	200	硼酸	1.5
硝酸钾	80	碘化钾	0.75
磷酸二氢钠	16.5	甘氨酸	3
氯化钾	65	烟酸	0.5
硫酸钠	200	VB_1	0.1
硫酸镁	360	VB_6	0.1
硫酸铁	2.5	蔗糖	20g
硫酸锰	4.5	琼脂	7.5
硫酸锌	1.5	蒸馏水	加至 1000ml

四、国兰的组织培养

表 1-58　Wimber 培养基用于国兰类苗分生组织培养(pH 值 5.2～5.5)

成分	用量(mg)	成分	用量(mg)
硝酸钾	525	草酸铁	300
磷酸氢钙	200	胰酶水解胨	2g
磷酸二氢钾	250	蔗糖	20g
硫酸铵	500	蒸馏水	加至 1000ml
硫酸镁	250		

表 1-59 Fonnesbech 培养基用于国兰类瓶内苗生长(pH 值 5.5~5.8)

成分	用量(mg)	成分	用量(mg)
硝酸钙	400	甘氨酸	2
硫酸铵	300	烟酸	1
磷酸二氢钾	250	VB1	0.5
磷酸氢二钾	212	VB6	0.5
硫酸镁	250	NAA	1.86
乙二胺四醋酸二钠	37.8	肌醇	100
硫酸亚铁	27.9	KT	0.215
硫酸锰	25	酪蛋白氨基酸	2~3g
硫酸锌	10	椰子汁	100~150ml
硼酸	10	蔗糖	30~40g
钼酸二钠	0.25	琼脂	8g
硫酸铜	0.025	蒸馏水	加至 1000ml

第二节 棕榈类观赏植物繁殖技术

棕榈类是指棕榈科(Palmae 或 Arecaceae)中具有观赏价值的植物类群。棕榈类植物中多数是木本，少数为草本。棕榈科属于单子叶植物纲初生目中一个非常特殊的类群，也是热带地区最重要的代表科之一。棕榈类植物全世界有 250 属 3500 余种，主要分布在热带美洲及亚洲，少数原产于非洲。我国原产的有 18 属 98 种，其中 27 种为我国特有，目前引种栽培的种类已有 94 属 322 种。

棕榈类植物中有的具有食用和药用价值，有的具有观赏价值，有的则二者兼得。从园林观赏的角度看，棕榈类植物是热带景观的象征，大多数种类均具有较高的观赏价值，其婀娜多姿的树形、健壮通直的树干、优雅洒脱的叶片，乃至每一部分所显示出的气质和风韵，都无不给人们以美的享受。因此棕榈类植物不仅大量用于适生区的园林绿化，而且能以盆栽的形式更广泛地用于室内装饰与季节性的室外点缀。

一、棕榈类主要繁殖方法

棕榈类植物最常见的繁殖方法是种子繁殖，尤其对于单干型棕榈类植物来说，几乎是唯一的常规繁殖技术。生物繁殖技术主要包括组织培养技术和离体胚培养技术。

(一)播种繁殖

1. 种子的采收

应选择无病虫害、生长发育健壮的母株。大部分棕榈类植物的采收时间在深秋季节，但不同品种采收的时间不同。如种子未成熟时就采下，则种子发芽率低，甚至不发芽；而种子成熟后如及时采收，则种子易脱落而难以收集或腐烂。棕榈类植物果实成熟时，通常有鲜艳的颜色，十分醒目。

种子采收后一般在去除种皮、洗净后用于贮藏。只有少量种子时，可用刀削去果皮；如果实数量较多时，则应把选好的果实装在麻袋里或编织袋中，把口扎紧再置于桶中，充分淋水，使果皮发酵腐烂，经过5～6天，将果实取出，用木槌轻敲捣掉果皮，然后用清水洗干净，取出种子。

对于产于热带潮湿地区的湿热型种子，其寿命只有2～3周，宜随采随播。将其果皮去除后，再放入冷水中浸泡3昼夜，暴晒于阳光下，不换水，再进行发酵，当水面布满脏的泡沫，水色发黑，微有酸味时，检查水是否已渗入芽孔，如果已渗入即可捞起播种。但对产于亚热带地区的干暖型种子，寿命可达2～3个月，有些可达半年，可以不随采随播，但要进行阴干贮藏，若置于阳光下直晒，会降低种皮的防护能力，降低种子发芽率。阴干后的棕榈类植物种子可贮藏于陶瓷罐或布袋中，并保持通风，以防霉变。

2. 种子的调制

棕榈类植物的种子调制主要是去除果皮，洗净种子，筛除已经变质的种子。

种子的调制是为了储藏或播种做准备。这通常是一个必不可缺的环节。如种子的果皮很薄、含水量很低时，如裙棕，在播种前也不一定去除果皮。但对其他种类如无把握时，那最好还是去除果皮。

去除果皮的方法因果实大小、果皮质地及数量等而异。对于大粒种、大批量的种子可采取机械的方法，对于小粒种、小批量的种子可采用手工直接去除的方法。对于种皮与内果皮紧密贴附的核果，实际上去除的只是外果皮和中果皮，内果皮被保留下来，它和种子被称为果核，在计算种子千粒重时，这层内果皮也被计算在内。有时为了去除果皮、洗净种子，可加入适量沙子。

对于果皮含有刺激性的或中果皮富含纤维质的果实，可用发酵法去除果皮，即将果实装在编织袋中，把袋口扎紧，放置数日，让果实在袋中自行发酵，发酵的时间不宜过久，否则会影响种子的发芽率，可每隔2～3日检查1次。发酵法仅只是针对果实而言，绝不是针对种子。

筛除变质种子的最简单的方法是“浮水法”，即将洗净的种子放入清水中，凡是浮在水面上的种子，都是已经变质的，发育不够成熟的，或是不再具有发芽能力的，应予以及时销毁。因为这些变质的种子，常常带有病虫害。选用该法时，必须使用清水，不能使用洗种子后剩余的混浊溶液，否则会把部分好的种子也筛掉了。另一方面，该法是针对种子或果核而言，对整个果实则不适用，因为果皮部分干燥后，会含有部分空气，在不把外果皮弄破即水未渗透进果皮中时，果实漂浮在水面上是很常见的，并不意味着种子已经变质。此外，有一点应注意的是，调制的过程中，应避免种子过于干燥，也不能使种子受到物理性伤害，以免伤及靠近种皮的胚，会降低发芽率或无法出芽。

3. 种子的寿命与储藏

(1)种子的寿命

棕榈类植物的种子按其寿命大致可分为湿热型、干暖型和中间型。

湿热型的种子原产于热带较潮湿的地区，温度和湿度较高，且无明显的季节性变化。此类种子的寿命较短，约2～3周。

干暖型的种子原产于亚热带地区，温度和湿度有着明显的季节性变化。此类种子的寿命最长，约2~3个月。

中间型的种子介于上述两者之间，寿命约4~6周。

同一个属的种子的寿命往往有类似的表现，但有时同一个属有着较广的分布，生境有较大差异，此时，种子的寿命在种与种之间可能会有较大的差别。

总的来说，棕榈类植物是种子寿命较短的一类植物，这主要是因为其种子一旦失水，它的胚就会失去活力，种子再也不能发芽。由于果皮、种皮较薄，棕榈类植物的种子很容易失水，而胚又很小，通常与种皮内侧相连，故种子的寿命较短。这也就是棕榈类植物的种子不能晒干只能晾干的原因了。

(2)种子的储藏

尽管有的种子在温室下可存放半年甚至更久，但这样做的风险较大。大部分在秋季播种的种子，都要等来年的春末夏初或盛夏时才会出芽，但这并不意味着种子能直接存放至第二年。在秋末播种，实际上对种子来说是起保湿作用，所以如果不打算当年播种，应当将种子存放在沙子中保湿。这样既可节约浇水，又可节约劳力。需注意的是，沙子只能用河沙，不能用海沙。河沙应洗净，可加适量的杀菌剂。如用椰糠等，应当是已经发酵过的，在实际操作中，应使椰糠略湿，过于潮湿会导致种子腐烂。

脱水并低温保存能大大延长很多植物的种子的寿命，但这对棕榈类植物是不合适的，尤其对于湿热型的种子，低于5℃就有可能产生致命的伤害。

4. 种子的运输

可根据种子的寿命、运输的距离来确定包装、运输方式。如种子的寿命短、较为珍贵或运输时间较长，应加入种子量的一半或等量的保水介质，以免种子在运输的过程中失水。尽管保水介质会增加运输成本，但总的来说，这是一种最佳的选择。保水介质可选用椰糠或水苔等。无论选择哪一种介质，只让介质蘸一点水即可，否则容易发芽或霉烂，一旦发芽会因空气不足而导致芽体窒息死亡。此外可加入杀菌剂。

应当有良好的包装，以免运输中受到物理性损伤或进水。如选择空运，则应当做好保温处理，以免温度剧烈变化或过低的温度危害种子。

5. 种子的购买和初步检查

在购买种子时，可根据种子的外形及结构特征对种子进行初步的真假判别及质量好坏的检查，或做一些排除型的推断。

除了省藤亚科外，常常遇到的都是种子，而不是果实。如果是果实，则可先从其外形特征做出判断，再去除果皮根据种子的特征作检查。例如，果实具有鳞片，那就不可能是省藤亚科以外的其他5个亚科的果实或种子了。但在进行判断时，一定不要将瘤突与鳞片相混，也不要把龟果榈属等的果实外皮的龟纹或其他斑纹误作鳞片，省藤亚科的果实鳞片为覆瓦状排列。

购买叉干棕属的种子，若果实或种子具有很规则的形状，如球形或椭球形，则不是叉干棕属的。在购买马岛窗孔椰或其他椰子族种类的种子时，应检查其果核是否具有明显的萌发孔，如不具有明显的萌发孔，则不是马岛窗孔椰等椰子族种类的种子；如具有萌发孔，则可根据他的位置等作进一步的判断。此外，根据种子的胚乳是均匀还是嚼烂状也可作一些排除性的判断。

对种子的好坏可从形、色、味检查，同时可结合前面所提到的“浮水法”。若种子有腐败、酸败的气味，就无望发芽了，种子绝无购买、保留或播种的价值。检查种子是否有不正常的收缩、褶皱或缺口，以及是否有虫蛀的痕迹。切开种子，检查种子的胚、胚乳是否为白色、乳白色，对于胚乳均匀的种子，胚乳不应当夹杂其他颜色，如夹杂其他颜色，则种子已经变质。

不正常收缩、皱褶或略被虫蛀的种子有时也能发芽，前者如菜棕，后者如裙棕，故对一些珍贵种类，即使种子不正常，也不应随便舍弃，但对种子和播种介质应进行处理。

6. 播种

(1)催芽

棕榈类植物的种子发芽速度慢，一般要进行催芽。催芽的方式有沙藏催芽、加温催芽、低床木炭催芽、沙床谷壳催芽等。催芽的原理是保持经常恒定的高温和良好的通气状况，促进萌发。

1)沙藏催芽

在10月中旬左右，将采下的种子用50%多菌灵粉剂250～300倍液进行消毒灭菌10～15分钟，然后取出种子，用清水冲洗晾干后播于沙中(选用干净的河沙，并用高锰酸钾溶液进行消毒处理。沙子湿度以捏在手里成团、放下后散开为好，把种子和沙按1∶3的比例混匀待用。然后在沙床挖一个浅坑，坑底以纱窗垫底以便取出。把混合好的种子放入坑中，上覆一层10cm的干草，再盖一层薄土，经过4～5个月沙藏，种子破壳露出2～3mm芽尖，催芽即完成。

2)加温催芽

将用于播种的种子暴晒2天，再放入30～40℃的温水中浸1～2天(每4～6小时换水1次)，然后取出播种于火烧土与堆肥各半混合的苗床中，利用火烧土和堆肥发酵产生的热量促进种子发芽。

3)低床木炭催芽

将去皮的种实，用针剔净芽孔内的纤维，然后再细心挑破芽孔内的硬质隔膜和软质隔膜(硬质隔膜较硬而色黑，软质隔膜较软而色棕)。然后用冷水浸泡1天，取出播于颗粒状木炭屑做成的地下苗床上。木炭屑厚12cm，床面离地面20cm，播种深度约3cm，再在种子上薄撒河沙，防止淋水时木炭屑浮起。每天注意保持一定湿度，白天充分接受阳光，夜间盖草保温。

4)沙床谷壳催芽

将种子平铺于细河沙播种床上，深约3cm，床面上撒一层洁净的稻谷壳，白天接受阳光，淋水3次，夜间盖草保温(减少温差变幅)，这样既具有疏松透气和易于导热的优点，又可克服河沙蒸发量大、热力散失快的缺点，可使床温保持在26～28℃之间。

(2)播种

1)播种方式

可分为地播、插床播种与容器播种。

种子发芽属毗邻型的种类，对播种方式无太严格的要求，可选取任何一种播种方式。地播的速度较快、省工，种子数量大时尤显方便，但日后的移栽成活率不如插床播种与容器播种的高。容器播种的在移栽后通常恢复很快，基本无生长停滞期。

种子发芽属远距叶鞘型和远距鞘舌型的种类宜用容器播种。少数初生根较长的种类，可直接地播，这实际上是将植株定植，也可选用较深的容器来播种。

对于地播，在播种前必须整地，否则会延迟发芽，甚至降低发芽率。播种苗生长缓慢，容易遭受病虫害。插床播种通常需在床底先铺碎石块，再加入播种介质，以利于排水。容器播种分为盆播、营养袋播种和盘播。盆播时宜采用“人”字形的方法放置瓦块，以免将盆底的排水孔堵死。如花盆的排水孔明显高出花盆的底面，应放置部分碎瓦块，使碎瓦块的表面高于排水孔，以免过湿。营养袋播种时应保证营养袋的底部和侧面有足够的排水孔，以保证排水。盘播通常只适合发芽毗邻型的或是初生根较短的种类。

2）播种介质

播种介质必须具有良好的排水透气性。

对地播而言，应选择排水良好的土地，且需整地。对于插床播种与容器播种，可采用土壤介质或无土介质。土壤介质有时也加入少量粗沙，取材方便，但所带病虫害较多，消毒不够方便、不够彻底，排水透气性不如无土介质的好。故对较为珍稀的种类或是种子有限的，通常不选用土壤介质，而用无土介质。

无土介质通常不是单一的介质，而是由几类介质组成的复合介质。椰糠是最常用的棕榈类植物的播种介质，但单一的椰糠介质较为潮湿，透气性不佳，故目前在市场上常见的是由椰糠和粗沙、珍珠岩或泥炭所组成的复合介质，椰糠在快干燥时质量相当轻，珍珠岩等也较为轻便，故特别适合盘播。

粗沙也是一种良好的播种介质，和其他介质相比，比热大、透气性特佳，有催芽的作用，特别适合作为插床播种以及底部加热的播种介质；颗粒比其他无土介质的稳定，也不会分解，可反复使用；沙子还有抑制菌丝体的功能。粗沙不容易过湿，但却很容易干燥，故可加入少量椰糠以提高保水性。沙子的质量过大，保水性不佳，故不适合盘播。

这里需强调的是不能使用细沙和海沙（水椰除外）。细沙作播种介质时，透气性不佳，无法体现出沙子播种的优越性。海沙含有较高的盐分，对种子的根系及植株的生长极为不利，甚至在短期内即有致命的伤害。尽管有的棕榈类植物的耐盐性较强，但播种苗期的抗性较弱。

3）播种深度

播种深度主要取决于种本身，此外和播种介质也有一定关系。以土壤作为播种介质的，可种得浅一些；以沙子作为播种介质的，可种得深一些。作为一种通常的处理，深度为种子平放高度的2倍，并保证种子离介质表面的最短距离为2cm。对种子发芽为毗邻型的种类可种得略浅一些，如深度为1.5倍，最短距离为1.5cm。上述所提到的最短距离是针对小粒种而言。

对于较大的种子，如无法确定根从哪里生长出来，可将种子平放，即使中轴处于水平方向。对大粒种，应选择较深的容器，容器的高度至少40cm以上。对于初生根特别长的种类，如叉干棕属，应直接播种定植或用特别深的容器来播种。

7. 育苗和移栽

当种子发芽以后，可向叶面喷水。待小苗长出1～2片叶时，少量追肥，以促进生长。当小苗长至有1～4片真叶时，要移栽到30cm深的容器中，其中以1片叶子时幼苗的移栽成活率较高。栽时应掌握好栽植深度，一般应将茎基部露出土面，栽植太深会影响其生长。苗期如遇到强烈阳光，需盖50%～60%的遮阳网，阳性的种类小苗高1m时可揭掉遮阳网。而喜阴的室内棕榈类可直接上盆，待其恢复生长有一定造型后用于室内观赏。

(二)无性繁殖

1. 分株繁殖

播种繁殖虽能获得大量的植株，但对于雌雄异株的种类以及气候因素使植株无法形成可育种子的种类，就显得力不从心了。对于丛生型的或茎干上具有吸芽的棕榈类植物可进行分株繁殖。有的种类容易分株，有的不容易分株，作为通常的处理是丛生型的种类在分株后应使每一丛至少具有2根茎干，或至少1根茎干再带有1个芽。

分株时应选用锋利的工具，切面应涂杀菌剂，但最简便的是涂上1层草木灰。分株时应尽量保留原有的正常根系，去除有病的或已腐烂的根系。

分株成败的另一个关键是选择好分株时间，最好是在春末夏初进行分株，应避免在冬季分株。分株种植后应浇透水。日后的浇水管理也是至关重要的。如有可能，应在分株后将植株放置于阴凉处。

分株有时可获得数株植株，比播种要快，但却很容易破坏原有的株形，故平常很少采用此繁殖方式。此外在培育新品种时，只能用播种繁殖而无法用分株繁殖来进行。

枣椰茎干上的吸芽也可切取下来进行繁殖。宜在初夏进行，切面应涂草木灰，将吸芽种植于排水良好的土壤中，并置于阴凉处。

和播种方式相比，分株繁殖等无性繁殖的一大优点是可根据母株的性别就可立即确定新获得植株的性别，无须像播种那样要等到植株开花时才能确定植株的性别。

2. 扦插繁殖

对于某些有气生根的种类，如袖珍椰属的部分种类，也可进行扦插繁殖。对于单干型的种类，能使原来过于细高的植株"矮化"下来，使它重新获得观赏价值；对于丛生型的植株，因只需1根茎干即可繁殖，故基本不会破坏原有株型。

扦插繁殖必须掌握好时间，宜在夏初进行，并且保证新的植株带有气生根。切口应涂草木灰，扦插的介质应有良好的排水透气性，扦插后应浇透水，将植株置于阴凉处，并有较高的空气湿度，此后的浇水也相当重要。1年后根系就相当发达，如袖珍椰子，并能正常开花结果。

由于棕榈类植物的结构及生理特性和其他木本植物不同，扦插的机理和其他木本植物的相异，在实际的应用中应谨慎操作。

3. 压条繁殖

对于茎干易弯曲且能或已经形成的气生根的种类，如匍茎玲珑椰(*Chamaedorea*

stolonifera)，可采用压条方式，即将茎干弯曲并使部分茎干置于土中，供给充足的水分，经过一段时间后，在土中的茎干能形成一定的根系，此时即可在根系以下的部位用锋利的刀具将茎干切断，从而获得新的植株。压条宜在春末夏初进行。压条应置于排水良好的介质中，种植前应将切口用草木灰进行处理，种植后应浇透水，置于阴凉处。此后应保证水分的供应。

对于棕竹属的一些斑叶品种，则可采用高空压条法。如这些植株的叶大部分已经干枯，仅剩茎顶的少数几片叶，则可采用高压方式，即在适当位置环剥并裹以湿润水苔，再在水苔之外用透明的塑料袋将水苔扎紧，以免水苔变干。经过一段时间后，如已形成较多的根并露出于水苔和塑料袋之间时，即可用锋利的刀具切取此高压苗进行种植。

(三)生物技术繁殖

生物繁殖技术由于需有一定的仪器、设备，在具体的操作中难度较大，故在棕榈类植物的繁殖中应用并不普遍，主要集中于经济棕榈。

1. 组织培养

目前除棕榈藤外，仅有少数几种棕榈类植物通过组织培养繁殖并被应用于生产。其中大规模利用组织培养繁育的仅油椰1种。自20世纪80年代油椰的组织培养技术获得巨大的成功之后，油椰已经成为世界上最重要的油料作物之一，是单位面积油产量最高的作物。枣椰也可经过组织培养进行繁殖生产，但组织培养相当困难。

就纯粹的观赏棕榈而言，组织培养被应用于垂羽豪威椰和卷叶豪威椰的繁殖。理论上植物的很多组织器官都可用于组织培养，但对棕榈类植物来说并非如此，尤其是非藤本类型的种类。棕榈类植物的茎尖可用于组织培养，但对于单干型棕榈类植物，就意味着母株的死亡。除茎尖外，侧芽及成熟的胚，半成熟的胚都可用于组织培养。据报道，在棕榈藤的组织培养中，半成熟的胚是最佳的外植体。

2. 离体胚培养

离体胚培养技术和前者有一些相似，所使用的仪器设施相同，但差别在于外植体仅为胚，培养基和前者不同，不经过愈伤组织的形成这一阶段，只能获得单一的植株，而无前者的扩繁效果。它主要用于种子的发芽困难、发芽很慢的种类的繁殖，珍稀种类的繁殖和种质资源的保存。

目前，该技术已经被用于豪威椰属、酒瓶椰属、智利蜜椰属和南非丛椰属等。

二、常见棕榈类观赏植物繁殖技术

1. 槟榔

学名：*Areca catechu*

科属：棕榈科槟榔属

(1)生态习性

原产东南亚，中国的台湾、广东、云南等省的南部有栽培。性喜高温多雨，幼年稍耐阴，以富含腐殖质的土壤为宜。

(2)繁殖方法

以播种繁殖为主。因种子直播苗成活率较低，故多采用育苗移栽。

1）育苗

苗地应选水源充足、灌溉方便、有树林荫蔽的肥沃沙质壤土。耕翻后，撒土堆肥、厩肥，并耙平整细使肥土混合均匀，按育苗株行距开穴，然后穴施基肥，以集中用肥。

①选种

选树干节短、茎基部和茎干部粗细差异不大的15～25年和高大健壮、叶色浓绿、结果多而集中者作为留种母树。当果实充分成熟后摘下，再选果大、色金黄、无斑点的作种。为防止果实从树上落地碰伤，因而腐烂影响发芽，故最好在摘果时，树下张网承接，采回的果应随即进行催芽处理。

②沙藏催芽

选荫蔽地挖坑深30cm，长、宽视地形和种子多少而定，在坑底先淋水后铺一层沙，然后铺一层果实（果蒂向上，以便发芽），加一层沙（厚约9cm），堆放1～2层后，盖一层稻草，经常注意浇水保持湿度，半月后可生米粒样大的白色芽点，此时即取出育苗，否则芽长过大，播时易损伤，播后也易被晒死。

③育苗及苗床管理

按株行距各30cm开穴，每穴横放果1～2个，覆土至不见果为度。播后10天内，要每天淋水1次，到苗出土小叶展开时施肥1次，沿根扒土施入，再覆土。根据荫蔽情况，适当搭荫棚，避免阳光暴晒，每年除草、施肥2～3次，并注意灌水、培土。苗龄1～2年后，高30～60cm，茎基稍肥大时，便可带土起苗定植。

2）定植

雨季定植最好，易成活。在定植前2个月于选好的地上，按株行距240cm×300cm（与胡椒间作可450cm×600cm）先开穴，宽60cm、深45cm，让土壤风化。定植时，选阴天将表层肥土填入坑内，并施足基肥，把当天带土挖起的壮苗直栽于坑内，高出地面约15cm，覆土压实即可。植后将已展开的叶剪去一半，并根据阳光强度适当在周围插小树枝遮荫，每天适当浇水，到成活长出新叶，方可减少浇水次数。

（3）栽培管理

植株成活后，每年应中耕除草、施肥2～3次，注意排灌，保持植株周围土壤疏松、无杂草、有充足的养料、适当的湿度，以利正常生长，提早结果。施肥应在4～9月，于树根15～20cm处挖环带穴施入，然后覆土。成年树，在花蕾未见前施一次人粪尿或氮肥；在结果旺盛期施一次磷钾肥，如过磷酸钙、草木灰或堆肥等混施。

2. 霸王棕

学名：*Bismarckia nobilis*

别名：霸王榈

科属：棕榈科贝叶棕属

（1）生态习性

原产马达加斯加。适应性强。可耐－2℃低温。一、二年生小苗可耐阴，三年生以上50%的苗需要充足的阳光。耐旱、耐贫瘠，极少发生病虫害。

（2）繁殖方法

以播种繁殖为主。

1）种子处理与催芽

购来的种子，一般已剥去外种皮。先用40℃左右的温水进行浸种，水量为种子量的2倍，同时加入适宜的内吸性杀菌剂，如多菌灵等，预防病害的侵染。24小时后捞出种子，用清水冲洗干净，再用常温清水浸种24小时，之后就可播种催芽。

播种床要选择在通风、干净、排水良好的位置，最好能在温室中进行。基质以干净的粗沙为好。先把播种床整平，然后铺上20cm厚干净的河沙，浇透水后再把种子摆放上去，每粒间隔2～3cm，摆好后再盖上一层沙，厚度为4cm左右。最后，用细嘴喷壶浇水。催芽过程的管理，直接关系育苗的成败。除了定期浇水保持种子的湿润环境外，还必须定期检查种子的萌动情况。初期隔10天检查一次，20天后每隔5天检查一次。一旦发现种孔开始露白，即刻挑出，移入合适的容器中育苗，未露白的种子摆回原处，继续催芽管理。如果已萌动的种子不慎未及时取出，它的初生根会很快向下生长，并深扎入播种床的底土中。此时，要把它移植上盆（袋），就得十分小心，慢慢挖起。否则，初生根易折断。

2）播种

育苗容器的选择。霸王棕育苗最好用花盆，根据盆内留苗时间的长短，确定花盆规格，如育一年生的苗，选择口径20cm、高度18cm的3号国际花盆即可。装培养土前，花盆的排水孔，既要考虑透水，又要设法堵密，防止霸王棕小苗生长过程中根系"趁隙而出"扎入地下。也可用营养袋育苗，但袋子长度要求至少为40cm，而且要求袋子摆放在水泥地板或砖地上，切不可直接摆放土面上。因为霸王棕小苗的根系少，又粗又脆，若根系伸出盆（袋）的底孔扎入地下，移苗时易伤根系，轻则影响生长，重则致命。这是导致育苗失败的关键原因。

在通常情况下，棕榈科的小苗喜较疏松的土壤。但由于霸王棕根系发育的特性，对于培养土也有特殊要求。若能采用壤土与谷壳灰按4：1混合配制的培养土进行育苗，生长良好。如果土壤过松，在小苗搬动、移栽过程中，土球易散开，造成伤根，最终影响成活率。培养土配制好后即可装盆（袋）至七分满，并摆放好待用。待种子催芽露白后，挑起播种，每个盆（袋）播一粒种子，注意让种子的芽点朝侧面，才能保证胚芽向上生长的空间，让它直立正常生长。最后用沙盖密种子，加强水分管理，2个月后陆续出苗。当苗长到2片叶时，胚乳营养基本耗尽，小苗靠根系从土壤中吸收营养，这时要及时追肥。每隔15天用0.5%尿素液或复合肥液轮流喷浇。霸王棕苗期极少发生病害。但也要注意预防，可用50%托布津可湿性粉剂800倍液喷洒。

（3）栽培管理

霸王棕定植的时间为4～9月。选择晴天的天气，并且盆（袋）苗的土壤略干时进行，以保证在搬动及脱盆（袋）时，盆（袋）里的培养土不致松散。每穴定植1株，定植的深度以保持盆（袋）苗的土面刚好露出即可。定植后要浇透定根水，之后保持土壤湿润。2个月后，小苗开始抽生新叶，此时，要及时追肥可用0.5%～1%的复合肥追施。4～9月是霸王棕的生长旺季，应加强肥水管理，可每隔20～30天追肥一次。

3. 鱼尾葵

学名：*Caryota ochlandra*

别名：假桃榔

科属：棕榈科鱼尾葵属

(1)生态习性

原产亚洲的热带，亚热带和大洋洲。习性较强健。性喜温暖、潮湿、阳光充足，也较耐阴。根系浅，不耐干旱。要求土层深厚、肥沃。较耐寒，能耐受短期 -4℃低温霜冻。

(2)繁殖方法

1)播种繁殖

①采种

鱼尾葵种子自夏至冬季陆续成熟，一个果穗有几百至上千粒果实。成熟时外果皮为膜质，暗红色。当同一果穗的果实大部分呈暗红色时，可带果穗采割下来，堆沤数日后外果皮腐烂时装入箩筐内放入河水中搅拌，洗去果皮即得种子(注意：因种皮及果穗含有毒素，可刺激皮肤发痒，处理种子时要注意防护)。种子忌脱水，不宜暴晒，应将种子用湿沙贮藏催芽：先铺一层 3cm 厚的湿沙并刮平，然后把种子铺放在上面，再用湿沙覆盖种子，厚度 3～4cm，最后盖上地膜，保持湿润，大约需要两个多月种子才能萌发出白色根系，此时可把种子拿到苗床进行育苗。

②育苗

a. 选择较湿润肥沃的壤土作苗圃地。(最好靠近水源)。苗圃地要精耕细作，深耕 20cm 以上。苗床高 15cm、宽 100cm，步道宽 30～35cm。

b. 采用条状点播法：播种沟宽 10cm、深 3～4cm，沟距 20cm，株距 10cm。每亩点播 3 万多粒已萌发的种子。种子点播前，每亩放已经沤熟的干粪 1000kg 作基肥。种子点播完后，盖土厚 3cm，然后覆盖地棚或地膜，保持苗床土壤湿润，以利于种子发芽出土。当幼苗大量发芽出土时，于阴天或傍晚揭除地棚(地膜)，以免幼苗被压弯曲。

c. 搭棚遮荫：幼苗不耐阳光直射，所以揭除地棚后要及时搭棚遮荫，棚高 50～60cm、宽 110cm、透光度 50%。同时注意防旱抗旱，保持苗床土壤湿润。

d. 幼苗在半年内，每月要追肥 2 次，以后每月追肥 1 次。

e. 移植培育大苗：鱼尾葵一般需育苗 3 年才能出圃，所以第二年春天要把第一年育成的小苗进行移植。即在新的苗床上按株行距 15cm×20cm 进行栽植。鱼尾葵苗期抗性较强，一般少有病虫害发生。

f. 揭除阴棚：于立秋后把荫棚除去，第三年不再搭荫棚，使苗木增强光照锻炼，利于提高成活率。

2)分株繁殖

鱼尾葵常在根部长出大量萌蘖，在春季把周围的土壤挖开，用利刀将萌蘖与主颈分离，在萌蘖苗和主颈的切口处涂上草木灰，以防腐烂，另行栽植于田间圃地。

(3)栽培管理

盆栽培养土可选用腐叶土、园土、河沙各 1/3 混合配制，另加少量熟饼肥作基肥。上盆初期要适当遮荫，适当控制浇水，但需向叶面上喷洒清水，待萌发出新枝后再逐渐多见阳光，加大浇水量。生长适温 20～25℃，春秋两季每月施一次液肥。生长旺期要多浇水，保持盆土湿润，同时要经常向枝叶及周围地面上喷水，保持一定的空气湿度。若空气干燥，叶面就会变得粗糙而失去光泽。平时放于散射光充足处，夏季要避免强光直射，冬季放于光照充足处，越冬温度不能低于5℃。

4. 董棕

学名：*Caryota urens*

科属：棕榈科鱼尾葵属

(1)生态习性

性喜温暖多雨，干湿分明的气候。既能生长在土层较厚的地方，亦可扎根于土壤较少、岩石裸露的石缝隙里。为林中的下乔木，其幼苗在林下生长，需要一定的荫蔽，长大后可减少荫蔽程度。需要20～30年后才能开花结果，结果后随即枯死，虽然结果很多，但天然成苗率较低。花果期有交错现象，果熟期为5月和10月。

(2)繁殖方法

以播种繁殖为主。

1)种子采收和处理

董棕果实一般在每年的5月和10月成熟，熟时果皮深红色，果仁为坚硬乳白色，这时即可及时采收。因董棕果为浆果状核果，刚采回的果实，其果皮坚硬不易剥离，要放入水池中用水浸泡，直至果皮全部腐烂，搓洗去果皮和果肉方可取出种子。在浸泡过程中为加速其果皮腐烂，可在水中放入少量生石灰。另需注意的是，因董棕果实会使人体皮肤产生肿痒、过敏等反应，故在采收及处理过程中，须戴手套操作。

2)催芽及上袋

①催芽

找一块便于浇水和管理的空地，铲平后铺上厚7～8cm的无病菌土，然后再在其上铺一层厚约3cm的河沙。这时将已去除果皮和果肉的董棕种子放在沙床上，其上再铺一层厚3cm左右的河沙，最后盖上厚约2cm的谷草，并浇透水。之后经常保持湿润，待董棕苗出土后，揭去谷草并搭荫棚，适当遮荫管理。

②上袋

待董棕苗长至8～10cm时，将其移栽在营养袋中继续培育。营养袋需摆放在阴凉处或适当遮荫，并注意浇水。待董棕苗完全恢复生长后，选择雨天或阴天拆去荫棚。

3)修剪、换袋及摆放

董棕袋苗长到35～40cm时，若摆放过密，因其枝叶相互重叠、挤压，通风度和透光度降低，抑制光合作用，阻碍枝叶充分伸展和正常生长，容易发生病虫害。针对这一情况，须对董棕袋苗采取修剪、换袋和摆疏等措施。

①修剪与换袋

将摆放过密的董棕袋苗移出，并用锋利的枝剪将枯黄、发生病虫害的枝叶以及穿出营养袋小孔过长的根剪去，这可促进须根生长和便于董棕袋苗的重新摆放。若为小袋苗或营养袋已破损的袋苗，应将苗木换装到规格为30cm×40cm的大营养袋内，促使董棕苗根系充分生长。

②摆放

找一块便于浇水、地势平坦的空地，整平后根据空地实际地形，从某一边起挖出一条宽 20 ~ 25cm 的浅槽，再将整理好的董棕苗按 15 ~ 20cm 的间距，整齐摆放在已挖好的浅槽中。摆放时，要注意将董棕枝叶伸展的方向朝同一方。同时顺槽边的董棕袋苗下部围上一层厚约 2 ~ 3cm 的细土，这既能使董棕袋苗底部保持潮湿，又可防止浇水或刮风时袋苗倒伏。摆好第一行后，距第一行 20 ~ 25cm 处挖出第二条浅槽，按同样的方法摆放第二行董棕袋苗，其余的以此类推。经过以上方法摆放的董棕袋苗，可改善通风和透光条件，促进苗木快速生长。

(3) 栽培管理

董棕袋苗具有不易保湿而易干燥的特点。尤其是在干旱季节更为突出。所以应根据董棕袋苗干潮状况，适时适量浇水，保证董棕苗对水分的需求。对缺少肥料的董棕苗，应用充分发酵过的农家肥(如羊粪)和无病菌的土按 1∶3 的比例配制成的营养土进行追肥。另外，要注意除草和松土。

5. 袖珍椰子

学名：*Chamaedorea elegans*

别名：矮棕、矮生椰子

科属：棕榈科袖珍椰子属

(1) 生态习性

原产于墨西哥北部危地马拉，我国南部以及台湾省均有栽培。性喜温暖、湿润，忌高温、怕寒冷，喜空气湿度大的环境。但耐阴性却很强。最忌阳光直射，即使短时间也会引起叶片焦灼，叶色变黄，失去观赏价值。

(2) 繁殖方法

采用播种或分株繁殖。夏初易开花，秋后果熟。可在第二年的春天将成熟种子吸足水，播于盆土中，1 年后可长至 20cm。分株多于早春进行。分株繁殖同常规繁殖。

6. 散尾葵

学名：*Chrysalidocarpus lutescens*

别名：黄椰子

科属：棕榈科散尾葵属

(1) 生态习性

原产马达加斯加，中国华南地区有栽培。喜温暖、潮湿，生长适温 25℃。喜阳光充足，也较耐阴。喜疏松肥沃、排水良好的土壤。

(2) 繁殖方法

通常以分株繁殖，也可播种。幼苗高 8 ~ 10cm 时即可分栽。盆栽幼株每年春季换盆一次，成年株 3 ~ 4 年换盆一次，换盆后应置于半阴处。

7. 油棕

学名：*Elaeis guineensis*

科属：棕榈科油棕属

(1) 生态习性

原产非洲西部，中国的台湾、福建、广东、广西、云南等省区的南部引种。性喜暖热气候及肥厚湿润、排水良好的酸性沙壤土或壤土，不耐霜雪。

(2)繁殖方法

播种繁殖。用加热处理法催芽效果最佳。可在38～40℃的发酵坑、暖房、恒温箱或人工气候室处理80～90天催芽。种子萌芽后即移植于过渡苗圃，长到5～6片叶再移入装有肥土的塑料袋，培育12～14个月，选叶片羽裂早、开叉大、叶面积大、裂片多的壮苗定植。

(3)栽培管理

定植后1～4年为幼龄期，以营养生长为主。行间要控制荫生植物，种上豆科覆盖作物或适当间作短期的经济作物。根圈每年除草3～4次，并用杂草覆盖。叶片尽量保留或修去少量老叶。二三龄时，每年每株施有机肥30kg以上，化肥以氮肥为主，适当施磷、钾肥。六七龄进入旺产期，对水、肥要求强烈，一般每年每株施有机肥50kg左右，硫酸铵或氯化铵2～3kg，过磷酸钙2～3kg。硫酸钾或氯化钾1～2kg。成龄树根圈每年除草2～3次。

8. 酒瓶椰子

学名：*Hyophorbe lagenicaulis*

科属：棕榈科酒瓶椰属

(1)生态习性

原产马达加斯加，中国华南地区有栽培。性喜高温、多湿气候，生长适温25℃。喜阳光充足，也较耐阴。喜疏松肥沃、排水良好的土壤。

(2)繁殖方法

以播种繁殖为主。播种前，应进行温水浸种。播种宜用素沙土，覆土厚度为种子直径的1倍。播后将盆、箱置于室内，保持室温25～30℃，半遮荫，保持土壤湿润，经45～50天发芽。幼苗生长缓慢，要充分浇水和避免日光直射。苗高10cm左右时移植于散射光处，经12～15个月苗高1m左右即可定植或上盆。

9. 蒲葵

学名：*Livistona chinensis*

别名：扇叶葵、葵树

科属：棕榈科蒲葵属

(1)生态习性

原产中国南部，广东、广西、福建、台湾等省区等省区均有栽培。性喜高温、多湿的气候条件，不耐寒。虽喜光，但不能忍受北方春夏的烈日暴晒。在疏荫下叶片翠绿，生长良好。要求较高的土壤温度和空气湿度，不耐旱，怕干风侵袭。喜湿润、肥沃、有机质丰富的黏重土壤。

(2)繁殖方法

主要通过播种繁殖。当蒲葵生长至15年以上时，开始结果，采种阴干后用沙土埋藏。第二年2～3月浸种催芽，待幼芽露嘴后在苗床内点播，需要遮荫养护。苗期应充分浇水，并需遮荫，长至5～7片真叶时即可定植。移栽应带土球。

10. 棕竹

学名：*Rhapis excelsa*

科属：棕榈科棕竹属

(1)生态习性

原产中国，广东、广西、贵州、云南、台湾原生林皆有野生。性喜温暖湿润、通风良好的半阴环境，为热带植物中耐寒性较强者。喜富含腐殖质、排水良好的微酸性沙壤土。

(2)繁殖方法

可用播种和分株法，以后者为多。分株宜结合换盆进行。早春用利刀将老株萌蘖多的株丛切成数丛，每丛最好要有4~5个萌蘖枝，切口涂以草木灰防腐，分别栽入新盆，注意遮荫保湿。

11. 棕榈

学名：*Trachycarpus fortunei*

别名：棕树、山棕

科属：棕榈科棕榈属

(1)生态习性

原产中国，在我国分布很广，日本、印度、缅甸亦有分布。棕榈是棕榈科中最耐寒的植物，但喜温暖湿润气候。野生棕榈往往生长在林下和林缘，有较强耐阴能力。喜排水良好、湿润肥沃的中性、石灰性或微酸性黏质壤土，耐轻盐碱土，也能耐一定干旱和水湿。耐烟尘，对有毒气体抗性强。

(2)繁殖方法

播种或分株繁殖。播种繁殖于10~11月果实成熟时，随采随播为好。或采后置于通风处阴干或沙藏，第二年春播，生长缓慢。在原产地可自播繁衍。

第三节　多浆类观赏植物繁殖技术

多浆类植物(succulents)常指具有粗大肥厚的茎、叶或根，含水量较高，在干旱环境下仍具有较强生命力的一些植物。它们大都原产于炎热、干旱和强光的条件下，不耐寒，也不耐水湿。而且大都为多年生常绿类型，一部分为夏绿的多年生草本、一二年生草本，也有的仅用根部越冬，如景天属(*Sedum*)。多浆植物在观赏植物中占有很大比重，总数超过10000种，分布在55个科中。常见的类型多属于仙人掌科、番杏科、景天科、大戟科、萝藦科、菊科、百合科、凤梨科、龙舌兰科、马齿苋科、葡萄科、鸭跖草科、酢浆草科、葫芦科的一些种。它们大部分生长在热带或亚热带的干旱地区，其中非洲南部分布最多，故非洲被誉为“多浆植物的宝库”。多浆类植物以其形状奇特、花朵鲜艳的特点，而被人们誉为“有生命的工艺品”。

一、多浆类植物繁殖方法

多浆类植物繁殖较容易，常用的方法为扦插繁殖、分株繁殖与播种繁殖，其中嫁接繁殖在仙人掌科中应用最多。

(一)扦插繁殖

多浆植物不易枯萎，扦插容易成活，所以一般都能用扦插繁殖，但其扦插有特殊性。多浆类植物的扦插繁殖是利用其营养器官具有较强的再生能力、能产生不定芽或不定根的特性，切取茎节或茎节的一部分以及蘖生的仔球和不定芽插入基质中，使之生根成为新的植株。

1）插穗的选择

多浆类植物的插穗依其种类有不同的选择方法。某些肉质变态茎呈节状的种类，如蟹爪兰、仙人指、昙花、光棍树等，可按节剪取插穗；某些易蘖生仔球的种类，如仔孙球、红小町、莺冠玉、仙人球属的长盛球，可将仔球掰下后直接扦插；某些不易蘖生仔球的球形种类和不易分枝的柱形种类，如金琥、翠云、雪光等，需在其生长季节初期将植株在适当部位切断，将上段植株晾干后扦插，下段植株加强管理，促其蘖生仔球。此外景天科伽蓝菜属的一些种类，如落地生根可在叶缘处长出珠芽，将这些珠芽取下可直接插入盆中，即可长成新的植株；褐斑伽蓝、落地生根、神刀、玉米石、玉树等可选取壮实的叶片进行叶插。（如图 1-67）

图 1-67 仙人掌类扦插示意图

2）对环境条件的要求

①温度：以气温达到 20～25℃时扦插较易生根，但原产热带地区的花座球属的多浆类所需温度稍高。

②湿度：由于仙人掌类植物含有的水分较多，因此扦插后要控制基质湿度，少浇水或不浇水，否则容易导致插穗的腐烂，而空气湿度高一点有利生根。

③光照：扦插后应适当遮荫，未生根的插穗不宜强光直射。

④基质：以通透性好，能保湿的基质最为适宜。可直接扦插在通透性良好的土壤中，其他常用的扦插材料有河沙、砻糠灰、泥炭、腐叶土、锯末、煤灰渣等，可单独或混合使用。

⑤氧气：在经过 7 天后插条的伤口处形成愈伤组织，呼吸作用增强，需要在清晨时揭膜透气 1～2 小时，以有利光合作用的进行。

3）扦插时期

在生长期中任何时期都可以扦插，但以春季开始生长时为佳。最好不要在夏季扦插，因为大部分多浆类在夏季处于休眠期，而且因温度高、湿度大，插穗容易腐烂。

4）注意点

切取接穗时用具要先消毒，以免切口受感染；刀口尽可能锋利，以保持切口的平滑。对病株切取插穗时，刀具要用酒精消毒。采下的接穗不能立即扦插，应置于干燥通风、温暖和有散射光处，使产生的愈伤组织封闭伤口后再插入基质中。有些难生根的种类可在切口干缩后用萘乙酸溶液浸泡，以促进生根。插穗生根后及时移栽上盆，培养土保持稍有潮湿。上盆后几天内不要浇水，并应适当遮荫。

(二)播种繁殖

1)授粉与采种

多浆类植物自花受精结实的种类极少，大多数需异株授粉才能结实。人工授粉最好选在晴天进行，可以用干净柔软的毛笔蘸取花粉，轻轻涂抹在母株的柱头上。果实的成熟期有长有短，长的半年，短的只需 1 个月，果实成熟后应注意及时采收。采收后的果实需及时洗去果肉，取出种子晾干并装入纸袋内后熟。多浆类植物种子多不耐久贮，必要时贮于干燥冷凉处。

2)播种适期

多浆类植物在春季和秋季播种最好，此时昼夜温差大，出苗整齐，出苗后的幼苗生长也较快。仙人掌类的种子无休眠期，在环境适宜时，成熟的种子可随采随播。大多数种子发芽的最适昼温为 25～30℃，夜温为 15～20℃。在条件适宜时，发芽最快的为豹皮花属，播后 2 天即可发芽，星仙人掌属 3～5 天发芽，多数种类在 10～20 天内发芽。

3)播种基质

沙漠型多浆类植物可用含有机质低，甚至不含有机质的纯矿质材料。附生型仙人掌、百合科、景天科等喜腐殖质的多浆类植物，基质内应添加有机物质。

4)基质和种子的消毒

高温高湿环境易产生霉菌，造成多浆类植物幼苗的腐烂，故需对基质和种子进行消毒。基质的消毒可采用加热法，如温度达到 60℃，2 小时后大多数病菌和线虫可被杀死，如温度能达到 80℃以上时，则效果更好。少量基质也可在烘箱内以 90～95℃干热灭菌 15～20 分钟。种子消毒是在播种前用 1% 的硫酸铜溶液或 1% 的福尔马林溶液浸 5 分钟，取出后用清水清洗，晾干后即可播种。

5)播种方法

①催芽播种：一些粒大皮厚、发芽迟缓的多浆类种子，可把种子先放在培养皿内催芽，种子出芽后再播到基质中去。

②直接播种：即把种子直接播在苗床内或育苗盘内，一般小粒种子不要覆土。播种后用渗水法给水，再给育苗盘或苗床盖上塑料薄膜保湿。种子发芽快的只需 1 天，一般为 7 天左右，但长的也有 1 个月甚至 1 年。

6)播后管理

①温度：小苗在 1 年内没有明显的休眠期，因此对温度比较敏感，以 15～20℃为宜，冬季不能低于 10℃。

②水分：水分管理是播种成败的重要环节。水质应是微酸性和无菌的，可用雨水或煮沸后的自来水。播种后保持适当均匀的湿度，过干或太湿均不适宜，如果干透一次便会造成发芽的失败。最简便的有效方法是把播种的花盆或浅盘放入另一较大的容器内，在二者的空隙间放些浸湿的废纸，顶部用玻璃片覆盖或薄膜密封，每天通风 1～2 次。

③光线：苗期应适当见光，以避免小苗柔弱徒长，但光线过强，会使幼苗生长停滞，还易灼伤。

④病虫害防治：苗期的病害主要是猝倒病和腐烂病，一旦染病，往往损失大批幼苗，要定期喷杀菌剂，并把病苗及时剔除。

⑤适时移栽：只有当幼苗足够强壮或太密时才移栽。仙人球类尽可能在播种后第二年，当幼苗已开始长出棘刺，小球直径已超过0.5cm时再移栽。具有大型叶的观叶型种类生长较快，发芽后几周便可移栽。移栽时避免使幼苗受到任何损伤，否则易腐烂。移栽应在生长季节进行，最好选春季开始生长时。幼苗一般需移植1～2次，先集中种在浅盘中，以便于管理与节约空间。

（三）嫁接繁殖

1）嫁接作用

嫁接用于仙人掌类植物上，除一般繁殖作用外，还有一些其他的作用。一些多浆类自身不含叶绿素，如给分锦、绯牡丹等，只有嫁接在绿色砧木上才能生长开花；鸡冠状的品种根系很差，宽阔的基部埋入土中也易腐烂，而通过嫁接则能很好地表现其优美姿态；蟹爪兰、仙人指嫁接后能长成良好的悬垂株形，大大提高了观赏效果；一些因管理不善而导致根系和球体局部腐烂的病株也可通过嫁接予以挽救。

2）接穗的选择

①播种实生苗，宜用3个月至一年生的植株，直径在0.4cm以上者为佳；

②采用植株切顶后蘖生的仔球，切顶最好选择幼龄植株，这样长出的仔球又多又快；

③植株自然蘖生的仔球，以直径1cm时切下进行嫁接最为适宜；

④因管理不善或患病而腐烂的植株上未感染病菌的营养体。

接穗最好随取随用，放置太久球体会发生萎缩，萎缩时可放在清水中浸泡片刻，待吸满水后再进行嫁接。

3）砧木的选择

砧木的选择是关键，砧木选择是否恰当，往往关系到成活率和接穗发育的好坏。一般选用繁殖快、生长迅速、植株健壮、与接穗在亲和力和形态上适应的种类作砧本。

应用较多的砧木有：

①草球

草球包括仙人球属的花盛球、短毛球、长盛球等，它们生长势强且耐寒，繁殖迅速，几乎和所有的种类都具有较高的亲和力，而且其截面较大，也常用于抢救较大型的腐烂病株。缺点是嫁接后接穗的刺发育较差。

②量天尺

又称三角棱、三角、三棱箭、霸王花。它们的根系发达、生长势强、管理简便，除乌羽玉等少数种类外，与其他种类都亲和，特别适宜于缺叶绿素的品种，在我国应用最为普通。量天尺喜温暖、湿润环境，耐寒性差，维管束易木质化。

③叶仙人掌

又名木麒麟、虎刺。灌木状，无论附生类型还是陆生类型都能嫁接。一般一株砧木接多个接穗，常用于嫁接蟹爪兰及小球种类。

④龙神柱

又名龙神木。与陆生类型的球形种类亲和能力较好，缺点是耐寒性差，而且本身繁殖较慢。

⑤卧龙柱

又名金时柱、红笔。柱细、刺多，新生刺红褐色。耐寒，生长能力强。缺点是刺太多，极不容易操作。嫁接对温度要求较高，适宜嫁接时间短。

此外，阿根廷毛花柱、霸王鞭、仙人掌、仙人杖、残雪柱、大花犀角等均可用作砧木。

4)嫁接时间

多浆类植物属于温室花卉，因此在温室内一年四季均可嫁接，但以春天到初夏这段时间最佳。选温暖及湿度大的晴天嫁接，若空气干燥时，宜在清晨操作。在梅雨季节，湿度太大，切口易感染病菌而腐烂，盛夏高温砧木及接穗大多处于休眠或半休眠状态，嫁接后不易成活，秋季嫁接后生长时间太短，越冬时对接穗生长不利。大多数种类在气温达到20～25℃时嫁接，成活率最高。

5)仙人掌类嫁接方法

仙人掌类的茎肥厚多汁，嫁接的方法也不同于一般植物，常采用的嫁接方式有平接法、斜接法、劈接法、插接法，具体操作时应根据砧木与接穗的形态选用。只要便于操作和固定，不管用哪一种方式均易成活。

①平接法

此法简单方便，易于成活，适合在柱类和球形种类上应用。将砧木顶端与接穗的基部用利刀削平，将削面吻合，再绑扎或加适当压力使二者紧密结合即可。

②斜接法

又名楔接，此法常用于嫁接蟹爪兰、仙人指等具有扁平茎节的种类。方法近于平接，仅将砧木与接穗削成约30°～45°的斜面，既增大了砧木与接穗的愈合面，又易于固定。

③劈接法

适用于接穗为扁平叶状的种类。将砧木在一定高度去顶，通过中心或偏于一侧从上向下作一切口，再将扁平接穗两侧的皮部削掉呈楔形，插入砧木切口，用仙人掌的刺固定后，再绑扎或夹牢。

④插接法

与劈接法相似，但砧木不切开，而用窄的小刀从砧木的侧面或顶部插入，形成一嫁接口，再将削好的接穗插入接口中，用刺固定。用叶仙人掌作砧木时，只需将砧木短枝顶端的韧皮部削去，顶部削尖，插入接穗的基部即成。

6)仙人掌类嫁接的技术要点

①砧木与接穗均应当健壮无病，不用已木质化的部分，但太幼嫩的也不适宜。

②嫁接时，砧木与接穗均应含水充足，母株应保持良好的生长。若接穗已萎蔫，必要时在嫁接前先浸水几小时，使其吸水复原。此外嫁接操作时，砧木与接穗表面均要干燥、无水，否则易腐烂。

③砧木接口的高低，由多种因素来决定。无叶绿素的品种要接得高些，以保证有

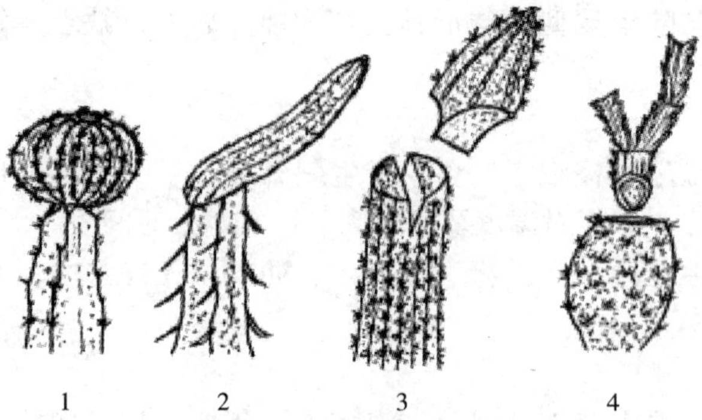

图 1-68 仙人掌类植物嫁接方法

1. 平接法 2. 斜接法 3. 楔接法 4. 插接法

足够的光合产物供给。下垂或自基部分枝的种类也要接得高些，才便于造型，更显美观。鸡冠状的品种也应接得高些，才能充分体现其形态特点。由种子繁殖的幼苗，多留点砧木部分，生长发育快些。除上述情况外，一般都接得低些，低接后，应移栽或换盆一两次，逐渐使砧木埋入土中，不再露出土表，以显美观。

④砧木切开后要尽快接上接穗，若待其表面干燥后再接很难成活。接穗安上后，再轻轻转动一下，排除接合面间的空气，使砧木和接穗紧密吻合，然后再固定砧木与接穗。固定的方法可用仙人掌类等自身的棘刺插过，或用绳索缠扎，也可用重力从顶上压牢。

⑤嫁接完成后需放在半阴处，不能阳光直射，在完全愈合前也不能使接口处沾水。成活后，从砧木上生出的侧芽、侧枝均应尽早去掉，以免影响接穗的生长。

二、常见多浆类观赏植物繁殖技术

1. 沙漠玫瑰

学名：*Adenium obesum*

别名：天宝花、沙漠蔷薇、矮柱鸡蛋花

科属：夹竹桃科矮柱鸡蛋花属

(1)生态习性

性喜高温、干旱、阳光充足的气候环境。喜富含钙质的、疏松透气的、排水良好的沙质壤土，不耐荫蔽，忌涝，忌浓肥和生肥，畏寒冷，生长适温 25～30℃。

(2)繁殖方法

1)播种繁殖

播种繁殖的幼苗具有主根，由主根膨大而成的块根与须根交错缠绕能形成肥美的根盘。因此若想培植有膨大粗壮根盘的高档次植株，必须采用播种法进行繁殖，但种子较少，种子发芽率低，幼苗成活率不高且生长缓慢，不适于规模化生产。

播种时间以每年 2～5 月较佳。播种前种子用杀菌剂溶液浸泡 12 小时，可提高发芽率。小苗茎干幼嫩多汁，不耐湿，如遇积水易导致根茎腐烂，因此要求播种基质透水透气性强，常规的基质较难满足其要求，多选用干净细河沙与碳化谷壳作基质，并以

3∶1的比例配比，可减少基质所携带的病菌，提高通透性，保证苗床既湿润透气又不积水。

2）扦插繁殖

扦插繁殖一般在春季。选取一年生顶端枝条，剪成10cm左右长，待切口晾干后插于沙床，插后置于阴凉通风处，避免日光直射，约3～4周可生根。

3）嫁接繁殖

常以夹竹桃作砧木，在夏季采用劈接法，嫁接后的植株生长健壮，容易开花。

4）压条繁殖

常在夏季采用高空压条法，在健壮枝条上环剥去一圈宽度约2cm的皮层，先用苔藓填充伤口，再用塑料薄膜包扎，约25天生根后即可剪下进行盆栽。

2. 龙舌兰

学名：*Agave americana*

别名：龙舌掌、番麻

科属：龙舌兰科龙舌兰属

（1）生态习性

原产地墨西哥。喜温暖干燥和阳光充足环境。稍耐寒，较耐阴，耐旱力强。要求排水良好、肥沃的沙壤土。越冬温不低于5℃。

（2）繁殖方法

1）分株繁殖

分株常在早春4月换盆时进行，将母株托出，把母株旁的分蘖芽剥下另行栽植。

2）播种繁殖

龙舌兰通过异花授粉才能结实，采种后于4～5月播种，约2周后发芽，幼苗生长缓慢，成苗后生长迅速，10年以上老株才能开花结实。

（3）栽培管理

盆栽常用腐叶土加粗沙的混合土。生长期每月施肥1次。夏季增加浇水量，以保持叶片翠绿柔嫩，遇烈日时稍加遮阴。入秋后，因生长缓慢，应控制浇水，力求干燥，并停止施肥，适当培土。如盆栽观赏，要及时去除旁生蘖芽，保持株型美观。

3. 芦荟

学名：*Aloe vera* var. *chinensis*

别名：油葱

科属：百合科芦荟属

（1）生态习性

原产于非洲南部及地中海沿岸等地。性喜温暖，生长适温20～30℃。室温保持在5℃以上即可完全越冬。喜光照，光照越充足，叶色越亮丽，花越繁茂。春秋季放在阳台上或室外接受阳光直射，夏季移至通风良好的半阴处，冬季放室内光照充足处。喜疏松、肥沃、排水良好的沙质土壤。

（2）繁殖方法

可通过分株繁殖、扦插繁殖和组织培养等方法繁殖。因植株不能自花授粉结实，故一般不通过种子繁殖。

1）分株繁殖

正常分株有两种方法。其一，在分株繁殖前大多需将母株丛从地里挖掘出来，并多带根系，然后将整个株丛用利刀分劈成单株；其二，直接从母株四周的小苗连根挖取，并切断与母株连接的地下茎，而不影响母株。这两种方法所分出的分株都带有较多的根系。

也可采用分蘖分芽繁殖。在分株过程中，将未形成根的分蘖和叶腋的分芽，进行扦插繁殖的方法。该方法是芦荟繁殖的一种主要方法之一，其成本低，繁殖较快，成活率基本上能达到100%，由苗期到成株周期短。为了扩大繁殖量，对采收过叶片的高茎干植株，在其茎干上间隔一段距离，用刀环割，待伤口干后埋植栽培，可以大量产生分蘖。芦荟产生分芽时期，主要集中在春、夏、秋三季，冬季分蘖、分芽形成产生较少。因此，繁殖时间集中在春、秋两季。春秋季节环境温湿度适宜，扦插后成活率高达100%，生根容易，根系多，冬夏也可扦插。

2）扦插繁殖

芦荟长高后，可从茎的中央处切断或从母株的叶腋处切取长8~10cm的幼芽，再将茎干倒挂在阴凉处7天，使切口收缩干燥，然后扦插在搭盖荫棚的苗床上。如果茎干不经阴干而直接扦插于苗床中，则不易生根而枯死。扦插头几天，叶片有些发黄，这是正常现象，插后约20天生根自然返青。苗期需保持土壤湿润，苗床保持无杂草，适当施肥，促进幼苗生长，培育壮苗。扦插苗生根3~5条时，就可移栽大田。

4. 鼠尾掌

学名：*Aporocactus flagelliformis*

别名：金钮、鼠尾仙人掌

科属：仙人掌科鼠尾掌属

（1）生态习性

原产墨西哥。喜温暖湿润和阳光充足环境。不耐寒，较耐阴和耐干旱。喜肥沃、透气和排水良好的沙壤土。冬季温度不低于10℃。

（2）繁殖方法

1）扦插繁殖

可在生长期剪取顶端充实的变态茎作插穗，长15~20cm，待剪口稍干燥后再插入沙床。插穗不宜过湿。插后约50~60天生根，根长2~3cm时移栽上盆。

2）嫁接繁殖

多在5~6月进行，可采用直立柱状仙人掌如梨果仙人掌、大花蛇鞭柱等作砧木。取鼠尾掌顶端变态茎10cm作接穗，接后约50天愈合。

5. 星球

学名：*Astrophytum asterias*

别名：星冠

科属：仙人掌科星球属

（1）生态习性

原产墨西哥北部和美国南部。性喜温暖干燥及阳光充足环境。较耐寒，能耐短期霜冻，耐干旱和半阴。喜肥沃疏松、排水良好、富含石灰质的沙壤土。越冬温度不低于5℃。

(2)繁殖方法

常用播种和嫁接繁殖。播种繁殖常在春季采用室内盆播，播后3～5天发芽，实生苗3～4年可开花。嫁接繁殖常在5～6月进行，常用花盛球或量天尺作砧木，接穗用播种苗，接后第2年就可开花。

(3)栽培管理

星球根系较浅，盆栽不宜过深。盆底应多垫瓦片，以便排水。生长期要求充足的阳光和水分。每月施肥1次。冬季温度不宜过高，进入休眠期，以10℃左右为宜，并保持盆土干燥。成年植株每2～3年换盆1次。

6. 般若

学名：*Astrophytum ornatum*

别名：美丽星球

科属：仙人掌科星球属

(1)生态习性

原产墨西哥中部。喜温暖干燥和阳光充足环境。较耐寒、耐干旱和耐强光。喜排水良好、富含石灰质的沙壤土。越冬温度不低于5℃。

(2)繁殖方法

常用播种和嫁接繁殖。播种繁殖常在5～6月室内播种，播后5～6天发芽，实生苗需8～10年开花。嫁接繁殖在6～7月进行，用量天尺或花盛球作砧木，播种小苗作接穗，嫁接苗3～4年即能开花。

7. 翁柱

学名：*Cephalocereus senilis*

别名：白头翁

科属：仙人掌科翁柱属

(1)生态习性

原产墨西哥干旱地区。喜温暖干燥和阳光充足的环境。适应性强，较耐寒、耐干旱。喜排水良好且富含石灰质的沙壤土。越冬温度不低于5℃。

(2)繁殖方法

常用播种、扦插和嫁接繁殖。播种繁殖于春季在室内盆播，播后10～12天发芽，幼苗生长较快。嫁接繁殖于5～6月将成年植株截顶，以基部萌生的仔球作接穗，以短毛球或量天尺作砧木。扦插繁殖指嫁接苗生长3～4年后，将砧木切除，晾干后扦插于沙床，生根后即盆栽。

8. 山影拳

学名：*Cereus* sp. f. *monst*

别名：仙人山、山影

科属：仙人掌科天轮柱属

(1)生态习性

原产南美阿根廷、巴西、乌拉圭。性喜温暖干燥和阳光充足环境。耐干旱、耐半阴，较耐寒。喜排水良好、疏松肥沃的沙壤土。

(2) 繁殖方法

可扦插繁殖或嫁接繁殖。扦插繁殖宜选择姿态优美、生长健壮的掌块，切下后在阳光下暴晒 1 天，再晾干 1 周，然后插入沙床，约 35 ~ 40 天可生根。50 天移入盆内养护。嫁接繁殖时砧木可用仙人球、量天尺。嫁接的山影拳生长很快，待长到一定高度时，再脱盆地栽。

(3) 栽培管理

盆栽要求排水良好的沙质壤土，生长季不必施肥，水肥过大，不仅容易腐烂，也易使其失去畸形的性状。及时防治红蜘蛛，夏季注意通气，喷水增加空气湿度，发现红蜘蛛，立即喷药。

9. 青锁龙

学名：*Crassula lycopodioides*

科属：景天科青锁龙属

(1) 生态习性

原产非洲南部。喜温暖干燥和阳光充足环境。怕低温和霜冻，耐半阴。对土壤要求不严，以泥炭土加粗沙为好。冬季温度不低于 5℃。

(2) 繁殖方法

扦插繁殖为主，全年均能进行，以春、秋季生根块，成活率高。选取较整齐、鳞片状叶片排列紧密的枝条，剪成 12 ~ 15cm 长，插于沙盆中，插后约 20 ~ 25 天生根，根长 2 ~ 3cm 时即可上盆。

10. 燕子掌

学名：*Crassula portulacea*

别名：玉树

科属：景天科青锁龙属

(1) 生态习性

原产南非南部。喜温暖，耐干旱，不耐寒，喜阳光，也耐半阴，散射光条件下生长良好。喜肥沃的沙质壤土。

(2) 繁殖方法

以往多用嫩枝扦插，但它经整形修剪所得枝条数量有限，不能满足市场需求。如用修剪所得的叶片扦插，可获得较多新苗。

一般在 4 月上旬，结合整形修剪，取下过密的枝叶进行地插。取下的叶片约需一夜时间晾干伤口，第二天扦插，扦插时行距 10cm、株距 5cm，将叶片成 60°叶柄端向下斜插入土中 1/3，如叶片数量少也可将叶片从腰部一剪为二，晾干，扦插时带叶柄端的半片叶柄端向下，无叶柄端的半片伤口向下成 60°斜插入土中 1/3。扦插后浇足水分，以土壤湿润但不积水为宜，拉上遮阳网遮荫。

在旺盛生长期取下的叶片一般用盆插，插后将盆放置在遮荫通风处。

(3) 栽培管理

插好后，每天进行一次喷雾，以保持床土湿润，但水不可过多，否则叶片易腐烂。

所扦插的叶片约在 2 周后，叶片下端将生出细小须根，约 4 周后每片叶下端将长出 3～5 个不定芽点，它们将成为 3～5 株小苗。待小苗长到 5cm 时可逐渐撤下遮阳网，但盛夏必须遮阴。

11. 石莲花

学名：*Echeveria peacockii*

别名：莲花掌、仙人荷花、宝石花

科属：景天科石莲花属

(1)生态习性

原产墨西哥。喜温暖、干燥和充足的光照，也耐半阴、耐干旱，不耐寒。对土壤要求不严，喜沙质土。

(2)繁殖方法

常用扦插繁殖。室内扦插，四季均可进行，以 8～10 月为好，生根块，成活率高。插穗可用单叶、蘖枝或顶枝，剪取的插穗长短不限，但剪口要在干燥后再插入沙床。插后一般 20 天左右生根。插穗不能太湿，否则剪口易发黄腐烂，根长 2～3cm 时上盆。

(3)栽培管理

盆栽用土要用园土掺粗沙或炭末，以利排水。每年 3～4 月换盆 1 次，同时加入一些磷肥，平时可不必追肥。浇水要注意不干不浇、浇则浇透的原则，冬季更要控制水分。生长季节要把花盆置于通风透光之处，冬季入室保温，室温在 10℃左右，并给予充足光照。

12. 金琥

学名：*Echinocactus grusonii*

别名：象牙球

科属：仙人掌科金琥属

(1)生态习性

原产墨西哥。喜光照充足、通风良好的环境。不耐寒。耐旱，怕雨淋和水涝。要求排水良好的石灰质沙壤土。

(2)繁殖方法

因 30 年生母球才能结种，种子来源困难，故不用播种繁殖。常用扦插和嫁接繁殖。在生长期切除球体的顶部，促使球体基部产生仔球，待仔球长到 1cm 大小时，切下扦插于沙床中或嫁接在粗壮的量天尺砧木上。当嫁接的金琥生长很大时，可带部分砧木一起重新扦插。

13. 昙花

学名：*Epiphyllum oxypetalum*

别名：月下美人

科属：仙人掌科昙花属

(1)生态习性

原产墨西哥。喜温暖湿润和半阴环境。不耐霜冻，忌强光暴晒。喜含腐殖质丰富的沙壤土。冬季温度不低于 5℃。

(2)繁殖方法

1)扦插繁殖

以3~4月为宜。要选择生长健壮、肥厚的茎枝，剪下后放在通风阴凉处晾2天，使伤口愈合，然后埋入土中，深度为3~4cm。扦插后保持湿度，经过20~30天，即可生根成活。当新的茎枝出现时，即可移栽成为新株。扦插苗一般3年开花。

2)播种繁殖

一般需人工授粉才能结种，播种后约2~3周发芽，实生苗需4~5年开花。

3)嫁接繁殖

在5~6月选两年生健壮的令箭荷花作砧木，在6~12cm处剪断，在剪口处用小刀竖着顺扁方向往下切一个长5cm的口。再选生长健壮、大小适中的昙花变态茎，将其基部用酒精棉球消毒，然后将茎枝两边用消过毒的刀子，把皮层和较厚的肉削成舌形，插在令箭荷花的刀口里，经过处理后的植株，应放在阴凉处，湿度保持在30%~45%，适当追施磷、钾肥(盆直径15~20cm的可埋5~10g磷酸二氢钾)，经过15~20天，嫁接的昙花即可成活。

14. 霸王鞭

学名：*Euphorbia antiquorum*

别名：火殃筋

科属：大戟科大戟属

(1)生态习性

原产印度东部。喜温暖干燥和阳光充足环境，耐高温。宜排水良好、疏松的沙壤土。冬季温度不低于10℃。

(2)繁殖方法

常用扦插繁殖。在5~6月剪取充实的顶端茎段，剪成12~15cm长，插穗剪口有白色乳汁流出，用纸将浆汁吸干，并晾干后插入沙床，否则凝固的乳汁会影响插条生根。插后约30~40天生根。

15. 虎刺梅

学名：*Euphorbia milii*

别名：铁海棠、麒麟花、麒麟刺

科属：大戟科大戟属

(1)生态习性

原产非洲马达加斯加。喜温暖、湿润和阳光充足环境。不耐寒，耐高温，怕水湿，耐干旱。宜肥沃、疏松和排水良好的沙质壤土。冬季温度不得低于12℃。

(2)繁殖方法

宜用扦插繁殖法。5~6月间从老枝顶端剪取8~10cm长的插穗，擦掉切口处流出的白浆，蘸上草木灰放置3~5天，使伤口干燥后再扦插于清洁的沙土中。插后要少浇水，以保持盆土半干状态，约1个多月生根。如需加快生根，可采用200mg/L的吲哚丁酸溶液浸泡插穗24小时后，再扦插于沙土中，很快就可生根，效果极佳。扦插成活后第二年春季分植于花盆中，日常浇水宜少，见干后再浇，否则会烂根。

(3)栽培管理

盆栽每年春季换盆，浇水不宜过多。夏、秋生长期需充足水分，每月施肥1次。冬季温度低，叶片枯黄脱落，进入休眠期，应保持盆土干燥。3～12月花期土壤湿度保持适中，能花开不断，如冬季室温在15℃以上，可继续开花。植株生长过于拥挤茂密时，可在春季萌发新叶前加以修剪整株。

16. 光棍树

学名：*Euphorbia tirucalli*

别名：青珊瑚

科属：大戟科大戟属

(1)生态习性

原产美洲南部。喜温暖干燥和阳光充足环境。较耐寒、耐半阴和耐干旱。要求肥沃、排水良好的沙壤土。越冬温度不低于5℃。

(2)繁殖方法

主要用扦插繁殖。在春、夏季生长期进行，剪取上年生枝条，长10～15cm，切口流出白色乳液，抹干待切口干缩后再扦插，插后20～25天可生根，根长2～3cm时可盆栽。

17. 绯牡丹

学名：*Gymnocalycium mihanovichii* var. *friedrichii* 'Rubra'

别名：红牡丹、红灯、红球

科属：仙人掌科裸萼球属

(1)生态习性

原种产于巴拉圭，本品种为栽培变种。性喜温暖干燥和阳光充足环境，不耐寒，怕高温和光线不足。越冬温度不低于8℃。

(2)繁殖方法

嫁接繁殖。因该品种无叶绿素，不能进行光合作用与自养，需与量天尺嫁接。嫁接时将充实饱满的量天尺上部截断，然后把量天尺的茎肉及外皮向斜下方呈30°角削掉一部分；再把红球上蘖生的仔球掰下，基部切去1/4，切口力求平整，切口边缘也略向上斜削一圈，削后立即放在砧木上，注意对准髓部，然后绑扎固定。接后植株不能见直射光。为防止切口在愈合前干燥收缩，外面最好套上塑料袋保湿，盆土不干不要浇水。

18. 条纹十二卷

学名：*Haworthia fasciata*

别名：锦鸡尾

科属：百合科十二卷属

(1)生态习性

原产南非开普省。喜温暖干燥和阳光充足的环境，喜肥沃疏松的沙壤土。根系浅，盆栽时以浅栽为好。不耐高温，夏季应适当遮阴，但若光线过弱，叶片退化缩小。冬季需充足阳光，若光线过强，叶片会变红。

(2)繁殖方法

常用分株和扦插繁殖。分株繁殖全年均可进行，常在4～5月换盆时，把母株周围的幼株剥下，直接栽植。扦插繁殖于5～6月进行，将肉质叶片轻轻切下，基部带上半木质化部分，插于沙床，约20～25天可生根，根长2～3cm时可盆栽。

19. 长寿花

学名：*Kalanchoe blossfeldiana*

别名：圣诞伽蓝菜、寿星花、假川莲

科属：景天科伽蓝菜属

(1)生态习性

原产非洲马达加斯加。喜温暖稍湿润和阳光充足环境。不耐寒，生长适温为15～25℃。低于5℃，叶片发红花期推迟。短日照植物，对光周期反应比较敏感。耐干旱，对土壤要求不严，以肥沃的沙壤土为好。

(2)繁殖方法

主要以扦插繁殖为主。扦插基质以含一定有机质的沙壤土较好，其生根快，成活率高。由嫩枝繁殖的植株生长势强，分枝性好，株型美观，且植株寿命长，故最好剪取嫩枝。插条长8～10cm。为了加快生根，可先将嫩枝在剪口处剪伤而不剪离母体，约15天后可生出气生根，当气生根长至1cm时再将插条剪离母体直接扦插在花盆中，每盆1株，成活率极高。春、夏、秋季都可扦插繁殖，最好在春末夏初进行，植株经过几个月的生长，第二年就有很好的观赏效果。

(3)栽培管理

盆栽后，在稍湿润环境下生长较旺盛，节间不断生出淡红色气生根。过于干旱或温度偏低，生长减慢，叶片发红，花期推迟。盛夏要控制浇水，注意通风，若高温多湿，叶片易腐烂、脱落。

20. 宽叶落地生根

学名：*Kalanchoe daigremontiana*

别名：大叶落地生根

科属：景天科伽蓝菜属

(1)生态习性

原产非洲马达加斯加。喜温暖湿润和阳光充足环境，不耐寒，耐干旱。以疏松、排水良好的酸性土壤为宜。冬季温度不低于8℃。

(2)繁殖方法

1)扦插繁殖

在南方可全年进行，北方春、夏、秋三季均可，但以5～6月为佳。叶插，可切取健壮叶片，带1～2cm叶柄，浅斜插于沙土中，在叶柄基部就会产生新的植株。茎插，可剪取顶端8～10cm长的茎段，稍晾干后，插于素沙土中或直接插于培养土中，1周后即可生根。

2)珠芽繁殖

在春、秋两季，叶缘的缺刻处会产生大量珠芽，将珠芽取下，撒于营养土上，保持湿润，即可生根长出新的植株。较大的珠芽可直接上盆。在不能产生珠芽的季节，可摘取健壮的叶片，放置于一边，约20天后即可在叶缘缺刻处产生珠芽。

21. 玉吊钟

学名：*Kalanchoe fedtschenkoi*

别名：变叶景天

科属：景天科伽蓝菜属

(1)生态习性

原产欧洲、西亚和北非。性喜温暖干燥和阳光充足环境。不耐寒，耐半阴，忌烈日暴晒。土壤以肥沃疏松和排水良好的沙壤土为好。冬季温度不低于5℃。

(2)繁殖方法

主要用扦插繁殖，以5～6月最好。选用肥厚充实的顶端茎，剪取10～12cm长，切口稍干燥后插于沙床，约7～10天可生根，根长2～3cm时移栽上盆。也可叶插，切取单叶，剪口晾干后斜插于沙盆中，插后10天左右长出新根。30天后从叶片基部长出小植株。

(3)栽培管理

玉吊钟属短日照植物，每年冬季开花，如光照超过12小时，开花将推迟到早春。春季花后分盆，并整株修剪，控制株高，促使多分枝，在萌发新枝时，浇水可多些。生长期每月施肥1次，少施氮肥，多施磷钾肥，叶片的斑纹更显美丽。盛夏应稍加遮阴，但过于荫蔽，茎叶易徒长柔软，叶色暗淡缺乏光泽。冬季室温在10～12℃，玉吊钟能正常开花。

22. 褐斑伽蓝

学名：*Kalanchoe tomentosa*

别名：月兔耳

科属：景天科伽蓝菜属

(1)生态习性

原产非洲马达加斯加。喜温暖干燥和阳光充足环境。不耐寒，耐干旱，不耐水湿。土壤以肥沃、疏松的沙壤土为宜。冬季温度不低于10℃。

(2)繁殖方法

可用嫩枝和叶片扦插插法。嫩枝扦插时在生长季节将侧枝切取下来，晾晒1～2个小时，可直接扦插于培养土中，极易生根。叶片扦插时常用于大量繁殖植株，在生长季节剪取生长充实的叶片，可把叶片分割成2～3段，然后将叶片平铺在壤土上或泥炭土上，将叶片略向下按压，放入半阴处养护，20天后可产生根系，然后在生根部位处长出不定芽，待长出4～5片叶时可定植。

(3)栽培管理

刚盆栽或换盆时，浇水不宜多。以保持稍干燥为宜。盆土过湿或过干，均会引进基部叶片的萎缩脱落，影响观赏效果。生长期要充足阳光。

23. 生石花

学名：*Lithops pseudotruncatella*

别名：石头花

科属：番杏科生石花属

（1）生态习性

原产非洲南部。喜温暖干燥和阳光充足环境。怕低温，忌强光，宜疏松的中性沙壤土。冬季温度不低于12℃。

（2）繁殖方法

1）播种繁殖

生产上常采用此法，秋末将种子采收后，可在高温温室进行播种，室温不低于18℃，也可于第二年春、秋进行播种。种子细小，可掺少量细沙进行撒播，播后覆少量细土或细沙，加盖玻璃保温。在保持20～25℃温度条件下，20～30天即可出苗，出苗后去掉覆盖物，放在阳光下，并保持良好的通风透气条件。苗期忌过度潮湿，否则易腐烂，小苗过分拥挤时要及时分苗，分苗后4～5天不要浇水。浇水应用底部浸水的方法，切勿用喷壶浇水。

2）分株繁殖

生石花每年春季从植株中间的缝隙中长出新的肉质叶，将老叶胀破裂开，导致老叶皱缩死亡，新叶到了夏季又皱缩裂开，从缝隙中长出2～3棵幼小新株，这些新株便可分盆栽植。

（3）栽培管理

生石花幼苗养护较困难，喜冬暖夏凉气候。每年3～4月长出新的球体状叶片时，老的球状叶逐渐萎缩，夏季新的球状叶越长越厚，始终保持2片球状叶。生长期需较多的水分，但不能过湿，否则易长出青苔，影响球状叶正常生长。同时，每半月施肥1次，但肥液绝不能玷污球状叶。秋季开花后暂停施肥。冬季放阳光充足处养护，如遇低温或过于荫蔽，球状叶生长不好，会逐渐皱缩。

24. 龙须海棠

学名：*Mesembryanthemum spectabile*

别名：秋叶菊

科属：番杏科日中花属

（1）生态习性

原产非洲南部。喜温暖干燥和阳光充足环境。耐干旱，怕水涝，不耐寒，不耐高温。喜肥沃的沙壤土。冬季温度不低于10℃。

（2）繁殖方法

常用播种和扦插繁殖。播种繁殖于春季4～5月进行，采用室内盆栽，播后10天左右发芽。扦插繁殖于春、秋季均可进行，选取充实的顶端枝条，剪成6～8cm长，连叶一起插入沙床，插条不宜过湿，插后15～20天生根，再隔1周即可盆栽。

（3）栽培管理

刚盆栽的幼苗，稍干燥为好，当株高20cm时，需摘心，剪去一半，促使多分枝，多开花。生长期要充足光照，每半月施肥1次，如光照不足，叶易倒伏，开花减少。盛夏进入半休眠状态，控制浇水，否则会引起根部腐烂。冬季生长缓慢，少浇水，保持叶片不皱缩即可。

25. 酒瓶兰

学名：*Nolina recurvata*

别名：象腿树

科属：龙舌兰科酒瓶兰属

(1)生态习性

原产于墨西哥。性喜温暖、阳光充足的气候环境，在酸性土壤中生长最佳。耐干旱，耐荫蔽，忌涝，较耐寒冷，生长适温为22～30℃。

(2)繁殖方法

主要用播种和扦插繁殖。播种繁殖在3～4月进行，播后约20～25天发芽。苗高4～5cm时盆栽，幼苗生长缓慢，第二年可供观赏。扦插繁殖在春季选取母株自然蘖生的侧枝作插穗，切下稍晾干后插于沙床内，增加空气湿度，插后约15～20天可生根。

26. 令箭荷花

学名：*Nopalxochia ackermannii*

别名：令箭、红孔雀、孔雀仙人掌

科属：仙人掌科令箭荷花属

(1)生态习性

原产墨西哥。喜温暖、湿润、半阴的环境和疏松肥沃、排水良好的酸性腐殖质土。春秋需光照充足，盛夏应置于半阴环境。生长适温为20～25℃，温度过高茎片徒长，影响株型。

(2)繁殖方法

1)嫁接繁殖

嫁接以春秋为宜，选择当年生的生长良好的茎枝，将其基部用酒精棉球消毒，然后将茎枝两边用消毒过的刀子，将皮层和较厚的肉削成舌形。令箭荷花还可用仙人掌、三棱箭嫁接，选取一个长势正常，直径在6cm以上的仙人球做砧木。将仙人球的顶端用酒精消毒后削去几块皮层，再削去皮层的中间部分，用消毒过的小刀往下插一个小口，刀口的宽度和深度以刚好插入接穗为宜。最后，将削好的茎枝插入，再用一枚仙人球刺将接穗和砧木固定住即可。嫁接后，应将植株放在通风阴凉处，防止雨水淋湿。1周后如接穗正常，说明嫁接已成活。半个月后可放在散射光下进入正常管理。一般嫁接苗1年即可开花。

2)扦插繁殖

扦插以3～4月为宜。要选择生长健壮、肥厚的茎枝，剪下后放在通风荫凉处晾两天，使伤口干燥，然后埋入土中，深度为3～4cm。扦插后保持湿度，经过20～30天，即可生根成活。当出现新茎枝时，即可移栽成为新株。扦插苗一般3年开花。

(3)栽培管理

栽植宜在春季生长初期，温度15℃以上时进行。夏季栽植应注意通风降温，温度不宜超过35℃，否则容易干瘪和导致介壳虫危害。10月中旬应移入温室，室温保持在15℃左右。冬季保持室内温度5℃以上即能安全越冬。

27. 马齿苋树

学名：*Portulacaria afra*

别名：树马齿苋、银杏木

科属：马齿苋科马齿苋树属

(1)生态习性

原产南非。喜温暖干燥和阳光充足环境。不耐寒，耐半阴和干旱。土壤要求排水良好的沙壤土。冬季温度不低于10℃。

(2)繁殖方法

主要用扦插繁殖。在生长期均可进行，选取健壮、充实和节间较短的茎干作插穗，长10～20cm。插穗应稍干燥，插前可晾干数天，插于沙床，约15～20天可生根，极易成活。

28. 假昙花

学名：*Rhipsalidopsis gaertneri*

别名：亮红仙人指

科属：仙人掌科假昙花属

(1)生态习性

原产巴西南部的热带森林中，属小型附生类仙人掌。喜温暖湿润和阳光充足环境，不耐寒，忌强光直射。土壤要求腐殖质丰富的酸性沙壤土。冬季温度不低于5℃。

(2)繁殖方法

常用扦插和嫁接繁殖。扦插繁殖时切下茎节，放阴凉处干燥1天，再插于沙盆内，盆土湿度不宜过大，以免切口腐烂，插后约10天可生根。嫁接繁殖时常用量天尺或叶仙人掌作砧木，选健壮肥厚的茎节2节，下端削成鸭嘴状，插入砧木楔口接合，用竹刺固定。嫁接后10天，如接穗保持新鲜、挺、硬，则表示已愈合成活。

(3)栽培管理

假昙花的叶状茎生长容易，生长期保持土壤湿润，使茎节不萎缩。每月施肥1次即可。花芽形成与温度、日照长短关系密切。花芽必须在10～12℃、每天8小时光照下形成，超过20℃就难以成花。花蕾形成后不宜随意搬动，保持盆土湿润，否则容易落蕾落花。

29. 虎尾兰

学名：*Sansevieria trifasciata*

别名：虎耳兰、千岁兰

科属：龙舌兰科虎尾兰属

(1)生态习性

原产热带非洲。喜温暖、耐干燥，适应性强。在温度不低于0℃、排水较好的湿润土壤中仍能生长。生长适宜温度夜间18～21℃，白天24～30℃。

(2)繁殖方法

常用分株繁殖和叶片扦插法繁殖。分株繁殖于早春结合换盆进行。分株时细心去掉根部培养土，扒开根茎，将植株的根切断。分切后每株约带3～4片叶栽植即可，用此法繁殖可保持其优美的品种特性。叶插法繁殖以 5 ~ 6 月为好。选取健壮叶片，将叶片横切成约 10cm 一段，插于以沙为基质的插床上，露出 1/3，并使插床保持微潮。约 6 周即可生根，成活率高，但叶片上不再有各种花斑。

(3) 栽培管理

虎尾兰对土壤条件要求不高，疏松排水较好即可。可用腐叶土或泥炭土加 1/3 河沙配成培养土盆栽，也可用细沙土。生长期每半月施稀薄腐熟饼肥水一次。在光线充足的条件下生长良好。控制水分，保持盆土干燥，能够增强对低温的抗寒力。高温季节应勤浇水，使盆土始终保持湿润。

30. 翡翠景天

学名：*Sedum marganianum*

别名：鼠尾掌

科属：景天科景天属

(1) 生态习性

原产墨西哥。适应性强喜温暖干燥和阳光充足环境。喜光线充足，在室内散射光下生长最好。不耐寒，耐干旱。喜肥沃疏松和排水良好的沙壤土。冬季温度不低于 10℃。

(2) 繁殖方法

常用扦插繁殖。全年都可进行，但以茎叶生长期扦插最好。可剪取 5 ~ 10cm 长枝条插于沙床，或用肉质小叶，撒落在湿沙上，插后约 30 天可生根。待长出新叶时上盆。

31. 八宝景天

学名：*Sedum speetablile* ‘Carmen’

别名：蝎子草

科属：景天科景天属

(1) 生态习性

喜光，在阳光充足的条件下长势较好；耐寒，在 -36.8℃ 的严寒下能安全越冬，不影响正常生长开花；耐旱，叶肉质、根肥大，在原分布地生长在山坡、岩石，湿润条件生长也较好。

(2) 繁殖方法

1) 分株繁殖

每年 3 月中旬，积雪融化后先将上面的干枝剪去，将杂草清理干净，4 月下旬 5 月初刚萌动时，将老根挖出，至少两个芽为一株，将老根分成若干株，植于栽培处。因植株不耐涝，不宜种植在低洼地，栽培土中要掺适量的粗沙以便沥水，防止烂根。栽种时要浇足水。除非特别干旱，基本不用浇水。一般分株后 1 周左右开始生长出植株。需要量少时，也可以在植株长出后直接在老根的基部用利刀或利锹挖出一部分根芽，将切下的部分进行栽培，剩下的部分一定要培好土，以免影响老株的根系生长。

2) 扦插繁殖

利用塑料大棚和温室，扦插繁殖可在全生长期进行。露地繁殖扦插时一般采用春秋两季。在塑料大棚中，可在头一年秋季移入大棚中，春季3月中旬上塑料后，4月初就萌发出嫩枝，半个月后长到15cm左右时，可以剪下5~8cm的接穗进行扦插。首先作400cm长、120cm宽、20cm高的苗床，苗床掺入沙子拌匀，降低土壤黏度。行距15cm，挖沟深不超过5cm，按株距4cm将景天的接穗在沟中摆好，培土，一次要浇足水，在塑料大棚内扦插时，发根前都不用浇水。20天后基本长出根系，40天后可以长15~20cm，50天后就可以和老株一样进行下一次扦插，能快速获得大量植株。

温室扦插和大棚基本一样，露地扦插区别在于春季扦插要在6月初至6月中旬，此时气温较高但并不炎热，不易烂根，插穗露出地面不要超过3cm，以减少蒸腾，一般要在插床上架设遮荫棚。秋季一般在8月中下旬扦插，9月中下旬基本发根，长到10月中旬后气温下降，开始降雪，此时植株的根系发育完全，能安全越冬。在北方扦插过迟，植株根系发育不健全，过冬时易于死亡。

32. 蟹爪兰

学名：*Zygocactus truncactus*

别名：蟹爪莲、蟹爪

科属：仙人掌科蟹爪兰属

(1)生态习性

原产巴西。属附生类仙人掌，在自然环境中，常附生于树上或潮湿山谷，因而栽培环境要求半阴、湿润。夏季避免烈日暴晒和雨淋，冬季要求温暖和光照充足。土壤需肥沃的腐叶土、泥炭和粗沙的混合土壤，酸碱度在pH值5.5~6.5。生长期适温为18~23℃，开花温度以10~15℃为宜，不超过25℃，以维持15℃最好，冬季温度不低于10℃。属短日照植物，在短日照条件下才能孕蕾开花。

(2)繁殖方法

1)扦插繁殖

春末剪取一年生以上的成熟枝条，阴干数日后直接插入培养土中盆栽，深度为枝条的1/3~1/2，每盆数支，保持盆土稍干和半阴的环境，2~3周即可生根。因扦插繁殖的蟹爪兰幼苗生长缓慢、开花迟，一般多采用嫁接繁殖。

2)播种繁殖

蟹爪兰需人工授粉后才能结果。常采用室内盆播，发芽适温22~24℃，播种基质用泥炭、腐叶土和粗沙的混合土壤，播前需高温消毒。种子播后，盆口盖上玻璃，以便保持盆土湿度。播后5~9天发芽。幼苗生长较慢，应谨慎管理。

3)嫁接繁殖

蟹爪兰多嫁接在片状仙人掌或三棱剑上，然后用铅丝或竹篦编成一个圆形拍子，将其固定在花盆上面，让仙人指或蟹爪兰的茎节越过拍子再向四周下垂，把它们承托起来。

①嫁接时期

在气温20~25℃时，接穗和砧木都生长旺盛，嫁接成活率最高。一般在4~10月上旬均可嫁接，但以春季和秋季嫁接为好，其中秋季在8~10月上旬。嫁接成活后越冬，还可延长生长期，提前成型。

②嫁接方法

嫁接时均采用楔接法。如果用三棱剑做砧木，可在一个粗 4 ~ 5cm、高 20 ~ 30cm 的肉质茎上嫁接2 ~ 3 层，每层在3 个剑棱处各接1 支4 ~ 6 节的接穗，全株共接 6 ~ 9 枝。先在剑棱部位向茎肉的斜下方切出一个 V 形切口，深达茎中的髓，然后将接穗的基部一节削成鸭嘴形，随后插入砧木的切口内，最后用仙人掌刺从接口的上方插入茎肉，穿过接穗将它们固定在一起（如图 1-69）。

图 1-69　仙人指和蟹爪兰的楔接

用片状仙人掌做砧木时，应选择肥厚的掌类。先把砧木的顶端削掉一小块，再向内切出一个切口，把削成鸭嘴形的接穗插入，最后横穿 1 根仙人掌刺将其固定。

③接后管理

嫁接好的植株，如果盆土干燥，要浇足水，放在半荫蔽且湿度高的地方，防止接穗过度失水。一般经过 20 多天，如果接穗表面绿色且有光泽，用手轻弹感到坚挺，就表示已成活；若接穗萎蔫、茎片晦暗无光泽，则要检查切口是否腐烂，及时查明原因，以便重新嫁接。

(3) 栽培管理

繁殖后的新枝，可用 12cm 普通塑料盆或吊盆栽培，每盆栽植 3 株。栽后正值夏季，室内应保持通风凉爽。温度过高或空气干燥均对茎节生长均不利，甚至会发生茎节萎缩死亡。生长期每半月施肥 1 次。秋季增施 1 ~ 2 次磷钾肥。嫁接新枝，在浇水、施肥时，注意不污染嫁接愈合处，以免发生腐烂。当年能开花 20 ~ 30 朵，培养 2 ~ 3 年后一盆能开上百朵。一般栽培 2 ~ 3 年后需重新扦插更新。开花时，室温不宜高，以 10 ~ 15℃为宜，花期可持续 2 ~ 3 个月，单花一般开放 1 周后凋萎。花期不要随便搬动，以免断茎落花。花后出现较短的休眠状态，应控制浇水、停止施肥，待茎节长出新芽后，再进行正常肥水管理。若花后浇水量过大，根系容易腐烂，茎节萎缩死亡。

第四节　水生类植物

水生类植物泛指生长于水中或沼泽地的观赏植物，与其他花卉明显不同的习性是对水分的要求和依赖远远大于其他各类，构成了其独特的习性。

根据水生类植物对水分要求，可将其分为四大类型：①挺水类：它们植株高大，绝大多数有明显的茎叶之分，茎直立挺拔，根扎于泥中，生长于靠近岸边的浅水处，如荷花、黄花鸢尾、欧慈姑、花蔺等，常用于水景园水池岸边浅水处布置；②浮水类：它们茎细弱不能直立，有的无明显的地上茎，但根状茎发达，花大而美丽，它们的体内通常贮藏大量的气体，使叶片或植株能平稳地漂浮于水面，如王莲、睡莲、芡实等，位于水体较深的地方，多用于水景水面景观的布置；③漂浮类：此类花卉种类较少，它们的根不生于泥中，植株漂浮于水面上，随着水流、风浪四处漂泊，以观叶为多，如凤眼莲、浮萍等，用于水面景观的布置；④沉水类：种类较多，花较小，花期短，以观叶为主，生长于水体较中心的地带，整株植物沉没于水中，叶多为狭长或丝状，如玻璃藻、莼菜等。

水生类植物花朵大而艳丽，茎叶形态奇特，色彩斑斓，合理配置与点缀，能使园林水景蕴含一种自然的魅力而更加富有生命力。

一、水生类植物繁殖方法

水生类植物一般采用营养繁殖和有性繁殖两种方法。

(一)营养繁殖

水生类植物具有很强的繁殖能力，特别是通过营养繁殖，便捷迅速。时期一般在春秋季节，有些不耐寒者可在春末夏初进行。如常见的无根萍、浮萍、紫萍、满江红等植物的繁殖主要靠叶状体出芽产生新的叶状体，它们短短几天内的繁殖量可达几倍；金鱼藻、黑藻、茨藻等的分枝折断以后，每个分枝都可成为一新的植株；菹草、苦草等可在植株上产生冬芽，入冬前沉入水底，到春天冬芽再萌发为新的植株；凤眼莲等是靠浮于水面的茎上不定芽，不断地发出新的植株，它们常多株连成一片；观赏芦苇能借助泥中的根状茎分蘖产生新的植株，因此它们常成丛密集；金银莲花和水皮莲具有细长的节间，节间断裂后，各节带着1～2枚叶片及残存的伞形花序，可再繁殖成一新植株；泽薹草属在环境适合时可以长出与花序相似的枝，其上有一轮轮的苞片，苞腋产生的伞形花序也可再繁殖成一新植株。

(二)有性繁殖

水生类植物一般在水中播种。具体方法是将种子播于有培养土的盆中，盖以沙或土，然后将盆浸入水中。浸入水的过程应逐步进行，由浅到深，刚开始时仅使盆土湿润即可，之后可使水面高出盆沿。水温应保持在18～24℃，王莲等原产热带者需保持在24～32℃。种子的发芽速度因种而异，耐寒性种类发芽较慢，需3个月到1年；不耐寒种类发芽较快，播后10天左右即可发芽。播种可在室内或室外进行，室内条件易控制，为其优点；室外水温难以控制，往往影响其发芽率。

大多数水生类植物的种子干燥后即丧失发芽力，需在种子成熟后立即播种，否则需贮于水中或湿处。少数水生类植物种子可在干燥条件下保持较长的寿命，如荷花、香蒲、水生鸢尾等。

水生类植物的花大多是异花授粉，不同的种类有不同的传粉媒介。苦草、黑藻、金鱼藻、软骨草等是以水为传粉媒介，称为水媒花。例如苦草雌雄异株，雌花成熟时花序柄强烈伸长，直至将花挺到水面，花刚好于水面开放；而雄花成熟后冲破雄性佛焰苞，脱离花序，浮到水面，随着水的漂流，使它有机会靠近雌花，使花粉有可能到达雌花的柱头；受粉后的雌花由于花序柄螺旋状卷曲，逐渐将幼果拉入水中成熟。黑藻雌雄异株，雌花是在临近水面开放；雄花成熟后也冲破佛焰苞脱出，同时将花粉撒于水中，花粉在水中飘动，到达雌花柱头时进行授粉，受精后发育成长圆锥形的果实。而另一部分水生类植物的花序抽出水面，开出大而鲜艳的花朵，典型的如凤眼莲，其紫色花瓣中有一枚还点缀着黄色的大圆斑点，犹如孔雀开屏，极为美丽，这样便能引诱昆虫前来传粉，其他的如水皮莲、金银莲花等都是以色、香、蜜来使昆虫替它传粉，这部分水生类植物称为虫媒花。此外，香蒲属、禾本科、莎草科的水生类植物，它们的花被极度退化，花药伸出花外，成熟的花粉散布于空中，随着风和气流在空中流动，同时柱头的面积大大扩张，发展成羽毛状，使得在空中流动的花粉有更多的机会接触柱头，从而达到授粉的目的，这类水生类植物称为风媒花。受精后的子房发育成果实，胚珠发育成种子，种子再萌发为新的植株，这就完成了有性生殖的全过程。

二、常见水生类植物的繁殖方法

1. 菖蒲

学名：*Acorus calamus*

别名：水菖蒲、剑菖蒲、野菖蒲

科属：天南星科菖蒲属

(1)生态习性

性喜阴凉、湿润，宜种于沙质壤土或腐殖壤土。生长最适宜温度为 18～23℃，15℃以下生长缓慢，10℃以下停止生长。冬季以根茎潜入泥中越冬，具有一定的抗寒性。

(2)繁殖方法

1)播种繁殖

可将采集到的红色浆果清洗好，在温室内秋播，保持土壤潮湿。在 15～20℃的条件下，早春陆续发芽。

2)分株繁殖

早春或生长季节，用铁锹将根茎挖起，抖掉泥土，切割老株基部周围的新株栽植。也可在生长期进行分栽，将植株连根挖出，分成若干小株，保护好嫩叶和新生根，另行栽植。

2. 石菖蒲

学名：*Acorus gramineus*

别名：十香和

科属：天南星科菖蒲属

(1)生态习性

原产于北温带地区。性喜温暖湿润，常野生于山谷溪流中或有流水的石缝中或林中湿地里，也可生长在沼泽边或泉水附近。具有一定的耐寒性，生长适宜温度为 18～23℃，湿度低于 15℃时，生长缓慢；温度在 10℃以下时，停止生长。冬季在南方可室外越冬，北方需要保护越冬。

(2)繁殖方法

以分株繁殖为主。4 月将地栽成盆栽的石菖蒲连根挖起，去掉部分泥土，用快刀切割老株基部周围的新株。也可生长期分栽，将植株连根挖出，分成若干小株，并保护好嫩叶和新生根。

3. 花叶芦竹

学名：*Arundo donax* 'Versicolor'

别名：斑叶芦竹、彩叶芦竹

科属：禾本科芦竹属

(1)生态习性

性喜温、喜光，耐湿，较耐寒。在北方需保护越冬。

(2)繁殖方法

一般不采用有性繁殖，因种子在北方不易成熟，且繁殖太慢。以无性繁殖为主，4～5月用铁锨沿苗四周切长、宽、深各20cm的方墩，每墩具3～4个芽，按30～40cm间距成片种植。或者在春天将花叶芦竹茎秆剪成20～30cm一节进行扦插，每个插穗都要有间节，插入湿润的泥土中，30天左右间节处会萌发白色嫩根，可定植。

4. 旱伞草

学名：*Cyperus alternifolius*

别名：水竹、风车草、伞草、伞莎草

科属：莎草科莎草属

(1)生态习性

原产非洲，在我国已广为栽培。性喜温暖、阴湿及通风良好的环境，适应性强，对土壤要求不严格，以保水力强的肥沃土壤最适宜。沼泽地及长期积水地也能良好生长。生长适宜温度为15～25℃，不耐寒冷，冬季室温应保持5～10℃。

(2)繁殖方法

1)播种繁殖

3～4月，将种子取出，均匀地撒播在具有培养土的浅盆中，播后覆土弄平，浸透水，盖上玻璃，温度保持20～25℃之间，10～20天发芽。

2)分株繁殖

分株繁殖可在4～5月换盆时进行，将老株丛用快刀切割分成若干小株丛作繁殖材料。扦插一年四季都可进行，剪取健壮的顶芽茎段3～5cm，对伞状叶略加修剪，插入沙中，使伞状叶平铺紧贴在沙土上，保持插床和空气湿润，室温以20～25℃为宜，20天左右在总苞片间会发出许多小型伞状苞叶丛和不定根。用伞状叶水插育苗也可以培育出大量的植株。

5. 凤眼莲

学名：*Eichhornia crassipes*

别名：水葫芦、气鼓草、水荷花

科属：雨久花科凤眼莲属

(1)生态习性

性喜向阳、平静的水面或潮湿肥沃的边坡生长，在日照时间长、温度高的条件下生长较快。

(2)繁殖方法

1)播种繁殖

种子寿命长，能贮藏10～20年，可大量繁殖，但在北方不易收到种子。

2)分株繁殖

于春、夏两季，母株基部侧长出匍匐枝，其顶端长叶生根，形成新植株，切取新株作繁殖材料。

6. 芡实

学名：*Euryale ferox*

别名：刺莲藕、假莲藕、鸡头米、鸡头莲、鸡头荷

科属：睡莲科芡属

(1)生态习性

性喜在温暖、水湿、阳光充足的环境。对土壤有一定选择，要求土质肥沃深厚略带黏性。生长适宜温度为20～30℃，低于15℃时，生长缓慢，10℃以下停止生长。

(2)繁殖方法

以种子繁殖为主。应选具有本品种特征的、籽粒饱满的种子。于4月初催芽，将种子浸于水中，以浸没种子为度，白天放在外边晒太阳，晚上放在室内，保持15℃以上温度，经常搅水，约经8～10天多数种子露白后播种。播种时在水田中央，挖$2m^2$、深约17cm的池，整平池底，放满水，待水澄清后轻轻放下种子，每池播种5kg左右。

播后35～40天，幼苗有2～3片真叶时进行分苗，株行距50～70cm，不宜栽得过深，保持水层10～13cm。5月上中旬，在芡实有4～5片叶时，就可定植，定植时应选择水位涨落平稳的湖滩，水深以0.3～1m为宜。定植前先挖穴，穴距1.8～2m，穴深12～15cm，宽1.3cm，上方下圆，并在穴边筑成土埂，保持穴内水分。一般早熟种每亩种150棵左右，晚熟种每亩种100～120棵。定植树时应注意保护根系，并用配好的肥泥黏附于根上进行定植，或在穴中施基肥。

7. 花菖蒲

学名：*Iris ensata*

别名：玉蝉花

科属：鸢尾科鸢尾属

(1)生态习性

产于我国东北、日本、朝鲜、俄罗斯。自然生长于水边湿地，喜温暖、湿润和阳光充足环境。较耐寒、怕干旱和高温。宜肥沃、疏松和排水良好的沙质壤土或培养土。

(2)繁殖方法

常用分株和播种繁殖。分株，早春3月或花凋谢后进行，挖起母株，将根茎分割，各带2～3个芽，分别盆栽。播种，8月底种子成熟后即播，发芽适温18～24℃，播后25～40天发芽，播种苗培育2年后开花。

8. 雨久花

学名：*Monochoria korsakowii*

别名：水白菜

科属：雨久花科雨久花属

(1)生态习性

常生长在池沼、水塘、水沟、河边、水田环境中。适应性强，沙壤土及黏土都能

生长，耐瘠薄，喜光也耐半阴，喜水湿。生长适宜温度为15～30℃，在20～25℃时生长旺盛，温度降到10℃以下时，植株停止生长。

(2)繁殖方法

种子繁殖为主。种子成熟后掉落于潮湿的泥土中，第二年春天在适宜的环境条件下萌发，自行繁殖。

(3)栽培管理

露地栽培于春季4～5月间进行，沿着池边、水体边缘按带形或长方形栽植，株行距20cm×25cm，当年即可在水面上成片生长。盆栽可将种苗直接栽入装有泥土的盆中，栽后将盆沉入池水中，水面高出盆面10～15cm。

9. 荷花

学名：*Nelumbo nucifera*

别名：莲花、中国莲、芙蕖、水芝、芙蓉、草芙蓉、水芙蓉、水华、水旦、水芸、泽芝、藕

科属：睡莲科莲属

(1)生态习性

原产于印度、中国。性喜温、喜光、喜肥，喜富含腐殖质的壤土或黏壤土。宜浅水，忌水淹没荷叶，严重时会造成死亡。忌突然降温和强风吹袭。在强光下，生长发育快，开花早，气温23～30℃时，对花蕾的发育和开花极为适宜。

(2)繁殖方法

可分为有性繁殖和无性繁殖两种。有性繁殖较难保持原有品种性状，所以一般在培养荷花新品种时应用，在大面积湖塘中，采用播种繁殖。无性繁殖不但可保持品种的优良性状，而且能达到观花效果，提高莲藕的产量。

1)有性繁殖

①选种

莲子的寿命很长，几百年及上千年的种子也能发芽；莲子的萌发力也很强，有时为了加快繁殖速度，在7月中旬，当莲子的种皮由青色转为黄褐色时，当即播种，也能发芽。但如果是次年以后播种，则应等到莲子充分成熟，种皮呈现黑色且变硬时，才能采收，将采收的种子晾干并于室内干燥、通风处保存。选用成熟和饱满的种子进行繁殖。

②播种

莲子播种在昼气温20℃左右较为适宜，为能达到当年采收莲子的数目，一般子莲在4月中上旬，花莲在4月上旬至7月中旬播种，当年一般都能开花。7月下旬至9月上旬亦能播种，但因后期气温较低，只能形成植株，不能达到开花的目的。

③催芽

催芽的方法是将莲尾凹平一端用剪刀剪破硬壳，使种皮外露而不伤及胚芽。将破壳的莲子放催芽盆中，用清水浸种，水深一般保持在10cm左右，每天换水一次，4～6天后，胚芽即可显露。夏天高温时，播种应适当遮阳，每天换水增加到早晚各一次。此时因气温高，莲子只需2天就能显露胚芽。

④育苗

育苗的方式主要有盆育和苗床两种。盆育即在盆中加稀塘泥，约占盆的2/3。苗床育苗，一般选用长、宽各为100cm，高25cm的苗床，再加入稀塘泥15～20cm整平，最后将催好芽的种子以15cm的间距播入泥中，并保持3～5cm的水深。

⑤移栽

当幼苗生长至3～4片浮叶时，就可以进行移栽。每盆栽植幼苗1株，应随移随栽，并带土移植以提高成活率。田间植子莲一般每亩栽植700株幼苗，移栽后为促进幼苗的正常生长，前期应保持浅水，并根据幼苗的生长逐渐提高水位。

2)无性繁殖

包括分藕繁殖、藕带(或鞭)繁殖及顶芽繁殖。

①分藕繁殖

种藕必须是藕身健壮，无病虫害，具有顶芽、侧芽和叶芽的完整藕。在实际应用中还应根据观赏和生产的要求进行选择。在湖塘栽种，无论是花莲、子莲还是藕莲，一般都选用主藕作为种藕。缸盆栽植的花莲、子藕基本上可以当种藕使用。至于碗莲，即使是孙藕，甚至是走茎也能作为种藕栽植。

b. 分栽时间

荷花分栽在气温相对稳定，藕苫开始萌发的情况下进行。根据我国气温特点，华南地区一般在3月中旬进行，华东、长江流域在4月上旬(即清明前后)较为适宜，而华北、东北地区都应在4月下旬至5月上旬期间进行。

c. 分栽方法

缸栽荷花应选用含有豆饼等的基肥，经过充分搅拌成糊状塘泥作栽植土，用泥量为缸容量的3/4。每缸栽植1～2支种藕。栽植时应将藕苫朝下，埋入土中，藕尾则应微露泥外，为使缸栽荷花有充足的光照和便于栽培管理，缸的间距一般为80cm，行距120cm，碗莲盆距也应保持40cm左右，缸栽荷花摆放最好是南北排列，盆栽碗莲还应搭建高80cm的几架。在荷花专类园及湖塘中栽植荷花，应在栽植范围筑建栽植堰。堰的深度为离水60～100cm，面积根据种植范围而定，这样即可避免品种混杂，又便于荷花的品种翻新，确保荷花的正常生长。种藕在湖塘、田间的栽植密度因栽植的目的和用途不同而不同。藕莲不需观花和结果，所以为了达到高产，一般每亩栽植种藕500～600株，有的产藕区则更高，子莲因需多收莲子而采用密植，一般每亩栽植300～400株种藕，花莲要到达花叶并茂的景观效果，一般每亩栽250株种藕。

d. 品种要求

子莲一般选用蓬大粒多、结实率高的品种作种藕，如‘建莲’、‘广昌莲’、‘湘莲’、‘宣莲’等。近几年，各地选育的一些杂交新品种也是较理想的子莲品种，如杭州的‘白花藕’、‘绿荷头’，江苏的‘慢藕’、‘美人红’，安徽的‘雪中藕’等，都是产量高、品质好的优良藕莲品种。花莲在缸盆中栽植，应选用中小型品种，如‘贵妃’、‘白雪公主’、‘绛碗’、‘桌上莲’等。大湖面栽植则应选择花大色艳、开花繁密的单一品种，如‘西湖红莲’、‘白千叶’、‘红千叶’、‘明星’等。

②藕带(或鞭)繁殖

此法可提高繁殖系数，起到延迟花期的作用。取藕带(或鞭)2~3节，每节有1片小立叶，将藕带(或鞭)横卧在装有培养土的盆内，深10~15cm，露出小立叶，将表土弄平、压实、灌水，温度保持在20~25℃，7~10天莲根扎实。分株时间不宜过迟，要给分株后的母株与新株留出恢复生长的时间。

③顶芽繁殖

又称苫芽繁殖。多用于藕莲、子莲，花莲应用甚少。结合藕莲的采收、子莲的疏藕(相当于疏枝)，切取带节间的顶芽，插入具有培养土的浅水池中，室温25℃以下，7~10天节间即可长出不定根，待长出3~4片叶时，可移栽定植。

(3)栽培管理

1)栽培环境

荷花宜静水栽植，要求湖塘的土层深厚、水流缓慢、水位稳定、水质无严重污染、水深在150cm以内。荷花是强阳性花卉，所以栽植地必须保持每天有10小时以上的光照。

2)适时浇水

荷花对水分的要求在各个生长阶段各不相同。一般生长前期只需浅水，中期满水，后期少水。

3)合理施肥

缸盆栽植荷花，一般用豆饼等作基肥，制作基肥应将豆饼等与土壤充分搅拌，土壤和有机肥的含量为2∶1，基肥用量为整个栽植土的1/5，将基肥放入缸盆的最底层。在荷花的开花生长期，如发现叶色发黄，则要用尿素、复合肥等进行追肥，也可用20~60mg/L铁锰液对叶片喷施。子莲一般每亩施用3000kg有机肥和磷钾肥作为基肥，追肥的原则是苗期轻施，花蕾形成期重施，开花结果期勤施，具体时间为：5月上旬幼苗期，每亩施用30kg磷钾肥，10kg尿素；6月中旬至8月上旬为开花期，为促使荷花盛开，提高结实率，每隔20天应施一次追肥。

10. 萍蓬草

学名：*Nuphar pumilum*

别名：黄金莲、萍蓬莲

科属：睡莲科萍蓬草属

(1)生态习性

性喜在温暖、湿润、阳光充足的环境。对土壤选择不严，以土质肥沃略带黏性为好。适宜水深30~60cm，最深不宜超过1m。生长适温为15~32℃，温度降至12℃以下停止生长。耐低温，长江以南可在露地水池越冬；在北方冬季需保护越冬。

(2)繁殖方法

播种繁殖同睡莲。

无性繁殖包括块茎繁殖和分株繁殖。块茎繁殖在3~4月进行，用快刀切取带主芽的块茎6~8cm长，或带侧芽的块茎3~4cm长作繁殖材料。分株繁殖可在生长期6~7月进行，除去盆中泥土，露出地下茎，用快刀切取带主芽或有健壮侧芽的地下茎，除去黄叶、老叶，留出心叶及几片功能叶，保留部分根系，在营养充足条件下，所分的新株与原株很快进入生长阶段，当年即可开花。

11. 睡莲

学名：*Nymphaea tetragona*

别名：子午莲、金莲、瑞莲、水芹花、茈碧水、水荷花

科属：睡莲科睡莲属

(1)生态习性

原产亚洲东部。性喜温暖湿润、阳光充足的环境，土质要求肥沃，以中性土壤为好。适于浅水栽培，水深30~60cm为宜。生长适宜温度为15~32℃，低于12℃时停止生长。耐寒种类对低温有一定的抵抗性，部分品种的根茎冬天在泥中可耐-1~-10℃的低温，不耐寒种类在北方需保护越冬，休眠期温度保持在0℃以上。

(2)繁殖方法

1)分株繁殖

3~4月间，气候转暖，芽已萌动时，将根茎掘起用利刀切分若干块，每段含2~3芽，种入水底泥土中，芽与土面必须在同一平面上，先放浅水，然后放较深水即可。

2)播种繁殖

在花后用布袋将花朵包上，这样果实一旦成熟破裂，种子便会落入袋内不致散失。种子收集后，装在盛水的瓶中，密封瓶口，投入池水中贮藏。翌春捞起，将种子倾入盛水的三角瓶，置于25~30℃的温箱内催芽，每天换水，约经2周种子萌发，待芽苗长出幼根便可在温室内用小盆移栽。种植后将小盆投入缸中，水深以淹没幼叶1cm为度。4月当气温升至15℃以上时，便可移至露天管理。随着新叶增大，换盆2~3次，最后定植时缸的口径不应小于35cm。有的植株当年可着花，多数次年才能开花。

(3)栽培管理

在池塘栽培，早春应将池水放尽。将根茎附近的土疏松，施入基肥后再壅泥，然后灌水。从春至夏，随着新叶生长。逐渐加深池水，夏日保持水深50~80cm即可。北方冬季则应保持水深1m以上，以免根茎受冻害。种植后3年左右更新一次。如盆栽，每年春分前后，应结合分株翻盆换泥，并施适量腐熟豆饼汁作基肥，重新栽种。然后置于大水缸或浅水池中，经常保持水深20~40cm。

12. 水葱

学名：*Scirpus tabernaemontani*

别名：管子草、翠管草、冲天草、羌蒲、芜

科属：莎草科藨草属

(1)生态习性

性喜温暖湿润，在自然界中常生长于沼泽地、沟渠、池畔、湖畔浅水中或湿地草丛中。生长最适宜温度为15~30℃，10℃以下停止生长。能耐低温，北方大部分地区可以露地越冬。

(2)繁殖方法

1)播种繁殖

3~4月进行室内播种，在盆中放入培养土整平压实，其上撒播种子，筛上一层细

土覆盖种子，将盆浸入水中，使盆土湿透。室温保持 20～25℃，20 天左右即可发芽生根。

2)分株繁殖

早春天气渐暖时，把越冬苗从地窖取出，将盆土带苗一齐倒扣出来，抖掉土，用枝剪或铁锹将地下茎分成若干丛，每丛带 5～8 个茎秆，栽到无泄水孔的盆内，并保持盆土一定湿度或留浅水，10～20 天即可发芽。如露地栽培，每丛保留 8～12 个茎秆为宜。

13. 王莲

学名：*Victoria amazonica*

别名：亚马孙王莲

科属：睡莲科王莲属

(1)生态习性

原产于南美洲热带。要求在高温、高湿、阳光充足的环境中生长，特别是幼苗期，每天需 12 个小时以上的光照。王莲的生长适宜温度为 24～32℃，低于 20℃时，停止生长。在原产地为多年生栽培，引入我国北方后作一年生栽培。

(2)繁殖方法

王莲主要通过播种繁殖。王莲花开放时可自行授粉，后垂入水中，逐渐发育成果实，经过 70～80 天种子成熟。果实呈球形，每个果实内含种子 200～300 粒。种子圆形、褐色，似玉米粒大小，内含大量淀粉，可食用。种子成熟后，一部分自行脱落在水中，此时可将成熟的种子收集起来，经处理后第二年 1～2 月播种。

1)种子选择

王莲果实中常伴有成熟的和未完全成熟的两种种子，成熟种子比未成熟种子的发芽率低，但它萌发周期短，生长速度快。在人工催芽的情况下，成熟种子播后 5～6 天发芽，一周结束，未完全成熟种子发芽较迟，一般 2～3 周结束，所以应选用成熟种子来播种。成熟种子比未完全成熟种子轻，呈深绿色。另外，当年收获的种子，不能在当年播种，因为王莲种子与其他莲属种子不同，它有一段休眠期完成有机体内的生理代谢，不宜当年播种。

2)播种期

在长江流域，3 月上旬至 4 月上旬，播种早晚对王莲生长无明显影响。北方温室培养王莲时，需在 1～2 月播种。

3)催芽

处理种子的方法一般是刻伤或磨破种皮(不伤胚乳)。催芽有三种方式：一是温水池催芽。取处理过的种子 10～15 粒置入培养皿中，正放入温水池里，池水温度控制在 25～30℃，水面淹没种子 3～5cm。二是温箱催芽，取 10～15 粒处理过的种子放入培养皿中，装入温箱，温度控制在 28～32℃，水面淹没种子 3～5cm，每天换水一次。三是直接将处理过的种子播在装有培养土的小盒里，放在盛水的大玻璃容器中培养，苗期经常换水增氧，用 100W 电灯距盒 1m 补充光照，每天照射 12 小时以上，且水温控制在 25℃左右，当长出 10 多片叶后，再降温，炼苗，定植。

4）育苗定植

经催芽的初生幼苗，约20天后，生有2片叶，3～5条根时，便开始移植上盆进行育苗。先发芽的先移植，一般用口径为10cm左右的小盆，内装较细的泥和少量沙土（沙土覆盖泥土），不宜过满，每盆一株。栽植深度以种壳略高出土面为宜，正放入温水中，使叶片浮在水面上。整个过程时间不宜过长，因幼苗离水5小时便死亡。上盆后，幼苗平均每4～5天长出一片新叶，根系生长也相当快。当根系伸出小盆时，就要重新移栽。取一个口径为30～40cm的盆，用2kg左右蹄片和一些饼肥、畜粪作基肥，与塘泥混合放入盆中。移栽时，应连苗带土倒入缸中，深度以苗带土面与盆中土面相平为宜，水位高度应保持在10cm左右。

5）移栽

当露天池水温度在18℃以上时，便可移栽。由于王莲属喜阳性水生类植物，因此，选池应取向阳、避风处，以保证王莲池有充足的光照，从而提高水温。移植途径有两种。一种为直接移栽在池塘中，移栽前，必须抽干池水，清洁水池，安设排灌装置，控制水位。另一种为间接移栽，先把幼苗栽入缸中，再把缸放进池塘。

第五节 蕨类观赏植物繁殖技术

蕨类植物可进行孢子繁殖，但其植株是通过精卵细胞结合而产生的。孢子的形成本身并未经历有性过程，但孢子萌发后，新的个体的形成是精卵结合的结果。因此，孢子繁殖属于无性繁殖的范畴。

一、蕨类观赏植物繁殖方法

1. 蕨类植物的繁殖特性

除了高度皱缩的类型为高度不育的外，大多数成熟的健康的蕨类植物在其蕨叶背面产生大量的孢子囊，孢子囊排列形成小的棕色斑点或线状，成熟时释放出孢子。孢子是在孢子囊中经减数分裂形成的特殊细胞，含有单数染色体。孢子为颜色很深的棕色粉末状，在适宜的环境条件下萌发长成扁平的配子体。然后由配子体上形成颈卵器与精子器，分别产生卵细胞与精细胞。在颈卵器中二者结合形成受精卵，受精卵进一步发育成胚。胚逐渐长出根、茎、叶而发育成新的植株体，即孢子体，也就是平时看到的蕨类植物体。

孢子萌发适宜的温度为21～27℃，低于10℃就会伤害甚至死亡。在炎热的夏天温室应遮荫并通风降温，室内栽培时要放在凉爽通风处。大多数孢子宜在2000～5000lx下生长良好，但通常在刚播后的10天左右保持黑暗。孢子的萌发需湿润的环境，特别在精细胞卵细胞结合，必须在水中进行。生长基质要求均匀、疏松、透气。

孢子的寿命因种而异。一般有绿色孢子的蕨类如紫萁蕨属、木贼属等，其孢子寿命很短，仅2～3d，少数种可达3～6个月。非绿色孢子的蕨类其孢子寿命很长，一般可保存3～5年，个别达几十年，一些树蕨的孢子可保存10～15年。孢子的贮藏要求冷凉、干燥的环境。通常把孢子装入纸带或塑料袋中，于4℃下贮藏。

2. 孢子繁殖苗的生产

在所有的观赏植物中，只有蕨类植物产生孢子。孢子繁殖是蕨类植物特有的繁殖方法，为蕨类商品苗生产的主要方法之一。另外，因为孢子繁殖获得成苗慢，生产上常与分株等方法同时应用。

(1)孢子的采集与贮存

多数蕨类植物是季节性地产生孢子，多在夏秋两季，少数蕨类可全年产生孢子。当孢子囊由绿色变为浅棕色直至棕色时，即已成熟。采收的最佳时期为孢子囊刚成熟而孢子尚未散落时，太晚孢子散落。可用囊群盖的色泽来判断其成熟与否，当其颜色由绿色变成褐色时，即可采收。也可以把在一张白纸垫在下面，用手轻轻的掸蕨叶，当在纸上看到黄色斑点时表明孢子成熟。当孢子成熟时，把有孢子囊的蕨叶剪下来，放到信封或折好的报纸中，放于干燥处 1 ~ 2 日，待孢子囊在开裂，孢子即可释放出来。在信封的基部就可收集到少量的孢子。应该注意，在潮湿多雨季节采收的孢子叶片在每个纸袋中不应重叠过多，以免因不能及时干燥而发霉。收集好的孢子可以直接用于播种或贮藏备用。

(2)孢子的去杂与灭菌

通常刚收集到的粉末状物并非全是孢子，很多为孢子囊、蕨叶的碎片等杂物，真正的孢子为棕色或黑色近圆形的小颗粒。另外，还可能混有苔藓、藻类和菌类的污染。苔藓、藻类和菌类的孢子比蕨类的孢子生长快，影响其生长，需要去除杂质。可以将刚收集到的孢子放在对折的报纸中，把纸轻轻倾斜，大的碎片比孢子移动快，就可把二者分开。播前最好对孢子进行灭菌消毒，免除苔藓、藻类和菌类的污染。将孢子放入 5% 的次氯酸钠或次氯酸钙的溶液中，浸泡 5 ~ 10 分钟，然后用无菌水冲洗1 ~ 2次即可。

(3)播种前的准备

对播种基质无严格要求。关键是要能保水透气。园田土、细沙、蛭石等基质均可用。播种基质要求细而均匀。最好选用充分腐熟的新基质，在用前先过筛。栽植前要对基质消毒，杀死其中的杂草种子及其他菌类。播种器皿现在多用塑料盆，不仅轻便，而且气密性好，适合孢子的萌发。选好基质和器皿后，将无孔的器皿底部打眼，垫入瓦片或沙网后，填入基质并压实，基质不应过薄，否则后期失水容易形成裂缝。方法与前边提到的方法相同。播前使基质湿润。

(4)孢子的播种

寿命短的孢子通常在采后立即播种，贮藏的孢子通常在春秋二季播种。孢子的播种较为简单，主要是使孢子均匀地散在基质的表面。可以与细沙混合后再播，也可制成悬浮液在基质表面喷洒。注意播种不能太密。由于孢子很小，播后通常无需覆土，需用玻璃、塑料薄膜等覆盖保湿。

(5)播后管理

播后置于合适的温度(21 ~ 27℃)下，背阴，保持基质潮湿，2 ~ 3 个星期，孢子就可萌发。孢子萌发后去除覆盖物，给予适当光照，定期补充水分。大约 50 天左右可长成扁平的绿色的配子体。过密的配子体可以分栽。在此期间，需每天喷雾，因为配子体形成的精细胞与卵细胞只有在水中才能结合。此后，蕨叶从配子体中心长出，此后配子体逐渐死亡。当蕨叶足够大时，幼蕨就可移栽。

二、常见蕨类观赏植物繁殖技术

1. 铁线蕨

学名：*Adiantum capillus-veneris*

别名：铁线草、银粉背蕨美人粉、水猪毛七

科属：铁线蕨科铁线蕨属

(1)生态习性

原产美洲和亚洲的热带地区，我国长江以南均有分布，向北可达甘肃、河北等地。多生于阴湿斜坡山地岩壁上，是我国温带、暖温带的石灰岩和钙质土的指示植物。性喜温暖、湿润的半阴环境。昼温21～26℃，夜温10～15℃。喜散射光，长期强光会导致叶片枯黄；生长期要求较高湿度，70%～80%为宜。喜疏松、排水良好的石灰质沙壤土。

(2)繁殖方法

以分株繁殖为主，亦可采用孢子繁殖和组织培养。

(1)分株繁殖：通常在4月中上旬春季芽未萌发前进行。取出盆中植株，切断其根状茎分别上盆。

(2)孢子繁殖：在温暖阴湿的环境下易散布孢子而自行繁殖。人工播种时，采收成熟孢子，均匀播种在泥炭和砖屑混合的基质中。温度保持在20～25℃，约1个月发芽，长满盆时再分植。从播种到孢子体长出真叶一般需3个月。

(3)组织培养：可用茎尖、叶尖、孢子等作为外植体。诱导芽分化培养基为MS + 2.0mg/L BA + 0.1～0.2mg/L NAA；诱导生根的培养基为1/2MS + 0.1～0.2mg/L IBA。

其他观赏种还有鞭叶铁线蕨(*A. caudatum*)、荷叶铁线蕨(*A. reniforme* var. *sinense*)、扇叶铁线蕨(*A. flabellulatum*)、大叶铁线蕨(*A. trapezxiforme*)等。

2. 银粉背蕨

学名：*Aleuritopteris argentea*

别名：通经草、铜丝草、岩飞草

科属：中国蕨科粉背蕨属

(1)生态习性

全国均匀分布。喜阳光，耐半阴，极耐干旱，耐寒。喜钙质土，中性及微酸性均适应，是石灰岩和钙质岩石的指示植物。

(2)繁殖方法

多用孢子繁殖。播种基质选用石灰性土壤。孢子撒播后将盆置半阴处，盆土开始略潮湿，长出原叶体后减少水分，待孢子长大后全株移栽，不宜深栽。

3. 桫椤

学名：*Alsophia spinulosa*

别名：树蕨、水桫椤、刺桫椤、大贯众、龙骨风

科属：桫椤科木桫椤属

(1)生态习性

广泛分布于福建、两广地区的溪边、林缘、湿地。喜高温、湿润、荫蔽、气流恒定的环境。生长适温白天21～26℃，夜间10～15℃，空气相对湿度为70%～90%。在充足散射光下生长良好。要求疏松、排水良好的腐殖质壤土。

(2)繁殖方法

主要以孢子繁殖为主。但孢子寿命短，难萌发，生长周期长。盆栽时，先施底肥，生长季节每月施液肥一次，每两年换盆一次。夏季高温时应向叶面喷水保持湿度，冬季减少浇水。

4. 福建莲座蕨

学名：*Angiopteris fokiensis*

别名：福建观音座莲

科属：莲座蕨科莲座蕨属

(1)生态习性

分布于我国福建、广东、广西、贵州、湖南、湖北等地。在野外生于林下溪边。生长适温21～27℃，越冬温度在15℃以上。喜肥沃、疏松的酸性土壤。忌直射强光，需适当遮荫；喜潮湿，要求较高空气湿度和土壤湿度。

(2)繁殖方法

多用分株繁殖。切下基部莲座处着生的小植株栽植，刚分株时应放在阴凉湿润处。

生长期每天必须浇水、叶面喷水。冬季应适当干燥，控水，温度低时要减少或停止叶面喷水。此外，生长季节还应注意施肥，一般10～15天一次。

5. 美叶车前蕨

学名：*Antrophyum callifolium*

科属：车前蕨科车前蕨属

(1)生态习性

我国主要分布于海南、广西南部等地。多附生于靠近地面的树干或阴暗的岩石上。生长环境要求干燥。

(2)繁殖方法

采用分株或孢子繁殖。方法同前。车前蕨是极耐阴的蕨类，具有较强的抗旱能力。栽培温度不低于15℃。土壤选用疏松透水、泥炭土和素沙混合的基质；栽植不宜过深。

6. 长叶铁角蕨

学名：*Asplenium prolongatum*

别名：长生铁角蕨、树林株

科属：铁角蕨科铁角蕨属

(1)生态习性

长江以南各省区均有分布。在林下树干或沟边的岩石上生长。喜温暖、湿润环境，需中等光强，空气湿度70%～80%为宜。土壤宜疏松透水，可用腐叶土或泥炭土和沙按2∶1混合配制。生长适温18～25℃。夏季应遮荫，水肥要充足。

(2)繁殖方法

常用孢子和分株繁殖。分株繁殖时可将其带芽孢的叶尖压入土中，长出新株后切断分栽；也可选用直立的根状茎直接繁殖。

其他具有观赏价值的铁角蕨还有大羽铁角蕨(*A. neolaserpitiifolium*)、铁角蕨(*A. trichomanes*)、厚叶铁角蕨(*A. griffithianum*)等。

7. 满江红

学名：*Azolla imbricata*

别名：红浮萍、绿浮萍、紫漂、三角漂

科属：满江红科满江红属

(1)生态习性

分布于我国长江以南各地。在自然状态下常见于水田或池塘中，是蕨类植物中唯一能与可固定空气氮素的蓝藻共生的种类；也是既能光合固氮，又能放氢的“能量植物”。生长适温为21～24℃，温带地区需充足阳光，热带地区夏季要适当遮荫。

(2)繁殖方法

一般采用营养繁殖。将根状茎分离后分别上盆，注意断离的每段应带一定须根。

8. 金毛狗

学名：*Cibotium barometz*

别名：黄毛狗、猴毛头

科属：蚌壳蕨科金毛狗属

(1)生态习性

在我国南方和西南地区均有分布，是热带亚热带酸性土壤的指示植物。生于山麓阴湿的山沟或林下荫处的酸性土壤中。喜散射光，适宜温度白天21～26℃，夜间10～15℃；空气湿度保持在60%～80%。

(2)繁殖方法

以孢子繁殖为主。生长季节需较大湿度，冬季生长缓慢时减少浇水。注意，栽培过程中将带茸毛的根状茎露出土面。

9. 峨眉凤丫蕨

学名：*Coniogramme emeiensis*

科属：裸子蕨科凤丫蕨属

(1)生态习性

广泛分布于华南、四川等地。由于四川峨眉山较为常见而被命名。性喜温暖、湿润有明亮散射光的半阴环境，生长适温为白天21～26℃，夜间10～15℃，盛夏时勿使强光暴晒。

(2)繁殖方法

常用分株或孢子繁殖。

1)分株繁殖：切开横走的根状茎，每段带2～3片叶，种于疏松透水的培养土中。

2)孢子繁殖：常规方法进行，一般5个月左右长出新植株。

栽培土壤用园土、粗腐叶土和泥炭、素沙等量混合。生长期要保持充足水分和较高空气湿度，每 15 ~ 30 天施稀液肥一次，不要污染叶片。

10. 华南毛蕨

学名：*Cyclosorus parasiticus*

科属：金星蕨科毛蕨属

(1)生态习性

生于华南、西南等区。生于密林下或溪边湿地。喜温暖潮湿环境，对水分极其敏感。选用腐殖土和素沙混合基质。生长适温 25 ~ 30℃。

(2)繁殖方法

用孢子或分株繁殖。

11. 贯众

学名：*Cyrtomium fortunei*

别名：贯节、贯渠、黑狗脊、百头

科属：鳞毛蕨科贯众属

(1)生态习性

分布于华北、西北和长江以南各地。喜凉爽湿润环境，野外分布于石灰岩缝、深谷处。

(2)繁殖方法

可用分株或孢子繁殖。分株繁殖在春、秋两季结合换盆进行；孢子繁殖时，将成熟孢子播于泥炭土、素沙混合的基质中。另外，在种植贯众的地方，常看到自然散发的孢子长成新植株。

其他园艺观赏种还有全缘贯众(*C. falcatum*)、刺齿贯众(*C. caryotideum*)、虎克贯众(*C. hookerianum*)等。

12. 大叶骨碎补

学名：*Davallia formosana*

科属：骨碎补科骨碎补属

(1)生态习性

在我国分布于广东、广西、云南和台湾等地。喜温暖潮湿的半阴环境，野外常附生于岩石或树干上。

(2)繁殖方法

可用分株繁殖或孢子繁殖，但分株繁殖较易。在春天新芽未长出时，切开根状茎，使每段具 4 ~ 5 片叶种植于盆中。由于其叶片较长，可切去一些叶片以便固定；或用铁丝等固定分盆种植，待长出新根时再除去。土壤以疏松透水、肥沃为宜。

13. 骨碎补

学名：*Davallia mariesii*

别名：兔脚蕨

科属：骨碎补科骨碎补属

(1)生态习性

在我国分布于辽宁、山东、江苏和台湾。多附生于树上或岩石上。喜温暖、半阴，耐寒力较强，可忍受10℃低温或短期霜害。生长适温10～18℃，空气湿度50%为宜。

(2)繁殖方法

采用孢子繁殖或分株繁殖。分株宜在春季结合换盆进行，操作时切断带2～3片叶或叶芽的横走茎，栽后放于阴湿处，待其长出新根后移到光线充足地方。

14. 芒萁

学名：*Dicranopteris dichotoma*

别名：铁狼萁、狼萁、芒萁骨

科属：里白科芒萁属

(1)生态习性

分布于长江以南各地。生长于强酸性的红壤丘陵黄坡或马尾松下。极耐干旱，久旱时叶片卷曲以减少蒸腾。它是贫瘠壤土疏林下良好的地被植物。

(2)繁殖方法

常用分株繁殖。春季，切开根状茎，每段带3～4叶，带土种植于较深酸性土壤中，保持湿润。

15. 刺蕨

学名：*Egenolfia appendiculata*

科属：实蕨科刺蕨属

(1)生态习性

在我国产于华南和台湾。

(2)繁殖方法

可用分株和孢子繁殖。

16. 问荆

学名：*Equisetum arvense*

别名：马草、土麻黄、笔头草

科属：木贼科问荆属

(1)生态习性

在我国分布于东北、华北、四川、新疆等地。生于山坡潮湿地及疏林下。喜潮湿而光线充足的环境和偏中性土壤。生长适宜昼温18～24℃，夜温7～14℃；盆土宜用素沙、壤土和腐叶土等量混合。

(2)繁殖方法

以分株繁殖为主。孢子繁殖时，因其孢子寿命短，应随采随播。

17. 团扇蕨

学名：*Gonocormus minutus*

别名：法螺苔

科属：膜蕨科团蕨属

(1)生态习性

在我国分布广泛，东北、安徽、浙江、江西均有。附生于山谷林下的湿岩或树上。喜温暖、夏日凉爽的阴湿环境。

(2)繁殖方法

常用分株繁殖。

18. 圆盖阴石蕨

学名：*Humata tyermanni*

别名：毛石蚕、岩蚕、白毛岩蚕

科属：骨碎补科阴石蕨属

(1)生态习性

华东、华南、西南均有分布。喜温暖半阴环境，能耐一定干旱，空气适宜湿度为50%，对恶劣环境有较强抵抗力。栽培土壤要求疏松、肥沃而排水良好的沙质壤土。不耐寒，越冬最低温度5℃。

(2)繁殖方法

分株繁殖同“骨碎补”。夏季应经常盆水，适当遮荫。

19. 肿足蕨

学名：*Hypodematium crenatum*

科属：肿足蕨科肿足蕨属

(1)生态习性

在我国分布于广东、广西、云南、四川等地，是西南石灰岩地区的指示植物。生于干旱的石灰岩缝中。喜温暖荫蔽环境。

(2)繁殖方法

分株或孢子繁殖。夏季栽培时需遮荫；耐干旱，生长季节保持其鳞片湿润即可。栽培土壤选用疏松透气的石灰性土，盆栽时用等量的泥炭土和素沙配置。

20. 姬蕨

学名：*Hypolepis punctata*

别名：岩姬蕨、冷水蕨

科属：姬蕨科姬蕨属

(1)生态习性

分布于云南、贵州、四川等地。在海拔500～2300m的山谷阴湿处、灌木丛中生长。喜温暖、湿润的半阴环境。生长适宜昼温25～30℃，夜温10～15℃。

(2)繁殖方法

常用孢子或分株繁殖。

1)孢子繁殖：用浅盆盛放碎砖屑，在20～30℃下将成熟孢子撒播，保持盆土湿润。播后20～25天形成配子体，发育成孢子体时再上盆。

2)分株繁殖：于5～6月间进行。将其匍匐茎剪断分开上盆后，放在半阴处养护。

21. 海金沙

学名：*Lygodium japonicum*

别名：蛤蟆藤、罗网藤、铁丝藤

科属：海金沙科海金沙属

(1)生态习性

主要分布于我国暖温带与亚热带。在野外多生于山区路边或山坡疏林灌丛中，常攀援于较大型植物中。喜温暖、湿润的半阴环境，喜充足阳光，但忌阳光直射。

(2) 繁殖方法

多用孢子繁殖。孢子易萌发。培养土选用疏松透水的酸性土壤，用泥炭土、腐叶土和素沙等量配置。

22. 普通针毛蕨

学名：*Macrothelypteris torresiana*

科属：金星蕨科针毛蕨属

(1) 生态习性

广泛分布于长江以南各省区。生于山谷湿地或沟旁。喜湿润环境，耐寒。喜半阴和沙质壤土。

(2) 繁殖方法

孢子繁殖为主。将泥炭和沙混合后放于浅盆中，播种。浸盆法浸润盆土，扣膜保湿。亦可用腐叶土、素沙按 2∶1 混合的栽培土。

23. 荚果蕨

学名：*Matteuccia struthiopteris*

别名：黄瓜香、野鸡膀子

科属：球子蕨科球子蕨属

(1) 生态习性

分布于东北、华北等地。生于山谷林下。

(2) 繁殖方法

可用分株或孢子繁殖。分株繁殖可在春、秋两季进行。孢子繁殖时，将成熟孢子播于泥炭和细沙等量混合的基质中，盖上玻璃保湿即可。

24. 江南星蕨

学名：*Microsorum fortunei*

别名：大叶骨牌草、七星剑、旋鸡尾

科属：水龙骨科星蕨属

(1) 生态习性

在我国分布于长江以南各地，向北至陕西南部。野外生于林下、石岩下。喜半阴潮湿环境，忌强光直射，但冬季阳光要充足才能生长良好。

(2) 繁殖方法

可用孢子繁殖或分株繁殖。孢子繁殖时可将孢子播于泥炭土和素沙的混合基质中，3 个月长出孢子体。分株繁殖时将母株横走根状茎切割或带 3～4 片叶的小株种植于新盆后，2～3 年后可长满全盆。土壤要求疏松透水、肥沃。生长季节 1 天浇 1 次水，2 周施 1 次肥。

本属其他观赏种还有攀援星蕨(*M. buergerianum*)、星蕨(*M. fortunei*)等。

25. 扇蕨

学名：*Neocheiropteris palmatopedata*

科属：水龙骨科扇蕨属

(1)生态习性

产于四川、云南和贵州，为我国特产，为我国第一批保护的三级珍稀濒危植物。喜温暖阴湿环境，忌阳光直射。但阳光充足时才能生长良好。常生于海拔1500~2700m的密林下。

(2)繁殖方法

用根状茎和孢子繁殖。土壤宜疏松透水，营养丰富者较佳，以腐叶土和素沙2：1混合。生长期要适量喷施稀薄叶肥，及时剪去老叶以使新叶有充足的生长空间而不畸形。

26. 盾蕨

学名：*Neolepisorus ovatus*

别名：肺经草、梳字草

科属：水龙骨科盾蕨属

(1)生态习性

长江以南各地均有分布。多在海拔600~2100m的林荫下于疏松的土壤中或阴处岩石上生长。喜半阴湿润环境和明亮的散射光，盛夏必须遮荫，适宜空气湿度为60%~70%；以疏松透水的中性土为宜。

(2)繁殖方法

常用孢子或分株繁殖。分株繁殖多于春、秋两季进行，剪切长而横走的根状茎栽植，上盆后放于阴暗处养护。

用于观赏的盾蕨变种有三角叶盾蕨(f. *deltoidea*)、畸叶盾蕨(f. *monstrosus*)、蟹爪盾蕨(f. *doryopteris*)等。

27. 肾蕨

学名：*Nephrolepis auriculata*

别名：蜈蚣草、篦子草、石黄皮、圆羊齿

科属：肾蕨科肾蕨属

(1)生态习性

原产热带、亚热带地区，我国分布于福建、云南、广东、广西等地。生于溪边林下或岩石缝中或树干上，野外成片分布。喜温暖、湿润和半阴环境，不耐寒、怕暑热。生长适温20~22℃，冬季室温应保持在10℃以上，但其在5℃以上即可越冬而叶色不变。喜明亮的散射光，夏、秋季以遮光60%，冬、春30%为宜，光线过强时易使叶片泛黄。

(2)繁殖方法

常采用孢子繁殖和分株繁殖，大规模时可用组织培养法。

1)孢子繁殖：用纸袋采集孢子，撒播，播后不覆土，浸盆法浸透盆土，盖上玻璃保湿。20~24℃下，经30~40天孢子萌发长出绿色的原叶体，再经2个月长出孢子叶。

2)分株繁殖：全年均可进行，春季结合换盆效果好。先选株丛茂密的盆苗控水2天，倒盆，纵切分割成若干小丛，上盆。一般，10cm的盆栽2~3丛，15cm的盆栽3~5丛。栽后放在半阴处并保持较高的湿度。也可在夏秋季将匍匐茎上的幼株剪下培育成新植株。

3)组织培养：外植体采用孢子、根状茎茎尖、顶生匍匐茎和气生根。

本属其他观赏种还有双齿肾蕨(*N. biseroata*)、高大肾蕨(*N. exaltata*)、毛叶肾蕨(*N. hirsutula*)等。

28. 波士顿蕨

学名：*Nephrolepis exaltata*

科属：肾蕨科肾蕨属

繁殖方法：没有孢子叶，不能产生孢子，只能分株或走茎繁殖。

29. 鸟巢蕨

学名：*Neottopteris nidus*

别名：巢蕨、山苏花、台湾山苏花

科属：铁角蕨科巢蕨属

(1)生态习性

分布于亚洲热带及我国台湾、广东、广西、云南等地，野外附生在雨林或沟边的大树、岩石上。喜高温、湿润和半阴环境，不耐寒，生长适温20～22℃，冬季不低于5℃；畏强光，忌直射，夏季应遮荫。生长期浇水应充足，经常叶面喷水以保持叶面光洁；每半月施液肥1次。冬季应控水肥，保持盆土湿润即可。

(2)繁殖方法：

1)分株繁殖：一般于4月中下旬进行。将生长健壮植株的根状茎连同叶片和根纵切(剪去叶片的一半)，分栽上盆或插在苗床上。置阴凉处，保持盆土湿润，但不可使盆土太湿，以免烂根。

2)孢子繁殖：将细沙和腐殖土混匀后高温消毒，上盆压平，取成熟孢子撒播，浅水浸盆使盆土充分浸润，盖玻璃保湿，置荫庇处。1月后，即出现绿色原叶体，长出真叶后即可分栽。

3)组织培养：利用顶生短茎、幼叶、孢子等作外植体。孢子播种的培养基为1/2MS＋0.1mg/L BA＋0.1mg/L NAA，生根培养基为1/2MS＋0.5mg/L NAA；以短茎和幼叶为外植体时，诱导芽分化培养基为MS＋2.5mg/L BA＋0.5mg/L NAA，生根培养基为1/2MS＋0.5mg/L NAA。

30. 瓶尔小草

学名：*Ophioglossum vulgatum*

别名：一支箭、矛盾草、独叶一支枪

科属：箭蕨科箭蕨属

(1)生态习性

长江下游及湖北、四川、云南、西藏等地均匀分布。喜阴凉湿润环境，栽培土壤必须排水良好，极耐寒，垂直分布可达海拔3000m，野外生于背阴山坡、竹林下。适宜腐殖质丰富的酸性后微酸性土壤。

(2)繁殖方法

常用孢子繁殖或组织培养方法。因其根茎部分枝少，故不用分株繁殖。孢子播种时，发育过程较慢，所以常以根状茎的茎尖为外植体进行组织培养以获得大量种苗。移栽时需带宿土；移栽后，放阴凉处并常喷水保持湿润。

31. 紫萁

学名：*Osmunda japonica*

别名：薇、高脚贯众、老虎牙、水骨菜

科属：紫萁科紫萁属

(1)生态习性

我国仅紫萁属1属。我国暖温带及亚热带常见。生长于山林地缘及坡地草坪中，散生于低海拔丘陵处。喜阴湿的酸性黄壤土。

(2)繁殖方法

常见孢子和分株繁殖。

1)孢子繁殖：紫萁孢子成熟后即枯萎，须在成熟时及时采收，撒播。播种时，盆底先铺碎砖瓦，再放一层干的苔藓，其上装黄壤土至盆口约3cm处。播后不要覆土，浸盆法浸润盆土，盖玻璃保湿并置阴暗处。

2)分株繁殖：紫萁的根状茎和叶基上可产生许多不定根，故可将营养叶带茎切割后繁殖。

32. 华南紫萁

学名：*Osmunda vachellii*

别名：鲁萁、假苏铁

科属：紫萁科紫萁属

(1)生态习性

分布于广东、广西、福建等地。是沟谷森林中的中型陆生蕨类。喜湿润环境，忌阳光直射，喜散射光。在原生植被被破坏后的草坡或溪边的酸性土壤上生长，耐火烧。

(2)繁殖方法

主要以孢子和分株繁殖。用新鲜的绿色孢子立即播种萌发较快。分株则在春天新叶刚长出时进行。以疏松透水的酸性土壤为宜。

33. 铺地蜈蚣

学名：*Palhinhaea cernua*

别名：灯笼石松、过山龙、筋骨草、垂穗石松、龙灯草、狗仔草

科属：石松科石松属

(1)生态习性

广泛分布于长江以南各区。喜阳光充足或荫蔽、湿润的环境和酸性土壤。

(2)繁殖方法

常用分株繁殖。春季挖取植株，带土分栽于较肥沃的腐叶土和泥炭土等量混合的土壤中，置于无阳光直射、阴湿的地方，恢复生长后转入正常栽培管理。

34. 柄盖蕨

学名：*Peranema cyatheoides*

科属：球盖蕨科柄盖蕨属

(1) 生态习性

我国分布于云南、贵州、广西等地。野外生于海拔500~3100m的杂木林下。喜温暖湿润的环境，忌强光直射，喜散射光；适合肥沃、湿润、疏松的土壤。

(2) 繁殖方法

采用孢子或分株繁殖。孢子繁殖时，由于孢子成熟后会从顶部裂开，故应及时采收孢子，其他同前。分株繁殖应在春季结合换盆进行。

35. 华南马尾杉

学名：*Phlegmariurus fordii*

科属：石杉科马尾衫属

(1) 生态习性

我国产于华南、西南和台湾等地。附生于树干或岩石缝中。喜温暖湿润，较耐阴，肥沃、湿润、疏松、排水良好的土壤较适宜。

(2) 繁殖方法

常用孢子或分株繁殖。

36. 东亚对开蕨

学名：*Phyllitis japonica*

科属：铁角蕨科对开蕨属

(1) 生态习性

本属植物中4~5种，广泛分布于欧洲、亚洲等地，我国仅有东亚对开蕨1种，分布于吉林长白山，是国家二级保护植物。生于阔叶林或针阔叶混交林下，成片生长。喜阴凉、湿润环境，抗寒力极强。空气湿度达85%时最适生长。要求疏松肥沃、排水良好的微酸性土壤，栽培时可用腐叶土、素沙按4∶1配制，或腐叶土、壤土、素沙以2∶1∶1配制。

(2) 繁殖方法

分株或孢子繁殖。孢子繁殖时，将过筛的腐叶土放入花盆中压实，用沸水浇透灭菌，充分冷却后，撒播，盖上玻璃保湿。将花盆置于浅水盆中，6天即能萌发，30天左右即能成片生长，70天左右形成成熟配子体(注意喷雾完成受精作用)，100天形成孢子体，苗高15~20cm时移栽。若要移植，宜在4月中旬至9月中旬进行，注意保护好根系。生长期适量施氮肥，初春换土1次。

37. 金鸡脚

学名：*Phymatopsis hastata*

别名：鹅掌金星草、三角凤、鸭脚草、七星箭

科属：水龙骨科假瘤蕨属

(1) 生态习性

广泛分布于长江以南各地，生长在海拔200~2300m的山坡林下湿地、溪边或岩石上。性喜温暖湿润、阳光充足的环境。在野外一般浅生于富含腐殖质的酸性或中性土壤中，是酸性土指示植物。

(2) 繁殖方法

可用分株和孢子繁殖。分株繁殖同前。孢子繁殖四季均可进行，但以3~5月为最

适宜。播种宜用浅盆，盆底放一层煮过的泥炭藓或草根，再以山地土混入少量炭粉或锯末，稍加压实；将孢子均匀撒在其上，不覆土，移盆于水盘，见土面湿润后至于阴处，盆上另盖玻璃保湿。待原配子体发育为孢子体时即可分栽；亦可以原配子体移植，但必须有不定根。

38. 华中瘤足蕨

学名：*Plagiogyria euphlebia*

科属：瘤足蕨科瘤足蕨属

(1)生态习性

我国长江以南均有分布。生于海拔500～1200m的山地林下。喜凉爽、湿润环境；要求土壤疏松透水，富含腐叶土。

(2)繁殖方法

分株或孢子繁殖。方法同前。栽培基质以泥炭土和沙按2∶1混合。夏季遮荫。生长期保持足够的水分和空气湿度，每月施肥1次。

39. 鹿角蕨

学名：*Platycerium wallichii*

别名：麋角蕨、蝙蝠蕨、鹿角羊齿

科属：鹿角蕨科鹿角蕨属

(1)生态习性

原产于非洲、亚洲、大洋洲和南美的热带、亚热带雨林中。我国仅存在重裂鹿角蕨一种，是国家二级保护动物，栽培较难。喜温暖半阴环境，耐旱；生长适温春、夏为16～21℃，秋、冬为10～13℃。以散射光为宜，夏、秋季遮光50%～70%，冬、春遮光30%。长江以北地区冬季需温室栽培。

(2)繁殖方法

常用分株、孢子繁殖和组织培养方法。

1)分株繁殖：全年均可进行，以6～7月为宜。准备好钵体(为特制盆钵，盆壁上留孔径为5cm的圆口若干)，用新鲜棕榈皮将孔口包好，不宜过厚，以利排水和营养叶的生长发育。选用腐叶土、河沙、壤土等量混合的栽培土。选择健壮的鹿角蕨用利刀沿盾状营养叶底部和四周轻轻切开，带根栽进盆中，并盖上苔藓保湿。如贴植于板面或枯木上，需用细铁丝等固定，置阴暗处，经常保持高湿，待新的孢子叶长出后松绑。生长成熟的植株在基部会长出小萌蘖，长至10cm高时，带根和盾状叶一起切下，亦可形成新植株。

2)孢子繁殖：选用泥炭和细沙混合的培养土，浅盆播种。撒播后，用浸盆法浸透盆土，盖上玻璃保湿，置荫蔽处。要求温度保持在24～30℃。喷水时应保持水质清洁，喷水时压力要适当。

3)组织培养：选用幼嫩孢子作外植体。

40. 松叶蕨

学名：*Psilotum nudum*

别名：松叶兰、铁扫把

科属；松叶蕨科松叶蕨属

(1)生态习性

分布于江苏、福建、广东、广西、云南、四川等地。附生于岩石缝或树干上，为孑遗种。喜温暖湿润，肥沃、湿润、疏松、排水良好的土壤较适宜。

(2)繁殖方法

常用孢子繁殖。

41. 凤尾蕨

学名：*Pteris nervosa*

科属：凤尾蕨科凤尾蕨属

(1)生态习性

分布于除江浙以外的长江以南各省区，生于海拔400~3200m的石灰岩或林下。喜温暖、湿润、半阴环境。忌强光直射，肥沃排水良好的土壤中生长良好。冬季最低温不低于5℃。

(2)繁殖方法

常用分株和孢子繁殖。分株宜和换盆同时进行。选用腐殖土和泥炭土、素沙按2∶1混合配制，再加适量的生石灰拌匀。夏季应每天向叶面喷水，适当遮荫。生长期每1~2个月追肥一次。

其他观赏种还有金钗凤尾蕨(*P. fauriei*)、剑叶凤尾蕨(*P. ensiformis*)、白玉凤尾蕨(*P. cretica*'Albo-Lineata')等。

42. 井栏边草

学名：*Pteris multifida*

别名：凤尾草、乌脚鸡、井栏草

科属：凤尾蕨科凤尾蕨属

(1)生态习性

分布于华东、中南、西南和河北等地。喜温暖湿润和半阴环境，常生于阴湿墙角、石灰岩石上，在有蔽荫、无日光直晒和土壤湿润、肥沃、排水良好的场所生长良好。是钙质土指示植物。生长适宜昼温21~26℃，夜温10~15℃，不耐寒，越冬温度不低于5℃。

(2)繁殖方法

用多种方法繁殖。常用分株法，亦可用孢子繁殖或组织培养。

1)分株繁殖一般于春秋季进行，以5~6月为宜。

2)孢子繁殖时将成熟孢子撒播在消毒的砖屑基质上，浅水浸盆，其上盖玻璃保湿，置荫蔽处。温度保持在20~25℃间。

3)组织培养可用孢子作外植体。启动培养采用培养基1/2MS+0.1mg/L 6-BA+0.1mg/L NAA；继代培养基为1/2MS+0.5mg/L BA+1.0mg/L IAA；生根培养基为1/2 MS+0.5~1.0mg/L IBA。

本种作为观赏栽培的变种较多，常见的有阔叶井栏边草(var. *charlesworthii*)、伞房井栏边草(var. *corymbifera*)、银中斑凤尾蕨('Veriegata')等。

43. 半边旗

学名：*Pteris semipinnata*

科属：凤尾蕨科凤尾蕨属

(1)生态习性

分布于江西、福建、广东、广西地区。在低海拔的林下或溪边岩石上生长。喜温暖湿润的半阴环境，忌强光直射，有一定的抗旱能力。空气湿度60%～80%，生长适温10～26℃，是我国热带、亚热带的酸性土指示植物。

(2)繁殖方法

常用孢子或分株繁殖。孢子繁殖较易成功，取成熟孢子撒播于泥炭土、素沙混合的基质中，4个月长成小植株。分株繁殖应在春、秋两季进行。

44. 蕨

学名：*Pteridium aquilinum* var. *latiusculum*

别名：蕨菜、肴粉蕨、狼萁、拳头蕨、龙菜

科属：蕨科蕨属

(1)生态习性

全国均有分布。海拔200～1200m的荒坡、荒地和阳光充足的林缘和丘陵常见生长。喜光，耐旱，耐寒；对土壤要求不严，酸性、微酸性均可。一般，在砍伐后的森林荒坡丘陵成片生长，是森林砍伐后的一种先驱植物。

(2)繁殖方法

孢子或分株繁殖。

1)孢子繁殖：用腐叶土、泥炭土和素沙混合后做基质，盆底放一层瓦片，再依次填入粗和细的培养土，压实并浸水。于8～9月采集孢子，撒播，播后覆膜保湿。然后将花盆浸入种植槽或水盆中，15天形成配子体，3个月形成孢子体。

2)分株繁殖：于晚春选取带不定根的根状茎，将其切成长20～25cm的切段，按原生长深度埋于土中，充分浇水。

45. 石韦

学名：*Pyrrosia lingua*

别名：石剑箬、小石韦、金背茶匙

科属：水龙骨科石韦属

(1)生态习性

我国长江以南有分布。附生于树上或岩石上。喜阴凉而干燥的环境，喜钙质土壤，有一定抗干燥能力。生长适温20～28℃，适宜空气湿度50%～60%。

(2)繁殖方法

分株和孢子繁殖。分株一般在根状茎长满花盆时进行。

46. 卷柏

学名：*Selaginella tamariscina*

别名：还魂草、万年青、长生草

科属：卷柏科卷柏属

（1）生态习性

全国各地均匀分布。喜湿耐阴，具有较强的干旱能力，生命力极强。

（2）繁殖方法

孢子和分株繁殖均可。因其抗旱性极强并耐低温，管理可粗放，但盆栽时越冬温度不低于0℃。以疏松透水的沙质土壤较好。小苗刚移栽时应放在无阳光直射、阴湿的地方。

47. 翠云草

学名：*Selaginella uncinata*

别名：蓝地柏、绿绒草、龙须

科属：卷柏科卷柏属

（1）生态习性

分布于我国中南部和西南各省。翠云草羽叶密似云纹，正常情况下有蓝绿色荧光。在野外生于林下阴湿岩石或山坡上。喜温暖潮湿与半阴环境，生长适温白天21～26℃，夜间10～15℃，冬季不低于5℃。盆土宜用疏松透水、富含有机质的土壤。

（2）繁殖方法

常用分株繁殖。切下带有不定根的茎段，种于阴湿环境中。生长期间应经常喷水，保持较高湿度；注意遮荫，每月施液肥1次。

48. 笔筒蕨

学名：*Sphaeropteris lipifera*

别名：蛇木桫椤

科属：桫椤科白桫椤属

（1）生态习性

原产亚洲热带，我国产于广东及台湾。喜温暖、湿润气候，耐阴，不耐寒。生长适温21～26℃。喜肥沃、湿润、疏松而排水良好的壤土。

（2）繁殖方法

主要采用孢子繁殖。栽培中要保持湿润，冬季防止寒害。

49. 乌蕨

学名：*Stenoloma chusanum*

别名：乌韭、雉鸡尾、地柏枝

科属：鳞始蕨科乌蕨属

（1）生态习性

广泛分布于长江以南各省，向北可达山西南部。在海拔200～1900m的山坡、田边、林下、溪沟均有分布。喜温暖、半阴和明亮散射光的环境，空气湿度60%～70%为宜。适合生长于富含腐殖土的酸性土壤。

（2）繁殖方法

常用孢子和分株繁殖。孢子繁殖与其他真蕨类似，但对阴湿要求较宽。分株繁殖常在3～4月进行，切断根状茎，带上数叶片，上盆或荫棚下地栽。盆栽苗可与换盆同时进行。

50. 书带蕨

学名：*Vittaria flexuosa*

别名：木莲金、龙须、羊胡草

科属：书带蕨科书带蕨属

(1)生态习性

在我国分布于福建、广东、广西、云南等地。附生于树干或密林的岩石上。喜温暖、阴湿的环境和疏松肥沃的土壤。

(2)繁殖方法

可用孢子繁殖或分株繁殖。孢子繁殖时，将成熟孢子播种于泥炭土和素沙混合的基质中，5 个月能长成新植株。分株繁殖时，切开根状茎，绑于蛇木板上，注意保持较大湿度。

第六节 草坪植物与地被植物繁殖技术

草坪植物是指一些适应性较强的矮生植物，是城市绿化的重要组成部分。目前，具有较高应用价值的草坪草多是禾本科的草本植物，如结缕草、狗牙根、野牛草、早熟禾等；还有旋花科和豆科的一些植物，如马蹄金和白三叶草等。草坪植物共同的形态特征是叶丛低矮密集，具有匍匐茎、匍匐枝或分生能力较强的根状茎。因此，可进行分蘖繁殖。此外，播种繁殖也是草坪植物的重要繁殖方法。

草坪植物可分为冷季型草坪草和暖季型草坪草。冷季型草坪草原产于北欧和亚洲，耐寒性较强，部分地区冬季常绿或处于休眠状态，夏季不耐炎热，春、秋两季生长旺盛，适合北方地区栽培。适宜土壤 pH 值 6.0 ~ 7.0。暖季型草坪草冬季呈休眠状态，早春返青后生长旺盛，进入晚秋，遭霜害后即枯萎褪绿。生长适温 26 ~ 32℃。目前我国栽培的暖季型草坪草多数适合于黄河以南地区。

地被植物是指覆盖在地表的低矮植物，包括多年生低矮草本植物，适应性较强的低矮、匍匐型灌木或藤本植物。

一、草坪植物与地被植物的繁殖方法

(一)草坪植物的繁殖方法

1. 播种繁殖

(1)种子的处理方法

对于色泽正常、干燥的新鲜草种可直接播种，但一些发芽困难的，如结缕草种子，播种前先应进行催芽处理。方法如下：

1)层积催芽法

结缕草的繁殖常用此法。将种子浸泡 48 或 72 小时，然后用 2 倍于种子的泥炭拌匀，在将其放入铺有 8cm 厚河沙的容器中摊平，最后在容器的上口处，覆盖湿沙 8cm。装好后，用草帘覆盖移至室外，5 天后再移到室内(室温 24℃)，一般 12 ~ 20 天。待种子大部分开始裂口或露出嫩芽时，即可连同河沙一起播种。

2）化学药剂催芽法

将50g的NaOH溶于1kg的水中，配成溶液。将种子分批倒入其中，浸泡24小时，此过程必须用木棍搅和，之后用清水洗净，再用清水浸泡6～10小时，捞出晾干后，即可播种。

3）机械处理法

可将种子放入袋内采用搓揉的方法，以提高种子的发芽率，如处理羊胡子草。

4）冷水处理法

播种前，将种子泡于冷水中数小时，让干燥的种子充分吸水之后捞出晾干，随即播种。

5）堆放催芽法

将种子掺入到10或20倍的河沙中，放在室外，覆地膜保湿，1～2天即可。由于冷季型草种干播即可出苗，故堆放催芽法常用于冷季型草坪草的繁殖。

6）变温催芽处理法

在70%的湿度下，采用40℃高温和5℃低温的变温处理，4～5天后会显著提高发芽率。

（2）播种期及播种方法

草坪最适播种期因草种不同而异，一般在春季或秋季进行。只有狗牙根、结缕草等在初夏气温稍高时播种。杂草较多的地区，秋播较春播好，可避免夏季杂草危害。播种后充分生根前要经常浇水。

一般采用撒播方法。撒播前先掺入部分细沙，拌匀后均匀撒播。然后立即覆土并镇压，约1cm。播后要加强场地喷水，以喷湿表层土为度，要连续喷水，确保草籽能吸到水分。

2. 无性繁殖

（1）营养枝分栽繁殖法

在早春草坪返青后，铲起草皮，抖落根部土块，分开根部，将分好的匍匐茎和根茎等营养枝分栽到草场或苗床。一般，每30cm距离开一沟，沟深4～6cm，每隔20cm栽种一段营养枝。栽好后，覆土压实，浇透水。

（2）草坪分块移栽繁殖法

铲起草皮，切成$10cm^2$的小块，以20cm×30cm或30cm×30cm的株行距分栽。栽好后，滚压浇水，保湿。此法缺点是成坪时间慢，平整度稍差。

（3）匍匐枝及根茎埋土繁殖法

此法一般在3月下旬至6月中旬，8月中旬至9月下旬进行，以春末夏初为宜。

铲起草皮，除去根部泥土，将匍匐茎或根茎切成3～5cm的草段，均匀地撒铺在草场上，覆细土一层，压实，经常喷水保湿。

（4）草坪直接移栽法

此法忌在冬季进行，春末夏初为宜。选定草坪后，切成30cm×30cm的方块，向下垂直切3cm深，厚度3cm为宜。切好后立即移栽。先整理繁殖场地，施肥，确保表层疏松、平整。移栽草块时，每块间保持0.5～1cm的间隙，防止草块遇水浸泡后膨胀，边缘重叠。缝隙间应填入细土，滚压浇水。浇水 2～3 天后，再次滚压。

(二) 地被植物的繁殖方法

地被植物的繁殖和管理很简单，主要有以下几种方法：

1. 自播法

用此法的植物种类较多，如诸葛菜、白花三叶草、地肤、蛇莓等。

2. 直接撒播法

是最为常用的方法，如诸葛菜、菊花脑等。

3. 营养繁殖法

营养枝扦插法：美女樱、菊花脑等。

分株分根法：麦冬、沿阶草、吉祥草等。

二、常见草坪草和地被植物的繁殖方法

(一) 草坪草

1. 冷季型草坪草

(1) 匍匐翦股颖

学名：*Agrostis stolonifera*

别名：匍枝翦股颖、四季青、窄叶四季青

科属：禾本科翦股颖属

1) 生态习性

欧亚大陆及北美的温带地区均有分布。我国甘肃、河北、浙江等地有野生资源。喜冷凉湿润气候，耐寒冷潮湿，不耐既旱又干的气候。耐热力与草地早熟禾相当，耐阴力稍强，不耐践踏。在肥沃、湿润且排水良好的土壤中生长较好。华北地区全年绿期 250～260 天。

2) 繁殖方法

采用种子播种和移栽匍匐枝繁殖。

种子繁殖采用春播、秋播均可。仔细平整土地，播后覆土切忌过深。出苗后必须经常喷水、拔除杂草。一般播种量 3～5g/m^2。栽植匍匐枝时，1m^2 母本可移栽 7～10m^2，栽种日期为 4 月下旬至 9 月中旬，黄河以南秋季栽植时间可适当推迟。

(2) 异穗薹草

学名：*Carex heterostachya*

别名：大羊胡子草

科属：莎草科薹草属

1) 生态习性

分布于我国北部，常见于河滩、路边等地。喜冷凉气候，耐寒力强，－25℃顺利越冬；耐阴力强，耐盐碱，耐潮湿，在阴湿处、河边均能生长。不耐践踏。

2) 繁殖方法

采用栽植根状茎或播种繁殖。

栽植根状茎时，1m^2 草块可分栽 7～10m^2，栽植季节 4～9 月。播种繁殖要注意种

子采收时期，春播、秋播均可。播种前，将种子装袋在流水下冲洗 4 天，后摊开晾干，掺细沙播种。播种量 6～8g/m^2。

(3) 高羊茅

学名：*Festuca arundinacea*

别名：苇状羊茅、苇状狐茅

科属：禾本科羊茅属

1) 生态习性

分布于欧洲北部及我国新疆等地。从我国西北干旱区到东部湿润区均有分布。具有广泛的生长性，适宜年降水量 450mm 以上、海拔 1500m 以下温暖湿润地区。耐寒、耐热能力均较强，夏季不休眠。既耐干旱，又耐潮湿；耐酸又耐盐碱，土壤最适 pH 值 5.7～6.0。喜肥沃、潮湿、富含腐殖质的疏松土壤，沙质土壤除外。阳处和半阴处均能生长。耐践踏能力强。

2) 繁殖方法

一般播种繁殖。平地可撒播，坡地用条播，行距 25～30cm，覆土深2～3cm，播种量 25～35g/m^2。单薄或混播均可，常与加拿大早熟禾、小糠草混播。

(4) 多年生黑麦草

学名：*Lolium perenne*

别名：宿根黑麦草

科属：禾本科黑麦草属

1) 生态习性

原产北非、西南欧及亚洲西南部。喜温暖湿润，适宜年降水量 1000～1500mm、冬无严寒、夏无酷暑的地区。生长最适温度 20℃，最低温 －15℃，15℃ 时分蘖最多，－10℃仍保持绿色。不耐炎热，35℃以上生长势减弱。不耐旱，喜光，耐阴性差。适宜在肥沃、湿润、排水良好的土壤或黏土上生长，最适 pH 值 6～7。

2) 繁殖方法

一般播种繁殖。以秋播为主，提前施好底肥，深灌土地，次日在表土湿润时播种。播种量 15～30g/m^2 为宜。5～7 天可出苗。

(5) 草地早熟禾

学名：*Poa pratensis*

别名：六月禾、多年生早熟禾

科属：禾本科早熟禾属

1) 生态习性

原产于北温带地区，常见于河谷、林边等处。我国东北、河北、甘肃、江西及四川等地有丰富的野生资源。适宜在气候冷凉、湿度较大的地区生长。抗寒性强，－38℃下可安全越冬，耐旱性和耐热性差，干旱或气温高于 32℃ 时，生长速度减缓。要求肥沃、疏松、排水良好、富含有机质的土壤，适宜 pH 值 6.5～8.3。

2) 繁殖方法

常用播种或栽植带土小草块的方法进行繁殖。

直播法建坪时，先平整土地，播前浇透水，次日在土壤表面半干半湿时播种。覆土深度不宜过深，浅而不露种子为宜。也可将种子混入10倍湿沙中堆放1~2天，催芽后播种。播种量6~8g/m^2。

带土小草块移栽时，以直径4~5cm为宜，随挖随栽，避免阳光暴晒。栽后要供应充足的水分。

草地早熟禾常与紫羊茅和多年生黑麦草进行混播，以增加草坪抗性。

2. 暖季型草坪草

(1)地毯草

学名：*Axonopus compressus*

别名：大叶油草

科属：禾本科地毯草属

1)生态习性

原产南美洲，目前成为我国南方地区的乡土草种。喜光，但耐半阴，喜高温、高湿，在冲积土与肥沃的沙质壤土上生长繁茂，最适pH值为5.5~6.0。耐寒性差，出现霜冻时，会产生冻害。

2)繁殖方法

营养繁殖和播种繁殖均可。挖起母本草坪，切成草根或草块，埋于土中，行距15cm，压实，经常灌水保持湿润，一般70~75天成坪。

(2)野牛草

学名：*Buchloe dactyloides*

别名：水牛草

科属：禾本科野牛草属

1)生态习性

原产于北美，现已成为我国北方的主要推广品种。性喜阳光，耐半阴，耐寒又耐热，-39℃仍能正常越冬。耐旱及耐湿性强。较耐盐，可忍耐pH值8.2~8.4的土壤。抗风力强，耐践踏。此外，野牛草耐SO_2、HF等有害气体。

2)繁殖方法

野牛草结实率不高，故常采用匍匐枝及根系进行营养繁殖。于雨季进行穴栽或行栽。穴栽距离10cm，25天成坪；行栽35天成坪。

(3)狗牙根

学名：*Cynodon dactylon*

别名：蟋蟀草、绊根草、铁线草

科属：禾本科绊根草属

1)生态习性

广泛分布于南北温带，我国华北以南地区均有分布。常见于旷野、路边及林缘等处。喜光，稍能耐半阴。高度耐热，耐寒性中等，日均温降到6~9℃时，生长缓慢。-2~3℃，地上部分枯萎，-14~-15℃影响越冬器官的存活。耐旱性强，耐践踏。

2)繁殖方法

狗牙根种子稀少，不易采收，故用分根法繁殖。春夏之季，挖起草茎，去掉泥土，均匀拉开铺于地面，覆土压实，保持湿润，数日内可生根萌芽，20 天左右滋生新的匍匐枝。

(4)马蹄金

学名：*Dichondra repens*

别名：美国马蹄金

科属：旋花科马蹄金属

1)生态习性

原产美国，引种到我国后，适宜于长江以南地区。喜光，喜温暖湿润，耐一定低温，-8℃可安全越冬；耐炎热及高温，耐干旱。耐践踏性比结缕草强。

2)繁殖方法

常用匍匐茎繁殖。整地作畦，采用 1∶8 比例分栽。分栽时将草皮块撕成 5cm 左右的小块，贴在地面上，稍覆土压实，浇水灌溉。

(5)假俭草

学名：*Eremochloa ophiuroides*

别名：蜈蚣草、百脚草

科属：禾本科蜈蚣草属

1)生态习性

我国主要分布于东南部及靠近中南半岛的部分地区。常见于林边、山谷坡地的湿润处。喜光，喜热，较耐寒，耐干旱，喜湿，适宜生长在排水良好、土层深厚肥沃的酸性土壤中，pH 值 4.5 ~ 6.5。耐盐性差，耐阴性中等，耐践踏性中等。

2)繁殖方法

常用播种繁殖。一般 5 月初进行。亦可用草块分栽法。

(6)双穗雀稗

学名：*Paspalum distichum*

别名：水竹节草、双耳草、叉仔草

科属：禾本科雀稗属

1)生态习性

分布于亚洲东南部，我国华南、西南、华东等地均有分布。路边、河滩等湿润肥沃处可见。喜高温湿润气候，耐一定阴湿，喜光、喜肥，对土壤无严格要求。匍匐茎有明显的趋水性，能在浅水处节间生根，被称为“两栖类草坪草”。

2)繁殖方法

一般采用埋根法，一旦生根，半月即可萌生匍匐茎，蔓延开来。故用营养枝切断埋根繁殖。此外，该种子有自播能力，常用条播繁殖，播后土壤要湿润。

(7)白三叶草

学名：*Trifolium repens*

别名：白车轴草

科属：豆科三叶草属

1)生态习性

原产于欧洲及小亚细亚地区，我国黑龙江、新疆、云南、贵州等地均有分布。喜光及温暖湿润气候，耐半阴；不耐干旱，稍耐潮湿；耐热性差，抗旱力强，不怕霜打。夏季半休眠。种子成熟后自行脱落，可自播。

2)繁殖方法

一般种子繁殖。平整土地后，种子撒播或条播，条播行距20～25cm，播后保持土壤湿润，数日后即可出苗。南方以秋播为宜。播种量为撒播每亩5～6kg，条播2～4kg。在微酸性土壤中，应用白三叶根瘤菌种拌种后播种，以促进其根部生长。

(8)结缕草

学名：*Zoysia japonica*

别名：延地青、大爬根、崂山青、日本结缕草

科属：禾本科结缕草属

1)生态习性

原产于亚洲东南部，我国东北、西北及海南均有分布。喜温暖气候，喜阳光，耐高温，抗干旱，不耐阴。适宜生长在深厚、肥沃、排水良好的壤土和沙质壤土中，也耐瘠薄。适宜pH值5.5～7.5。耐磨，耐践踏。冬季休眠越冬。

2)繁殖方法

结缕草种子外皮有一层附着物，水分和空气不易进入，直接播种，发芽困难。故采用层积催芽法和化学药物催芽法，以利催芽。具体方法见播种繁殖。

(二)地被植物

1. 紫穗槐

学名：*Amorpha fruticosa*

别名：棉槐

科属：豆科紫穗槐属

(1)生态习性

原产美国。喜光、喜湿，耐干旱、耐寒、耐瘠薄，抗性较强。

(2)繁殖方法

多于春季播种繁殖。也可压条或分株繁殖。

2. 山葡萄

学名：*Ampelopsis brevipedunculata*

别名：蛇葡萄

科属：葡萄科蛇葡萄属

(1)生态习性

我国东北至华南均有分布。喜潮湿凉爽气候，耐阴耐寒，抗逆性强。要求土层深厚，排水良好。

(2)繁殖方法

播种、扦插、压条均可。

3. 罗布麻

学名：*Apocynum renetum*

别名：茶叶花、红麻、盐柳

科属：夹竹桃科罗布麻属

(1)生态习性

我国山东海滨盐碱地均有分布。极耐盐碱，在含盐量1%以上的重盐土壤上生长良好。喜沙壤土，耐干旱。

(2)繁殖方法

常用种子育苗繁殖，也可分株繁殖。

4. 沙打旺

学名：*Astragalus adsurgens*

别名：直立黄芪

科属：豆科黄芪属

(1)生态习性

我国华北、西北、东北等地广泛分布。喜温暖，耐旱，耐寒性均强，极抗风沙，具4片真叶的幼苗可抗10级大风，被3～5cm厚的沙土覆盖，生长仍然旺盛，故名“沙打旺”，是优良的牧草保土植物。适宜壤质或沙质土壤，最适pH值6～8。在潮湿排水不良和黏重土壤上生长不良。

(2)繁殖方法

种子繁殖。种子细小，需精细整地，深翻，压实后播种。一般春播，干旱地区夏季雨季进行，或冬季结冻前寄籽播种。覆土不超3cm。

5. 多变小冠花

学名：*Coronilla varia*

别名：小冠花

科属：豆科小冠花属

(1)生态习性

原产地中海地区。耐寒、耐旱，耐涝性差，耐瘠薄。南京地区一年有2次生长高峰。第一次是3～6月中旬，第二次是7～10月上旬。第二次生长不开花。

(2)繁殖方法

扦插繁殖或种子繁殖。

1)扦插繁殖：枝插以10cm的茎蔓为插穗，保留部分上部叶片，入土一半。根插以3～5cm长的侧根为插穗，保留须根，平埋入土即可。扦插一般15天生根。

2)种子繁殖：种皮坚硬不易透水，播种前需进行处理。用浓硫酸软化或机械磨伤，春播或秋播，以穴播为好。

6. 针线包

学名：*Cynanchum wilfordii*

别名：隔山消、白何首乌、隔山牛皮消

科属：萝藦科牛皮消属

(1)生态习性

我国分布广泛。喜光照，耐寒、耐旱、耐盐碱，生活力强。

(2)繁殖方法

种子或用块根进行分株繁殖。

7. 菊花脑

学名：*Dendranthema nankingese*

别名：黄花、菊花菜

科属：菊科菊属

(1)生态习性

原产我国。耐寒、耐瘠薄、耐干旱。喜光，不耐潮湿。对土壤要求不严。

(2)繁殖方法

以播种繁殖为主。种子成熟后连茎一起剪下，晒干脱粒后，常温贮藏。3 月播种，撒播，播后只需用木板镇压，不覆土。扦插 4～10 月均可进行。

8. 常夏石竹

学名：*Dianthus plumarius*

别名：羽毛石竹、地被石竹

科属：石竹科石竹属

(1)生态习性

原产欧洲。耐寒，喜向阳通风环境，阴暗处生长不良。喜肥沃土壤。

(2)繁殖方法

播种繁殖为主。发芽温度 20℃。亦可利用基部萌生的丛生芽进行分株或扦插。

9. 蛇莓

学名：*Duchesnea indica*

别名：地杨梅、蛇果草

科属：蔷薇科蛇莓属

(1)生态习性

我国广泛分布。喜阴湿环境，茎蔓匍地生长，自成群落。

(2)繁殖方法

播种或分株均可。匍匐枝节处不定根可长成新植株。

10. 连线草

学名：*Glechoma longituba*

别名：活血丹、金钱草、马蹄草

科属：唇形科活血丹属

(1)生态习性

原产我国。喜阴湿环境，阳处也可生长，有一定耐寒性，北京冬季稍加覆盖可越冬。沙壤中生长良好。

(2)繁殖方法

扦插、分株、播种均可。扦插易成活，10 天左右生根。由于连线草节间易生根，常于 4～5 月分株移栽。

11. 珊瑚菜

学名：*Glehnia littoralis*

别名：北沙参、莱阳沙参

科属：伞形科珊瑚菜属

(1) 生态习性

分布于山东、辽宁、浙江、广东等地。喜温暖湿润，耐寒、耐旱、忌涝、耐盐碱。适宜海边盐碱地或沙层深厚的地方。

(2) 繁殖方法

常用播种繁殖。先在5℃以下低温经4个月完成后熟，秋播。播前20天湿润种子，次春出苗。若春播，应在冬季将种子放在室外，埋于沙土中低温处理。

12. 木地肤

学名：*Kochia prostrata*

别名：伏地肤

科属：藜科地肤属

(1) 生态习性

我国西北地区的乡土牧草植物。抗旱，耐盐碱，抗寒，能在－40℃低温下越冬。

(2) 繁殖方法

春季播种繁殖。

13. 二色补血草

学名：*Limonium bicolor*

别名：矶松、海蔓菁、干枝梅

科属：蓝雪科矶松属

(1) 生态习性

内蒙古、甘肃、河北等地均有分布。喜冷凉，极耐寒、耐盐碱。

(2) 繁殖方法

种子实生繁殖。

14. 紫花苜蓿

学名：*Medicago sativa*

别名：野苜蓿、苜蓿

科属：豆科苜蓿属

(1) 生态习性

原产小亚细亚。适于温暖半干燥气候，喜石灰质沙性土壤，最适pH值7～9，抗旱、抗寒性均强。地下水位高于1m或积水时会造成植株死亡。

(2) 繁殖方法

种子繁殖。早春播种。种子细小，需精细整地，播种深度1～3cm，播后5～6天出苗。

15. 薄荷

学名：*Mentha haplocalyx*

别名：薄荷脑

科属：唇形科薄荷属

(1)生态习性

分布于北半球温带地区，我国各地均有分布。喜光，不耐寒，入冬后地上部分应及时清理；耐瘠薄。

(2)繁殖方法

播种、分株、扦插、压条均可。春季播种，4 月上旬分株，5 ~ 7 月扦插繁殖。

16. 白刺

学名：*Nitraria sibirica*

别名：小果白刺

科属：蒺藜科白刺属

(1)生态习性

分布于我国西北。喜光，耐寒、耐旱，生长于沙荒地及盐渍性土壤中。根系发达。

(2)繁殖方法

种子繁殖。

17. 麦冬

学名：*Ophiopogon japonicus*

别名：沿阶草、绣墩草、书带草

科属：百合科沿阶草属

(1)生态习性

原产我国和日本。喜温暖、湿润，耐寒、耐干旱。很耐阴，也能在阳光下生长。喜富含腐殖质的沙质壤土。

(2)繁殖方法

分株或播种繁殖。于 4 月上旬挖起母株，切取块根后分栽。每穴 5 ~ 6 株，穴距 25cm。种子采收时防止失水干燥，采后即播，50 天左右发芽，出苗率约为 80%。

18. 红花酢浆草

学名：*Oxalis corymbosa*

别名：三叶草

科属：酢浆草科酢浆草属

(1)生态习性

原产于南美巴西。性喜温暖、阴湿环境。耐阴性强，不耐寒，在温室内方能越冬。要求腐殖质丰富、排水良好的沙质壤土。花、叶对光敏感，白天和晴天开放，晚上和阴天闭合。

(2)繁殖方法

分株和播种繁殖

1)分株繁殖

红花酢浆草以分株繁殖为主，可结合早春换盆时进行。其根茎的增殖力较强，极易分生。将母株丛由一株分成几株，分别栽植即可，易于成活。

2)播种繁殖

也可进行播种繁殖，春、秋皆可盆播。25 ~ 30℃条件下，约 1 周可出芽。春播者当年可开花。

生长期必须经常注意浇水，保持空气湿润，适当施肥，以液体追肥为主（如人粪尿等），可促使植株旺盛生长。冬季于温室内露地，最低温度不低于5℃。

19. 石岩杜鹃

学名：*Rhododendron obtusum*

别名：钝叶杜鹃、夏鹃、日本杜鹃

科属：杜鹃花科杜鹃属

（1）生态习性

喜冷凉、半阴环境，在排水良好、松软湿润而富含腐殖质的酸性土壤上生长良好。较耐旱，但在久旱时，应适当浇水。

（2）繁殖方法

采用扦插、播种和嫁接等方法。

扦插法最为普遍。多用带叶嫩枝作插穗，5月下旬至6月底，秋季8月下旬至9月间进行。冬季室内扦插，应选当年粗壮小枝。插条长5~8cm，留顶叶3~4片，插在酸性土壤中。播种繁殖一般于春分至清明室内进行。种子细小，浸盆吸透水后盖玻璃保湿。10~15℃下，20~30天出苗。

20. 虎耳草

学名：*Saxifraga stolonifera*

别名：金丝荷叶、金钱吊芙蓉

科属：虎耳草科虎耳草属

（1）生态习性

原产我国和日本。喜半阴、凉爽，喜高湿，不耐高温、干燥，最忌暴晒。

（2）繁殖方法

多于春秋分株繁殖。播种于3~4月间进行，2周可出苗。也可随时剪取茎顶下垂的带根小苗移栽。

21. 田菁

学名：*Sesbania cannabina*

别名：小野蚂蚱豆

科属：豆科田菁属

（1）生态习性

原产我国。喜温暖湿润，耐湿、耐碱性均强，耐寒。

（2）繁殖方法

种子繁殖。春播，行距20~40cm，播种量60~75kg/hm^2。

22. 百里香

学名：*Thymus mongolicus*

别名：地椒、地姜、千里香

科属：唇形科百里香属

(1)生态习性

我国甘肃、山西、河北等地均有分布。野生性强，耐干旱、耐寒、耐瘠薄。喜光，要求排水良好的缓坡或平坦之地。

(2)繁殖方法

播种和分株均可。

23. 络石

学名：*Trachelospermum jasminoides*

别名：白花藤、络石藤、万字茉莉、石龙藤

科属：夹竹桃科络石属

(1)生态习性

原产我国。喜温暖气候，耐阴不耐寒，耐旱忌水湿，耐瘠薄。对土壤要求不严。

(2)繁殖方法

播种、扦插、压条均可。播种于春季进行。扦插于梅雨季节选用嫩枝扦插。春秋季节压条繁殖，将枝条压入土内3~4节，摘去叶片，深度3cm，压后不浇水。夏季压条繁殖较春季快。

24. 蔓荆

学名：*Vitex trifolia*

别名：荆子、三叶蔓荆

科属：马鞭草科牡荆属

(1)生态习性

分布于我国沿海各省。喜阳光充足，耐旱，忌涝，耐盐碱。适应性强。

(2)繁殖方法

播种、扦插、压条、分株均可。播种前先用35~40℃温水浸种24小时，30~40天出苗。春播者秋季定植，秋播次春定植。扦插春、秋均可进行，以春季阴雨天为宜。每个插穗含2~3节，长20cm。压条繁殖于5、6月间进行。分株繁殖在4月中旬或7月上旬阴天进行，随挖随栽。

25. 葱兰

学名：*Zephyranthes candida*

别名：葱莲、玉帘、菖蒲莲

科属：石蒜科葱兰属

(1)生态习性

原产南美。喜光，耐阴湿，耐寒、耐旱性强。在肥沃土壤上生长茂盛。

(2)繁殖方法

分株繁殖。春季新叶萌发前挖起老株，分栽小鳞茎。栽植时修剪根部，保留5~8cm，每穴2~3个球，深度以鳞茎不露土为宜。2~3年分株一次。

第七节　竹类观赏植物繁殖技术

竹类观赏植物属于禾本科竹亚科(Bambusoideae)，全世界有70余属1200余种，多数分布于热带和亚热带，少数分布于温带与寒带。我国竹类资源丰富，有50余属700余种，占世界竹类种质资源的80%左右。竹类植物形态特殊、非草非木，绝大多数竹子的茎具节中空。竹类的观赏价值主要表现在其姿态、色彩、风韵与时空节奏等方面。竹子在我国栽培历史非常悠久，不仅是重要的农、林业资源，而且也是最重要的观赏植物类群之一，已有很多不同形态的种或品种被广泛用于观赏与园林绿化。另外，竹子在我国还有其独特的文化内涵，常赋予其常青、刚毅、挺拔、坚贞、清幽的性格，用于园林和庭院栽培以陶冶情操，鼓舞精神。

竹类大都喜温暖湿润的气候，一般要求年平均温度为12～22℃，1月平均气温为-5～10℃以上，极端最低气温可达-20℃，年降水量1000～2000mm。但大都生长在山谷或流泉之间，土壤水分条件较优越的地方；或者为人工栽培，在生长季节需进行必要的浇水灌溉。总的说来，竹子对水分的要求高于气温和土壤，既要有充足的水分，又要排水良好。

竹类按地下茎的差别，可分为散生竹、丛生竹和混生竹3种类型，各种类型的生长规律和繁殖特点大同小异，因而繁殖方法也大致相同。本书将分别介绍这3种竹类的繁殖方法。

一、散生竹的繁殖

(一)散生竹概述

散生竹的地下茎属单轴型，其地下茎细长，横走地下，称为竹鞭。竹鞭有节，节部有退化的叶，称鞭箨。节上生根，称鞭根。每节着生一芽，交互排列，有的芽长成新鞭，在土中蔓延生长，有的芽发育成笋，出土长成竹，稀疏散生，逐渐发展成竹林。

散生竹的适应性强于丛生竹，这是因为散生竹具有入土较深的地下茎，其竹鞭和笋芽在土中得到自然保护，而且基本上是春季出笋，入冬前新竹已充分木质化，所以对干旱、寒冷等不良气候条件具有较强的适应能力。散生竹对土壤的要求也低于丛生竹，如刚竹属中不少种类可生长于pH值7的土壤中；毛竹虽性喜微酸性，但已引种至陕西渭河北岸的轻度盐碱土地，也能正常生长，但产量不高。

散生竹地下鞭根系统发达，固土保水能力强；由于其竹鞭特有的觅养行为和生理整合作用，对土壤条件要求不如丛生竹高，故其适应性强，竹林蔓延发展速度比丛生竹快；加之大多数竹种用途广泛，具有较高的经济价值，因而散生竹已成为全国各大竹产区的首选竹种。

表 1-60 散生竹常见类型及学名

中文名	学名	中文名	学名
酸竹属	*Acidosasa*	浙江金竹	*P. parvifolia*
黎竹	*A. venusta*	黄条早竹	*P. praecox* f. *notata*
铁竹属	*Ferrocalamus*	早园竹	*P. propinqua*
铁竹	*F. strictus*	毛竹	*P. pubescens*
大节竹属	*Indosasa*	绿槽毛竹	*P. pubescens* f. *viridisulcata*
算盘竹	*I. glabrata*	龟甲竹	*P. pubescens* f. *heterocycla*
倭形竹	*I. shibataeoides*	佛肚毛竹	*P. pubescens* f. *ventricosa*
中华大节竹	*I. sinica*	黄槽毛竹	*P. pubescens* f. *luteosulcata*
江华大节竹	*I. spongiosa*	梅花竹	*P. pubescens* cv.
刚竹属	*Phyllostachys*	圣银竹	*P. pubescens* cv.
黄古竹	*P. angusta*	黎子竹	*P. purpurata* cv.
黄槽石绿竹	*P. arcana* f. *luteosulcata*	刚竹	*P. viridis*
罗汉竹	*P. aurea*	黄皮刚竹	*P. viridis* f. *youngii*
黄槽竹	*P. aureosulcata*	槽刚竹	*P. viridis* f. *houzeau*
黄皮京竹	*P. aureosulcata* f. *aureocaulis*	乌哺鸡竹	*P. vivax*
金镶玉竹	*P. aureosulcata* f. *spectabilis*	黄杆乌哺鸡	*P. vivax* f. *aureocaulis*
斑竹	*P. bambusoides* f. *lacrima－deae*	黄纹竹	*P. vivax* f. *huanwenzhu*
黄槽斑竹	*P. bambusoides* f. *mixta*	业平竹属	*Semiarundinaria*
淡竹	*P. glauca*	江南竹	*S. farinose*
筠竹	*P. glauca* f. *yunzhu*	陵水紫竹	*S. gracilipes*
紫竹	*P. nigra*	四季竹	*S. lubrica*
金毛竹	*P. nigra* var. *henonis*	红花竹	*S. nuspicula*

(二)散生竹繁殖方法

1. 苗圃地选择

为了培育速生、丰产、优质的竹林，需选择适宜散生竹生长的气候、土壤和地形条件。

(1)气候条件

我国长江以南至南岭以北地区，是散生竹类分布的中心区。在这一地区，气候条件一般都适于散生竹生长。长江以北至黄河流域地区，为散生竹类分布和引种的北区。在北区内，影响散生竹类生长的主要气象因子是生长季的干旱和冬季严寒。在北区发展散生竹林，要选择春、夏降水量大，背风朝南的地方。南岭以南至南海之滨，为丛生竹分布区和散生竹引种的南区。在南区，影响散生竹类生长的主要气象因素是夏季的烈日和夏、秋的台风。在南区发展散生竹，要选择背风朝北的地方。

(2)土壤条件

散生竹种生长快，有强大的竹鞭、竹根。因此，要求土壤深度在 50cm 以上，肥沃、湿润、排水和透气性能良好的沙土或沙壤土。散生竹在碱性土壤上生长不良，要求酸性、微酸性或中性壤土，pH 值 4.5～7 为宜。地下水位最好在 1m 上下，过高则不利于竹鞭生长。过于黏重瘠薄的红土、黄土以及盐碱土等，对竹子生长不利，一般情况下不宜发展散生竹林。

(3)地形条件

造林选地时，要特别注意选择适宜的地形条件。在散生竹分布的中心区，最好选择海拔800m以下的山谷、山麓和山腰地带。在高山地区，干燥多风的山脊、山坡和容易积水的平地、洼地等，均不适宜散生竹的生长。在散生竹分布和引种的北区，最好选择海拔600m以下的背风朝南的山谷、山麓地带。因为南坡比北坡日照强，冬季温度高，有利于散生竹类防寒过冬。在散生竹类分布和引种的南区，最好选择海拔1000m以下背风朝阳的山谷、山麓地带。

2. 造林整地

整地好坏直接影响到造林质量和成苗速度，通过整地可以创造适合散生竹成活和新竹成长的环境条件。苗圃整地工作，应在造林前一年的秋、冬季进行。苗圃整地可分为全面整地、带状整地和块状整地3种方法。

3. 造林时间

造林时间应根据各竹种生长发育规律、造林采取的覆盖方式及造林地区气候条件综合分析决定，一般在竹笋出土前1个月为宜。毛竹、水竹、雷竹、斑竹、灰金竹、桂竹等大多数散生竹可在2月上旬至4月下旬进行。若采用稻草或塑料小拱棚覆盖方式，育苗时间可相应提前10天左右。

4. 造林方法

散生竹造林方法包括移竹造林、移鞭造林、截秆移蔸造林和实生苗造林等。其中移竹造林法在生产上应用最广。毛竹移蔸造林时的栽植穴要大，如图1-70所示。

(1)移竹造林

①母竹的选择

母竹质量对造林质量影响很大。优质母竹造林容易成活和成林，劣质母竹不易栽活，有的即使栽活也难成林。散生竹母竹质量主要反映在年龄、粗度和生长情况等方面。母竹年龄最好是1~2年生。因为1~2年生母竹所连的竹鞭，一般鞭色鲜黄、鞭芽饱满、鞭根健全，因而容易栽活和长出新竹和新鞭。老龄(3年生以上)的竹子，不宜作母竹。因为老竹必连老鞭，鞭色黄棕或深棕，鞭芽不齐(多数腐烂)，鞭根稀疏，不易栽活。有的虽能栽活，但因竹鞭上活芽不多，出笋、行鞭和成林都较困难。造林母竹不宜过粗，粗大的母竹易受风吹摇晃，不易栽活；过细的竹子，往往生长不良，也不宜选作母竹(如图1-71)。

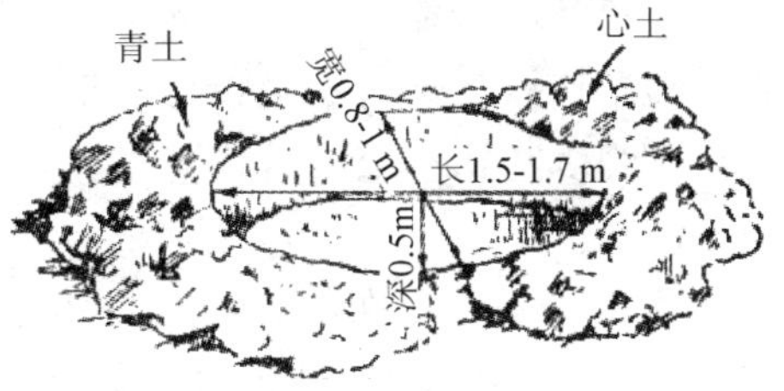

图1-70　毛竹移蔸造林的栽植穴

根据各地的经验，毛竹母竹径3~6cm左右为宜。刚竹、淡竹、石竹、水竹、早竹等中小型散生竹的母竹根际直径1~3cm左右为宜。造林母竹应该生长健壮，分枝较低，枝叶繁茂，竹节正常，无病虫害。值得注意的是，母竹节子并非越密越好，因为节子太密是母竹生长不良的表现。可在竹林中选定合格母竹，并在竹秆上作标志(涂石灰水)，以便组织力量挖掘母竹。

②母竹的挖掘

挖掘母竹的工具常用锋利的山锄。挖竹前应判断竹鞭的走向。据观察，大多数竹子的最下1盘枝条的方向与其竹鞭的走向大致平行。挖掘母竹时，先在距竹子30~

50cm 处挖开土层，找到竹鞭，再沿母竹的来鞭和去鞭两侧，按一定长度截取。毛竹留来鞭 30～40cm，去鞭 40～50cm；刚竹、淡竹、石竹、水竹等中小型散生竹留来鞭 30cm 左右，去鞭 30～40cm。

截断竹鞭时，面对母竹，用锄头斩断竹鞭，要求截面光滑。然后沿平行两侧逐渐挖深，掘出母竹。挖母竹时，不要摇动竹秆，否则容易损伤竹秆和竹鞭的连接处（俗称“螺丝钉”），破坏鞭与根的输导组织，不易成活。挖出母竹后，留枝 4～6 盘，砍去顶梢，要求做到切口平滑，鞭蔸多留宿土。

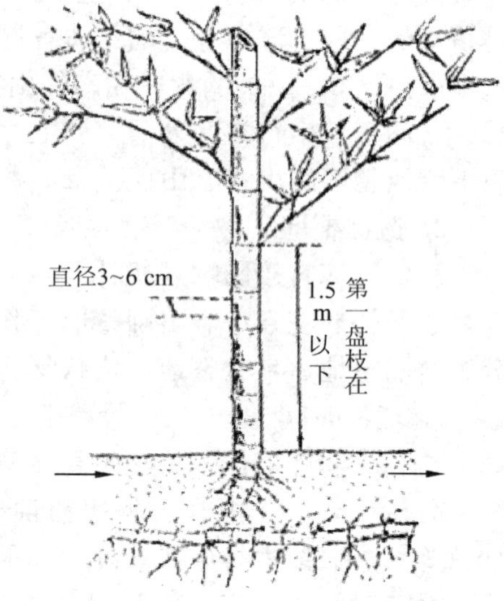

图 1-71 毛竹移竹造林的母竹规格

刚竹、淡竹、石竹、水竹、早竹等中小型散生竹，通常几株母竹靠近生长在同一鞭上，挖母竹时，可将 3～5 株一同挖起为一“丛”母竹，用来造林效果更好。如母竹“丛”中株数太多，可行修剪，疏去一些长势弱的竹子，留 3～5 株即可。

③母竹的运输

短距离搬运母竹不必包扎，但必须防止鞭芽和“螺丝钉”受伤以及宿土震落。搬运时可用绳绑在宿土上，竹秆直立。切不可把母竹扛在肩上，这样容易使“螺丝钉”受伤，不易栽活。

远距离运输母竹必须包扎。用稻草或蒲包、麻袋等将鞭根和宿土一起包扎好（如图 1-72），在装卸车或上下船时，要防止母竹损伤，途中要覆盖或对竹叶经常喷水，以减少母竹的萌发。

④母竹的栽植

母竹运到造林地后，应立即栽植。在已整地的穴上，先用表土垫底，一般厚 10～15cm。然后，解去捆扎的稻草，小心地将母竹放入穴中，使鞭根舒展，下部与土密接。先填表土，后填心土（除去土中石块和树根等），分层踏实，使根鞭与土壤密接。填土时要防止踏伤鞭根和笋芽。在天气干燥或土壤干燥的地方，应先适当灌水，再行覆土。覆土深度比母竹原来入土部分稍深 3～5cm，上部培成馒头形，加盖一层松土，周围开好排水沟，以免积水烂鞭。栽竹时要做深挖穴，浅栽竹，下拥紧（土），上松盖（土）。栽植后，将包扎母竹的稻草等物，覆盖在母竹周围，减少土壤水分蒸发，并用木桩和草绳架设支架，以防风吹摇晃。

（2）移鞭造林

散生竹类的繁殖主要依赖竹鞭上的芽生长发育成新鞭和新竹。因此母竹不足时，可以采取移鞭造林。移栽竹鞭的年龄一般毛竹的鞭 2～5 年生，刚竹、淡竹、石竹、水竹、早竹等中小型散生竹的鞭以 2～3 年为宜。2～5 年生的竹鞭为黄色，每节上根系健全，侧芽饱满，栽后容易萌发新鞭或长出新竹。

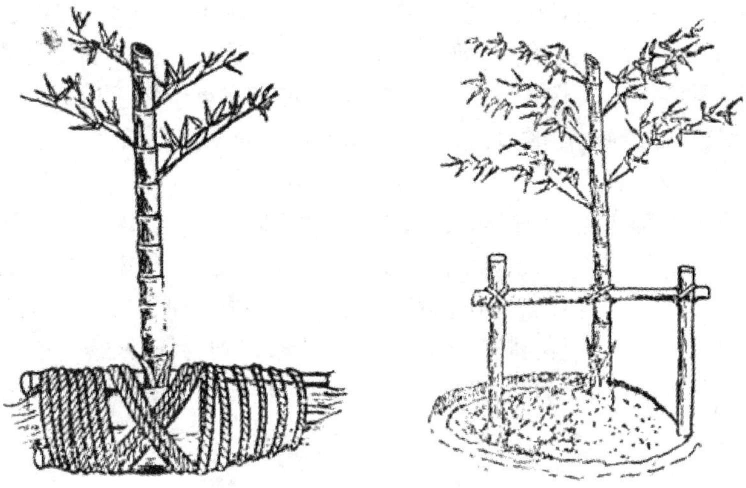

1　　　　2

图 1-72

1. 母竹的运输的包扎　2. 母竹栽植后架设支架

挖取竹鞭时，注意防止撕破竹鞭，损伤竹鞭上的芽，切口要齐，留根要多，多带宿土，以保护鞭根。竹鞭的长度，因竹种而异，一般毛竹为 0.8 ~ 1.2 米，刚竹、淡竹、石竹、水竹、早竹等中小型散生竹为 0.5 ~ 0.8 米为宜。远距离移鞭时，应行包扎，即用稻草或蒲包将母鞭和宿土一起包扎好。运输时，防止鞭根上的宿土脱落，保护好竹鞭的活芽，注意保持潮湿。

栽植时，每穴可栽植 1 ~ 2 条竹鞭，以保证成活率。先在穴底填一层表土 15 ~ 20cm，解去包扎稻草等物，把鞭平放在上面，再覆土压实。盖上厚度 10cm 左右，略高于地面，上面覆盖包扎的稻草；四周开好排水沟，防止积水烂鞭。

移鞭造林的优点是不需要母竹，运输方便。但竹鞭上长出的新竹细小，成林或成材时间较长，同时移鞭造林若当年不长出新竹，母鞭会因得不到足够的养分供应而失去生命力，第二年不会再生新竹。

(3) 截秆移蔸造林

截秆移蔸造林(或称带蔸移鞭造林)是选用 1 ~2 年健壮的母竹，在其基部离地面 16 ~30cm 处截断竹秆，然后按移竹造林挖掘，运输和栽植母竹的方法，将截断的竹秆向下、竹鞭向上平展，称为“倒栽竹蔸”，即可成活出笋。截秆移蔸或倒栽竹鞭的好处是运输方便，栽后没有地上部分的枝叶，水分不易散失，容易出笋成竹。但是由于植株没有竹秆和枝叶，得不到光合作用制造的养料供应，因此新竹细小，成林或成材速度较慢，若当年不长出新竹，来年很少再有新竹长出。

(4) 实生苗造林

实生苗造林具有适应性强，成活率高，发笋旺，运栽方便，成本低等优点。实生苗的分蘖性强，用分株、埋鞭、压条、留鞭等方法，以苗繁苗，建立永久的竹苗生产基地，是解决母竹来源，多快好省地扩大竹林面积的有效途径之一。

1) 播种育苗

毛竹4～6月开花，8～10月种实成熟。种子采集后经过干燥，脱粒、拌药（50kg种子混拌150～200g敌百虫药粉），即可装运。在运输途中，应防止受潮发热，影响种子质量。毛竹种子应冷藏，将种子装入布袋存放在冷冻、干燥、通风的室内。毛竹种子贮藏一般不宜超过半年。贮藏过久，发芽率会显著降低。有条件的可用种子库贮藏，保持0～5℃低温，发芽力可达1年以上。

毛竹种子千粒重变化在15～28g之间。每千克带壳种子为36000～66000粒，一般50000～56000粒。千粒重大，种粒饱满，发芽率也较高。发芽率是确定种子品质的重要标志。有条件的可用温箱或温室作发芽检定。毛竹健全种子的胚乳呈淡褐色，有光泽，半透明状。胚和胚乳变黑或胚乳大部分为白粉末状则为坏种子。

毛竹种子在温箱条件下（20～25℃），约7天左右开始发芽，发芽期持续约30天，15天左右为发芽盛期。

①苗圃地准备

竹苗怕涝、怕旱、怕冻，容易发生病虫害。应选择在背风向阳、接近水源、排灌方便的地方和酸性至中性、疏松肥沃的壤土或沙壤土中育苗。容易积水，盐碱过重，干燥瘠薄或地下病虫害严重的地方，不能选作苗圃地。如利用生荒地或透光50%～60%的疏林隙地培育1年生竹苗，效果很好。

整地要深耕细耙，抓好冬耕以改良土壤，消灭地下病虫害，一般耙地深度20cm左右。施足基肥可以改良土壤的理化性质，促进竹苗生长和分蘖。肥料的种类和数量要因地制宜。结合整地，每1000m^{2}施腐熟的厩肥、堆肥3～4t，土杂肥、火烧土5～6t，或者沤熟的饼肥3000～4500kg。在基肥中，加适量的过磷酸钙或钙镁磷肥，以促进竹苗根系茎秆生长。结合施基肥，每1000m^{2}拌撒6%可湿性敌百虫粉2～5kg，以消灭地下害虫。

毛竹种子育苗，一般苗床高10～12cm，宽1～1.2m，步道40～50cm，在排水良好或干旱地区也可采用平床或低床。苗床要做到：表上细碎、床边紧实、步道通直、开好排水沟。

②播种时期

竹子种子成熟后，随采随播，种子发芽率高。春季土壤解冻后，地温达10～15℃以上，即2月中旬～4月中旬为播种适期。播种过早，温度低，发芽迟，易受病虫鸟鼠等危害，影响出苗率；过晚，在高温期竹苗死亡率高，因生长期短，分蘖相应减少。

③种子处理

播种前先用清水洗去拌种药粉，浸0.5小时后再用0.3%高锰酸钾消毒2～4小时，洗净后即可播种。毛竹种子播种前采用催芽处理，即在温室内用湿沙拌种，经常洒水翻动，等种子露白后播种，可以提种子的发芽率，提早出苗和分蘖。播催芽种子时，苗圃地温度和催芽温度不宜相差太大，播后要浇水保湿，防止“回芽”烂种。

④播种方法

毛竹种子条播、撒播、穴播均可。穴播种子用量少，竹苗分布均匀且生长整齐，管理也方便，是一般常采用的方法。在床面按30～40cm株行距开穴，穴径5～6cm，深2～3cm，每穴均匀点播种子8～10粒，用火烧土或细土覆盖，以不见种子为度。盖草淋水，注意保湿和防止鸟鼠等危害。

⑤苗期管理

揭草分2次，大部分播种穴出苗后，揭去1/2；再经7～10天全部揭除。揭草后架棚遮荫，棚高50～60cm，透光度50%～60%，早盖晚揭。高温季节后，逐步减少遮荫时间，白露前后，全部撤除。

播种后至出苗期要保持苗床土壤湿润，但浇水不能过多，否则会引起苗床板结。夏季高温干旱期，可采用沟灌降温、抗旱。雨季苗圃地积水，要及时排涝。在竹苗周围覆盖一层谷壳、麦壳、草节、木屑等，既能抗旱，又可减轻雨后竹苗沾泥。

移栽分蘖苗应在阴雨天进行。随起随栽，要求苗根舒展，深浅适宜(比原土壤深约0.5cm)，浇定根水，再覆一层松土。幼苗出土后要经常除草。但注意不要伤及幼苗、分蘖芽或带动根部。

2)温床育苗

选择避风向阳、排水良好的坡地设置温床。温床位置要背北向南，东西走向。上温床宽1～1.3m，长度根据地形和播种量而定。挖去温床内土壤深达40cm，温床坑底两端要略倾斜，中挖一条小排水沟，在低的一端留一出口，以便排水。然后填放发酵物30cm，踏实，上面均匀撒少量敌百虫粉，再盖上15cm的火烧土或肥土，略高于床面5～6cm，耙平播种。在温床北面用砖块或泥土砌成高66cm，南面高30cm，东西两头倾斜的挡风墙，南北两墙之间搭架，上盖塑料薄膜，北面固定，南面可以开启与封闭，以便调节温、湿度。较冷季节还需加盖草帘保温。

在土温床温效不够的地方，可用土温室。温室的大小因播种量而定。北墙高，南墙低，东西两端倾斜，以利于操作为度，上盖塑料薄膜和草帘。温室内作苗床1～1.3m，苗床增温、床面处理和播种均同土温床。播种后，搭上弓形架，盖上塑料薄膜。

①播种方法

北方地区以冬季或早春播种为宜。每1m^{2}播50～150g种子，均匀撒下，覆土0.5～1cm，薄盖1层草，浇水，盖上薄膜保温、保湿。

②苗期管理

晴天日出后揭去草帘，日落前盖上草帘，保持床面气温20～25℃，地温15～20℃为宜，保持苗床土壤湿润，以利种子发芽。竹苗出齐后，床面气温应保持在15～20℃，过高会引起竹苗徒长，容易发生病害，可适当通风降温，苗床湿度不要过大，以手捏成团、落地散开为宜。发现立枯病或根腐病时，要及时防治。竹苗生长期要给予充分光照。随着温度的上升，白天去掉薄膜，晚间覆盖以防霜冻，最后完全撤除。

③移苗

晚霜过后，即可将温床或温室的竹苗移植到大田。株行距30～40cm，每穴2～3株。苗圃地选择、整地作床、移植技术以及苗期管理均与大田育苗相同。

3)无性繁殖育苗

①连续分株育苗

利用实生苗丛生分缠的特性，可以进行连续分株育苗。即在春季解冻后，将一年生竹苗成丛挖起。根据竹丛大小和好坏，用铁锹或剪子从竹苗基部切开，分成2～3株一丛。要保护分蘖芽和根系，剪去竹苗枝叶1/2～2/3。按株行距30～40cm，打浆栽植到苗圃地。分株苗1年后每丛可分蘖10株左右，平均高1m左右，抽鞭1～8根。第二年又可用此法分株移载，连续4～5年，竹苗仍然保持良好的分蘖能力，每年可成倍扩大育苗面积。

②埋鞭育苗

所有散生竹和混生竹的竹鞭鞭芽都能抽鞭发笋，可以用来繁殖育苗。当竹苗起出土后，可将圃地上的残留竹鞭挖起，并截成10～15cm长的鞭段。在苗床横向开沟，宽10cm、深10～15cm，沟距25～30cm。将鞭段连接平放于沟内，芽向两侧，覆土约5cm，压紧、盖草、浇水。出苗后，剪去细弱植株，保留1～2株壮苗。加强水肥管理，当年每丛可分蘖3～5株，抽鞭1～7根，鞭芽肥壮饱满，留床1年，就有大量分蘖苗出土。

在母竹来源不足时，亦可用大母竹的竹鞭来育苗，即选挖鞭色鲜黄、芽苞饱满、根系健全的壮龄竹鞭(毛竹鞭2～4年生，小杂竹鞭1～3年生为宜)。注意不要撕破竹鞭，损伤鞭芽根系，切口要平，多带宿土，截成长1m左右鞭段，然后埋鞭育苗，方法同上。

③压条育苗

实生分蘖幼苗的节芽具有萌芽生根的能力，也可以用来育苗。在苗丛周围，选择出土不久、尚未展叶的分蘖幼苗，轻轻向外压倒，基部和中部埋入土中，梢部留外。压条埋土后1月左右，入土苗节即可生根萌笋。清明至白露均可压条，但以5～6月的效果最好。

③挖苗留鞭育苗

在育苗基地上，挖苗留鞭育苗。起苗后的穴塘，适当施肥，用土填平，并浅锄圃地1次，春后就可大量出笋成苗，高达1m左右，俗称“以肥换苗”。这样可连续4～5年可提供大量竹苗。

④埋秆育苗

竹秆主枝和侧枝的基部具有休眠隐芽，在适宜条件下可以发芽生根，用来埋秆育苗。埋秆育苗应在隐芽尚未萌动前(3月中旬)为宜，选择1～2年生、分株低、无病虫害的健壮竹株，连蔸挖起，带土4～5kg，将竹株平放在地上，留主枝和向上侧枝，剪去着地侧枝，再将向上侧枝剪断至2～3节，留下小枝即可埋秆育苗。苗床纵向开沟，沟宽依修剪后的竹冠而定，沟深10cm，沟距40cm，穴塘挖成30cm左右，然后把竹篱放入穴内，竹秆平放穴内，盖土踏实，略高于地面，使向上侧枝露出小枝，浇水覆草，加强管理。

⑤扦插育苗

3～4月或8～9月间，选2～3年生实生分蘖苗基部，剪成3～5节1段插穗，保留小量竹叶，插秆于沙床或苗圃地上，搭好荫棚，遮荫50%左右，经常保持插穗的叶片潮湿，约经过10～20天，就能长出新根和抽出新叶。

4)毛竹实生苗的生长

毛竹种子出苗后，经过40～50天(秋播需100天左右)开始分蘖。在温度较高的广西柳州等地 1 年内可分蘖 4 ~ 6 次；江苏南京等地 1 年可分蘖 3 ~ 4 次，分蘖苗一次比一次高大。1 年生苗每丛约有 8 ~ 15 株，好的可达 20 株以上；一般高 25 ~ 35cm，好的可达 45cm 以上，地下无横走行鞭。二年生苗（留床 1 年）春季开始出笋，5 月下旬起，大量形成地下茎（即竹鞭）。三年生苗（留床 2 年）只在 2 ~ 4 月间发笋 1 次。当年长成的小竹，高达 1 ~ 2m，地径 0.3 ~ 0.6cm。2 ~ 3 年生的实生苗，都可分竹出圃，用作造林。

毛竹实生苗的形态及生长发育规律与丛生竹相类似。这一现象说明，在生物进化上，丛生竹比散生竹更原始；而散生竹根可能是由丛生竹进化而来的，所以在个体发育的幼年阶段重演系统发育，即实生苗在形态和习性上，反映出它祖先的性状。

因此，散生竹实生苗与丛生竹具有相同的繁殖特性，在生产上采用毛竹实生苗分株连续育苗，可以建立永久性竹苗圃。

5）毛竹实生分蘖苗造林

毛竹经过 2 ~ 3 年的分蘖繁殖，分蘖苗高达 1m 以上，可以用来造林。挖掘分蘖苗 3 ~ 4株为 1 墩，用锹挖起成 20 ~ 30cm 的球形或方形，留枝 3 ~ 4 盘，剪去梢部，适当疏叶。就地栽植不要包扎。远途运输，要用草将土墩包扎好。

按每 1000m^2 栽 60 ~ 90 丛的造林密度，开穴栽竹。穴塘的长、宽、深各约 30cm，放入分蘖苗墩，然后踏实（不要踩竹墩中心，免伤鞭芽）。灌足定根水。栽植深度比分蘖苗根际约多 5cm，壅成馒头形，以防积水。

6）鞭节育苗造林

利用散生竹种的鞭节育苗造林，是解决竹林母竹来源不足的一个重要途径。鞭节育苗最好在春季（2 ~ 3 月）进行。圃地的选择、整地和筑床的方法与毛竹播种育苗相同。育苗用的竹鞭应选择 2 ~ 4 年生（鞭色鲜黄），鞭芽饱满且鞭根健全的粗壮竹鞭。在竹林中挖鞭时注意多带宿土，不要伤及鞭芽，保护根鞭。竹鞭挖出后，要用利锄或快刀把竹鞭截成 40 ~ 50cm 一段的鞭段。然后将一段段竹鞭连接平放于苗床的横行中，覆土厚度 4 ~ 6cm，压实，上面撒一层薄薄的松土，再盖草保潮，晴天注意浇水。4 ~ 5 月间鞭上的芽陆续萌发，长成竹苗。同一鞭段上长出多条竹苗时，应及时修剪去细弱的竹苗，一般每段竹鞭上保留 2 ~ 3 条竹苗即可。夏季高温天气应设置荫棚（透光度 50% ~ 60%），及时灌溉。秋后凉爽时，除去荫棚。一年生竹苗高度可达 50 ~ 60cm。留床1 ~ 2年（第二年后不再设荫棚），待长出新鞭后，就可出圃造林。鞭节育苗造林技术，可参考实生苗造林方法。

若用 2 ~ 3 年生实生苗的竹鞭，截成 30cm 左右为一段，按上述方法育苗，效果更好。

5. 栽后管理

栽后要做好抚育管理工作。如母竹过于高大，且又在风口，栽后要设立支架。遇有露根露鞭、母竹歪斜或根际摇动，要及时培土覆盖。遇旱要浇水，保持土壤湿润；遇久雨积水要及时排涝。在新造竹林中可间种豆科植物或蔬菜，如蚕豆、大豆、豌豆、青菜等，既可防止杂草滋生，又可疏松土壤，改善水肥条件。新栽母竹当年生长出的新竹，无论大小，都要加以保护。经过夏、秋季节，母竹死亡在 20% 以上时，要检查死亡原因，及时补植。

二、丛生竹的繁殖

（一）丛生竹概述

丛生竹的地下茎不横走，粗大而短缩，节密根多，成为烟斗状，称为秆基。除少数竹种外，其大型芽抽笋长成的新竹一般都靠近老秆，形成密集丛生的竹丛，秆基则堆积成群。

丛生竹种的地下茎入土较浅，部分种类的秆基和休眠芽露出地面，出笋期又在夏、秋季，新竹在当年不能充分木质化，经不起寒冷和干旱，因而在纬度较高的北方，生长受到了限制。对土壤的要求也高于散生竹，需要土层深厚、疏松肥沃的微酸性土或酸性土，一般为 pH 值 4.5 ~ 5.6。

表 1-61 丛生竹常见的类型

中文名	学名	中文名	学名
悬竹属	*Ampelocalamus*	粉蜡单竹	*B. cerosissimia*
射毛悬竹	*A. actinotrichus*	牡竹属	*Dendrocalamus*
贵州悬竹	*A. calcareus*	麻竹	*D. latiflorus*
簕竹属	*Bambusa*	花吊丝竹	*D. minor* var. *amoenus*
惠方簕竹	*B. boumeana*	歪脚龙竹	*D. sinicus*
青丝黄竹	*B. eutuldoides* var. *viridi - vitatata*	镰序竹属	*Drepanostachyum*
孝顺竹	*B. multiplex*	小蓬竹	*D. luodianense*
花孝顺竹	*B. multiplex* ‘Alphonsa - karri’	慈竹属	*Neosinocalamus*
凤尾竹	*B. multiplex* ‘Fernleaf’	慈竹	*N. affinis*
青皮竹	*B. textilis*	大琴丝竹	*N. affinis* f. *flavidorivens*
崖州竹	*B. textilis* var. *gracilis*	金丝慈竹	*N. affinis* f. *viridiflavus*
紫线青皮竹	*B. textilis*	黄毛竹	*N. affinis* f. *chrysotrichus*
紫竿竹	*B. textilis var. purpurascens*	绿竿花慈竹	*N. affinis* ‘Striatus’
光箨青皮竹	*B. textilis* var. *glabra*	泰竹属	*Thyrsostachys*
花眉竹	*B. longispiculata*	泰竹	*T. siamensis*
骨节竹	*B. tuldoides*	箭竹属	*Fargesia*
佛肚竹	*B. ventricosa*	矮箭竹	*F. demissa*
小佛肚竹	*B. ventricosa* var. *nana*	华西箭竹	*F. nitida*
挂绿竹	*B. vulgaris* ‘Vittata’	华橘竹	*F. spathacea*
大肚竹	*B. vulgaris* ‘Wamin’	秀叶箭竹	*F. yuanjiangensis*
粉单竹	*B. chungii*		

（二）丛生竹的繁殖

1. 苗圃地准备

苗圃地的位置要靠近水源、路边及造林地，便于灌溉、运输和栽植；土质以疏松的沙质壤土为宜，土壤肥力中上等，排水、透气性良好；宜选择地势平坦、开阔、光照充足的地带，坡度不超过 5°，坡向以东南、东北向为佳。

在 9 ~ 10 月深挖苗圃地，深度为 25 ~ 30cm，清除宿根性杂草、石块；施入基肥，常用施肥量为：钙镁磷肥 105 ~ 225g/m^2，或菜饼 225g/m^2，或者堆肥或厩肥 1.50 ~ 2.25kg/m^2；忌用猪粪作基肥。整地时间宜选在育苗前 15 天进行，碎细土堡，平整土地，碎土时浅锄 20cm；并用辛硫磷粉 2.25g/m^2，混拌适量细土后撒于土表，浅锄时翻埋土内，以毒死地下害虫。作高床，床宽1m，长度以10～15m为宜，床面平整，步道0.4m宽。

2. 育苗时期

丛生竹一般在3～4月发芽6～8月发笋。育苗时期最好在春季气温稳定、高于10℃进行，一般2～4月均可，即在竹秆和竹枝养分积累丰富，芽眼尚未萌发，竹液开始流动前进行。南部宜早，北部则稍晚。

3. 育苗方法

（1）移竹栽植

丛生竹没有蔓行地下的竹鞭，而是靠竹秆基部两侧的芽萌发成竹笋，长出新秆。因此散生竹的繁殖方法不完全适用于丛生竹。

移竹栽植也称分蔸栽植，是我国劳动人民千百年来沿用的竹子繁殖方法，只要注意母竹质量、栽植季节和技术，一般成活率较高，发笋多而大，3～5年即可成林。

1）母竹选择

选择生长健壮、秆形良好、无病虫害，分布于中等立地条件之上的无性系种群作为母竹林。从竹丛中挑选生长健壮、芽眼饱满、枝条粗实和无病虫害的二年生竹株作为母竹。

2）母竹挖掘

挖掘时，先在离母株25～30cm的外围，扒开土壤，由远到近，逐渐深挖。在靠近老竹的一侧，找出母竹秆柄与老竹秆基的连接点，然后用利凿、山锄或快刀猛力切断母竹的秆柄，带土挖起。在切断母竹秆柄时必须特别注意，防止劈破或撕裂秆柄秆基，否则母竹的柱蔸易受伤腐烂，十之八九没有成活希望。根据竹种特性和竹秆大小，决定挖掘时的带土量和母竹秆数。一般根径较长或较大秆竹种如梨竹、麻竹、车筒竹、撑篙竹、绿竹、刺竹、慈竹等，竹株粗大、竹篼根系发达的可采用单株挖取，带土要多些；小型竹种如孝顺竹、崖州竹、凤尾竹、思劳竹等竹株较小，密集丛生，竹根分布也较集中，可以3～5株成丛挖起栽植。母竹挖起后，发枝低的竹秆，留2～3盘枝，在竹秆1.5～2m高处，从节间中斜行切断，切口呈马耳形。这样可以减少母竹蘖腾失水，便于搬运和栽植，栽后不须架设防风支柱。挖起的母竹不能及时栽植，应放在阴凉避风地方，并适当浇水。如远距离搬运，要用湿草包扎竹篼，防止损伤芽眼及震落宿土。

3）栽植方法

由于丛生竹的地下茎节间短缩，不能在土中作长距离的蔓延生长，为了充分利用土力和加快成林速度，栽植密度要比散生竹大些。大秆竹种如大麻竹、麻竹、绿竹、大头典竹、甜慈竹、簕竹、刺竹、撑篙竹、粉单竹等50～60株/1000m²；小秆竹种如崖州竹、孝顺竹、凤尾竹、思劳竹等70～90株/1000m²。一般在溪流两岸、平坦而肥沃的土壤上，栽植的株行距要大些，而在丘陵起伏土壤条件较差的地方，株行距要小些。

在土质疏松肥沃的地方，不需整地，即可开穴栽竹；而在土壤条件较差的地方，最好先行带垦或全垦，然后开穴。植穴大小根据母竹篼的大小而定，约大于母竹篼的

1~2倍，以使根系舒展，一般为50cm×70cm，深30cm左右。

栽竹前，穴底先填细土，有条件的地方可以施些腐熟的杂厩肥，每穴15~25kg，与表土拌匀，然后将母竹斜植于穴中，马耳形切口向上，以便接存雨水或灌以泥浆，防止竹秆干枯。根据生产实践经验，竹秆斜放的母竹根系在穴中的位置，比不斜放的母竹根系要自然舒展，生长活动的恢复要快，更有利于成活和发笋长竹。不论斜放或不斜放栽植，母竹秆基的两侧芽眼都应倾向水平位置，而直立栽植的母竹芽眼则应垂直重叠。前者发笋长成的新竹秆的距离大于后者；而且由于竹秆斜植，倒向一侧，可以减少风吹摇晃，不必扎缚支柱(如图1-73)。调正母竹的外放位置后，分层填土，使竹篼根系与土壤紧密接触，压实，灌水，最后覆土以超过母竹原入土深度3cm为宜。塑成馒头形，以防积水烂鞭。

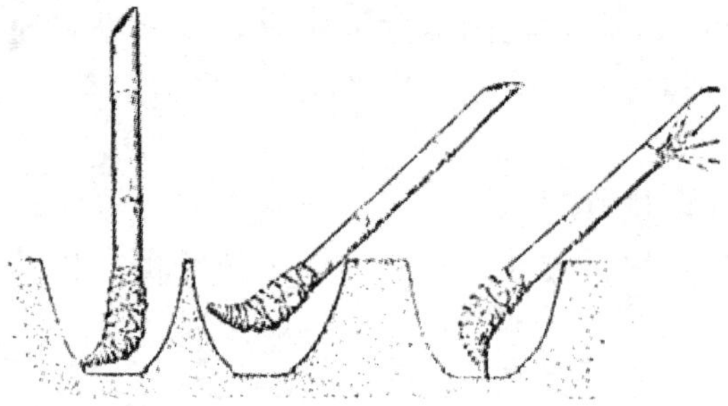

1　　2　　3

图1-73　移竹造林方法

1. 直立竹　2. 正面斜放　3. 反面斜放

移竹栽植时母竹的种源常受到很大的限制，季节和技术也难掌握；大量挖掘母竹，会影响竹丛的生长和发笋成竹能力；母竹挖起后容易干枯，尤其是在远距离的造林，长途运输会大大降低造林成活率。所以，移竹栽植不能满足大面积竹林营造的要求。

此外，还有移蔸栽植，即削去竹秆，只栽竹篼。栽法和栽后管理与移竹栽植相同。

(2)埋秆育苗

许多丛生竹种如青皮竹、撑篙竹、簕竹、大眼竹、刺竹、孝顺竹、麻竹、绿竹、慈竹、大头典竹、粉单竹等竹秆和枝条上的部分芽子没有及时萌发，还处于休眠状态，称为隐芽。在适宜的条件下，采取适当措施，可以促使隐芽萌发生根，长成新的独立竹株。因此凡有隐芽的竹种，都可以用竹秆和竹枝来繁殖，育竹成苗，再移植造林。

埋秆育苗必须在竹秆养分积累丰富，芽眼尚未萌发，竹液开始流动前进行。在丛生竹分布偏南地区，以2月中旬至3月中旬为宜；偏北地区特别是山区，可以推迟到3月下旬至4月上旬。过早，气温低，竹子处于休眠状态，细胞原生质的黏性大，透性小，生理活动非常缓慢，不利隐芽的萌发生根，而且竹秆埋时过久，芽眼容易腐烂，发笋率和成活率都低。过迟，则气温高，正值生理活动旺盛时期，节上各种隐芽普遍萌发生长，养分消耗大，生根困难，陆续死亡，发笋率高，成苗率低。

埋秆育苗可分为压条埋秆育苗、原条埋秆育苗和埋节育苗。

1)压条埋秆育苗

在地形平坦，土壤肥沃的稀疏丛生竹林。从2~4月，在透光度大的竹丛边缘，选定1～2年生、生长健壮、隐芽饱满的竹秆作母竹。从母竹基部向外开一水平沟，深、宽各约15～20cm，相当于压条竹秆的长度，除去草根、石块，沟底填一层细土，适当施些基肥和土拌匀。在压条竹秆基部的背面用刀砍一缺口，深度达竹秆的2/3，然后将竹秆向开沟方向慢慢压倒，留20节左右，削去竹梢，保留最后1节枝叶，以利光合作用和养分水分的运输循环，其余各节枝条除留主枝2～3节和隐芽外，全部从基部剪掉。再把母竹秆压入沟内，枝(芽)向两侧，覆土3～5cm，轻轻压实，露出末端1节的枝叶，浇水盖草(如图1-74)。

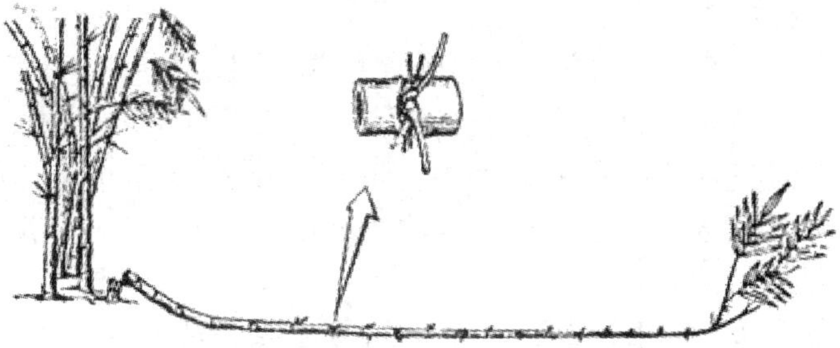

图1-74　压条埋秆育苗

压条竹园要经常检查，防止人畜践踏；对弹起或露出的竹秆，要立即覆压；久雨要注意排除积水，过干要适当灌水。约100天左右，各节隐芽即可发笋生根，长出竹苗。到春季挖起，逐节锯断，成为独立竹苗丛供造林用；也可移至苗圃，分株栽植，再行育苗。

压条埋秆育苗简便易行，无需设立苗圃，省工省时，成本低，又不影响竹丛生长，季节性限制也小，一般疏林竹丛都可采用。

2)原条埋秆育苗

原条埋秆育苗和压条埋秆育苗相同，只是把母竹秆和竹丛分离，移到圃地上进行育苗。埋秆繁殖要选择水源充分，排灌方便，疏松肥沃的沙质壤土作圃地，耕播20～25cm，每1000m^2施2～4t火土灰、烟熏土或其他有机肥料，混匀、整细、耙平、开好排水沟(如图1-75)。

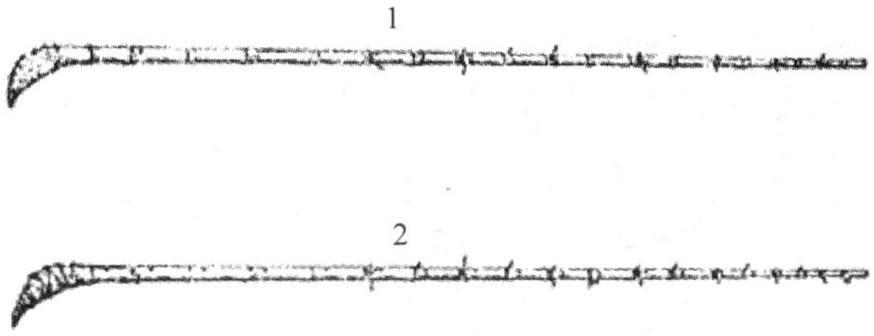

图1-75　原条埋秆育苗

1. 不砍孔　2. 砍孔

原条埋秆育苗对母竹的要求同压条埋秆育苗一样，也要选择生长健壮、无病虫害、隐芽充实饱满的1～2年生的竹秆。原条埋秆育菌可分为带蔸原条和去蔸原条两种方式。

①带蔸原条埋秆育苗

将选定的母竹挖起，注意保持母竹萌芽眼完整，留20节左右，削去竹梢，切口呈马耳形。每节枝条除留主枝一节及周围侧芽外，其余全部贴秆剪掉。在已整好的苗床上，按畦长方向，每隔20～25cm开平行沟，沟宽深各约12～15cm，埋竹篼处要适当宽些深些，然后将母竹竹蔸打上泥浆，平放于沟内，南部切口向下，枝(芽)向两侧，各相邻行的母竹应反向放置(头尾调换)。覆土3cm左右，竹篼处稍厚些，压实并充分浇水，最后盖草。

②去蔸原条埋秆育苗

将选定的母竹从基部齐地砍断，不带竹蔸，其余做法都和带蔸原条埋秆育苗相同。由于竹秆生长顶端优势的影响，原条上部的隐芽萌发生长较快，中、下部各节隐芽活动受到抑制。为了促使各节隐芽发笋生根，可在原条各节上方8～10cm处锯两个环，深达竹青部分，两环距离约1.5～2cm，或砍1小孔，宽约1.5cm，深达秆径的1/3，再行埋秆。

到初秋，竹苗大部分生根后，将已生根的节在原锯环或砍孔处锯断，使其长成独立的竹苗丛。也可以分株移植，进行再育苗。一般截秆后竹苗生长比未截秆的都有较大幅度的增加，发笋也较多。

原条埋秆的育苗圃地要经常管理，久雨要排积水，久旱要适当灌溉，出现露节要及时培土。当竹节隐芽出土3cm左右时，要摘去过多的弱芽，每一竹节留1～2条壮芽，使养分集中，促进生根。摘芽后覆土，以减少伤口水分蒸发。竹苗生根后可施些稀薄的氮肥，并经常除草，以利竹苗生长。

(3)埋节育苗

凡有隐芽的竹种都可采用埋节育苗，尤以青皮竹、粉单竹、大头典竹、麻竹、崖州竹等的成苗率最高。一般母竹年龄2～3年生，发芽率最高，竹苗生长好。母竹竹秆过嫩，发育不全，养分少，成苗率低；过老，则各节先后抽枝，隐芽减少，加上组织老化，长势衰退，发芽率低。母竹竹秆下粗上细，各节隐芽的饱满度下肥上瘦，养分贮存也是下多上少。由于顶端生长优势的影响，上部节芽抽发早，容易死亡。而中下部各节隐芽则充实，生活力强，尽管萌发较迟，但生根较快，长势旺盛，育苗成活率高，故在截锯节段时必须注意保护。

一年生粉单竹仅竹秆基部几节竹苗成活率较高，中部以上较低。二年生粉单竹竹秆基部各节除无芽或死芽外，都容易出苗成活，中部节段也能成活，梢部节段则成活较少。三年生粉单竹的各节苗成活，基部较差，中部及中上部较好，梢部最少。在种源不足情况下，也可用老竹的中上部节段育苗。

把已选定母竹齐地砍断，削去竹梢，各节枝条除主枝留第一节外，全部从基部剪掉。然后按母竹秆及各节隐芽的健壮程度，用利刀或细齿锯截成单节段或双节段(图1-76)。

一般粗壮母竹的节芽肥大，成活率高，宜截成单节段，弱小母竹则宜截成双节段。竹秆中下部各节宜截成单节段，上部各节宜截成双节段。这样，每一母竹可截成8～15个双节段或单节段，可育苗5～8丛，更能充分合理利用母竹条源，提高埋秆育苗成活率。

截锯节段时，节上留 10cm 左右，节下留 20 ~ 25cm，双节段可适当短些。上下切口都削成方向相反的马耳形，尽量避免损伤竹青或削破竹筒。

为了防止竹节干枯，影响成活，最好是随砍随截随埋，或将节段或母竹原条放在流动清水中或埋藏在湿沙中以保持湿润。一般原条多节段埋藏比单节段埋藏的效果好，成活率可高 1 ~ 2 倍。如果远途运输，用湿草覆盖母竹，并经常浇水，防止风吹日晒。运到后，先用湿沙埋藏或清水浸泡 1 ~ 2 天，待母竹充分吸水，芽眼膨胀时，再行断节育苗。

有条件的地方，在埋节前用生长激素处理，对节段生根有促进作用。如青皮竹的单节段用 100mg/L 萘乙酸处理 12 小时，成活率为 80%，而不加处理的成活率只有 30% 左右。

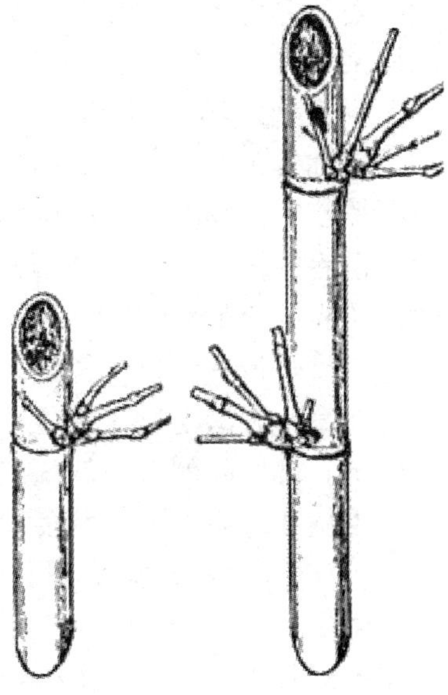

图 1-76 埋节育苗的节段

1. 单节 2. 双节

1）平埋竹节育苗

在整好的圃地上，按株距（两节段竹节之间的距离）14 ~ 16cm、行距 25 ~ 30cm 开水平沟，深宽各约 10 ~ 14cm，再将节段两端切口内塞满湿泥，双节段还需在两节间凿 1 小孔，注水封泥，这样可以更好保持节段湿润，促进隐芽萌发生根。然后把节段平放沟中，节上切口向上，节下切口向下，节枝（芽）向两侧，覆土 3cm 左右，稍加压实，最后盖草、淋水。

平埋竹节育苗适用于圃地较高，土壤较干，日晒强烈的地方，可以减少竹节萌发，有利于提高成活率。

2）斜埋竹节育苗

对节段的处理和埋放的株行距与平埋竹节育苗完全相同，只是把各节段斜放在沟侧斜面上，切口向上，节枝（芽）向两侧，与地面成 20°左右的角度，排成一行，各段竹节应在同一水平线上，即行覆土，厚约 3cm（从地面到竹节），露出切口，然后压实，盖草、淋水（如下图 1-77）。

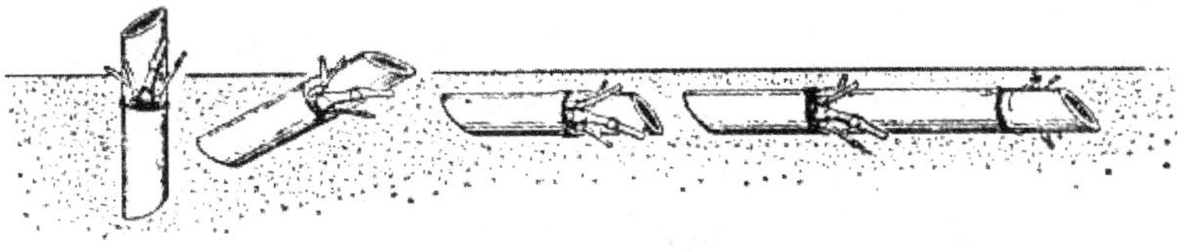

图 1-77 埋节方法

3）直埋竹节育苗

将节段直插入土，深度以从地表至竹节约 3cm 左右为宜。其他要求和操作都与斜埋竹节育苗相同。

以上 3 种埋节方式都适用竹节育苗，而以斜埋的成活率较高。一般双节育苗采用平埋，单节育苗则以斜埋、直埋为多，但还应根据圃地条件和育苗季节，灵活运用。

埋节育苗的圃地管理与原条埋秆育苗相同。埋节的竹苗丛，可以出圃造林，也可以留圃分株，再行繁殖。

(4)埋蔸育苗

也称竹头育苗。丛生竹砍伐后或竹笋－幼竹死亡后，留在土中的竹头(秆基)根系没有死亡，还具有一定的生活力，部分芽眼还可以萌发抽笋，将残存的竹头分离下来，给予适宜的培育条件，便可出笋生根，长成竹苗。如果是死亡时间不长的竹笋——幼竹，竹头的年龄小，活力强，有效的根点芽眼多，埋入土中，保持土壤湿润，发根出笋更容易。带有青色的竹头，挖起来假植催芽，待发根后，可直接用于造林。

在育苗方法上，挖掘竹头应结合竹丛抚育来进行，尽量避免损伤根和芽，挖后用土填坑。将挖起的竹头从两列芽眼中间劈为两半，每半必须有活根、活芽(如图1-78)。已经干枯和没有活根、活芽的不能用来育苗。在整好的圃地上，按14～16cm×25～30cm的株行距，开沟平埋，竹头背向上，两端紧贴泥土，覆土3cm左右，盖草、淋水，生根后可以适当追肥。其他的圃地管理与原条埋秆育苗相同。竹头贮存的养分多，在挖掘的刺激下，发笋生根快，一般只需30～50天。第一年夏秋育苗，第二年春季即可出圃造林。

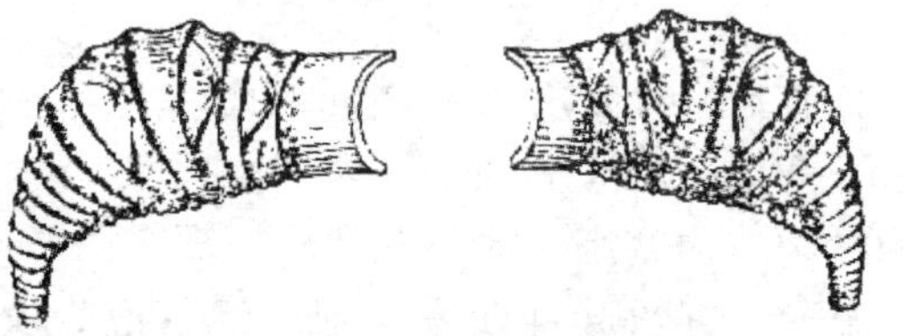

图1-78 埋蔸育苗

(5)竹枝育苗

在竹林生产上，丛生竹的竹枝育苗简便易行，成效突出，在我国南方丛生竹产区值得大力推广。竹枝育苗具有以下优点：

①出苗多，生根快，成活率高。

②成苗早，出圃快，一般4～5个月即可移植造林。而竹节育苗要半年多，埋秆育苗要1年。

③竹枝育苗的时间长，不受季节的限制。而竹节和埋秆育苗除春季以外，其他季节育苗成效很差。

④竹枝育苗不用母竹，从竹株上剥下枝条，亦不影响竹丛生长，对保护竹林资源，增加竹材生产是有积极意义的。

⑤竹枝数量多，条源广，特别是利用竹苗培育次生枝，更是大大地丰富了条源，又降低了育苗成本，对丛生竹的引种繁殖，扩大竹林面积，提供了有利条件。

竹枝育苗的季节以3～4月为宜。因为春季温度较低，竹株刚刚萌动，养分积累丰富，枝段容易生根，成活率高。夏、秋季温度高，正是竹笋生长时期，生理代谢旺盛，竹秆、竹枝贮存养分少，枝段抽枝早，生根慢，成活率低。

竹枝育苗分主枝育苗和次生枝育苗两种。

1)主枝育苗

主枝育苗是利用主枝基部有根点（即根芽枝条）进行育苗。如麻竹、吊丝球竹、大头典竹、青皮竹等，主枝基部的根点，有时长出气根，用来育苗，容易成活（如图 1-79）。

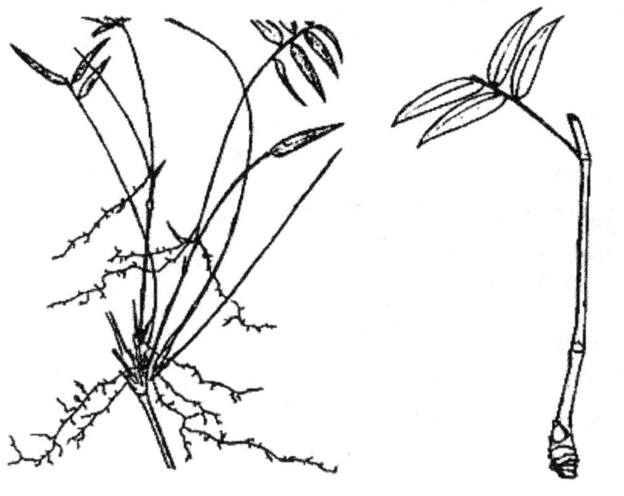

图 1-79

1. 竹主枝育苗　2. 次生枝育苗

从 2 ~ 3 年生的竹秆上，选择生长健壮、隐芽饱满 1 ~ 2 年生、有根点的主枝。从主枝基部用刀砍下，应尽量避免损伤根点，以利于提高竹枝育苗的成活率；在第三节上约 2cm 处剪断，最上节适当保留些枝叶，以利光合作用。主枝基部的侧枝全部剪掉，中间节只留 1 节侧枝。如有宿存的枝箨，应将其剥去，露出芽眼。把切好的枝段浸在清水中，或放置在阴凉地方，经常淋水，保持湿润。如需远途运输，必须用湿草包扎，做到既通气又保湿。在整好的圃地上，按 14 ~ 16cm 的株距和 25 ~ 30cm 的行距开沟，将竹段斜埋，使之与地面成 30° ~ 40°的角度，枝（芽）向两侧，最下一节入土 3 ~ 6cm，切口约与地面平，露出最上一节的枝叶。然后盖草 3cm 左右，充分淋水。枝段埋插后 10 天内要适当遮阴，防止积水与干旱，露节要培土覆盖。竹枝育苗生根快，20 天后可以施一次氮肥或人粪尿，3 月即可成苗。一般带蔸主枝育苗的成活率高。

2）次生枝育苗

次生枝是竹秆主枝以外的侧枝。一年生新竹的次生枝很少，2 ~ 3 年的竹株，特别是断梢的竹株，失去了顶端优势，抽枝较多。生长旺盛、枝条粗壮、隐芽饱满、根点明显的分枝可用来育苗，抽笋发根容易。利用丛生竹的这种特性，采用相应的措施，进行人工培育次生枝，再用次生枝来进行育苗。

春季竹子开始萌动时，在竹丛边缘选择生长健壮的 1 ~ 2 年生竹株，用高枝剪或钩刀切断竹梢，剪掉留存各节的主枝，并挖开竹蔸两侧土壤，用小刀划破秆基芽眼，覆回原土。这样，竹蔸不再发笋长竹，积贮的养分专供抽枝发叶，就能萌发出大量的优质次生枝。在 2 ~ 4 月，选择上年出笋长成的健壮新竹，连蔸挖起，去梢，用小刀划破竹蔸两侧芽眼，在整好的圃地上，按 1m × 1m 的株行距，打浆栽植，加强水肥管理措施，2~3 个月后便可有大量次生枝。

可利用竹苗作为培育次生枝的母本，即选择苗圃中生长旺盛、竹秆粗壮的竹苗，留床或分株移植均可。切去梢部，留 3~4 节，待竹基部抽出的新笋成竹展叶后，进行分株，移植“新株”，留下“老株”，作为生长次生枝的母本。“新株”移植时，按 25~30cm 的株行距栽植，去梢，注意水肥管理，2~3 个月后，又可萌出次生枝来。这样循环繁殖，可以获得大量的优质次生枝。

选择次生枝要注意下列几点：

①枝条要粗壮节短，基部直径约 1cm 左右。

②第 1~3 节上的芽要肥大饱满，处于即将萌动状态。

③枝蔸肥大，有根点露出。

④枝箨大部分脱落或开始松动，枝梢已有几节枝叶展放。

⑤枝秆木质化，枝色青绿或带浅黄。

用这样的次生枝繁殖，成活率可在 95% 以上，而且竹苗质量好。过于细弱或过老、过嫩的次生枝，都不宜选作育苗用。

剥下选定的次生枝，尽量不要损伤枝蔸和根点，在第三节上方 1~2cm 处削去枝梢，剪掉留存枝叶的 2/3，作为育苗枝段。次生枝段的处理、埋插以及插后的圃地管理与主枝育苗相同。

移竹栽植若用竹蔸来繁殖，1 株母竹只能长成 1 丛竹子，造林 1000m^2 需要母竹 45~60株。埋秆和埋节是充分利用竹秆的各节隐芽，先育苗后移植，1 株母竹可以长出 10~20 丛竹苗，若造林 1000m^2 只需 45~70 根竹株作育苗母本。利用竹苗连续分蘖的特性，进行连续分株育苗，竹苗产量可以成倍增加，育苗造林成本还可以降低，而且竹苗的须根多，长势旺，造林成活率高。

3）笋蔸育苗

从生竹的竹笋采割后，笋蔸基部保留有笋芽，经过 1~2 个月的生长发育后，把带有笋芽的笋蔸按节分段切下，种植在苗床或营养钵中。在适宜的水分、温度条件，经过 1~2 个月后，笋蔸切片上的笋芽萌发成新的竹苗，用做造林材料。利用笋蔸进行育苗，竹苗粗壮、生长快，竹苗造林 2 年后就能生产笋。笋蔸育苗的季节一般是 5~6 月，采割第一批笋后，取粗壮的笋蔸，7~8 月就可切取笋蔸进行育苗。

适于笋蔸育苗的竹种有麻竹、龙竹、巨竹、甜竹、吊丝单竹、大头典竹等大型笋用竹种。

4）营养钵育苗

把营养土装入塑料钵中，称为营养钵。

在营养钵中进行播种、移苗或扦插育苗，称为营养钵育苗。营养钵育苗的优点是营养土壤中养分丰富、无病虫害，有利于竹苗生长；管理方便，占用苗圃地面积小，短期内可育出大量竹苗。

营养土用森林腐殖质土、塘泥、腐熟的堆肥、厩肥、人粪尿等混合，撒些杀虫、消毒药剂，经过充分发酵后，经过筛后除去石块、树根等。营养土装入钵内，即可移植育苗。配制营养土的要求是：营养土溶液呈微酸性反应，pH 值 5~6 为宜。

营养钵的大小，视竹苗而定：毛竹播种苗移植育苗，营养钵直径15～20cm，高12～15cm；麻竹等大型笋用竹种的次生枝和笋蔸育苗，营养钵直径20～25cm，高15～25cm。营养钵底部要有排水孔。

营养钵育苗管理：关键是水分管理，营养钵中移植竹苗（或插穗）后，要经常保持土壤湿润，并注意防止营养钵内积水；初植的幼苗要设荫棚遮荫，待竹苗成活后，逐步除去荫棚。营养钵中的竹育苗，一般经过2～3个月的培养，就可用做造林材料。

三、混生竹的繁殖

混生竹的地下茎兼有单轴型和合轴型的特点，既有在地下作长距离横向生长的竹鞭，并从鞭芽抽笋长竹，稀疏散生，又可以从秆基芽眼萌发成笋，长出成丛的竹秆。

表1-62　混生竹的种类

中文名	学名	中文名	学名
巴山木竹属	*Bashania*	螺节竹	*P. gramineus* f. *monstrispiralis*
巴山木竹	*B. fargesii*	慧竹	*P. hindsii*
寒竹属	*Chimonobambusa*	黄筋金刚竹	*P. kongosanensis*
大叶方竹	*C. grandifolia*	琉球大明竹	*P. linearis*
合江方竹	*C. hejiangensis*	川竹	*P. simonii*
毛环方竹	*C. hirtinoda*	白纹女竹	*P. simonii* f. *albo-striatus*
乳纹方竹	*C. lactistriata*	矢竹属	*Pseudosasa*
寒竹	*C. marmorea*	茶竿竹	*P. amabilis*
刺黑竹	*C. neopurpurea*	纤细茶竿竹	*P. gracilis*
龙拐竹	*C. szechuanensis* var. *flexuosa*	矢竹	*P. japonica*
方竹	*C. quadrangularis*	曙矢竹	*P. japonica* f. *akebono*
金佛山方竹	*C. utilis*	辣韭矢竹	*P. japonica* var. *tsutsumiana*
井冈寒竹属	*Gelidocalamus*	筇竹属	*Qiongzhuea*
井冈寒竹	*G. stellatus*	细竿筇竹	*Q. intermedia*
箬竹属	*Indocalamus*	大叶筇竹	*Q. macrophylla*
美丽箬竹	*I. decorus*	筇竹	*Q. tumidinoda*
棕巴箬竹	*I. herklotsii*	赤竹属	*Sasa*
阔叶箬竹	*I. latifolius*	爬地竹	*S. argenteastriatus*
华东箬竹	*I. migoi*	菲黄竹	*S. auricoma*
矮箬竹	*I. pedalis*	菲白竹	*S. fortunei*
胜利箬竹	*I. victorialis*	白条赤竹	*S. glabra* f. *alba-striata*
少穗竹属	*Oligostachyum*	湖北华箬竹	*S. hubeiensis*
秀英竹	*O. shiuyingianum*	赤竹	*S. longiligulata*
少穗竹	*O. sulcatum*	翠竹	*S. pygmaea*
大名竹属	*Pleioblastus*	无毛翠竹	*S. pygmaea* var. *disticha*
杭州苦竹	*P. amarus* var. *hangzhouensis*	华箬竹	*S. sinica*
垂枝苦竹	*P. amarus* var. *pendulifolius*	亮晕赤竹	*S. tuboiana*
辽东白条叶苦竹	*P. chino* f. *angusrifolius*	山白竹	*S. veitchii*
狭叶青苦竹	*P. chino* var. *hisauchii*	倭竹属	*Shibataea*
绿纹苦竹	*P. chino* f. *kimmei*	江山倭竹	*S. chiangshanensis*
球节苦竹	*P. globinodus*	鹅毛竹	*S. chinensis*
大明竹	*P. gramineus*	倭竹	*S. kumasasa*

（续）

中文名	学名	中文名	学名
黄纹倭竹	*S. kumasasa* f. *aureo-striata*	白目暗竹	*S. orthotropa*
翡翠倭竹	*S. lanceifolia* f. *smaragdina*	唐竹	*S. tootsik*
唐竹属	*Sinobambusa*	白条唐竹	*S. tootsik* f. *albo-striata*
晾衫竹	*S. intermedia*		

（二）混生竹的繁殖

混生竹的移竹栽植，选择生长健壮的 1～2 年生母竹，2～3 株成丛连鞭带蔸掘起，留来鞭和去鞭各 20～25cm，留 3～4 节枝条，削去竹梢，然后按 3～4m 的株行距栽下（图 1-80）。

也可用竹篙带鞭栽植，或者挖起壮龄竹鞭，切成 40～50cm 的鞭段，埋鞭造林。其中母竹和竹鞭的挖掘、搬运、栽植及栽后管理都与散生竹相同。栽植成活后，竹鞭在地下蔓延生长可使竹林面积扩大。有些混生竹（如箭竹）的竹秆各节具有隐芽，能够发笋长竹，竹蔸上的芽眼也可以抽鞭出笋，发展成竹丛。混生竹可以采用丛生竹的埋秆、埋节、埋枝等方法繁殖，混生竹种，也可进行播种育苗造林，其方法与散生竹种相同。

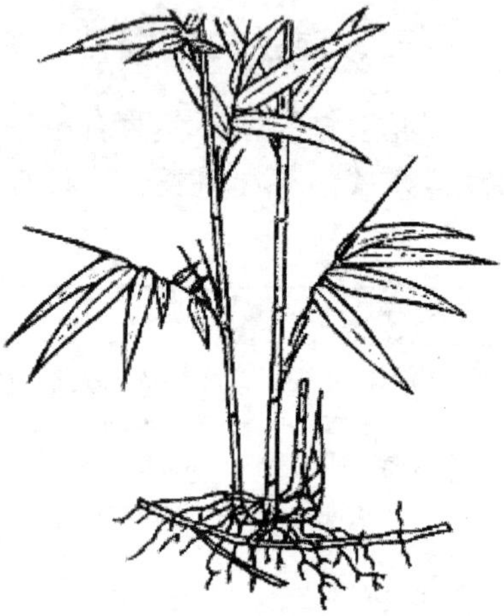

图 1-80　连鞭带蔸造林的母竹

附　录

附录 1　50 种主要草本花卉工厂化穴盘育苗参数

种类	英文名	苗期（周）	播种是否覆盖	第一阶段				第二阶段						第三阶段					第四阶段			
				介质温度（℃）	湿度	光照	时间（天）	介质温度（℃）	湿度	施肥（mg/kg）	施肥次/周	介质EC值	时间（天）	介质温度（℃）	施肥（mg/kg）	施肥次/周	介质EC值	时间（天）	介质温度（℃）	施肥（mg/kg）	施肥次/周	时间（天）
藿香蓟	Ageratum	5～6	否	24～25	中等		2～3	22～24	中等	50～75	1	<0.75	5～7	18～20	100～150	1	<1	21	15～17	100～150	1	7
香雪球	Alyssum	5～6	否	25～26	中等		2～3	22～24	中等	50～75	1	<0.75	5～7	18～20	100～150	1	<1	21	15～17	100～150	1	7
天门冬属	*Asparagus*	10～12	是	22～25	湿		14～21	22～25	湿	50～75	1～2	<0.75	21	21～23	100～150	1～2	<1	21～28	18～21	100～150	1～2	7
翠菊	Aster	5～6	是	20～21	干		4～5	20～21	干	50～75	1	<0.75	7	18～20	100～150	1	<1	14	15～17	100～150	1	5～7
四季海棠	Begonia fibrous	10～12	否	24～25	湿	是	7～10	22～25	湿	50～75	1	<1	14～21	20～22	100～150	2	<1.5	35～42	17～20	100～150	1	7
球根海棠	Begonia tuberrous	10～12	否	22～24	湿	是	7～10	21～22	湿	50～75	1	<1	14～21	20	100～150	2	<1.5	35～42	15～17	100～150	1	7
雏菊	Bellis	6	否	20～22	中等		5～7	18～20	中等	50～75	1	<1	10～14	18～20	100～150	1	<1.5	14～21	16～18	100～150	1	7
蒲包花	Calceolaria	7～8	否	18～22	中等	是	7～10	16～18	中等	50～75	1	<0.75	10～14	15～16	100～150	1	<1	18～25	10～15	100～150	1	7
金盏菊	Calceolaria	5～6	是	20～23	干	否	4～6	20	干	50	1～2	<1	7	18	50～150	1～2	<1.5	21	18	100～150	1	7
风铃草	Campanula	8～9	否	20～22	中等	是	7～10	20～22	中等	50～75	1	<0.75	7～10	18～20	100～150	1	<1	28～35	15～17	100～150	1	7
康乃馨	Carnation	5～6	是	18～21	中等		5～7	18～21	中等	50～75	1	<0.75	7～10	17～18	100～150	1～2	<1	14～21	15～17	100～150	1	7
鸡冠花	Celosia	5～6	否	24～25	中等		4～5	22～24	中等	50～75	1	<0.5	7	18～20	100～150	1～2	<1	14～21	15～17	100～150	1	7
瓜叶菊	Cineraria	7～8	否	21～24	中等	是	5～7	20～21	中等	50～75	1	<0.75	10～14	18～21	100～150	1	<1	21～28	15～17	100～150	1	7
彩叶草	Coleus	6～7	否	22～24	中等		5～7	22～24	中等	50～75	1	<0.75	10～14	18～20	100～150	1～2	<1	14～21	15～17	100～150	1	7
波斯菊	Cosmos	4～5	是	18～21	干		3～4	17～18	干	50～75	1	<0.75	4～7	17～18	100～150	1	<1	10～14	15～17	100～150	1	7
仙客来	Cyclamen	9～10	是	18～20	湿	否	21～28	20～21	中等	50～75	1	<0.75	7～14	20～22	100～150	1	<1	21～28	18～20	100～150	1	7
大丽花	Dahlia	4～5	是	20～21	干		3～4	21～24	干	50～75	1	<0.75	5～7	18～20	100～150	1	<1	12～14	15～17	100～150	1	7
石竹	Dianthus	5～6	都可	21～24	中等		3～5	21～24	中等	50～75	1	<0.75	7	18～21	100～150	1	<1	14～21	15～17	100～150	1	7
银叶菊	Dusty Miller	8～9	否	22～24	中等		5～7	21～24	中等	50～75	1	<0.75	14～21	18～21	100～150	1	<1	21～28	15～17	100～150	1	7
羽衣甘蓝	Collard	4～5	是	18～21	中等		3～4	17～18	干	50～75	1	<0.5	4～7	17～18	100～150	1	<0.75	10～14	15～17	100～150	1	7

（续）

种类	英文名	苗期（周）	播种是否覆盖	第一阶段				第二阶段						第三阶段					第四阶段			
				介质温度（℃）	湿度	光照	时间（天）	介质温度（℃）	湿度	施肥（mg/kg）	施肥次/周	介质EC值	时间（天）	介质温度（℃）	施肥（mg/kg）	施肥次/周	介质EC值	时间（天）	介质温度（℃）	施肥（mg/kg）	施肥次/周	时间（天）
勋章菊	Gazania	5～6	是	20～21	干		5～7	20～21	干	50～75	1	<0.75	7	18～20	100～150	1	<1	17～21	15～17	100～150	1	7
天竺葵	Pelargonium	5～6	是	21～24	中等		3～5	21～24	中等	50～75	1	<0.75	5～10	18～21	100～150	2	<1.2	14～21	17～18	100～150	2	7
非洲菊	Gerbera	5～6	都可	21～24	中等	是	7	21～24	中等	50～75	1～2	<1	7～10	18～21	100～150	2	<1.2	14～21	17～18	100～150	1～2	7
大岩桐	Gloxinia	7～9	否	23～25	湿		5～7	23～26	干	50	1	<0.75	14～21	24～26	100～150	1	<1	21～28	24～26	100～150	1	7
古代稀	Godetia	8～9	是	20～22	中等		8～10	18～20	干	50	1	<0.5	14～21	17～18	100～150	1	<0.75	21～28	15～17	100～150	1	3～5
千日红	Gomrena	5～6	是	22～24	中等		5～7	20～22	干	不施肥	1	<0.5	5～7	18～20	100～150	1	<0.75	14～21	17～18	100～150	1	7
嫣红蔓	Hypoestes	5～6	否	21～24	中等		3～4	21～24	中等	50～75	1	<0.75	7	18～20	100～150	1	<1	14～21	17～18	100～150	1	7
洋凤仙	Impatiens	5～6	否	22～25	湿	是	3～5	21～22	中等	25～50	1	<0.75	10	20～22	50～100	1	<1	14～21	17～18	50～100	1	7
新几内亚凤仙	Impatiens N. G.	6～7	是	25～26	湿	是	5～7	22～25	中等	不施肥	1	<0.75	10	20～22	100～150	1	<1	17～24	17～18	100～150	1	7
洋桔梗	Lisianthus	9～11	否	22～24	中等	是	10～12	20～22	中等	50～75	1	<0.75	14～21	18～20	100～150	2	<1.2	28～35	17～18	100～150	2	7
六倍利	Lobelia	5～6	否	24～26	中等		4～6	20～22	中等	50～75	1	<0.75	7	18～20	100～150	1～2	<1	14～21	15～17	100～150	1	7
万寿菊	Marigold, African	4～5	是	21～24	中等		3～4	20～21	干	50～75	1	<0.75	7	18～20	100～150	1	<1	14	15～17	100～150	1	7
孔雀草	Marigold, French	4～5	是	21～24	中等		2～5	20～21	干	50～75	1	<0.75	7	18～20	100～150	1	<1	14	15～17	100～150	1	7
花烟草	Nicotiana	6～7	否	24～25	中等	是	5～7	20～24	中等	50～75	2	<1	7～10	18～21	100～150	2	<1.2	21～28	15～17	100～150	2	7
三色堇	Pansy	6～7	是	18～20	湿		5～7	17～24	中等	50～75	1	<0.75	7～70	15～24	100～150	1	<1	21～28	13～18	100～150	1	7
冰岛虞美人	Papaver, Iceland	6～7	否	18～21	中等		5～7	18～20	干	50～75	1	<0.75	7	17～18	100～150	1	<1	21～28	15～17	100～150	1	7
五星花	Pentas	9～11	否	21～24	中等		10～12	20～21	中等	50～75	2	<0.75	14～21	18～20	100～150	1	<1	28～35	15～17	100～150	1	7
矮牵牛	Petunia	6～7	否	24～25	中等	是	5～7	20～24	中等	50～75	1	<0.75	7～10	18～21	100～150	2	<1.2	21～28	15～17	100～150	2	7
福禄考	Phlox	5～6	是	18～20	干	否	5～7	18～20	干	50～75	1	<0.75	7	18～21	100～150	1	<1	14～21	15～17	100～150	1	7
半支莲	Portulaca	7～8	否	25～26	中等		5～7	22～24	干	50～75	1	<0.75	10～14	20～22	100～150	1	<1	14～21	18～20	100～150	1	7
报春花	Primula	9～11	是	18～20	中等	是	7～10	18～21	中等	50～75	1	<0.75	14	18～21	100～150	1	<1	28～35	15～21	100～150	1	7～14
花毛茛	Ranunculus	9～11	是	15～18	湿		7～14	18～21	湿	50～75	1	<0.75	7～14	18～21	100～150	1	<1	28～35	15～21	100～150	1	7～14

（续）

种类	英文名	苗期（周）	播种是否覆盖	第一阶段				第二阶段						第三阶段					第四阶段			
				介质温度（℃）	湿度	光照	时间（天）	介质温度（℃）	湿度	施肥（mg/kg）	施肥次/周	介质EC值	时间（天）	介质温度（℃）	施肥（mg/kg）	施肥次/周	介质EC值	时间（天）	介质温度（℃）	施肥（mg/kg）	施肥次/周	时间（天）
一串红	Salvia	5～6	是	24～26	中等		5～7	22～24	中等	50～75	1	<0.75	7	20～21	100～150	1	<1	14～21	18～20	100～150	1	7
金鱼草	Violet	5～6	否	21～24	中等		4～8	18～21	干	50	1	<0.75	7	17～18	100～150	1	<0.75	14～21	15～17	100～150	1	7
紫罗兰	Stock dwarf	4～5	是	18～21	中等		4～6	18～20	中等	50～75	1	<0.75	7	17～18	100～150	1	<1	10～14	15～17	100～150	1	7
夏堇	Torenia	5～6	否	24～26	中等		4～6	22～24	中等	50～75	1	<0.75	7	20～22	100～150	1～2	<1	14～21	17～18	100～150	1～2	7
美女樱	Verbena	5～6	是	24～26	干		4～7	22～24	干	50～75	1	<0.75	10～14	20～22	100～150	1	<1	14	17～18	100～150	1	7
长春花	Vinca	5～6	是	25～26	湿	否	4～6	22～24	中等	50～75	1	<0.75	7～10	20～22	100～150	1	<1	14～21	18～20	100～150	1	7
角堇	Viola	6～7	是	18～24	湿		5～7	17～24	中等	50～75	1	<0.75	7	15～24	100～150	1	<1	21～24	13～18	100～150	1	7
百日草	Zinnia	4～5	是	20～21	干		2～3	20～21	干	50	1	<0.75	5～7	18～20	100～150	1	<1	10～21	17～18	100～150	1	3～5

附录2 常见草本园林植物种子的发芽特性

附表2.1 一二年生花卉类

种类	发芽率（%）	千粒重（g）	种子数目（g）	发芽温度（℃）	需光性	发芽天数	播种到移栽的天数	生长适温（℃）
Abelmoschus moschatus 黄葵	70~80	14.175	100	22~24	*	10~14	15~22	15~18
Abutilon × hybridum 苘麻	75~85	85.050	10	20~22	C	3~6	12~18	18~21
Ageratum houstonianum 熊耳草	80~90	0.221	7000	24~25	L	8~10	15~20	15~18
Alonsoa warscewiczii 心叶假面花	70~75	0.442	4000	20~21	C. Lt	5~8	12~18	13~14
Amaranthus tricolor 苋	80~90	0.886	1540	21~24	C. Lt	6~10	15~20	16~18
Ammobium alatum 银苞菊	65~75	0.886	2200	20~21	L	4~8	14~20	16
Anagallis arvensis 琉璃繁缕	55~70	0.442	1400	21~22	C. Lt	6~10	15~25	13~14
Anchusa capensis 牛舌草	70~80	7.088	380	20~21	L	4~8	15~25	13~15
Anoda cristata 鸡冠蔓锦葵	70~80	14.175~21.263	110	21~22	C	3~7	15~20	13~14
Antirrhinum majus 金鱼草	80~90	0.221	6300	21~24	L	7~14	15~20	37812
Arctotis fastuosa 南非雏菊	60~70	—	—	20~22	C. Lt	5~8	15~25	14~16
Arctotis stoechadifolia 非洲灰毛菊	70~80	7.088~14.175	150	21~22	C	4~8	14~20	13~14
Asarina scandens 双生金鱼藤	70	0.442	40000	21	L	5~8	15~25	16
Asclepias curassavica 马利筋	70~80	3.544	385	21	C. Lt.	5~10	15~25	15~18
Asparagus densiflorus 'Myers' 非洲天门冬	60~70	85.050	17	Day:29 Night:24	C	21~42	—	18~21
Asparagus densiflorus 'Sprengeri' 天冬草	70~80	85.050	23	Day:29 Night:24	C	21~42	—	18~21
Asparagus setaceus 文竹	60~70	85.050	30	Day:29 Night:24	C	21~42	—	18~21
Asperula orientalis 叶轮草	70~75	1.786	900	21	L	4~8	15~22	14
Begonia (interspecific cross) 秋海棠属	80~90	1.786	670	21~22	L	14~15	35~45	16
Begonia × hiemalis 丽格秋海棠	80~85	*	35000	21~22	L	10~20	45~50	15
Begonia × semperflorens-cultorum 四季秋海棠	80~90	*	70000	25~26	L	14~21	45~50	15~18

（续）

种类	发芽率（%）	千粒重（g）	种子数目（g）	发芽温度（℃）	需光性	发芽天数	播种到移栽的天数	生长适温（℃）
Begonia × *tuberhybrida* 球根秋海棠	80～90	*	35000	24～25	L	15～30	45～50	15～18
Bidens ferulifolia 阿魏叶鬼针草	70～85			22	C. Lt.	3～7	15～20	14
Brachycome iberidifolia 五色菊	65～80	0.442	5600	21～22	L	4～8	14～21	13～15
Brassica oleracea 甘蓝	80～91	7.088	245	20	C	7～14	10～15	13～14
Browallia speciosa 蓝英花	80～90	0.442	4375	24	L	7～15	40～45	15～18
Browallia viscosa 紫水晶	75～80	0.227	4200	21～22	L.，C. Lt.	4～8	21～30	14
Brugmansia arborea 曼陀罗木	*	42.525～56.7	37	20～22	C	12～22	*	14～16
Calandrinia umbellata 秘鲁岩马齿苋	75～85	0.111～0.221	7350	24～26	L	4～7	*	14～15
Calceolaria 荷包花属	80～90	0.057	17500～35000	21	L	10～16	24～32	10～13
Calceolaria integrifolia 绉叶蒲包花	70～80	*	59500	18～21	L	5～9	24～32	13～14
Calendula officinalis 金盏花	80～90	14.175	105	21	C	5～10	10～15	10～13
Callistephus chinensis 翠菊	75～85	3.544	420	21	—	8～10	15～20	14～16
Calonyction 月光花属	80	N/A	N/A	21	C	5～7	*	16～18
Camssonia bistoria	60～70	0.227	10000	22	C. Lt.	4～9	28～38	14
Campanula 风铃草属	75～85	*	52500～59500	15～18	L	21～28	40～45	15
Canna × *generalis* 大花美人蕉	65～78	425.250	4	21～24	C	8～12	15～21	18
Capsium annuum 辣椒	70～85	7.088	315	22	C	7～12	15～20	15
Cassia alata 翅荚决明	75～82	56.700	23	Day:29 Night:21	C	5～8	14～20	15～17
Catharanthus roseus 长春花	80～90	1.772～3.544	735	24～26	C. Lt.	7～15	30～35	18～20
Celosia argentea var. *cristata* 鸡冠花	80～90	1.786	1190	24	C	8～10	10～15	16～18
Celosia argentea var. *plumosa* 凤尾球	80～90	1/32～1/16	1365	24	C	8～10	10～15	16～18
Celosia argentea var. *spicata* 麦穗青葙	75～85	1.786	1375	24	C	5～10	18～28	16～18
Centaurea cyanus 矢车菊	70～75	7.088	245	18～21	C. Lt.	3～8	12～18	10～13
Centauridia drummondii	75	N/A	N/A	21	C. Lt.	3～8	10～15	20～21
Chamaedorea elegans 袖珍椰子	40～45	340.200	7	24	C	—	—	18

（续）

种类	发芽率（%）	千粒重（g）	种子数目（g）	发芽温度（℃）	需光性	发芽天数	播种到移栽的天数	生长适温（℃）
Chrysanthemum 茼蒿属	70～80	0.227	7000	22～24	L	10～15	20～25	18
Cirsium japonicum 大蓟	70～80	1.786	429	20～22	L/C	7～14	21～28	13～14
Clarkia amoena 可爱春再来	75～80	1.786	1295	21	L/C	3～10	11～20	13
Cleome hasslerana 醉蝶花	65～75	3.544	490	Day:26 Night:21	L	8～12	21～25	21～24
Clitoria ternatea 蝶豆	60～70	113.400	15	21～22	C	3～6	10～15	16～18
Cobaea scandens 电灯花	70～80	141.750	13	21	L/C	4～8	15～20	10～13
Coffea arabica 小果咖啡	65～75	311.850	5	24	C	28～35	—	18～24
Coleostephus myconis 鞘冠菊	75～85	1.772 ～3.544	700	15～18	C. Lt.	10～14	11～14	15～18
Collinsia heterophylla 锦龙花	70～80	1.786	710	21～22	C. Lt.	3～6	10～15	14
Consolida 飞燕草属	*	7.088	287	13～18	C	10～20	28～35	10～13
Cordyline indivisa 热带种蓝朱蕉	50～60	7.088	350	Day:30 Night:20	L	30～40	60～95	18～20
Cosmos bipinnata 大波斯菊	75～85	14.175	70	21	C	5～7	11～15	18
Cosmos sulphureus 黄波斯菊	75～85	14.175	70	21	C	5～7	11～15	18
Cotula barbata 山芫荽属	70	0.227	5800	21	—	3～8	13～20	14～16
Crepis rubra 红还阳参	*	*	900	21～22	L/C	510	15～22	14～18
Crossandra infundibuliformis 十字爵床	65～75	14.175	140	Day:26 Night:21	C	21～28	—	18～20
Cuphea hyssopifolia 细叶雪茄花	70～80	0.879	1984	21～24	C. Lt.	714	30～35	15
Cuphea ignea 雪茄花	70～80	3.544	560	21	C. Lt.	12～15	21～25	18
Cyclamen persicum 仙客来	80～90	14.175	87	18	C	28～35	150～70	16～18
Cynoglossum amabile 倒提壶	65～75	7.088 ～14.175	176	18～21	C	5～8	14～21	15
Dahlia × *hybrida* 大丽花	75～85	14.175	98	15～18	C	5～10	11～15	13～15
Datura metel 洋金花	70～80	14.175	99	22	C. Lt.	18～25	25～40	14～15
Dianthus caryophyllus 麝香石竹	75～85	7.088	490	18～21	C. Lt.	5～13	15～20	10～13
Dianthus chinensis 中国石竹	75～85	1.786	875	21～24	C. Lt.	710	1825	10～13
Diascia barberae 双距花	70～80	0.454	3955	22	L	4～8	25～35	13
Dichondra repens 马蹄金	70～80	3.544 ～7.088	400	21～22	C. Lt.	5～10	15～22	14～16
Dimorphotheca sinuata 异果菊	70～80	*	*	20～22	C. Lt.	4～9	15～22	16～18

（续）

种类	发芽率（%）	千粒重（g）	种子数目（g）	发芽温度（℃）	需光性	发芽天数	播种到移栽的天数	生长适温（℃）
Dorotheanthus × *hybrida*	70～80	0.454	3745	18～20	L	715	18～20	15～17
Echium vulgare 蓝蓟	70～80	7.088	264	20～21	C. Lt.	3～7	18～24	13～14
Erigeron karvinskianus 墨西哥飞蓬	70～80	0.113	20000	21～22	L	5～10	20～30	16
Erysimum cheiri 红花糖芥	70～75	—	650	20～21	C. Lt.	6～10	15～24	10～13
Erysimum linifolium 亚麻叶糖芥	65～70	3.544	500	20～21	C. Lt.	4～8	18～24	10～13
Eschscholtzia 花菱草属	70～75	1.788	900	21	—	4～8	*	14～16
Eschscholtzia californica 花菱草	70～80	3.544	600	21～22	—	4～8	* *	14～15
Euphorbia lathyris 续随子	75～85	28.350	60	21～22	C	5～8	24～34	16～18
Eustoma grandiflorum 草原龙胆	80～90	*	21840	24～26	L	10～20	36～48	Day:24 Night:18
Exacum affine 紫芳草	70～80	0.227	35000	21	*	14～21	35～42	18～20
Fatsia japonica 八角金盘	70～80	7.088	175	Day:29 Night:20	L	28～40	56～70	21～24
Felicia heterophylla 费利菊	70～80	3.544	590	21	L	5～10	15～25	13
Fuchsia × *hybrida* 倒挂金钟	80～85	0.879	2450	21～24	C. Lt.	8～10	25～35	18
Gaillardia pulchella 天人菊	70～75	3.544	595	18～20	L	7～12	15～24	13～14
Gazania hybrids	70～80	7.088	420	21	C	10～12	20～25	13～15
Gerbera jamesonii 非洲菊	80～85	7.088	245	20～24	C	10～14	25～30	15～18
Gourds	80～85	85.050	15	21～22	C	5～8	N/R	16～18
Gypsophila muralis 墙生丝石竹	70～80	0.227	6930	21～22	L/C	3～6	15～24	10～13
Helianthus annuus 向日葵	80～90	14.175	32	20～22	C	5～10	*	16
Helichrysum bracteatum 蜡菊	80～85	0.879	1575	21～24	L/C	7～10	20～26	15～18
Heliotropium arborescens 香水草	65～80	0.879	1870	21～22	C. Lt.	4～8	14～21	16～18
Hibiscus acetosella 锦葵科木槿属	70～75	N/A	N/A	21～22	C	7～10	16～22	14～15
Humulus scandens 葎草（大麻科）	65～70	28.35 ～42.525	50	21～22	C	6～10	12～20	16
Hunnemannia fumariifolia 金杯花	70～75	3.544 ～7.088	280	21～24	L/C	8～12	14～20	13～14
Hypoestes 枪刀药属	80～90	3.544	630	21～24	C. Lt.	710	14～18	15～18
Impatiens balsamina 凤仙花	80～90	14.175	115	21	C. Lt.	8～10	20～25	15～17
Impatiens wallerana 非洲凤仙花	90～95	0.878	1400 ～2100	24～25	C. Lt.	10～18	15～20	14～15

（续）

种类	发芽率（%）	千粒重（g）	种子数目（g）	发芽温度（℃）	需光性	发芽天数	播种到移栽的天数	生长适温（℃）
Impatiens hawkeri 新几内亚凤仙	80～85	1.772～3.544	385～595	26	C. Lt.	8～14	21～40	15～18
Incarvillea delavayi 红波罗花	70～80	0.454	1500	21～24	C. Lt.	48	20～30	16
Ionopsidium acaule	75～80	0.454	3300	21	C. Lt.	4～8	15～30	13～14
Ipomoea tricolor 三色牵牛	70～80	652.050	23	18～21	C	57	*	15～17
Isotoma axillaris 同瓣草	75～85	0.227	11000	21～22	C. Lt.	8～12	32～45	16
Kalanchoe blossfeldiana 长寿花	60～70	0.114	87500	21	L	10～15	35～42	15
Kochia scoparia 地肤	75～80	1.786	1085	21～24	L	4～10	15～20	14～16
Lablab purpureus 扁豆	70～80	396.900	4	21～22	C	5～8	*	15～18
Lagerstroemia indica 紫薇	70～80	3.544	420	21	C	14～18	20～25	18～20
Lathyrus odoratus 香豌豆	80～85	113.400	12	18～22	C	7～10	—	13～14
Lavatera trimestris 三月花葵	70～80	14.175	160	22	C	4～6	*	14～15
Layia platyglossa 莱雅菊	70～80	453.600	1000	2122	C. LT.	6～9	15～25	13～14
Leea coccinea 三裂叶火筒树	65～75	56.700	30	25	C	28～49	42～70	18～21
Leucanthemum paludosum 滨菊	75～85	0.879	1750	15～18	C. Lt.	10～14	11～14	15～18
Limnanthes douglasii 荷包蛋花	70～75	14.175	130	20～22	C. Lt.	6～10	15～25	13～14
Limonium sinuata 补血草	70～80	7.088	297	21	L/C	5～12	12～19	10～13
Linaria maroccana 大柳穿鱼（玄参科）	70～80	0.113	15000	20～21	L	6～10	15～25	10～13
Linum grandiflorum 大花亚麻	70～80	7.088	300	20～21	L	4～8	12～18	10～13
Lobelia erinus 半边莲	80～90	0.227	35000	21～26	L	14～20	20～25	15
Lobularia maritima 香雪球	65～80	1.786	3150	25～28	L	8～10	* *	10～13
Lonas annua 非洲纽扣菊	65～75	0.454	3500	20～22	L	3～6	14～21	15
Machaeranthera tanacetifolia 翠菊	70～80	1.786	770	21	C. Lt.	4～8	20～30	13～14
Matthiola incana 紫罗兰	75～85	3.554	65	18～24	L/C	7～14	11～18	10～13
Melampodium paludosum 美兰菊	70～80	7.088	192	18	C. Lt.	7～10	14～18	15～17
Mimosa pudica 含羞草	55～70	14.175	157	26	C	12～15	—	18
Mimulus × hybridus 杂种沟酸浆（玄参科）	75～85	0.055～0.11	21840	15～21	L	5～7	20～25	13～15
Mina lobata 金鱼花	70～75	42.525	7	21	C. Lt.	3～6	14～20	16
Mirabilis jalapa 紫茉莉	65～75	141.750	11	22	C	46	8～12	15
Monarda citriodora 麝香薄荷	80～85	0.879	1960	22	L	5～8	14～20	13～14
Nemesia strumosa 龙面花	70～80	0.443～0.886	3150	18	C	10～14	14～21	13～15

（续）

种类	发芽率（%）	千粒重（g）	种子数目（g）	发芽温度（℃）	需光性	发芽天数	播种到移栽的天数	生长适温（℃）
Nemophila maculata 紫点幌菊	65 ~ 80	0. 886 ~ 1. 772	3150	18	C	10 ~ 14	14 ~ 21	13 ~ 15
Nicotiana alata 花烟草	75 ~ 85	0. 227	8750	21 ~ 24	L	10 ~ 15	20 ~ 25	15 ~ 17
Nicotiana langsdorfii 绿花烟草	70 ~ 80	0. 227	6600	21 ~ 22	L	10 ~ 16	35 ~ 48	14 ~ 16
Nicotiana sylvestris 美花烟草	70 ~ 80	0. 445	20000	21 ~ 22	L	8 ~ 12	38 ~ 50	14 ~ 16
Nierembergia hippomanica 赛亚麻	80 ~ 85	0. 227	6160	21	C. Lt.	6 ~ 15	25 ~ 34	15 ~ 17
Nolana paradoxa 南莱	70 ~ 80	7. 088 ~ 14. 175	175	20 ~ 22	C. Lt.	58	15 ~ 20	15 ~ 17
Osteospermum hybrida 蓝眼菊	70 ~ 80	14. 175	130	21 ~ 22	C	5 ~ 9	12 ~ 18	16 ~ 18
Papaver nudicaule 山罂粟	70 ~ 80	0. 454	3500	18 ~ 24	L	7 ~ 12	16 ~ 25	10 ~ 13
Pelargonium × *hortorum* 天竺葵	85 ~ 95	7. 088	210	21 ~ 24	C	7 ~ 10	10 ~ 15	15 ~ 18
Pelargonium peltatum 盾状天竺葵	75 ~ 85	7. 088	210	21 ~ 24	C	5 ~ 10	12 ~ 18	15 ~ 18
Penstemon gentianoides 苍白钓钟柳	70 ~ 75	0. 879	1940	20 ~ 22	C. Lt.	5 ~ 9	20 ~ 28	10
Pentas lanceolata 五星花	75 ~ 85	0. 227	35000	21 ~ 22	L	5 ~ 12	21 ~ 28	15 ~ 18
Pericallis × *hybrida* 瓜叶菊	80 ~ 85	0. 221 ~ 0. 442	5250	21 ~ 24	L	10 ~ 14	18 ~ 24	15
Petunia × *hybrida* 矮牵牛	80 ~ 90	0. 11 ~ 0. 221	9750 ~ 9975	24 ~ 25	L	6 ~ 10	15 ~ 20	13 ~ 14
Phaseolus coccineus 多花菜豆	70 ~ 80	1360. 100	1	21 ~ 22	C	7 ~ 11	N/R	16 ~ 18
Philodendron bipinnatifidum 羽叶喜林芋	60 ~ 70	3. 554	437	21 ~ 29	C	15 ~ 20	32 ~ 40	18 ~ 21
Philodendron domesticum 绿宝石喜林芋	60 ~ 70	0. 879	2765	21 ~ 29	C	15 ~ 20	52 ~ 76	18 ~ 21
Philodendron lundii	60 ~ 70	1. 786	875	21 ~ 29	C	15 ~ 20	28 ~ 36	18 ~ 21
Monstera deliciosa 龟背竹	60 ~ 70	283. 500	3 ~ 7	21 ~ 29	C	15 ~ 20	28 ~ 36	18 ~ 21
Phlox drummondii 小天蓝绣球	70 ~ 80	3. 554	490	15 ~ 18	C	10 ~ 15	20 ~ 25	13 ~ 14
Plumbago auriculata 白雪花丹	*	*	72	21 ~ 22	C. Lt.	7 ~ 12	22 ~ 30	16 ~ 18
Polygonum capitatum 酸浆草	70 ~ 80	1. 786	1190	21 ~ 22	C. Lt.	5 ~ 9	15 ~ 22	14
Portulaca grandiflora 大花马齿苋	75 ~ 85	0. 227	9800	26 ~ 29	L	710	3540	16 ~ 18
Primula malacoides 报春花	80 ~ 85	0. 227	980	15 ~ 18	L	14 ~ 21	30 ~ 40	—
Primula obconica 四季报春	75 ~ 85	0. 227	6650	20	L	10 ~ 20	30 ~ 40	—

（续）

种类	发芽率（%）	千粒重（g）	种子数目（g）	发芽温度（℃）	需光性	发芽天数	播种到移栽的天数	生长适温（℃）
Primula × polyantha 多花报春	75~85	1.786	980~1225	15~18	L	14~21	30~40	—
Primula vulgaris 欧洲报春	75~85	1.786	980~1295	15~18	L	14~21	30~40	—
Ranunculus asiaticus 花毛茛	7585	0.879	1470	10~15	—	14~21	45~50	10~13
Rehmannia piasezkii 裂叶地黄	70	0.113	14000	21~22	L	14~21	25~35	16~18
Rhodochiton	70~80	0.454	3668	21~22	L	5~8	*	18~20
Ricinus communis 蓖麻	75	*	2	21~22	C	6~11	14~22	14
Saintpaulia ionantha 非洲紫罗兰	65~70	0.227	35000	21	L	18~25	6580	18
Salpiglossis sinuata 美人襟	75~85	0.454	4375	21~22	*	12~15	18~25	10~13
Salvia coccinea 朱唇	80~85	3.554	525	21~24	L	5~12	18~26	14
Salvia farinacea 一串兰	80~85	1.786	840	24~25	L	12~15	14~19	15
Salvia patens 长蕊鼠尾草	70~80	14.175	140	21	L	4~7	10~15	16
Salvia splendens 一串红	80~85	7.088	262	24~25	L	12~15	14~18	15
Sanvitalia procumbens 蛇目菊	75~85	1.786	980	21	C	7~10	12~15	15~17
Schefflera actinophylia 幅叶鹅掌柴	60~70	7.088	280	22~24	C	14~21	25~40	18~20
Schefflera arboricola 鹅掌藤	60~70	14.175	140	22~24	C	14~21	25~40	18~20
Schefflera elegantissima 孔雀木	60~70	7.088	332	Day:29 Night:20	L	35~42	70~85	21~24
Schizanthus × wisetonensis 杂种蛾蝶花	75~85	0.886~1.772	1575	15~21	*	7~14	21~28	10
Senecio cineraria 瓜叶菊	80~85	0.879	1750~3500	22~24	L	10~15	20~25	15~18
Silene 蝇子草属	70~80	0.443~0.886	3000	21~22	C. Lt.	3~6	10~18	10
Sinningia speciosa 紫蓝大岩桐	70~80	0.227	28000	18~21	L	14~21	35~42	18~20
Smithiantha zebrina 条斑庙铃苣苔	65~75	0.114	105000	18~21	L	14~21	—	18~20
Solanum pseudo-capsicum 珊瑚豆	70~80	3.554	420	21	C. Lt.	7~15	21~28	14~16
Solenstemon scutellarioides	80~90	0.454	3500	21~24	L	8~10	18~22	18~20
Steirodiscus tagetes	75~85	0.454	3500	15~21	L	5~6	15~28	13~14
Syngonium podophyllum 白纹合果芋	*	141.75~170.1	9	24~26	C	14~21	30~45	18

（续）

种类	发芽率（%）	千粒重（g）	种子数目（g）	发芽温度（℃）	需光性	发芽天数	播种到移栽的天数	生长适温（℃）
Tagetes erecta 万寿菊	75～80	3.543～7.086	315	22～24	C. Lt.	7	10～15	18～20
Tagetes erecta × *patula*	60～70	7.088	315	22～24	C. Lt.	7	10～15	18～20
Tagetes patula 孔雀草	75～80	3.543～7.088	315	22～24	C. Lt.	7	10～15	18～20
Tagetes tenuifolia 细叶孔雀草	70～80	7.088	315	22～24	C. Lt.	7	10～15	18～20
Talinum paniculatum 土人参	*	*	*	21～22	C. Lt.	4～8	21～28	14～16
Thymophylla tenuiloba 金毛菊	65～75	0.454	6300	18～21	L	10～16	20～26	18～20
Thunbergia alata 翼叶山牵牛	70～80	42.525	38	21～24	C. Lt.	6～12	—	15～17
Tithonia 肿柄菊属	75～80	7.088～14.175	127	21～22	L	3～8	8～15	1314
Torenia fournieri 蓝猪耳	80～90	0.113	13125	21	L	7～15	28～35	13～15
Trachelium caeruleum 蓝钟花	80	*	93100	20～22	L	5～10	35～45	16～18
Tripleurospermum inodorum 新疆三肋果	70～80	0.879	1960	21～25	C. Lt.	5～10	11～15	13
Tropaeolum majus 金莲花	70～75	170.1～198.45	8	18～21	C	10～14	*	18～20
Tropaeolum peregrinum 五裂叶旱金莲	65～75	170.1～198.45	8	18～21	C	5～10	*	18～20
Tweedia caerulea 日本蓝星花	65～75	7.088	286	21～22	L	6～10	18～25	15
Verbena 马鞭草属	*	*	4025	24	C. Lt.	5～10	21～28	15
Verbena canadensis 宿根美女樱	70～80	3.554	450	24	C. Lt.	5～10	21～28	15
Verbena × *hybrida* 美女樱	80～90	*	350	24～26	C. Lt.	10～20	20～25	13～15
Verbena rigida 糙叶美女樱	50～70	* * *	1190	24	C. Lt.	5～10	21～28	15
Verbena speciosa 细叶美女樱	70～80	1.786	875	21	C. Lt.	5～7	15～25	14～16
Viola × *wittrockiana* 杂种堇菜	85～95	1.772～2～3.554	700	18～24	C. Lt.	7～10	15～20	10～13
Viola cornuta 金黄角堇菜	80～90	1.772～3.554	840	18～21	C. Lt.	7～14	15～26	10～13
Viola tricolor 三色堇	80～90	1.786	1400	18～21	C. Lt.	7～14	15～26	10～13
Wahlenbergia 蓝花参属	65～75	—	—	21～22	C. Lt.	8～12	25～35	16
Xeranthemum annunm 旱花	75～85	1.772～3.554	700	21～22	L/C	4～8	12～18	16～18

（续）

种类	发芽率（%）	千粒重（g）	种子数目（g）	发芽温度（℃）	需光性	发芽天数	播种到移栽的天数	生长适温（℃）
Zinnia angustifolia 小百日草	70~80	3.554	2116	21~22	C	4~8	25~35	15
Zinnia elegans 百日草	70~80	14.175	70~210	21~22	C	3~7	10~15	15
Zinnia × *hybrida* 杂种百日草	70~80	7.088	280	21~22	C	4~8	10~15	15

附表 2.2 宿根花卉类

种类	发芽率(%)	千粒重(g)	种子数目(g)	发芽温度(℃)	需光性	发芽天数	播种到移栽的天数	生长适温(℃)
Acaena microphylla 小叶红刺果	65~75	1.786	1000	20~21	C. Lt.	15~28	30~42	14~16
Acanthus mollis 莨力花	60~65	311.85~340.2	5	18~22	C	8~16	28~35	16~18
Achillea filipendulina 凤尾蓍草	75~85	0.221~0.442	7000	18~21	L	10~15	18~24	10~13
Achillea millefolium 欧蓍草	80~90	0.454	4900	18~21	L	10~15	18~24	10~13
Achillea ptarmica 珠蓍	75~85	0.443~0.776	3150	18~21	L	10~15	18~24	10~13
Achillea tomentosa 'Aurea' 羊毛欧蓍草	70~80	0.227	6200	18~21	L	4~8	15~25	10~13
Aconitum napellus 乌头	*	*	300	*	*	*	*	13~16
Adenophora lilifolia 新疆沙参	65~80	—	—	21	L	7~14	20~28	13
Aethionema coridifolium	*	0.886~1.772	2000	18~21	L/C	4~8	14~28	13
Althaea rosea 蜀葵	70~80	14.175	105~210	21~22	C. Lt.	5~10	15~25	13~15
Alchemilla mollis 柔毛羽衣草	70~85	0.454	3325	21~22	C. Lt.	7~12	30~72	13~15
Alyssoides utriculata	70~80	14.175	150	20~21	C. Lt.	4~8	18~26	10~13
Anacyclus depressus	70~80	0.886~1.772	1750	18~21	C/L	5~10	12~20	14~16
Anaphalis margaritacea 珠光香青	75~80	0.113	21000	20~21	L/C	4~8	21~28	10~15
Anchusa azurea 牛舌草	70~75	35.438~70.875	42	21~22	L/C	5~10	12~18	10~13
Antennaria dioica 蝶须	65~75	0.879	2275	21	C. Lt.	4~8	21~28	14~16
Anthemis tinctoria 春黄菊	75~85	0.879	2100	21~22	C. Lt.	3~7	12~18	13~14
Aquilegia × hybrida 杂种耧斗菜	75~90	3.554	525~770	21~24	L	10~20	30~40	10~13
Arabis alpina 高山南芥	75~80	0.879	2450	18~21	L	6~12	14~21	10~13
Arenaria montana 山蚤缀	65~75	1.786	800	18~21	C. Lt.	9~14	28~40	10~13
Armeria maritima 海石竹	70~75	3.554	480~714	20~21	L/C	4~10	15~22	10~13
Aruncus dioicus 假升麻	—	—	—	20~21	C. Lt.	15~25	50~70	16~18
Asclepias incarnata 沼泽乳草	70~80	14.175	122	21~24	L/C	21~28	35~55	15~18
Asclepias tuberosa 柳叶马利筋	70~80	14.175	123	21~24	L/C	21~28	35~55	15~18
Asphodeline lutea 香阿福花	*	*	55	20~22	C. Lt.	8~15	*	14~16
Aster alpinus 高山紫菀	70~75	1.786	840	18~21	L	14~21	21~30	13~15

（续）

种类	发芽率（%）	千粒重（g）	种子数目（g）	发芽温度（℃）	需光性	发芽天数	播种到移栽的天数	生长适温（℃）
Aster novae – angliae 美国紫菀	65 ~ 75	0.886 ~ 1.772	2200	18 ~ 21	C. Lt.	5 ~ 10	18 ~ 28	1314
Aster novi – belgii 荷兰紫菀	65 ~ 75	0.886 ~ 1.772	2200	18 ~ 21	C. Lt.	5 ~ 10	18 ~ 28	13 ~ 14
Astilbe × *arendsii* 落新妇	70 ~ 80	0.113	13400	15 ~ 21	L	14 ~ 21	40 ~ 50	13 ~ 14
Aubrieta deltoides	70 ~ 75	0.443 ~ 0.886	2975	18 ~ 21	L	7 ~ 14	20 ~ 25	10 ~ 13
Aurinia saxatilis 番芥	70 ~ 80	1.786	1050	20 ~ 22	L	3 ~ 8	10 ~ 14	10 ~ 14
Baptisia australis 巴甫蒂	*	*	70	21	C	7 ~ 14	21 ~ 28	14 ~ 16
Begonia grandis 中华秋海棠	*	*	52500	20 ~ 22	C. Lt.	7 ~ 14	30 ~ 45	14 ~ 18
Belamcanda chinensis 射干	50 ~ 65	70.875 ~ 85.05	30	21 ~ 22	C	15 ~ 25	36 ~ 42	14 ~ 18
Bellis perennis 雏菊	75 ~ 85	0.454	4900	21 ~ 24	L	7 ~ 14	15 ~ 22	10 ~ 13
Bergenia cordifolia 心叶岩白菜	70 ~ 80	0.454	3850	21 ~ 24	L	4 ~ 8	45 ~ 63	14 ~ 15
Boltonia asteroides 白波菊	70 ~ 80	0.221 ~ 0.442	8359	20 ~ 21	C. Lt.	4 ~ 8	22 ~ 30	13 ~ 14
Buddleja davidii 大叶醉鱼草	75 ~ 85	0.113	25000	21 ~ 22	C. Lt.	8 ~ 12	28 ~ 35	16 ~ 18
Buphthalmum salicifolium 柳叶牛眼菊	75 ~ 85	1.772 ~ 3.554	1050	21 ~ 22	C. Lt.	4 ~ 6	15 ~ 20	14 ~ 16
Campanula carpatica 喀尔巴风铃草	75 ~ 85	0.227	7000	21	C. Lt.	7 ~ 14	18 ~ 30	13 ~ 15
Campanula glomerata 聚花风铃草	75 ~ 85	0.221 ~ 0.442	9100	20 ~ 22	C. Lt.	7 ~ 14	14 ~ 22	13 ~ 14
Campanula medium 风铃草	75 ~ 85	0.442 ~ 0.884	2765	21	C. Lt.	7 ~ 14	16 ~ 30	13 ~ 15
Carlina acaulis simplex 无茎刺苞菊	60 ~ 70	7.088	245	21 ~ 22	C. Lt.	4 ~ 8	16 ~ 24	13 ~ 14
Caryopteris incana 狭叶兰香草	60 ~ 70	0.879	2470	21 ~ 22	C. Lt.	10 ~ 20	20 ~ 40	16 ~ 18
Catananche caerulea 蓝箭菊	70 ~ 80	3.554	441	21 ~ 22	L/C	4 ~ 10	15 ~ 25	10 ~ 13
Centaurea montana 山矢车菊	70 ~ 80	28.350	79	20 ~ 22	C. Lt.	7 ~ 14	14 ~ 21	10 ~ 13
Centranthus ruber 红鹿子草	75 ~ 85	3.554	612	15 ~ 18	L/C	14 ~ 21	18 ~ 28	10 ~ 13
Cerastium tomentosum 绒毛卷耳	75 ~ 85	0.442 ~ 0.884	2800	18 ~ 20	L	7 ~ 14	15 ~ 23	13
Clematis tangutica 甘青铁线莲	70 ~ 80	3.554	625	20 ~ 22	C. Lt.	7 ~ 12	20 ~ 30	13 ~ 14

（续）

种类	发芽率（%）	千粒重（g）	种子数目（g）	发芽温度（℃）	需光性	发芽天数	播种到移栽的天数	生长适温（℃）
Coreopsis grandiflora 大花金鸡草	75～90	7.088	350	18～24	L	9～12	20～25	10～13
Delphinium × *belladonna* 杂交飞燕草	75～80	7.088	280～350	21～24	C	12～18	2028	10～13
Delphinium elatum 高翠雀花	75～80	7.088	280～350	21～24	C	12～18	20～28	10～13
Delphinium grandiflorum var. *chinense* 翠雀	75～80	1.786	1015	21～24	C	12～18	20～28	10～13
Dendranthema morifolium 菊花	65～75	0.879	2450	15～21	L	510	15～25	10～13
Dianthus barbatus 美国石竹	75～85	1.786	875	20～22	C. Lt.	7～10	13～18	10～13
Dianthus deltoides 洋石竹	75～85	0.879	1680	20～22	C. Lt.	7～10	13～18	10～13
Dianthus plumarius 常夏石竹	75～85	1.772～3.554	770	20～22	C. Lt.	7～10	13～18	10～13
Dianthus caryophyllus 麝香石竹	75～85	3.554	490	18～21	C. Lt.	5～13	15～20	10～13
Dianthus knappii 纳普石竹	70	1.786	950	21	C. Lt.	4～8	20～25	13
Digitalis purpurea 毛地黄	80～85	0.454	4410	21～22	L	5～10	15～20	9～13
Doronicum stenoglossum 多榔菊	65～75	1.786	910	20～22	L	14～21	25～36	10～13
Echinacea purpurea 紫松果菊	70～80	7.088	280	18～21	L/C	10～15	20～28	10
Echinops ritro 小蓝刺头	65～75	28.350	91	18～22	L	14～21	20～31	13～15
Euphorbia myrsinites 黄绿大戟	60～75	—	88	18～21	L	7～14	16～22	10～13
Euphorbia polychroma 金黄大戟	60～75	21.263～28.35	122	18～21	L	8～15	20～25	10～13
Gaillardia × *grandiflora* 大花天人菊	70～80	28.350	245	21～24	L	5～15	30～42	11～15
Gaura lindheimeri 山桃草	65～75	28.350	61	221～22	L	5～11	21～28	10
Geranium sanguineum 红花老鹳草	*	*	100	*	C	*	*	14～16
Geum quellyon 智利水杨梅	70～80	3.554～7.088	350	18～21	L	8～15	18～28	10～13
Goniolimon tataricum 鞑靼驼舌草	60～70	3.554	770	18～24	L	14～21	24～36	10～13
Gypsophila pacifica 太平洋丝石竹	75～85	1.786	1200	21～22	L	510	15～20	10～13
Gypsophila paniculata 满天星	65～75	1.772～3.554	910～1050	21～26	L	5～10	15～20	10～13
Gypsophila repens 匍状丝石竹	65～75	1.786	1575	21～26	L	5～10	15～20	10～13
Helenium autumnale 堆心菊	70～80	0.454	5000	22	L	8～12	28～35	13

（续）

种类	发芽率（%）	千粒重（g）	种子数目（g）	发芽温度（℃）	需光性	发芽天数	播种到移栽的天数	生长适温（℃）
Helianthus annuus 向日葵	50～60	3.554	490	21～24	L/C	5～15	15～20	10～13
Heliopsis helianthoides var. *scabra* 赛菊芋	65～75	7.088	280	18～21	L/C	3～10	11～20	15～18
Hesperis matronalis 欧亚香花芥	70～80	3.554	490	21～26	L	5～7	14～20	13
Heuchera micrantha 小花矾根	70～80	0.113	17500	18～21	L	21～30	35～55	13
Heuchera sanguinea 珊瑚钟	70～80	0.113	17500	18～21	L	21～30	30～45	13
Hibiscus moscheutos 芙蓉葵	80～85	56.7～70.875	73	21～26	C	7～10	16～22	15～18
Hypericum calycinum 萼状金丝桃	45～60	3.554	910	15～21	C. Lt.	10～21	20～32	10
Iberis sempervirens 屈曲花	70～80	3.554～7.088	350	15～18	L	14～21	25～38	10
Kniphofia uvaria 火炬花	80～85	7.088	315	18～24	L	*	30～45	15
Lathyrus splendens 亮叶香豌豆	65～75	85.050	22	18～21	C	10～20	*	10～13
Leontopodium alpinum 高山火绒草	65～75	0.227	10850	20～22	L	5～11	20～30	10～13
Leucanthemum × *superbum* 大滨菊	70～80	1.786	525～1225	18～21	C. Lt.	9～12	20～25	10～13
Liatris spicata 蛇鞭菊	80～85	7.088	329	18～21	L	21～28	28～38	10
Limonium latifolium 阔叶补血草	65～75	1.786	980	18～24	L	14～21	24～36	13
Linum perenne 宿根亚麻	70～80	3.554	315～840	21～25	L/C	4～8	10～12	10～13
Lunaria annua 银扇草	70～80	28.350	52	18～24	L/C	3～7	16～25	13～15
Lupinus polyphyllus 多叶羽扇豆	70～80	56.700	35	18～24	C	6～12	18～30	10～13
Lychnis chalcedonica 皱叶剪秋罗	70～80	0.879	1750	21	L/C	5～7	14～21	10～13
Lychnis coronaria 毛缕	75～85	0.442～0.884	2010	20～22	L/Lt. C.	5～7	14～21	10～13
Lychnis haageana 哈氏剪秋罗	70～80	0.879	2275	21	L/C	5～7	14～21	10～13
Malva moschata 麝槿	70～85	3.554	441	21～22	C	3～6	14～21	10
Monarda didyma 美国薄荷	70～85	0.879	1975	21～22	C. Lt.	5～8	20～28	13
Myosotis sylvatica 勿忘草	70～80	0.879	1590	20～22	L	8～14	15～25	10～13
Oenothera odorata 月见草	65～75	7.088	227	21～26	C. Lt.	8～15	18～27	13
Papaver orientale 东方罂粟	70～80	0.454	3325	18～24	L	7～14	16～25	10～13
Physalis alkekengi 酸浆	60～70	3.544	595	1521	L/C	7～14	15～25	13
Physostegia virginiana 假龙头花	70～80	3.544	630	18～21	L/C	7～14	21～28	10

（续）

种类	发芽率（%）	千粒重（g）	种子数目（g）	发芽温度（℃）	需光性	发芽天数	播种到移栽的天数	生长适温（℃）
Platycodon grandiflorus 桔梗	70～80	1.786	1120	20～21	L	7～14	19～28	13～15
Potentilla fruticosa 金露梅	70～80	0.879	2625	20～22	L/C. Lt.	5～9	18～23	13～14
Rudbeckia fulgida 金缘叶金光菊	60	1.786	945～2800	28～31	L/C	7～14	28～38	10～13
Rudbeckia hirta 黑心金光菊	70～80	0.879		21	L/C	5～10	20～28	10
Salvia pratensis 草原鼠尾草	60～70	1.786	1000	21	C. Lt.	4～6	15～32	13～14
Salvia × *superba* 布劳阁林下鼠尾草	75～85	1.786	875	22	L/C	4～8	15～32	10～13
Saponaria ocymoides 岩生肥皂草	70～80	3.544	560	21	C	4～8	18～25	13～15
Saxifraga × *arendsii* 虎耳草	70～80	0.113	24500	20～22	L	8～10	*	14～16
Scabiosa caucasica 高加索轮锋菊	65～75	28.350	84	18～21	L	10～18	20～29	10～13
Sedum acre 苔景天	70～80	0.113	14000	20～22	L	8～14	20～29	15
Sempervivum tectorum 长生草	—	—	12880	22～24	L/C. Lt.	5～10	42～63	16～18
Sidalcea malviflora 西达葵	70～80	3.544～7.088	315	21～22	C. Lt.	5～9	18～25	10～13
Solidago canadensis 加拿大一枝黄花	75～85	0.227	7000	20～21	L/C. Lt.	5～8	1825	10～13
Stachys byzantina 绵毛水苏	65～75	3.544	560	21	L	8～15	18～24	15
Stokesia laevis 琉璃菊	70～80	28.350	105	21	C. Lt.	7～12	14～18	14～16
Tanacetum coccineum 红花除虫菊	65～80	1.786	595～1225	15～21	L	5～10	15～25	10～13
Tanacetum parthenium 菊蒿	70～80	0.454	7000	21	L	710	16～26	10～13
Tradescantia × *andersoniana* 紫露草	70～80	7.088	350	21～22	L/C. Lt.	7～14	20～30	13～14
Verbascum phoeniceum 紫毛蕊花	70～80	0.227	7000	21～22	L	4～7	14～21	10
Veronica incana 白婆婆纳	70～80	0.227	7735	18～24	L	7～14	16～25	13
Veronica repens 伏地婆婆纳	70～80	0.227	7735	18～24	L	7～14	16～25	13
Veronica spicata 穗花婆婆纳	70～85	0.227	7735	18～24	L	714	16～25	13

附表2.3　切花类

种类	发芽率（%）	千粒重（g）	种子数目（g）	发芽温度（℃）	需光性	发芽天数	播种到移栽的天数	生长适温（℃）
Acroclinium roseum 鳞托菊	70~78	201.285	300	21~22	L/C	6~10	18~26	13~15
Ageratum houstonianum 熊耳草	80~90	0.454	7000	24~25	L	8~10	15~20	15~18
Agrostemma githago 麦仙翁	65~75	0.879	1500	8~21	L/C	4~8	*	13
Alstroemeria ligtu 紫条六出花	50~70	42.525	50	20~22	C	*	*	13~16
Ambrosia mexicana 墨西哥豚草	70~80	0.227	5000	21~22	C. LT.	5~9	15~21	14
Amethystea caerulea 水棘针	70	1.786	1500	21	L/C	4~6	18~25	16
Ammi majus 大阿美	70~80	1.786	1400	Day:30 Night:21	L/C	7~14	18~22	16
Ammobium alatum 银苞菊	65~75	0.879	2200	20~21	C. Lt.	48	14~20	16
Anemone 银莲花属	75~85	0.879	1960	15	C	14~21	40~56	8~12
Antirrhinum majus 金鱼草	80~90	0.227	6300	21~24	L	7~14	15~20	7~10
Atriplex hortensis 榆钱菠菜	55~70	N/R	260	20~22	C	7~14	*	18~24
Bupleurum rotundifolium griffithii 圆叶柴胡	80	3.554 ~7.088	350	15~18	L/C	14~21	*	16~24
Calendula officinalis 金盏花	80~85	14.175	105	21	C	5~10	10~15	10~13
Callistephus chinensis 翠菊	75~85	3.554	420	21	—	8~10	15~20	15~17
Carthamus tinctorius 红花	80~85	70.875 ~85.05	28	20~22	L	5~14	15~21	18~20
Celosia argentea var. *cristata* 鸡冠花	80~90	0.886 ~1.772	1190	24	C	8~10	10~15	18~20
Celosia argentea var. *plumosus* 凤尾球	80~90	0.886 ~1.772	1365	24	C	8~10	10~15	18~20
Celosia argentea var. *spicata* 麦穗青葙	80~90	0.886 ~1.772	1375	24	C	8~10	18~28	16~18
Centaurea americana 大矢车菊	75~85	28.350	70	18	C. Lt.	3~8	*	10~13
Centaurea cyanus 矢车菊	75~85	14.175	245	18~21	C. Lt.	7~14	20~25	10~13
Centaurea sauveolens	75~85	14.175	192	18~21	C. Lt.	7~14	18~24	10~13
Cirsium japonicum 大蓟	75~85	3.554 ~7.088	429	20~22	L/C	7~14	21~28	14~15
Clarkia amoena 可爱春再来	75~80	0.879	1295	21	L/C	10	11~20	14~15
Consolida ajacis 飞燕草	70~80	7.088	287	16~18	C	10~20	28~35	10~13
Craspedia uniflora	65~70	7.088	350	22	L/C	7~14	14~21	18
Emilia coccinea 绒樱菊	70~75	0.879	1400	20~22	C	8~15	*	18~20

（续）

种类	发芽率（%）	千粒重（g）	种子数目（g）	发芽温度（℃）	需光性	发芽天数	播种到移栽的天数	生长适温（℃）
Eucalyptus 桉属	60～70	7.088	1505	21～22	C. Lt.	49	14～21	16～18
Eustoma grandiflorum 草原龙胆	80～90	0.113	21840	24～26	L	10～20	36～48	15～18
Fibigia clypeata	70～75	*	325	21～22	C. Lt.	4～8	14～20	13～14
Freesia × hybrida 香雪兰	65～75	28.350	84	18	C	21～25	*	10
Gomphrena globosa 千日红	70～80	* *	* *	20～22	L/C	10～14	20～25	15～18
Gypsophila elegans 丝石竹	70～80	1.772～3.554	840	21～22	L/C	5～10	21～28	10～13
Iberis amara 屈曲花	70～80	3.554～7.088	350	20～22	L/C	7～14	16～24	10～13
Iberis umbellata 伞形蜂蜜花	70～80	3.554～7.088	350	20～22	L/C	714	16～24	10～13
Limonium perezii 彼尔兹补血草	70～80	1.772～3.554	840	21	L/C	5～12	12～19	10～13
Limonium sinuata 波状补血草	70～80	7.088	297	21	L/C	5～12	12～19	10～13
Psylliostachys suworowii 索鲁裸穗花	70～80	0.221～0.442	6825	21	L/C	7～15	21～28	13～14
Matthiola incana 紫罗兰	80～85	7.088～14.175	630	18～24	L/C	7～14	11～18	10～13
Lagochilus ilicifolius 兔唇花	70～80	2.353	147	Day:30 Night:10	L	12～21	21～28	13～15
Nigella damascena 黑种草	70～80	7.088	385	18～21	L/C	7～14	*	15～17
Reseda odorata 木犀草	70～80	—	875～1050	20～22	C. Lt.	7～18	*	7～10
Salvia viridis 彩苞鼠尾草	75～85	3.554～7.088	332	22	L	3～6	12～18	16～18
Saponaria vaccaria 麦蓝菜状肥皂草	70～80	7.088	229	20～22	C	4～8	*	18
Scabiosa atropurpurea 紫盆花	70～80	7.088～14.175	210	18～21	C	10～12	20～29	10～13
Tagetes erecta 万寿菊	85～95	1.772～3.554	315	22～24	C. Lt.	7	10～15	18～20
Trachymene caerulea 蓝饰带花	70～75	14.175	126	21～22	C. Lt.	6～12	* *	16～18

附表2.4　观赏性药用草本植物

种类	发芽率（%）	千粒重（g）	种子数目（g）	发芽温度（℃）	需光性	发芽天数	播种到移栽的天数	生长适温（℃）
Agastache foeniculum 茴味藿香	70~80	0.879	2400	21~22	C. Lt.	4~8	15~20	16
Allium schoenoprasum 香葱	70~80	1.786	1155	21	C	7~10	—	13~14
Anethum graveolens 莳萝	75~85	3.554	945	18~21	L	5~8	10~15	13~14
Artemisia dracunculus 龙蒿	70~80	*	5250~8750	20~22	C. Lt.	3~6	14~20	13~14
Borago officinalis 琉璃苣	75~85	28.350	70	21	C	5~8	14~21	14~16
Coriandrum sativum 香荽	70~85	14.175	105	18~21	L/C	7~10	14~18	13~14
Foeniculum vulgare 茴香	75~85	7.088	280	21	C	7~10	12~15	13~15
Lavandula angustifolia 药用薰衣草	*	3.554	875	18~24	L	14~21	20~32	16~18
Levisticum 欧当归属	80	7.088	300	20~21	C. Lt.	5~9	11~18	16
Marrubium vulgare 欧夏至草	76~85	1.772~3.554	840	21	c	12	25~28	13~14
Melissa officinalis 香蜂花	75~85	0.886~1.772	1400	20~21	C. Lt.	3~8	14~18	13~16
Mentha × piperita 辣薄荷	75~85	0.113	16520	21~24	C. Lt.	12	25~29	13~14
Mentha spicata 留兰香	75~85	0.113	16520	21~24	C. Lt.	12	25~29	13~14
Nepeta cataria 荆芥(薄荷)	75~85	0.879	1680	21	C	5~8	14~20	14~16
Ocimum 罗勒属	80~85	3.554	560	21	C	5~8	15~18	17~18
Origanum 牛至属	75~85	0.227	5600	21	C. Lt.	4~8	10~14	13~14
Origanum vulgare 牛至	75~85	0.227	8575	21	C	4~8	16~18	10~13
Petroselinum crispum 皱叶欧芹	80~90	3.554	630	21	C	15~20	21~28	15~17
Pimpinella anisum 茴芹	70~80	7.088	210	21	L/C	10~12	14~21	15~17
Rosmarinus officinalis 迷迭香	*	7.088	735	21	L	10~15	21~28	13~14
Salvia officinalis 药鼠尾草	75~85	14.175	105	21	C	6~10	20~27	13~14
Satureja hortensis 夏季香薄荷	75~80	0.886~1.772	1820	21	L	12~15	16~20	15~17
Thymus 百里香属	65~80	0.454	4340	21	C	3~6	12~18	13~14

附表 2.5 观赏性草坪草

种类	发芽率（%）	千粒重（g）	种子数目（g）	发芽温度（℃）	需光性	发芽天数	播种到移栽的天数	生长适温（℃）
Agrostis nebulosa 云翦股颖	75 ~ 85	9400	21 ~ 22	C. Lt.	3 ~ 7	13 ~ 14		
Briza maxima 大凌风草	75 ~ 85	200	21	C. Lt.	4 ~ 6	14 ~ 15		
Briza minima 小凌风草	75 ~ 85	3300	21	C. Lt.	4 ~ 6	14 ~ 15		
Coix lacryma-jobi 薏苡	60 ~ 75	4	21	C	10 ~ 15	14 ~ 15		
Cortaderia selloana 蒲苇	70 ~ 80	5000	21	C. Lt.	4 ~ 8	14 ~ 15		
Eragrostis elegans 长画眉草	80 ~ 85	1400	21 ~ 22	C. Lt.	3 ~ 8	14 ~ 16		
Festuca 羊茅属	75 ~ 85	1480	21	C. Lt.	6 ~ 12	14 ~ 15		
Festuca glauca 蓝羊茅	75 ~ 85	1480	21	C. Lt.	4 ~ 6	14 ~ 15		
Hordeum jubatum 芒颖大麦草	75 ~ 85	600	21 ~ 22	C. Lt.	3 ~ 5	13		
Koeleria glauca 蓝绿发草	70 ~ 80	2800	21	C. Lt.	3 ~ 7	13 ~ 14		
Lagurus ovatus 兔尾草	75 ~ 85	1580	21	C. Lt.	4 ~ 8	14 ~ 15		
Melica ciliata 丝毛穗臭草	70 ~ 80	2700	21 ~ 22	C	6 ~ 10	10 ~ 13		
Pennisetum setaceum 绒毛狼尾草	65 ~ 75	1730	21	C. Lt.	3 ~ 6	14 ~ 15		
Pennisetum villosum 长柔毛狼尾草	70 ~ 80	495	21	C. Lt.	3 ~ 6	14 ~ 15		
Phalaris canariensis 金丝雀杙草	75 ~ 82	1127	21	C. Lt.	4 ~ 8	14 ~ 15		

注解：C – Cover（遮荫）；L – Light（全光）；C. Lt. – Cover Lightly（半遮荫）；L/C – Light or Cover（全光或遮荫）
（据 Jim Nau，Ball Culture Guide，Ball publishing，1999 的部分资料）

附录3 几种常见木本植物苗木出圃标准

苗木类型	苗龄（年）	合格标准			用途	产量标准（万株/0.07hm^2）
		地径(cm)	苗高(cm)	根系长度(cm)		
刺槐	1	>0.7	>80	>80	荒山造林	0.9~1.0
	2	>1.2	>160	>20	一般造林	0.7~0.8
侧柏	1.5	>0.3	>20	>20	荒山造林	5.0~6.0
松	2	>0.3	>20	>25	荒山造林	8.0~10.0
紫穗槐	1	>0.4	>60	>15	地堰夹荒	1.1~1.3
臭椿	1	>1.0	>60	>15	荒山造林	0.6~0.8
	2	>2.5	>250	>20	四旁绿化	0.5~0.6
苦楝	1	>1.0	>80	>15	荒山、四旁	0.6~0.8
	2	>2.5	>250	>20	造林、四旁	0.5~0.6
枫杨	1	>1.0	>80	>15	荒山、四旁	0.6~0.8
	2	>2.5	>250	>20	一般造林	0.5~0.6
杨树	1	>1.5	>220	>15	一般造林	0.3~0.5
	2	>3.0	>300	>20	丰产林	0.2~0.3
火炬树	1	>0.8	>100	>15	荒山造林	8.0~10.0
楸树	2	>2.5	>200	>20	丰产林	0.2~0.3
香椿	1	>0.8	>70	>15	丰产林、四旁	0.6~0.8
花椒	1	>0.4	>50	>12	荒山、地边	2.0~3.0
白蜡	1	>0.5	>60	>15	地边、沟坡	0.8~1.2
杜仲	1	>1.0	>80	>15	地边	0.6~0.8
落叶松	2	>0.3	>30	>25	山地造林	8.0~10.0

摘自《中小型苗圃林果苗木繁育实用技术手册》，高光民等编著，中国林业出版社

拉丁名索引

A

B

C

D

E

F

G

P

Q

中文名索引

D

E

F

G

H

J

K

L

R

S

Y